Elektrische Maschinen und Antriebe

Andreas Binder

Elektrische Maschinen und Antriebe

Übungsbuch: Aufgaben mit Lösungsweg

2. aktualisierte und erweiterte Auflage

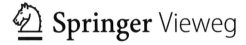 Springer Vieweg

Andreas Binder
Darmstadt, Deutschland

ISBN 978-3-662-53542-4   ISBN 978-3-662-53543-1   (eBook)
DOI 10.1007/978-3-662-53543-1

Die Deutsche Nationalbibliothek verzeichnet diese Publikation in der Deutschen Nationalbibliografie; detaillierte bibliografische Daten sind im Internet über http://dnb.d-nb.de abrufbar.

Springer Vieweg
© Springer-Verlag GmbH Deutschland 2012, 2017

Gedruckt auf säurefreiem und chlorfrei gebleichtem Papier

Springer Vieweg ist Teil von Springer Nature
Die eingetragene Gesellschaft ist Springer-Verlag GmbH Deutschland
Die Anschrift der Gesellschaft ist: Heidelberger Platz 3, 14197 Berlin, Germany

Für Brigitte, Anna, Josef, Franziska, Elisabeth und Simon,
die mit großer Geduld die Entstehung dieses Buches begleitet haben.

Vorwort zur zweiten Auflage

Liebe Leserin! Lieber Leser!

Dank der guten Aufnahme dieser Aufgabensammlung durch eine interessierte Leserschaft ist nun eine zweite Auflage entstanden. Diverse Fehler, die mir auch dankenswerter Weise von Lesern mitgeteilt wurden, wurden ausgebessert. Weitere grundlegende Übungsbeispiele zu den vier Grundtypen der E-Maschine (Gleichstrommaschine, Synchronmaschine, Asynchronmaschine mit Schleifring- und Käfigläufer) wurden ergänzt, ebenso einige „Lehrbeispiele", die etwas länger sind und grundsätzliche Sachverhalte erläutern sollen. Einige Beispiele zur Dynamik der Synchronmaschine in ihren Sonderformen mit Permanentmagneterregung und als synchrone Reluktanzmaschine wurden ebenfalls aufgenommen.

Die Beispiele sind weiterhin je Themengebiet nicht nach ihrem Schwierigkeitsgrad geordnet, sondern bunt gemischt. Die geneigte Leserschaft soll so selbst bei der Durchsicht der Beispiele an sich testen, ob ihr das Niveau eines Beispiels zusagt oder nicht. Durch dieses „Probieren" kommt man auch Übungsbeispielen mit einem Schwierigkeitsgrad näher, den man sich vielleicht von vorne herein gar nicht vorgenommen hatte, aber bei näherem Hinsehen merkt, dass es gar nicht so „schlimm" ist.

Ich danke Herrn M. Sc. Sascha Neusüs für das Korrekturlesen und für zahlreiche Formatierungsarbeiten, und Frau Anette Ptaschek, beide vom Institut für Elektrische Energiewandlung, TU Darmstadt, für die Umsetzung der zusätzlichen technischen Abbildungen in Autocad. Dem Springer-Verlag danke ich für die gute Zusammenarbeit. Für Hinweise zu etwaigen Fehlern bin ich weiterhin dankbar und natürlich zu Anregungen zur Verbesserung der Buchgestaltung offen.

Andreas Binder
Darmstadt, im Juni 2017

Vorwort

Liebe Leserin! Lieber Leser!

Mit dieser Aufgabensammlung zur Berechnung des Betriebsverhaltens elektrischer Maschinen und Antriebe ist ein Begleitband zu dem Buch „Elektrische Maschinen und Antriebe" entstanden, der es Ihnen ermöglichen soll, sich im Selbststudium die Berechnungsmethodik zu erarbeiten. Die Aufgaben bestehen aus Fragestellung und komplettem Lösungsweg. Ich empfehle Ihnen, zunächst mit Ihrem Wissen zu versuchen, die Aufgaben selbstständig zu lösen, und nur bei Schwierigkeiten den Lösungsweg heranzuziehen. Da die Aufgaben in Unterpunkte gegliedert sind, versuchen Sie diese Arbeitsmethode auf jeden Unterpunkt anzuwenden. Die Kapitelnummerierung der Aufgaben folgt streng der Kapitelnummerierung im Buch „Elektrische Maschinen und Antriebe", so dass es leicht ist, entsprechende Querbezüge herzustellen. Ebenso beziehen sich Querverweise wie z. B. „siehe Bild 4.8-1" auf das entsprechende Bild im Buch „Elektrische Maschinen und Antriebe". Sollten Sie aber ein anderes Grundlagenbuch verwenden, so ist durch die Gliederung der Aufgaben nach den einzelnen Maschinentypen ebenfalls leicht ein Bezug zu diesem Grundlagenbuch herstellbar, da die meisten Grundlagenbücher über elektrische Maschinen einer ähnlichen Gliederung folgen. Die Beispiele wurden von mir selbst erstellt und durchgerechnet, wobei ich auf eine reiche Auswahl von Beispielen meines Lehrers em. o. Univ.-Prof. Dipl.-Ing. Dr. techn. habil. Hans Kleinrath († 2010), TU Wien, und meines Amtsvorgängers em. Prof. Dr.-Ing. Egon-Christian Andresen († 2010), TU Darmstadt, zurückgreifen konnte. Danken möchte ich Herrn em. Prof. Dr.-Ing. Manfred Liese, TU Dresden, für die Durchsicht des Manuskripts, Herrn Dipl.-Ing. Dr. techn. Georg Traxler-Samek, Alstom Hydrogeneratoren, Birr, Schweiz, für die gründliche Kontrolle der Beispiele, den Herren Dipl.-Ing. Stefan Dewenter, M.Sc. Nam Anh Dinh Ngoc, Dipl.-Ing. Thomas Knopik, Dipl.-Ing. Fabian Mink, für das Korrekturlesen und für zahlreiche Formatierungsarbeiten, und Frau Anette Ptaschek, alle vom Institut für Elektrische Energiewandlung, TU Darmstadt, für die Umsetzung der technischen Abbildungen in Autocad. Dem Springer-Verlag danke ich für die gute Zusammenarbeit. Meiner

Gattin Brigitte und unseren Kindern Anna, Josef, Franziska, Elisabeth und Simon danke ich für das mir entgegengebrachte Verständnis, dass diese schriftstellerische Tätigkeit an zahlreichen Wochenenden und vielen Abendstunden unter der Woche der Familie den Gatten bzw. den Vater entzogen hat.

Ich wünsche den Leserinnen und Lesern bei der Lektüre dieses Buches den ersehnten Erkenntnisgewinn und bin für Hinweise zu etwaigen Fehlern dankbar und zu Anregungen zur Verbesserung der Buchgestaltung offen. Über das Sekretariat des Instituts für Elektrische Energiewandlung, TU Darmstadt, bin ich für Zuschriften erreichbar. Möge dieses Buch seinen Beitrag zur Ausbildung künftiger Ingenieursgenerationen auf dem Gebiet der elektrischen Maschinen und Antriebe leisten.

Andreas Binder
Darmstadt, im Januar 2012

Inhaltsverzeichnis

Allgemeines

Das griechische Alphabet

$A\,\alpha$	Alpha	$B\,\beta$	Beta	$\Gamma\,\gamma$	Gamma
$\Delta\,\delta$	Delta	$E\,\varepsilon$	Epsilon	$Z\,\zeta$	Zeta
$H\,\eta$	Eta	$\Theta\,\vartheta$	Theta	$I\,\iota$	Jota
$K\,\kappa$	Kappa	$\Lambda\,\lambda$	Lambda	$M\,\mu$	My (mue)
$N\,\nu$	Ny (nue)	$\Xi\,\xi$	Xi	$O\,o$	Omikron
$\Pi\,\pi$	Pi	$P\,\rho$	Rho	$\Sigma\,\sigma$	Sigma
$T\,\tau$	Tau	$Y\,\upsilon$	Ypsilon	$\Phi\,\varphi$	Phi
$X\,\chi$	Chi	$\Psi\,\psi$	Psi	$\Omega\,\omega$	Omega

Auswahl der wichtigsten Formelzeichen und Symbole

(Die Formelzeichen werden im Text erläutert an der ersten Stelle ihres Auftretens!)

a	-	Anzahl paralleler Wicklungszweige bei Drehfeldmaschinen, aber: HALBE Anzahl paralleler Wicklungszweige bei Gleichstrommaschinen
a_i		Anzahl paralleler Leiter je Windung
A	A/m	Strombelag
A	m^2	Fläche
b	m	Breite
b_p	m	Polschuhbreite
b_{Stab}	m	Stabbreite
B	T	magnetische Induktion (magnetische Flussdichte)
c_d, c_q	-	Feldfaktoren der Längs-, Querachse
c_ϑ	Nm/rad	Ersatzfederkonstante der Synchronmaschine

C	kVA·min/m³	Esson'sche Ausnutzungsziffer
C	m	Integrationsweg
d_E	m	Eindringtiefe
d_{si}	m	Bohrungsdurchmesser
D	As/m²	elektrische Verschiebung (elektrische Flussdichte)
E	V/m	elektrische Feldstärke
f	Hz	elektrische Frequenz
F	N	Kraft
g	-	ganze Zahl
g	m/s²	Erdbeschleunigung (9.81 m/s²)
h	m	Höhe
H	A/m	magnetische Feldstärke
I	A	elektrische Stromstärke
j	-	imaginäre Einheit
J	A/m²	elektrische Stromdichte
J	kg·m²	polares Trägheitsmoment
k	-	Ordnungszahl
k_C	-	Carter-Faktor
k_d	-	Zonenfaktor
k_{Fe}	-	Eisenfüllfaktor
k_K	-	Leerlauf-Kurzschluss-Verhältnis
k_p	-	Sehnungsfaktor
k_R, k_L	-	Stromverdrängungsfaktoren
k_R	V·s/A	Proportionalitätskonstante der Reaktanzspannung
k_w	-	Wicklungsfaktor
K	-	Anzahl der Kommutatorsegmente
l	m	Länge (axial)
l_e	m	ideelle Eisenlänge
L	H	Selbstinduktivität
L	m	Gesamtlänge
L_p	dB	Schalldruckpegel
m	-	Strangzahl
m	kg	Masse
M	H	Gegeninduktivität
M	Nm	Drehmoment
M_b	Nm	asynchrones statisches Kippmoment
M_{p0}	Nm	synchrones statisches Kippmoment
M_s	Nm	Kupplungsmoment, Wellenmoment (shaft)
M_1	Nm	Anfahrmoment der Asynchronmaschine (Schlupf $s = 1$)

n	1/s	Drehzahl
N	-	Windungszahl je Strang
N_c	-	Spulenwindungszahl
p	-	Polpaarzahl
p	W/kg	Leistungsdichte
P	W	Wirkleistung
q	-	Lochzahl (Nuten pro Pol und Strang)
Q	-	Nutzahl
Q	VAr	Blindleistung (1 VAr = 1 VA reaktiv)
R	Ω	elektrischer Widerstand
r	-	elektrischer Widerstand in „per unit"-Angabe
r	-	Kraftwellenordnungszahl
s	-	Schlupf
s	1/s	Laplace-Operator
s	m	Weglänge
s_Q	m	Nutöffnungsbreite
S	VA	Scheinleistung
t	s	Zeit
T	s	Zeitkonstante, Periodendauer
T_J	s	Nenn-Anlaufdauer
u	-	Spulenseiten je Nut und Schicht
U	V	elektrische Spannung
U_f	V	elektrische Spannung der Erregerwicklung
U_p	V	Polradspannung
$ü$	-	Übersetzungsverhältnis
$ü_U$, $ü_I$	-	Spannungs-, Stromübersetzungsverhältnis
v	m/s	Geschwindigkeit
v_{10}	W/kg	Ummagnetisierungsverluste bei 1.0 T, 50 Hz je 1 kg
v_{15}	W/kg	Ummagnetisierungsverluste bei 1.5 T, 50 Hz je 1 kg
V	A	magnetische Spannung
V	m³	Volumen
W	J	Energie
W	m	Spulenweite
x	m	Umfangskoordinate
X	Ω	Reaktanz
X_d, X_q	Ω	synchrone Längs-, Querreaktanz
y	-	Weite einer Spule, gezählt in Nutteilungen
z	-	gesamte Leiterzahl
Z	Ω	Impedanz

α	rad	Zündwinkel
α_e	-	äquivalente (ideelle) Polbedeckung
α_Q	rad	Nutwinkel
γ	rad	Umfangswinkel
δ	m	Luftspaltweite
δ_e	m	äquivalente (ideelle) Luftspaltweite
ε	As/(Vm)	Dielektrizitätskonstante
η	-	Wirkungsgrad
ϑ	rad	Polradwinkel
Θ	A	elektrische Durchflutung
κ	S/m	elektrische Leitfähigkeit
Λ	Vs/A	magnetischer Leitwert
μ	-	Ordnungszahl
μ	Vs/(Am)	magnetische Permeabilität
μ_0	Vs/(Am)	magnetische Permeabilität des Vakuums $(\mu_0 = 4\pi\,10^{-7}\;Vs/(Am))$
ν	-	Ordnungszahl
ξ	-	„reduzierte" Leiterhöhe
σ	-	Blondel'scher Koeffizient der Gesamtstreuung, Streuziffer
σ_o	-	Streuziffer der Oberfelderstreuung
τ_c	m	Kommutatorstegteilung
τ_Q	m	Nutteilung
τ_p	m	Polteilung
φ	rad	Phasenwinkel
Φ	Wb	magnetischer Fluss
Ψ	Vs	magnetische Flussverkettung
ω	1/s	elektrische Kreisfrequenz
Ω_m	1/s	mechanische Winkelgeschwindigkeit
Ω	1/s	elektrische Winkelgeschwindigkeit

Indizes

a	Anker, aussen
av	Mittelwert
b	Bürste, asynchrones Kippen
B, Batt	Batterie
c	Spule, Kommutator
com	Kommutierungs-
C	Koerzitiv-

Cu	Kupfer
d	direct (längs), DC (Gleichgröße), Zone (distribution), Verluste (dissipation)
D	Dämpferwicklung in der Längsachse
dyn	dynamisch
e	elektrisch, äquivalent
f	Feld
fr	Reibung
Fe	Eisen
Ft	Foucault-Verluste (Wirbelstromverluste)
ges	gesättigt, gesamt
h	Haupt-
i	induziert, innen
i	Zählvariable
in	zugeführt
k	Kurzschluss-
LL	verkettet (Linienspannung)
m	Magnetisierungs-
m	mechanisch
mag	magnetisch
N	Nenn
out	abgegeben
o	Oberfelder
p	Pol, Polrad, Sehnung (pitch)
ph	Phasenwert
q	quadrature (quer)
Q	Dämpferwicklung in der Querachse
Q	Nut
r	Rotor
R	Reaktanz- (Gleichstrommaschine), Remanenz, Reibung
s	Stator
s	Welle (shaft)
S	Strang
syn	Synchron
sh	Shunt
T	Takt
v	Vorwiderstand
w	Wicklung
W	Wendepol
y	Joch
Z	Zusatzverluste, Zugkraft

δ	Luftspalt
σ	Streu-
0	Leerlauf
1	Anfahrpunkt ($s = 1$ bei Asynchronmaschine)

Notationen

i	Kleinbuchstabe: z.B.: elektrische Stromstärke, Augenblickswert
I	Großbuchstabe: z.B.: elektrische Stromstärke, Effektivwert oder Gleichstrom-Wert
X, x	Großbuchstabe: z.B. Reaktanz, Kleinbuchstabe: z.B. bezogene Reaktanz (p.u. -Wert)
$\underline{I}$	unterstrichen: komplexe Größe
$\hat{I}$	Spitzenwert, Amplitude
I'	auf Ständerwicklungsdaten umgerechnet
X', X''	transiente, subtransiente Reaktanz
$\underline{I}^*$	konjugiert komplexer Wert von $\underline{I}$
Re(.)	Realteil von ...
Im(.)	Imaginärteil von ...

Verwendete Abkürzungen

B2H	Halbgesteuerte zweipulsige Gleichrichterbrücke
B2C	Vollgesteuerte zweipulsige Gleichrichterbrücke
B6C	Vollgesteuerte sechspulsige Gleichrichterbrücke
EZS	Erzeugerzählpfeilsystem
GR	Gleichrichter
IGBT	Insulated Gate Bipolar Transistor
IVP	Induktiver Volllastpunkt
PEM	Polymer-Elektrolyt-Membran
PM	Permanentmagnete
PWM	Pulsweitenmodulation
PKW	Personenkraftwagen
ü.e.	übererregt
u.e.	untererregt
VZS	Verbraucherzählpfeilsystem
WR	Wechselrichter
ZK	Zwischenkreis

1. Grundlagen elektromechanischer Energiewandler

Aufgaben

Beim Durchrechnen der Aufgaben sollen beim Selbststudium immer Größengleichungen verwendet werden, z. B.:

$$\Phi_\delta = B_\delta A_\delta = 1.8\,\text{T} \cdot 900 \cdot 10^{-6}\,\text{m}^2 = 1.8\frac{\text{Vs}}{\text{m}^2} \cdot \frac{900}{10^6}\,\text{m}^2 = \frac{1.62}{10^3}\,\text{Vs} = 1.62\,\text{mWb}\,.$$

Im Buch sind aus Platzgründen die Einheiten beim Einsetzen in die Größengleichungen nicht mitgeschrieben, z. B.:

$$\Phi_\delta = \int_A \vec{B} \cdot d\vec{A} = B_\delta A_\delta = 1.8 \cdot 900 \cdot 10^{-6} = 1.62\,\text{mWb}\,.$$

Der Leser /die Leserin möge selbst die zugehörigen Einheiten zuordnen. Die zugeordneten Einheiten sollten nach ihrer Verarbeitung durch Übereinstimmung mit den im Buch angegebenen Einheiten im Endresultat die Ergebnisse bestätigen.

Aufgabe A1.1: Magnetischer Eisenkreis

Der geblechte magnetische Eisenkreis gemäß Bild A1.1-1 mit dem Querschnitt $A = 30\text{x}30\,\text{mm}^2$ hat einen Luftspalt $\delta = 3$ mm. Die Werkstoffkennlinie des Elektroblechs $B(H)$ ist in Bild A1.1-2, Kurve 1, dargestellt. Die Erregerspule mit N Windungen führt den Gleichstrom I, der im Luftspalt eine magnetische Flussdichte $B_\delta = 1.8$ T erregt.

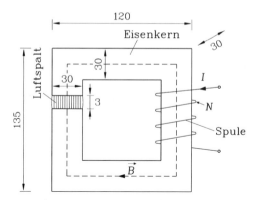

Bild A1.1-1: Magnetischer Eisenkreis (nicht maßstäblich gezeichnet)

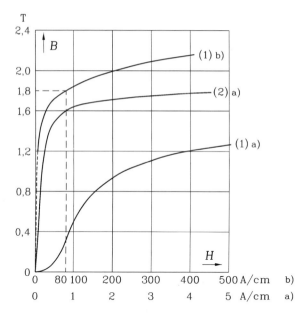

Bild A1.1-2: Gleichstrom-Magnetisierungskurven $B(H)$, Hystereseschleife vernachlässigt (1) warmgewalztes Elektroblech, 0.5 mm dick, $v_{10} = 3$ W/kg bei 1.0 T, 50 Hz (2) kaltgewalztes, kornorientiertes Blech, 0.35 mm dick, Vorzugsrichtung dargestellt, $v_{10} = 0.45$ W/kg bei 1.0 T, 50 Hz. Die Kurve (1) ist im Abschnitt 1 ... 5 A/cm (Teil a)) mit vergrößertem Maßstab und im Abschnitt bis 500 A/cm (Teil b)) mit 1/100 kleinerem Maßstab dargestellt

1. Wie groß ist der magnetische Fluss Φ_δ im Luftspalt?
2. Wie groß ist die magnetische Flussdichte B_{Fe} im Eisenkern entlang der gestrichelt eingezeichneten Feldlinie in Bild A1.1-1a? Vernachlässigen Sie den Streufluss!

3. Wie groß sind die Permeabilität μ und die magnetischen Feldstärken H_δ und H_{Fe} im Luftspalt und im Eisen?
4. Wie groß ist die erforderliche elektrische Durchflutung $\Theta = N \cdot I$ in der Erregerspule, um die Flussdichte $B_\delta = 1.8$ T zu erregen?
5. Wie groß ist der Strom I, wenn die Spule $N = 500$ Windungen hat?

Lösung zu Aufgabe A1.1:

1)

Polfläche im Luftspalt: $A_\delta = 30 \times 30 = 900\ \text{mm}^2$

Magnetischer Fluss im Luftspalt:

$$\Phi_\delta = \int_A \vec{B} \cdot d\vec{A} = B_\delta A_\delta = 1.8 \cdot 900 \cdot 10^{-6} = 1.62\ \text{mWb}$$

2)

Eisenquerschnitt A_{Fe} = Polfläche im Luftspalt A_δ. Da der Streufluss vernachlässigt wird, sind die Flüsse Φ_δ im Luftspalt und Φ_{Fe} im Eisen gleich groß.

$$\Phi_\delta = \Phi_{Fe} = \Phi_h = A_\delta B_\delta = A_{Fe} B_{Fe} \Rightarrow B_{Fe} = B_\delta \cdot (A_\delta / A_{Fe}) = B_\delta = 1.8\ \text{T}$$

3)

Permeabilität im Luftspalt: $\mu = \mu_0 = 4\pi \cdot 10^{-7}\ \text{Vs/(Am)}$,

$$H_\delta = B_\delta / \mu_0 = 1.8 / (4\pi \cdot 10^{-7}) = 1432395\ \text{A/m}.$$

Die Kennlinie 1, Bild A1.1-1b liefert für das Eisenblech zum Wert $B_{Fe} = 1.8\,\text{T}$ die Feldstärke $H_{Fe} = 80\ \text{A/cm} = 8000\ \text{A/m}$:

$$\mu_{Fe} = B_{Fe} / H_{Fe} = 1.8 / 8000 = 0.000225\ \text{Vs/(Am)} = 179 \mu_0.$$

4)

Länge von $s_{Fe} = 2 \cdot (120 - 30) + 2 \cdot (135 - 30) - 3 = 387\ \text{mm}$,

Ampère'scher Durchflutungssatz längs geschlossener Kurve C (Bild A1.1-1a): $\Theta = N \cdot I = H_\delta \cdot \delta + H_{Fe} \cdot s_{Fe}$

$$\Theta = 1432395 \cdot 0.003 + 8000 \cdot 0.387 = 4297 + 3096 = 7393\ \text{A}$$

5)

$$I = \Theta / N = 7393 / 500 = 14.79\ \text{A}$$

Aufgabe A1.2: Ruhinduktion

Ein Magnetkreis (Bild A1.2-1a) hat die Maße $\delta = 3$ mm, $b = l = 30$ mm. Die Erregerspule mit $N = 500$ Windungen wird mit Wechselstrom $i(t) = \hat{I} \cdot \sin(2\pi f \cdot t)$, $f = 100$ Hz, $\hat{I} = 7.8$ A gespeist. Die magnetische Permeabilität des Eisens μ_{Fe} wird näherungsweise als unendlich groß angenommen, der Streufluss wird vernachlässigt. Im Luftspalt des Magnetkreises befindet sich eine quadratische Spule mit 30 mm Seitenlänge und $N_c = 10$ Windungen (orientierte Spulenfläche gemäß Bild A1.2-1b).

1. Berechnen Sie die magnetische Luftspaltflussdichte $B_\delta(t)$! Skizzieren Sie den zeitlichen Verlauf von $i(t)$ und $B_\delta(t)$ maßstäblich!
2. Wie groß ist die magnetische Flussverkettung $\psi(t)$ des von der Erregerspule erzeugten Magnetfelds mit der im Luftspalt befindlichen Spule?
3. Wie groß ist die in die Luftspaltspule induzierte elektrische Spannung $u_i(t)$? Skizzieren Sie ihren zeitlichen Verlauf maßstäblich!
4. Berechnen Sie die Gegeninduktivität M zwischen Erregerspule und Luftspaltspule!

Lösung zu Aufgabe A1.2:

1)
Eisenquerschnitt A_{Fe} = Polfläche im Luftspalt A_δ. Kein Streufluss, daher Φ_δ und Φ_{Fe} gleich groß:

$$\Phi_\delta = \Phi_{Fe} = \Phi_h = A_\delta B_\delta = A_{Fe} B_{Fe} \Rightarrow B_{Fe} = B_\delta \cdot (A_\delta / A_{Fe}) = B_\delta$$

Unendlich große Eisen-Permeabilität: $H_{Fe} = B_{Fe} / \mu_{Fe} = 0$.

Ampère'scher Durchflutungssatz (vgl. Bild A1.1-1a):

$$\Theta(t) = N \cdot i(t) = H_\delta \cdot \delta + H_{Fe} \cdot s_{Fe} = H_\delta \cdot \delta = B_\delta \cdot \delta / \mu_0 \Rightarrow B_\delta(t) = \mu_0 \cdot N \cdot i(t) / \delta$$

$$B_\delta(t) = 4\pi \cdot 10^{-7} \cdot \frac{500 \cdot 7.8 \cdot \sin(2\pi \cdot 100 \cdot t)}{0.003} = 1.63 \text{ T} \cdot \sin(2\pi \cdot 100 \cdot t)$$

Schwingungsdauer: $T = 1/f = 1/100 = 10$ ms (siehe Bild A1.2-1c).

2)
Gemäß Bild A1.2-1b ist der Richtungsvektor $d\vec{A}$ auf die orientierte Spulenfläche, rechtswendig zugeordnet zum Kurvenumlauf C entlang des Tangentenvektors $d\vec{s}$, entgegengesetzt zum Flussdichtevektor $\vec{B}_\delta$ gerichtet. Daher ist die Flussverkettung negativ: $\psi(t) = N_c \Phi(t) = -N_c A_\delta B_\delta(t)$.

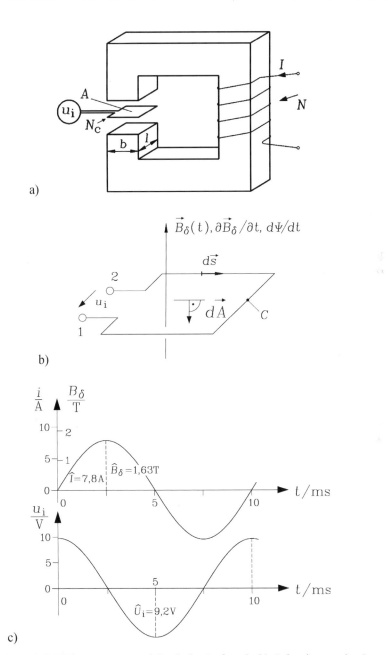

Bild A1.2-1: a) C-Elektromagnet und Spule im Luftspalt, b) Orientierung der Spulenfläche im Luftspalt des C-Magneten, c) Zeitverläufe des Erregerstroms i, der Flussdichte B_δ und der induzierten Spannung u_i

$$\psi(t) = -10 \cdot 30 \cdot 30 \cdot 10^{-6} \cdot 1.63 \cdot \sin(2\pi \cdot 100 \cdot t) = -0.0147 \text{ Vs} \cdot \sin(2\pi \cdot 100 \cdot t)$$

3)
Faraday'sches Induktionsgesetz:

$$u_i(t) = -\frac{d\psi(t)}{dt} = -2\pi f \cdot \hat{\Psi} \cdot \cos(2\pi f \cdot t)$$

$$u_i(t) = -2\pi \cdot 100 \cdot (-0.0147) \cdot \cos(2\pi \cdot 100 \cdot t) = 9.2 \text{ V} \cdot \cos(2\pi \cdot 100 \cdot t)$$

4)
Die Gegeninduktivität M zwischen Erreger-Spule 1 und Luftspalt-Spule 2 ergibt sich mit der in Bild A1.2-1b gewählten Bezugsrichtung der orientierten Spulenfläche als negativer Wert.

$$M = M_{21} = \frac{\psi_2(t)}{i_1(t)} = \frac{\hat{\Psi} \cdot \sin(2\pi f \cdot t)}{\hat{I} \cdot \sin(2\pi f \cdot t)} = \frac{\hat{\Psi}}{\hat{I}} = \frac{-0.0147}{7.8} = -1.88 \text{ mH}$$

Aufgabe A1.3: Bewegungsinduktion

Ein Magnetkreis gemäß Bild A1.2-1a mit quadratischen Querschnittsabmessungen $b = l = 30$ mm wird über eine Erregerspule mit Gleichstrom I so erregt, dass im Luftspalt δ eine magnetische Flussdichte $B_\delta = 1.8$ T auftritt. Die im Luftspalt befindliche quadratische Spule (Richtungssinn der Flächennormalen gemäß Bild A1.2-1b, $N_c = 10$ Windungen, 30 mm Seitenlänge, Innenwiderstand $R_c = 0.1$ Ω) liegt zum Zeitpunkt $t = 0$ so, dass die Spulenseiten genau über den Kanten der Polfläche liegen.
1. Die Luftspaltspule wird ab dem Zeitpunkt $t = 0$ mit $v = 20$ m/s nach links durch eine externe Antriebskraft F_m aus dem Luftspalt gezogen. Welcher physikalische Effekt tritt auf?
2. Skizzieren Sie den zeitlichen Verlauf der in die Luftspaltspule induzierten Spannung $u_i(t)$ von Klemme 2 nach Klemme 1 (Bild A1.2-1b) maßstäblich für den Zeitraum von 0 bis 2 ms.
3. Die Luftspaltspule wird mit einem Widerstand $R = 1$ Ω belastet. Zeichnen Sie das elektrische Ersatzschaltbild der belasteten Spule mit der induzierten Spannung, wobei Sie die positive Stromrichtung i_c gemäß dem Umlaufsinn von Bild A1.2-1b wählen.

4. Berechnen und skizzieren Sie maßstäblich den in der Spule fließenden Strom $i_c(t)$! Der Einfluss der Spulenselbstinduktivität wird vernachlässigt. Welche Wirkung hat der fließende Spulenstrom?
5. Wie groß ist die auf die bewegte Luftspaltspule wirkende Lorentz-Kraft F? In welche Richtung wirkt diese Kraft?
6. Wie wirkt die bewegte Spule als elektromechanischer Energiewandler? Geben Sie die Energiebilanz im Erzeugerzählpfeilsystem an und ermitteln Sie den Wirkungsgrad η!

Lösung zu Aufgabe A1.3:

1)
Es wird durch Bewegungsinduktion eine Spannung u_i in der bewegten Spule induziert, solange sich die rechte Spulenseite durch das Magnetfeld im Luftspalt nach links bewegt (Bild A1.3-1a). Sobald die Spule den Luftspalt vollständig verlassen hat, befindet sie sich im feldfreien Raum, so dass die induzierte Spannung nun Null ist. Eine Ruhinduktion tritt wegen der zeitlich konstanten Flussdichte $\vec{B}_\delta$ nicht auf: $\partial \vec{B}_\delta / \partial t = 0$.

2)
Von den beiden zu l parallelen Spulenseiten befindet sich nur die rechte Spulenseite ab $t > 0$ noch im Luftspalt, so dass dort die bewegungsinduzierte Feldstärke $\vec{E}_b = \vec{v} \times \vec{B}_\delta$ parallel zum Tangentenvektor $d\vec{s}$ an die Spulenseite der Länge l auftritt. Die anderen beiden Spulenseiten liegen parallel zu b und schließen mit der bewegungsinduzierten elektrischen Feldstärke $\vec{E}_b = \vec{v} \times \vec{B}_\delta$ einen rechten Winkel ein, so dass $\vec{E}_b \cdot d\vec{s} = 0$ ist. Folglich ist die induzierte Spannung je Windung

$$u_i = \oint_C \left(\vec{v} \times \vec{B}_\delta\right) \cdot d\vec{s} = \int_2^1 \left(\vec{v} \times \vec{B}_\delta\right) \cdot d\vec{s} = -\int_2^1 v \cdot B_\delta \cdot ds = v \cdot B_\delta \cdot l.$$

Induzierte Spannung für die gesamte Spule (Bild A1.3-1a):

$$u_i = -N_c \cdot v \cdot B_\delta \cdot l = -10 \cdot 20 \cdot 1.8 \cdot 30 \cdot 10^{-3} = -10.8 \, \text{V}.$$

Nach der Zeit $t_1 = b/v = 30 \cdot 10^{-3} / 20 = 1.5 \, \text{ms}$ hat die Spule den Luftspalt verlassen; die induzierte Spannung ist ab diesem Zeitpunkt Null.

3)
$u + u_i = R_c \cdot i_c$, $u = -R \cdot i_c$, da u von 2 nach 1 gezählt wird, der Spulenstrom i_c aber gemäß dem Umlaufsinn der Kurve C in Bild A1.2-1b.

$u_i - R \cdot i_c = R_c \cdot i_c \Rightarrow u_i = (R + R_c) \cdot i_c$ (Bild A1.3-1b)

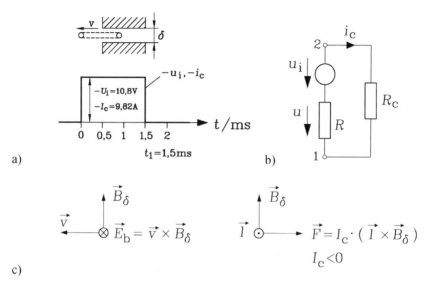

a)

b)

c)

Bild A1.3-1: Bewegte Spule: a) Zeitverläufe von induzierter Spannung und Spulenstrom, b) elektrisches Ersatzschaltbild der mit dem Widerstand R belasteten induzierten Spule, c) bewegungsinduzierte Feldstärke E_b und Lorentz-Kraft F der Spule

4)

$$i_c = I_c = \frac{U_i}{R_c + R} = \frac{-10.8}{0.1 + 1} = -9.82 \text{ A}, \ 0 \le t \le t_1 \qquad i_c = 0, \ t > t_1$$

Der Spulenstrom bewirkt in der Spule die ohm'schen Verluste $R_c I_c^2 = 0.1 \cdot (-9.82)^2 = 9.64 \text{W}$ und $R \cdot I_c^2 = 1 \cdot (-9.82)^2 = 96.4 \text{W}$ im äußeren Belastungswiderstand. Weiter erregt er über die (hier vernachlässigte) Spulenselbstinduktivität ein Eigen-Magnetfeld, das in Richtung von $\vec{B}_\delta$ wirkt und somit versucht, den auf Grund der Spulenbewegung abnehmenden Spulenfluss $\Phi_c = -B_\delta \cdot l \cdot (b - v \cdot t)$, $0 \le t \le t_1$ und $\Phi_c = 0$, $t \ge t_1$ aufrecht zu erhalten (Lenz'sche Regel!).

5)

$$\vec{F} = N_c \cdot \oint_C i_c \cdot d\vec{s} \times \vec{B}_\delta = N_c \cdot I_c \cdot \oint_C d\vec{s} \times \vec{B}_\delta = N_c \cdot I_c \cdot \int_l d\vec{s} \times \vec{B}_\delta = N_c \cdot I_c \cdot (\vec{l} \times \vec{B}_\delta)$$

$$F = N_c \cdot I_c \cdot l \cdot B_\delta = 10 \cdot (-9.82) \cdot 0.03 \cdot 1.8 = -5.3 \text{ N}$$

Die Lorentz-Kraft F wirkt entgegen $\vec{v}$ und damit entgegen der Bewegungsrichtung der Spule (Bild A1.3-1c). Sie <u>bremst</u> und muss von der externen Antriebskraft $F_m = -F = 5.3$ N überwunden werden, um die Bewegung aufrecht zu erhalten.

6)

Der Wandler wirkt als <u>Generator</u>. Die externe Antriebskraft F_m muss die Spule gegen die bremsende elektromagnetische Lorentz-Kraft F mit der Geschwindigkeit v bewegen. Es wird (in gerundeten Zahlen) der bewegten Spule mechanische Leistung $P_m = F_m \cdot v = 5.3 \cdot 20 = 106\,\mathrm{W}$ zugeführt, die im Erzeugerzählpfeilsystem positiv gezählt wird, und in elektrische Leistung umgewandelt $P_e = U_i I_c = (-10.8) \cdot (-9.82) = 106\,\mathrm{W}$, die in den ohm'schen Widerständen in Wärme umgesetzt wird: $(R_c + R) \cdot I_c^2 = 106\,\mathrm{W}$.

Wirkungsgrad:

$$\eta = \frac{P_\mathrm{out}}{P_\mathrm{in}} = \frac{R \cdot I_c^2}{P_m} = \frac{96.4}{106} = 0.909 \ \text{oder} \ \eta = \frac{R}{R + R_c} = \frac{1}{1.1} = 0.909 \, .$$

Aufgabe A1.4: Bewegter stromdurchflossener Leiter im Magnetfeld

Ein elektrischer Leiter (Länge $l = 1$ m, Widerstand $R = 0.2\,\Omega$) wird über zwei flexible Zuleitungen aus einer Batterie (Leerlaufspannung $U_{B0} = 12$ V, Innenwiderstand $R_{Bi} = 0.1\,\Omega$) mit Gleichstrom I gespeist. Der Leiter befindet sich in einem Luftspalt zwischen zwei normal zur Leiterrichtung sehr langen Permanentmagnet-Polschuhen, die im Luftspalt eine senkrecht zur Leiterachse nach unten gerichtete magnetische Flussdichte $B_\delta = 0.8$ T erregen. Die Selbstinduktivität des Leiters und der Drahtanschlüsse wird vernachlässigt.

1. Zeichnen Sie das elektrische Ersatzschaltbild von Batterie und Leiter und tragen Sie die Stromflussrichtung I im Verbraucherzählpfeilsystem ein. Wie groß ist I?
2. Welcher physikalische Effekt tritt bei dem im Luftspalt ruhenden stromdurchflossenen Leiter auf?
3. In welche Richtung zeigt die auf den Leiter wirkende Lorentz-Kraft F? Wie groß ist sie? Was bewirkt sie?

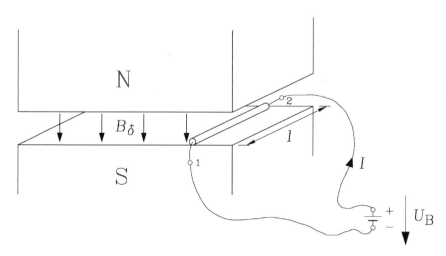

Bild A1.4-1: Stromdurchflossener Leiter im Magnetfeld

4. Zeichnen Sie das elektrische Ersatzschaltbild für die Kombination aus bewegtem Leiter und speisender Batterie und die Verhältnisse am Leiterabschnitt l. Welche zusätzliche elektrische Spannung tritt auf? Geben Sie die Formel an! Wie wirkt sie?

5. Geben Sie alternativ zu 4. das Ersatzschaltbild mit Verwendung der „Urspannung" an!

6. Auf welche Endgeschwindigkeit v_0 wird der Leiter im Luftspalt durch F beschleunigt, wenn keine mechanische Bremskraft auf ihn wirkt? Wie groß ist der Strom I im Leiter nach Erreichen der Endgeschwindigkeit?

7. Angenommen, der Leiter erfährt durch Reibung eine bremsende Kraft $F_R = 10$ N. Auf welche Endgeschwindigkeit v beschleunigt nun der Leiter? Wie groß ist der Strom I im Leiter?

8. Welche mechanische Leistung P_m ist erforderlich, damit sich der Leiter gegen die bremsende Reibungskraft $F_R = 10$ N mit der in 7. bestimmten Endgeschwindigkeit v bewegen kann? Skizzieren Sie die Kurven $v(I)$ und $v(F)$ bei veränderlicher Bremskraft F_R zwischen v_0 und $v = 0$!

9. Wie groß ist die der Batterie entnommene elektrische Leistung P_e zu Punkt 7)? Wie groß sind der Wirkungsgrad η und die Verlustleistung P_d bei der Umsetzung von elektrischer in mechanische Leistung? Wie wirkt der Leiter als elektromechanischer Energiewandler?

Lösung zu Aufgabe A1.4:

1)
Da das Magnetfeld zeitlich konstant ist, tritt keine Ruhinduktion auf. Es wirkt nur die elektrische Batteriespannung gemäß dem Ersatzschaltbild in Bild A1.4-2; $I = \dfrac{U_{B0}}{R_{Bi} + R} = \dfrac{12}{0.1 + 0.2} = 40 \text{ A}$.

2)
Auf den stromdurchflossenen Leiter übt das Magnetfeld eine Lorentz-Kraft F aus.

3)
Die Kraft F wirkt rechtwinklig zur Feld- und Stromflussrichtung, also in Richtung der Luftspaltfläche nach rechts (Bild A1.4-3). Da Stromflussrichtung und Feldrichtung einen rechten Winkel miteinander einschließen, tritt die maximal mögliche Kraft auf: $F = I \cdot l \cdot B_\delta = 40 \cdot 1 \cdot 0.8 = 32 \text{ N}$. Da der Leiter über flexible Verbindungen beweglich an die Batterie angeschlossen ist, wird er durch die Kraft F im Luftspalt in ihre Richtung nach rechts seitlich beschleunigt.

4)
Wird der Leiter durch die Kraft F mit der Geschwindigkeit v bewegt, so wird durch Bewegungsinduktion im Leiter auf der Länge l eine Bewegungsfeldstärke $\vec{E}_b = \vec{v} \times \vec{B}_\delta$ entgegen der Richtung des Tangentenvektors $d\vec{s}$ (Rechtsumlauf in der Schleife gemäß der in Bild A1.4-1 eingetragenen Stromrichtung) induziert, so dass zwischen 2 und 1 die induzierte Spannung u_i auftritt:

$$u_i = \oint_C \left(\vec{v} \times \vec{B}_\delta \right) \cdot d\vec{s} = \int_2^1 \left(\vec{v} \times \vec{B}_\delta \right) \cdot d\vec{s} = -\int_2^1 v \cdot B_\delta \cdot ds = -v \cdot B_\delta \cdot l = U_i.$$

Im Ersatzschaltbild (Bild A1.4-4a) wirkt die induzierte Spannung in Serie mit der Batteriespannung: $U_{B0} + U_i = (R_{Bi} + R) \cdot I = U_{B0} - v \cdot B_\delta \cdot l$. Solange $v \cdot B_\delta \cdot l$ kleiner als U_{B0} ist, ist $I > 0$, und es bleibt die antreibende Kraft $F > 0$ wirksam. Die induzierte Spannung wirkt gegen die Stromrichtung I, die über F die Ursache der Leiterbewegung ist, und wirkt somit gegen die Ursache ihrer Entstehung (Lenz'sche Regel, Bild A1.4-4b).

5)
Die induzierte Spannung als Urspannung ist $U_0 = -U_i = v \cdot B_\delta \cdot l$: Bild A1.4-5, $I = (U_{B0} - U_0)/(R_{Bi} + R)$. Solange U_0 kleiner als U_{B0} ist, ist $I > 0$, und es bleibt die antreibende Kraft $F > 0$ wirksam.

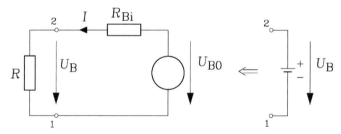

Bild A1.4-2: Elektrisches Ersatzschaltbild für die speisende Batterie und den ruhenden elektrischen Leiter im Verbraucherzählpfeilsystem für R

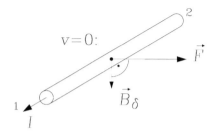

Bild A1.4-3: Richtung der Lorentz-Kraft F auf den stromdurchflossenen Leiter

a)

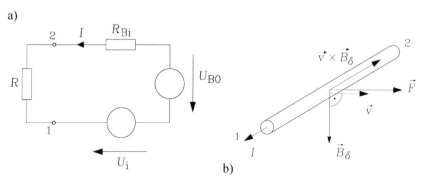

b)

Bild A1.4-4: Bewegter Leiter mit der induzierten Spannung U_i als „äußerer" Spannung zwischen 2 und 1: a) elektrisches Ersatzschaltbild, b) Richtung der Lorentz-Kraft

6)
Die Endgeschwindigkeit v_0 im Luftspalt ist erreicht, wenn gemäß dem 2. Newton'schen Axiom (Kraft = Masse x Beschleunigung) die Summe aller auf den Leiter wirkenden Kräfte Null ist: $\Sigma F = 0$. Ohne mechanische Krafteinwirkung ist dies wegen $F = I \cdot l \cdot B_\delta$ im Luftspalt nur dann der Fall, wenn $I = 0$ ist. Aus dem Ersatzschaltbild von Punkt 4) folgt:

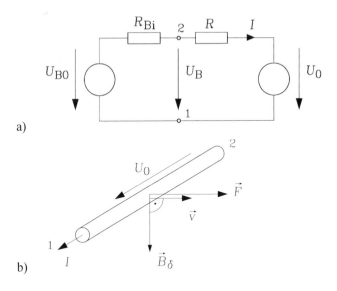

a)

b)

Bild A1.4-5: Wie Bild A1.4-4, jedoch mit der Darstellung der induzierten Spannung als „innerer" Urspannung U_0

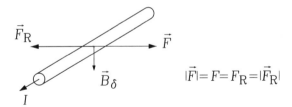

$$|\vec{F}| = F = F_R = |\vec{F}_R|$$

Bild A1.4-6: Kräftegleichgewicht nach Erreichen der Endgeschwindigkeit v

$$U_{B0} = (R_{Bi} + R) \cdot I - U_i \Rightarrow U_{B0} = -U_i = U_0 = v_0 \cdot B_\delta \cdot l \,.$$

Endgeschwindigkeit $v_0 = \dfrac{U_{B0}}{B_\delta \cdot l} = \dfrac{12}{0.8 \cdot 1} = 15 \,\text{m/s}\,.$

Induzierte Spannung und Batteriespannung heben sich bei der Endgeschwindigkeit v_0 auf, so dass die Stromaufnahme I <u>Null</u> ist.

7)
Die Endgeschwindigkeit v ist erreicht, wenn keine weitere beschleunigende Kraft auf den Leiter wirkt, wenn also $F - F_R = 0$ ist.

$$F = I \cdot l \cdot B_\delta = F_R = 10 \,\text{N} \Rightarrow I = \frac{10}{1 \cdot 0.8} = 12.5 \,\text{A}$$

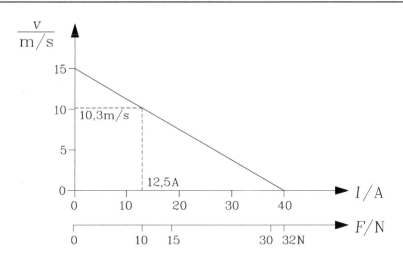

Bild A1.4-7: Leiterendgeschwindigkeit v in Abhängigkeit des Leiterstroms I bzw. der Leiterkraft F

Das Ersatzschaltbild von Punkt 4) liefert: $U_{B0} = (R_{Bi} + R)I - U_i$. Mit

$U_i = -v \cdot B_\delta \cdot l$ folgt: $v = \dfrac{U_{B0} - (R_{Bi} + R) \cdot I}{B_\delta \cdot l} = \dfrac{12 - 0.3 \cdot 12.5}{0.8 \cdot 1} = 10.31 \, \text{m/s}$.

8)

$P_m = F_R \cdot v = 10 \cdot 10.31 = 103.1 \, \text{W}$, siehe Bild A1.4-7

9)

$P_e = U_{B0} \cdot I = 12 \cdot 12.5 = 150 \, \text{W}$, $\eta = \dfrac{P_{out}}{P_{in}} = \dfrac{P_m}{P_e} = \dfrac{103.1}{150} = 68.7 \, \%$,

Gesamtverluste: $P_d = P_{in} - P_{out} = 150 - 103.1 = 46.9 \, \text{W}$

oder $P_d = (R_{Bi} + R) \cdot I^2 = 0.3 \cdot 12.5^2 = 46.9 \, \text{W}$.

Der Leiter bewegt sich gegen die bremsende äußere Reibungskraft F_R. Er wirkt als Motor. Er wandelt elektrische Energie aus der Batterie in mechanische Energie um.

Aufgabe A1.5: Drehstromsystem

Eine Drehstrom-Steckdose stellt 3x400 V/50 Hz sowie den Sternpunkt N zur Verfügung.

1. Welche Spannungen sind als Effektivwerte nutzbar?
2. Zeichnen Sie maßstäblich die drei komplexen Spannungszeiger der verketteten Spannungen $u_{UV}(t)$, $u_{VW}(t)$ und $u_{WU}(t)$! Legen Sie dabei $\underline{U}_{UV}$ in die reelle Achse!
3. Leiten Sie aus den verketteten Spannungen die Strangspannungen $u_U(t)$, $u_V(t)$, $u_W(t)$ ab. Skizzieren Sie die Lage der Strangspannungszeiger maßstäblich!
4. Berechnen Sie mit den komplexen Zeigern das Verhältnis der Amplituden bzw. Effektivwerte von Strang- zu verketteter Spannung. Wie groß ist die Phasenverschiebung zwischen $u_{UV}(t)$ und $u_U(t)$?
5. Wie groß sind die Spannungsamplituden der Strang- und der verketteten Spannungen $\hat{U}_{ph}, \hat{U}_{LL}$?
6. Ein Widerstand $R = 10\,\Omega$ wird zwischen den Klemmen V und N angeschlossen. Skizzieren Sie maßstäblich den zeitlichen Verlauf der im Widerstand umgesetzten Momentanleistung $p(t)$ und deren Mittelwert P! Wählen Sie den Zeitpunkt $t = 0$ so, dass $p(0) = 0$ ist. Welche Art von Leistung liegt vor?
7. Im Unterschied zu 6. wird je ein Widerstand $R = 10\,\Omega$ zwischen den Klemmen U-N, V-N, W-N als symmetrische Drehstromlast angeschlossen. Skizzieren Sie maßstäblich den zeitlichen Verlauf der in den Widerständen wirksamen gesamten Momentan-Leistung $p_{ges}(t)$ und deren Mittelwert P_{ges}!

Lösung zu Aufgabe A1.5:

1)
Zwischen den Klemmen U, V, W sind die verketteten Spannungen mit jeweils 400 V (Effektivwert) nutzbar:
$U_{UV} = 400$ V, $U_{VW} = 400$ V, $U_{WU} = 400$ V.
Zwischen U, V, W und N sind die Strangspannungen $400/\sqrt{3} = 231$ V (Effektivwert) nutzbar:
$$U_{UN} = U_U = 231\text{ V}, \ U_{VN} = U_V = 231\text{ V}, \ U_{WN} = U_W = 231\text{ V}.$$
2)
$u_{VW}(t)$ eilt $u_{UV}(t)$ um 120°el. nach, $u_{WU}(t)$ eilt $u_{UV}(t)$ um $2\cdot120°$el. $= 240°$el. nach.

3)

Die Darstellung der Strangspannungen durch verkettete Spannungen ist auf mehrere Arten möglich, wobei man sich zunutze macht, dass beim symmetrischen Drehstromsystem die Summe der drei Strang- und der drei verketteten Spannungen jeweils Null ist. Dies sieht man z. B. durch die Summenbildung der drei komplexen Zeiger $\underline{U}_{UV}$, $\underline{U}_{VW}$, $\underline{U}_{WU}$ von Bild A1.5-1 graphisch. Rechnung für Strangspannung $u_U(t)$: Bild A1.5-2a:

$$u_U - u_V = u_{UV}, u_V - u_W = u_{VW}, u_U + u_V + u_W = 0 \Rightarrow u_U = \frac{u_{VW} + 2 \cdot u_{UV}}{3}$$

Bild A1.5-2b:

$$u_{UV} + u_{VW} + u_{WU} = 0 \Rightarrow u_U = \frac{-u_{UV} - u_{WU} + 2u_{UV}}{3} = \frac{u_{UV} - u_{WU}}{3}$$

Ergebnis:

$$u_U = \frac{u_{VW} + 2 \cdot u_{UV}}{3} = \frac{u_{UV} - u_{WU}}{3}$$

$$u_V = \frac{u_{WU} + 2 \cdot u_{VW}}{3} = \frac{u_{VW} - u_{UV}}{3}$$

$$u_W = \frac{u_{UV} + 2 \cdot u_{WU}}{3} = \frac{u_{WU} - u_{VW}}{3}$$

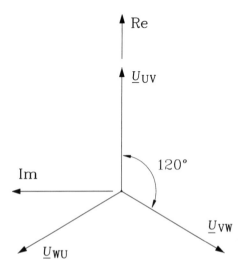

Bild A1.5-1: Komplexe Spannungszeiger der verketteten Spannungen

4)
Verkettete Spannungen:

$$\underline{U}_{UV} = U_{UV} = U_{LL}, \underline{U}_{VW} = U_{LL} \cdot e^{-j2\pi/3}, \underline{U}_{WU} = U_{LL} \cdot e^{-j4\pi/3}$$

Strangspannung u_U z. B. gemäß Bild A1.5-2a:

$$\underline{U}_U = \frac{\underline{U}_{VW} + 2\underline{U}_{UV}}{3} = \frac{U_{LL}}{3} \cdot \left(e^{-j2\pi/3} + 2\right) = \frac{U_{LL}}{3} \cdot \left(\cos(2\pi/3) - j\sin(2\pi/3) + 2\right)$$

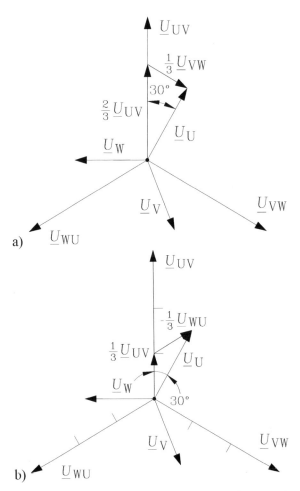

Bild A1.5-2: Ermittlung der Strangspannung aus den verketteten Spannungen mit den Varianten a) und b)

Mit

$$\cos\left(\frac{2\pi}{3}\right) - j\sin\left(\frac{2\pi}{3}\right) + 2 = -\frac{1}{2} - j\frac{\sqrt{3}}{2} + 2 = \sqrt{3}\cdot\left(\frac{\sqrt{3}}{2} - j\frac{1}{2}\right) =$$

$$= \sqrt{3}\cdot\left(\cos\left(\frac{\pi}{6}\right) - j\sin\left(\frac{\pi}{6}\right)\right)$$

folgt

$$\underline{U}_U = \frac{U_{LL}}{3}\cdot\sqrt{3}\cdot e^{-j\pi/6} = \frac{U_{LL}}{\sqrt{3}}\cdot e^{-j\pi/6}$$

Die Strangspannung $u_U(t)$ eilt der verketteten Spannung $u_{UV}(t)$ um 30°el. nach. Ihre Amplitude und ihr Effektivwert sind um den Faktor $1/\sqrt{3}$ kleiner als jene der verketteten Spannung.

5)
Der Zeitverlauf der Strang- und der verketteten Spannungen ist sinusförmig.

Effektivwert einer Sinusspannung $u(t) = \hat{U}\sin(\omega t)$, $\omega = 2\pi f, f = 1/T$:

$$U = u_{eff} = \sqrt{\frac{1}{T}\int_0^T u^2(t)dt}$$

$$U = \sqrt{\frac{1}{T}\int_0^T \frac{\hat{U}^2}{2}(1 - \cos(2\omega t))dt} = \sqrt{\frac{1}{T}\int_0^T \frac{\hat{U}^2}{2}dt} = \sqrt{\frac{1}{T}\cdot T\cdot\frac{\hat{U}^2}{2}} = \frac{\hat{U}}{\sqrt{2}}$$

Strangspannung:
Amplitude: $\hat{U}_{ph} = \sqrt{2}U_{ph} = \sqrt{2}\cdot 231 = 326.7$ V

Verkettete Spannung: Amplitude: $\hat{U}_{LL} = \sqrt{2}U_{LL} = \sqrt{2}\cdot 400 = 565.7$ V

6)

$$p(t) = p_V(t) = u_V(t)i_V(t) = \frac{u_V^2(t)}{R} = \frac{\hat{U}_V^2}{R}\sin^2(2\pi ft) = \frac{U_{ph}^2}{R}(1 - \cos(4\pi ft))$$

$$p(t) = \frac{231^2}{10}\cdot(1 - \cos(2\pi\cdot 2\cdot 50\cdot t)) = 5336.1 \text{ W}\cdot(1 - \cos(2\pi\cdot 100\cdot t))$$

$$P = \frac{1}{T}\int_0^T p(t)dt = \frac{1}{T}\int_0^T \frac{U_{ph}^2}{R}\cdot(1 - \cos(4\pi ft))\cdot dt = \frac{U_{ph}^2}{R} = 5336.1 \text{ W}$$

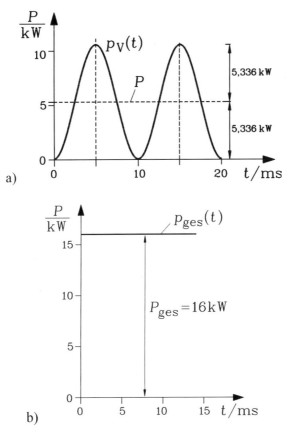

Bild A1.5-3: a) Pulsierende Einphasen-Leistung im Strang V, b) Konstante Drehstromleistung bei symmetrischem Drehstrom-Verbraucher

Die Momentan-Leistung $p(t)$ pulsiert sinusförmig mit doppelter Netzfrequenz 100 Hz zwischen den Werten 0 und 10672.2 W um den Mittelwert 5336.1 W. Dieser Mittelwert stellt die Wirkleistung dar, die im Widerstand in thermische Leistung umgesetzt wird, die zur Erwärmung des Widerstands führt.

7)
Die mit doppelter Netzfrequenz pulsierenden Leistungsanteile sind zueinander - bezogen auf Strang U - in Strang V um 240°el. und im Strang W um 480°el. phasenverschoben, so dass deren Summe stets Null ist. Es verbleibt die Summe der drei Mittelwerte je Strang.

$$p_{\text{ges}}(t) = p_U(t) + p_V(t) + p_W(t) = 3 \cdot \frac{U_{\text{ph}}^2}{R} = 3 \cdot \frac{231^2}{10} = 3 \cdot 5336.1 = 16.0 \text{ kW}$$

$$P_{\text{ges}} = \frac{1}{T} \int_0^T p_{\text{ges}}(t) \cdot dt = 3P = 16.0 \text{ kW}$$

Die Momentanleistung $p_{\text{ges}}(t)$, die in den drei Widerständen umgesetzt wird, ist zeitlich konstant und gleichzeitig der Mittelwert P_{ges}, der die Wirkleistung darstellt, die in den Widerständen in Wärmeleistung umgewandelt wird.

Aufgabe A1.6: Faraday'sche Scheibe

Eine Kupferscheibe (Bild A1.6-1) mit dem Durchmesser $d = 2R = 60$ cm rotiert mit der mechanischen Winkelgeschwindigkeit Ω_s und einer Umfangsgeschwindigkeit $v_u = 100$ m/s in einem homogenen Magnetfeld $B = 1.8$ T eines zylinderförmigen Permanentmagnets. Die Scheibe wird über zwei Kohlebürsten als Gleitkontakte jeweils am Scheibenmittelpunkt und Außenrand mit einem externen Voltmeter V kontaktiert. Strom I und Spannung U in diesem angeschlossenen elektrischen Stromkreis sind einander über das Verbraucherzählpfeilsystem zugeordnet. Der Innenwiderstand R_i der Scheibe wird vernachlässigt. Der Permanentmagnet kann ebenfalls mit der mechanischen Winkelgeschwindigkeit Ω_m rotieren, wird aber zunächst als ruhend angenommen ($\Omega_m = 0$).

1. Wie hoch ist die Drehzahl n der Scheibe in 1/s und 1/min?
2. Welche Art von Induktion tritt in der Scheibe auf? Wie groß ist die induzierte Spannung U_i, gezählt vom Scheibenmittelpunkt zum Scheibenaußenrand? Welche Spannung U wird mit dem Voltmeter V gemessen?
3. Die Scheibe wird nun anstelle des Voltmeters über die beiden Gleitkontakte mit einem externen ohm'schen Widerstand $R_a = 1\ \Omega$ belastet. Der Bürstenspannungsfall beider Bürsten beträgt $U_b = 2$ V bei Stromfluss. Wie groß ist der Laststrom I? Wie wirkt die von ihm verursachte Lorentz-Kraft?
4. Berechnen Sie die mechanische Bremsleistung der Lorentz-Kraft P_δ im Verbraucherzählpfeilsystem und überprüfen Sie das Ergebnis mit der elektrischen Leistung über U und I!
5. Die Verlustleistung an der Scheibe durch Bürsten-, Luft-, Lagerreibung beträgt $P_{fr} = 100$ W. Wie groß sind die zu 3. erforderliche, der Scheibe zuzuführende mechanische Antriebsleistung P_m, das Drehmoment M

und der Wirkungsgrad η? Verwenden Sie für diese generatorische Leistungsbilanz das Erzeugerzählpfeilsystem!

6. Diskutieren Sie nun folgende drei Fälle hinsichtlich der auftretenden induzierten Spannung in der Scheibe:

(i) Die Scheibe ruht ($\Omega_s = 0$), der Permanentmagnet rotiert ($\Omega_m > 0$),

(ii) Scheibe und Permanentmagnet rotieren mit unterschiedlichen Drehzahlen,

(iii) Scheibe und Permanentmagnet ruhen, aber der angeschlossene elektrische Kreis mit dem Voltmeter rotiert mit $-\Omega_s$.

Lösung zu Aufgabe A1.6:

1)
$$d = 0.6 \text{ m}, v_u = d \cdot \pi \cdot n = 100 \text{ m/s}$$

$$n = \frac{v_u}{d \cdot \pi} = \frac{100}{0.6 \cdot \pi} = 53 \text{ /s} = 3183 \text{ /min}$$

2)

Die Scheibe wird mit der Winkelgeschwindigkeit $\Omega_s = 2\pi \cdot n$ gedreht, während der Magnet ruht. Daher tritt Bewegungsinduktion auf, da der Leiter, nämlich die Scheibe, sich im Feld B bewegt. Der Magnet selbst ändert sein Feld nicht: B = konst. Es tritt keine Ruhinduktion auf: $\partial B / \partial t = 0$. Die Geschwindigkeit $v = r \cdot \Omega_s$ jedes Punkts der Scheibe im Abstand r von der Drehachse ist im rechten Winkel zum Radiusstrahl (Einheitsvektor $\vec{e}_r$, $|\vec{e}_r| = 1$), also in Umfangsrichtung, orientiert. Das Magnetfeld $\vec{B}$ tritt axial senkrecht durch die Scheibe und ist daher rechtwinklig zum Geschwindigkeitsvektor $\vec{v}$ gerichtet. Daher ist die Bewegungsfeldstärke

$$\vec{E}_b = \vec{v} \times \vec{B} = v \cdot B \cdot \vec{e}_r$$

radial von innen nach außen gerichtet (Bild A1.6-2). Folglich wird der äußere Rand der Scheibe positiv aufgeladen. Für die Bewegungsinduktion in einem Scheibenelement gemäß Bild A1.6-2 mit $v(r) = 2\pi \cdot n \cdot r$ und positiver Zählrichtung $d\vec{s} = d\vec{r}$ vom Scheibenmittelpunkt zum Scheibenrand folgt U_i für diese Bezugsrichtung gemäß

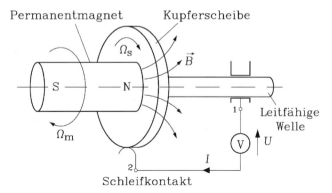

Bild A1.6-1: Faraday'sche Scheibe: Rotierende Kupferscheibe im Magnetfeld

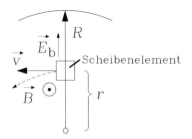

Bild A1.6-2: Bewegungsinduktion in einem Scheibenelement

$$U_i = \int_0^R (\vec{v} \times \vec{B}) \cdot d\vec{s} = \int_0^R \vec{E}_b \cdot d\vec{s} = \int_0^R E_b \cdot ds = \int_0^R E_b \cdot dr = \int_0^R 2\pi \cdot n \cdot r \cdot B \cdot dr \ .$$

$$U_i = 2\pi \cdot n \cdot B \frac{r^2}{2}\bigg|_0^R = \pi \cdot n \cdot B \cdot R^2 = v_u \cdot B \cdot \frac{R}{2} = 100 \cdot 1.8 \cdot \frac{0.3}{2} = 27 \ \text{V}$$

Mit der eingezeichneten Spannungsrichtung U zwischen 2 und 1 und der Stromrichtung I als Rechtsumlauf in der Schleife, gebildet aus Draht und Scheibe (Bild A1.6-1), ist der positive Schleifenumlaufsinn in der Scheibe vom Scheibenrand hin zur Scheibenmitte orientiert. Daher ist die induzierte Spannung für <u>diesen</u> Zählsinn negativ zu zählen: $U_i = -v_u \cdot B \cdot R / 2 = -27 \ \text{V}$. Mit $U + U_i = I \cdot R_i$ ist bei Leerlauf $I = 0$ die Spannung am Voltmeter $U = -U_i = 27 \ \text{V}$.

3)

Mit der positiven Stromflussrichtung I von Bild A1.6-1 gegen die Spannungsrichtung U gilt mit $U_b \sim I$ für $U = -R_a \cdot I - U_b(I)$ und daher

$U + U_i = I \cdot R_i = -R_a \cdot I - U_b + U_i$ bzw. $(R_a + R_i) \cdot I + U_b = U_i$.

Mit $R_i \approx 0$ folgt $R_a \cdot I + U_b = U_i$: $I = \dfrac{U_i - U_b}{R_a} = \dfrac{-27 + 2}{1} = -25$ A. Der

Spannungsfall an den Bürsten ist wegen $I = -25\,\text{A} < 0$ ebenfalls negativ

zu zählen: $U_b(I) = -2$ V ! Der Strom fließt von der Scheibenmitte zum

Scheibenrand in Richtung von $\vec{v} \times \vec{B}$; die Scheibe wirkt als Generator. Die

Lorentz-Kraft $\vec{F} = \displaystyle\int_0^R I \cdot (d\vec{s} \times \vec{B})$ wirkt <u>gegen</u> die Umfangsgeschwindigkeit

$\vec{v}$, also bremsend.

4)

Mit dem positiven Schleifenumlaufsinn in Richtung des positiv definierten

Stromflusses von Bild A1.6-1 gilt mit $\vec{v} \uparrow, d\vec{F} \downarrow$:

$$P_\delta = \int_R^0 dP_\delta = \int_R^0 \vec{v} \cdot d\vec{F} = -\int_R^0 2\pi \cdot n \cdot r \cdot I \cdot B \, dr = \pi \cdot n \cdot I \cdot B \cdot R^2 = v_u \cdot \frac{I \cdot B \cdot R}{2}$$

$$P_\delta = v_u \cdot \frac{I \cdot B \cdot R}{2} = -U_i \cdot I = 27 \cdot (-25) = -675 \text{ W}$$

bzw. $P_\delta = U \cdot I = (-R_a \cdot I - U_b) \cdot I = (-1 \cdot (-25) - (-2)) \cdot (-25) = -675$ W

Die Bremsleistung der Lorentz-Kraft wird in Stromwärmeleistung umgesetzt, die als abgegebene elektrische Leistung der Scheibe im Generatorbetrieb im Verbraucherzählpfeilsystem negativ gezählt wird.

5)

Die elektrisch abgegebene Nutzleistung ist die (im Erzeugerzählpfeilsystem positiv gezählte) Wärmeleistung im Lastwiderstand R.

$P_{\text{out}} = P_e = R_a \cdot I^2 = 1 \cdot 25^2 = 625$ W

Als Verlustleistungen treten die elektrischen Bürstenübergangsverluste

$P_b = U_b \cdot I = 2 \cdot 25 = 50 \text{ W}$ und die mechanischen Reibungsverluste

$P_{\text{fr}} = 100$ W auf. Die mechanisch an der Welle aufzubringende Leistung

für die Rotationsbewegung der Scheibe ist die (im Erzeugerzählpfeilsystem positiv gezählte) Eingangsleistung $P_{\text{in}} = P_m = P_{\text{out}} + P_b + P_{\text{fr}} = 775$ W,

woraus sich das erforderliche Antriebsmoment M an der Scheibenwelle er-
gibt: $P_\mathrm{m} = 2\pi \cdot n \cdot M$, $M = \dfrac{775}{2\pi \cdot (3183/60)} = 2.33\,\mathrm{Nm}$.

$$\eta = \frac{P_\mathrm{out}}{P_\mathrm{in}} = \frac{625}{775} = 80.65\%$$

6)

(i): Obwohl der Permanentmagnet rotiert, tritt keine induzierte Spannung proportional $B\Omega_\mathrm{m}$ auf. Es tritt nämlich keine Änderung der Flussverkettung auf, da das Magnetfeld zeitlich konstant ist und längs des Umfangswinkels γ der Scheibe auf Grund der Rotationssymmetrie des Stabmagneten ebenfalls konstant ist. Daher ist die induzierte Spannung Null, ob der Magnet nun rotiert oder nicht, solange nur die Scheibe selbst ruht. Der Irrtum, eine Spannungsinduzierung proportional $B\Omega_\mathrm{m}$ zu vermuten, liegt darin begründet, dass die Feldlinien bzw. Flussröhren fälschlicherweise als materielle Gebilde gedacht werden, deren Relativbewegung beobachtbar wäre, anstatt sie als mathematisches Modell zu verstehen.

(ii): Aus (i) folgt, dass die Winkelgeschwindigkeit Ω_m keinen Einfluss auf die Spannungsinduktion hat, so dass ausschließlich die Winkelgeschwindigkeit Ω_s für die Spannungsinduktion maßgeblich ist. Dieser Fall wurde bereits unter Punkt 2) behandelt.

(iii): Wenn der angeschlossene Stromkreis bei ruhender Scheibe rotiert, bewegt sich der äußere Schleifkontakt am Scheibenrand und führt so die den Stromkreis schließende Linie des Radialstrahls vom Scheibenmittelpunkt (zweiter Gleitkontaktpunkt) in einer Kreisbewegung. Obwohl also die Scheibe ruht, wird der Weg des Stromkreises (ähnlich einem parallel dazu radial angeordneten Drahtleiter) mit $-\Omega_\mathrm{s}$ in Umfangsrichtung durch die Scheibe geführt, so dass sich relativ zum bewegten Voltmeter dieselben Bewegungsverhältnisse einstellen wie beim Fall der mit Ω_s rotierenden Scheibe und ruhendem Voltmeter. Daher tritt am Voltmeter wieder die induzierte Spannung proportional zu $B\Omega_\mathrm{s}$ auf.

Aufgabe A1.7: Ablenkmagnet

Ein Dipolmagnet mit einem axialen Querschnitt gemäß Bild A1.7-1 wird zur Ablenkung des Teilchenstrahls geladener schwerer Ionen in einem Teilchenbeschleuniger verwendet. Die Daten der beiden Erregerspulen sind Bemessungsgleichstrom I_N = 2500 A, Betriebsgleichspannung maximal 600 V. Die Kupferhohlleiter der Spulenwicklung sind wegen der hohen Stromdichte von J = 18 A/mm^2 direkt wassergekühlt mit einem Volumenstrom von $\dot{V}$ = 520 l/min bei 21 bar Wasservorlaufdruck.

1. Wie groß ist die magnetische Spannung im Luftspalt, wenn dort ein Homogenfeld mit B_δ = 1.66 T herrschen soll? Wie groß ist die erforderliche Windungszahl der Spulen? Vernachlässigen Sie den Magnetisierungsbedarf des Eisenrückschlusses $V_{Fe} \cong 0$.
2. Wie groß ist der Luftspaltfluss?
3. Die mittlere Länge der Eisenrückschlussjoche beträgt 1.2 m. Berechnen Sie bei Vernachlässigung des Spulenstreuflusses die Flussdichte in den Jochen B_{Fe}! Wie groß ist der Magnetisierungsbedarf V_{Fe} des Eisenrückschlusses, wenn laut $B(H)$-Kennlinie des verwendeten Eisens die Eisenpermeabilität μ_{Fe} = 126μ_0 beträgt? Ist die Vernachlässigung des Eisen-Magnetisierungsbedarfs $V_{Fe} \cong 0$ bei 1) für die Bestimmung des Erregerbedarfs zulässig?
4. Wie groß ist die Wicklungsinduktivität L, wenn die Spulen beider Pole in Serie geschaltet sind?
5. Wie groß ist bei 50°C und einer mittleren Windungslänge l_w = 4 m der elektrische Widerstand R der Erregerwicklung bei einer elektrischen Leitfähigkeit $\kappa_{Cu}(50°C) = 50 \cdot 10^6$ S/m?
6. Wie groß sind die erforderliche Betriebsspannung U und die Erregerverluste P? Wird die zulässige maximale Betriebsspannung überschritten?
7. Wie hoch ist die Erwärmung des Kühlwassers $\Delta\vartheta = P/(\dot{V} \cdot \gamma \cdot c)$, wenn bei 50°C die Wasserdichte γ = 988 kg/m^3 und die spezifische Wärme c = 4184 Ws/(kg·K) betragen?

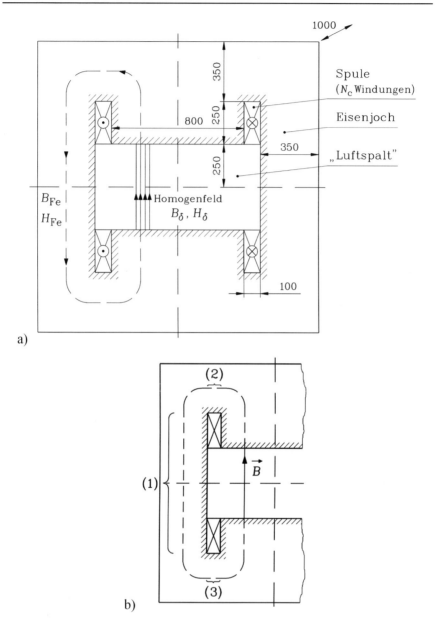

Bild A1.7-1: a) Axialer Querschnitt des Dipolmagneten in idealisierter Form (Maße in mm), b) Idealisierte Feldlinienabschnitte im Eisen

Lösung zu Aufgabe A1.7:

1)

$$\oint_C \vec{H} \cdot d\vec{s} = H_\delta \cdot \delta + H_{Fe} \cdot s_{Fe} = 2 \cdot N_c \cdot I_N, \quad \delta = 2 \cdot 250\,\text{mm} = 0.5\,\text{m},$$

$$B_\delta = 1.66\,\text{T}, \quad H_\delta = \frac{B_\delta}{\mu_0} = \frac{1.66}{4 \cdot \pi \cdot 10^{-7}} = 1321.0\,\frac{\text{kA}}{\text{m}},$$

$$V_\delta = H_\delta \cdot \delta = 1320986 \cdot 0.5 = 660493\,\text{A}, \quad V_{Fe} = H_{Fe} \cdot s_{Fe} \approx 0,$$

$$N_c = \frac{V_\delta}{2 \cdot I_N} = \frac{660493}{2 \cdot 2500} = 132.1$$

Es werden N_c = 132 Windungen gewählt.

2)

$$b_p = 800\,\text{mm}, \quad l_{Fe} = 1000\,\text{mm},$$

$$\Phi_\delta = \int_A \vec{B}_\delta \cdot d\vec{A} \cong B_\delta \cdot b_p \cdot l_{Fe} = 1.66 \cdot 0.8 \cdot 1.0\,\text{Wb} = 1.328\,\text{Wb}$$

3)

Feldlinie im Eisen nach Bild A1.7-1b:

$s_{Fe} \cong (1) + (2) + (3) = (1000 + 100 + 100)\,\text{mm} = 1200\,\text{mm}$, Bei Vernachlässigung des Streuflusses ist der Jochfluss $\Phi_y = 0.5 \cdot \Phi_\delta = B_{Fe} \cdot A_{Fe}$.

$$b_{Fe} = 350\,\text{mm}, \quad A_{Fe} = b_{Fe} \cdot l_{Fe} = 0.35 \cdot 1.0\,\text{m}^2 = 0.35\,\text{m}^2$$

$$B_{Fe} = 0.5 \cdot \Phi_\delta \cdot \frac{1}{A_{Fe}} = 0.5 \cdot 1.328 \cdot \frac{1}{0.35}\,\text{T} = 1.9\,\text{T}$$

$$H_{Fe} = B_{Fe} / \mu_{Fe} = 1.9 / (126 \cdot 4\pi \cdot 10^{-7}) = 12000\,\text{A/m}$$

$$H_{Fe} \cdot s_{Fe} = 12000 \cdot 1.2 = 14400\,\frac{\text{A}}{\text{m}} \cdot \text{m} = 14400\,\text{A}.$$

Der Anteil des Magnetisierungsbedarfs des Eisens ist mit

$\dfrac{V_{Fe}}{V_\delta} = \dfrac{14400}{660828} = 2.18\,\%$ sehr klein. Die Vernachlässigung von V_{Fe} in 1) ist

gerechtfertigt.

4)

Flussverkettung je Spule (ohne Spulenstreufluss):

$\Psi_c = N_c \cdot \Phi_\delta = 132 \cdot 1.328 = 175.3\,\text{Vs}$,

Induktivität je Spule: $L_c = \Psi_c / I_N = \dfrac{175.3}{2500} = 70.12\,\text{mH}$,

Gesamtinduktivität: $L = 2p \cdot L_c = 2L_c = 2 \cdot 70.12 = 140.24\,\text{mH} = 0.14024\,\text{H}$

5)

Leiterquerschnitt: $q_{Cu} = \dfrac{I_N}{J} = \dfrac{2500}{18} = 138.89 \, \text{mm}^2$,

Widerstand je Spule: $R_c = \dfrac{1}{\kappa_{Cu}} \cdot \dfrac{N_c \cdot l_w}{q_{Cu}} = \dfrac{10^{-6}}{50} \cdot \dfrac{132 \cdot 4}{138.89 \cdot 10^{-6}} = 0.076 \, \Omega$,

Gesamtwiderstand: $R = 2 \cdot p \cdot R_c = 2 \cdot 0.076 = 0.152 \, \Omega$

6)

$U = R \cdot I = 0.152 \cdot 2500 = 380.16 \approx 380 \, \text{V} < 600 \, \text{V}$. Die zulässige maximale Betriebsspannung wird nicht überschritten.

$$P = U \cdot I = R \cdot I^2 = 0.152 \cdot 2500^2 = 950.4 \, \text{kW}$$

7)

Erwärmung des Kühlwassers:

$$\Delta \vartheta = \frac{P}{\dot{V} \cdot \gamma \cdot c} = \frac{950400}{(520 \cdot 10^{-3} / 60) \cdot 988 \cdot 4184} = 26.5 \, \text{K}$$

Aufgabe A1.8: Kraft auf einen stromdurchflossenen Leiter im Homogenfeld

Mit Hilfe der Maxwell'schen Spannungen soll die Kraft F auf den vom Strom I durchflossenen Leiter im homogenen magnetischen Fremdfeld B_0 (Bild A1.8-1) berechnet werden.

Lösung zu Aufgabe A1.8:

Das zylindrische Koordinatensystem r, α wird verwendet; der Leiter liegt im Ursprung senkrecht zur Bildebene. Eine geschlossene Hüllfläche als unendlich langer Zylinder mit dem Radius r wird gewählt (Bild A1.8-2). Normal- und Tangentialkomponente des Homogenfelds B_0 unter dem Winkel α:

$B_{0n} = B_0 \sin \alpha$, $B_{0t} = B_0 \cos \alpha$.

Das Eigenfeld des stromdurchflossenen Leiters hat kreisförmige Feldlinien, so dass die Flussdichte stets nur eine tangentiale Komponente B_1 hat:

$$B_{1n} = 0, \; B_{1t} = \mu_0 I / (2\pi r), \; B_1 = \sqrt{B_{1n}^2 + B_{1t}^2} = B_{1t}$$

Summenfeld $\vec{B} = \vec{B}_0 + \vec{B}_1 = (B_n, B_t) = (B_{0n}, B_{0t} + B_{1t})$

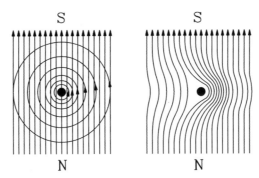

Bild A1.8-1: B-Feldlinienbild zur Kraftwirkung auf einen stromdurchflossenen Leiter im Fremdfeld: links: Fremdfeld und Leitereigenfeld (kreisförmige Feldlinien); rechts: Summenfeld

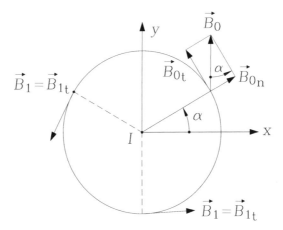

Bild A1.8-2: Stromdurchflossener Leiter in der z-Achse (Strom I) mit Eigenfeld B_1 im Fremdfeld B_0

Maxwell'sche Spannungen im Summenfeld:

Normalspannung: $f_{\mathrm{n}} = (B_{0\mathrm{n}}^2 - (B_{0\mathrm{t}} + B_{1\mathrm{t}})^2)/(2\mu_0)$

Tangentialspannung: $f_{\mathrm{t}} = B_{0\mathrm{n}} \cdot (B_{0\mathrm{t}} + B_{1\mathrm{t}})/\mu_0$

Umrechnung der Spannungskomponenten auf die x- und y-Richtung:

$f_{\mathrm{x}} = f_{\mathrm{n}} \cdot \cos\alpha - f_{\mathrm{t}} \cdot \sin\alpha, \qquad f_{\mathrm{y}} = f_{\mathrm{n}} \cdot \sin\alpha + f_{\mathrm{t}} \cdot \cos\alpha$

$$f_{\mathrm{x}} = -\frac{(B_1^2 \cos 2\alpha + B_0^2 + 2B_0 B_1 \cos\alpha) \cdot \cos\alpha + (B_1^2 \sin 2\alpha + 2B_0 B_1 \sin\alpha) \cdot \sin\alpha}{2\mu_0}$$

$$f_{\mathrm{y}} = -\frac{(B_1^2 \cos 2\alpha + B_0^2 + 2B_0 B_1 \cos\alpha) \cdot \sin\alpha - (B_1^2 \sin 2\alpha + 2B_0 B_1 \sin\alpha) \cdot \cos\alpha}{2\mu_0}$$

Die Kraft auf den Leiter pro Längeneinheit wird aus dem Intergral der Maxwell'schen Spannungen über die geschlossene Hüllfläche berechnet.

$$F_\mathrm{y}/l = r \int_0^{2\pi} f_\mathrm{y}(r,\alpha)\,d\alpha = 0$$

$$F_\mathrm{x}/l = r \int_0^{2\pi} f_\mathrm{x}(r,\alpha)\,d\alpha = -\frac{r}{2\mu_0}\int_0^{2\pi} 2B_0 B_1 \cdot \left(\sin^2\alpha + \cos^2\alpha\right) d\alpha$$

$$F_\mathrm{x}/l = -2\pi \cdot r \cdot B_0 B_1 / \mu_0 = -I \cdot B_0$$

Die mit Hilfe der Maxwell'schen Spannungen berechnete Kraft auf den stromdurchflossenen Leiter (Strom I) je Leiterlänge l im homogenen magnetischen Fremdfeld B_0 (Bild 1.3.7-3) ist $F_\mathrm{x}/l = -I \cdot B_0$. Sie ist in die negative x-Richtung gerichtet. Zum selben Ergebnis kommt man bei Anwendung des Lorentz-Kraftgesetzes im dreidimensionalen Raum:

$$\vec{B}_0 = (0, B_0, 0),\, \vec{l} = (0,0,l)\quad \vec{F} = I \cdot \vec{l} \times \vec{B}_0 = (-l \cdot I \cdot B_0, 0, 0)$$

Aufgabe A1.9: Bewegungsinduktion in eine linear bewegte Spule im Homogenfeld

Eine Spule mit der Windungszahl N_c und der Spulenweite $W = \tau$ wird im Luftspalt zwischen einem Eisenjoch (Bild A1.9-1) und Permanentmagneten der Polbreite $\tau_\mathrm{p} = \tau$ mit der Polfolge N-S-N-S… mit der zeitlich beliebig veränderlichen Geschwindigkeit v in x-Richtung bewegt. Die axiale Länge der Anordnung ist l. Das Luftspaltfeld B_δ ist homogen positiv oder negativ, je nach Polarität der Magnete.
Berechnen Sie für den Spannungszählpfeil von der linken zur rechten Spulenseite in Bild A1.9-1 die induzierte Spannung u_i und die an den Klemmen der offenen Spule messbare Leerlaufspannung u
a) für einen mit dem Magnetsystem ruhenden Beobachter,
b) für einen mit der Spule bewegten Beobachter.

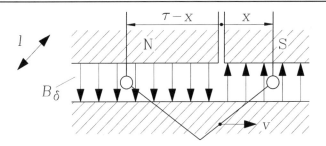

Bild A1.9-1: In eine bewegte Spule (Spulenweite τ, Geschwindigkeit v) im zeitlich stationären Magnetfeld B_δ wird eine Spannung induziert

Lösung zu Aufgabe A1.9:

a) Berechnung für einen mit dem Magnetsystem ruhenden Beobachter:
Für einen ruhenden Beobachter ist die Ruhinduktion Null, da das Magnetfeld der Permanentmagnete zeitlich konstant ist: $\partial B / \partial t = 0$. Es verbleibt die Bewegungsinduktion. Die Kurve C der Spulenform besteht je Windung (Bild A1.9-2a) aus den zwei parallelen Leiterabschnitten jeweils der Länge l innerhalb des Magnetsystems und den beiden Wickelkopflängen der Spule im stirnseitigen feldfreien Raum, so dass dort keine bewegungsinduzierte Feldstärke auftritt. Der rechtswendige Spulendurchlaufsinn für eine von Klemme 2 nach 1 gerichtete elektrische Spannung u (Bild A1.9-1b) legt die Richtung von $d\vec{s}$ fest.

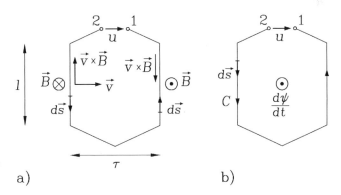

Bild A1.9-2: Die in Bild A1.9-1 dargestellte Spule wird von oben betrachtet. Die induzierte Leerlaufspannung $u = -u_i$ wird a) mit der Bewegungsinduktion aus Sicht eines ruhenden Beobachters und b) mit der Ruhinduktion aus Sicht eines mit der Spule bewegten Beobachters bestimmt.

Gemäß der Position der Spule in Bild A1.9-1 ist die Luftspaltflussdichte $\vec{B}_\delta$ an den beiden Leiterabschnitten l entgegengesetzt gleich groß. Geschwindigkeitsvektor $\vec{v}$, Flussdichtevektor $\vec{B}_\delta$ und differentieller Tangentenvektor $d\vec{s}$ der beiden Spulenseiten l stehen aufeinander senkrecht, wobei $\vec{v} \times \vec{B}_\delta$ antiparallel zu $d\vec{s}$ ist. Die von 2 nach 1 auftretende induzierte Spannung ist für $0 \le x \le \tau$

$$u_i = N_c \oint_C \vec{E}_b \cdot d\vec{s} = N_c \cdot \left[\int_0^l (\vec{v} \times \vec{B}_\delta) \cdot d\vec{s} + \int_l^0 (\vec{v} \times (-\vec{B}_\delta)) \cdot d\vec{s} \right] \quad,$$

$$u_i = N_c \cdot \left[-(v \cdot B_\delta) \cdot \int_0^l ds + (v \cdot B_\delta) \cdot \int_l^0 ds \right] = N_c \cdot \left[-v \cdot B_\delta \cdot l - v \cdot B_\delta \cdot l \right] \quad,$$

$$u_i = -2 N_c \cdot v \cdot B_\delta \cdot l \quad.$$

Wenn die rechte Spulenseite in Bild A1.9-1 die Position $x = \tau$ erreicht hat, kehren sich die Flussdichtewerte an beiden Spulenseiten um, und wir erhalten $u_i = 2 N_c \cdot v \cdot B_\delta \cdot l$ für $\tau \le x \le 2\tau$, bis die Spule eine weitere Polteilung τ zurückgelegt hat. Die induzierte Spannung ist somit ein Rechtecksignal mit der Amplitude $2 N_c \cdot v \cdot B_\delta \cdot l$, das bei konstanter Geschwindigkeit v die Frequenz $f = v/(2\tau)$ hat. Gemäß $u + u_i = i \cdot R = 0$ ist die Leerlaufspannung von 2 nach 1 $u = 2 N_c \cdot v \cdot B_\delta \cdot l$ für die Spulenlage in Bild A1.9-1.

b) Berechnung für einen mit der Spule bewegten Beobachter:
Der mitbewegte Beobachter ruht relativ zur Spule, so dass für ihn die Spulengeschwindigkeit Null ist; es tritt keine Bewegungsinduktion auf. Die Flussverkettung Ψ der Spule ändert sich für ihn jedoch auf Grund der Bewegung der Spule durch das Magnetfeld, da sich die Ortskoordinate $x = \int v \cdot dt$ der rechten Spulenseite l und $\tau - x$ der linken Spulenseite mit der Zeit ändert. Der dem rechtswendigen Spulenumlauf zugeordnete positive Felddurchtritt durch die Spulenfläche ergibt eine positiv gezählte Flussverkettungsänderung $d\psi / dt$ gemäß Bild A1.9-2b. Aus der Flussverkettung für $0 \le x \le \tau$ folgt die induzierte Spannung in Übereinstimmung mit a).

$$\psi(t) = N_c \cdot \int_A \vec{B} \cdot d\vec{A} = N_c \cdot l \cdot \left[-(\tau - x) \cdot B_\delta + x \cdot B_\delta\right] = N_c l B_\delta \cdot (2x - \tau)$$

$$\psi(t) = N_c l B_\delta \cdot (2 \cdot \int v \cdot dt - \tau) \Rightarrow u_i = -d\psi / dt = -2N_c \cdot v \cdot B_\delta \cdot l$$

Aufgabe A1.10: Ruh- und Bewegungsinduktion in eine rotierende Spule

Eine um die z-Achse mit $\Omega(t) = d\gamma / dt$ rotierende Rahmenspule mit den Seitenlängen $2a = 10$ cm und $d = 10$ cm (Bild A1.10-1) ist mit der homogenen, zeitlich veränderlichen Flussdichte $\vec{B} = B(t) \cdot \vec{e}_x$ verkettet. Zum Zeitpunkt $t = 0$ ist der Lagewinkel γ der Spulenebene zur x-Achse γ_0. Berechnen Sie allgemein die Leerlaufspannung der Spule u von Klemme 2 zu Klemme 1
a) für einen ruhenden Beobachter,
b) für einen mit der Spule rotierenden Beobachter.
c) Spezialisieren Sie das Ergebnis für $B(t) = \hat{B} \cdot \sin(2\pi f \cdot t)$, $\hat{B} = 1\text{T}$, $f = 100\text{Hz}$, $\Omega = 2\pi \cdot n = \text{konst.}$, $n = 1500/\text{min}$, $\gamma_0 = 0$.

Lösung zu Aufgabe A1.10:

1)
Die Spule hat die Windungszahl $N_c = 1$. Ein ruhender Beobachter stellt auf Grund der Spulenbewegung eine Bewegungsinduktion und gleichzeitig auf Grund der zeitlich veränderlichen Flussdichte eine Ruhinduktion fest.

$$u_i(t) = N_c \cdot \left(-\int_A \frac{\partial \vec{B}}{\partial t} \cdot d\vec{A} + \oint_C (\vec{v} \times \vec{B}) \cdot d\vec{s}\right) = -\int_A \frac{\partial \vec{B}}{\partial t} \cdot d\vec{A} + \oint_C (\vec{v} \times \vec{B}) \cdot d\vec{s}$$

Der Normalenvektor auf die Fläche $A = 2a \cdot d$ der Spule ist im (x, y, z)-Koordinatensystem $\vec{e}_n = (-\sin\gamma, \cos\gamma, 0)$ mit $|\vec{e}_n| = 1$.

$$\frac{\partial \vec{B}}{\partial t} \cdot \vec{e}_n = \frac{\partial B(t)}{\partial t} \vec{e}_x \cdot (-\sin\gamma, \cos\gamma, 0) = -\frac{\partial B(t)}{\partial t} \sin\gamma$$

$$\int_A \frac{\partial \vec{B}}{\partial t} \cdot d\vec{A} = \int_A \left(\frac{\partial \vec{B}}{\partial t} \cdot \vec{e}_n\right) dA = -\frac{\partial B(t)}{\partial t} \sin\gamma \int_A dA = -\frac{\partial B(t)}{\partial t} \sin\gamma \cdot A$$

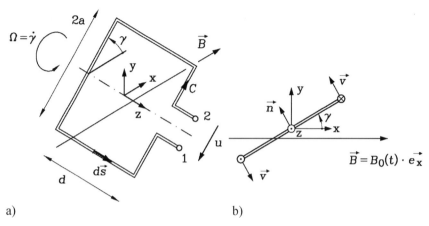

Bild A1.10-1: Rotierende Rahmenspule im zeitlich veränderlichen Homogenfeld
a) in Schrägansicht, b) von vorne gesehen

Die Umfangsgeschwindigkeit $v_{\mathrm{u}} = a \cdot \Omega$ der rechten Spulenseite d in Bild A1.10-1 ist im (x, y, z)-Koordinatensystem $\vec{v}_{\mathrm{re}} = v_{\mathrm{u}} \cdot (-\sin \gamma, \cos \gamma, 0)$ und jene der linken Spulenseite d ist $\vec{v}_{\mathrm{li}} = -v_{\mathrm{u}} \cdot (-\sin \gamma, \cos \gamma, 0)$.

$$\vec{v}_{\mathrm{re}} \times \vec{B} = v_{\mathrm{u}} \cdot (-\sin \gamma, \cos \gamma, 0) \times B(t)\vec{e}_x = -B(t) \cdot v_{\mathrm{u}} \cdot \cos \gamma \cdot \vec{e}_z$$

$$\vec{v}_{\mathrm{li}} \times \vec{B} = -v_{\mathrm{u}} \cdot (-\sin \gamma, \cos \gamma, 0) \times B(t)\vec{e}_x = B(t) \cdot v_{\mathrm{u}} \cdot \cos \gamma \cdot \vec{e}_z$$

Der differentielle Tangentenvektor an die Spulenseiten d ist für die rechte Spulenseite $d\vec{s} = -dz \cdot \vec{e}_z$ und für die linke Spulenseite $d\vec{s} = dz \cdot \vec{e}_z$. Für die Spulenseiten mit der Länge $2a$ steht $d\vec{s}$ im rechten Winkel zu $\vec{v} \times \vec{B}$, so dass gilt: $(\vec{v} \times \vec{B}) \cdot d\vec{s} = 0$.

$$\oint_C (\vec{v} \times \vec{B}) \cdot d\vec{s} =$$

$$= \int_0^d (-B(t) \cdot v_{\mathrm{u}} \cdot \cos \gamma \cdot \vec{e}_z) \cdot (-dz \cdot \vec{e}_z) + \int_0^d B(t) \cdot v_{\mathrm{u}} \cdot \cos \gamma \cdot \vec{e}_z \cdot dz \cdot \vec{e}_z =$$

$$= 2 \cdot B(t) \cdot v_{\mathrm{u}} \cdot \cos \gamma \cdot d = 2 \cdot B(t) \cdot a \cdot \Omega \cdot \cos \gamma \cdot d$$

Damit erhalten wir für die induzierte Spannung mit $\partial B(t) / \partial t = dB(t) / dt$ und $\Omega = d\gamma / dt$

$$u_{\mathrm{i}}(t) = \frac{dB(t)}{dt} \cdot \sin \gamma(t) \cdot 2ad + \frac{d\gamma(t)}{dt} \cdot B(t) \cdot \cos \gamma(t) \cdot 2ad .$$

Die Leerlaufspannung ist wegen $i = 0$ und damit $u + u_{\mathrm{i}} = 0$:

$$u(t) = -2ad \cdot \left(\frac{dB(t)}{dt} \cdot \sin\gamma(t) + \frac{d\gamma(t)}{dt} \cdot B(t) \cdot \cos\gamma(t) \right) .$$

2)

Ein bezüglich der Spule ruhender, also mit ihr bewegter Beobachter stellt keine Spulenbewegung fest, sondern nur eine Änderung der mit der Spule verketteten Flussdichte. Sowohl der Winkel zwischen Flussdichtevektor $\vec{B}$ und Normalenvektor $\vec{e}_n$ auf die Spulenfläche A als auch der Betrag von $\vec{B}$ ändern sich, so dass sich der folgende zeitlich veränderliche verkettete Spulenfluss $\psi(t)$ ergibt.

$$\vec{B} \cdot \vec{e}_n = B(t) \cdot 1 \cdot \cos(\gamma + \pi/2) = -B(t) \cdot \sin\gamma$$

$$\psi(t) = N_c \int_A \vec{B} \cdot d\vec{A} = \int_A \vec{B} \cdot \vec{e}_n dA = -B(t) \cdot \sin\gamma \cdot \int_A dA = -B(t) \cdot \sin\gamma \cdot 2ad$$

$$u_i(t) = \frac{d\psi}{dt} = 2ad \cdot \frac{d(B(t) \cdot \sin\gamma(t))}{dt} =$$

$$= 2ad \cdot \left(\frac{dB(t)}{dt} \cdot \sin\gamma(t) + \frac{d\gamma(t)}{dt} \cdot B(t) \cdot \cos\gamma(t) \right)$$

Die Leerlaufspannung $u = -u_i$ stimmt mit 1) überein.

3)

Mit $\Omega = d\gamma/dt = 2\pi n =$ konst. folgt $\gamma = \int_0^t \Omega \cdot dt + \gamma_0 = \Omega \cdot t + \gamma_0$. Wegen

$dB(t)/dt = \omega \cdot \hat{B} \cdot \cos(\omega t)$ erhalten wir für die Spulenleerlaufspannung

$$u(t) = -2ad \cdot \left(\omega \cdot \hat{B} \cdot \cos(\omega t) \cdot \sin(\Omega \cdot t + \gamma_0) + \Omega \cdot \hat{B} \cdot \sin(\omega t) \cdot \cos(\Omega \cdot t + \gamma_0) \right),$$

$$u(t) = -ad \cdot \hat{B} \cdot \left((\omega + \Omega) \cdot \sin((\omega + \Omega)t + \gamma_0) - (\omega - \Omega) \cdot \sin((\omega - \Omega)t + \gamma_0) \right)$$

mit der Summen- und Differenzfrequenz $f + n = (\omega + \Omega)/(2\pi)$ und $f - n = (\omega - \Omega)/(2\pi)$. Mit $n = 25/s$ und $f = 100 Hz$ ergeben sich die Werte $f + n = 125 Hz$ und $f - n = 75 Hz$. Mit $\gamma_0 = 0$ erhalten wir für $\hat{B} = 1T$ bei der Spulenfläche 100 cm^2 eine Leerlaufspannung (in Volt) in Abhängigkeit der Zeit t (in s) als Schwebung

$$u(t) = -2.36V \cdot \left(1.67 \cdot \sin(2\pi \cdot 125 \cdot t) - \sin(2\pi \cdot 75 \cdot t) \right).$$

Aufgabe A1.11: Ruh- und Bewegungsinduktion als Sonderformen des allgemeinen Induktionsgesetzes

Dieses Beispiel setzt Grundkenntnisse der Vektoranalysis voraus und ist als ergänzende Herleitung zum vertieften Verständnis des Induktionsgesetzes für theoretisch Interessierte gedacht.

1. Leiten Sie aus dem allgemeinen Induktionsgesetz $u_i = -d\Psi / dt$ das nachstehende Gesetz der Ruh- und Bewegungsinduktion für eine einwindige Leiterschleife her.

$$u_i = \oint \vec{E}_{Wi} \cdot d\vec{s} + \oint \vec{E}_b \cdot d\vec{s} = -\int_A \partial \vec{B} / \partial t \cdot d\vec{A} + \oint \left(\vec{v} \times \vec{B} \right) \cdot d\vec{s}$$

Beachten Sie, dass $dF(x,y,z,t)/dt$ das vollständige Differential einer räumlich-zeitlich veränderlichen Größe $F(x,y,z,t)$ bildet, also eine Änderung nach allen vier Variablen x,y,z,t gemäß

$$\frac{dF}{dt} = \frac{\partial F}{\partial x} \cdot \frac{\partial x}{\partial t} + \frac{\partial F}{\partial y} \cdot \frac{\partial y}{\partial t} + \frac{\partial F}{\partial z} \cdot \frac{\partial z}{\partial t} + \frac{\partial F}{\partial t}$$, während die partielle Ableitung $\partial F(x,y,z,t)/\partial t$ nur auf die betreffende Variable (hier t) wirkt. Diese Unterscheidung ist der Schlüssel zum angegebenen Lösungsweg.

2. Interpretieren Sie das Ergebnis für eine „starre" Spule für die Sonderfälle
   a) ruhende Spule, zeitlich unveränderliches Feld,
   b) ruhende Spule, zeitlich veränderliches Feld,
   c) bewegte Spule, zeitlich unveränderliches, räumlich veränderliches Feld,
   d) bewegte Spule, zeitlich unveränderliches und räumlich homogenes Feld,
   e) bewegte Spule, zeitlich und räumlich veränderliches Feld.
3. Diskutieren Sie den Fall der Spule mit zeitlich veränderlicher Spulenform („nicht starre" Spule)!
4. Interpretieren Sie zu 1. für eine bewegte „starre" Spule die Standpunkte eines mit der Spule mitbewegten Beobachters und eines im Gegensatz zur bewegten Spule ruhenden Beobachters.

Lösung zu Aufgabe A1.11:

1)

Für eine einwindige ($N_c = 1$), mit der Geschwindigkeit $\vec{v} = (v_x, v_y, v_z)$ im Flussdichtefeld $\vec{B} = (B_x, B_y, B_z)$ bewegten Spule mit der Spulenfläche A und der Berandungskurve C gilt das allgemeine Induktionsgesetz

$$u_i = \oint_C \vec{E} \cdot d\vec{s} = -d\Psi / dt = -d\Phi / dt = -\frac{d}{dt} \int_A \vec{B} \cdot d\vec{A}.$$

Das Vektorfeld der Flussdichte $\vec{B}(x,y,z,t) = (B_x, B_y, B_z)$ hängt im allgemeinen Fall in allen drei Komponenten B_x, B_y, B_z lokal von den drei Raumkoordinaten x, y, z und in jedem Raumpunkt zusätzlich von der Zeit t ab, also $B_x(x,y,z,t)$, $B_y(x,y,z,t)$, $B_z(x,y,z,t)$. Durch die Bewegung der Spule im Raum ändern sich die Koordinaten der Randkurve C gemäß $\partial x / \partial t = v_x$, $\partial y / \partial t = v_y$, $\partial z / \partial t = v_z$ mit dem Vektor der Geschwindigkeit $\vec{v} = (v_x, v_y, v_z)$. Daher ergibt sich für die Integration der Flussdichte über die Spulenfläche bei gleichzeitiger Bewegung der Spule mit $\vec{v}$, dass bei der Integration die Änderung der Flussdichte durch die geänderte Lage der Spule zu berücksichtigen ist: $\dfrac{d}{dt} \int_A \vec{B} \cdot d\vec{A} = \int_A \dfrac{d\vec{B}}{dt} \cdot d\vec{A}$.

Aus $\dfrac{d\vec{B}}{dt} = \left(\dfrac{dB_x}{dt}, \dfrac{dB_y}{dt}, \dfrac{dB_z}{dt} \right)$ folgt z. B. für B_x

$$\frac{dB_x}{dt} = \frac{\partial B_x}{\partial x} \cdot \frac{\partial x}{\partial t} + \frac{\partial B_x}{\partial y} \cdot \frac{\partial y}{\partial t} + \frac{\partial B_x}{\partial z} \cdot \frac{\partial z}{\partial t} + \frac{\partial B_x}{\partial t} = \frac{\partial B_x}{\partial x} \cdot v_x + \frac{\partial B_x}{\partial y} \cdot v_y + \frac{\partial B_x}{\partial z} \cdot v_z + \frac{\partial B_x}{\partial t}$$

und analog $\dfrac{dB_y}{dt} = \dfrac{\partial B_y}{\partial x} \cdot v_x + \dfrac{\partial B_y}{\partial y} \cdot v_y + \dfrac{\partial B_y}{\partial z} \cdot v_z + \dfrac{\partial B_y}{\partial t}$ und $\dfrac{dB_z}{dt}$. Durch Erweiterung der Ausdrücke z. B. für $\dfrac{dB_x}{dt}$ mit $\left(\dfrac{\partial B_y}{\partial y} - \dfrac{\partial B_y}{\partial y} + \dfrac{\partial B_z}{\partial z} - \dfrac{\partial B_z}{\partial z} \right) \cdot v_x$

und analog für die beiden anderen Komponenten erhalten wir

$$\frac{dB_x}{dt} = \left(\frac{\partial B_x}{\partial x} + \frac{\partial B_y}{\partial y} + \frac{\partial B_z}{\partial z} \right) \cdot v_x + \frac{\partial B_x}{\partial y} \cdot v_y - \frac{\partial B_y}{\partial y} \cdot v_x + \frac{\partial B_x}{\partial z} \cdot v_z - \frac{\partial B_z}{\partial z} \cdot v_x + \frac{\partial B_x}{\partial t},$$

$$\frac{dB_y}{dt} = \left(\frac{\partial B_x}{\partial x} + \frac{\partial B_y}{\partial y} + \frac{\partial B_z}{\partial z} \right) \cdot v_y + \frac{\partial B_y}{\partial x} \cdot v_x - \frac{\partial B_x}{\partial x} \cdot v_y + \frac{\partial B_y}{\partial z} \cdot v_z - \frac{\partial B_z}{\partial z} \cdot v_y + \frac{\partial B_y}{\partial t},$$

$$\frac{dB_z}{dt} = \left(\frac{\partial B_x}{\partial x} + \frac{\partial B_y}{\partial y} + \frac{\partial B_z}{\partial z} \right) \cdot v_z + \frac{\partial B_z}{\partial x} \cdot v_x - \frac{\partial B_x}{\partial x} \cdot v_z + \frac{\partial B_z}{\partial y} \cdot v_y - \frac{\partial B_y}{\partial y} \cdot v_z + \frac{\partial B_z}{\partial t}.$$

Der Ausdruck $\dfrac{\partial B_x}{\partial x} + \dfrac{\partial B_y}{\partial y} + \dfrac{\partial B_z}{\partial z} = \operatorname{div}\vec{B}$ heißt „Divergenz von B" und ist

die Quellenstärke von B. Er beschreibt die Quellen des Vektorfelds B. Mit dem „künstlichen" Vektor der partiellen Ortsableitung („Nabla"-Vektor)

$$\nabla = \left(\frac{\partial.}{\partial x}, \frac{\partial.}{\partial y}, \frac{\partial.}{\partial z} \right)$$

kann dies übrigens auch als Skalarprodukt $\operatorname{div}\vec{B} = \nabla \cdot \vec{B}$ geschrieben werden. Da die B-Feldlinien stets geschlossen sind (siehe Abschnitt 1.3.4 des Lehrbuchs), gibt es keine Quellen von B, und daher ist $\operatorname{div}\vec{B} = 0$. Somit entfallen diese Ausdrücke in den obigen Ableitungen. Wenn das die bewegungsinduzierte elektrische Feldstärke E_b beschreibende Vektorprodukt

$$\vec{v} \times \vec{B} = \begin{pmatrix} v_y B_z - v_z B_y \\ v_z B_x - v_x B_z \\ v_x B_y - v_y B_x \end{pmatrix} = \vec{E}_b = \begin{pmatrix} E_{bx} \\ E_{by} \\ E_{bz} \end{pmatrix}$$

mit dem „Nabla"-Vektor als weiteres Vektorprodukt gebildet wird,

$$\nabla \times \vec{E}_b = \begin{pmatrix} \dfrac{\partial E_{bz}}{\partial y} - \dfrac{\partial E_{by}}{\partial z} \\[2mm] \dfrac{\partial E_{bx}}{\partial z} - \dfrac{\partial E_{bz}}{\partial x} \\[2mm] \dfrac{\partial E_{by}}{\partial x} - \dfrac{\partial E_{bx}}{\partial y} \end{pmatrix} = \begin{pmatrix} v_x \cdot \dfrac{\partial B_y}{\partial y} - v_y \cdot \dfrac{\partial B_x}{\partial y} - v_z \cdot \dfrac{\partial B_x}{\partial z} + v_x \cdot \dfrac{\partial B_z}{\partial z} \\[2mm] v_y \cdot \dfrac{\partial B_z}{\partial z} - v_z \cdot \dfrac{\partial B_y}{\partial z} - v_x \cdot \dfrac{\partial B_y}{\partial x} + v_y \cdot \dfrac{\partial B_x}{\partial x} \\[2mm] v_z \cdot \dfrac{\partial B_x}{\partial x} - v_x \cdot \dfrac{\partial B_z}{\partial x} - v_y \cdot \dfrac{\partial B_z}{\partial y} + v_z \cdot \dfrac{\partial B_y}{\partial y} \end{pmatrix},$$

so nennt man dies den „Rotor von E_b" $\nabla \times \vec{E}_b = \operatorname{rot}\vec{E}_b$ oder die Wirbelstärke von E_b, die angibt, wie dicht die geschlossenen Feldlinien von E_b als Feldwirbel auftreten. Diese drei Vektorkomponenten sind bereits in den Komponenten $-\dfrac{dB_x}{dt}$, $-\dfrac{dB_y}{dt}$, $-\dfrac{dB_z}{dt}$ enthalten, wie man durch Vergleich mit den obigen Ausdrücken direkt sieht. Wir schreiben also

$$\frac{d\vec{B}}{dt} = \left(\frac{dB_x}{dt}, \frac{dB_y}{dt}, \frac{dB_z}{dt} \right) = -(\nabla \times \vec{E}_b) + \frac{\partial \vec{B}}{\partial t} \text{ und}$$

$$\frac{d}{dt} \int_A \vec{B} \cdot d\vec{A} = \int_A \frac{d\vec{B}}{dt} \cdot d\vec{A} = \int_A \left[-(\nabla \times \vec{E}_b) + \frac{\partial \vec{B}}{\partial t} \right] \cdot d\vec{A}.$$ Nun besagt der Sto-

kes'sche Integralsatz, dass mit $\int_A (\nabla \times \vec{F}) \cdot d\vec{A} = \oint_C \vec{F} \cdot d\vec{s}$ das Integral der

Wirbelstärke $\nabla \times \vec{F}$ eines Vektorfelds $\vec{F}$ über eine Fläche A gleich dem
Kurvenintegral von $\vec{F}$ entlang der geschlossenen Randkurve C der Fläche
A ist. Ist nun die Leiterschleife diese Randkurve C, so gilt

$$\int_A (\nabla \times \vec{E}_b) \cdot d\vec{A} = \oint_C \vec{E}_b \cdot d\vec{s} = \oint_C (\vec{v} \times \vec{B}) \cdot d\vec{s},$$

und wir erhalten das Induktionsgesetz

$$u_i = -\frac{d}{dt} \int_A \vec{B} \cdot d\vec{A} = \oint_C (\vec{v} \times \vec{B}) \cdot d\vec{s} - \int_A \frac{\partial \vec{B}}{\partial t} \cdot d\vec{A}.$$

2)

Im Induktionsgesetz von 1) ist $-\int_A \frac{\partial \vec{B}}{\partial t} \cdot d\vec{A}$ der Anteil der induzierten Span-

nung bei ruhender Spule, aber zeitlich veränderlichem Feld, und
$\oint_C (\vec{v} \times \vec{B}) \cdot d\vec{s}$ jener Anteil der induzierten Spannung bei bewegter Spule im

zeitlich unveränderlichen Feld. Eine „starre" Spule verändert ihre Form
nicht, so dass die Kurve C in ihrer Form unverändert bleibt.

a) Ruhende Spule, zeitlich unveränderliches Feld:
$\vec{v} = 0$, $\vec{B}(x, y, z) = (B_x, B_y, B_z)$.

Es sind $\vec{v} \times \vec{B} = 0$ und $\frac{\partial \vec{B}}{\partial t} = 0$, so dass die induzierte Spannung Null ist.

b) Ruhende Spule, zeitlich veränderliches Feld:
$\vec{v} = 0$, $\vec{B}(x, y, z, t) = (B_x, B_y, B_z)$.

Es ist $\vec{v} \times \vec{B} = 0$, so dass nur eine ruhinduzierte Spannung $u_i = -\int_A \frac{\partial \vec{B}}{\partial t} \cdot d\vec{A}$

auftritt.

c) Bewegte Spule, zeitlich unveränderliches, aber räumlich veränderliches Feld:

$\vec{v} \neq 0$, $\vec{B}(x,y,z) = (B_x, B_y, B_z)$.

Es ist $\dfrac{\partial \vec{B}}{\partial t} = 0$, so dass nur eine bewegungsinduzierte Spannung

$u_i = \oint\limits_C (\vec{v} \times \vec{B}) \cdot d\vec{s}$ auftritt.

d) Bewegte Spule, zeitlich unveränderliches und räumlich homogenes Feld: $\vec{v} \neq 0$, $\vec{B} = (B_x, B_y, B_z) = $ konst. .

Da $\vec{B}$ räumlich konstant ist (homogenes Feld), kann $\vec{v} \times \vec{B}$ vor das Kurvenintegral gezogen werden, und es ist die bewegungsinduzierte Spannung Null: $(\vec{v} \times \vec{B}) \cdot \oint\limits_C d\vec{s} = 0$, denn die Summation des differentiellen Tangentenvektors $d\vec{s}$ entlang einer geschlossenen Kurve ist Null.

e) Bewegte Spule, zeitlich und räumlich veränderliches Feld: $\vec{v} \neq 0$, $\vec{B}(x,y,z,t) = (B_x, B_y, B_z)$.

Die induzierte Spannung setzt sich aus einem ruhinduzierten und einem bewegungsinduzierten Anteil zusammen.

3)
Bei einer Spule mit zeitlich veränderlicher Kurvenform $C(t)$ kann auch im Fall 2d) eine Spannung induziert werden. Denn die sich gegeneinander bewegenden Teile der Leiterschleife haben (i. A. unterschiedliche) Geschwindigkeiten $\vec{v} \neq 0$, denn der Integrationsweg $C(t)$ verändert sich nun mit der Zeit. Auch bei homogenem Feld $\vec{B} = (B_x, B_y, B_z) = $ konst. kann wegen $\vec{v}(C)$ der Ausdruck $\vec{v} \times \vec{B}$ nicht vor das Kurvenintegral gezogen werden. Einfacher überblickt man das natürlich mit der allgemeinen Form des Induktionsgesetzes ($\vec{e}_A$: Normalenvektor auf die Fläche A)

$$u_i = -\frac{d}{dt}\int\limits_A \vec{B} \cdot d\vec{A} = -\vec{B} \cdot \frac{d}{dt}\int\limits_A d\vec{A} = -\vec{B} \cdot \frac{d}{dt} A(t) \cdot \vec{e}_A \,,$$

da sich bei veränderlicher Schleifenform deren Fläche $A(t)$ ändert und damit der verkettete Fluss Ψ, woraus eine induzierte Spannung u_i folgt.

4)

Ein gegenüber der bewegten Spule ruhender Beobachter im Koordinatensystem x, y, z stellt auf Grund des Feldes $\vec{B}(x,y,z,t)$ und $\vec{v}$ ein elektrisches Feld fest, dass aus einer Wirbelfeldstärke E_{wi} und einer Bewegungsfeldstärke E_b besteht. Mit dem Ansatz $\vec{B} = \operatorname{rot}\vec{A}_p = \nabla \times \vec{A}_p$ kann ein neues Vektorfeld, das „Vektorpotential" $\vec{A}_p$ definiert werden (z. B. mit $\operatorname{div}\vec{A}_p = \nabla \cdot \vec{A}_p = 0$), das aus dem Induktionsgesetz (wieder mit dem Stokes'schen Satz) liefert:

$$u_i = \oint_C (\vec{v} \times \vec{B}) \cdot d\vec{s} - \int_A \frac{\partial}{\partial t}(\nabla \times \vec{A}_p) \cdot d\vec{A} = \oint_C (\vec{v} \times \vec{B}) \cdot d\vec{s} - \int_A (\nabla \times \frac{\partial \vec{A}_p}{\partial t}) \cdot d\vec{A} \ ,$$

$$u_i = \oint_C (\vec{v} \times \vec{B}) \cdot d\vec{s} - \oint_C \frac{\partial \vec{A}_p}{\partial t} \cdot d\vec{s} = \oint_C \vec{E}_b \cdot d\vec{s} - \oint_C \vec{E}_{wi} \cdot d\vec{s} = \oint_C \vec{E} \cdot d\vec{s} \ ,$$

$$\vec{E}_{wi} = -\frac{\partial \vec{A}_p}{\partial t}, \vec{E}_b = \vec{v} \times \vec{B} \Rightarrow \vec{E} = -\frac{\partial \vec{A}_p}{\partial t} + \vec{v} \times \vec{B} \ .$$

Für einen mit der Spule bewegten Beobachter ist die Geschwindigkeit der Spule Null, denn sein Koordinatensystem x', y', z' bewegt sich mit der Spule mit; er stellt nur Ruhinduktion fest.

$$\vec{E}'_{wi} = -\frac{\partial \vec{A}_p(x',y',z')}{\partial t}$$

Er stellt aber dieselbe induzierte Spannung u_i wie der ruhende Beobachter fest, denn zu ihrer Berechnung muss er das Feld $\vec{B}$ in seinem Koordinatensystem als $\vec{B}(x',y',z',t)$ beschreiben, wobei nur die Zeit t unverändert ist. Bewegt sich z. B. die Spule in Richtung der positiven x-Achse mit der konstanten Geschwindigkeit $\vec{v} = (v_x, 0, 0)$, so erscheint wegen $x = x' + v_x \cdot t$, $y = y'$, $z = z'$ das Feld $\vec{B}(x',y',z',t) = \vec{B}(x - v_x t, y, z, t)$ dem mitbewegten Beobachter auch dann zeitabhängig, wenn es im System x, y, z sich gar nicht ändert, denn mit $\vec{B}(x,y,z)$ erfährt der bewegte Beobachter $\vec{B}(x',y',z',t) = \vec{B}(x - v_x t, y, z)$. Diese zusätzliche Zeitabhängigkeit führt in

$$u_i = -\int_A \frac{\partial \vec{B}(x',y',z',t)}{\partial t} \cdot d\vec{A}$$ wieder zur ursprünglichen induzierten Spannung.

Anmerkung: Diese Überlegungen gelten für eine absolute Zeit t, die in allen zueinander bewegten Koordinatensystemen gleich ist. Da aber tatsächlich die Lichtgeschwindigkeit $c = 3 \cdot 10^8$ m/s in allen zueinander sich bewegenden Koordinatensystemen gleich ist, gibt es keine absolute Zeit, sondern im Koordinatensystem x', y', z' gilt die Zeit $t' \neq t$. Dies wird für zueinander mit konstanter Geschwindigkeit sich bewegenden Koordinatensystemen durch die Lorentz-Transformation beschrieben, die die Beziehung zwischen x', y', z', t' und x, y, z, t in Abhängigkeit von $v/c < 1$ herstellt. Dann stellt auch der ruhende Beobachter nicht mehr die bezüglich

der Spule auftretende elektrische Feldstärke $\vec{E} = -\dfrac{\partial \vec{A}_\mathrm{p}}{\partial t} + \vec{v} \times \vec{B}$ fest, son-

dern einen anderen, von v/c abhängigen Ausdruck, der aber für $v/c \to 0$ in den obigen Ausdruck übergeht. Auch sind dann die elektrischen Spannungen in zueinander bewegten Systemen nicht mehr identisch. Da aber elektrische Maschinen sich mit im Vergleich zur Lichtgeschwindigkeit sehr niedrigen Umfangsgeschwindigkeiten v bewegen (hohe Werte v wären ca. 600 m/s, dann ist aber $v/c = 600/3 \cdot 10^8 = 0.2 \cdot 10^{-5}$ immer noch sehr klein), kann für die Theorie elektrischer Maschinen stets eine absolute Zeit und das Induktionsgesetz gemäß 1) angenommen werden.

2. Wicklungen für Drehfelder in elektrischen Maschinen

Aufgabe A2.1: Felderregerkurve einer Drehstrom-Ganzlochwicklung

Drehstrom-Ganzlochwicklung mit den folgenden Daten für ein Polpaar: Zweischichtwicklung, Polzahl $2p = 6$, Strangzahl $m = 3$, Ständernutzahl $Q = 36$, Sehnung $W/\tau_p = 5/6$, $N_c = 1$ Windung/Spule.

1. Berechnen Sie die Lochzahl!
2. Skizzieren Sie den Verlauf der Felderregerkurve für folgende Momentanwerte der Strangströme: $I_U = I$, $I_V = -I$, $I_W = 0$. Zeichnen Sie die Polteilung, die Nutteilung und die Spulenweite in den zugehörigen Zonenplan mit der Verteilung der Spulenströme in Ober- und Unterschicht ein!

Lösung zu Aufgabe A2.1:

1)
$q = Q/(2 \cdot p \cdot m) = 36/(6 \cdot 3) = 2$
2)
Die Nulllinie der Felderregerkurve für ein Polpaar ist so zu legen, dass die Flächen unter der Kurve $V(x)$ für N- und S-Pol gleich groß sind (Bild A2.1-1).

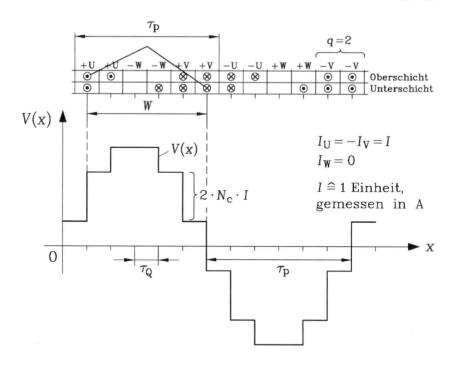

Bild A2.1-1: Zonenplan, Spulenstromverteilung und Felderregerkurve der Drehstrom-Zweischichtwicklung $q = 2$ mit 5/6-gesehnten Spulen für $i_U = -i_V$, $i_W = 0$

Aufgabe A2.2: Wicklungsschema und Felderregerkurve einer Drehstrom-Zweischichtwicklung

Bild A2.2-1 zeigt vom Schema einer zwölfpoligen Drehstromwicklung den Ausschnitt über zwei Polteilungen.

1. Welche Lochzahl q hat diese Wicklung?
2. Ist dies eine Ein- oder Zweischichtwicklung? Ist sie gesehnt oder ungesehnt?
3. Tragen Sie die Schaltverbindungen zwischen den Spulen so ein, dass der Ausschnitt einer dreiphasigen Wicklung mit den Anschlussklemmen U-X, V-Y, W-Z entsteht. Wie muss verschaltet werden, dass die Wicklung in Stern geschaltet ist?

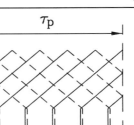

Bild A2.2-1: Vorlage für Wicklungsschema und Zonenplan für eine dreisträngige Zweischichtwicklung mit Spulen gleicher Weite

4. Zeichnen Sie in einen Zonenplan in Bild A2.2-1 unterhalb des Wicklungsschemas die Verteilung der Ströme für jenen Zeitpunkt ein, wenn Strang U stromlos ist. Wie groß sind die Momentanwerte der Ströme bei Drehstromspeisung (Stromamplitude $\hat{I}$)?
5. Zeichnen Sie zur Stromverteilung von 4. die Felderregerkurve als Treppenkurve für vernachlässigbar kleine Nutöffnungen!
6. Wie viele Nuten hat der Stator insgesamt?

Lösung zu Aufgabe A2.2:

1)
Es sind in Bild A2.2-1 zwölf Spulen der dreisträngigen Wicklung je Polpaar dargestellt: $q = 12/(2 \cdot 3) = 2$.

2)
Es liegen in Bild A2.2-1 zwei Spulenseiten in einer Nut (volle Linie: Oberschichtleiter, gestrichelt: Unterschichtleiter), daher ist es eine Zweischichtwicklung. Die Weite der Spulen ist $W/\tau_p = 5/6$. Es handelt sich um eine gesehnte Zweischichtwicklung.

3)
Die Spulenverbinder so als kurze Serienverbinder zwischen benachbarten Spulen einer Gruppe und als lange Umkehrverbinder zwischen den Spulengruppen von N- und S-Pol auszuführen (Bild A2.2-3). Bei Sternschaltung sind X, Y und Z als Sternpunkt zu verbinden.

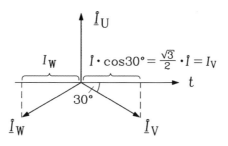

Bild A2.2-2: Bestimmung der Stromaugenblickswerte

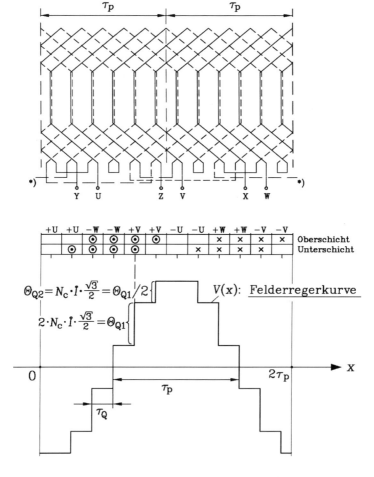

Bild A2.2-3: Wicklungsschema, Zonenplan und Felderregerkurve für die 5/6-gesehnte Zweischicht-Drehstromwicklung $q = 2$ je Polpaar für $i_U = 0$, $i_V = -i_W$

4)
Der Strom in Strang U ist Null. Der Projektionsstrahl der Realteilachse der komplexen Zahlenebene zum Zeitpunkt t steht normal auf den U-Stromzeiger. Die Projektion des V- und W-Zeigers als Amplitudenwert auf die Realteilachse ergibt die Stromwerte im Strang V und W zum Zeitpunkt t für $i_U = 0$, $i_V = -i_W$. Zeitpunkt t:

$$I_V = -I_W = \frac{\sqrt{3}}{2}\hat{I} \; .$$

Die zugehörige Verteilung der Spulenströme ist im Zonenplan Bild A2.2-3 dargestellt.

5)
Lösung in Bild A2.2-3 identisch mit Bild A2.1-1!

6)
$Q = 2 \cdot p \cdot q \cdot m = 12 \cdot 2 \cdot 3 = 72$

Aufgabe A2.3: Drehstrom-Halbloch-Zweischichtwicklung

Die achtpolige dreisträngige Drehstrom-Zweischicht-Bruchlochwicklung $q = 3/2$ mit Spulen gleicher Weite und $N_c = 10$ Windungen je Spule hat eine Serienschaltung aller Spulen je Strang $a = 1$.
1. Wie groß ist die Nutzahl und die Windungszahl je Strang?
2. Zeichnen Sie das vereinfachte Wicklungsschema eines Strangs für ein Urschema!
3. Für eine Sehnung 8/9 ist für $i_U = -2i_V = -2i_W$ die Spulenstromverteilung im Zonenplan und die Feldkurve $B_\delta(x)$ für $\mu_{Fe} \to \infty$ und konstanten Luftspalt δ zu zeichnen! Was fällt im Vergleich zur Felderregerkurve von Aufgabe A2.1 auf?

Lösung zu Aufgabe A2.3:

1)
$Q = 2p \cdot q \cdot m = 8 \cdot (3/2) \cdot 3 = 36$, $N = 2p \cdot q \cdot N_c / a = 8 \cdot (3/2) \cdot 10 / 1 = 120$

2)
Bei einem Bruchlochnenner $N = 2$ ist bei Zweischichtwicklungen nach zwei Polen ein Urschema komplett (Bild A2.3-1). Die Spulenweite ergibt durch den Spulenschritt von Nut 1 in Nut 5 eine Sehnung $W / \tau_p = 4 / 4.5 = 8/9$.

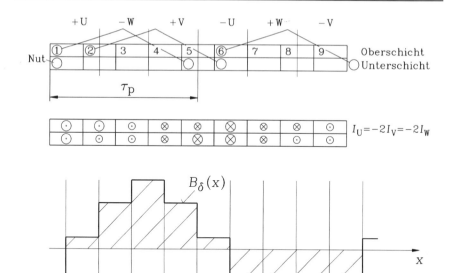

Bild A2.3-1: Vereinfachtes Wicklungsschema des Strangs U und Verteilung der Spulenströme im Zonenplan für $i_U = -2i_V = -2i_W$, sowie zugehöriges Magnetfeld im Luftspalt bei unendlich permeablem Eisen, konstantem Luftspalt und unendlich schmalen Nutöffnungen

3)
Für $\mu_{Fe} \to \infty$ und $\delta = $ konst.: Feldkurve $B_\delta(x) = \mu_0 \cdot V(x)/\delta$ (siehe Bild A2.3-1). Die x-Achse von $B_\delta(x)$ ist für ein Polpaar so zu legen, dass die Flächen unter der Feldkurve für N- und S-Pol gleich groß sind! Im Vergleich zur Felderregerkurve von Aufgabe A2.1 ist die Feldkurve nicht abszissensymmetrisch!

Aufgabe A2.4: Drehstrom-Halbloch-Einschichtwicklung

Zeichnen Sie für die Drehstrom-Einschicht-Halblochwicklung $m = 3$, $q = 3/2$ (Bild A2.4-1) die Spulenstromverteilung im Zonenplan und die Felderregerkurve für ein Urschema für die Strangstromwerte $i_U = -i_W$, $i_V = 0$. Wie viele Pole werden erregt? In welchem Zahlenverhältnis stehen die Polflüsse?

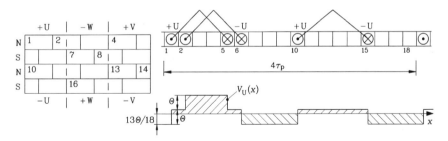

Bild A.2.4-1: Dreisträngige Einschicht-Halblochwicklung $q = 3/2$ in der Darstellung des Tingley-Schemas, des Wicklungsschemas je Strang und der zugehörigen Felderregerkurve je Strang, unterschiedliche Spulenweite von 4 bzw. 5 Nutteilungen

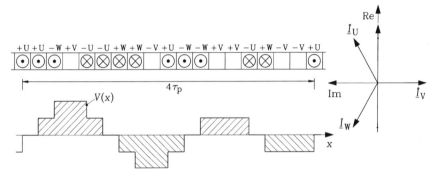

Bild A2.4-2: Spulenstromverteilung und Felderregerkurve der Drehstrom-Halbloch-Einschichtwicklung $q = 3/2$ für $i_U = -i_W$, $i_V = 0$

Lösung zu Aufgabe A2.4:

Die Felderregerkurve Bild A2.4-2 hat zwei N- und zwei S-Pole. Die Polflüsse stehen im Verhältnis 2:2:1:1; die Flusssumme ist $2 - 2 + 1 - 1 = 0$.

Aufgabe A2.5: Drehstrom-Bruchloch-Zweischichtwicklung mit ungeradem Bruchlochnenner

1. Zeichnen Sie für die Drehstrom-Zweischicht-Bruchlochwicklung $m = 3$, $q = 7/5$ das Tingley-Schema! Wie viele Pole werden je Urschema erregt? Welche Sehnungen $1 > W/\tau_p > 2/3$ sind möglich? Ist eine ungesehnte Spulenausführung möglich?

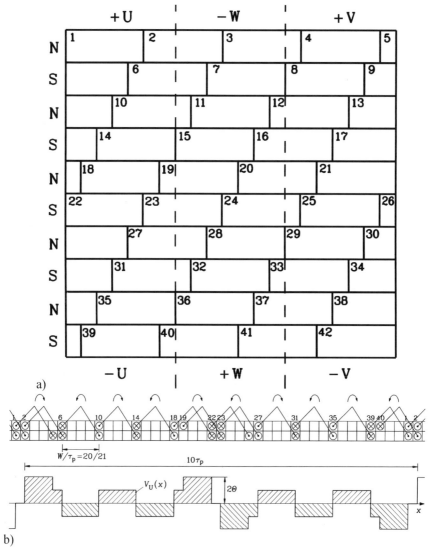

Bild A2.5-1: Drehstrom-Bruchloch-Zweischichtwicklung $q = 7/5$: a) Tingley-Schema, Spulenstromverteilung, b) Felderregerkurve für den Strang U

2. Zeichnen Sie die Spulenstromverteilung für Strang U im Zonenplan und die zugehörige Felderregerkurve $V_U(x)$ für ein Urschema bei einer Sehnung 20/21! Wie viele Spulen gleicher Weite werden benötigt?
3. In welchem Zahlenverhältnis stehen die Polflüsse?

Lösung zu Aufgabe A2.5:

1)
Im Tingley-Schema Bild A2.5-1 wiederholt sich je Strang die Spulenanordnung nach 5 Polen, jedoch mit umgekehrtem Wickelsinn der Spulen, so dass das Urschema 10 Pole umfasst. Es sind die Sehnungen 15/21 und 20/21 möglich, aber keine ungesehnte Ausführung.

2)
Die Felderregerkurve $V_U(x)$ zeigt 10 Pole, wobei zwischen jeweils 5 (halbes Urschema) Abszissensymmetrie besteht. Spulenzahl je Strang im Urschema: $2p_u \cdot q = 10 \cdot (7/5) = 14$.

3)
Die zehn Polflüsse stehen im Verhältnis 7:4:4:4:7:7:4:4:4:7, die Flusssumme ist 7 - 4 + 4 - 4 + 7 - 7 + 4 - 4 + 4 - 7 = 0.

Aufgabe A2.6: Konzentrierte Drehstrom-Bruchloch-Zweischichtwicklung

1. Zeichnen Sie für die Drehstrom-Zweischicht-Bruchlochwicklung $m = 3$, $q = 3/8$ das Tingley-Schema! Wie viele Pole werden je Urschema erregt? Welche Sehnungen $1 > W/\tau_p > 2/3$ sind möglich? Ist eine ungesehnte Spulenausführung möglich?
2. Zeichnen Sie das vereinfachte Wicklungsschema je Strang im Zonenplan und das Wicklungsschema der Zahnspulen der drei Stränge je Urschema. Wie viele Spulen treten je Modul auf?
3. Zeichnen Sie die Spulenstromverteilung für Strang U im Zonenplan und die zugehörige Felderregerkurve $V_U(x)$ für ein Urschema!
4. Zeichnen Sie die Spulenstromverteilung für $i_U = -2i_V = -2i_W$ im Zonenplan und die zugehörige Felderregerkurve $V(x)$ für ein Urschema! Wie groß ist die Polzahl?
5. Wie groß ist bei einer 24-poligen Wicklung die Anzahl möglicher Parallelschaltungen a je Strang?
6. Wie sind die zu 5. möglichen Windungszahlen je Strang, wenn eine Zahnspule $N_c = 11$ Windungen hat?

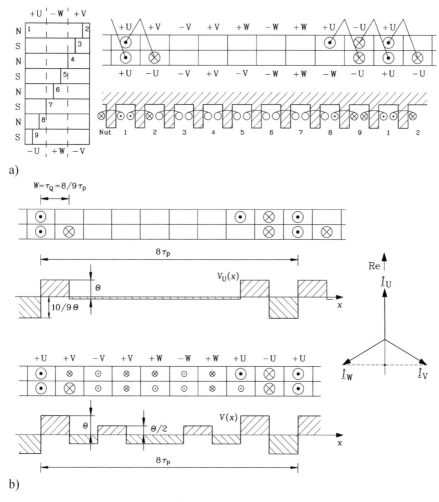

a)

b)

Bild A2.6-1: Drehstrom-Bruchloch-Zweischichtwicklung $q = 3/8$: a) Tingley-Schema mit Nutenplan für Strang U und entsprechender Zahnspulenanordnung, b) Spulenstromverteilung und Felderregerkurve für Strang U und für alle drei Stränge (für $i_U = -2i_V = -2i_W$)

Lösung zu Aufgabe A2.6:

1)
Im Tingley-Schema Bild A2.6-1 wiederholt sich je Strang die Spulenanordnung nach 8 Polen, so dass das Urschema 8 Pole umfasst. Es tritt die Sehnung 8/9 auf.

2)
Das Modul U umfasst drei benachbarte Spulen +8, -9, +1. Jedes Modul U,
V, W umfasst somit drei benachbarte Spulen (V: +2, -3, +4,
W: +5, -6, +7).

3)
Die Felderregerkurve $V_U(x)$ zeigt 4 Pole mit deutlich ungleicher Polteilung.

4)
Die Felderregerkurve $V(x)$ zeigt 8 Pole mit tw. ungleicher Polteilung. Die
Fourier-Reihenentwicklung von $V(x)$ (Kapitel 3) zeigt, dass neben der
Oberwelle mit 8 Polen auch eine ausgeprägte Oberwelle mit 10 Polen in
$V(x)$ (Wellenlänge im Verhältnis 8/10 kürzer) enthalten ist, so dass auch
eine Kombination mit einem 10-poligen Läuferfeld möglich wäre.

5)
24 Pole umfassen drei Urschemen zu je 8 Polen, welche entweder in Serie
($a = 1$) oder parallel geschaltet werden können: $a = 3$.

6)
$a = 1$: $N = 2p \cdot q \cdot N_c / a = 24 \cdot (3/8) \cdot 11/1 = 99$;

$a = 3$: $N = 24 \cdot (3/8) \cdot 11/3 = 33$

Aufgabe A2.7: Drehstrom-Bruchloch-Zweischichtwicklung eines Rohrmühlenantriebs

Ein über einen Umrichter mit der niedrigen Ständerfrequenz $f_s = 5.5$ Hz
gespeister hochpoliger Synchronmotor mit $P_N = 6.4$ MW Bemessungsleistung, $\cos\varphi_N = 1$ und 3.2 kV Bemessungsspannung dreht ohne Getriebe direkt eine große Rohrmühle mit der niedrigen Drehzahl 15/min.

1. Wie groß ist der Bemessungsstrom je Strang, wenn der Wirkungsgrad
   des Motors mit $\eta_N = 1$ idealisiert wird?
2. Wie groß ist die Polzahl des Läufers?
3. Der Stator hat 462 Nuten. Geben Sie eine mögliche Wicklungsausle-
   gung mit Lochzahl q, Sehnung und Tingley-Schema an.
4. Zeichnen Sie die Feldkurve $B_\delta(x)$ für $\mu_{Fe} \to \infty$ und konstanten Luftspalt
   δ für die Strommomentanwerte $i_U = 0$, $i_V = -i_W$.

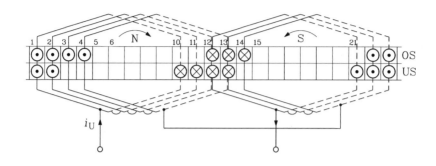

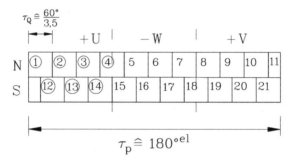

Bild A2.7-1: a) Zonenplan der Zweischicht-Bruchlochwicklung $q = 3.5$ und Wicklungsschema für Strang U, b) Tingley-Schema

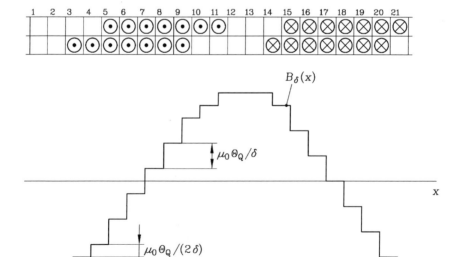

Bild A2.7-2: Luftspaltfeld der Bruchlochwicklung $q = 3.5$ für den Zeitaugenblick $i_U = 0$, $i_V = -i_W$

Lösung zu Aufgabe A2.7:

1)
$$S_N = P_N /(\eta_N \cdot \cos\varphi_N) = 6400/(1 \cdot 1) = 6400 \,\mathrm{kVA} ,$$
$$I_N = S_N /(\sqrt{3} \cdot U_N) = 6400/(\sqrt{3} \cdot 3.2) = 1155 \,\mathrm{A}$$

2)
$$2p = 2f_s /n = 2 \cdot 5.5 /(15/60) = 44$$

3)
$$\text{Lochzahl} \quad q = \frac{Q}{2p \cdot m} = \frac{462}{44 \cdot 3} = 3.5 = 7/2 .$$

Die sieben Spulen +1, +2, +3, +4, -12, -13, -14 sind gemäß dem Tingley-Schema Bild A2.7-1 Strang U zugeordnet. Gewählt wird eine gesehnte Zweischichtwicklung mit einer Sehnung: $W/\tau_p = 9/10.5 = 0.86$. Das entspricht einem Spulenschritt von Nut 1, Oberschicht, in Nut 10, Unterschicht.

4)
Für $\mu_{Fe} \to \infty$ und $\delta = \text{konst.}$:
Feldkurve $B_\delta(x) = \mu_0 \cdot V(x)/\delta$ (Bild A2.7-2).

Die x-Achse von $B_\delta(x)$ ist für ein Polpaar so zu legen, dass die Flächen unter der Feldkurve für N- und S-Pol gleich groß sind! Dank der relativ hohen Lochzahl zwischen 3 und 4 ist die Annäherung der Feldtreppen-Kurve an die gewünschte Sinusform gut, obwohl die Feldkurven von N- und S-Pol unterschiedlich sind.

3. Mathematische Analyse von Luftspaltfeldern

Aufgabe A3.1: Fourier-Analyse der Feldverteilung einer Drehstromwicklung

Wicklungs- und Geometriedaten: $m_s = 3$, $2p = 4$, Zweischichtwicklung, $q = 2$, $W/\tau_p = 5/6$. Luftspaltweite $\delta = 1\,\mathrm{mm}$, Windungszahl pro Spule $N_c = 5$; Serienschaltung aller Spulen $a = 1$; Stator-Innendurchmesser $d_{si} = 80$ mm; Strangstrom (Effektivwert): $I_s = 30$ A, $f_s = 50\,\mathrm{Hz}$.

1. Berechnen Sie die Nutzahl je Polpaar, die Polteilung und die Windungszahl je Strang!
2. Berechnen Sie die Amplitude der Grundwelle der Luftspaltflussdichte!
3. Berechnen Sie für die Grundwelle und für die ersten sechs Oberwellen den Zonen-, Sehnungs- und Wicklungsfaktor, die Wellengeschwindigkeit und den Betrag der die auf die Grundwelle bezogenen Feldwellen-Amplituden! Schreiben Sie Nutharmonische im Ergebnis kursiv!
4. Skizzieren Sie für Drehstromspeisung die Feldverteilung der Luftspaltflussdichte für den Zeitpunkt, wenn der Strom im Strang U maximal ist, und zeichnen Sie maßstäblich die Feldgrundwelle und die beiden ersten nutharmonischen Oberwellen!

Lösung zu Aufgabe A3.1:

1)
$Q_s/p = 12$,
$\tau_p = d_{si}\pi/(2p) = 62.8\,\mathrm{mm}$, $N_s = 2p \cdot q \cdot N_c / a = 4 \cdot 2 \cdot 5/1 = 40$.

2)
$$B_{\delta,\nu=1} = \frac{\mu_0}{\delta} \cdot \frac{\sqrt{2}}{\pi} \cdot \frac{m_s}{p} \cdot N_s \frac{k_{w,1}}{1} \cdot I_s = \frac{4\pi \cdot 10^{-7}}{0.001} \cdot \frac{\sqrt{2}}{\pi} \cdot \frac{3}{2} \cdot 40 \frac{0.933}{1} \cdot 30 = 0.95\,\mathrm{T}$$

3)
Die Ergebnisse sind in Tab. A3.1-1 zusammengefasst.

4)

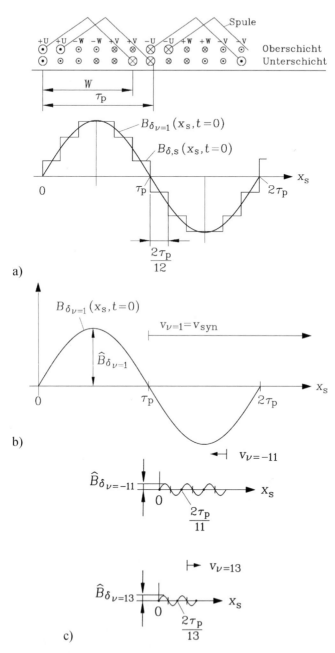

Bild A3.1-1: Luftspaltflussdichte für $q = 2$, $W/\tau_p = 5/6$: a) Verlauf bei $t = 0$ ($i_U = \sqrt{2}I_s$, $i_V = i_W = -\sqrt{2}I_s/2$), b) Zugehörige Grundwelle, c) erstes nutharmonisches Oberwellenpaar

Tabelle A3.1-1: Wicklungsfaktor, Betrag der relativen Amplituden und Wellengeschwindigkeit der Wellen der Ständerluftspaltflussdichte einer Drehstrom-Zweischichtwicklung $q = 2$, $W/\tau_p = 5/6$ bis zur Ordnungszahl 19. Nutharmonische sind kursiv geschrieben

| | Relative Amplitude | | | | Wellengeschwindigkeit |
| ν | $\left|\hat{B}_{\delta\nu}/\hat{B}_{\delta1}\right|$ | $k_{p,\nu}$ | $k_{d,\nu}$ | $k_{w,\nu}$ | v_ν |
[-]	[%]	[-]	[-]	[-]	[m/s]
1	100	0.966	0.966	0.933	6.28
-5	1.4	-0.259	0.259	-0.067	- 1.26
7	1.0	0.259	-0.259	-0.067	0.9
-11	*9.1*	*-0.966*	*-0.966*	*0.933*	- 0.6
13	*7.7*	*-0.966*	*-0.966*	*0.933*	0.5
-17	0.4	0.259	-0.259	-0.067	- 0.37
19	0.38	-0.259	0.259	-0.067	0.33

Aufgabe A3.2: Fourier-Analyse der Feldverteilung einer Käfigwicklung

Vierpoliger Kurzschluss-Käfig mit 28 Rotorstäben: Die Rotorstromverteilung erregt eine vierpolige Feldverteilung, Luftspalt $\delta = 1\,\mathrm{mm}$, $N_c = 1/2$, Ständer-Innendurchmesser d_{si} = 80 mm, Effektivwert des Rotorstabstroms: I_{Stab} = 240 A.

1. Berechnen Sie die Anzahl der Nuten pro Polpaar und die Amplitude der Läufergrundwelle!
2. Berechnen Sie den Betrag der auf die Grundwellenamplitude bezogenen Amplituden der ersten vier Oberwellen!

Lösung zu Aufgabe A3.2:

1)

$Q_r/p = 14$;

$$\hat{B}_{\delta,\mu=1} = \frac{\mu_0}{\delta} \cdot \frac{\sqrt{2}}{\pi} \cdot \frac{Q_r}{p} \cdot \frac{1}{2} \cdot \frac{1}{1} \cdot I_{Stab} = \frac{4\pi \cdot 10^{-7}}{0.001} \cdot \frac{\sqrt{2}}{\pi} \cdot \frac{28}{2} \cdot \frac{1}{2} \cdot \frac{1}{1} \cdot 240 = 0.95\,\mathrm{T}$$

2)
Die Ergebnisse sind in Tab. A3.2-1 angegeben.

Tabelle A3.2-1: Wicklungsfaktor und Betrag der relativen Amplituden der Feldwellen der Luftspaltflussdichteverteilung einer Käfigwicklung mit 7 Nuten je Pol bis Ordnungszahl 29

μ	relative Amplitude $\left\| \hat{B}_{\delta\mu} / \hat{B}_{\delta 1} \right\|$	Wicklungsfaktor $k_{w,\mu}$
[-]	[%]	[-]
1	100.0	1
-13	7.6	1
15	6.7	1
-27	3.7	1
29	3.4	1

Aufgabe A3.3: Fourier-Analyse der Rotor-Feldverteilung einer Permanentmagnet-Synchronmaschine

Auf der Rotoroberfläche sind rechteckförmige Permanentmagnete so aufgeklebt, dass eine Polbedeckung $\alpha_e = 0.8$ erreicht wird (Bild A3.3-1). Die Luftspaltflussdichte ist idealisiert rechteckförmig verteilt mit der Amplitude $B_p = 0.735\,\mathrm{T}$.

1. Entwickeln Sie die Flussdichteverteilung in eine Fourier-Cosinus-Reihe und geben Sie die Formel für die Amplituden an! Welche Ordnungszahlen treten auf?
2. Bestimmen Sie den Betrag der absoluten und relativen Amplituden der ersten 7 Wellen des Feldwellenspektrums!

Lösung zu Aufgabe A3.3:

1)
Durch die Lage des Nullpunkts ist die in Bild A3.3-1 dargestellte Feldfunktion ungerade. Wird der Nullpunkt der x-Achse gemäß Bild 3.5-3 in die Mitte des Nord-Pols gelegt, so wird die Funktion $B(x)$ eine gerade Funktion: $B(x) = B(-x)$. Dann treten nur Cosinus-Wellen in der Fourier-Reihe auf.

$$\hat{B}_{\mu} = \frac{1}{\pi} \int_0^{2\pi} B_p(\gamma) \cdot \cos(\mu \cdot \gamma) \cdot d\gamma \qquad B(\gamma) = \sum_{\mu=1,3,5,\ldots}^{\infty} \hat{B}_{\mu} \cos(\mu\gamma) \qquad \gamma = x\pi / \tau_p$$

Da Nord- und Südpol gleiche Feldform haben, ist $B(\gamma)$ eine abszissensymmetrische Funktion, und es treten nur ungerade Ordnungszahlen $\mu = 1, 3, 5, \ldots$ auf.

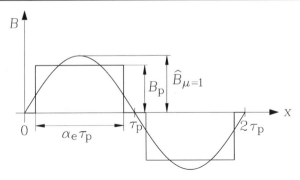

Bild A3.3-1: Luftspaltflussdichte $B_p(x)$ und zugehörige Grundwelle (Ordnungszahl $\mu = 1$)

Tabelle A3.3-1: Relative und absolute Amplituden der Läuferfeldoberwellen einer permanentmagneterregten Synchronmaschine mit Oberflächenmagneten gemäß Bild A3.3-1 bis zur Ordnungszahl 13

μ	$\left| \hat{B}_\mu / \hat{B}_{\mu=1} \right|$	$\left| \hat{B}_\mu \right|$
[-]	[p.u.]	[T]
1	1	0.89
3	0.206	0.18
5	0	0
7	0.088	0.078
9	0.11	0.10
11	0.091	0.081
13	0.048	0.043

Die Funktion in Bild A3.3-1 hat dieselbe Form wie jene in Bild 3.2-2, daher erhalten wir für die Fourier-Amplituden wie in (3.2-14):

$$\hat{B}_\mu = \frac{4}{\pi\mu} \cdot B_p \cdot sin(\mu \cdot \alpha_e \cdot \frac{\pi}{2}) = \frac{4}{\pi\mu} \cdot 0.735 \cdot sin(\mu \cdot 0.8 \cdot \frac{\pi}{2})$$

2)
Die Ergebnisse sind in Tab. A3.3-1 enthalten.

Aufgabe A3.4: Fourier-Analyse der Ständer-Feldverteilung eines Einphasen-Synchrongenerators

Ein Synchrongenerator für das Einphasennetz der Bahn wird in zwei unterschiedlichen Ausführungen der Ständerwicklung untersucht:

a) Zwei Drittel des Ständers sind bewickelt, b) Der Ständer ist vollständig bewickelt.

1. Zeichnen Sie die Verteilung der magnetischen Spannung $V(x)$ der Ständerwicklung längs des Bohrungsumfangs für den Augenblick, wenn der Wechselstrom $i(t)$ in der Ständerwicklung seinen Maximalwert hat. Nehmen Sie eine Einschichtwicklung und eine unendlich feine Ständernutung an ($q \to \infty$). Um wie viel Prozent sind die Felderregerkurve und das Luftspaltfeld im Fall b) höher als bei a)? Um wie viel mehr Kupfer wird im Fall b) für die Wicklung benötigt? Wie groß sind die Stromwärmeverluste im Vergleich?

2. Bestimmen Sie zu a) und b) die Amplitude der Grundwelle der Felderregerkurve! Um wie viel Prozent ist die Amplitude bei b) höher als bei a)? Lohnt sich der dafür erforderliche höhere Einsatz an Material?

Lösung zu Aufgabe A3.4:

1)

Die Felderregerkurve ist im Fall a) trapezförmig, im Fall b) dreieckförmig. Die Amplitude V_b ist um 50 % größer als V_a. Die Kupfermasse m_{Cu} und der ohm'sche Widerstand R und damit die Stromwärmeverluste bei gleichem Strom $i(t)$ sind ebenfalls im Fall b) um 50 % höher.

$$V_b / V_a = 3 / 2 = 1.5, \quad m_{Cu,b} / m_{Cu,a} = 3 / 2 = 1.5, \quad R_b / R_a = 3 / 2 = 1.5.$$

2)

Fourier-Reihe und Grundwelle von $V(x)$: Die Formeln für die Grundwellenamplituden der Trapez- und der Dreieckfunktion $\hat{V}_{a1}, \hat{V}_{b1}$ werden (Dirschmid 1992, 1996) entnommen.

$$\hat{V}_{a1} = \frac{6\sqrt{3}}{\pi^2} \cdot V_a, \qquad \hat{V}_{b1} = \frac{8}{\pi^2} \cdot V_b : \qquad \hat{V}_{b1} / \hat{V}_{a1} = 2 / \sqrt{3} = 1.155$$

Die für die Energiewandlung nutzbare Amplitude der Grundwelle ist im Fall b) bei 50 % höheren Stromwärmeverlusten und Wicklungsmassen nur um 15 % höher.

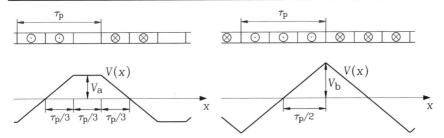

Bild A3.4-1: Felderregerkurve einer einsträngigen Wicklung mit a) „Zwei-Drittel"-Bewicklung, b) vollständiger Bewicklung der Ständernuten. Es ist unendlich feine Nutung angenommen, so dass die Feldtreppe zur Trapez- bzw. Dreieckkurve wird („unendlich" feine Treppung)

Deshalb lohnt die Ausführung eines Einphasen-Synchrongenerators mit vollständig bewickeltem Ständer nicht. Es wird in der Praxis die Zwei-Drittel-Bewicklung ausgeführt.

Aufgabe A3.5: Fourier-Analyse der Ständer-Feldverteilung einer dreisträngigen Sechszonen-Zweischicht-Bruchlochwicklung

Für die symmetrische sechspolige Bruchlochwicklung $q = 3/2$, $m = 3$ mit $N_c = 3$ Windungen je Spule und die Sehnung 8/9 sind folgende Fragen zu beantworten:

1. Wie groß sind die Urschemenzahl z_u, die Polpaarzahl p und die Polpaarzahl p_u je Urschema, die Nutwinkel α_Q^* und α_Q, der Schritt Y und die Lochzahlen q_1 und q_2 im verdichteten Tingley-Schema?

2. Unterscheiden sich ν und ν^*? Geben Sie für die Ordnungszahlen ν bis zum zweiten Nutharmonischenpaar Sehnungsfaktor, Zonenfaktor, Wicklungsfaktor und relative Amplituden der Luftspaltflussdichte bei konstantem Luftspalt und unendlich permeablem Eisen an. Stellen Sie die Nutharmonischen in der Ergebnistabelle kursiv, um sie hervorzuheben! Treten Unterwellen auf?

3. Wie sind die Beträge der relativen Amplituden der Nutharmonischen einfach zu berechnen?

4. Zeigen Sie, dass die Wicklung bezüglich der Grundwelle wie eine Ganzlochwicklung mit der Lochzahl $q = 3$ wirkt!

5. Wie groß ist die Windungszahl je Strang bei maximaler Anzahl paralleler Zweige?

Tabelle A3.5-1: Sehnungs-, Zonen-, Wicklungsfaktor und relative Wellenamplitude für die gesehnte dreisträngige Bruchloch-Drehstromwicklung $q = 3/2$ bis zur Ordnungszahl 19. Kursive Zahlen sind Nutharmonische

ν	$k_{p,\nu}$	$k_{d,\nu}$	$k_{w,\nu}$	$\hat{B}_\nu / \hat{B}_{\nu=1}$
1	0.9848	0.9598	0.9452	1.0000
-2	-0.3420	0.1774	-0.0607	0.0321
4	-0.6428	-0.2176	0.1399	0.0370
-5	-0.6428	0.2176	-0.1399	0.0296
7	-0.3420	-0.1774	0.0607	0.0092
-8	*0.9848*	*-0.9598*	*-0.9452*	*0.1250*
10	*0.9848*	*-0.9598*	*-0.9452*	*-0.1000*
-11	-0.3420	-0.1774	0.0607	-0.0058
13	-0.6428	0.2176	-0.1398	-0.0114
-14	-0.6428	-0.2176	0.1399	-0.0106
16	-0.3420	0.1774	-0.0607	-0.0040
-17	*0.9848*	*0.9598*	*0.9452*	*-0.0588*
19	*0.9848*	*0.9598*	*0.9452*	*0.0526*

Lösung zu Aufgabe A3.5:

1)

$p = 6/2 = 3$: Bruchlochnenner $q_N = 2$ (gerade Zahl), daher $p_u = q_N/2 = 1$,
$z_u = p/p_u = 3$, $Q_u = 2 p_u m q = 2 \cdot 3 \cdot (3/2) = 9$ Nuten je Urschema,

$$\alpha_Q^* = 2\pi / Q_u = 2\pi / 9 = 0.698, \quad \alpha_Q = 2\pi \cdot p_u / Q_u = 0.698$$

bzw. $\alpha_Q = 40° = \alpha_Q^*$, $Y = \dfrac{g_{\min} \cdot Q_u + 1}{p_u} = \dfrac{0 \cdot 9 + 1}{1} = 1$,

Q_u ungerade: $q_1 = \dfrac{Q_u + m}{2m} = \dfrac{9 + 3}{2 \cdot 3} = 2$, $q_2 = q_1 - 1 = 1$

2)

Da $p_u = 1$ ist, sind ν und ν^* identisch, und es treten keine Unterwellen auf. Zweites Nutharmonischenpaar: $g = \pm 2$:

$$\nu_Q = 1 + \frac{Q}{p} g = 1 + \frac{Q_u}{p_u} g = 1 \pm \frac{9}{1} \cdot 2 = -17, 19.$$

Mit (3.3-24) und (3.3-25) folgt die Tab. A3.5-1.

3)

Relative Amplituden der Nutharmonischen: $\hat{B}_{\nu_Q} / \hat{B}_{\nu=1} = 1/\nu$

Erstes Nutharmonischenpaar: $\nu_Q = 1 + \dfrac{Q}{p} g = 1 + \dfrac{Q_u}{p_u} g = 1 \pm \dfrac{9}{1} \cdot 1 = -8, 10$

$\hat{B}_{-8} / \hat{B}_1 = 1/8 = 0.125$, $\hat{B}_{10} / \hat{B}_1 = -(1/10) = -0.1$

$\hat{B}_{-17} / \hat{B}_1 = 1/(-17) = -0.0588$, $\hat{B}_{19} / \hat{B}_1 = 1/19 = 0.0526$

4)
Zonenfaktor einer Ganzlochwicklung $q = 3$:

$$k_{d,1} = \frac{\sin(\dfrac{\pi}{2m})}{q \cdot \sin(\dfrac{\pi}{2mq})} = \frac{\sin(\dfrac{\pi}{6})}{3 \cdot \sin(\dfrac{\pi}{18})} = 0.9598,$$

das Ergebnis ist identisch mit dem Wert aus Tab. A3.5-1!

5)
Innerhalb eines Urschemas keine Parallelschaltmöglichkeit, da $q_1 \neq q_2$.
Maximale Zahl paralleler Zweige = Urschemenanzahl: $a_{max} = z_u = 3$. Dies
ist auch die einzige Möglichkeit der Parallelschaltung.

$$N = z_u \cdot (q_1 + q_2) \cdot N_c / a = (2+1) \cdot 3 = 9$$

Aufgabe A3.6: Fourier-Analyse der Ständer-Feldverteilung einer zweisträngigen Vierzonen-Einschicht-Ganzlochwicklung

Für die symmetrische vierpolige Ganzlochwicklung $q = 2$, $m = 2$ mit
$N_c = 20$ Windungen je Spule sind folgende Fragen zu beantworten:
1. Wie groß sind der Nutwinkel α_Q und die Nutzahl? Geben Sie die Ordnungszahlen der ersten beiden nutharmonischen Wellenpaare an!
2. Geben Sie für die Ordnungszahlen ν bis zum zweiten Nutharmonischenpaar Sehnungsfaktor, Zonenfaktor, Wicklungsfaktor und relative
   Amplituden der Luftspaltflussdichte bei konstantem Luftspalt und unendlich permeablem Eisen an. Stellen Sie die Nutharmonischen in der
   Ergebnistabelle kursiv, um sie hervorzuheben!
3. Wie groß ist die Windungszahl je Strang bei maximaler Anzahl paralleler Zweige?

Lösung zu Aufgabe A3.6:

1)
$$\alpha_Q = 2\pi \cdot p / Q - 2\pi / (2mq) = 2\pi / (2 \cdot 2 \cdot 2) = 0.785$$

Tabelle A3.6-1: Sehnungs-, Zonen-, Wicklungsfaktor und relative Wellenamplitude für die zweisträngige Einschicht-Ganzloch-Drehstromwicklung $q = 2$ bis zur Ordnungszahl 17. Kursive Zahlen sind Nutharmonische

ν	$k_{\mathrm{p},\nu}$	$k_{\mathrm{d},\nu}$	$k_{\mathrm{w},\nu}$	$\hat{B}_\nu / \hat{B}_{\nu=1}$
1	1.0	0.9239	0.9239	1.0000
-3	1.0	0.3827	0.3827	-0.1381
5	1.0	-0.3827	-0.3827	-0.0828
-7	*1.0*	*-0.9239*	*-0.9239*	*0.1429*
9	*1.0*	*-0.9239*	*-0.9239*	*-0.1111*
-11	1.0	-0.3827	-0.3827	0.0377
13	1.0	0.3827	0.3827	0.0319
-15	*1.0*	*0.9239*	*0.9239*	*-0.0667*
17	*1.0*	*0.9239*	*0.9239*	*0.0588*

bzw. $\alpha_{\mathrm{Q}} = 45°$. $Q = 2p \cdot m \cdot q = 4 \cdot 2 \cdot 2 = 16$

$$\nu_{\mathrm{Q}} = 1 + \frac{Q}{p} g = 1 + 8g = -7, 9, -15, 17$$

2)
$2m$-Zonenwicklung $2m = 4$: Ordnungszahlen
$\nu = 1 + 2m \cdot g = 1, -3, 5, -7, 9, \ldots$ Mit (3.2-15), (3.2-17) und (3.2-37) folgt
Tab. A3.6-1. So ist z. B. der Zonenfaktor der Grundwelle:

$$k_{\mathrm{d},1} = \frac{\sin(\frac{\pi}{2m})}{q \cdot \sin(\frac{\pi}{2mq})} = \frac{\sin(\frac{\pi}{2 \cdot 2})}{q \cdot \sin(\frac{\pi}{2 \cdot 2 \cdot 2})} = 0.9239 \quad .$$

3)
Innerhalb eines Urschemas ist wegen der Einschichtwicklung keine Parallelschaltung möglich. Die maximale Anzahl paralleler Zweige ist die Urschemenanzahl: $a_{\max} = z_{\mathrm{u}} = 2$. Dies ist auch die einzige Möglichkeit der Parallelschaltung. $N = z_{\mathrm{u}} \cdot q \cdot N_{\mathrm{c}} / a = 2 \cdot 2 \cdot 20 / 2 = 40$

Aufgabe A3.7: Fourier-Analyse der Ständer-Feldverteilung einer sechssträngigen Zwölfzonen-Einschicht-Ganzlochwicklung

Für die symmetrische zweipolige Ganzlochwicklung $q = 1$, $m = 6$ mit $N_{\mathrm{c}} = 20$ Windungen je Spule sind folgende Fragen zu beantworten:

1. Wie groß sind der Nutwinkel α_Q und die Nutzahl? Geben Sie die Ordnungszahlen der ersten beiden nutharmonischen Wellenpaare an!
2. Geben Sie für die Ordnungszahlen ν bis zum zweiten Nutharmonischenpaar Sehnungsfaktor, Zonenfaktor, Wicklungsfaktor und relative Amplituden der Luftspaltflussdichte bei konstantem Luftspalt und unendlich permeablem Eisen an. Stellen Sie die Nutharmonischen in der Ergebnistabelle kursiv, um sie hervorzuheben! Wie können die relativen Amplituden einfach berechnet werden?
3. Warum nähert sich die Felderregerkurve im Vergleich zu einer dreisträngigen Wicklung $q = 1$ besser an die Sinusform an?
4. Wie groß ist die Windungszahl je Strang bei maximaler Anzahl paralleler Zweige?

Lösung zu Aufgabe A3.7:

1)
$$\alpha_Q = 2\pi \cdot p / Q = 2\pi /(2mq) = 2\pi /12 = 0.524 \text{ bzw. } \alpha_Q = 30°.$$
$$Q = 2p \cdot m \cdot q = 2 \cdot 6 \cdot 1 = 12$$
$$\nu_Q = 1 + \frac{Q}{p} g = 1 + 12g = -11, 13, -23, 25$$

2)
$2m$-Zonenwicklung $2m = 12$: Ordnungszahlen
$$\nu = 1 + 2m \cdot g = 1, -11, 13, -23, 25, ...$$
Es existieren wegen $q = 1$ nur nutharmonische Oberwellen.
Einschichtwicklung: $W = \tau_p$: Betrag des Sehnungsfaktors stets 1.
$q = 1$: Zonenfaktor stets 1. Daher ist der Wicklungsfaktor stets 1, und die relativen Amplituden sind einfach zu berechnen: $\hat{B}_\nu / \hat{B}_{\nu=1} = 1/\nu$.
Die Ergebnisse sind in Tab. A3.7-1 zusammengefasst.

3)
Auch bei einer dreisträngigen Einschichtwicklung $q = 1$ sind die relativen Amplituden $\hat{B}_\nu / \hat{B}_{\nu=1} = 1/\nu$, aber es treten doppelt so viele Oberwellen auf, so dass die Felderregerkurve deutlich stärker von der Idealform der Sinusgrundwelle abweicht als bei $m = 6$.
$$\nu = 1 + 2m \cdot g = 1, -5, 7 -11, 13, -17, 19, -23, 25, ...$$

4)
Innerhalb eines Urschemas ist wegen der Einschichtwicklung keine Parallelschaltung möglich, daher ist bei $2p = 2$ keine Parallelschaltung möglich:
$$a_{max} = z_u = 1. \quad N = z_u \cdot q \cdot N_c / a = 1 \cdot 1 \cdot 20 /1 = 20$$

Tabelle A3.7-1: Sehnungs-, Zonen-, Wicklungsfaktor und relative Wellenamplitude für die sechssträngige Einschicht-Ganzloch-Drehstromwicklung $q = 1$ bis zur Ordnungszahl 25. Kursive Zahlen sind Nutharmonische

ν	$k_{p,\nu}$	$k_{d,\nu}$	$k_{w,\nu}$	$\hat{B}_\nu / \hat{B}_{\nu=1}$
1	1.0	1.0	1.0	1.0
-11	*1.0*	*1.0*	*1.0*	*-0.0909*
13	*1.0*	*1.0*	*1.0*	*0.0769*
-23	*1.0*	*1.0*	*1.0*	*-0.0435*
25	*1.0*	*1.0*	*1.0*	*0.04*

Aufgabe A3.8: Fourier-Analyse der Ständer-Feldverteilung der Zahnspulenwicklungen $q = \frac{1}{2}$ und $q = \frac{1}{4}$

Die symmetrische dreisträngige Zahnspulenwicklung, die je Urschema drei bewickelte Zähne aufweist, die den Strängen U, V, W zugeordnet sind ($Q_u = 3$), kann sowohl mit einem Permanetmagnet-Synchronläufer mit zwei als auch vier Polen je Urschema kombiniert werden.

1. Wie groß sind die Nutwinkel α_Q für beide Varianten? Geben Sie die Ordnungszahlen der ersten beiden nutharmonischen Wellenpaare an!
2. Geben Sie für die Ordnungszahlen ν bis zum zweiten Nutharmonischenpaar Sehnungsfaktor, Zonenfaktor, Wicklungsfaktor und relative Amplituden der Luftspaltflussdichte bei konstantem Luftspalt und unendlich permeablem Eisen für beide Varianten an. Stellen Sie die Nutharmonischen in der Ergebnistabelle kursiv, um sie hervorzuheben! Bewerten Sie das Ergebnis!
3. Wie 2), jedoch für $q = \frac{1}{2}$ Einschichtwicklung ähnlich wie in Bild 2.7-11b, jedoch mit $W = \tau_p$. Vergleichen Sie das Ergebnis mit $q = \frac{1}{4}$, Zweischichtwicklung!

Lösung zu Aufgabe A3.8:

1)
$q = \frac{1}{2}: p_u = 1, \quad \alpha_Q = 2\pi \cdot p_u / Q_u = 2\pi / 3 = 2.094 \, \text{bzw.} \, \alpha_Q = 120°$.

$$\nu_Q = 1 + \frac{Q_u}{p_u} g = 1 + 3g = -2, 4, -5, 7$$

$q = \frac{1}{4}: p_u = 2, \quad \alpha_Q = 2\pi \cdot p_u / Q_u = 2\pi \cdot 2 / 3 = 4.189 \, \text{bzw.} \, \alpha_Q = 240°$.

Tabelle A3.8-1: Sehnungs-, Zonen-, Wicklungsfaktor und relative Wellenamplitude für die dreisträngige Zweischicht-Bruchloch-Drehstromwicklung $q = 1/2$ bis zur Ordnungszahl 7. Alle Harmonische sind Nutharmonische und daher kursiv

ν^*	ν	$k_{p,\nu}$	$k_{d,\nu}$	$k_{w,\nu}$	$\hat{B}_\nu / \hat{B}_{\nu=1}$
1	1	0.8660	1.0	0.8660	1.0
-2	-2	-0.8660	1.0	-0.8660	0.5
4	4	-0.8660	1.0	-0.8660	-0.25
-5	-5	0.8660	1.0	0.8660	-0.2
7	7	0.8660	1.0	0.8660	0.1429

Tabelle A3.8-2: Sehnungs-, Zonen-, Wicklungsfaktor und relative Wellenamplitude für die dreisträngige Zweischicht-Bruchloch-Drehstromwicklung $q = 1/4$ bis zur Ordnungszahl $\nu^* = 7$. Alle Harmonische sind Nutharmonische und daher kursiv

ν^*	ν	$k_{p,\nu}$	$k_{d,\nu}$	$k_{w,\nu}$	$\hat{B}_\nu / \hat{B}_{\nu=1}$
1	-½	-0.8660	1.0	-0.8660	2.0
-2	1	0.8660	1.0	0.8660	1.0
4	-2	0.8660	1.0	0.8660	-0.5
-5	5/2	-0.8660	1.0	-0.8660	-0.4
7	-7/2	-0.8660	1.0	-0.8660	0.2857

$$\nu_Q = 1 + \frac{Q_u}{p_u} g = 1 + \frac{3}{2} g = -1/2, 5/2, -2, 4,$$

2)

$q = ½$, Sehnung: $W / \tau_p = 2/3 = 0.667$:

$$Y = \frac{g_{min} \cdot Q_u + 1}{p_u} = \frac{0 \cdot 3 + 1}{1} = 1, \; q_1 = 1, \; q_2 = 0$$

$q_N = 2$ gerade: Ordnungszahlen $\nu^* = 1 + m \cdot g^*$ $g^* = 0, \pm 1, \pm 2, \pm 3, \ldots$
Die Ergebnisse sind in Tab. A3.8-1 zusammengefasst.

$q = ¼$, Sehnung: $W / \tau_p = 4/3 = 1.333$:

$$Y = \frac{g_{min} \cdot Q_u + 1}{p_u} = \frac{1 \cdot 3 + 1}{2} = 2, \; q_1 = 1, \; q_2 = 0$$

$q_N = 4$ gerade: Ordnungszahlen $\nu^* = 1 + m \cdot g^*$ $g^* = 0, \pm 1, \pm 2, \pm 3, \ldots$
Die Ergebnisse sind in Tab. A3.8-2 zusammengefasst. Während bei $q = ½$ keine Unterwelle auftritt, ist bei $q = ¼$ eine Unterwelle vorhanden, die eine doppelt so große Amplitude wie die Arbeitswelle hat. Deshalb wird $q = ¼$ so nicht eingesetzt.

Tabelle A3.8-3: Sehnungs-, Zonen-, Wicklungsfaktor und relative Wellenamplitude für die dreisträngige Einschicht-Bruchloch-Drehstromwicklung $q = 1/2$ bis zur Ordnungszahl $\nu^* = 16$. Nutharmonische sind kursiv

ν^*	ν	$k_{\mathrm{p},\nu}$	$k_{\mathrm{d},\nu}$	$k_{\mathrm{w},\nu}$	$\hat{B}_\nu / \hat{B}_{\nu=1}$
1	-½	-0.707	1.0	-0.707	1.414
-2	1	1.0	1.0	1.0	1.0
4	-2	0	1.0	0	0
-5	5/2	-0.707	1.0	-0.707	-0.283
7	-7/2	0.707	1.0	0.707	-0.202
-8	4	0	1.0	0	0
10	-5	*-1.0*	*1.0*	*-1.0*	*0.2*
-11	11/2	0.707	1.0	0.707	0.129
13	-13/2	0.707	1.0	0.707	-0.109
-14	7	*-1.0*	*1.0*	*-1.0*	*-0.143*
16	-8	0	1.0	0	0

3)

$q = ½$, Sehnung: $W / \tau_{\mathrm{p}} = 1$: $k_{\mathrm{p},\nu} = \sin(\nu \cdot \pi / 2)$

$q_{\mathrm{N}} = 2$ gerade: $\nu^* = 1 + m \cdot g^*$ $g^* = 0, \pm 1, \pm 2, \pm 3, \ldots$ Wegen der Ausführung als Einschichtwicklung umfasst das Urschema vier Polteilungen τ_{p}

(Bild 2.7-11b): $p_{\mathrm{u}} = 2$, $Q_{\mathrm{u}} = 6$. Es tritt eine Unterwelle auf. Wegen $W / \tau_{\mathrm{p}} = 1$ sind die Nutteilungen abwechselnd groß (Nutteilung $\tau_{\mathrm{Q}1} = \tau_{\mathrm{p}}$) und klein (Nutteilung $\tau_{\mathrm{Q}2} = \tau_{\mathrm{p}}/3$), so dass sich abwechselnd breite und schmale Zähne ergeben. Die Ergebnisse sind in Tab. A3.8-3 zusammengefasst.

Im Vergleich zu $q = ¼$ treten zwar die gleichen Ordnungszahlen, aber kleinere relative Amplituden sowohl bei der Unter- als auch bei den Oberwellen auf. Bei Vielfachen von $\nu = 2$ verschwinden die Amplituden. Deshalb wird diese Wicklung auch in der Praxis eingesetzt. Da die Nutteilungen nicht äquidistant sind, können die Ordnungszahlen der Nutharmonischen nicht mehr über die Formel (3.2-42) berechnet werden. Diese ergäbe die nutharmonischen Ordnungszahlen

$$\nu_{\mathrm{Q}} = 1 + \frac{Q_{\mathrm{u}}}{p_{\mathrm{u}}} g = 1 + \frac{6}{2} g = -2, 4, -5, 7, \ldots \quad ,$$

während der Wicklungsfaktor tatsächlich bei den Ordnungszahlen $\nu_{\mathrm{Q}} = 1 + 6g = -5, 7, -11, 13, \ldots$ denselben Wert wie bei der Grundwelle hat.

4. Induzierte Spannung und magnetische Kräfte in Drehstrommaschinen

Aufgabe A4.1: Drehstromwicklung eines Synchrongenerators

Gegeben ist eine dreisträngige Drehstrom-Einschichtwicklung mit $q = 2$ Nuten je Pol und Strang (Nut 1: +U, Nut 2: +U, Nut 3: -W, Nut 4: -W usw.).

1. Skizzieren Sie für die angegebene Wicklung das Zeigerdiagramm der in den einzelnen Spulenseiten von einem Grundwellen-Drehfeld induzierten Spannungen für die Nuten 1, 2, 3! Wie groß ist der Nutwinkel?
2. Leiten Sie daraus den "Zonenfaktor" $k_{d,1}$ für die Spannungsgrundschwingung ab! Vergleichen Sie das Ergebnis mit der Zonenfaktorformel.

Lösung zu Aufgabe A4.1:

1)

$$\alpha_Q = \frac{2 \cdot \pi}{2 \cdot 2 \cdot 3} = \frac{\pi}{6}$$

2)

$$\underline{U}_{i,gr} = \sum \underline{U}_{i,c} = \underline{U}_{i,c,Nut1} + \underline{U}_{i,c,Nut2}$$

$$k_{d,1} = \frac{\sum \underline{U}_{ic}}{\sum |\underline{U}_{ic}|} = \frac{\sqrt{(1 + \cos\alpha_Q)^2 + (\sin\alpha_Q)^2}}{2} = \frac{\sqrt{(1 + \cos(\pi/6))^2 + (\sin(\pi/6))^2}}{2}$$

$$k_{d,1} = \frac{\sqrt{(1 + \sqrt{3}/2)^2 + (1/2)^2}}{2} = 0.5 \cdot \sqrt{(1.866)^2 + (1/2)^2} = 0.966$$

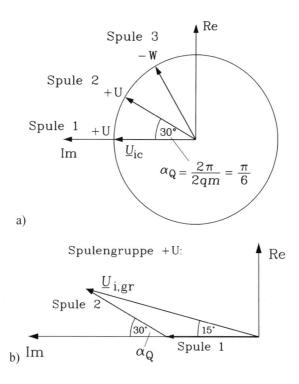

Bild A4.1-1: a) Spannungszeiger benachbarter Spulen, b) Spannung der ersten Spulengruppe von Strang U als Summe der Spulenspannungen der zwei in Reihe geschalteten Spulen

Mit der Formel (4.2-3) für die Grundwelle $\mu = 1$ erhalten wir dasselbe Resultat:

$$k_{d,1} = \frac{\sin\left(\dfrac{1 \cdot \pi}{2 \cdot 3}\right)}{2 \cdot \sin\left(\dfrac{1 \cdot \pi}{2 \cdot 2 \cdot 3}\right)} = 0.966$$

Aufgabe A4.2: Synchron-Einphasen-Bahngenerator

Für die Energieversorgung elektrischer Bahnen in Deutschland, Österreich, Schweiz mit Einphasen-Wechselspannung, 16.7 Hz, werden u. a. wasserkraftbetriebene Einphasen-Synchron-Generatoren eingesetzt. Die Generatoren sind so ausgelegt, dass in den Ständernuten nur zwei der drei bei Drehstromsystemen üblichen Wicklungsstränge, z. B. U und V ausgeführt sind, während Strang W fehlt. Die Stränge U und V sind in Serie geschaltet und ergeben so die Einphasenwicklung.

Generator-Daten: 16 MVA, 6300 V, 2450 A, 16.7 Hz, 50 1/min
Der Bohrungsdurchmesser des Generators beträgt 2.2 m, die ideelle Eisenlänge 1540 mm. Wicklungsdaten: Zweischichtwicklung, $q = 8$, $N_c = 1$, Spulenweite: Nut 1 in Nut 21, Serienschaltung $a = 1$ pro Strang
1. Wie groß ist die Polpaarzahl des Generators?
2. Wie groß ist der magnetische Grundwellenfluss pro Pol, wenn die Grundwellenamplitude des Läuferfelds $\hat{B}_{\delta 1} = 1.0$ T beträgt?
3. Berechnen Sie die Windungszahl der Einphasen-Ständerwicklung!
4. Berechnen Sie die Sehnung W/τ_p und die induzierte Spannung im Leerlauf mit dem Fluss von 2).
5. Durch die Läuferpolschuhkontur und die Eisensättigung hat das Luftspaltfeld eine 3., 5. und 7. Oberwelle mit folgenden, auf die Grundwellenamplitude bezogenen Amplituden:
$\mu = 3: 0.15$, $\mu = 5: 0.08$, $\mu = 7: 0.05$. Wie groß sind die Amplituden und Frequenzen der zugehörigen induzierten Spannungen?
6. Berechnen Sie den Klirrfaktor k der induzierten Spannung! Weicht die resultierende Spannungskurvenform der induzierten Spannung ebenso stark von der idealen Sinusform ab wie der Luftspaltfeldverlauf?

Lösung zu Aufgabe A4.2:

1)
$$f = n \cdot p \quad \Rightarrow \quad 2 \cdot p = \frac{2 \cdot f}{n} = \frac{2 \cdot 16.67}{501/60} = 4 \quad \Rightarrow \quad 2p = 4$$

2)
$$\tau_p = \frac{d_{si} \pi}{2p} = \frac{2.2 \cdot \pi}{4} = 1.728 \, \text{m}, \quad l_e = 1.54 \, \text{m}$$

$$\Phi_{\delta, \mu=1} = \frac{2}{\pi} \cdot \tau_p \cdot l_e \cdot \hat{B}_{\delta 1} = \frac{2}{\pi} \cdot 1.728 \cdot 1.54 \cdot 1.0 = 1.694 \, \text{Wb}$$

3)
Gemäß Bild A4.2-1a) erhält man für die Einphasenwicklung die Gesamtzahl der Windungen N:
$$N_s = 2p \cdot q \cdot N_c / a = 4 \cdot 8 \cdot 1/1 = 32 \quad \Rightarrow \quad N = 2N_s = 2 \cdot 32 = 64$$

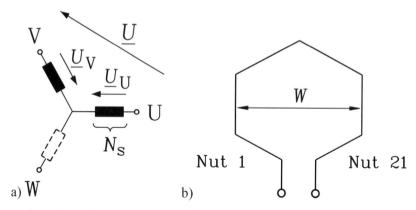

Bild A4.2-1: a) Erzeugung einer Einphasenwicklung aus einem Drehstrom-Wicklungsschema, b) Spulenweite

4)

Nuten pro Pol: $m \cdot q = 3 \cdot 8 = 24$, Spulenweite: $W = (21 - 1)$ Nuten $= 20$ Nuten, $W / \tau_p = 20 / 24 = 5 / 6 = 0.833$. Die induzierte verkettete Spannung wird mit Berücksichtigung der Phasenverschiebung zwischen $\underline{U}_U$ und $\underline{U}_V$ aus den induzierten Strangspannungen der dreisträngigen Wicklungsanordnung (Bild A4.2-1a) berechnet. Deshalb wird auch der Zonenfaktor mit $m = 3$ berechnet.

$$k_{p,\mu=1} = \sin\left(\frac{W}{\tau_p} \cdot \frac{\pi}{2}\right) = \sin\left(\frac{5}{6} \cdot \frac{\pi}{2}\right) = 0.9659 ,$$

$$k_{d,\mu=1} = \frac{\sin\left(\dfrac{\pi}{6}\right)}{q \cdot \sin\left(\dfrac{\pi}{6 \cdot q}\right)} = \frac{0.5}{8 \cdot \sin\left(\dfrac{\pi}{6 \cdot 8}\right)} = 0.9556 ,$$

$$U_i = \left|\underline{U}_{iU} - \underline{U}_{iV}\right| = \sqrt{3} \cdot U_{iU} = \sqrt{3} \cdot \sqrt{2} \cdot \pi \cdot f \cdot N_s \cdot k_{w,1} \cdot \Phi_{\mu=1} = 6430 \text{ V}$$

5)

Effektivwerte der induzierten Oberschwingungs-Strangspannungen:

$$U_{iU\mu} = \sqrt{2} \cdot \pi \cdot \mu \cdot f \cdot N_s \cdot k_{w\mu} \cdot \frac{2}{\pi} \cdot \frac{\tau_p}{\mu} \cdot l_e \cdot \hat{B}_{\delta,\mu} , \quad f_\mu = \mu \cdot f , \quad k_{w\mu} = k_{p\mu} \cdot k_{d\mu}$$

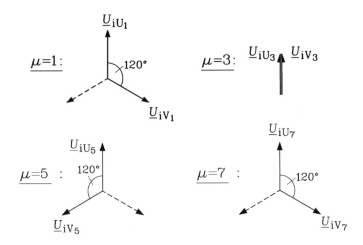

Bild A4.2-2: Spannungszeiger für die Grundschwingung sowie für die 3., 5. und 7. Oberschwingung

$$\frac{U_{iU\mu}}{U_{iU1}} = \frac{k_{w\mu}}{k_{w1}} \cdot \frac{\hat{B}_{\delta\mu}}{\hat{B}_{\delta1}}$$

$$k_{p\mu} = \sin\left(\mu \cdot \frac{W}{\tau_p} \cdot \frac{\pi}{2}\right) \qquad k_{d\mu} = \frac{\sin\left(\dfrac{\mu \cdot \pi}{6}\right)}{q \cdot \sin\left(\dfrac{\mu \cdot \pi}{6 \cdot q}\right)}$$

Die Phasenverschiebung zwischen $\underline{U}_{iU,\mu}$, $\underline{U}_{iV,\mu}$ (Bild A4.2-2) ist $\mu \cdot 120°$: $\mu = 1$: 120°, $\mu = 3$: 360° bzw. 0°, $\mu = 5$: 600° bzw. 240°, $\mu = 7$: 840° bzw. 120°

Resultierende Einphasen-Spannung zwischen U und V als Differenz der induzierten Strangspannungen $\underline{U}_{iU\mu}$, $\underline{U}_{iV\mu}$: $U_{i\mu} = \left|\underline{U}_{i\mu}\right| = \left|\underline{U}_{iU\mu} - \underline{U}_{iV\mu}\right|$

$\mu = 1$: $U_{i1} = \sqrt{3} \cdot U_{iU1}$, $\qquad \mu = 3$: $U_{i3} = 0$, $\qquad \mu = 5$: $U_{i5} = \sqrt{3} \cdot U_{iU5}$,

$\mu = 7$: $U_{i7} = \sqrt{3} \cdot U_{iU7}$

Weitere Ergebnisse sind in Tab. A4.2-1 enthalten.

Tabelle A4.2-1: Berechnete Strang-Grund- und Oberschwingungsspannungen und die resultierenden Einphasenspannungen

μ	$\dfrac{\hat{B}_{\delta\mu}}{\hat{B}_{\delta 1}}$	$k_{p\mu}$	$k_{d\mu}$	$\dfrac{U_{iU\mu}}{U_{iU1}}$	$\dfrac{U_{i\mu}}{U_{i1}}$
1	1	0.9659	0.9556	1	1
3	0.15	-0.707	0.64	-0.0735	0
5	0.08	0.259	0.194	0.0044	0.0044
7	0.05	0.259	-0.141	-0.0020	-0.0020

6)
Klirrfaktor:

$$k = \frac{\sqrt{U_{i3}^2 + U_{i5}^2 + U_{i7}^2}}{\sqrt{U_{i1}^2 + U_{i3}^2 + U_{i5}^2 + U_{i7}^2}} = \frac{\sqrt{\left(\dfrac{U_{i3}}{U_{i1}}\right)^2 + \left(\dfrac{U_{i5}}{U_{i1}}\right)^2 + \left(\dfrac{U_{i7}}{U_{i1}}\right)^2}}{\sqrt{1 + \left(\dfrac{U_{i3}}{U_{i1}}\right)^2 + \left(\dfrac{U_{i5}}{U_{i1}}\right)^2 + \left(\dfrac{U_{i7}}{U_{i1}}\right)^2}}$$

$$k = \frac{\sqrt{0.0044^2 + 0.002^2}}{\sqrt{1 + 0.0044^2 + 0.002^2}} = 0.00483$$

Durch die Wirkung von $k_{w,\mu}$ als "Filterwirkung" der verteilten Spulen der Ständerwicklung ist die Spannung wesentlich sinusförmiger als der räumliche Verlauf von B_δ (siehe Tabelle A4.2-1).

Aufgabe A4.3: Getriebeloser Synchron-Windgenerator

Ein elektrisch erregter Synchrongenerator wird von einer Windturbine direkt angetrieben. Generatordaten: $P_N = 1.5$ MW, $n_N = 15/\text{min}$, $2p = 90$, $d_{si} = 5$ m, $l_{Fe} = 145$ mm, $q = 2$, $W/\tau_p = 5/6$, $N_c = 3$. Der Synchrongenerator hat eine dreisträngige Zweischichtwicklung mit Y-Schaltung und Spulen gleicher Weite. Wegen der kurzen Axiallänge hat das Blechpaket keine radialen Kühlschlitze.

1. Wie groß ist die Windungszahl pro Strang bei Serienschaltung aller Spulen je Strang ($a = 1$)?
2. Wie groß ist der Wicklungsfaktor $k_{w,\nu}$ für die Grundwelle $\nu = 1$?

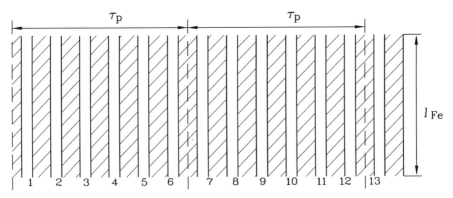

Bild A4.3-1: Abgewickelter Nutenplan

3. Wie groß sind der Fluss pro Pol Φ_1 bei einer Luftspaltgrundwellenamplitude $\hat{B}_{\delta 1} = 1.0\,\mathrm{T}$ und die induzierte Strangspannung U_i bei Bemessungsdrehzahl?
4. Skizzieren Sie die Lage und Schaltung der Spulen für den Strang U für ein Polpaar in dem abgewickelten Nutenplan Bild A4.3-1!

Lösung zu Aufgabe A4.3:

1)
$$N = 2p \cdot q \cdot N_\mathrm{c} / a = 90 \cdot 2 \cdot 3 / 1 = 540$$
2)
$$k_{\mathrm{p}1} = \sin(W / \tau_\mathrm{p} \cdot (\pi / 2)) = \sin(5 / 6 \cdot (\pi / 2)) = 0.966$$

$$k_{\mathrm{d}1} = \frac{\sin\left(\dfrac{\pi}{2m}\right)}{q \cdot \sin\left(\dfrac{\pi}{2mq}\right)} = \frac{\sin\left(\dfrac{\pi}{6}\right)}{2 \cdot \sin\left(\dfrac{\pi}{2 \cdot 3 \cdot 2}\right)} = 0.966 \,,$$

$$k_{\mathrm{w}1} = k_{\mathrm{p}1} \cdot k_{\mathrm{d}1} = 0.966 \cdot 0.966 = 0.933$$
3)
$$\tau_\mathrm{p} = d_{\mathrm{si}} \cdot \pi / (2p) = 5 \cdot \pi / 90 = 0.1745 \text{ m} \,.$$

Da keine radialen Kühlschlitze vorhanden sind, ist $l_\mathrm{e} = l_{\mathrm{Fe}}$.

$$\Phi_1 = \frac{2}{\pi} \cdot \tau_\mathrm{p} \cdot l_{\mathrm{Fe}} \cdot \hat{B}_{\delta 1} = \frac{2}{\pi} \cdot 0.1745 \cdot 0.145 \cdot 1.0 = 16.1 \, \mathrm{mWb}$$

$$f_\mathrm{N} = n_\mathrm{N} \cdot p = (15 / 60) \cdot 45 = 11.25 \, \mathrm{Hz}$$

$$U_\mathrm{i} = \sqrt{2}\pi \cdot f_\mathrm{N} \cdot N_\mathrm{s} k_{\mathrm{w}1} \cdot \Phi_1 = \sqrt{2}\pi \cdot 11.25 \cdot 540 \cdot 0.933 \cdot 0.0161 = 404.4 \, \mathrm{V}$$

4)

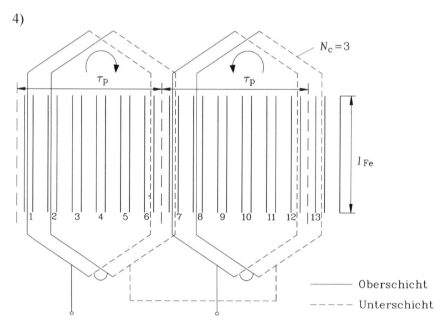

Bild A4.3-2 : Spulen des Strangs U der Zweischichtwicklung $q = 2$, 5/6-gesehnt

Aufgabe A4.4: Radialkraft auf die Nutenleiter einer Zweischichtwicklung

Ein Synchrongenerator hat eine symmetrische dreisträngige gesehnte Drehstromwicklung mit $q = 3$ Nuten je Pol und Strang und einer Sehnung $W / \tau_p = 8/9$. Wegen der Sehnung existieren „Mischnuten", wo Ober- und Unterschicht zu unterschiedlichen Wicklungssträngen gehören (Bild A4.4-1b), und „Normalnuten", wo Ober- und Unterschicht vom Strom desselben Wicklungsstrangs durchflossen werden!

1. Wie viele Misch- und Normalnuten existieren je Pol?
2. Vergleichen Sie die Radialkraft auf die Nutenleiter der Unterschicht der Mischnut mit jener auf die Unterschichtleiter in der Normalnut!
3. Berechnen Sie die Radialkraft $F_{r,o}$ auf die Nutenleiter der Oberschicht der Normalnut und vergleichen Sie diese mit der gesamten Radialkraft in der Normalnut (4.6-19)! Wo wirkt diese Kraft?
4. Berechnen Sie die Radialkraft $F_{r,o}$ auf die Nutenleiter der Oberschicht der Mischnut und vergleichen Sie dies mit der Normalnut!

5. Berechnen Sie die gesamte Radialkraft F_r auf die Nutenleiter in Mischnuten und vergleichen Sie das Ergebnis mit der Normalnut!

Lösung zu Aufgabe A4.4:

1)
Pro Pol sind 9 Nuten vorhanden, davon sind 6 Normalnuten und 3 Mischnuten.

2)
Die Kraft auf die Unterschicht $F_{r,u}$ ist in der Mischnut dieselbe wie in der Normalnut, da die Unterschicht nur in ihrem Eigenfeld liegt – unabhängig davon, zu welchem Strang die Oberschicht gehört (Bild A4.4-1c).

3)
Normalnut: Die Ströme in Unterschicht und Oberschicht $i_{c,u}$ und $i_{c,o}$ sind gleich groß und gleichphasig: $i_{c,u} = i_{c,o} = \dfrac{\Theta_Q}{2N_c}$.

Radialkraft auf die Oberschicht-Spule:

$$F_{r,o} = l_e \cdot N_c i_{c,o} \cdot B_{Q,o} = \hat{F}_{r,o} \cdot \sin^2 \omega t .$$

Radialkraftamplitude: $\hat{F}_{r,o} = \dfrac{3}{4} \cdot \dfrac{\mu_0}{2} \cdot \dfrac{l_e}{b_Q} \cdot \hat{\Theta}_Q^2$, also ¾ von (4.6-19).

Sie macht im Vergleich zur Gesamt-Radialkraft 75 % der gesamten Kraft am Nutgrund aus. Diese Kraft ist auch maßgebend für die Pressung der Isolationszwischenlage zwischen den Leitern der Ober- und Unterschicht.

4)
Mischnut: Auf Grund der Phasenverschiebung der Strangströme (Bild A4.4-1a) zwischen benachbarten Strängen erreicht der Strom in der Oberschicht einer Mischnut sein Maximum zu einem späteren Zeitpunkt als in der Unterschicht, so dass die Kraft auf die Oberschicht in der Mischnut kleiner ist als bei der Normalnut.

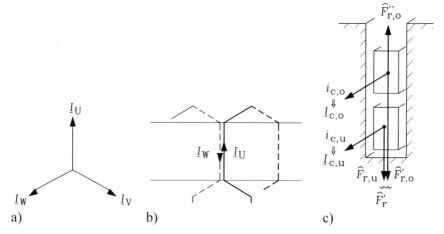

Bild A4.4-1: a) Symmetrisches Drehstromsystem, b) Beispiel für eine Mischnut, c) Radialkraft auf Ober- und Unterschicht einer gesehnten Zweischichtwicklung

Mischnut gemäß Bild A4.4-1b:
Oberschicht: Strang U,
Unterschicht: Strang $-$W:

Leiterströme gemäß Bild A4.4-1c: $i_{c,o}(t) = \hat{I}_c \sin \omega t$,

$i_{c,u}(t) = -\hat{I}_c \sin(\omega t - 4\pi/3) = \hat{I}_c \sin(\omega t - \pi/3)$:

Die Phasenverschiebung ist 60°.

Nutquerfeld-Flussdichte in halber Höhe des Oberstabes:

$$B_{Q,o}(t) = \frac{\mu_0}{b_Q} \cdot N_c \cdot \left(i_{c,u}(t) + \frac{i_{c,o}(t)}{2} \right)$$

$$B_{Q,o}(t) = \frac{\mu_0}{b_Q} \cdot N_c \cdot \hat{I}_c \cdot \left(\sin(\omega t - \pi/3) + 0.5 \cdot \sin(\omega t) \right)$$

Radialkraft auf die Nutenleiter der Oberschicht $\hat{\Theta}_Q = 2N_c \hat{I}_c$:

$$F_{r,o}(t) = l_e \cdot N_c i_{c,o} \cdot B_{Q,o} =$$

$$= l_e \cdot \frac{\mu_0}{2 b_Q} \cdot N_c^2 \cdot \hat{I}_c^2 \cdot \sin(\omega t) \cdot \left(2 \cdot \sin(\omega t - \pi/3) + \sin(\omega t) \right)$$

$$F_{r,o}(t) = \frac{1}{4} \cdot \frac{\mu_0}{2} \cdot \frac{l_e}{b_Q} \cdot \hat{\Theta}_Q^2 \cdot \left(1 - \cos(2\omega t) - \frac{\sqrt{3}}{2} \cdot \sin(2\omega t) \right)$$

Bezugswert in Bild A4.4-2: $c = \frac{1}{4} \cdot \frac{\mu_0}{2} \cdot \frac{l}{b_Q} \cdot \hat{\Theta}_Q^2$

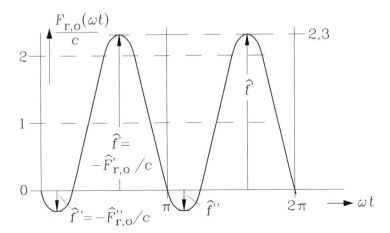

Bild A4.4-2: Zeitverlauf der Radialkraft auf die Oberschicht in einer Mischnut

Der Klammerausdruck von $F_{r,o}(t)$ schwankt zwischen den Extremwerten $1 \pm \sqrt{7}/2$, somit zwischen 2.323 und −0.323 mit doppelter Stromfrequenz. Die Kraftspitze auf die Oberschicht in Richtung Nutgrund ist somit bei der Mischnut um den Faktor 2.323 / 3 = 0.77 kleiner als bei der Normalnut. Dafür tritt für einen kurzen Zeitabschnitt je halbe Strom-Periode eine Radialkraft nach oben auf, die den Nutverschlusskeil belastet. Bezogen auf die auf den Nutgrund wirkende Radialkraft in einer Normalnut ist diese Kraft klein: 0.323 / 4 = 8 %!

5)

Die Gesamtkraft einer Mischnut auf den Nutgrund ist, ausgehend von der gesamten Nutdurchflutung $\Theta_Q(t) = N_c \cdot (i_{c,o}(t) + i_{c,u}(t))$, gegeben durch:

$$F_r(t) = l_e \cdot \Theta_Q(t) \cdot B_Q(t) = \frac{\mu_0}{2} \cdot \frac{l_e}{b_Q} \cdot \frac{\hat{\Theta}_Q^2}{4} \cdot \left(\sin \omega t + \sin(\omega t - \pi/3)\right)^2$$

Der Klammerausdruck $(\dots)^2$ wird maximal bei $2\omega t = 4\pi/3$ und besitzt dort den Wert 3. Die höchste Druckkraft am Nutgrund in einer Mischnut ist nur 3/4 = 75 % der Kraft in einer Normalnut. Die Normalnut stellt somit den "worst-case" der Kraftbeanspruchung der Nutisolation dar.

Aufgabe A4.5: Induzierte Spannung in eine Einschicht-Bruchlochwicklung

Berechnen Sie für eine Einschicht-Halblochwicklung $m = 3$, $q = 3/2$ (Bild 2.7-3)

1. die Wicklungsfaktoren für $\mu^* = 1 \ldots 20$ mit der Methode der Nutspannungszeiger und schreiben Sie die Nutharmonischen kursiv,
2. den Phasenwinkel der Strangspannung relativ zur Spannung der ersten Spule,
3. die induzierte Grundschwingungsspannung $\mu = 1$ für folgende Daten:

   $N = 90$, $l_e = 500$ mm, $\tau_p = 300$ mm, $f_{\mu=1} = 50$ Hz, $\hat{B}_{\delta\mu=1} = 1\,\text{T}$.

4. Skizzieren Sie die Lage der Nut-, Spulen- und Strangspannungszeiger für die Unterwelle und die Grundwelle.

Lösung zu Aufgabe A4.5:

1) und 2):

$Q_u = 18$ Nuten je Urschema, $p_u = 2$ Polpaare je Urschema, Nutwinkel

$$\alpha_Q = 2\pi / Q_u = 2\pi / 18 = \pi / 9\,,\ \gamma_0 = -\frac{W \cdot \pi}{p_u \tau_p \cdot 2} = 2\pi / 9$$

Nutnummerierung: $l = 1, 2, -5, -6, 10, 15$; Lagewinkel $\gamma_l = \gamma_0 + (|l| - 1) \cdot \alpha_Q$

Strangspannungszeiger: $\underline{U}_{\mu^*} = \sum_l \text{sgn}(l) \cdot U_{Q\mu^*} \cdot e^{-j\mu^* \gamma_l} = j U_{\mu^*} \cdot e^{j\mu^* \alpha_1}$

Für $\mu^* = 1$: $\underline{U}_1 = j U_{Q1} \cdot e^{j\alpha_1}$, $\alpha_1 = -\pi/18 = -10°$

Wicklungsfaktor: $k_{w\mu^*} = \underline{U}_{\mu^*} / (6 \cdot U_{Q\mu^*} \cdot e^{j\mu^* \alpha_1})$

Die nutharmonischen Ordnungszahlen sind mit $g = \pm 1, \pm 2, \ldots$:

$$\mu_Q = \left| 1 + \frac{Q_u}{p_u} g \right| = \left| 1 + \frac{18}{2} g \right| = 8, 10, 17, 19, \ldots$$

Die Ergebnisse sind in Tab. A4.5-1 zusammengefasst.

3)

$$U_{i,\mu=1} = \sqrt{2}\pi \cdot f_{\mu=1} \cdot N \cdot k_{w,1} \cdot \frac{2}{\pi} \frac{\tau_p}{1} l_e \hat{B}_{\delta 1}$$

$$U_{i,\mu=1} = \sqrt{2}\pi \cdot 50 \cdot 90 \cdot 0.945 \cdot \frac{2}{\pi} \cdot 0.3 \cdot 05 \cdot 1 = 1804\ \text{V}$$

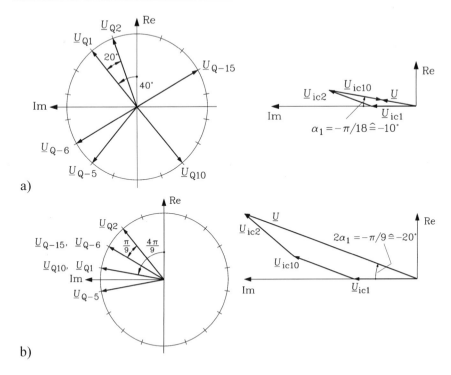

Bild A4.5-1: Nut-, Spulen- und Strangzeiger der induzierten Strangspannung für die Einschicht-Halblochwicklung $q = 3/2$ a) $\mu^* = 1$, b) $\mu^* = 2$. Die Spulenspannungszeiger U_{ic} sind halb so groß dargestellt wie die Nutspannungszeiger U_Q

4)
Die Lage der Nut-, Spulen- und Strangspannungszeiger für die Unterwelle und die Grundwelle sind in Bild A4.5-1 dargestellt.

Aufgabe A4.6: Oberfelder-Streuziffer einer Zahnspulen-Wicklung

Berechnen Sie für die dreisträngige, 4/3-gesehnte Bruchloch-Zweischichtwicklung $q = \frac{1}{4}$ (Bild 2.7-8) mit a parallelen Zweigen, N_c Windungen je Zahnspule und konstantem Luftspalt δ analog zu Abschnitt 4.5

1. die magnetische Energie und die zugehörige Induktivität je Strang des Gesamt-Luftspaltfelds,
2. die magnetische Energie der Nutzwelle und L_h,
3. die Oberfelder-Streuziffer.

Tabelle A4.5-1: Wicklungsfaktoren und relative Phasenlagen der Harmonischen der induzierten Strangspannung für die Einschicht-Halblochwicklung $q = 3/2$. Nutharmonische sind kursiv geschrieben

μ^*	μ	$k_{w\mu^*}$	$\mu^* \alpha_1 / °$
1	½	0.167	-10°
2	1	0.945	-20°
3	3/2	0.333	-30°
4	2	0.061	-40°
5	5/2	0.167	-50°
6	3	-0.577	-60°
7	7/2	-0.167	-70°
8	4	-0.140	-80°
9	9/2	-0.333	-90°
10	5	0.140	-100°
11	11/2	-0.167	-110°
12	6	-0.577	-120°
13	13/2	0.167	-130°
14	7	0.061	-140°
15	15/2	0.333	-150°
16	*8*	*0.945*	-160°
17	17/2	0.167	-170°
18	9	0	-180°
19	19/2	-0.167	-190°
20	*10*	*-0.945*	-200°

Lösung zu Aufgabe A4.6:

1)
Die Luftspaltfeldverteilung (Bild A4.6-1) bei $t = 0$, wenn $i_U = 0, i_V = -i_W = i$, $i = (\sqrt{3}/2) \cdot \hat{I}$ ist, hat bei $\mu_{Fe} \to \infty$ gemäß dem Durchflutungssatz eine Amplitude

$$B_\delta = \frac{\mu_0}{\delta_e} \cdot \frac{N_c}{a} \cdot \frac{\sqrt{3}}{2} \cdot \hat{I} \;.$$

Die Strangwindungszahl ist $N_s = 2p \cdot q \cdot N_c / a$. Die im Ständer-Luftspaltfeld gespeicherte magnetische Energie ist wegen $\tau_Q = (4/3) \cdot \tau_p$ und $q = 1/4$:

$$W_{mag} = \int_{V_\delta} \frac{B_\delta^2}{2\mu_0} \cdot dV = \frac{B_\delta^2}{2\mu_0} \cdot \left(\frac{4}{3} \cdot \tau_p \cdot l_e \cdot \delta_e \cdot p \right) = \mu_0 \cdot \left(\frac{N_s \hat{I}}{p\delta_e} \right)^2 \cdot V_\delta$$

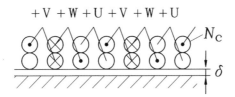

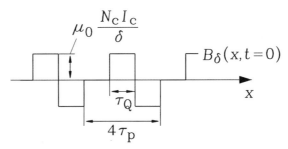

Bild A4.6-1: Luftspaltflussdichteverteilung der Zweischicht-Bruchlochwicklung $q = \frac{1}{4}$ zum Zeitpunkt des stromlosen Strangs U

Zur Zeit $t = 0$ sind zwei Wicklungsstränge bestromt.

$$W_{\text{mag}} = 2 \cdot \frac{L_{\text{h,gesamt}}}{2} \cdot i^2 = 2 \cdot \frac{L_{\text{h,gesamt}}}{2} \cdot \left(\frac{\sqrt{3}}{2}\hat{I}\right)^2 = (3/2) \cdot L_{\text{h,gesamt}} \cdot \hat{I}^2 / 2$$

Ständer-Induktivität je Strang des Luftspaltfelds:

$$L_{\text{h,gesamt}} = \mu_0 \cdot N_s^2 \cdot \frac{8}{3} \cdot \frac{\tau_p l_e}{\delta_e \cdot p}$$

2)
Die Nutzwelle ist die 1. Oberwelle $\nu^* = 2$.

Drehwellenamplituden: $\hat{B}_{\delta,\nu^*} = \dfrac{\mu_0}{\delta_e} \cdot \dfrac{1}{\pi} \cdot \dfrac{3}{\nu^* \cdot (p/p_u)} \cdot N_s \cdot k_{\text{ws},\nu^*} \cdot \hat{I}$

Polpaarzahl je Urschema $p_u = 2$, Spulensehnung: $W / \tau_p = 4/3$, Wicklungsfaktor k_{ws,ν^*} = Sehnungsfaktor, da der Zonenfaktor 1 ist, denn es ist nur eine Spule je Strang und Urschema (= je Zahn) vorhanden.

Sehnungsfaktor: $k_{p\nu^*} = \sin\left(\dfrac{\nu^*}{p_u} \cdot \dfrac{W}{\tau_p} \cdot \dfrac{\pi}{2}\right)$,

$$k_{\text{ws},2} = \sin\left(\frac{W}{\tau_p}\frac{\pi}{2}\right) = \sin\left(\frac{2}{3}\pi\right) = \frac{\sqrt{3}}{2}$$

Magnetische Energie der Nutzwelle $\nu^* = 2$: $W_{\text{mag},\nu^*=2} = V_\delta \cdot \hat{B}_{\delta,2}^2 / (4\mu_0)$

Hauptinduktivität: $L_h = \mu_0 \cdot (N_s k_{ws,2})^2 \cdot \dfrac{6}{\pi^2 p} \cdot \dfrac{\tau_p l_e}{\delta_e}$

3)

Die magnetische Energie der Oberfelder $|\nu^*| > 2$ und der Unterwelle $|\nu^*| = 1$ ergeben die Streuziffer:

$$\sigma_o = \frac{L_{h.gesamt} - L_h}{L_h} = \frac{\pi^2 \cdot 4}{9 \cdot k^2_{ws,\nu^*=2}} - 1 = \frac{\pi^2 4^2}{3^2 \cdot 3} - 1 = 4.8486 = 484.86\% \ .$$

Vor allem durch die Unterwelle $\nu^* = 1$ ist der Anteil der doppelt verketteten Streuung sehr groß.

Aufgabe A4.7: Grobdimensionierung einer Drehfeldmaschine

Ein vierpoliger dreisträngiger Käfigläufer-Asynchronmotor (Kap. 6) soll für eine mechanische Abgabeleistung $P_N = 500$ kW bei $U_N = 6$ kV, Y, $f_N = 50$ Hz, Wirkungsgrad $\eta_N = 94.4\,\%$, Leistungsfaktor $\cos\varphi_N = 0.868$ in seinen Hauptabmessungen festgelegt werden.
1. Berechnen Sie die elektrische Motorscheinleistung und den Motorstrangstrom!
2. Bestimmen Sie gemäß Abschnitt 4.8 die Polteilung und die ideelle Eisenlänge!
3. Wie groß sind der Bohrungsdurchmesser und der Ständerstrombelag?
4. Schätzen Sie die innere Scheinleistung zu 96 % der Bemessungsscheinleistung und bestimmen Sie die Ausnutzungsziffer!
5. Bestimmen Sie mit einem Wicklungsfaktor 0.91 aus 4) die Luftspaltflussdichte und überprüfen Sie das Ergebnis mit Bild 4.8-1!

Lösung zu Aufgabe A4.7:

1)
Motorabgabeleistung: 500 kW,

Bemessungsscheinleistung: $S_N = \dfrac{P_N}{\eta_N \cdot \cos\varphi_N} = 610$ kVA ,

Motorbemessungsstrom: $I_N = \dfrac{S_N}{\sqrt{3} \cdot U_N} = \dfrac{610}{\sqrt{3} \cdot 6} = 59$ A

2)

Gemäß Bild 4.8-2 ergibt sich für $2p = 4$ eine Polteilung 360 mm und eine ideelle Eisenlänge 380 mm.

3)

Stator-Bohrungsdurchmesser: $d_{si} = 2p\tau_p / \pi = 458$ mm. Gemäß Bild 4.8-1 ergibt sich für $2p = 4$ ein effektiver Strombelag 500 A/cm.

4)

Innere Scheinleistung: $S_\delta = 0.96 \cdot S_N = 0.96 \cdot 610 = 586$ kVA, Synchrondrehzahl $n_{syn} = 1500$/min, Esson'sche Ausnutzungsziffer:

$$C = S_\delta / (d_{si}^2 \cdot l_e \cdot n_{syn}) = 4.9 \text{ kVA} \cdot \text{min/m}^3$$

5)

Flussdichte (mit $k_{w1} = 0.91$):

aus $C = \dfrac{\pi^2}{\sqrt{2}} \cdot k_{w1} \cdot A \cdot \hat{B}_{\delta 1} \quad \Rightarrow \quad \hat{B}_{\delta 1} = 0.927$ T.

Mittlere Flussdichte: $B_{\delta,av} = (2/\pi) \cdot \hat{B}_{\delta 1} = 0.59$ T. Dieser Wert liegt in dem im Lehrbuch in Bild 4.8-1 angegebenen Wertebereich!

Aufgabe A4.8: Spannungsinduktion in eine in Nuten liegende Spule

Ein mit der Rotor-Umfangsgeschwindigkeit $v_r = v = 24$ m/s rotierendes elektrisch erregtes Polrad einer Synchronmaschine mit der Polteilung $\tau_p = 0.2$ m (Bild A4.8-1) erregt im Luftspalt eine sinusförmig verteilte Normalkomponente der Luftspaltflussdichtegrundwelle in Abhängigkeit der läuferfesten Umfangskoordinate x_r mit $x_r = 0$ in der Polachse gemäß $B_\delta(x_r) = B_{\delta 1} \cdot \cos(x_r \pi / \tau_p)$, $B_{\delta 1} = 0.95$ T. Die Nuten des Statorblechpakets (ideelle Eisenlänge $l_e = 0.2$ m) sind halbgeschlossen. Die Nutöffnungsbreite s_Q ist kleiner als der Luftspalt (Minimalwert δ_0 in der Polachse), so dass der Einfluss der Nutöffnungen auf die Luftspaltfeldverteilung $B_\delta(x_r)$ im Folgenden vernachlässigt wird (Bild A4.8-2a).

1. Berechnen Sie die induzierte Spannung $u_{ic}(t)$ in eine ungesehnte Spule (Spulenweite $W = \tau_p$, Spulenwindungszahl $N_c = 10$) der Stator-Einschichtwicklung (Bild A4.8-2b) mit dem Induktionsgesetz $u_{ic}(t) = -d\psi_c(t)/dt$ als allgemeine Formel und dann ihre Amplitude $\hat{U}_{ic}$, den Effektivwert U_{ic} und die Frequenz f! Gehen Sie dazu von dem

Modell der ersatzweise an der ungenuteten Statoroberfläche befindlichen Spule mit Linienleitern („punktförmiger Leiterquerschnitt") aus! Welche Form der Spannungsinduktion tritt auf?

2. Wie groß ist der Scheitelwert des Spulenflusses $\Phi_c(t)$? Geben Sie eine Formel für die Spulenleerlaufspannung $u_c(t)$ an! Skizzieren Sie maßstäblich den Zeitverlauf von $\Phi_c(t)$, $u_{ic}(t)$, $u_c(t)$ für $0 \le t \le T = 1/f$!

3. Nehmen Sie nun an, dass der Rotor ruht ($v_r = 0$) und der Stator mit der Geschwindigkeit $v_s = -v$ rotiert. Welche Form der Spannungsinduktion tritt nun in der Spule auf? Wie groß ist die induzierte Spannung $u_{ic}(t)$? Welche Form der Spannungsinduktion tritt auf?

4. Bei unendlich permeablem Eisen weicht der Luftspaltfluss vollständig aus dem Nutbereich in die Statorzähne aus, so dass die Nuten außer im Bereich der Nutöffnungen s_Q feldfrei sind (Bild A4.8-2a). Nehmen Sie an, dass Nut- und Zahnbreite gleich groß sind: $b_Q = b_d$.

a) Skizzieren Sie den Verlauf der radialen Zahnflussdichteverteilung $B_d(x_s,t)$ im Bereich der halben Nuthöhe ($y = h_Q/2$) bei $t = 0$ für eine Polteilung bei $Q/p = 12$ Nuten je Polpaar. Bestimmen Sie den Maximalwert der über eine Zahnbreite gemittelten Zahnflussdichte! Bei welcher Rotorstellung tritt sie auf?

b) Nähern Sie für $t = 0$ die Verteilung der Zahnflussdichte $B_d(x_s,t)$ durch $B_d(x_s,t) = B_\delta(x_s,t) \cdot \lambda_Q(x_s)$ mit   Verwendung   der   Leitwertsfunktion

$$\lambda_Q(x_s) = k \cdot \left(1 - \cos\left(\frac{Q}{p} \cdot \frac{x_s \pi}{\tau_p} \right) \right)$$ an. Wählen Sie (ohne Beschränkung der

Allgemeinheit) $Q/(2p)$ als gerade Zahl. Wie groß ist k? Wie groß ist die maximale Zahnflussdichte im Vergleich zum Ergebnis von 4.a)?

5. Berechnen Sie wie bei 3) die induzierte Spannung $u_{ic}(t)$ in die ungesehnte Spule bei mit $-v$ bewegtem Stator und ruhendem Rotor, jedoch mit der Berücksichtigung, dass die Spule gemäß 4. in zwei (feldfreien) Nuten liegt. Wählen Sie als Lage der Spule mit Linienleitern die halbe Nuthöhe $y = h_Q/2$ und verwenden Sie die zugehörige Flussdichte von 4.! Welche Form der Spannungsinduktion tritt auf? Vergleichen Sie das Ergebnis der induzierten Spannung mit 3.!

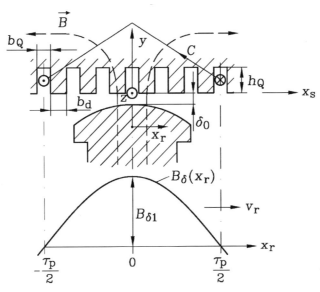

Bild A4.8-1: Darstellung einer Polteilung τ_p einer elektrisch erregten Schenkelpol-Synchronmaschine mit der Lage des Läufer-Polrads relativ zu der in den Nuten liegenden betrachteten Statorspule einer Stator-Einschichtwicklung (Nutbreite b_Q, Nuthöhe h_Q, Zahnbreite b_d) zum Zeitpunkt $t = 0$; darunter die Grundwelle $B_\delta(x_r)$ der zugehörigen läufererregten Luftspaltfeldverteilung

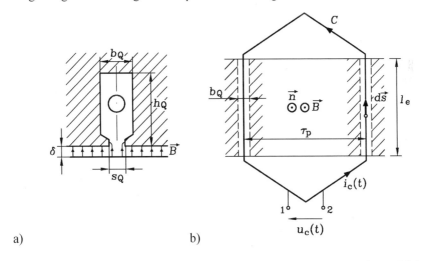

a)   b)

Bild A4.8-2: a) Halbgeschlossene Statornut (Nutöffnungsbreite s_Q), b) Aufsicht auf die ungesehnte Statorspule von Bild A4.8-1

Lösung zu Aufgabe A4.8:

1)

Die Spule (Bild A4.8-2b) spannt zum Zeitpunkt $t = 0$ an der Oberfläche des Statorblechpakets ($y = 0$, Bild A4.8-1), also im Bereich der Luftspalt-flussdichte $\vec{B}_\delta$, die Fläche $A = l_e \cdot \tau_p$ auf mit dem Rechtsumlaufsinn ge-mäß der Kurve C und dem rechtshändig zugeordneten Flächennormalen-vektor $\vec{n}$ in Richtung der Normalkomponente des Flussdichtevektors $\vec{B}_\delta$ (Bild A4.8-1). Mit der (Galilei)-Transformation $x_s = x_r + v_r \cdot t = x_r + v \cdot t$ folgt die Luftspaltfeldverteilung $B_\delta(x_r)$ an der Statoroberfläche als Dreh-welle im statorfesten Koordinatensystem

$$B_\delta(x_s) = B_{\delta 1} \cdot \cos(x_s \pi / \tau_p - v \cdot t \cdot \pi / \tau_p)$$

mit der elektrischen Frequenz

$$f = (v_r \cdot \pi / \tau_p)/(2\pi) = v_r /(2\tau_p) = 24 /(2 \cdot 0.2) = 60 \,\text{Hz}, \quad \omega = 2\pi \cdot f = 377 / \text{s}.$$

Der Fluss in der Spule ist

$$\Phi_c(t) = \int_A (\vec{B}_\delta \cdot \vec{n}) dA = \int_A B_\delta dA = \int_{-\tau_p/2}^{\tau_p/2} B_\delta(x_s) \cdot dx_s \cdot l_e \quad ,$$

$$\Phi_c(t) = \int_{-\tau_p/2}^{\tau_p/2} B_{\delta 1} \cdot \cos\left(\frac{x_s \pi}{\tau_p} - \omega \cdot t\right) \cdot dx_s \cdot l_e = \frac{2}{\pi} \cdot \tau_p l_e B_{\delta 1} \cdot \cos(\omega \cdot t) \quad .$$

Flussverkettung der Spule: $\psi_c(t) = N_c \cdot \dfrac{2}{\pi} \cdot \tau_p l_e B_{\delta 1} \cdot \cos(\omega \cdot t)$,

Induzierte Spulenspannung von Klemme 2 nach Klemme 1:

$$u_{ic}(t) = -\frac{d\psi_c(t)}{dt} = \omega \cdot N_c \cdot \frac{2}{\pi} \cdot \tau_p l_e B_{\delta 1} \cdot \sin(\omega \cdot t) = \hat{U}_{ic} \cdot \sin(\omega \cdot t),$$

$$\hat{U}_{ic} = 4 f \cdot N_c \cdot \tau_p l_e B_{\delta 1} = 4 \cdot 60 \cdot 10 \cdot 0.2 \cdot 0.2 \cdot 0.95 = 91.2 \,\text{V} ,$$

$$U_{ic} = \hat{U}_{ic} / \sqrt{2} = 91.2 / \sqrt{2} = 64.5 \,\text{V} .$$

Es tritt in Bezug auf die ruhende Statorspule Ruhinduktion auf.

2)

$$\hat{\Phi}_c = \frac{2}{\pi} \cdot \tau_p l_e B_{\delta 1} = \frac{2}{\pi} \cdot 0.2 \cdot 0.2 \cdot 0.95 = 24.2 \,\text{mWb}$$

Mit dem Spuleninnenwiderstand R_c, der Spulenklemmenspannung $u_c(t)$ und der induzierten Spannung $u_{ic}(t)$ des resultierenden Magnetfelds (Läu-

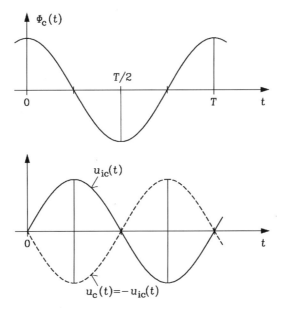

Bild A4.8-3: Zeitverlauf des Spulenflusses $\Phi_c(t)$, der induzierten Spannung $u_{ic}(t)$ und der Spulen-Klemmenspannung von 2 nach 1 $u_c(t)$ bei stromloser Spule (Leerlauf: $i_c(t) = 0$) während einer Periode $T = 1/f$

ferfeld plus vom Ständerspulenstrom i_c erregtes Ständerfeld) folgt $u_c(t) + u_{ic}(t) = R_c \cdot i_c(t)$. Im Leerlauf ist $i_c(t) = 0$ und daher $u_c(t) = -u_{ic}(t)$, wobei $u_{ic}(t)$ dann die induzierten Spannung des Läuferfelds allein gemäß 1) ist: $u_c(t) = -\hat{U}_{ic} \cdot \sin(\omega \cdot t)$.

3)
Die Spulenseiten an der Statorbohrungsoberfläche bewegen sich mit $-v$ entgegen der x_r-Richtung durch das stationäre Rotorfeld $B_\delta(x_r) = B_{\delta 1} \cdot \cos(x_r \pi / \tau_p)$. Es tritt in der bewegten Statorspule Bewegungsinduktion auf. Je Spulenseite tritt die bewegungsinduzierte Feldstärke E_b in z-Richtung, also parallel zur Achse der Spulenseiten, auf.

$$\vec{E}_b = \vec{v} \times \vec{B}_\delta = -v \cdot \vec{e}_x \times B_\delta(x_r) \cdot \vec{e}_y = -v \cdot B_\delta(x_r) \cdot \vec{e}_z = -v \cdot B_{\delta 1} \cdot \cos(x_r \pi / \tau_p) \cdot \vec{e}_z$$

Der Spulenumlauf C von 2 nach 1 erfolgt für die rechte Spulenseite (Bild A4.8-2b) gegen die z-Achse, für die linke Spulenseite in Richtung der z-Achse: $u_{ic} = N_c \oint_C \vec{E}_b \cdot d\vec{s} = N_c \cdot \left[-E_{b,\text{rechts}} \cdot l_e + E_{b,\text{links}} \cdot l_e \right]$.

Die Position der rechten und linken Spulenseite bei $t = 0$ ist $x_{s,\text{rechts}} = \tau_p/2$, $x_{s,\text{links}} = -\tau_p/2$. Es gilt die (Galilei)-Transformation $x_r = x_s + v_s \cdot t = x_s - v \cdot t$.

$$-E_{\mathrm{b,rechts}} + E_{\mathrm{b,links}} =$$

$$= (-v) \cdot B_{\delta 1} \cdot \left(-\cos((\tau_{\mathrm{p}}/2 - v \cdot t) \cdot \pi / \tau_{\mathrm{p}}) + \cos((-\tau_{\mathrm{p}}/2 - v \cdot t) \cdot \pi / \tau_{\mathrm{p}}) \right) =$$

$$= (-v) \cdot B_{\delta 1} \cdot \left(-\cos(\pi/2 - \omega t) + \cos(-\pi/2 - \omega t) \right) =$$

$$= (-v) \cdot B_{\delta 1} \cdot \left(-\sin(\omega t) - \sin(\omega t) \right) = 2v \cdot B_{\delta 1} \cdot \sin(\omega t) \quad .$$

Mit $v = 2 f \tau_{\mathrm{p}}$ folgt für die induzierte Spannung von Klemme 2 nach

Klemme 1 $u_{\mathrm{ic}} = N_{\mathrm{c}} \cdot 2v \cdot B_{\delta 1} \cdot l_{\mathrm{e}} \cdot \sin(\omega t) = \omega \cdot N_{\mathrm{c}} \cdot \dfrac{2}{\pi} \cdot \tau_{\mathrm{p}} l_{\mathrm{e}} B_{\delta 1} \cdot \sin(\omega \cdot t)$ in

Übereinstimmung mit Punkt 1.

4a)

Es gilt die Konstanz für den Fluss $\varPhi_{\mathrm{Q}}$ je Nutteilung $\tau_{\mathrm{Q}} = b_{\mathrm{d}} + b_{\mathrm{Q}}$. Wenn die Läuferpolachse mit einer Zahnachse fluchtet, ist die Zahnflussdichte in diesem Zahn maximal.

$$\varPhi_{\mathrm{Q}} = \int\limits_{-\tau_{\mathrm{Q}}/2}^{\tau_{\mathrm{Q}}/2} B_{\delta}(x_{\mathrm{s}}) \cdot dx_{\mathrm{s}} \cdot l_{\mathrm{e}} = \int\limits_{-b_{\mathrm{d}}/2}^{b_{\mathrm{d}}/2} B_{\mathrm{d}}(x_{\mathrm{s}}) \cdot dx_{\mathrm{s}} \cdot l_{\mathrm{e}} = \int\limits_{-\tau_{\mathrm{Q}}/2}^{\tau_{\mathrm{Q}}/2} B_{\delta}(x_{\mathrm{s}}) \cdot dx_{\mathrm{s}} \cdot l_{\mathrm{e}}$$

Wenn die Läuferpolachse mit einer Ständerzahnachse fluchtet, tritt in diesem Zahn die maximale Zahnflussdichte auf:

$$\varPhi_{\mathrm{Q}} = \int\limits_{-\tau_{\mathrm{Q}}/2}^{\tau_{\mathrm{Q}}/2} B_{\delta 1} \cdot \cos(x_{\mathrm{s}} \pi / \tau_{\mathrm{p}}) \cdot dx_{\mathrm{s}} \cdot l_{\mathrm{e}} = B_{\delta 1} \cdot l_{\mathrm{e}} \cdot \dfrac{2\tau_{\mathrm{p}}}{\pi} \cdot \sin\left(\dfrac{\tau_{\mathrm{Q}} \pi}{2\tau_{\mathrm{p}}} \right) = B_{\mathrm{d,av}} \cdot b_{\mathrm{d}} \cdot l_{\mathrm{e}} \quad .$$

$$\tau_{\mathrm{Q}} = \tau_{\mathrm{p}} \cdot 2p / Q = 200 / 6 = 33.3 \ \mathrm{mm} \ , \quad \tau_{\mathrm{Q}} = b_{\mathrm{d}} + b_{\mathrm{Q}} = 2b_{\mathrm{d}} \ ,$$

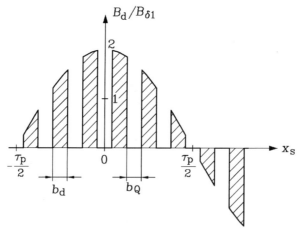

Bild A4.8-4: Verteilung der radialen Zahnflussdichte B_{d} in halber Nuthöhe bei unendlich permeablem Eisen bei $t = 0$. Das Innere der Nuten ist feldfrei. Relativstellung des Läufers zum Ständer gemäß Bild A4.8-1.

$b_d = \tau_Q / 2 = 16.7 \text{ mm}$,

$$B_{d,av} = B_{\delta 1} \cdot \frac{2 \cdot \tau_p}{\pi \cdot b_d} \cdot \sin\left(\frac{\tau_Q \pi}{2\tau_p}\right) = 0.95 \cdot \frac{2 \cdot 200}{\pi \cdot 16.7} \cdot \sin\left(\frac{\pi}{2 \cdot 6}\right) = 1.88 \text{ T} = 1.98 \cdot B_{\delta 1}$$

4b)

$y = h_Q/2,\ t = 0$:

$$B_d(x_s) = B_\delta(x_s, t=0) \cdot \lambda_Q(x_s) = B_{\delta 1} \cdot \cos(x_s \pi / \tau_p) \cdot k \cdot \left(1 - \cos\left(\frac{Q}{p} \cdot \frac{x_s \pi}{\tau_p}\right)\right),$$

$$\Phi_c = \int_A (\vec{B}_d \cdot \vec{n})dA = \int_A B_d dA = \int_{-\tau_p/2}^{\tau_p/2} B_d(x_s) \cdot dx_s \cdot l_e ,$$

$$\Phi_c = \int_{-\tau_p/2}^{\tau_p/2} B_{\delta 1} \cdot \cos\left(\frac{x_s \pi}{\tau_p}\right) \cdot k \cdot \left(1 - \cos\left(\frac{Q}{p} \cdot \frac{x_s \pi}{\tau_p}\right)\right) \cdot dx_s \cdot l_e ,$$

$$\Phi_c = \int_{-\tau_p/2}^{\tau_p/2} B_{\delta 1} \cdot \cos\left(\frac{x_s \pi}{\tau_p}\right) \cdot k \cdot dx_s \cdot l_e -$$

$$- \int_{-\tau_p/2}^{\tau_p/2} B_{\delta 1} \cdot \cos\left(\frac{x_s \pi}{\tau_p}\right) \cdot k \cdot \cos\left(\frac{Q}{p} \cdot \frac{x_s \pi}{\tau_p}\right) \cdot dx_s \cdot l_e = k \cdot \frac{2}{\pi} \cdot \tau_p l_e B_{\delta 1} - k \cdot l_e B_{\delta 1} \cdot I$$

Die Integration liefert:

$$I = \frac{\tau_p}{\pi} \int_{-\tau_p/2}^{\tau_p/2} \cos\left(\frac{x_s \pi}{\tau_p}\right) \cdot \cos\left(\frac{Q}{p} \cdot \frac{x_s \pi}{\tau_p}\right) \cdot \frac{dx_s \pi}{\tau_p} = \frac{\tau_p}{\pi} \int_{-\pi/2}^{\pi/2} \cos\xi \cdot \cos\left(\frac{Q}{p} \cdot \xi\right) \cdot d\xi ,$$

$$I = \frac{\tau_p}{2\pi} \int_{-\pi/2}^{\pi/2} \left[\cos\left((\frac{Q}{p}+1) \cdot \xi\right) + \cos\left((\frac{Q}{p}-1) \cdot \xi\right)\right] \cdot d\xi ,$$

$$I = \frac{\tau_p}{2\pi} \cdot \left[\frac{2 \cdot \sin\left((\frac{Q}{p}+1) \cdot \frac{\pi}{2}\right)}{\frac{Q}{p}+1} + \frac{2 \cdot \sin\left((\frac{Q}{p}-1) \cdot \frac{\pi}{2}\right)}{\frac{Q}{p}-1}\right],$$

$$I = \frac{\tau_p}{\pi} \cdot \cos\left(\frac{Q}{p} \cdot \frac{\pi}{2}\right) \cdot \left(\frac{1}{\frac{Q}{p}+1} - \frac{1}{\frac{Q}{p}-1}\right) = -\frac{2\tau_p}{\pi} \cdot \cos\left(\frac{Q}{2p} \cdot \pi\right) \cdot \frac{1}{\left(\frac{Q}{p}\right)^2 - 1},$$

$Q/(2p)$: gerade Zahl $\rightarrow \cos\left(\dfrac{Q}{2p}\cdot\pi\right)=1: I=-\dfrac{2\tau_\mathrm{p}}{\pi}\cdot\dfrac{1}{\left(Q/p\right)^2-1}$,

$$\varPhi_\mathrm{c}=B_{\delta 1}\cdot l_\mathrm{e}\cdot k\cdot\frac{2\tau_\mathrm{p}}{\pi}\cdot\left(1+\frac{1}{\left(Q/p\right)^2-1}\right)=B_{\delta 1}\cdot l_\mathrm{e}\cdot k\cdot\frac{2\tau_\mathrm{p}}{\pi}\cdot\frac{\left(Q/p\right)^2}{\left(Q/p\right)^2-1}.$$

Der Spulenfluss in der Ebene $y = 0$ zum Zeitpunkt $t = 0$ ist gemäß 1)

$\varPhi_\mathrm{c}=\dfrac{2}{\pi}\cdot\tau_\mathrm{p}l_\mathrm{e}B_{\delta 1}$ (Bild A4.8-1). Wegen der Flusskonstanz $\varPhi_\mathrm{c}=$ konst.

zwischen den Ebenen $y = 0$ und $y = h_\mathrm{Q}/2$ (Bild A4.8-1) folgt daraus

$k=1-\left(p/Q\right)^2=1-\dfrac{1}{12^2}=0.993\approx 1$.

In der Zahnmitte (z. B. $x_\mathrm{s}=\tau_\mathrm{Q}/2=(b_\mathrm{Q}+b_\mathrm{d})/2$) ist wegen $2p\cdot\tau_\mathrm{p}=Q\cdot\tau_\mathrm{Q}$
die Funktion

$$\lambda_\mathrm{Q}(x_\mathrm{s}=\tau_\mathrm{Q}/2)=k\cdot\left(1-\cos\left(\frac{Q}{p}\cdot\frac{\tau_\mathrm{Q}\pi}{2\tau_\mathrm{p}}\right)\right)=k\cdot\left(1-\cos\pi\right)=2\cdot k=1.986.$$

Wenn Rotorpolachse und Statorzahn fluchten, also maximaler Zahnfluss auftritt, ist folglich $B_\mathrm{d}=B_{\delta 1}\cdot 2\cdot k=1.986\cdot B_{\delta 1}\approx B_\mathrm{d,av}$ in guter Übereinstimmung mit dem Ergebnis von 4a).
5)

Die Flussdichte $B_\mathrm{d}(x_\mathrm{s})=B_{\delta 1}\cdot\cos(x_\mathrm{r}\pi/\tau_\mathrm{p})\cdot k\cdot\left[1-\cos\left(\dfrac{Q}{p}\cdot\dfrac{x_\mathrm{s}\pi}{\tau_\mathrm{p}}\right)\right]$ ist am

Ort der Spulenseiten in den feldfreien Nuten stets Null (Bilder A4.8-2a

und   A4.8-4).   Mit $\cos\left(\pm\dfrac{Q}{2p}\cdot\pi\right)=\cos\left(\dfrac{Q}{2p}\cdot\pi\right)=1$ gilt   nämlich

$B_\mathrm{d}(x_\mathrm{s}=\pm\tau_\mathrm{p}/2)=B_{\delta 1}\cdot\cos(x_\mathrm{r}\pi/\tau_\mathrm{p})\cdot k\cdot\left[1-\cos\left(\pm\dfrac{Q}{p}\cdot\dfrac{\pi}{2}\right)\right]=0$.

Folglich tritt trotz bewegter Spule KEINE Bewegungsinduktion auf, denn es ist $\vec{E}_\mathrm{b}=\vec{v}\times\vec{B}_\mathrm{d}=-v\cdot\vec{e}_x\times 0\cdot\vec{e}_y=0\cdot\vec{e}_z$. Die Nutenleiter sind durch das hochpermeable Statoreisen magnetostatisch abgeschirmt. Die induzierte Spannung stammt trotz der bewegten Statorspule aus einer <u>Ruhinduktion</u>, weil bezüglich des ruhenden Rotors die Flussdichte auf Grund der bewegten Nut-Zahn-Struktur des Stators an jedem Ort zeitlich schwankt, wie die folgende Formel zeigt. Mit $x_\mathrm{r}=x_\mathrm{s}-v\cdot t\Rightarrow x_\mathrm{s}=x_\mathrm{r}+v\cdot t$ wird die zeitliche Änderung der Zahnflussdichte im ruhenden rotorfesten Koordinatensystem x_r berechnet:

$$B_{\mathrm{d}}(x_{\mathrm{r}},t) = B_{\delta 1} \cdot \cos\left(\frac{x_{\mathrm{r}}\pi}{\tau_{\mathrm{p}}}\right) \cdot k \cdot \left[1 - \cos\left(\frac{Q}{p} \cdot \frac{x_{\mathrm{r}}\pi + v\pi \cdot t}{\tau_{\mathrm{p}}}\right)\right],$$

$$B_{\mathrm{d}}(x_{\mathrm{r}},t) = B_{\delta 1} \cdot \cos\left(\frac{x_{\mathrm{r}}\pi}{\tau_{\mathrm{p}}}\right) \cdot k \cdot \left[1 - \cos\left(\frac{Q}{p} \cdot \frac{x_{\mathrm{r}}\pi}{\tau_{\mathrm{p}}} + \frac{Q}{p} \cdot \omega t\right)\right],$$

$$\frac{\partial B_{\mathrm{d}}(x_{\mathrm{r}},t)}{\partial t} = \frac{Q}{p} \cdot \omega \cdot B_{\delta 1} \cdot \cos\left(\frac{x_{\mathrm{r}}\pi}{\tau_{\mathrm{p}}}\right) \cdot k \cdot \sin\left(\frac{Q}{p} \cdot \frac{x_{\mathrm{r}}\pi}{\tau_{\mathrm{p}}} + \frac{Q}{p} \cdot \omega t\right).$$

Für die Berechnung der induzierten Spannung

$$u_{\mathrm{i}} = -\int_{A} \partial \vec{B}_{\mathrm{d}} / \partial t \cdot d\vec{A} + \oint \left(\vec{v} \times \vec{B}_{\mathrm{d}}\right) \cdot d\vec{s} = -\int_{A} \partial B_{\mathrm{d}} / \partial t \cdot dA$$

wird diese Flussdichteänderung als $\partial B_{\mathrm{d}}(x_{\mathrm{s}},t)/\partial t$ im bewegten <u>statorfesten</u> Koordinatensystem x_{s} benötigt, um die Integration über die bewegte Spulenfläche auszuführen:

$$\frac{\partial B_{\mathrm{d}}(x_{\mathrm{s}},t)}{\partial t} = \frac{Q}{p}\omega B_{\delta 1}k \cdot \cos\left(\frac{(x_{\mathrm{s}} - v \cdot t)\cdot \pi}{\tau_{\mathrm{p}}}\right) \cdot \sin\left(\frac{Q}{p} \cdot \frac{(x_{\mathrm{s}} - v \cdot t)\cdot \pi}{\tau_{\mathrm{p}}} + \frac{Q}{p} \cdot \omega t\right),$$

$$\frac{\partial B_{\mathrm{d}}(x_{\mathrm{s}},t)}{\partial t} = \frac{Q}{p} \cdot \omega \cdot B_{\delta 1} \cdot k \cdot \cos\left(\frac{x_{\mathrm{s}}\pi}{\tau_{\mathrm{p}}} - \omega t\right) \cdot \sin\left(\frac{Q}{p} \cdot \frac{x_{\mathrm{s}}\pi}{\tau_{\mathrm{p}}}\right),$$

$$\frac{\partial B_{\mathrm{d}}}{\partial t} = \frac{Q}{2p} \cdot \omega \cdot B_{\delta 1} \cdot k \cdot \left[\sin\left(\left(\frac{Q}{p}+1\right)\cdot \frac{x_{\mathrm{s}}\pi}{\tau_{\mathrm{p}}} - \omega t\right) + \sin\left(\left(\frac{Q}{p}-1\right)\cdot \frac{x_{\mathrm{s}}\pi}{\tau_{\mathrm{p}}} + \omega t\right)\right],$$

Mit $u_{\mathrm{i}} = -\int_{A} \partial B_{\mathrm{d}} / \partial t \cdot dA = -l_{\mathrm{e}} N_{\mathrm{c}} \int_{-\tau_{\mathrm{p}}/2}^{\tau_{\mathrm{p}}/2} \dfrac{\partial B_{\mathrm{d}}(x_{\mathrm{s}},t)}{\partial t} \cdot dx_{\mathrm{s}}$ folgt:

$$u_{\mathrm{i}} = l_{\mathrm{e}} N_{\mathrm{c}} \frac{Q}{2p} \omega B_{\delta 1} k \frac{\tau_{\mathrm{p}}}{\pi} \cdot \left\{ \frac{\cos\left(\left(\frac{Q}{p}+1\right)\cdot \frac{\pi}{2} - \omega t\right) - \cos\left(-\left(\frac{Q}{p}+1\right)\cdot \frac{\pi}{2} - \omega t\right)}{\frac{Q}{p}+1} + \right.$$

$$\left. + \frac{\cos\left(\left(\frac{Q}{p}-1\right)\cdot \frac{\pi}{2} + \omega t\right) - \cos\left(-\left(\frac{Q}{p}-1\right)\cdot \frac{\pi}{2} + \omega t\right)}{\frac{Q}{p}-1} \right\}$$

Bei geraden Werten $Q/(2p)$ folgt:

$$\cos\left(\left(\frac{Q}{p}+1\right)\cdot\frac{\pi}{2}-\omega t\right)=\sin\omega t\,,\;\; -\cos\left(-\left(\frac{Q}{p}+1\right)\cdot\frac{\pi}{2}-\omega t\right)=\sin\omega t\,,$$

$$\cos\left(\left(\frac{Q}{p}-1\right)\cdot\frac{\pi}{2}+\omega t\right)=\sin\omega t\,,\;\; -\cos\left(-\left(\frac{Q}{p}-1\right)\cdot\frac{\pi}{2}+\omega t\right)=\sin\omega t\,,$$

und daher

$$u_\mathrm{i}=l_\mathrm{e}N_\mathrm{c}\frac{Q}{p}\omega B_{\delta 1}k\frac{\tau_\mathrm{p}}{\pi}\cdot\sin(\omega t)\cdot\left[\frac{1}{\dfrac{Q}{p}+1}+\frac{1}{\dfrac{Q}{p}-1}\right]\quad\text{bzw.}$$

$$u_\mathrm{i}=l_\mathrm{e}N_\mathrm{c}\frac{Q}{p}\omega B_{\delta 1}\frac{\tau_\mathrm{p}}{\pi}\cdot\left(1-\frac{p^2}{Q^2}\right)\cdot\sin(\omega t)\cdot\frac{2\cdot Q/p}{\dfrac{Q^2}{p^2}-1}$$

und daraus $u_\mathrm{ic}=\omega\cdot N_\mathrm{c}\cdot\dfrac{2}{\pi}\cdot\tau_\mathrm{p}l_\mathrm{e}B_{\delta 1}\cdot\sin(\omega\cdot t)$ in Übereinstimmung mit 3).

Im Vergleich zu 3) halten wir fest:
Die Spannungsinduktion in eine in Nuten eines Eisenblechpakets liegende Spule erfolgt auch bei bewegter Spule durch Ruhinduktion der sich infolge der bewegten Nut-Zahn-Struktur zeitlich ändernden Zahnflussdichte, da die Spulenleiter selbst in (nahezu) feldfreien Nuten liegen. Wir können aber ersatzweise bei bewegter Spule die Spannungsinduktion durch Bewegungsinduktion in eine an einer ungenuteten Eisenoberfläche liegende Spule im Luftspaltfeld berechnen. Dies wird z. B. auch bei der Gleichstrommaschine (Kap. 11) angewendet, wo die Ankerspulen des bewegten Läufers für die Berechnung der induzierten Läuferspulenspannung ersatzweise an der ungenuteten Blechpaketoberfläche des Läufers angeordnet werden.

5. Die Schleifringläufer-Asynchronmaschine

Aufgabe A5.1: Saugzuggebläse-Antrieb

In einem Stahlhüttenwerk wird als Antrieb des Hochofen-Saugzuggebläses eine Drehstrom-Asynchronmaschine mit Schleifringläufer eingesetzt. In Bild A5.1-1 ist die Drehmoment-Drehzahlkennlinie für den Betrieb an Bemessungsspannung mit kurzgeschlossenen Schleifringen dargestellt ($R_v = 0$). Tragen Sie in dieses Diagramm die maßstäblich richtigen Kennlinien für den Betrieb an Bemessungsspannung und Vorwiderständen im Läuferkreis ein, welche
a) dem 3-fachen Wert,
b) dem 9-fachen Wert des Läuferwiderstandes R_r entsprechen. Führen Sie dies besonders für die Punkte $0.4M_b$, $0.6M_b$, $0.8M_b$ und M_b durch.

Lösung von Aufgabe A5.1:

a)

$$R_v = 3 \cdot R_r \,, \quad \frac{R_r}{s} = \frac{R_r + R_v}{s*} \,, \quad s* = \left(1 + \frac{R_v}{R_r}\right) \cdot s = 4s$$

$s*$: Schlupf bei gleichem Moment M wie bei Schlupf s, $R_v = 0$:
$s* = 4 \cdot s$. Das Moment aus der Kennlinie im Bild A5.1-1 bei Schlupf s ist bei $s*$ einzutragen, so dass die Kennlinie von $s = 0$ aus um den Wert 4 längs der Abszisse gestreckt wird.
b)
$R_v = 9 \cdot R_r$: Gleiche Vorgehensweise wie in a), aber mit dem Schlupfverhältnis $s*/s = 10$, siehe Bild A5.1-1.

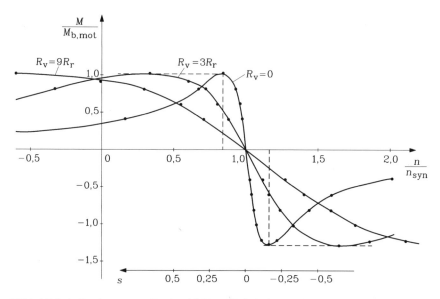

Bild A5.1-1: Drehmoment-Drehzahl Kennlinie bei $R_v = 0$, $R_v = 3R_r$, $R_v = 9R_r$

Aufgabe A5.2: Kreisdiagramm mit Ummagnetisierungs- und Reibungsverlusten

Aus den Prüffelddaten einer Schleifringläufer-Asynchronmaschine hat der Prüffeldingenieur das Kreisdiagramm Kreisdiagramm gemäß Bild A5.2-1 (bzw. Bild 5.4-14 im Lehrbuch) konstruiert. Man entnimmt aus dem Kreisdiagramm der Leiterströme der Asynchronmaschine für den Punkt P die folgende Werte über den Strommaßstab in A (Ampère): Strecke $\overline{AA'} = 2\,A$, $\overline{PA} = 194\,A$, $\overline{PD} = 192\,A$, $\overline{BD} = 7\,A$, $\overline{CD} = 18\,A$. Die Strecke $\overline{AA'}$ stellt näherungsweise den Wirkanteil des Ständerstroms zur Deckung der Ummagnetisierungs- und Reibungsverluste dar. Bestimmen Sie für Sternschaltung mit $m_s = 3$, $U_s = 380\,V$, $n_{syn} = 1500/min$ die zugehörigen Werte

1. der Ständerverluste *ohne* Ummagnetisierungs- und Reibungsverluste,
2. der Ständerverluste *inklusive* Ummagnetisierungs- und Reibungsverluste,
3. der Läuferverluste,
4. des entwickelten Drehmoments,
5. des Wirkungsgrads.

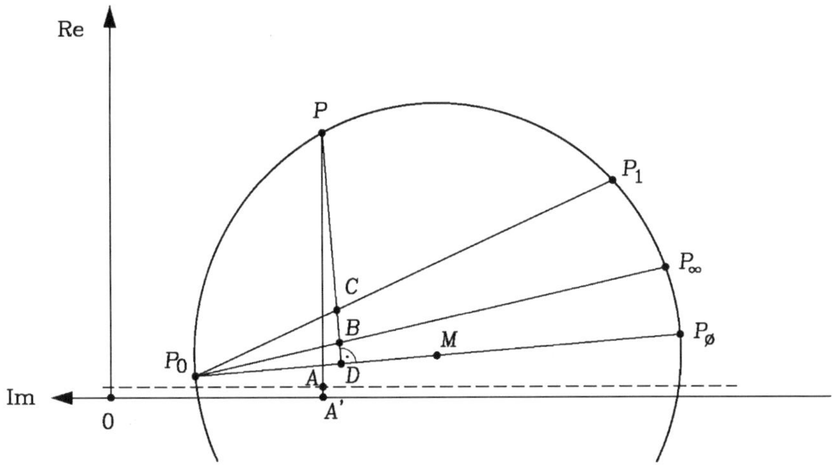

Bild A5.2-1: Kreisdiagramm (Ossanna-Kreis) mit Berücksichtigung der Um-
magnetisierungs- und Reibungsverluste: Das Kreisdiagramm wird um die Strecke
$\overline{AA'}$ nach oben verschoben. Der Zeiger des Netzstroms je Strang ist aus dem Ursprung 0 zum Betriebspunkt P gerichtet und um den Verluststrom $\overline{AA'}$ größer als
der Ständerstrom $\underline{I}_s$.

Lösung zu Aufgabe A5.2:

1)
Ständerverluste ohne Ummagnetisierungs- und Reibungsverluste $P_{Cu,s}$:

- Strangspannung: $U_s = U_N / \sqrt{3} = 380 / \sqrt{3} = 220$ V

- Zugeführte elektrische Leistung in die Ständerwicklung über Ständer-
wirkstrom bestimmt:

$$\overline{PA} \Leftrightarrow I_{s,w} \Rightarrow P_{e,in} = 3 \cdot U_s \cdot I_{s,w} = 3 \cdot U_s \cdot I_s \cdot \cos\varphi_s$$

- Luftspaltleistung: $\overline{PB} \cdot 3 \cdot U_s = P_\delta$

- Stromwärmeverluste in der Läuferwicklung: $\overline{CB} \cdot 3 \cdot U_s = P_{Cu,r}$

- Mechanische Leistung: $\overline{PC} \cdot 3 \cdot U_s = P_m$

$$\overline{PB} = \overline{PD} - \overline{BD} = 192 - 7 = 185 \text{ A}$$

$$P_{Cu,s} = P_{e,in} - P_\delta = 3 \cdot U_s \cdot (\overline{PA} - \overline{PB}) = 3 \cdot 220 \cdot (194 - 185) = 5.94 \text{ kW}$$

2)
Ständerverluste mit Ummagnetisierungs- und Reibungsverlusten:

$$P_{Fe+R} = 3 \cdot U_s \cdot \overline{AA'} = 3 \cdot 220 \cdot 2 = 1320 \text{ W}$$

$$\overline{PA'} = 194 + 2 = 196 \text{ A}$$

$$P_{Cu,s} + P_{Fe+R} = 3 \cdot U_s \cdot (\overline{PA'} - \overline{PB}) = 3 \cdot 220 \cdot (196 - 185) = 7260 \text{ W}$$

3)

$$P_{Cu,r} = 3 \cdot U_s \cdot \overline{CB} = 3 \cdot U_s \cdot (\overline{CD} - \overline{BD}) = 3 \cdot 220 \cdot (18 - 7) = 7260 \text{ W}$$

4)

$$P_\delta = 3 \cdot U_s \cdot \overline{PB} = 3 \cdot 220 \cdot 185 = 122.1 \text{ kW}$$

$$\Omega_{syn} = 2\pi n_{syn} = 2\pi \cdot 1500 / 60 = 157.1 \text{ /s}$$

Da die Reibungsverluste bereits ständerseitig berücksichtigt sind, ist das elektromagnetische Luftspaltmoment auch das Wellenmoment.

$$M_e = P_\delta / \Omega_{syn} = 122100 / 157.1 = 777.4 \text{ Nm}$$

5)

$$P_m = P_\delta - P_{Cu,r} = 122100 - 7260 = 114840 \text{ W}$$

$$\eta = \frac{P_m}{P_{e,in}} = \frac{P_m}{P_m + P_{Cu,s} + P_{Fe+R} + P_{Cu,r}} = \frac{114840}{114840 + 7260 + 7260} = 88.78 \%$$

Aufgabe A5.3: Antrieb für Schweranlauf

Für den Antrieb von Lasten mit großem Trägheitsmoment (Schweranlauf) wurde ein Drehstrom-Asynchronmotor mit Schleifringläufer mit den folgenden Bemessungsdaten ausgewählt: Verkettete Spannung im Stator und Rotor $U_{sN} = 380$ V Y, $U_{rN} = 280$ V Y, Ständerfrequenz $f_s = 50$ Hz, Strangströme $I_{sN} = 264$ A, $I_{rN} = 350$ A, elektrisch zugeführte Leistung $P_{e,in,N} = 150$ kW. Der Rotorwicklungswiderstand je Strang beträgt $R_r = 0.0143 \ \Omega$ und der Kippschlupf $s_b = 0.19$. In Bild A5.3-1 sind die gemessenen Kennlinien $M = f(n/n_{syn})$ und $I_s = f(n/n_{syn})$ angegeben.

1. Wie groß müssen die Werte von Läufervorwiderständen (in Ω/Strang) gewählt werden, damit die Maschine ein Anzugsmoment von 2500 Nm entwickelt und der Hochlauf möglichst rasch erfolgt?
2. Wie groß ist der Einschaltstrom in diesem Fall? Der den Einschaltvorgang stets begleitende transiente Einschwingvorgang, der in Kapitel 15 besprochen wird, ist nicht zu berücksichtigen. Entspricht die Wahl von R_v gemäß 1. auch dem kleinsten Anfahrstrom? Falls nicht, welche Alternative wäre möglich?
3. Bestimmen Sie den Bemessungsschlupf s_N!

4. Berechnen Sie das Bremsmoment, wenn für eingeschaltete Läufervorwiderstände nach 1. bei der Drehzahl $n = 0.95\ n_N$ zwei der Netzanschlüsse vertauscht werden (Gegenstrombremsung).
5. Welche Polzahl hat der Motor? Wie groß ist der Wirkungsgrad im Bemessungspunkt?

Lösung zu Aufgabe A5.3:

1)

Das Drehmoment $M = 2.5$ kNm tritt gemäß Bild A5.3-1 bei den Schlüpfen $s_1 = 0.12$ and $s_2 = 0.3$ auf. Wird der Betriebspunkt $s_1 = 0.12$ durch Läufervorwiderstände in den Anfahrpunkt $s^* = 1$ verschoben, so nimmt das Beschleunigungsmoment für $1 \geq s^* \geq 0$ entsprechend $0.12 \geq s \geq 0$ (Bild A5.3-1) stetig vom Startwert $M_1 = 2.5$ kNm zum Leerlaufwert $M = 0$ ab, während es bei Wahl des Betriebspunkts $s_2 = 0.3$ als Anfahrpunkt entsprechend $0.3 \geq s \geq 0$ bis zum Kippmoment M_b zunimmt und dann erst abnimmt! Wegen des dadurch höheren mittleren Anlaufmoments erfolgt der Hochlauf der Maschine rascher, weswegen $s_2 = 0.3$ gewählt wird.

$$s = 1 - \frac{n}{n_{syn}}, \quad \frac{R_r}{s} = \frac{R_r + R_v}{1} \quad (s^* = 1)$$

$$R_v = \left(\frac{1}{s_2} - 1\right) \cdot R_r = \left(\frac{1}{0.3} - 1\right) \cdot 0.0143 = 0.033\ \Omega$$

2)

Anzugsstrom I_{s1}: Gemäß Bild A5.3-1 ist

$I_s(s_2 = 0.3) = I_s(s^* = 1) = 1250$ A

Soll der Strom während des Hochlaufs möglichst klein sein, wäre der Betriebspunkt $s_1 = 0.12$ als Anfahrpunkt die bessere Wahl, da $I_s(s_1 = 0.12) = 750$ A deutlich kleiner ist. Dafür wird je Strang ein Läufervorwiderstand $R_v = 0.105\ \Omega$ benötigt.

3)

$I_{sN} = 264$ A $\rightarrow s_N = 3\ \%$ gemäß der Stromkurve in Bild A5.3-1.

4)

$n_N = (1 - s_N) \cdot n_{syn} = (1 - 0.03) \cdot n_{syn} = 0.97 \cdot n_{syn}$,

Gegenstrombremsen bei $n = 0.95 \cdot n_N = 0.95 \cdot (1 - s_N) \cdot n_{syn} = 0.92 \cdot n_{syn}$

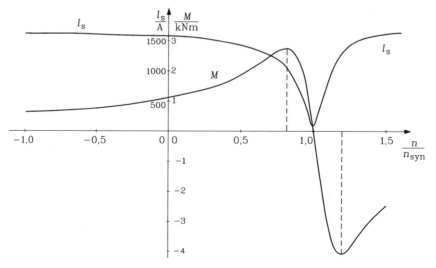

Bild A5.3-1: Gemessene Kennlinien $M = f(n/n_{syn})$ und $I_s = f(n/n_{syn})$ für Läufer-kurzschluss bei Bemessungsspannung

Tausch zweier Phasen: Bewegungsrichtung des Drehfelds kehrt sich um, während der Läufer auf Grund seiner Drehträgheit zunächst mit Drehzahl n weiterdreht:

$$n_{syn} \rightarrow -n_{syn} : \text{ neuer Schlupf: } s_{neu} = \frac{-n_{syn} - 0.92 \cdot n_{syn}}{-n_{syn}} = 1.92 .$$

Bestimmung des Bremsmomentes unter Berücksichtigung von $R_v = 0.033\,\Omega$: Aus der gescherten Kennlinie $M(s^*)$ wird das Bremsmoment aus der originalen Kennlinie Bild A5.3-1 beim Schlupf s bestimmt:

$$\frac{R_r + R_v}{s_{neu}} = \frac{R_r}{s} \Rightarrow s = 0.58 ,$$

$$M(s = 0.58) = M_{brems} = 1700\,\text{Nm} .$$

5)
Es ergibt sich bei $s_N = 3\,\%$ gemäß Bild A5.3-1 ein Bemessungsmoment $M_N \approx 900\,\text{Nm}$! Die mechanische Ausgangsleistung ist nur geringfügig, nämlich um die Verluste, kleiner als die elektrische Eingangsleistung. Daher muss n_{syn} so bestimmt werden, dass P_m nahe bei $P_{e,in,N} = 150$ kW liegt. Dies ist für $n_{syn} = 1500/\text{min}$ erfüllt:

$$P_m = 2\pi n_N \cdot M_N = 2\pi \cdot 0.97 \cdot n_{syn} \cdot M_N = 2\pi \cdot 0.97 \cdot 25 \cdot 900 = 137.13\,\text{kW}$$

Daher ist die Polpaarzahl $p = f_s / n_{syn} = 50/25 = 2$; die Polzahl ist $2p = 4$.

Bemessungs-Wirkungsgrad: $\eta_N = \dfrac{P_{m,out}}{P_{e,in}} = \dfrac{137.13}{150} = 0.914$.

Aufgabe A5.4: Ossanna-Kreis und Schlupfgerade aus Messdaten

Von einem Drehstrom-Asynchronmotor mit Schleifringläufer ($2p = 4$, $f_s = 50$ Hz, $U_N = 380$ V, Y), dessen dreisträngige Läuferwicklung ebenfalls in Stern geschaltet (Y) ist, sind folgende Messdaten bekannt: Ohm'scher Widerstand der Läuferwicklung: $R_r = 0.3$ Ω/Strang.

Leerlaufmessung P_0: $I_{s0} = 14$ A, $P_{d0} = 0.66$ kW

Kurzschlussmessung P_1: $I_{s1} = 220$ A, $P_{d1} = 46.7$ kW

Lastpunkt P: $I_s = 196$ A bei $\cos\varphi_s = 0.57$

1. Zeichnen Sie das maßstäbliche Kreisdiagramm bei Vernachlässigung der Ummagnetisierungs- und Reibungsverluste und unter der Annahme, dass im Kurzschlusspunkt $P_{Cu,s} = P_{Cu,r}$ gilt. Wählen Sie einen Strom-maßstab von 10 A/cm bzw. 10 A/Einheit und ein Papierformat A4 quer. Bestimmen Sie den Kreismittelpunkt M a) aus den drei Punkten P_0, P_1, P und b) mit der $2\alpha_0$-Methode aus P_0 und P_1 gemäß Bild 5.4-6. Bestimmen Sie die Momenten- und Leistungsgerade!

2. Ermitteln Sie aus 1) die maßstäbliche Momentenkennlinie $M = f(n)$ für den Schlupfbereich $1.5 > s > 0$. Bestimmen Sie das motorische Kipp-moment und den Kippschlupf! Wie groß ist das Anfahrmoment (An-zugsmoment)?

3. Wie groß muss der Wert R_v eines Läufer-Vorwiderstandes pro Strang sein, damit der Motor an Bemessungsspannung mit 80 % des Kippmo-mentes anläuft?

4. Wie groß ist der Einschaltstrom I_{s1} mit dem Läufer-Vorwiderstand R_v bei Vernachlässigung des in Kap. 15 dargestellten transienten Ein-schwingvorgangs?

5. Zeichnen Sie die Momentenkennlinie $M = f(n)$ für den Betrieb mit dau-ernder Einschaltung von R_v!

Lösung zu Aufgabe A5.4:

1)

Konstruktion des Ossanna-Kreises: Leerlaufstromzeiger: Länge 1.4 Ein-heiten, Bestimmung des Phasenwinkels:

$$P_{d0} = \sqrt{3} \cdot U_N \cdot I_{s0w}, I_{s0w} = P_{d0} / (\sqrt{3} \cdot U_N) = 660 / (\sqrt{3} \cdot 380) = 1\,A,$$

$\varphi_{s0} = \pi/2 - \arcsin(I_{s0w}/I_{s0}) = \pi/2 - \arcsin(1/14) = 1.499\,\mathrm{rad} = 85.9°$:

Punkt P_0 einzeichnen in Bild A5.4-3.

Stillstandsstromzeiger: Länge 22 Einheiten, Bestimmung des Phasenwinkels:

$$P_{d1} = \sqrt{3} \cdot U_N \cdot I_{s1w},$$

$$I_{s1w} = P_{d1} / (\sqrt{3} \cdot U_N) = 46700 / (\sqrt{3} \cdot 380) = 70.95\,A,$$

$\varphi_{s1} = \pi/2 - \arcsin(I_{s1w}/I_{s1}) = \pi/2 - \arcsin(70.95/220) = 1.24\,\mathrm{rad} = 71.2°$:

Punkt P_1 einzeichnen in Bild A5.4-3.

a) Lastpunkt P ist durch den Strom 196 A (19.6 Einheiten) bei 55° bestimmt. Mit diesen drei Punkten wird der Kreismittelpunkt bestimmt (Bild A5.4-3):

- Streckenhalbierende Normalen auf die Strecken $\overline{P_0 P_1}$, $\overline{P_0 P}$ zeichnen.

- Der Schnittpunkt dieser beiden Normalen ergibt den Kreismittelpunkt M.

b) $\alpha_0 = \arcsin(I_{s0w}/I_{s0}) = 4.1°$. Aus dem Punkt P_0 wird der Kreisdurchmesserstrahl unter dem Winkel $2\alpha_0 = 8.2°$ mit dem Fußpunkt M_x auf der Im-Achse gezeichnet (Bild A5.4-3, vgl. Bild 5.4-6 im Lehrbuch).

Der Schnittpunkt dieses Strahls mit der streckenhalbierenden Normalen auf die Strecke $\overline{P_0 P_1}$ ergibt M (Bild A5.4-3).

Mit M wird der Durchmesserpunkt $P_\oslash$ über den Kreisradius $\overline{P_0 M}$ bestimmt. Bei $s = 1$ sind gemäß Angabe Stator- und Rotor-Stromwärmeverluste gleich groß. Damit wird P_∞ bestimmt.

$$P_{d1} = \sqrt{3} U_N \cdot I_{s1w} = 46700\,W \Rightarrow I_{s1w} = \overline{P_1 A} = 7.1\,\text{Einheiten}$$

$$P_{Cu,s} = \sqrt{3} U_N \cdot (\overline{P_1 A} - \overline{P_1 B}) = P_{Cu,r} = \sqrt{3} U_N \cdot \overline{P_1 B},$$

$$\overline{P_1 A} - \overline{P_1 B} = \overline{P_1 B}, \quad \overline{P_1 B} = \overline{P_1 A}/2 = 3.55\,\text{Einheiten}$$

Die Strecke $\overline{P_1 B}$ steht senkrecht auf den Kreisdurchmesser $\overline{P_0 P_\oslash}$. Die Verlängerung der Strecke zwischen P_0 und B ergibt im Schnitt mit dem Kreis den Punkt P_∞. Der Strahl entlang der Strecke $\overline{P_0 P_\infty}$ ist die Momentengerade, entlang $\overline{P_0 P_1}$ die Leistungsgerade.

2)

Mit der Konstruktion der Schlupfgeraden G_s aus den drei Punkten P_0, P_1, P_∞ (Bild A5.4-1) wird gemäß Bild A5.4-4 die Schlupfbezifferung des Kreises – ausgehend von P_0 und P_1 – durchgeführt. Das Drehmoment wird zu den in Tab. A5.4-1 angegebenen Schlupfwerten aus dem Kreisdiagramm   mit $M_e = P_\delta / \Omega_{syn} = \sqrt{3}U_N \cdot \overline{PB} / \Omega_{syn}$ und

$\Omega_{syn} = 2\pi f_s / p = 157.07 \text{ /s}$ bestimmt. Die Drehzahl ergibt sich mit

$n = (1-s) \cdot f_s / p$. Die Kurve $M_e(n)$ ist in Bild A5.4-5 dargestellt.

Das motorische Kippmoment beim Schlupf 0.17 beträgt 426 Nm. Bei fest gebremstem Läufer ($s = 1$) tritt das Anfahrmoment 147 Nm auf.

Tabelle A5.4-1: $M(n)$-Kurve, mit der Schlupfbezifferung aus dem Kreisdiagramm Bild A5.4-4 ermittelt, und in Bild A5.4-5 dargestellt

s	[-]	0	0.1	0.2	0.3	0.4	0.5	0.6	0.8	1.0	1.2	1.5
$\overline{PB}$	[A]	0	85	101	90	76	65	55	43	35	29	25
M_e	[Nm]	0	357	424	378	319	273	231	180	147	122	105
n	[1/min]	1500	1350	1200	1050	900	750	600	300	0	-300	-750

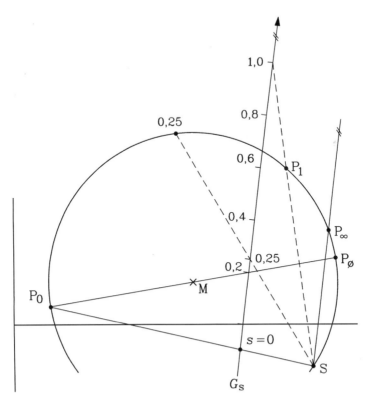

Bild A5.4-1: Konstruktion der Schlupfgeraden G_s

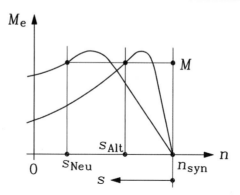

Bild A5.4-2: Scherung der Momentenkennlinie ($s_{neu} = s^*$, $s_{alt} = s$)

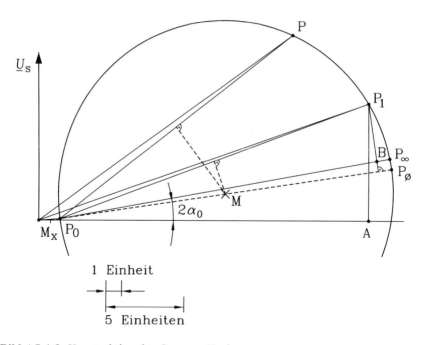

Bild A5.4-3: Konstruktion des Ossanna-Kreises

3)

Das Anzugsmoment soll 80 % des Kippmoments betragen:

$M_1(s^* = 1) = 0.8 \cdot 426 = 341\,\text{Nm}$. In Bild A5.4-5 tritt dieses Moment bei $s = 0.36$ auf, daher werden folgende externe Läuferwiderstände je Strang benötigt:

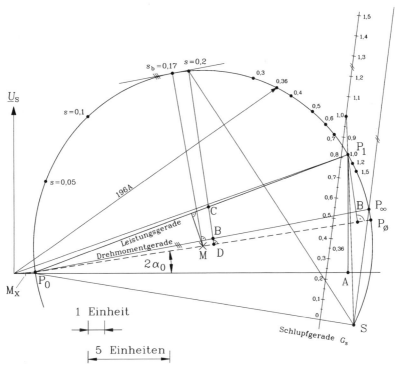

Bild A5.4-4: Konstruktion der Schlupfgeraden und Schlupfbestimmung beim Ossanna-Kreis

$$\frac{R_\mathrm{r} + R_\mathrm{v}}{R_\mathrm{r}} = \frac{s^*}{s} = \frac{1}{0.36} \quad \Rightarrow \quad R_\mathrm{v} = 0.53 \,\Omega$$

4)

Der Anzugstrom mit R_v bei $s^* = 1$ entspricht dem Strom ohne R_v bei $s = 0.36$. Aus dem Kreisdiagramm ergibt sich:
$I_\mathrm{s}(s = 0.36) = 196\,\mathrm{A} = I_\mathrm{s1}(s^* = 1)$.

5)

Die neue $M(n)$-Kurve ($n = (1 - s^*) \cdot n_\mathrm{syn}$) mit externem Läuferwiderstand $0.53\,\Omega$ je Strang in Bild A5.4-5 wird durch Scherung der alten $M(n)$-Kurve ($n = (1 - s) \cdot n_\mathrm{syn}$) gemäß Bild A5.4-2 mit der Streckung

$\dfrac{R_\mathrm{r} + R_\mathrm{v}}{R_\mathrm{r}} = \dfrac{s^*}{s} = 2.77$ der Abszisse, ausgehend von $s = s^* = 0$ gezeichnet.

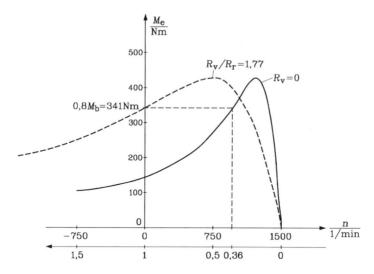

Bild A5.4-5: Drehzahl-Drehmoment-Kennlinie, gewonnen aus dem Ossanna-Kreis, mit und ohne äußeren Läuferwiderstand R_v

Aufgabe A5.5: Betriebskennlinie einer Asynchronmaschine

Ein sechspoliger dreisträngiger Asynchronmotor $P_N = 11$ kW, $U_N = 400$ V, Y-Schaltung, $f_{sN} = 50$ Hz, hat folgende Ersatzschaltbildparameter: $R_s = 0.42\,\Omega$, $R_r' = 0.459\,\Omega$, $X_{s\sigma} = 1.61\,\Omega$, $X_{r\sigma}' = 0.74\,\Omega$, $X_h = 16.7\,\Omega$.

1. Wie groß sind im Bemessungspunkt der Schlupf s_N, die Drehzahl n_N, das Drehmoment M_N, die Stromaufnahme I_{sN} und die zugeführte Wirkleistung P_{eN} aus dem Netz, der Leistungsfaktor $\cos\varphi_N$ und der Wirkungsgrad η_N, wenn nur die Stromwärmeverluste berücksichtigt werden?

2. Geben Sie die Kurven $M_e(n)$, $I_s(n)$, $P_m(n)$ im Bereich $-n_{syn} \le n \le n_{syn}$ maßstäblich an!

3. Ist die mechanische Leistung P_m im theoretischen Grenzfall unendlich hoher positiver oder negativer Drehzahl Null? Beantworten Sie die Frage a) qualitativ anhand des Ossanna-Kreises und b) quantitativ mit dem entsprechenden Formelsatz!

4. Geben Sie eine physikalische Begründung für die Leistungsbilanz bei a) $s = 2$ und b) $s = \pm\infty$ an! Wie nennt man den Statorstrom bei $s = \pm\infty$?

Geben Sie für b) Formeln für den Stator- und Rotorstrom an und vergleichen Sie die Rotor-Stromwärmeverluste mit dem Ergebnis von 3.!

Lösung zu Aufgabe A5.5:

1)
Die Bemessungsleistung im Motorbetrieb ist die mechanisch abgegebene Leistung $P_N = P_m = 2\pi \cdot n \cdot M_e = 11000\,\text{W}$, wobei mit dem Formelsatz gemäß Kap. 5 im Lehrbuch mit

$n = (1-s) \cdot f_{sN}/p$,

$$M_e(s) = m_s \frac{p}{\omega_s} U_s^2 \frac{s(1-\sigma)X_s X_r' R_r'}{(R_s R_r' - s\sigma X_s X_r')^2 + (sR_s X_r' + X_s R_r')^2}$$

der zugehörige Bemessungsschlupf s_N iterativ zu berechnen ist. Mit $X_s = X_{s\sigma} + X_h = 1.61 + 16.7 = 18.31\,\Omega$,

$X_r' = X_{r\sigma}' + X_h = 0.74 + 16.7 = 17.44\,\Omega$ folgt die Blondel´sche Streuziffer

$$\sigma = 1 - \frac{X_h^2}{X_s X_r'} = 1 - \frac{16.7^2}{18.31 \cdot 17.44} = 0.1266.$$

Mit

$U_s = U_N/\sqrt{3} = 400/\sqrt{3} = 230.94\,\text{V}$, $\omega_s = 2\pi f_{sN} = 2\pi \cdot 50 = 314.16/\text{s}$,

$m_s = 3$, $p = 3$ und dem motorischen Kippschlupf

$$s_b = \frac{R_r'}{X_r'} \cdot \sqrt{\frac{R_s^2 + X_s^2}{R_s^2 + \sigma^2 X_s^2}} = \frac{0.459}{17.44} \cdot \sqrt{\frac{0.42^2 + 18.31^2}{0.42^2 + 0.1266^2 \cdot 18.31^2}} = 0.2046$$

wird $P_m(s)$ gemäß obiger Formeln z. B. mit einem kleinen Computerprogramm im Bereich $0 \le s \le s_b$ berechnet, da in diesem Bereich die motorische Bemessungsleistung auftreten muss. Durch Interpolation wird nach dem Wert $P_N = P_m(s_N) = 11000\,\text{W}$ gesucht. Ebenso kann ein einfaches Nullstellensuchverfahren wie die „Regula falsi" für die Funktion $f(s) = P_N - P_m(s) = 0$ verwendet werden, um s_N zu finden. Durch Interpolation wurde mit ausreichender Genauigkeit gefunden:
$P_m(s_N = 0.0444) = 11031.9 \approx 11000\,\text{W}$.
Genauigkeit der Leistungsbestimmung:
$(11031.9 - 11000)/11000 = 0.29\%$.
Die zugehörige Bemessungsdrehzahl ist
$n_N = (1 - s_N) \cdot f_{sN}/p = (1 - 0.0444) \cdot 50/3 = 15.927/\text{s} = 955.6/\text{min}$ und das Drehmoment $M_{eN} = 110.24\,\text{Nm}$.

Mit der Impedanz je Strang

$$\underline{Z}(s) = R_s + jX_{s\sigma} + jX_h \cdot \frac{R'_r + js \cdot X'_{r\sigma}}{R'_r + js \cdot X'_r} = Z_{Re}(s) + jZ_{Im}(s)$$

$$Z_{Re}(s) = R_s + \frac{sX_h^2 R'_r}{R_r'^2 + s^2 \cdot X_r'^2},$$

$$Z_{Im}(s) = X_{s\sigma} + X_h \cdot \frac{R_r'^2 + s^2 \cdot X'_{r\sigma}X'_r}{R_r'^2 + s^2 \cdot X_r'^2}$$

ergibt sich der Ständerstrom je Strang mit $\underline{U}_s = U_s$ zu

$$\underline{I}_s(s) = \frac{U_s}{Z_{Re}(s) + jZ_{Im}(s)} = \frac{U_s \cdot (Z_{Re} - jZ_{Im})}{Z_{Re}^2 + Z_{Im}^2} = I_{s,Re}(s) + jI_{s,Im}(s)$$

und dessen Betrag

$$I_s(s) = \frac{U_s}{\sqrt{Z_{Re}^2(s) + Z_{Im}^2(s)}}$$

beim Bemessungsschlupf zu $I_{sN} = 23.42$ A. Die aufgenommene Wirkleistung ist

$$P_{eN} = m_s \cdot Re\{\underline{U}_s \cdot \underline{I}_s^*\} = m_s \cdot Re\{U_s \cdot \underline{I}_s^*\} = m_s \cdot U_s \cdot I_{s,Re}(s_N),$$

$$P_{eN} = 3 \cdot 230.94 \cdot 17.66 = 12235.2 \text{ W}.$$

Leistungsfaktor:

$$\cos\varphi_N = P_{eN}/(\sqrt{3}U_N I_s(s_N)) = 12235.2/(\sqrt{3} \cdot 400 \cdot 23.42) = 0.754$$

Wirkungsgrad: $\eta_N = P_N / P_{eN} = 11031.9/12235.2 = 0.9017$

2)

In Bild A5.5-1 sind die Kurven $M_e(n)$, $I_s(n)$, $P_m(n)$ im Bereich $-n_{syn} \le n \le n_{syn}$ angegeben, wobei $P_m = 2\pi \cdot n \cdot M_e(n)$ ist.

3)

a) Bestimmung der mechanischen Leistung aus dem Ossanna-Kreisdiagramm:

Analog zu Bild A5.4-4 machen wir die folgende Konstruktion: Wir verlängern die Leistungsgerade durch den Schlupfpunkt $s = 1$ am Ossanna-Kreis. Wir fällen vom Schlupfpunkt P$_\infty$ ($s = \pm\infty$) das Lot auf die gestrichelte, verlängerte Kreisdurchmesserlinie (Fußpunkt D). Der Punkt P$_\infty$ ist indentisch mit dem Punkt B auf der Drehmomentgeraden, also $\overline{P_\infty B} = 0$: Das Drehmoment ist bei $s = \pm\infty$ Null. Der Schnittpunkt C des Lots mit der Leistungsgeraden ergibt einen nicht verschwindenden Abschnitt $\overline{P_\infty C}$.

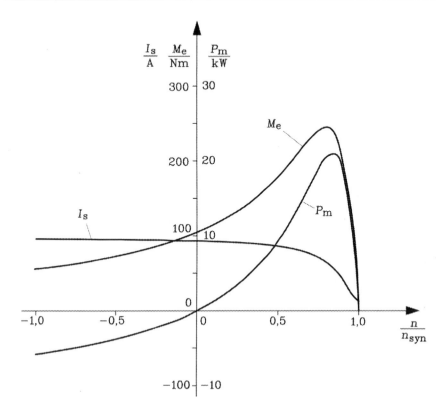

Bild A5.5-1: Berechnetes elektromagnetisches Drehmoment, Ständerstromeffektivwert je Strang und abgegebene mechanische Leistung (ohne bremsendes Verlustmoment) in Abhängigkeit der Drehzahl für $-n_{\mathrm{syn}} \leq n \leq n_{\mathrm{syn}}$ bei verketteter effektiver Bemessungsspannung $U_{\mathrm{N}} = 400$ V, 50 Hz

Die mechanische Leistung ist somit bei unendlich hoher Drehzahl nicht Null und für positive oder negative unendlich große Drehzahl gleich groß. Sie ist negativ, da der Abschnitt vom Punkt C zum Punkt P_∞ nach unten weist.

b) Berechnung der mechanischen Leistung aus dem Formelsatz:

$$P_{\mathrm{m}} = 2\pi \cdot n \cdot M_{\mathrm{e}} =$$

$$= (1-s) \cdot \frac{\omega_{\mathrm{s}}}{p} \cdot m_{\mathrm{s}} \frac{p}{\omega_{\mathrm{s}}} U_{\mathrm{s}}^2 \frac{s(1-\sigma)X_{\mathrm{s}}X_{\mathrm{r}}'R_{\mathrm{r}}'}{(R_{\mathrm{s}}R_{\mathrm{r}}' - s\sigma X_{\mathrm{s}}X_{\mathrm{r}}')^2 + (sR_{\mathrm{s}}X_{\mathrm{r}}' + X_{\mathrm{s}}R_{\mathrm{r}}')^2} =$$

$$= m_{\mathrm{s}}U_{\mathrm{s}}^2 \cdot (1-\sigma)X_{\mathrm{s}}X_{\mathrm{r}}'R_{\mathrm{r}}' \cdot \frac{(1-s) \cdot s}{(R_{\mathrm{s}}R_{\mathrm{r}}' - s\sigma X_{\mathrm{s}}X_{\mathrm{r}}')^2 + (sR_{\mathrm{s}}X_{\mathrm{r}}' + X_{\mathrm{s}}R_{\mathrm{r}}')^2}$$

$$\lim_{s\to\pm\infty} P_{\mathrm{m}} = P_{\mathrm{m}\infty} = m_{\mathrm{s}}U_{\mathrm{s}}^2 \cdot (1-\sigma)X_{\mathrm{s}}X_{\mathrm{r}}'R_{\mathrm{r}}' \cdot \frac{-1}{(\sigma X_{\mathrm{s}}X_{\mathrm{r}}')^2 + (R_{\mathrm{s}}X_{\mathrm{r}}')^2} =$$

$$= -m_{\mathrm{s}}U_{\mathrm{s}}^2 \cdot (1-\sigma)\frac{X_{\mathrm{s}}}{X_{\mathrm{r}}'} \cdot \frac{R_{\mathrm{r}}'}{(\sigma X_{\mathrm{s}})^2 + R_{\mathrm{s}}^2} =$$

$$= -3 \cdot \frac{400^2}{3} \cdot (1-0.1266) \cdot \frac{18.31}{17.44} \cdot \frac{0.459}{(0.1266 \cdot 18.31)^2 + 0.42^2} = -12134.3\,\mathrm{W}$$

4)
Leistungsbilanz bei ausschließlicher Berücksichtigung der Stromwärme-verluste:

$$P_{\mathrm{e}} = P_{\mathrm{Cu,s}} + P_{\delta} = P_{\mathrm{Cu,s}} + P_{\mathrm{Cu,r}} + P_{\mathrm{m}} = P_{\mathrm{Cu,s}} + sP_{\delta} + (1-s)\cdot P_{\delta}$$

a) Schlupf $s = 2$ ($n = -n_{\mathrm{syn}}$):

$$P_{\mathrm{e}} = P_{\mathrm{Cu,s}} + 2P_{\delta} - P_{\delta} \Rightarrow P_{\mathrm{m}} = -P_{\mathrm{Cu,r}}/2$$

Beim Schlupf $s = 2$ deckt die negative (der Asynchronmaschine zugeführ-te, also bremsend wirkende) mechanische Leistung 50% der Stromwärme-verluste in der Rotorwicklung. Die anderen 50% werden als Luftspaltleis-tung P_{δ} aus dem Netz über die elektrische Leistung P_{e} zugeführt.
b) Unendlich hoher Schlupf:
Gemäß 3) kann bei unendlich hohem Schlupf die mechanische Leistung
$$\lim_{s\to\pm\infty} P_{\mathrm{m}} = P_{\mathrm{m}\infty} = \lim_{s\to\pm\infty} (1-s)\cdot P_{\delta} \text{ nur dann einen endlichen Wert } P_{\mathrm{m}\infty} \text{ haben,}$$
wenn P_{δ} Null ist. Folglich gilt:

$$\lim_{s\to\pm\infty} P_{\mathrm{e}} = P_{\mathrm{Cu,s}} + \lim_{s\to\pm\infty} (sP_{\delta} + (1-s)\cdot P_{\delta}) = P_{\mathrm{Cu,s}} + \lim_{s\to\pm\infty} (sP_{\delta} - sP_{\delta}) = P_{\mathrm{Cu,s}} + 0$$

$$\lim_{s\to\pm\infty} P_{\mathrm{e}} = P_{\mathrm{Cu,s}}, \quad P_{\mathrm{m}} = -P_{\mathrm{Cu,r}}$$

Bei unendlich hohem Schlupf $s = \pm\infty$ deckt die negative (der Asynchron-maschine zugeführte, also bremsend wirkende) mechanische Leistung 100% der Stromwärmeverluste in der Rotorwicklung. Die elektrische Leis-tung $P_{\mathrm{e}} = P_{\mathrm{Cu,s}} + P_{\delta} = P_{\mathrm{Cu,s}}$ deckt nur die statorseitigen Stromwärmeverlus-te; die Luftspaltleistung ist ja Null. Übrigens folgt aus dem T-Ersatzschaltbild für unendlich hohen Schlupf dies direkt, denn es ist R_{r}'/s Null. Dann verbleibt als einzige Verlustsenke im Ersatzschaltbild R_{s}, so dass $P_{\mathrm{e}} = P_{\mathrm{Cu,s}}$ sein muss. Der dabei auftretende Statorstrom ist der „ideel-le" Kurzschlussstrom:

$$\underline{I}_{\mathrm{s}}(s = \pm\infty) = \frac{\underline{U}_{\mathrm{s}}}{R_{\mathrm{s}} + j(X_{\mathrm{s}\sigma} + X_{\mathrm{r}\sigma}' \cdot X_{\mathrm{h}}/X_{\mathrm{r}}')} = \frac{\underline{U}_{\mathrm{s}}}{R_{\mathrm{s}} + j\sigma X_{\mathrm{s}}} \quad,$$

$$\underline{I}_{\mathrm{r}}'(s = \pm\infty) = -\frac{X_{\mathrm{h}}}{X_{\mathrm{r}}'} \cdot \frac{\underline{U}_{\mathrm{s}}}{R_{\mathrm{s}} + j\sigma X_{\mathrm{s}}} \quad.$$

$$P_{\mathrm{Cu,r}}(s = \pm\infty) = m_{\mathrm{s}} \cdot R_{\mathrm{r}}' I_{\mathrm{r}}'^2 (s = \pm\infty) = m_{\mathrm{s}} \cdot R_{\mathrm{r}}' \cdot \left(\frac{X_{\mathrm{h}}}{X_{\mathrm{r}}'}\right)^2 \cdot \frac{U_{\mathrm{s}}^2}{R_{\mathrm{s}}^2 + (\sigma X_{\mathrm{s}})^2} =$$

$$= m_{\mathrm{s}} U_{\mathrm{s}}^2 \cdot (1-\sigma) \frac{X_{\mathrm{s}}}{X_{\mathrm{r}}'} \cdot \frac{R_{\mathrm{r}}'}{(\sigma X_{\mathrm{s}})^2 + R_{\mathrm{s}}^2}$$

Im Vergleich zu 3b) folgt daraus: $P_{\mathrm{Cu,r}}(s = \pm\infty) = -P_{\mathrm{m}\infty}$.

Aufgabe A5.6: Vereinfachtes Ersatzschaltbild der Asynchronmaschine

Ein vierpoliger Drehstrom-Asynchronmotor für $U_{\mathrm{N}} = 230$ V, Dreieckschaltung, $f_{\mathrm{N}} = 50$ Hz, $s_{\mathrm{N}} = 3\,\%$ wird durch das folgende vereinfachte Ersatzschaltbild je Strang beschrieben: Der Ständer-Wicklungswiderstand wird vernachlässigt $R_{\mathrm{s}} \approx 0$ und die Ständer- und Läuferstreureaktanz werden als gemeinsame Summenstreureaktanz $X_{\sigma} = X_{\mathrm{s}\sigma} + X_{\mathrm{r}\sigma}'$ rotorseitig berücksichtigt. Die Maschine hat folgende Parameter je Strang: $R_r' = 0.22\,\Omega$, $X_{\sigma} = 1.25\,\Omega$, $X_{\mathrm{h}} = 15\,\Omega$, $R_{\mathrm{Fe}} \to \infty$. Wählen Sie für diese Aufgaben $\underline{U}_{\mathrm{s}} = U_{\mathrm{s}}$ reell!

1. Bestimmen Sie den Strang-Leerlaufstrom $\underline{I}_{\mathrm{s},0}$, den Effektivwert des Netz-Leerlaufstroms $I_{\mathrm{Netz},0}$ und die synchrone Drehzahl n_{syn} des Drehfelds in 1/s und 1/min!
2. Wie groß sind der synchrone Kippschlupf s_{b}, das motorische Kippmoment M_{b} und das Anzugsmoment M_{l}?
3. Berechnen Sie den Strang-Anzugstrom $\underline{I}_{\mathrm{s},1}$ und den Effektivwert des Netz-Anzugsstroms $I_{\mathrm{Netz},1}$! Wie groß sind dabei die aufgenommene elektrische Wirk-, Blind- und Scheinleistung $P_{\mathrm{e}1}$, Q_1, S_1, der $\cos\varphi_1$ sowie die mechanische Leistung P_{m}?
4. Berechnen Sie die Bemessungsdrehzahl n_{N} in min^{-1} und über den Rotorstrangstrom $\underline{I}_{\mathrm{rN}}'$ das Bemessungsmoment M_{eN} bei Vernachlässigung der den Läufer bremsenden Reibungs- und Zusatzverluste $P_{\mathrm{R+Z}}$! Bestimmen Sie die Motorbemessungsleistung P_{N}!
5. Geben Sie den Bemessungsstrom $\underline{I}_{\mathrm{sN}}$ je Strang, den netzseitigen Bemessungsstrom I_{N} und die Größen $I_{\mathrm{Netz},0}/I_{\mathrm{N}}$, $I_{\mathrm{Netz},1}/I_{\mathrm{N}}$ an! Wie groß sind Motorscheinleistung S_{N} und der $\cos\varphi_{\mathrm{N}}$?
6. Wie groß ist der Motorwirkungsgrad im Bemessungspunkt η_{N}? Kommentieren Sie das Ergebnis!

7. Skizzieren Sie maßstäblich die M_e/M_b-Kennlinie in Abhängigkeit von $0 \leq n/n_{syn} \leq 1$, wobei Sie die Punkte für $s = 1$, $0{,}5$, s_b, s_N, 0 in die Kurve eintragen!

8. Die Netzspannung sinkt infolge einer Störung um 10% ab. Um wie viel % ändern sich $I_{Netz,0}$ und $I_{Netz,1}$, M_1 und M_b? Ändert sich der Kippschlupf s?

Lösung zu Aufgabe A5.6:

1)

$\underline{U}_s = U_s$, Dreieckschaltung: $U_N = 230\text{V} = U_s$, Strangspannung = verkettete Spannung, Strangstrom im Leerlauf mit dem vereinfachten Ersatzschaltbild: $I_{s0} = U_N / X_h = 230/15 = 15.33\text{A}$

Netzstrom = Außenleiterstrom:

$\underline{I}_{s,0} = U_N/(jX_h) = -j \cdot U_N / X_h = -j \cdot 15.33\text{A}$,

$I_{Netz,0} = \sqrt{3} \cdot I_{s,0} = \sqrt{3} \cdot 15.33 = 26.56\text{A}$,

$n_{syn} = f_N / p = 50/2 = 25/\text{s} = 1500/\text{min}$

2)

$s_b = R_r' / X_\sigma = 0.22/1.25 = 0.176$, $\Omega_{syn} = 2\pi \cdot n_{syn} = 2\pi \cdot 25 = 157.08/\text{s}$,

$$M_b = \frac{3 \cdot U_s^2}{2\Omega_{syn} \cdot X_\sigma} = \frac{3 \cdot 230^2}{2 \cdot 157.08 \cdot 1.25} = 404.1\text{Nm},$$

$$M_1 = M_b \cdot \left.\frac{2}{\dfrac{s}{s_b} + \dfrac{s_b}{s}}\right|_{s=1} = M_b \cdot \frac{2}{\dfrac{1}{s_b} + \dfrac{s_b}{1}} = 404.1 \cdot \frac{2}{\dfrac{1}{0.176} + 0.176} = 138.0\text{Nm}$$

3)

$$\underline{I}_s = \underline{I}_{s0} - \underline{I}_r' = -j \cdot \frac{U_N}{X_h} + \frac{U_N}{\dfrac{R_r'}{s} + j \cdot X_\sigma},$$

$$\underline{I}_{s1} = \underline{I}_s(s=1) = -j \cdot \frac{U_N}{X_h} + \frac{U_N}{R_r' + j \cdot X_\sigma},$$

$$\underline{I}_{s1} = -j \cdot I_{s0} + \frac{U_N \cdot (R_r' - jX_\sigma)}{R_r'^2 + X_\sigma^2} = \frac{U_N \cdot R_r'}{R_r'^2 + X_\sigma^2} - j \cdot \left[I_{s0} + \frac{U_N \cdot X_\sigma}{R_r'^2 + X_\sigma^2}\right],$$

$$\underline{I}_{\mathrm{s}1} = \frac{230 \cdot 0.22}{0.22^2 + 1.25^2} - j \cdot \left[15.33 + \frac{230 \cdot 1.25}{0.22^2 + 1.25^2} \right],$$

$$\underline{I}_{\mathrm{s}1} = I_{\mathrm{s}1,\mathrm{w}} - j \cdot I_{\mathrm{s}1,\mathrm{b}} = (31.41 - j \cdot 193.8)\mathrm{A},$$

$$I_{\mathrm{Netz},1} = \sqrt{3} \cdot I_{\mathrm{s}1} = \sqrt{3} \cdot \sqrt{31.41^2 + 193.8^2} = 340.05\mathrm{A}$$

$$P_{\mathrm{e}1} = 3 \cdot U_{\mathrm{N}} \cdot I_{\mathrm{s}1,\mathrm{w}} = 3 \cdot 230 \cdot 31.41 = 21673\mathrm{W},$$

$$Q_1 = 3 \cdot U_{\mathrm{N}} \cdot I_{\mathrm{s}1,\mathrm{b}} = 3 \cdot 230 \cdot 193.8 = 133722\mathrm{VAr},$$

$$S_1 = \sqrt{P_{\mathrm{e}1}^2 + Q_1^2} = \sqrt{21673^2 + 133722^2} = 135467\mathrm{VA}$$

oder $S_1 = \sqrt{3} \cdot U_{\mathrm{N}} \cdot I_{\mathrm{Netz},1} = \sqrt{3} \cdot 230 \cdot 340.05 = 135467\mathrm{VA}$,

$$\cos\varphi_1 = P_{\mathrm{e}1} / S_1 = 21673 / 135467 = 0.16,$$

$$P_{\mathrm{m}} = 2\pi \cdot n \cdot M_1 = 2\pi \cdot 0 \cdot M_1 = 0$$

Die Wirkleistung $P_{\mathrm{e}1} = 21673\mathrm{W}$ wird in den Läuferwiderständen in Wärme umgesetzt.

Kontrolle:

$$\underline{I}_{\mathrm{r}1} = -\frac{230 \cdot 0.22}{0.22^2 + 1.25^2} + j \cdot \left[\frac{230 \cdot 1.25}{0.22^2 + 1.25^2} \right] = (-31.41 + j \cdot 178.47)\mathrm{A},$$

$$I_{\mathrm{r}1} = \sqrt{31.41^2 + 178.47^2} = 181.21\mathrm{A},$$

$$P_{\mathrm{e}1} = 3 \cdot R_{\mathrm{r}}' \cdot (I_{\mathrm{r}}')^2 = 3 \cdot 0.22 \cdot 181.21^2 = 21673\mathrm{W}$$

4)

$$n_{\mathrm{N}} = (1 - s_{\mathrm{N}}) \cdot n_{\mathrm{syn}} = 0.97 \cdot 1500 = 1455 / \min$$

$$\underline{I}_{\mathrm{rN}}' = -\frac{U_{\mathrm{N}}}{\dfrac{R_{\mathrm{r}}'}{s_{\mathrm{N}}} + jX_{\sigma}} = -\frac{U_{\mathrm{N}} \cdot ((R_{\mathrm{r}}' / s_{\mathrm{N}}) - jX_{\sigma})}{(R_{\mathrm{r}}' / s_{\mathrm{N}})^2 + X_{\sigma}^2},$$

$$\underline{I}_{\mathrm{rN}}' = \left(-\frac{230 \cdot (0.22 / 0.03)}{(0.22 / 0.03)^2 + 1.25^2} + j \cdot \frac{230 \cdot 1.25}{(0.22 / 0.03)^2 + 1.25^2} \right)\mathrm{A},$$

$$\underline{I}_{\mathrm{rN}}' = (-30.48 + j \cdot 5.20)\mathrm{A},$$

$$M_{\mathrm{N}} = M_{\mathrm{eN}} = \frac{P_{\delta}}{\Omega_{\mathrm{syn}}} = \frac{P_{\mathrm{Cu,r}} / s_{\mathrm{N}}}{\Omega_{\mathrm{syn}}} = \frac{3 \cdot (R_{\mathrm{r}}' / s_{\mathrm{N}}) \cdot I_{\mathrm{rN}}'^2}{\Omega_{\mathrm{syn}}},$$

$$M_{\mathrm{eN}} = \frac{3 \cdot (0.22 / 0.03) \cdot (30.48^2 + 5.2^2)}{157.08} = 133.9\mathrm{Nm},$$

$$P_N = 2\pi \cdot n_N \cdot M_N = 2\pi \cdot \frac{1455}{60} \cdot 133.9 = 20402\,\mathrm{W}$$

5)

$$\underline{I}_{sN} = \underline{I}_{s0} - \underline{I}'_{rN} = (-j \cdot 15.33 + 30.48 - j \cdot 5.20)\mathrm{A},$$

$$\underline{I}_{sN} = I_{sN,w} - j \cdot I_{sN,b} = (30.48 - j \cdot 20.53)\mathrm{A},$$

$$I_{sN} = \sqrt{30.48^2 + 20.53^2} = 36.75\,\mathrm{A}$$

$$I_N = I_{Netz,N} = \sqrt{3} \cdot I_{sN} = \sqrt{3} \cdot \sqrt{30.48^2 + 20.53^2} = 63.65\,\mathrm{A},$$

$$I_{Netz,0} / I_N = 26.56/63.65 = 0.42\,,\quad I_{Netz,1}/I_N = 340.1/63.65 = 5.34$$

$$S_N = \sqrt{3} \cdot U_N \cdot I_N = \sqrt{3} \cdot 230 \cdot 63.65 = 25356\,\mathrm{VA},$$

$$\cos\varphi_N = I_{sN,w}/I_{sN} = 30.48/36.75 = 0.83$$

6)

$$\eta_N = P_N / P_{e,in} = P_N/(3 \cdot U_N \cdot I_{sN,w}) = \frac{20402}{3 \cdot 230 \cdot 30.48} = 0.970 = 97.0\%$$

Der Wirkungsgrad wird hier nur durch die Rotor-Stromwärmeverluste bestimmt und ist daher gegenüber einer realen Maschine zu groß.

7)

$$\frac{M_e}{M_b} = \frac{2}{\dfrac{s}{s_b} + \dfrac{s_b}{s}}$$

s	1	0.5	$s_b = 0.176$	$s_N = 0.97$	0
M_e/M_b	0.34	0.63	1	0.35	0

Die M_e/M_b-Kennlinie in Abhängigkeit von $0 \le n/n_{syn} \le 1$ ist in Bild A5.6-1 dargestellt.

8)

Wenn die Netzspannung und damit die Statorstrangspannung U_s um 10% sinkt, sinkt die Stromaufnahme I_s der Asynchronmaschine wegen

$$\underline{I}_s = \underline{I}_{s0} - \underline{I}'_r = -j \cdot \frac{U_s}{X_h} + \frac{U_s}{\dfrac{R'_r}{s} + jX_\sigma}$$

ebenfalls um 10%, sei es im Leerlauf, bei Nennlast oder im Anlaufpunkt.

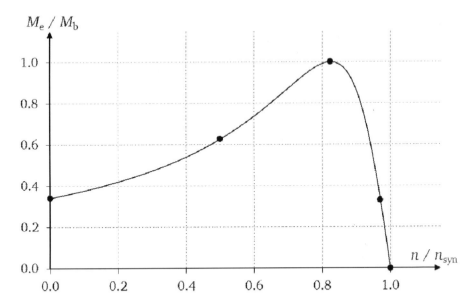

Bild A5.6-1: -Drehmoment-Kennlinie in motorischen Betriebsbereich

Das Drehmoment sinkt wegen

$$M_e = \frac{3 \cdot U_s^2}{2\Omega_{syn} \cdot X_\sigma} \cdot \frac{2}{\dfrac{s}{s_b} + \dfrac{s_b}{s}}$$

quadratisch mit der Spannung, also um 19%, sei es M_b, M_1 oder das Drehmoment bei irgendeinem anderen Schlupfwert; denn es sinken sowohl der das Magnetfeld erregende Magnetisierungsstromanteil als auch der Rotorstrom. Der Kippschlupf $s_b = R_r' / X_\sigma$ als maschineneigene Größe ist unabhängig von der Betriebsspannung und ändert sich daher nicht.

6. Die Kurzschlussläufer-Asynchronmaschine

Aufgabe A6.1: Zentrifugen-Antrieb

Für den Antrieb einer Zentrifuge soll ein Motor beschafft werden. Von der ausgewählten vierpoligen Käfigläufer-Asynchronmaschine für 630 kW sind die Impedanzen pro Strang gemäß Bild A6.1-1 bei 50 Hz bekannt. Die Maschine wird in Δ-Schaltung (Dreieckschaltung) an 500 V Ständerspannung wahlweise bei 50 Hz und 75 Hz betrieben.

1. Berechnen Sie die Synchrondrehzahlen bei 50 und 75 Hz!
2. Ermitteln Sie das vereinfachte Ossanna-Kreisdiagramm, bei dem der Kreismittelpunkt auf der Achse normal zu $\underline{U}_s$ liegt, bei a) 50 Hz und b) 75 Hz bei 500 V aus den Schlupfwerten $s = 0$ (idealer Leerlauf) und $s = \infty$ (ideeller Kurzschlusspunkt).
   (Empfohlener Maßstab: 1cm $\mathrel{\widehat{=}}$ 200 A).
3. Bestimmen Sie graphisch aus dem Kreisdiagramm das Kippmoment M_b bei 50 und 75 Hz. Wie verändert sich M_b mit steigender Frequenz?
4. Beim Anfahren $s = 1$ steigt der Rotorwiderstand infolge Stromverdrängung rechnerisch auf 300 % des Werts von Bild A6.1-1. Bestimmen Sie den Anzugsstrom und das zugehörige Anfahrmoment M_1! Vergleichen Sie M_1 mit dem Wert bei vernachlässigter Stromverdrängung.
5. Im Prüffeld des Herstellers wird der Motor am 50 Hz-Netz bei 500 V betrieben. Der gemessene Leistungsfaktor des Motors im Stillstand beträgt 0.4. Bestätigt der gemessene Anzugsstrom in etwa den gemäß 4. berechneten Wert?

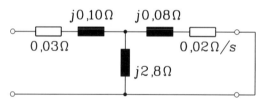

Bild A6.1-1: T-Ersatzschaltbild je Strang des gewählten Käfigläufer-Asynchronmotors

Lösung zu Aufgabe A6.1:

1)
$$n_{syn,50} = f_s / p = 50/2 = 25/s = 1500 / \min ,$$

$$n_{syn,75} = (75/50) \cdot n_{syn,50} = 37.5/s = 2250 / \min$$

2)
Vereinfachtes Ossanna-Kreisdiagramm: Der Mittelpunkt M liegt auf der Abszisse. Strom und Spannung im Kreisdiagramm sind Strangwerte. Dreieckschaltung: Die verkettete Spannung 500 V ist auch die Strangspannung. Der Spannungszeiger wird in die reelle Achse gelegt:
$\underline{U}_s = U_s = 500$ V.

a) 50 Hz: Leerlauf: $s = 0$

$$\underline{I}_{s0} = \frac{U_s}{R_s + j(X_{s\sigma} + X_h)} = \frac{500}{0.03 + j(0.1 + 2.8)} = (1.78 - j172.4) \, \text{A}$$

50 Hz: Ideeller Kurzschlusspunkt: $s = \infty$:

$$\underline{I}_{s\infty} = \frac{U_s}{R_s + jX_{s\sigma} + j\dfrac{X_h X'_{r\sigma}}{X_h + X'_{r\sigma}}}$$

$$\underline{I}_{s\infty} = \frac{500}{0.03 + j0.1 + j\dfrac{2.8 \cdot 0.08}{2.8 + 0.08}} = (461.5 - j2734.6) \, \text{A}$$

b) 75 Hz: Die induktiven Reaktanzen $X = \omega L$ nehmen im Verhältnis $75/50 = 1.5$ zu!

75 Hz: Leerlauf: $s = 0$: $\underline{I}_{s0} = \dfrac{500}{0.03 + j1.5 \cdot (0.1 + 2.8)} = (0.8 - j115) \, \text{A}$

75 Hz: Ideeller Kurzschlusspunkt $s = \infty$:

$$\underline{I}_{s\infty} = \frac{500}{0.03 + j1.5 \cdot \left(0.1 + \dfrac{2.8 \cdot 0.08}{2.8 + 0.08}\right)} = (208.3 - j1851.6)\, \text{A}$$

Mit den beiden Punkten P_0 ($s = 0$) und P_∞ ($s = \infty$) wird eine Senkrechte auf die Strecke $\overline{P_0 P_\infty}$ gezeichnet, die diese Strecke in zwei Hälften teilt. Der Schnittpunkt dieser Senkrechten mit der Abszisse (-Im-Achse) ergibt den Kreismittelpunkt M des vereinfachten Ossanna-Kreisdiagramms (Bilder A6.1-2, A6.1-3).

3)

Kippmoment: $M_b = \dfrac{P_{\delta,b}}{2\pi f_s / p} = \dfrac{3 U_s \overline{P_b B}}{2\pi f_s / p}$

Der Punkt P_b wird in den Bildern A6.1-2, A6.1-3 graphisch bestimmt mit einer Parallelen zur Drehmomentgerade $\overline{P_0 P_\infty}$.

Bei $f_s = 50$ Hz: $\overline{P_b B} = 1100$ A $\triangleq 5.5$ Einheiten : $M_{b,50} = 10504$ Nm

Bei $f_s = 75$ Hz: $\overline{P_b B} = 780$ A $\triangleq 3.9$ Einheiten : $M_{b,75} = 4965$ Nm

Das Verhältnis $\dfrac{M_{b,75}}{M_{b,50}} = \dfrac{4965}{10504} = 0.47$ besagt in Übereinstimmung mit der Theorie (Kap. 5), dass bei konstanter Spannung das Kippmoment auf Grund der Feldschwächung etwa mit dem Quadrat der Ständerfrequenz sinkt (Bild A6.1-2): $\dfrac{M_{b,75}}{M_{b,50}} = \dfrac{50^2}{75^2} = 0.44$. Dies gilt exakt bei $R_s = 0$. Der Unterschied zwischen 0.44 und 0.47 ist durch $R_s > 0$ und die Zeichen- und Ablese-Ungenauigkeit im Kreisdiagramm verursacht.

4)

Stromverdrängung: Rotorwiderstand: $R_r' = 3 \cdot 0.02 = 0.06\ \Omega$

Anzugsmoment:

$$M_1 = \frac{P_{Cu,r}}{2\pi f_s / p}, \quad P_{Cu,r} = P_{e,in} - P_{Cu,s} = 3 U_s I_{s1} \cos\varphi_{s1} - 3 R_s I_{s1}^2$$

$$\underline{I}_{s1} = \frac{U_s}{R_s + jX_{s\sigma} + \dfrac{jX_h \cdot (R_r' + jX_{r\sigma}')}{R_r' + j(X_h + X_{r\sigma}')}} = \frac{500}{0.03 + j0.1 + j\dfrac{2.8 \cdot (0.06 + j0.08)}{0.06 + j(2.8 + 0.08)}}$$

$$\underline{I}_{s1} = (1096 - j2263)\, \text{A}, \quad I_{s1} = 2513\, \text{A}, \quad I_{s1}\cos\varphi_{s1} = 1096\, \text{A},$$

$$P_{Cu,1} = 3 \cdot 500 \cdot 1096 - 3 \cdot 0.03 \cdot 2513^2 = 1075.6\, \text{kW} \quad ,$$

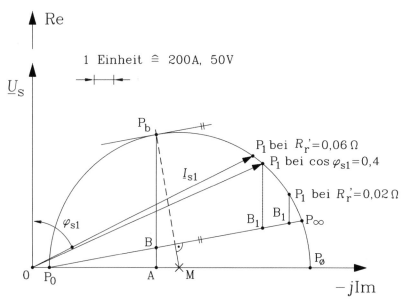

Bild A6.1-2: Vereinfachter Ossanna-Kreis bei 50 Hz: Drei Varianten für den Anlaufpunkt $s = 1$: a) ohne Stromverdrängung in den Käuferstäben: $R'_r = 0.02\,\Omega$, b) mit Stromverdrängung: $R'_r = 0.06\,\Omega$, c) mit Stromverdrängung: $\cos\varphi_{s1} = 0.4$

$$M_1 = \frac{1075600}{2\pi \cdot 50/2} = 6847.5\,\text{Nm} \quad .$$

Ohne Stromverdrängung: Rotorwiderstand: $R'_r = 0.02\,\Omega$

Anzugsmoment:

$$M_1 = \frac{P_{\text{Cu,r}}}{2\pi f_s / p}, \quad P_{\text{Cu,r}} = P_{\text{e,in}} - P_{\text{Cu,s}} = 3U_s I_{s1} \cos\varphi_{s1} - 3R_s I_{s1}^2$$

$$\underline{I}_{s1} = \frac{500}{0.03 + j0.1 + j\dfrac{2.8 \cdot (0.02 + j0.08)}{0.02 + j(2.8 + 0.08)}} = (718.2 - j2613)\,\text{A}$$

$$I_{s1} = 2710\,\text{A}, \quad I_{s1}\cos\varphi_{s1} = 718.2\,\text{A},$$

$$P_{\text{Cu,r}} = 3 \cdot 500 \cdot 718.2 - 3 \cdot 0.03 \cdot 2710^2 = 416.3\,\text{kW},$$

$$M_1 = \frac{416300}{2\pi \cdot 50/2} = 2650\,\text{Nm} \quad .$$

Infolge der Stromverdrängung steigt das Anzugsmoment um 158 %:
6847.5/2650 = 2.58 = Steigerung um 158 %!

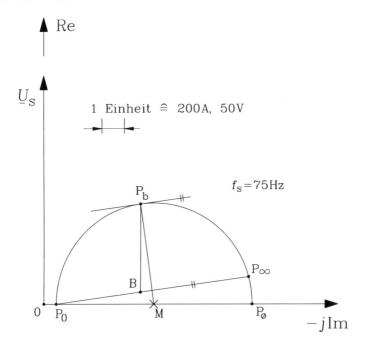

Bild A6.1-3: Vereinfachter Ossanna-Kreis für 75 Hz

5)
Der gemessene Leistungsfaktor 0.4 bei $s = 1$ ergibt den Phasenwinkel
$\varphi_{s1} = 66.4°$. Damit erhält man aus dem Ossanna-Kreis Bild A6.1-2 bei
50 Hz einen Anzugsstrom 2560 A. Dieser Strom ist nur geringfügig größer
als der unter 4) mit dem dreifachen Rotorwiderstand berechnete Stromwert
2513 A. Die Messung bestätigt folglich in etwa den Berechnungswert gemäß 4).

Aufgabe A6.2: Antrieb für eine Holzverarbeitungsmaschine

Ein Drehstrom-Asynchronmotor soll in einer Holzverarbeitungsmaschine
eingesetzt werden. Seine Daten sind
- im Bemessungspunkt: $U_N = 380$ V Δ, $I_N = 80$ A, $2p = 8$, $f_N = 50$ Hz,
- im Leerlauf: $I_{s0} = 30$ A, $\cos\varphi_{s0} \approx 0$,
- im Kurzschluss: $I_{s1} = 400$ A, $\cos\varphi_{s1} = 0.4$.
- Der Stator-Wicklungswiderstand ist $R_s = 0.2$ Ω je Strang.

Die angegebenen Spannungen und Ströme sind Außenleitergrößen. Alle Verluste außer den Stromwärmeverlusten $P_{\mathrm{Cu,s}}$ und $P_{\mathrm{Cu,r}}$ sind im Folgenden zu vernachlässigen.

1. Wie groß ist das Drehmoment des Motors im Stillstand (= Anfahren) bei Bemessungsspannung?
2. Wie groß wäre der Einschaltstrom bei Δ-Schaltung? Wie groß sind der Netz-Einschaltstrom und das Anzugsmoment bei Y-Schaltung im Anlauf? Es wird nach erfolgtem Anlauf auf Δ-Schaltung umgeschaltet („Y-Δ-Anlauf", vgl. Kap. 7).
3. Bestimmen Sie aus dem maßstäblich gezeichneten Kreisdiagramm (vereinfachter Ossanna-Kreis) den zur Bemessungslast gehörenden Wert des Leistungsfaktors $\cos\varphi_{\mathrm{sN}}$ (Empfehlung: Format DIN A4 quer, 1 cm $\hat{=}$ 10 A). Tragen Sie die Drehmomentgerade ein. Welche Einflüsse werden vernachlässigt, wenn für die Käfigläufermaschine das Kreisdiagramm verwendet wird?

Lösung zu Aufgabe A6.2:

1)

$$s = 1:\ M_1 = \frac{P_{\mathrm{Cu,r}}}{\omega_{\mathrm{syn}}} = \frac{P_{\mathrm{e,in}} - P_{\mathrm{Cu,s}}}{2\pi f_{\mathrm{s}} / p}$$

$$P_{\mathrm{e,in}} = \sqrt{3} \cdot U_{\mathrm{N}} I_{\mathrm{s1}} \cos\varphi_1 = \sqrt{3} \cdot 380 \cdot 400 \cdot 0.4 = 105.3 \,\mathrm{kW} \,,$$

$$P_{\mathrm{Cu,s}} = 3 \cdot R_{\mathrm{s}} I_{\mathrm{s1,ph}}^2 = 3 \cdot 0.2 \cdot (400/\sqrt{3})^2 = 32.0 \,\mathrm{kW} \,,$$

$$P_{\mathrm{Cu,r}} = P_{\mathrm{e,in}} - P_{\mathrm{Cu,s}} = 105.3 - 32.0 = 73.3 \,\mathrm{kW} \,,$$

$$\omega_{\mathrm{syn}} = 2\pi f_{\mathrm{s}} / p = 2\pi \cdot 50 / 4 = 78.54 \,/\mathrm{s} \,,\ M_1 = \frac{73300}{78.54} = 933 \,\mathrm{Nm}$$

2)
Der Einschaltstrom mit Dreieckschaltung ist der angegebene Kurzschlussstrom $I_{\mathrm{s1}} = 400 \,\mathrm{A}$. Bei Y-Schaltung ist beim Anfahren der Strom nur 1/3, nämlich $I_{\mathrm{1Y}} = \dfrac{400}{3} = 133.3 \,\mathrm{A}$, da

1. die Strangspannung mit $380/\sqrt{3} = 220 \,\mathrm{V}$ um $1/\sqrt{3}$ kleiner ist als bei Dreieckschaltung, und

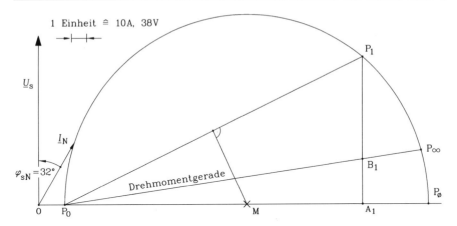

Bild A6.2-1: Vereinfachter Ossanna-Kreis für den Antrieb für die Holzverarbeitungsmaschine

2. bei Y-Schaltung der Außenleiterstrom gleich dem Strangstrom ist, also um $1/\sqrt{3}$ kleiner ist als bei Dreieckschaltung.

Das Drehmoment ist $M \sim U_s^2$; daher ist wegen 1. das Anfahrmoment bei Y-Schaltung um $U_{sY}^2 = (U_{s\Delta}/\sqrt{3})^2 = U_{s\Delta}^2/3$ ein Drittel kleiner als bei Δ-Schaltung: $M_{1Y} = \dfrac{933}{3} = 311\,\text{Nm}$.

3)
Beim vereinfachten Ossanna-Kreis liegt der Kreismittelpunkt M auf der Abszisse und wird aus den Punkten P_0 und P_1 konstruiert. Das Kreisdiagramm wird für die Stranggrößen gezeichnet (Bild A6.2-1).

   P_0: $\cos\varphi_{s0} = 0 \Rightarrow \varphi_{s0} = 90°$, $I_{s0,ph} = 30/\sqrt{3} = 17.3\,\text{A}$.

   P_1: $\cos\varphi_{s1} = 0.4 \Rightarrow \varphi_{s1} = 66.4°$, $I_{s1,ph} = 400/\sqrt{3} = 231\,\text{A}$.

Der Schnittpunkt der Streckenhalbierenden der Strecke $\overline{P_0P_1}$ mit der Abszisse ergibt den Kreismittelpunkt M. Der Kreisradius ist $\overline{P_0M} = \overline{P_1M}$. Der Bemessungsstrom je Strang ist $I_{sN,ph} = 80/\sqrt{3} = 46.1\,\text{A}$ und liegt auf einem Kreis mit dem Radius $I_{sN,ph}$ und dem Mittelpunkt 0. Der Schnittpunkt dieses Kreises mit dem Ossanna-Kreis ergibt den Bemessungspunkt P_N und die Lage des Zeigers $\underline{I}_{sN,ph}$ mit dem Winkel $\varphi_{sN} = 32°$ und $\cos\varphi_N = 0.848$. Die Bestimmung der Momentengerade erfolgt über die

Strecke $\overline{P_0 P_\infty}$. Die Lage des Punkts B_1 erhält man durch Aufteilung der Strecke $\overline{P_1 A_1}$ nach den Stator- und Rotor-Stromwärmeverlusten bei stillstehendem Rotor (Werte aus 1), Bild A6.2-1). Die Lage des Punkts P_∞ am Ossanna-Kreis ist der Schnittpunkt der Drehmomentgeraden durch die Punkte P_0 und B_1 mit dem Ossanna-Kreis.

$$\left. \begin{array}{l} \overline{P_1 B_1} \cdot 3 \cdot U_{s1,ph} = P_{Cu,r} \Rightarrow \overline{P_1 B_1} \triangleq \dfrac{73300}{3 \cdot 380} = 64.3 \text{ A} \\[4mm] \overline{B_1 A_1} \cdot 3 \cdot U_{s1,ph} = P_{Cu,s} \Rightarrow \overline{B_1 A_1} \triangleq \dfrac{32000}{3 \cdot 380} = 28.0 \text{ A} \end{array} \right\} \Rightarrow P_\infty$$

Die Stromverdrängung und die Sättigung der Streuwege werden vernachlässigt, wenn für die Käfigläuferasynchronmaschine das Kreisdiagramm im gesamten Betriebsbereich verwendet wird.

Aufgabe A6.3: Zentralantrieb einer Spinnmaschine

Ein Zentralantrieb einer Spinnmaschine, bestehend aus einem netzgespeisten Käfigläufer-Normasynchronmotor mit 11 kW Leistung, 50 Hz, versorgt über einen Riementrieb mit Riemenübersetzungen (Transmissionswelle) 10 Spinnstationen. Er soll durch einen Gruppenantrieb von 10 dezentralen Antrieben, jeweils bestehend aus Motor und Getriebe, mit je 1.1 kW Motor-Leistung, 50 Hz, 1390/min, Getriebeübersetzung 1:53 ($i = 53$), die getrennt steuerbar sind, ersetzt werden. Es stehen für die Projektierung des Antriebs zur Auswahl:

(a) Standard-Normasynchronmotoren mit Standard-Getrieben,
(b) Energiespar-Asynchronmotoren mit Energiespar-Getrieben.

Die Energiesparmotoren sind mit hochwertigem, verlustarmen Elektroblech und verlängertem Blechpaket und damit verringerter Ausnützung ausgeführt, damit im Bemessungspunkt der maximale Wirkungsgrad auftritt. Die Energiespar-Getriebe sind mit Synthetiköl anstatt mit Mineralöl ausgeführt, um den Wirkungsgrad zu erhöhen. Variante (b) ist daher in der Anschaffung teurer.

		Wirkungsgrad Motor η_{mot}	Wirkungsgrad Getriebe η_{Get}	Preis
(a)	Standardantrieb	0.71	0.66	€ 415,--
(b)	Energiesparantrieb	0.84	0.70	€ 435,--

1. Wie groß sind die Abtriebsdrehzahl, die Abtriebsleistung und das Abtriebsdrehmoment für die Varianten a) und b)?

2. Wie groß ist die Polzahl der dezentralen Motoren?
3. Wie groß ist bei einem Drehmomentbedarf von 255 Nm je dezentralem Antrieb die elektrische Wirkleistungsaufnahme für a) und b)? Da 255 Nm nur geringfügig kleiner ist als das jeweilige Bemessungsmoment von (a) und (b), können Motor- und Getriebewirkungsgrad des entsprechenden Bemessungspunkts verwendet werden.
4. Ab welcher Betriebszeit bei Betrieb gemäß 3., gerechnet in Arbeitstagen, amortisiert sich der Mehrpreis der teureren Energiespar-Antriebe, wenn die Antriebe im 2-Schichtbetrieb (2x8 = 16 h/Tag) mit einem Strom-Arbeitspreis von 9.5 Cent/kWh und einem Leistungspreis von 40,-- Euro/(kW und Jahr) betrieben werden?
5. Angenommen, es wurde Variante a) für die Umrüstung des Zentralantriebs gewählt. Nach wie vielen Arbeitstagen würde sich eine weitere Umrüstung auf Variante b) amortisieren, wenn die Kosten der Umrüstung selbst nicht eingerechnet werden?
6. Wie hoch sind für den Gruppenantrieb die eingesparten Energiekosten pro Jahr bei Variante b) gegenüber Variante a) für einen 2-Schicht-Betrieb, eine 5 Tage-Woche und 52 Betriebswochen/Jahr?

Lösung zu Aufgabe A6.3:

1)

$$n = \frac{n_{\text{mot}}}{i} = \frac{1390}{53} = 26.2 \, / \min$$

Option a):

$$P = \eta_{\text{Get}} \cdot P_{\text{mot,N}} = 0.66 \cdot 1100 = 726 \, \text{W} \,, \quad M = \frac{P}{2\pi n} = \frac{726}{2\pi \frac{26.2}{60}} = 264.6 \, \text{Nm}$$

Option b):

$$P = \eta_{\text{Get}} \cdot P_{\text{mot,N}} = 0.7 \cdot 1100 = 770 \, \text{W} \,, \quad M = \frac{770}{2\pi \frac{26.2}{60}} = 280.6 \, \text{Nm}$$

2)
1390/min $= n_{\text{mot,N}}$, $f_{\text{sN}} = 50 \, \text{Hz} \Rightarrow n_{\text{syn}} = 1500 \, /\min$, damit der Bemessungsschlupf realistisch klein ist. $s_{\text{N}} = \frac{n_{\text{syn}} - n_{\text{mot,N}}}{n_{\text{syn}}} = 7.3 \, \%$ ist der kleinstmögliche Wert, daher sind die Motoren vierpolig.

$$2p = 2\frac{f_{sN}}{n_{syn}} = 2\frac{50}{1500/60} = 4$$

3)

$$P = 2\pi n M = 2\pi \cdot (26.2/60) \cdot 255 = 700 \text{ W} = P_{out}$$

$$\text{Option a) } P_{e,in} = \frac{P_{out}}{\eta_{Get} \cdot \eta_{mot}} = \frac{700}{0.66 \cdot 0.71} = 1494 \text{ W}$$

$$\text{Option b) } P_{e,in} = \frac{P_{out}}{\eta_{Get} \cdot \eta_{mot}} = \frac{700}{0.70 \cdot 0.84} = 1190 \text{ W}$$

4)

Da sich die elektrische Anschlussleistung 11 kW nicht ändert, bleibt der Leistungspreis gleich. Die Stromkosten sinken nur auf Grund der geringeren Energiekosten.

$$\text{Option a) } 0.095\frac{\text{Euro}}{\text{kWh}} \cdot 16\frac{\text{h}}{\text{Tag}} \cdot 1.494 \text{ kW} = 2.27 \frac{\text{Euro}}{\text{Tag}}$$

$$\text{Option b) } 0.095\frac{\text{Euro}}{\text{kWh}} \cdot 16\frac{\text{h}}{\text{Tag}} \cdot 1.190 \text{ kW} = 1.81 \frac{\text{Euro}}{\text{Tag}}$$

Die Kostendifferenz beträgt 2.27 − 1.81 = 0.46 Euro/Tag für einen Antrieb. Die Investitionskostendifferenz beträgt 435 − 415 = 20 Euro. Amortisierungszeit: 20/0.46 = 43.5 Werktage.

5)

Je Antrieb werden bei Option b) 0.46 Euro/Tag gespart. Wenn der Energiesparantrieb für 435 Euro gekauft wird, beträgt die Amortisierungszeit: 435/0.46 = 941.6 Werktage. Das sind ungefähr 3.6 „Werkjahre" zu 52 5-Tage-Wochen.

6)

52 Wochen, 5 Werktage pro Woche = 260 Werktage pro Jahr. Einsparung pro Werktag: 0.46 Euro. Bei 10 Antrieben betragen die jährlich eingesparten Energiekosten bei b): $10 \cdot 0.46 \cdot 260 = 1196 \approx 1200$ Euro.

Aufgabe A6.4: Energiesparmotor

Ein Käfigläufer-Norm-Asynchronmotor 22 kW, 400 V, 50 Hz, hat seinen maximalen Wirkungsgrad bei 86 % Belastung. Er ist in zwei unterschiedlichen Ausführungen erhältlich:

a) mit einem maximalen Wirkungsgrad $\eta = 91.0$ % und

b) mit erhöhtem Maximal-Wirkungsgrad 92.6 % für einen Mehrpreis von 185,-- Euro. Der Motor soll mit einer täglichen Betriebszeit 10 h je Werktag an 250 Tagen im Jahr bei konstanter 86 %-Belastung zum Einsatz kommen.

1. Wie groß ist die Leistungsaufnahme $P_{e,in}$ der beiden Motorvarianten a) und b) bei 86 % der Bemessungslast?
2. Wie groß ist die Stromkostenersparnis per annum bei Motor b) bei einem Energiepreis von 9 ct/kWh und einem Leistungspreis von 40,-- Euro/(kW und Jahr)?
3. Wie lange dauert die Amortisationszeit?

Lösung zu Aufgabe A6.4:

1)
$$P_{e,in} = P_{m,out} / \eta, \quad P_{m,out} = 0.86 \cdot P_N = 0.86 \cdot 22000 = 18920\,\text{W}$$

Leistungsaufnahme: Motor a): $P_{e,in}$ = 18920/0.91 = 20791 W
                      Motor b): $P_{e,in}$ = 18920/0.926 = 20432 W

2)
Leistungsdifferenz; Motor b) – a): 20432 – 20791 = -359 W

Betriebsstunden p.a.: $10 \cdot 250 = 2500\,\text{h/Jahr}$

Differenz der Energieaufnahme/Jahr: $-0.359 \cdot 2500 = -897.5\,\text{kWh}$

Kostenersparnis/Jahr aus Leistungs- und Energiepreis:
$0.359 \cdot 40 + 0.09 \cdot 897.5 = 14.36 + 80.78 = 95.14\,\text{Euro}$

3)
Amortisationszeit: $185 / 95.14 = 1.94 = \text{ca. 2 Jahre}$

Aufgabe A6.5: Kondensatormotor

Ein zweisträngiger Käfigläufer-Asynchronmotor mit den beiden Wicklungssträngen A und H (Arbeits- und Hilfsphase) wird gemäß Bild A6.5-1 über einen Kondensator C zweiphasig am Einphasennetz betrieben. Damit z. B. bei Bemessungsschlupf s_N oder beim Anlauf $s = 1$ eine reines Kreisdrehfeld erhalten wird, also kein Gegensystem auftritt, reicht die optimale Bemessung von C für diesen Schlupf nicht aus, sondern es wird als ein weiterer Optimierungsparameter ein Übersetzungsverhältnis $\ddot{u}$ zwischen Hilfs- und Arbeitsstrang benötigt. Man wählt die Strangwindungszahlen N_A und N_H und ev. auch die Lochzahlen je Strang q_A und q_H (und damit die Grundwellenwicklungsfaktoren $k_{w1,A}$ und $k_{w1,H}$) in den Strängen A und H unterschiedlich, so dass bei einem optimalen Übersetzungsverhältnis

$$\ddot{u} = \frac{N_{\mathrm{H}} k_{\mathrm{w1,H}}}{N_{\mathrm{A}} k_{\mathrm{w1,A}}}$$

beim gewünschten Schlupf das Gegensystem (vgl. Kap. 2 des Lehrbuchs) verschwindet.

1. Formulieren Sie für das Grundwellenmodell der Asynchronmaschine mit Hilfe der Kirchhoff'schen Gesetze die Spannungsgleichungen mit Berücksichtigung von $\ddot{u}$. Führen Sie gemäß Kap. 2 des Lehrbuchs die symmetrischen Komponenten $\underline{I}_1$, $\underline{I}_2$, $\underline{U}_1$, $\underline{U}_2$ ein und berechnen Sie mit ihrer Hilfe die Ströme $\underline{I}_{\mathrm{A}}$, $\underline{I}_{\mathrm{H}}$, $\underline{U}_{\mathrm{H}}$ in Abhängigkeit der Netzspannung $\underline{U}_{\mathrm{Netz}} = U_{\mathrm{Netz}}$, der Netzkreisfrequenz ω, des Schlupfs s, des Kondensators C und der Motorparameter je Strang R_{s}, R_{r}', $X_{\mathrm{s\sigma}}$, $X_{\mathrm{r\sigma}}'$, X_{h}.

2. Geben Sie eine Dimensionsregel für den Kondensator C und das Übersetzungsverhältnis $\ddot{u}$ an, so dass das Gegensystem $\underline{I}_2$, $\underline{U}_2$ bei einem bestimmten Schlupf s verschwindet!

3. Leiten Sie für das Grundwellenmodell aus der allgemeinen Raumzeiger-Momentengleichung von Kap. 15 des Lehrbuchs eine entsprechende Gleichung für die komplexe Wechselstromrechnung ab.

4. Verwenden Sie diese Gleichung zur Herleitung einer Formel zur Berechnung der mittleren Drehmomente M_1 und M_2 des Mit- und Gegensystems und daraus das resultierende mittlere Moment $M_{\mathrm{e,av}}$ bei einem bestimmten Schlupfwert s. Leiten Sie parallel dazu dieselbe Formel über die in Kap. 5 des Lehrbuchs erläuterte Methode der Luftspaltleistung ab. Erläutern Sie, warum im Rahmen des Grundwellenmodells neben einem konstanten Moment i. A. auch ein mit doppelter Netzfrequenz pulsierendes Drehmoment $M_{\mathrm{e,\sim}}$ auftritt! Verwenden Sie die Momentenformel von 3. zur Herleitung einer Formel zur Berechnung der Amplitude $\hat{M}_{\mathrm{e,\sim}}$ des Wechselmoments!

5. Berechnen Sie für eine vierpolige zweisträngige Asynchronmaschine mit den folgende Motordaten $U_{\mathrm{Netz}} = 230\,\mathrm{V}$, $f_{\mathrm{Netz}} = 50\,\mathrm{Hz}$ und den Strangwerten für Strang A: $R_{\mathrm{s}} = 0.905\,\Omega$, $R_{\mathrm{r}}' = 0.6062\,\Omega$, $X_{\mathrm{s\sigma}} = 1.310\,\Omega$, $X_{\mathrm{r\sigma}}' = 1.244\,\Omega$, $X_{\mathrm{h}} = 24.10\,\Omega$ das erforderliche Übersetzungsverhältnis $\ddot{u}$ und die Kapazität C, so dass beim Bemessungsschlupf $s_{\mathrm{N}} = 6\,\%$ das Gegensystem verschwindet. Berechnen Sie dann für diese Werte die Kurven I_1, I_2, U_1, U_2, I_{A}, I_{H}, U_{A}, U_{H}, M_1, M_2, $M_{\mathrm{e,av}}$, $\hat{M}_{\mathrm{e,\sim}}$, P_{m} in Abhängigkeit der Drehzahl im Bereich $-n_{\mathrm{syn}}$ bis n_{syn}! Ist bei n_{syn} das Drehmoment $M_{\mathrm{e,av}}$ Null? Begründen Sie Ihre Antwort!

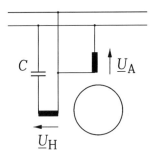

Bild A6.5-1: Einphasiger Betrieb einer zweisträngigen Käfigläufer-Asynchronmaschine mit einem Kondensator C zur Erzeugung der zweiten Phasenspannung

6. Diskutieren Sie die Zahlenwerte im Bemessungspunkt! Wird der Wirkungsgrad korrekt wiedergegeben? Wie kann die Drehrichtung des Motors umgekehrt werden?
7. Diskutieren Sie den Einfluss der Feldoberwellen des Mit- und des Gegensystems auf Grund der verteilten zweisträngigen symmetrischen Wicklung auf die resultierende Hochlaufkurve $M_e(n)$ bezüglich der asynchronen Oberwellenmomente! Geben Sie eine qualitative $M_e(n)$-Kurve an!

Lösung zu Aufgabe A6.5:

1)
Grundwellenmodell: T-Eratzschaltbild der Asynchronmaschine gemäß Kap. 5 im Lehrbuch!
Eingangsimpedanz je Strang:

$$\underline{Z}(s) = \underline{U}_s/\underline{I}_s = R_s + jX_{s\sigma} + \frac{jX_h \cdot (R_r'/s + j\,X_{r\sigma}')}{R_r'/s + j\,X_r'}$$

Spannungs- und Stromgleichungen mit Berücksichtigung von $\ddot{u}$:

$$\underline{U}_{\text{Netz}} = \underline{U}_A$$

$$\underline{U}_{\text{Netz}} = \underline{U}_H - jX_C\underline{I}_H \qquad X_C = 1/(\omega C)$$

Ausgehend von einer symmetrisch gewickelten Maschine ($k_{w1,s}N_s = k_{w1,A}N_A$) mit den Strangströmen I_A, I_H' ergeben sich bei der unsymmetrisch bewickelten Maschine gleiche Durchflutungen in beiden Wicklungssträngen, wenn gilt:

$$k_{w1,A}N_A I_H' = k_{w1,H}N_H I_H \quad \Rightarrow \quad I_H' = \ddot{u} \cdot I_H$$

Gleiche Flussverkettungen in beiden Wicklungssträngen:

$$k_{\mathrm{w1,A}}N_{\mathrm{A}}/(k_{\mathrm{w1,H}}N_{\mathrm{H}}) = U'_{\mathrm{H}}/U_{\mathrm{H}} \quad \Rightarrow \quad U'_{\mathrm{H}} = U_{\mathrm{H}}/\ddot{u}$$

Zerlegung der Strangströme und –spannungen der symmetrisch gewickelten Maschine in symmetrische Komponenten:

$$\underline{I}_{\mathrm{A}} = \underline{I}_1 + \underline{I}_2, \quad \underline{I}'_{\mathrm{H}} = j\cdot\underline{I}_1 - j\cdot\underline{I}_2$$

$$\underline{U}_{\mathrm{A}} = \underline{U}_1 + \underline{U}_2, \quad \underline{U}'_{\mathrm{H}} = j\cdot\underline{U}_1 - j\cdot\underline{U}_2$$

$$\underline{U}_1 = \underline{Z}(s_1)\cdot\underline{I}_1, \quad \underline{U}_2 = \underline{Z}(s_2)\cdot\underline{I}_2$$

Bei einer Läuferdrehzahl n hat der Läufer bezüglich der Grundwelle des Mitsystems, die mit n_{syn} rotiert, den Schlupf

$$s_1 = s = (n_{\mathrm{syn}} - n)/n_{\mathrm{syn}} = 1 - n/n_{\mathrm{syn}}\,.$$

Gleichzeitig hat der Läufer bezüglich der Grundwelle des Gegensystems, die mit $-n_{\mathrm{syn}}$ rotiert, den Schlupf

$$s_2 = (-n_{\mathrm{syn}} - n)/(-n_{\mathrm{syn}}) = 1 + n/n_{\mathrm{syn}} = 2 - s.$$

Daraus folgt:

$$\underline{U}_1(s) = \underline{Z}_1(s)\cdot\underline{I}_1(s), \quad \underline{U}_2(s) = \underline{Z}_2(s)\cdot\underline{I}_2(s)$$

mit der Mit- und Gegenimpedanz der Asynchronmaschine

$$\underline{Z}_1(s) = \underline{Z}(s_1) = \underline{Z}(s), \quad \underline{Z}_2(s) = \underline{Z}(s_2) = \underline{Z}(2-s)$$

Einsetzen der symmetrischen Komponenten in die Spannungsgleichungen mit Berücksichtigung von $\ddot{u}$ ergibt:

$$\underline{U}_{\mathrm{Netz}} = \underline{U}_{\mathrm{A}} = \underline{Z}_1\cdot\underline{I}_1 + \underline{Z}_2\cdot\underline{I}_2$$

$$\underline{U}_{\mathrm{Netz}} = \underline{U}_{\mathrm{H}} - jX_{\mathrm{C}}\underline{I}_{\mathrm{H}} = \ddot{u}\underline{U}'_{\mathrm{H}} - jX_{\mathrm{C}}\underline{I}'_{\mathrm{H}}/\ddot{u} =$$

$$= j\ddot{u}\cdot(\underline{Z}_1\cdot\underline{I}_1 - \underline{Z}_2\cdot\underline{I}_2) - jX_{\mathrm{C}}\cdot j(\underline{I}_1 - \underline{I}_2)/\ddot{u}$$

$$\underline{U}_{\mathrm{Netz}} = \left(j\ddot{u}\cdot\underline{Z}_1 + X_{\mathrm{C}}/\ddot{u}\right)\cdot\underline{I}_1 - \left(j\ddot{u}\cdot\underline{Z}_2 + X_{\mathrm{C}}/\ddot{u}\right)\cdot\underline{I}_2$$

$$\begin{pmatrix} \underline{Z}_1 & \underline{Z}_2 \\ j\ddot{u}\cdot\underline{Z}_1 + X_{\mathrm{C}}/\ddot{u} & -j\ddot{u}\cdot\underline{Z}_2 - X_{\mathrm{C}}/\ddot{u} \end{pmatrix}\cdot\begin{pmatrix} \underline{I}_1 \\ \underline{I}_2 \end{pmatrix} = \begin{pmatrix} \underline{U}_{\mathrm{Netz}} \\ \underline{U}_{\mathrm{Netz}} \end{pmatrix}$$

Mit der Cramer'schen Regel lösen wir das lineare algebraische Gleichungssystem nach den Unbekannten $\underline{I}_1, \underline{I}_2$:

$$\underline{\Delta} = Det(\underline{N}) = \begin{vmatrix} \underline{Z}_1 & \underline{Z}_2 \\ j\ddot{u}\cdot\underline{Z}_1 + X_{\mathrm{C}}/\ddot{u} & -j\ddot{u}\cdot\underline{Z}_2 - X_{\mathrm{C}}/\ddot{u} \end{vmatrix}$$

$$\underline{\Delta} = -\frac{X_{\mathrm{C}}}{\ddot{u}}\cdot(\underline{Z}_1 + \underline{Z}_2) - j2\ddot{u}\underline{Z}_1\underline{Z}_2$$

$$\underline{I}_1 = \frac{1}{\underline{\Delta}}\cdot\begin{vmatrix} \underline{U}_{\mathrm{Netz}} & \underline{Z}_2 \\ \underline{U}_{\mathrm{Netz}} & -j\ddot{u}\cdot\underline{Z}_2 - X_{\mathrm{C}}/\ddot{u} \end{vmatrix}, \quad \underline{I}_2 = \frac{1}{\underline{\Delta}}\cdot\begin{vmatrix} \underline{Z}_1 & \underline{U}_{\mathrm{Netz}} \\ j\ddot{u}\cdot\underline{Z}_1 + X_{\mathrm{C}}/\ddot{u} & \underline{U}_{\mathrm{Netz}} \end{vmatrix}$$

$$\underline{I}_1 = \frac{\underline{U}_{\mathrm{Netz}}}{\underline{\Delta}}\cdot\left(-\underline{Z}_2\cdot(1 + j\ddot{u}) - X_{\mathrm{C}}/\ddot{u}\right), \quad \underline{I}_2 = \frac{\underline{U}_{\mathrm{Netz}}}{\underline{\Delta}}\cdot\left(\underline{Z}_1\cdot(1 - j\ddot{u}) - X_{\mathrm{C}}/\ddot{u}\right)$$

$$\underline{I}_A = \underline{I}_1 + \underline{I}_2 = \frac{U_{\text{Netz}}}{\Delta} \cdot \left((\underline{Z}_1 - \underline{Z}_2) - j\ddot{u} \cdot (\underline{Z}_1 + \underline{Z}_2) - 2X_C/\ddot{u} \right)$$

$$\underline{I}_H = \frac{j(\underline{I}_1 - \underline{I}_2)}{\ddot{u}} = \frac{U_{\text{Netz}}}{\Delta} \cdot \left(-\frac{j}{\ddot{u}}(\underline{Z}_1 + \underline{Z}_2) - (\underline{Z}_1 - \underline{Z}_2) \right)$$

$$\underline{U}_H = j\ddot{u} \cdot (\underline{U}_1 - \underline{U}_2) = j\ddot{u} \cdot (\underline{Z}_1 \underline{I}_1 - \underline{Z}_2 \underline{I}_2)$$

$$\underline{U}_H = \frac{U_{\text{Netz}}}{\Delta} \cdot \left(-jX_C \cdot (\underline{Z}_1 - \underline{Z}_2) - j \cdot 2\ddot{u}\underline{Z}_1\underline{Z}_2 \right)$$

2)
Der Kondensator C wird so gewählt, dass $\underline{I}_2$ und $\underline{U}_2$ Null sind:

$$\underline{I}_2 = \frac{U_{\text{Netz}}}{\Delta} \cdot \left(\underline{Z}_1 \cdot (1 - j\ddot{u}) - X_C/\ddot{u} \right) = 0 \quad \Rightarrow \quad \underline{Z}_1 \cdot (1 - j\ddot{u}) - X_C/\ddot{u} = 0$$

$$\underline{Z}_1(s) = \underline{U}_1 / \underline{I}_1 = R_s + jX_{s\sigma} + \frac{jX_h \cdot (R_r'/s + j\,X_{r\sigma}')}{R_r'/s + j\,X_r'} = Z_{1R} + jZ_{1I}$$

Real- und Imaginärteil müssen Null sein:
$$Z_{1R} + \ddot{u}Z_{1I} - X_C/\ddot{u} = 0, \quad Z_{1I} - \ddot{u}Z_{1R} = 0$$

Wahl des Übersetzungsverhältnisses: $\ddot{u} = Z_{1I}/Z_{1R}$

Bestimmung der Kapazität C:

$$Z_{1R} = \frac{X_C}{\ddot{u} \cdot (1 + \ddot{u}^2)}, \quad Z_{1I} = \frac{X_C}{1 + \ddot{u}^2}, \quad Z_1 = \sqrt{Z_{1R}^2 + Z_{1I}^2} = \frac{X_C}{\ddot{u} \cdot \sqrt{1 + \ddot{u}^2}}$$

$$X_C = Z_1 \cdot \ddot{u} \cdot \sqrt{1 + \ddot{u}^2}$$

Da bei dieser Kapazität $C = 1/(\omega X_C)$ nur das Mitsystem auftritt, sind $\underline{I}_A = \underline{I}_1$ und $\underline{U}_A = \underline{U}_1$, so dass gilt: $Z_1 = U_1/I_1 = U_A/I_A$.

$$C = \frac{1}{\omega \cdot \dfrac{U_A}{I_A(s)} \cdot \ddot{u} \cdot \sqrt{1 + \ddot{u}^2}}, \quad U_A = U_{\text{Netz}}.$$

Das zugehörige Zeigerdiagramm der Spannungen und Ströme im Betriebspunkt mit dem Schlupf s, wo ein reines Kreisdrehfeld auftritt, ist in Bild A6.5-2 dargestellt. Die Zeiger der Strangströme und der Strangspannungen stehen aufeinander senkrecht, und es gilt: $U_H' = U_A$, $I_H' = I_A$. Die unterschiedlichen Längen von U_H, U_A und I_H, I_A sind durch $\ddot{u}$ begründet: $U_A = U_H' = U_H/\ddot{u}$, $I_A = I_H' = \ddot{u} \cdot I_H$. Man liest aus dem Zeigerdiagramm der Spannungen auf Grund der rechten Winkel ab: $U_{\text{Netz}}^2 + U_H^2 = X_C^2 I_H^2$ bzw. $U_A^2 + \ddot{u}^2 U_A^2 = X_C^2 I_A^2/\ddot{u}^2$.

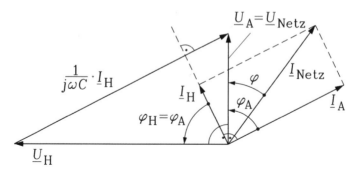

Bild A6.5-2: Zeigerdiagramm der Spannungen und Ströme im Betriebspunkt mit dem Schlupf s, wo auf Grund der Wahl von C und $\ddot{u}$ ein reines Kreisdrehfeld auftritt. Es wurde im Bild als Beispiel das Übersetzungsverhältnis $\ddot{u} = 2$ gewählt

Daraus folgt wieder die bereits oben hergeleitete Bedingung für die Kondensatorreaktanz:

$$X_C^2 = \frac{U_A^2}{I_A^2} \cdot \ddot{u}^2 \cdot \left(1 + \ddot{u}^2\right) \quad \text{bzw.} \quad X_C = Z_1 \cdot \ddot{u} \cdot \sqrt{1 + \ddot{u}^2} \quad .$$

3)
Raumzeiger-Momentengleichung aus Kap. 15 des Lehrbuchs in bezogener Darstellung in allgemeiner Form:

$$m_e(\tau) = i_\perp(\tau) \cdot \psi_h(\tau) = -\text{Im}\left\{\underline{i}^*(\tau) \cdot \underline{\psi}_h(\tau)\right\} = \text{Im}\left\{\underline{i}(\tau) \cdot \underline{\psi}_h^*(\tau)\right\}$$

Der Hauptfluss wird vom Ständer- und Läuferstrom-Raumzeiger erregt. Wird für $\underline{i}(\tau)$ der Ständerstrom-Raumzeiger gewählt, so folgt:

$$m_e(\tau) = \text{Im}\left\{\underline{i}_s(\tau) \cdot \left(x_h \underline{i}_s^*(\tau) + x_h \underline{i}_r'^*(\tau)\right)\right\} = \text{Im}\left\{\underline{i}_s(\tau) \cdot x_h \underline{i}_r'^*(\tau)\right\}$$

Die Bezugsgröße M_B lautet in einem dreisträngigen System

$$m_e = M_e / M_B \qquad M_B = \frac{(3/2) \cdot \sqrt{2} U_{N,ph} \sqrt{2} I_{N,ph}}{\omega_N / p}$$

und weiter mit

$$\tau = \omega_N \cdot t, \quad x_h = \omega_N \cdot L_h / Z_N = X_h / Z_N,$$

$$Z_N = U_{N,ph} / I_{N,ph}, \quad u = U /(\sqrt{2} U_{N,ph}), \quad i = I /(\sqrt{2} I_{N,ph}) \quad .$$

Damit folgt die Drehmomentgleichung in nicht bezogenen Größen:

$$M_e(t) = \frac{3}{2} \cdot X_h \cdot \frac{p}{\omega_N} \cdot \text{Im}\left\{\underline{I}_s(t) \cdot \underline{I}_r'^*(t)\right\} \quad .$$

Spezialisierung der Raumzeigergleichung für rein sinusförmig veränderliche Größen eines symmetrischen dreiphasigen Drehstromsystems (vgl. Kap. 15 des Lehrbuchs):

$$i_U(t) = \hat{I} \cdot \cos(\omega t) = \mathrm{Re}\left\{\hat{I} \cdot e^{j\omega t}\right\}$$

$$i_V(t) = \hat{I} \cdot \cos(\omega t - 2\pi/3) = \mathrm{Re}\left\{\hat{I} \cdot e^{j(\omega t - 2\pi/3)}\right\}$$

$$i_W(t) = \hat{I} \cdot \cos(\omega t - 4\pi/3) = \mathrm{Re}\left\{\hat{I} \cdot e^{j(\omega t - 4\pi/3)}\right\}$$

Der zugehörige Raumzeiger ist:

$$\underline{I}(t) = \frac{2}{3} \cdot \left[i_U(t) + \underline{a} \cdot i_V(t) + \underline{a}^2 \cdot i_W(t) \right] = \hat{I} \cdot e^{j\omega t}.$$

Im statorfesten Koordinatensystem ist die Kreisfrequenz ω für die Raumzeiger einheitlich die Stator-Kreisfrequenz ω_s. Mit der Berücksichtigung der Phasenwinkel φ_s, φ_r der Stator- und Rotorstrom-Raumzeiger relativ zum Statorspannungs-Raumzeiger folgt:

$$\underline{I}_s(t) = \hat{I}_s \cdot e^{j(\omega_s t - \varphi_s)} = \sqrt{2} I_s e^{-j\varphi_s} \cdot e^{j\omega_s t} = \sqrt{2} \cdot \underline{I}_s \cdot e^{j\omega_s t}$$

$$\underline{I}_r(t) = \hat{I}_r \cdot e^{j(\omega_s t - \varphi_r)} = \sqrt{2} I_r e^{-j\varphi_r} \cdot e^{j\omega_s t} = \sqrt{2} \cdot \underline{I}_r \cdot e^{j\omega_s t}$$

Eingesetzt in die Momentengleichung folgt:

$$M_e(t) = \frac{3}{2} \cdot X_h \cdot \frac{p}{\omega_N} \cdot \mathrm{Im}\left\{ \sqrt{2} \cdot \underline{I}_s \cdot e^{j\omega_s t} \cdot \sqrt{2} \cdot \underline{I}_r^* \cdot e^{-j\omega_s t}\right\}$$

$$M_e(t) = 3 \cdot X_h \cdot \frac{p}{\omega_N} \cdot \mathrm{Im}\left\{ \underline{I}_s \cdot \underline{I}_r^* \right\} = M_e = \text{konst.}$$

Es ergibt sich auf Grund der gleichen Rotationsgeschwindigkeit des Stator- und des Rotorstromraumzeigers ein zeitlich konstantes Drehmoment M_e. Im zweisträngigen System lautet wegen $m = 2$ statt $m = 3$ daher die Raumzeiger-Drehmomentgleichung

$$M_e(t) = \frac{2}{2} \cdot X_h \cdot \frac{p}{\omega_N} \cdot \mathrm{Im}\left\{ \underline{I}_s(t) \cdot \underline{I}_r^*(t)\right\} = X_h \cdot \frac{p}{\omega_N} \cdot \mathrm{Im}\left\{ \underline{I}_s(t) \cdot \underline{I}_r^*(t)\right\} .$$

4)

Wir betrachten die Maschine bei einem bestimmten Schlupf s. Bei einer Speisung des Ständerwicklungssystems mit einem Strommitsystem (formuliert als Raumzeiger)

$$\underline{I}_1(t) = \hat{I}_1(s) \cdot e^{j(\omega_s t - \varphi_{s1})} = \sqrt{2} I_1(s) e^{-j\varphi_{s1}} \cdot e^{j\omega_s t} = \sqrt{2} \cdot \underline{I}_1(s) \cdot e^{j\omega_s t}$$

und einem Stromgegensystem

$$\underline{I}_2(t) = \hat{I}_2 \cdot e^{j(-\omega_s t - \varphi_{s2})} = \sqrt{2} I_2 e^{-j\varphi_{s2}} \cdot e^{-j\omega_s t} = \sqrt{2} \cdot \underline{I}_2(s) \cdot e^{-j\omega_s t}$$

rufen die zugehörigen gegenläufig rotierenden Luftspaltfelder auch ein entsprechendes Rotorstrom-Mitsystem (durch das Luftspaltfeld-Mitsystem des Stromsystems I_1)

$$\underline{I}'_{r1}(t) = \hat{I}'_{r1} \cdot e^{j(\omega_s t - \varphi_{r1})} = \sqrt{2} I'_{r1} e^{-j\varphi_{r1}} \cdot e^{j\omega_s t} = \sqrt{2} \cdot \underline{I}'_{r1}(s) \cdot e^{j\omega_s t}$$

und ein Rotorstrom-Gegensystem (durch das Luftspaltfeld-Gegensystem des Stromsystems I_2)

$$\underline{I}'_{r2}(t) = \sqrt{2} \cdot \underline{I}'_{r2}(s) \cdot e^{-j\omega_s t}$$

hervor. Die resultierenden Stator- und Rotorstromraumzeiger sind $\underline{I}_s(t) = \underline{I}_1(t) + \underline{I}_2(t)$ und $\underline{I}'_r(t) = \underline{I}'_{r1}(t) + \underline{I}'_{r2}(t)$, die in die Momentengleichung eingesetzt werden.

$$M_e(t) = \frac{2}{2} \cdot X_h \cdot \frac{p}{\omega_N} \cdot \mathrm{Im}\left\{\underline{I}_s(t) \cdot \underline{I}'^*_r(t)\right\}$$

Es ist

$$\underline{I}_s(t) \cdot \underline{I}'^*_r(t) = \underline{I}_1(t) \cdot \underline{I}'^*_{r1}(t) + \underline{I}_2(t) \cdot \underline{I}'^*_{r2}(t) + \underline{I}_1(t) \cdot \underline{I}'^*_{r2}(t) + \underline{I}_2(t) \cdot \underline{I}'^*_{r1}(t)$$

$$\underline{I}_1(t) \cdot \underline{I}'^*_{r1}(t) = \sqrt{2} \cdot \underline{I}_1 \cdot e^{j\omega_s t} \cdot \sqrt{2} \cdot \underline{I}'^*_{r1} \cdot e^{-j\omega_s t} = 2\underline{I}_1 \cdot \underline{I}'^*_{r1}$$

$$\underline{I}_2(t) \cdot \underline{I}'^*_{r2}(t) = \sqrt{2} \cdot \underline{I}_2 \cdot e^{-j\omega_s t} \cdot \sqrt{2} \cdot \underline{I}'^*_{r2} \cdot e^{j\omega_s t} = 2\underline{I}_2 \cdot \underline{I}'^*_{r2}$$

$$\underline{I}_1(t) \cdot \underline{I}'^*_{r2}(t) = \sqrt{2} \cdot \underline{I}_1 \cdot e^{j\omega_s t} \cdot \sqrt{2} \cdot \underline{I}'^*_{r2} \cdot e^{j\omega_s t} = 2\underline{I}_1\underline{I}'^*_{r2} \cdot e^{j2\omega_s t}$$

$$\underline{I}_2(t) \cdot \underline{I}'^*_{r1}(t) = \sqrt{2} \cdot \underline{I}_2 \cdot e^{-j\omega_s t} \cdot \sqrt{2} \cdot \underline{I}'^*_{r1} \cdot e^{-j\omega_s t} = 2\underline{I}_2\underline{I}'^*_{r1} \cdot e^{-j2\omega_s t}$$

Wir erhalten daher beim Schlupf s zwei zeitlich konstante Momentenanteile M_1 und M_2:

$$M_1(s) = 2 \cdot X_h \cdot \frac{p}{\omega_N} \cdot \mathrm{Im}\left\{\underline{I}_1(s) \cdot \underline{I}'^*_{r1}(s)\right\} \quad,$$

$$M_2(s) = -2 \cdot X_h \cdot \frac{p}{\omega_N} \cdot \mathrm{Im}\left\{\underline{I}_2(s) \cdot \underline{I}'^*_{r2}(s)\right\} \quad.$$

Diese beiden Momentenanteile M_1 und M_2 wirken auf Grund des gegenläufig rotierenden Mit- und Gegensystems in entgegen gesetzte Richtungen. Dies kann man auch formal beweisen, indem man den konjugiert komplexen Zeiger

$$\underline{I}^*_2(t) = \sqrt{2} \cdot \underline{I}^*_2 \cdot e^{j\omega_s t}$$

in dieselbe Richtung wie das Mitsystem rotieren lässt, so dass das von ihm bewirkte Drehmoment in die Richtung von M_1 weist. Das von ihm verursachte Moment ist wegen $\underline{I}'^{**}_{r2} = \underline{I}'_{r2} : 2 \cdot X_h \cdot \frac{p}{\omega_N} \cdot \mathrm{Im}\left\{\underline{I}^*_2(t) \cdot \underline{I}'_{r2}(t)\right\}$.

Mit $\mathrm{Im}\{\underline{A}^*\} = \mathrm{Im}\{-\underline{A}\} = -\mathrm{Im}\{\underline{A}\}$ folgt daraus

$$M_2(s) = -2 \cdot X_h \cdot \frac{p}{\omega_N} \cdot \mathrm{Im}\left\{\underline{I}_2(s) \cdot \underline{I}'^*_{r2}(s)\right\} = 2 \cdot X_h \cdot \frac{p}{\omega_N} \cdot \mathrm{Im}\left\{\underline{I}^*_2(t) \cdot \underline{I}'_{r2}(t)\right\} \quad,$$

was zu zeigen war.

Das resultierende mittlere Moment $M_{e,av}$, das positiv in Richtung des Mit-Moments gezählt wird, beträgt bei einem bestimmten Schlupfwert s: $M_{e,av} = M_1 + M_2$. Die Momentenanteile

$$M_{e,\sim}(t) = \frac{2}{2} \cdot X_h \cdot \frac{p}{\omega_N} \cdot \text{Im}\left\{\underline{I}_1(t) \cdot \underline{I}_{r2}^{\prime *}(t) + \underline{I}_2(t) \cdot \underline{I}_{r1}^{\prime *}(t)\right\}$$

bzw.

$$M_{e,\sim}(t) = 2 \cdot X_h \cdot \frac{p}{\omega_N} \cdot \text{Im}\left\{\underline{I}_1 \underline{I}_{r2}^{\prime *} \cdot e^{j2\omega_s t} + \underline{I}_2 \underline{I}_{r1}^{\prime *} \cdot e^{-j2\omega_s t}\right\}$$

bilden wegen $\text{Im}\{\underline{A}^*\} = \text{Im}\{-\underline{A}\} = -\text{Im}\{\underline{A}\}$ und damit

$$M_{e,\sim}(t) = 2 \cdot X_h \cdot \frac{p}{\omega_N} \cdot \text{Im}\left\{\underline{I}_1 \underline{I}_{r2}^{\prime *} \cdot e^{j2\omega_s t} - \underline{I}_2^* \underline{I}_{r1}^{\prime} \cdot e^{j2\omega_s t}\right\}$$

ein Wechselmoment mit der Frequenz $2f_s$, denn es ist mit $\underline{A} = |\underline{A}| \cdot e^{j\varepsilon}$

$$\text{Im}\left\{(\underline{I}_1 \underline{I}_{r2}^{\prime *} - \underline{I}_2^* \underline{I}_{r1}^{\prime})e^{j2\omega_s t}\right\} = \text{Im}\left\{|\underline{I}_1 \underline{I}_{r2}^{\prime *} - \underline{I}_2^* \underline{I}_{r1}^{\prime}|e^{j\varepsilon}e^{j2\omega_s t}\right\} =$$

$$= \left|\underline{I}_1 \underline{I}_{r2}^{\prime *} - \underline{I}_2^* \underline{I}_{r1}^{\prime}\right| \cdot \sin(2\omega_s t + \varepsilon)$$

das Drehmoment $M_{e\sim}(t)$ eine Wechselgröße

$$M_{e,\sim}(t) = \frac{2X_h p}{\omega_N} \cdot \left|\underline{I}_1 \underline{I}_{r2}^{\prime *} - \underline{I}_2^* \underline{I}_{r1}^{\prime}\right| \cdot \sin(2\omega_s t + \varepsilon) \quad .$$

Es kommt auf Grund der gegenläufig mit ω_{syn} bzw. $-\omega_{syn}$ rotierenden Luftspalt-Grundwellenfelder des Mit- und Gegensystems zu einem Wechseldrehmoment $M_{e\sim}(t)$ mit der Amplitude

$$\hat{M}_{e,\sim} = \frac{2X_h p}{\omega_N} \cdot \left|\underline{I}_1 \underline{I}_{r2}^{\prime *} - \underline{I}_2^* \underline{I}_{r1}^{\prime}\right|, \text{ das mit doppelter Ständerfrequenz pul-}$$

siert.

Das zeitlich konstante Moment $M_{e,av}$ kann auch aus der Luftspaltleistung berechnet werden. Aus

$$M_e(s) = 2 \cdot X_h \cdot \frac{p}{\omega_N} \cdot \text{Im}\left\{\underline{I}_s(s) \cdot \underline{I}_r^{\prime *}(s)\right\}$$

folgt mit der Läuferspannungsgleichung

$$jX_h \cdot (\underline{I}_s + \underline{I}_r') + \left[(R_r'/s) + jX_{r\sigma}'\right] \cdot \underline{I}_r' = 0, \; \underline{I}_s = \frac{-X_r' + j(R_r'/s)}{X_h} \cdot \underline{I}_r'$$

für die Luftspaltleistung

$$P_\delta = M_e \cdot \omega_N / p = 2 \cdot X_h \cdot \mathrm{Im}\left\{\frac{-X_r' + j(R_r'/s)}{X_h} \cdot I_r'^2\right\} = 2 \cdot \frac{R_r'}{s} \cdot I_r'^2 = \frac{P_{Cu,r}}{s}.$$

Damit ist die Äquivalenz der Berechnungsmethoden für das Drehmoment aus der Luftspaltleistung über die Läuferverluste ($sP_\delta = P_{Cu,r} = sM_e \cdot \omega_{syn}$, angewendet jeweils für Mit- und Gegensystem) gemäß Kap. 5 des Lehrbuchs mit der Drehmomentformel aus Kap. 15 gezeigt.

5)
$s = 0.06$:

$$\underline{Z}(0.06) = \underline{U}_A / \underline{I}_A = 0.905 + j1.31 + \frac{j24.1 \cdot (0.6062/0.06 + j\,1.244)}{0.6062/0.06 + j\,(24.1 + 1.244)}$$

$$\underline{Z}(0.06) = (8.788 + j5.6355)\Omega,\ Z = 10.440\Omega$$

$$\ddot{u} = Z_{11} / Z_{1R} = 5.6355/8.788 = 0.641$$

$$C = \frac{1}{\omega_N \cdot Z(s) \cdot \ddot{u} \cdot \sqrt{1 + \ddot{u}^2}} = \frac{1}{2\pi 50 \cdot 10.44 \cdot 0.641 \cdot \sqrt{1 + 0.641^2}} = 400.24\,\mu F$$

Bei z. B. gleicher Lochzahl in Arbeits- und Hilfsstrang muss das Windungszahlverhältnis gemäß $\ddot{u} = N_H / N_A = 0.641$ gewählt werden. Die Kurven I_1, I_2, U_1, U_2, I_A, I_H, U_A, U_H, M_1, M_2, $M_{e,av}$, $\hat{M}_{e,\sim}$, P_m in Abhängigkeit der Drehzahl im Bereich $-n_{syn}$ bis n_{syn} sind in den Bildern A6.5-3 bis A6.5-7 dargestellt, wobei die Formeln aus den Abschnitten 1) und 4) mit der komplexen Wechselstromrechnung mit einem einfachen Computerprogramm numerisch ausgewertet wurden. Bei n_{syn} ist das Drehmoment $M_{e,av}$ nicht Null, sondern $M_{e,av} = M_2 = -1.66$ Nm, da das Gegensystem nicht verschwindet, sondern bremsend wirkt (vgl. Bild A6.5-6).

6)
Im Bemessungspunkt $s_N = 6\,\%$ werden folgende Werte errechnet:
$U_1 = 230$ V $= U_A = U_{Netz}$, $U_2 = 0$, $U_H = 147.5$ V $= U_A\ddot{u}$,
$I_1 = 22.03$ A, $I_2 = 0$, $I_A = 22.03$ A, $I_H = 34.36$ A $= I_A/\ddot{u}$
Kontrolle des Stroms I_H:

$$\underline{U}_{Netz} = \underline{U}_H - jX_C \cdot \underline{I}_H$$

$$X_C = \frac{1}{\omega_N C} = \frac{10^6}{2\pi 50 \cdot 400.24} = 7.95\ \Omega$$

$$I_H = \frac{\sqrt{U_{Netz}^2 + U_H^2}}{X_C} = \frac{\sqrt{230^2 + 147.5^2}}{7.95} = 34.36\ A$$

$M_1 = 48.715$ Nm, $M_2 = 0$, $M_{e,av} = M_1 = 48.7$ Nm, $\hat{M}_{e,\sim} = 0$

$n = 0.94 n_{syn} = 1410/\mathrm{min}$, $P_m = 7193$ W, $P_e = 8531$ W,

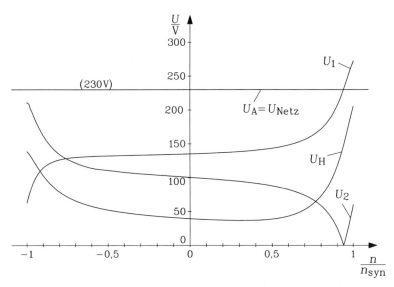

Bild A6.5-3: Einphasen-Asynchronmotor mit Kondensator $C = 400.24\ \mu F$ und Übersetzungsverhältnis $\ddot{u} = 0.641$: Mit- und Gegensystem-Spannung U_1 und U_2, Spannung $U_A = U_{Netz} = 230\ V$ an der Arbeitswicklung und U_H an der Hilfswicklung. Beim Bemessungsschlupf $s_N = 6\ \%$ bzw. $n/n_{syn} = 0.94$ verschwindet U_2

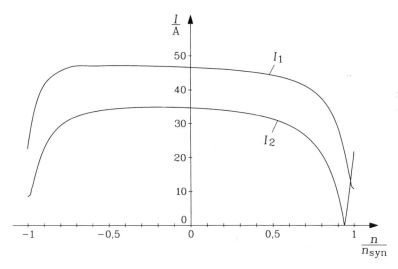

Bild A6.5-4: Wie Bild A6.5-3, jedoch Mit- und Gegensystem-Strom I_1 und I_2. Beim Bemessungsschlupf $s_N = 6\ \%$ bzw. $n/n_{syn} = 0.94$ verschwindet I_2

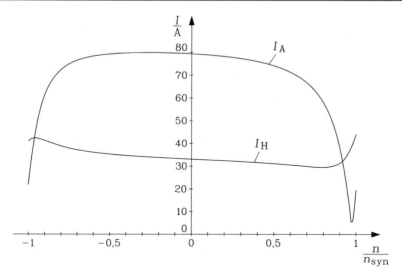

Bild A6.5-5: Wie Bild A6.5-3, jedoch Strom I_A im Arbeitstrang und I_H im Hilfs-strang. Beim Bemessungsschlupf $s_N = 6\,\%$ bzw. $n/n_{syn} = 0.94$ ist $\ddot{u}I_A = I_H$

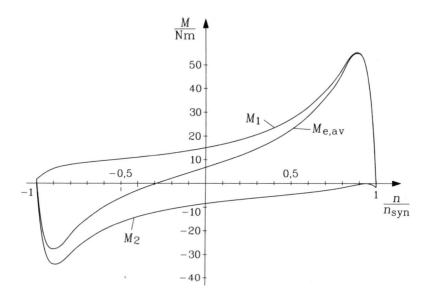

Bild A6.5-6: Wie Bild A6.5-3, jedoch Drehmoment des Mit- und Gegensystems M_1 und M_2 sowie Summenmoment $M_{e,av}$. Beim Bemessungsschlupf $s_N = 6\,\%$ bzw. $n/n_{syn} = 0.94$ verschwindet M_2. Bei $n = n_{syn}$ ist wegen $M_1 = 0$ das Summenmoment $M_{e,av}$ nicht Null, sondern $M_{e,av} = M_2 = -1.66$ Nm. Bei $n = -n_{syn}$ ist wegen $M_2 = 0$ das Summenmoment $M_{e,av} = M_1 = 1.78$ Nm. Bei $n = -0.295 n_{syn}$ ist $M_1 = -M_2$ und daher das Summenmoment $M_{e,av}$ Null

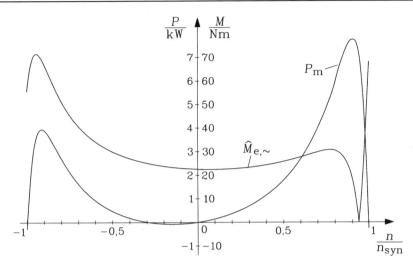

Bild A6.5-7: Wie Bild A6.5-3, jedoch Darstellung der mechanischen Leistung $P_{\mathrm{m}} = 2\pi n M_{\mathrm{e,av}}$ und der Amplitude des 100 Hz-Wechselmoments. Beim Bemessungsschlupf $s_{\mathrm{N}} = 6\,\%$ bzw. $n/n_{\mathrm{syn}} = 0.94$ verschwindet das Wechselmoment. Bei $n = n_{\mathrm{syn}}$ ist wegen $M_{\mathrm{e,av}} = M_2 = -1.66$ Nm die mechanische Leistung nicht Null, sondern negativ: -260 W. Bei $n = -n_{\mathrm{syn}}$ ist wegen $M_{\mathrm{e,av}} = M_1 = 1.78$ Nm die mechanische Leistung -279 W. Bei $n = 0$ ist P_{m} Null, da die Drehzahl Null ist. Bei der Drehzahl $n = -0.295 n_{\mathrm{syn}}$ ist P_{m} Null, da $M_{\mathrm{e,av}}$ Null ist

$$\cos\varphi_A = \mathrm{Re}\left\{\underline{U}_A \underline{I}_A^*\right\}/(U_A I_A) = 0.8417\,,$$

$$\cos\varphi_H = \mathrm{Re}\left\{\underline{U}_H \underline{I}_H^*\right\}/(U_H I_H) = 0.8417$$

$\cos\varphi_A = \cos\varphi_H$, denn es gilt:

$$\cos\varphi_H = \mathrm{Re}\left\{\underline{U}_H \underline{I}_H^*\right\}/(U_H I_H) = \mathrm{Re}\left\{\ddot{u}\underline{U}_A \underline{I}_A^* / \ddot{u}\right\}/(\ddot{u}U_A I_A / \ddot{u}) = \cos\varphi_A\,.$$

Der Wirkungsgrad $\eta = P_{\mathrm{m}}/P_{\mathrm{e}} = 84.32\,\%$ berücksichtigt nur die Stromwärmeverluste ohne Einfluss der Stromverdrängung. Die Ummagnetisierungsverluste sowie die Reibungs- und Zusatzverluste fehlen. Sobald ein Gegenfeld auftritt, nehmen diese Verluste deutlich zu, und der Wirkungsgrad sinkt ab. Die Drehrichtung des Motors wird durch Tausch der Anschlussklemmen der Arbeitsphase oder der Hilfsphase umgekehrt. Werden z. B. die Klemmen der Arbeitsphase getauscht, so ändert sich die Phasenlage von $\underline{I}_A$, $\underline{U}_A$ um 180°, und wir erhalten $\underline{I}_{A,\mathrm{neu}} = -\underline{I}_A$ bzw. $\underline{U}_{A,\mathrm{neu}} = -\underline{U}_A$. Dies ergibt:

$$\underline{I}_{A,\mathrm{neu}} = -\underline{I}_1 - \underline{I}_2, \quad \underline{I}'_H = j\cdot\underline{I}_1 - j\cdot\underline{I}_2$$

$$\underline{U}_{A,\mathrm{neu}} = \underline{U}_1\ \underline{U}_2, \quad \underline{U}'_H = j\cdot\underline{U}_1 - j\cdot\underline{U}_2$$

Aus dem alten Mitsystem von Strom und Spannung $\underline{I}_1, j\underline{I}_1$ und $\underline{U}_1, j\underline{U}_1$ ist das neue System $-\underline{I}_1, j\underline{I}_1$ bzw. $-\underline{U}_1, j\underline{U}_1$ entstanden. Es eilt nun nicht mehr der Strom $\underline{I}_1$ in Strang A dem Strom $j\underline{I}_1$ in Strang H nach, sondern vor. Das neue System ist also ein Gegensystem. In gleicher Weise wird aus dem alten Gegensystem $\underline{I}_2, -j \cdot \underline{I}_2$ nun ein Mitsystem $-\underline{I}_2, -j \cdot \underline{I}_2$, da der Strom in Strang H nun dem Strom in Strang A voreilt. Die Feldsysteme ändern ihre Drehrichtung, und damit ändert auch der Läufer seine Drehrichtung.

7)
Die Ordnungszahlen der Feldoberwellen, die von einem symmetrischen zweiphasigen Stromsystem ($m = 2$) in einer verteilten zweisträngigen symmetrischen Wicklung erregt werden, sind gemäß Kap. 3 des Lehrbuchs:

$$\nu = 1 + 2 \cdot m \cdot g = 1 + 4g = 1, -3, 5, -7, 9, -11, 13, -15, 17, \ldots, \ g = 0, \pm 1, \pm 2, \ldots$$

Die nutharmonischen Ordnungszahlen sind bei äquidistanter Nutteilung und gleicher Lochzahl q für Arbeits- und Hilfsphase auf Grund der Ständernutzahl $Q_s = 2p \cdot m \cdot q$ gegeben durch

$$\nu_Q = 1 + g_Q \cdot Q_s / p, \ g_Q = \pm 1, \pm 2, \ldots .$$

Bei z. B. $q = 3$ und $p = 2$ ergeben sich $Q_s = 2p \cdot m \cdot q = 4 \cdot 2 \cdot 3 = 24$ und

$$\nu_Q = -11, 13, -23, 25, \ldots$$

Sowohl das Strommitsystem als auch das Stromgegensystem erregen Feldoberwellen gleicher Ordnungszahl. Neben den Nutharmonischen haben die Feldoberwellen mit den niedrigsten Ordnungszahlen (hier: $\nu = -3$) die größten Amplituden. Sie induzieren den Läuferkäfig und erzeugen asynchrone und synchrone Oberwellenmomente.

Der Oberwellenschlupf des Läufers bezüglich einer Ständer-Feldoberwelle ist für das Mitsystem $s_{1\nu} = 1 - \nu \cdot (1 - s_1) = 1 - \nu \cdot (1 - s)$, da $s_1 = s$ ist, und für das Gegensystem $s_{2\nu} = 1 - \nu \cdot (1 - s_2) = 1 + \nu \cdot (1 - s)$, da $s_2 = 2 - s$ ist. Folglich verschwindet das asynchrone Oberwellenmoment der 3. Oberwelle des Mitsystems wegen

$$s_{1\nu = -3} = 0 = 1 + 3 \cdot (1 - s)$$

beim Schlupf $s = 4/3$, und das asynchrone Oberwellenmoment des Gegensystems wegen

$$s_{2\nu = -3} = 0 = 1 - 3 \cdot (1 - s)$$

beim Schlupf $s = 2/3$ (Bild A6.5-8). Das 3. Oberwellenmoment des Mitsystems bremst im Schlupfbereich $1 \geq s \geq 0$.

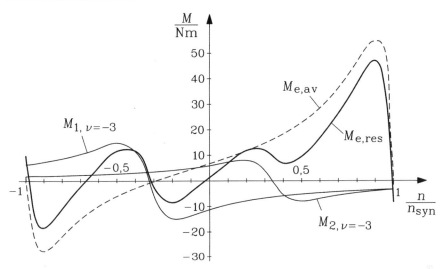

Bild A6.5-8: Grundwellenmoment $M_{e,av}$ des Kondensatormotors wie in Bild A6.5-6, jedoch mit der zusätzlichen qualitativen (übertrieben großen) Darstellung des asynchronen Oberwellenmoments dritter Ordnung des Mit- und des Gegen-Systems $M_{1,\nu=-3}$ und $M_{2,\nu=-3}$ sowie des resultierenden Drehmoments $M_{e,res} = M_{e,av} + M_{1,\nu=-3} + M_{2,\nu=-3}$.

Das 3. Oberwellenmoment des Gegensystems verzerrt zusätzlich die Momentenkurve in diesem Schlupfbereich. Die Kippmomente der asynchronen Oberwellenmomente sind proportional zum Quadrat des Ständerstroms. Das Strommitsystem ist in diesem Beispiel gemäß Bild A6.5-4 in einem weiten Schlupfbereich von ca. $1.7 \geq s \geq 0.3$ etwa 140 % des Stromgegensystems. Folglich ist das dritte Oberwellenmoment des Mitsystems $M_{1,\nu=-3}$ etwa um den Faktor $1.4^2 \approx 2$ größer als das dritte Oberwellenmoment $M_{2,\nu=-3}$ des Stromgegensystems. Dieses dritte Oberwellenmoment des Mit- und des Gegensystems und die resultierende Hochlaufkurve $M_{e,res}(n)$ sind in Bild A6.5-8 qualitativ gemeinsam mit dem Grundwellenmoment $M_{e,av}(n)$ (vgl. Bild A6.5-6) dargestellt.

Aufgabe A6.6: Dreieckschaltung eines Asynchronmotors

Auf dem Leistungsschild eines zweipoligen Asynchronmotors mit einem Bemessungsschlupf $s_N = 1.67\%$ für einen Pumpenantrieb stehen unter anderem folgende Daten: Bemessungsspannung $U_N = 380$ V (verkettet), Dreieckschaltung, Bemessungsleistung $P_N = 22$ kW, Bemessungsfrequenz

f_N = 60 Hz, Bemessungsleistungsfaktor $\cos\varphi_N$ = 0.81. In einem Prüflabor wurde der Wirkungsgrad des Motors mit η_N = 90% (bei Bemessungsleistung) und der Kippschlupf mit s_b = 0.1 messtechnisch ermittelt.

1. Bestimmen Sie die folgenden Kenndaten des Motors: Bemessungsdrehzahl n_N, Bemessungsmoment M_N, den vom Netz aufgenommenen Bemessungsstrom (Außenleiterstrom) I_{sN}, Bemessungsstrangstrom $I_{sN,ph}$, Bemessungsscheinleistung der Ständerwicklung S_N und Synchrondrehzahl n_{syn}.
2. Berechnen Sie mit Hilfe der Kloss´schen Formel das Kippmoment M_b!
3. Berechnen Sie mit Hilfe der Kloss´schen Formel das Anzugsmoment M_1.
4. Skizzieren Sie mit Hilfe der Kloss´schen Formel die Drehmoment-Drehzahl-Kennlinie im motorischen Betriebsbereich $0 \leq n \leq n_{syn}$ maßstäblich, wobei Sie folgende Schlupfwerte als Stützstellen verwenden: s = 0, 0.0167, 0.1, 0.2, 0.3, 0.4, 0.6, 0.8, 1.
5. Wie groß sind die Energiekosten pro Jahr, wenn der Motor bei Nennlast dauernd betrieben wird und nur die Wirkleistung mit 0.1 Euro/kWh als Tarif für einen Industriebetrieb zu bezahlen ist?
6. Der Motor wird mit einem Umrichter betrieben, der eine Ausgangsspannung mit der Frequenz f_s = 100 Hz zur Verfügung stellt. Wie schnell dreht sich nun der Läufer im Leerlauf, d.h. bei abgekuppelter Pumpe?

Lösung zu Aufgabe A6.6:

1)
Zweipolige Maschine: $2p = 2$:

Synchrondrehzahl: $n_{syn} = \dfrac{f_s}{p} = \dfrac{f_N}{p} = \dfrac{60}{1} = 60/\text{s} = 3600/\text{min}$

Bemessungsdrehzahl:

$n_N = (1 - s_N) \cdot n_{syn} = (1 - 0.0167) \cdot 3600 = 58.998/\text{s} = 3540/\text{min}$

Bei E-Motoren ist (außer bei Kleinmotoren) die Bemessungsleistung stets die mechanisch abgegebene Leistung, daher erhalten wir das Bemessungsmoment direkt aus der Bemessungsleistung!

Bemessungsmoment: $M_N = \dfrac{P_N}{2\pi n_N} = \dfrac{22000}{2\pi \cdot 58.998} = 59.35 \text{Nm}$

Bemessungsscheinleistung:

$$S_N = \frac{P_{e,in}}{\cos\varphi_N} = \frac{P_{m,out}}{\eta_N} \cdot \frac{1}{\cos\varphi_N} = \frac{P_N}{\eta_N} \cdot \frac{1}{\cos\varphi_N} = \frac{22000}{0.9 \cdot 0.81} = 30178\,\text{VA}$$

$$S_N = 3 \cdot U_{N,ph} \cdot I_{N,ph} = 3 \cdot U_{N,verk} \cdot I_{N,ph} = \sqrt{3} \cdot U_{N,verk} \cdot I_{N,Netz} = \sqrt{3} \cdot U_{N,verk} \cdot I_N$$

Bemessungsstrom = Außenleiterstrom:

$$I_N = \frac{S_N}{\sqrt{3} \cdot U_{N,verk}} = \frac{30178}{\sqrt{3} \cdot 380} = 45.85\,\text{A}$$

Gemäß Bild A6.6-1 folgt für den Strangstrom: $\underline{I}_{Netz,U} = \underline{I}_{U,ph} - \underline{I}_{W,ph}$,

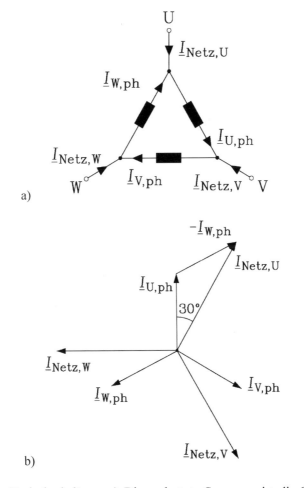

a)

b)

Bild A6.6-1: Dreieckschaltung: a) Die verkettete Spannung ist die Strangspannung $U_{N,verk} = U_{N,ph} = 380$ V, b) Der Netzstrom I_{Netz} ist der Außenleiterstrom!

$$\left| \underline{I}_{\text{Netz, U}} \right| = \sqrt{3} \cdot I_{\text{U,ph}} \Rightarrow I_{\text{U,ph}} = \frac{I_{\text{Netz, U}}}{\sqrt{3}} = \frac{45.85}{\sqrt{3}} = 26.47\text{A} = I_{\text{N,ph}}$$

Kontrolle: $S_{\text{sN}} = 3 \cdot U_{\text{N,ph}} \cdot I_{\text{N,ph}} = 3 \cdot 380 \cdot 26.47 = 30178\text{VA}$

2)

$$\frac{M_{\text{e}}}{M_{\text{b}}} = \frac{2}{\dfrac{s}{s_{\text{b}}} + \dfrac{s_{\text{b}}}{s}} \Rightarrow \frac{M_{\text{N}}}{M_{\text{b}}} = \frac{2}{\dfrac{s_{\text{N}}}{s_{\text{b}}} + \dfrac{s_{\text{b}}}{s_{\text{N}}}}$$

$$M_{\text{b}} = M_{\text{N}} \cdot \frac{\dfrac{s_{\text{N}}}{s_{\text{b}}} + \dfrac{s_{\text{b}}}{s_{\text{N}}}}{2} = 59.35 \cdot \frac{\dfrac{0.0167}{0.1} + \dfrac{0.1}{0.0167}}{2} = 182.6\text{Nm}$$

3)

$$\frac{M_{\text{e}}(s=1)}{M_{\text{b}}} = \frac{2}{\dfrac{1}{s_{\text{b}}} + \dfrac{s_{\text{b}}}{1}} \Rightarrow M_{1} = 183 \cdot \frac{2}{\dfrac{1}{0.1} + \dfrac{0.1}{1}} = 36.2\text{Nm}$$

4)

Tabelle A6.6-1: Drehmomentwerte gemäß der Kloss′schen Funktion (siehe Bild A6.6-2)

M_{e}	Nm	0	59.35	182.6	146.4	109.8	86.1	59.3	45.0	36.2
s	-	0	0.0167	0.1	0.2	0.3	0.4	0.6	0.8	1.0

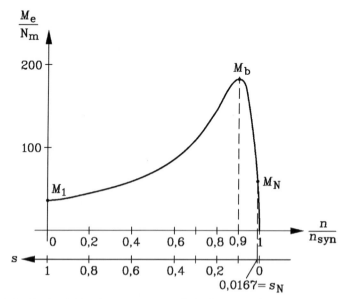

Bild A6.6-2: Drehzahl-Drehmoment-Kennlinie in motorischen Betriebsbereich gemäß der Kloss′schen Funktion

5)
Zugeführte Wirkleistung:

$$P_{\text{e,in}} = \frac{P_N}{\eta_N} = \frac{22000}{0.9} = 24440\,\text{W} = 24.44\,\text{kW}$$

Betriebszeit: $t = 365\,\text{Tage} \cdot 24\text{h} = 8760\text{h}$

Energie: $W = P_e \cdot t = 24.44 \cdot 8760 = 214094.4\,\text{kWh}$

Energiekosten je Jahr: $0.1 \cdot 214094.4 = 21409\,\text{Euro}$

6)
Die Leerlaufdrehzahl n_0 ist (bei vernachlässigtem bremsenden Reibungsmoment) die Synchrondrehzahl n_{syn}.

$$n_0 = n_{\text{syn}} = \frac{f_s}{p} = \frac{100}{1} = 100/s = 6000/\min$$

Aufgabe A6.7: Verluste in einer Asynchronmaschine

Ein vierpoliger Käfigläufer-Asynchronmotor mit den Daten $U_N = 400\,\text{V Y}$, $f_N = 50\,\text{Hz}$, $P_N = 21\,\text{kW}$ hat folgende Verlustleistungen: Stator-Stromwärmeverluste $P_{\text{Cu,s}} = 1.1\,\text{kW}$, Stator-Ummagnetisierungsverluste $P_{\text{Fe,s}} = 0.7\,\text{kW}$, Rotor-Ummagnetisierungsverluste $P_{\text{Fe,r}} \approx 0$, Rotor-Stromwärmeverluste $P_{\text{Cu,r}} = 0.9\,\text{kW}$, Reibungs- und Zusatzverluste $P_{\text{R+Z}} = 0.3\,\text{kW}$.

1. Berechnen Sie den Wirkungsgrad η_N und die Drehfeldleistung P_δ!
2. Bestimmen Sie das Luftspaltmoment M_e, das Wellenmoment M_N und die Bemessungsdrehzahl n_N (in 1/s und 1/min)!
3. Warum ist $P_{\text{Fe,r}} \approx 0$? Berechnen Sie dazu die Rotorfrequenz f_r!
4. Bestimmen Sie die Differenz $\Delta M = M_e - M_N$, und begründen Sie das Ergebnis mit Hilfe von $P_{\text{R+Z}}$!
5. Wie groß ist der primäre Netzstrom I_{Netz}, wenn $\cos\varphi_N = 0.85$ ist? Bestimmen Sie daraus den Ständerwicklungswiderstand je Strang R_s!

Lösung zu Aufgabe A6.7:

1)
$$\eta_N = \frac{P_{\text{m,out}}}{P_{\text{e,in}}} = \frac{P_N}{P_N + P_{\text{Cu,s}} + P_{\text{Cu,r}} + P_{\text{Fe,s}} + P_{\text{Fe,r}} + P_{\text{R+Z}}}$$

$$\eta_N = \frac{P_{m,out}}{P_{e,in}} = \frac{21}{24} = 0.875 = 87.5\%,$$

$$P_\delta = P_{e,in} - (P_{Cu,s} + P_{Fe,s}) = 24 - (1.1 + 0.7) = 22.2\,kW$$

2)

$$s_N \cdot P_\delta = P_{Cu,r} \Rightarrow s_N = P_{Cu,r} / P_\delta = 0.9/22.2 = 0.0405,$$

$$\Omega_{syn} = 2\pi \cdot f_N / p = 2\pi \cdot 50/2 = 157.1/s,$$

$$M_e = P_\delta / \Omega_{syn} = 22200/157.1 = 141.31\,Nm,$$

$$n_N = (1 - s_N) \cdot n_{syn} = (1 - 0.0405) \cdot 50/2 = 23.9875/s = 1439.3/min$$

$$M_N = P_N /(2\pi \cdot n_N) = 21000/(2\pi \cdot 23.9875) = 139.33\,Nm$$

3)

Rotorfrequenz: $f_r = s_N \cdot f_s = 0.0405 \cdot 50 = 2.025\,Hz$

$P_{Fe,r}$ umfasst Wirbelstromverluste ($\sim f_r^2$) und Hystereseverluste ($\sim f_r$), die beide wegen der kleinen Rotorfrequenz im Bemessungspunkt sehr klein sind und daher vernachlässigt werden können: $P_{Fe,r} \approx 0$.

4)

$$\Delta M = M_e - M_N = 141.31 - 139.33 = 1.98\,Nm,$$

$P_{R+Z} = 2\pi \cdot n_N \cdot \Delta M = 2\pi \cdot 23.9875 \cdot 1.98 = 300\,W$. Das bremsende Verlustmoment tritt infolge der rotationsbedingten Reibungs- und Zusatzverluste auf.

5)

$$S_N = P_{e,in} / \cos\varphi_N = 24/0.85 = 28.235\,kVA,$$

primäre Sternschaltung: $I_{Netz} = I_{ph} = I_s$,

$$I_{Netz} = S_N /(\sqrt{3} \cdot U_N) = 28235 /(\sqrt{3} \cdot 400) = 40.75\,A,$$

$$R_s = P_{Cu,s} /(3 \cdot I_s^2) = 1100/(3 \cdot 40.75^2) = 0.22\,\Omega$$

Aufgabe A6.8: Verlustbilanz einer Asynchronmaschine

Ein sechspoliger Asynchronmotor für einen Pumpenantrieb in den USA hat die Daten $P_N = 21.7\,kW$, $f_N = 60\,Hz$, $U_N = 460\,V$ Y, $n_N = 1152\,min^{-1}$, $\eta_N = 0.9$, $\cos\varphi_N = 0.86$. Die Rotor-Stromwärmeverluste im Bemessungspunkt betragen $P_{Cu,r} = 910\,W$. Der Motor hat dabei doppelt so hohe Stator-Ummagnetisierungsverluste $P_{Fe,s}$ wie Reibungs- und Zusatzverluste:

$P_{\text{Fe,s}}/P_{\text{R+Z}} = 3/1$. Die rotorseitigen Ummagnetisierungsverluste $P_{\text{Fe,r}}$ sind bei n_{N} vernachlässigbar klein.

1. Wie groß sind die einzelnen Verlustkomponenten im Bemessungspunkt?
2. Wie groß ist der primäre Netzstrom im Bemessungspunkt I_{N} sowie der Statorwicklungswiderstand R_{s} je Strang?
3. Bestimmen Sie das Bemessungsmoment M_{N} und das zugehörige Luftspaltmoment M_{e} und das Verlustmoment $\Delta M = M_{\text{e}} - M_{\text{N}}$! Überprüfen Sie das Ergebnis mit $P_{\text{R+Z}}$ aus 1.!
4. Der Rotorstrom I'_{r1} bei $s = 1$ (Anlaufpunkt) ist das 7-fache des Werts im Bemessungspunkt: $I'_{\text{r1}} / I'_{\text{rN}} = I_{\text{r1}} / I_{\text{rN}} = 7$. Wie groß ist das Anzugsmoment M_1?

Lösung zu Aufgabe A6.8:

1)

$$P_{\text{e,in}} = \frac{P_{\text{m,out}}}{\eta_{\text{N}}} = \frac{P_{\text{N}}}{\eta_{\text{N}}} = \frac{21700}{0.9} = 24111\,\text{W} ,$$

$$P_{\text{d}} = P_{\text{e,in}} - P_{\text{N}} = 24111 - 21700 = 2411\,\text{W} ,$$

$$n_{\text{syn}} = f_{\text{N}} / p = 60/3 = 20/\text{s} = 1200/\text{min} ,$$

$$s_{\text{N}} = (n_{\text{syn}} - n_{\text{N}}) / n_{\text{syn}} = (1200 - 1152)/1200 = 0.04 ,$$

$$P_{\delta} = P_{\text{Cu,r}} / s_{\text{N}} = 910 / 0.04 = 22750\,\text{W} ,$$

$$P_{\text{m}} = P_{\delta} - P_{\text{Cu,r}} = P_{\text{N}} + P_{\text{R+Z}} ,$$

$$P_{\text{R+Z}} = P_{\delta} - P_{\text{Cu,r}} - P_{\text{N}} = 22750 - 910 - 21700 = 140\,\text{W} ,$$

$$P_{\text{Fe,s}} = 3 \cdot P_{\text{R+Z}} = 3 \cdot 140 = 420\,\text{W} ,$$

$$P_{\text{Cu,s}} = P_{\text{e,in}} - P_{\delta} - P_{\text{Fe,s}} = 24111 - 22750 - 420 = 941\,\text{W}$$

Kontrolle:

$$P_{\text{d}} = P_{\text{Cu,s}} + P_{\text{Fe,s}} + P_{\text{Cu,r}} + P_{\text{R+Z}} = 941 + 420 + 910 + 140 = 2411\,\text{W}$$

2)

$$S_{\text{N}} = P_{\text{e,in}} / \cos\varphi_{\text{N}} , \text{ primäre Sternschaltung: } I_{\text{Netz,N}} = I_{\text{ph}} = I_{\text{s}} = I_{\text{N}} ,$$

$$I_{\text{N}} = P_{\text{e,in}} /(\sqrt{3} \cdot U_{\text{N}} \cdot \cos\varphi_{\text{N}}) = 24111/(\sqrt{3} \cdot 460 \cdot 0.86) = 35.2\,\text{A}$$

$$R_{s} = P_{\text{Cu,s}} /(3 \cdot I_{\text{N}}^2) = 941/(3 \cdot 35.2^2) = 0.253\,\Omega$$

3)

$$M_N = P_N / (2\pi \cdot n_N) = \frac{21700}{2\pi \cdot \dfrac{1152}{60}} = 179.88 \text{Nm} \,,$$

$$M_e = P_\delta / (2\pi \cdot n_{syn}) = \frac{22750}{2\pi \cdot \dfrac{1200}{60}} = 181.04 \text{Nm} \,,$$

$$\Delta M = M_e - M_N = 181.04 - 179.88 = 1.16 \text{Nm} \,,$$

$$P_{R+Z} = 2\pi \cdot n_N \cdot \Delta M = 2\pi \cdot \frac{1152}{60} \cdot 1.16 = 140 \text{W} \,, \text{ passend zu dem Ergebnis}$$

von 1). Dieses bremsende Verlustmoment tritt infolge der rotationsbedingten Reibungs- und Zusatzverluste auf.

4)

$$M_1 = \frac{P_\delta (s=1)}{2\pi \cdot n_{syn}} = \frac{P_{Cu,r}(s=1)/s}{2\pi \cdot n_{syn}} = \frac{P_{Cu,r}(s=1)}{2\pi \cdot n_{syn}} = \frac{3R'_r \cdot I'^2_{r1}}{2\pi \cdot n_{syn}}$$

$$M_e(s=s_N) = \frac{3R'_r \cdot I'^2_{rN}/s_N}{2\pi \cdot n_{syn}} \,, \quad \frac{M_1}{M_e(s_N)} = \left(\frac{I'_{r1}}{I'_{rN}} \right)^2 \cdot s_N \,,$$

$$\frac{M_1}{M_e(s_N)} = (7)^2 \cdot 0.04 = 1.96 \,,$$

$$M_1 = 1.96 \cdot M_e(s_N) = 1.96 \cdot 181.04 = 354.84 \text{Nm}$$

7. Antriebstechnik mit der Asynchronmaschine

Aufgabe A7.1: Kesselspeisepumpen-Antrieb

Für einen Antrieb der Kesselspeisepumpe in einem thermischen Kraftwerk mit den Daten $P = 2.2 \ldots 1.6$ MW bei $n = 990 \ldots 720/\text{min}$ sollen für $f_s = 50$ Hz eine Asynchronmaschine und eine untersynchrone Stromrichterkaskade beschafft werden.

1. Welche Bemessungsleistung und welche Polzahl hat die Asynchronmaschine?
2. Wie groß ist ihr Bemessungsstrom als Außenleiterwert für eine verkettete Netzspannung $U_N = 6300$ V bei Y-Schaltung der Ständerwicklung und die Daten $\cos\varphi_N = 0.90$ und $\eta_N = 0.95$?
3. Für welche Scheinleistung sind der maschinenseitige und der netzseitige Stromrichter etwa zu bemessen?
4. Skizzieren Sie den Verlauf $M(n)$ des Drehmomentes über der Drehzahl bei Einstellung des Stromrichters auf
   a) Zwischenkreisspannung Null (wie groß ist der Schlupf s_N?),
   b) die tiefste Drehzahl des oben angegebenen Stellbereichs.

Lösung zu Aufgabe A7.1:

1)
$P_N = 2.2$ MW; $n_{\max} = 990/\text{min}$, daher ist $n_{\text{syn}} = 1000/\text{min}$, was bei 50 Hz der Polzahl $2p = 6$ entspricht:

$n_{\text{syn}} = f/p = 50/3 = 16.67/\text{s} = 1000/\text{min}$,

Nennschlupfdrehzahl: $(1000 - 990)/\text{min} = 10/\text{min}$

2)
$P_N = 2.2\,\text{MW} = \eta_N \cdot \cos\varphi_N \cdot \sqrt{3} \cdot U_N \cdot I_N \Rightarrow I_N = 236\,\text{A}$

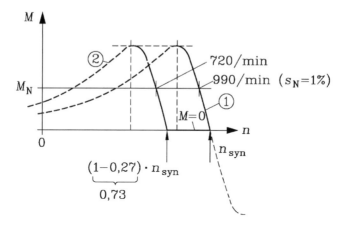

Bild A7.1-1: Nichtmaßstäbliche Skizze der Drehzahl-Drehmoment-Kennlinie der untersynchronen Stromrichterkaskade mit Schleifringläufer: (1) Die Zwischenkreisspannung ist null, (2) Betrieb bei minimaler Drehzahl 720/min. Diese $M(n)$-Kennlinie ist in der Realität nur im steilen Ast korrekt wiedergegeben. Das Drehmoment bei hohem Schlupf ist infolge der Stromrichterspeisung läuferseitig mitunter verzerrt. Das „Parallelverschieben" der Kennlinie gilt nur unter den hier getroffenen großen Vereinfachungen.

3)
Die Schlupfleistung wird über Stromrichter ins Netz zurückgespeist. Die maximale Schlupfleistung tritt bei maximalem Schlupf auf.

$s_{max} = \dfrac{n_{syn} - n_{min}}{n_{syn}} = \dfrac{1000 - 720}{1000} = 0.28$. Mit $P_N \approx P_\delta$ folgt: $P_N \cdot s_{max} = P_r$.

Umrichterscheinleistung: $S_r = S_N \cdot s_{max} = \sqrt{3} \cdot U_N \cdot I_N \cdot s_{max} = 721\,\text{kVA}$

4)
Skizze des Verlaufs $M(n)$ des Drehmomentes über der Drehzahl: siehe Bild A7.1-1!

Im Fall (2) ist zwischen n_{syn} und $n = 0.73 \cdot n_{syn}$ das Drehmoment $M = 0$,

da $|U_{dr}| < |U_{dw}|$ (Bild 7.6-1 im Lehrbuch), so dass in der Rotorwicklung kein Strom fließen kann, und daher auch kein Drehmoment gebildet wird.

Aufgabe A7.2: Grundwasser-Pumpenstation

Der drehzahlvariable Antrieb einer Kreiselpumpe in einer Grundwasser-Pumpenstation erfolgt mit einer Drehstrom-Asynchronmaschine, die über einen Spannungszwischenkreis-Umrichter gespeist wird. Die Leistungsschilddaten der Maschine sind $P_N = 125$ kW, $U_N = 500$ V Y, $I_N = 218$ A, $f_N = 75$ Hz, $2p = 8$, $\cos\varphi_N = 0.72$. Der Stator-Wicklungswiderstand und weitere Verluste werden vernachlässigt ($R_s = 0$). Der Leerlaufstrom beträgt $I_0 = 125$ A bei einem Leistungsfaktor $\cos\varphi_0 \approx 0$.

1. Zeichnen Sie aus $\underline{I}_0$ und $\underline{I}_N$ das Kreisdiagramm für den Betrieb mit 500 V Y und 75 Hz. Verwenden Sie als Strommaßstab 1 cm $\hat{=}$ 50 A.
2. Wie groß ist das zugehörige Kippmoment?
3. Die Maschine wird nun mit 500 V Y und 120 Hz gespeist. Oberschwingungen und Eisensättigung werden vernachlässigt.
   a) Tragen Sie das Kreisdiagramm für diesen Betrieb in das Diagramm nach Pkt. 1) mit gleichem Maßstab ein!
   b) Wie groß ist das zugehörige Kippmoment?
   c) Bestimmen Sie den aufgenommenen Strom und den Leistungsfaktor für eine abgegebene Leistung von 125 kW unter der Annahme, dass der Wirkungsgrad dem im Bemessungspunkt entspricht.

Lösung zu Aufgabe A7.2:

1)

Punkt P_0 : $\cos\varphi_0 = 0$, $\varphi_0 = 90°$, $I_0 = 125$ A $\hat{=} 2.5$ cm , 1 cm $\hat{=} 50$ A .

Punkt P_N : $\cos\varphi_N = 0.72$, $\varphi_N = 44°$, $I_N = 218$ A $\hat{=} 4.4$ cm .

Bestimmung des Mittelpunkts M des Kreisdiagramms (Bild A7.2-1):

M liegt auf der Abszisse, da R_s vernachlässigt ist! Das Lot auf $\overline{P_0 P_N}$ bei Halbierung der Strecke $\overline{P_0 P_N}$ ergibt im Schnittpunkt mit der Im-Achse den Kreismittelpunkt.

2)

Da $R_s = 0$ und $P_{Fe} = 0$ sind, ist die Drehfeldleistung beim Kippschlupf

$$P_{\delta,b} = m_s \cdot U_s \cdot I_{s,b,w} = \Omega_{syn} \cdot M_b \quad , \quad I_{s,b,w} \hat{=} \overline{KM} = 9.7 \text{ cm} \hat{=} 485 \text{ A} ,$$

$$\Omega_{syn} = 2\pi f_s / p = 2\pi 75/4 = 117.8 / s \quad .$$

Graphisch bestimmtes Kippmoment: $M_b = \dfrac{\sqrt{3} \cdot 500 \cdot 485}{117.8} = 3565$ Nm .

3a)

$f_s = 120$ Hz : Die Reaktanzen $X = \omega_s L$ steigen im Verhältnis $120/75 = 1.6$! Der Leerlaufstrom

$$I_0 - \frac{U_s}{\omega_s(L_{s\sigma} + L_h)}$$

sinkt daher auf $1/1.6 = 0.63$.

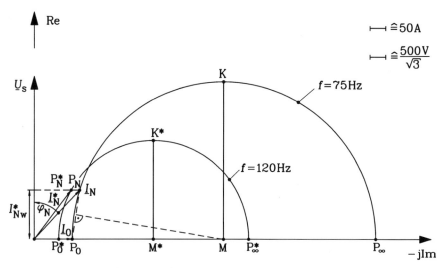

Bild A7.2-1: Kreisdiagramm des Asynchron-Pumpenmotors bei den Ständerfrequenzen 75 Hz und 120 Hz

$I_0^* \hat{=} 0.63 \cdot 2.5 = 1.6\,\text{cm}$: Dies ist der Punkt P_0^* in Bild A7.2-1. Der ideelle Kurzschlussstrom (bei $s \to \infty$)

$$I_\infty = \frac{U_s}{\omega_s \cdot \left(L_{s\sigma} + \dfrac{L_h \cdot L_{r\sigma}'}{L_h + L_{r\sigma}'} \right)}$$

sinkt ebenfalls auf 0.63-fachen Wert: $I_\infty^* \hat{=} 0.63 \cdot 22.1 = 13.9\,\text{cm}$. Dies ist Punkt P_∞^* im Bild A7.2-1. $\Omega_{\text{syn}}^* = 1.6\,\Omega_{\text{syn}} = 188.5\,/\,\text{s}$.

Bestimmung des Mittelpunkts M* des Kreisdiagramms bei 120 Hz:

M* halbiert die Strecke $\overline{P_0^* P_\infty^*}$. $I_{s,b,w}^* \hat{=} \overline{K^* M^*} = 6.1\,\text{cm} \hat{=} 305\,\text{A}$

3b)
$$M_b^* = m_s \cdot U_s \cdot I_{s,b,w}^* / \Omega_{\text{syn}}^* = 3 \cdot (500/\sqrt{3}) \cdot 305/188.5 = 1401\,\text{Nm}$$

3c)
Wirkungsgrad im Bemessungspunkt:

$$\eta_N = \frac{P_{\text{out}}}{P_{\text{in}}} = \frac{P_N}{\sqrt{3} \cdot U_N \cdot I_N \cdot \cos\varphi_N} = \frac{125000}{\sqrt{3} \cdot 500 \cdot 218 \cdot 0.72} = 91.96\,\%$$

$$P_{\text{in}} = 135.9\,\text{kW} = \sqrt{3} \cdot U_N \cdot I_N^* \cdot \cos\varphi_N \Rightarrow I_{N,w}^* = I_N^* \cdot \cos\varphi_N = 157\,\text{A} \hat{=} 3.1\,\text{cm}$$

Im Kreisdiagramm erhält man zu $I^*_{\mathrm{N,w}} \hat{=} 3.1\,\mathrm{cm}$ den Bemessungsstrom bei 120 Hz gemäß $I^*_{\mathrm{N}} \hat{=} 4.0\,\mathrm{cm}$ bzw. $I^*_{\mathrm{N}} = 4 \cdot 50 = 200\,\mathrm{A}$ und den Leistungsfaktor $\cos\varphi^*_{\mathrm{N}} = 157/200 = 0.785$.

Aufgabe A7.3: Tunnellüfter-Motor

In einem Straßentunnel werden polumschaltbare Kurzschlussläufer-Asynchronmotoren mit Dahlander-Wicklung für 6 kV Bemessungsspannung und 50 Hz Netzfrequenz zum Antrieb für die Axialventilatoren zur Abgasentlüftung verwendet. Es ergeben sich so zwei Drehzahlstufen mit proprtional unterschiedlichem Luft-Volumenstrom. Die Daten sind für die hohe Drehzahlstufe 6 kV, Dreieck-Schaltung (bezeichnet mit D oder Δ), 777 kW, 984/min. Das motorische Kippmoment beim Kippschlupf $s_{\mathrm{b}} = 0.15$ ist das 3-fache Bemessungsmoment, das Anzugsmoment ist $M_1 = 0.8 M_{\mathrm{N}}$. Bei der hohen Drehzahlstufe ist die Ständerwicklung der Motoren in Dreieck, bei der niedrigen in Stern geschaltet. Das Produkt aus Motorwirkungsgrad und Leistungsfaktor ist für beide Drehzahlstufen 0.8.

1. Welche beiden Synchrondrehzahlen können mit den Motoren gefahren werden?
2. Der Betriebsschlupf bei der niedrigen Drehzahlstufe beträgt 2.4 %. Wie groß ist die Betriebsdrehzahl?
3. Wie ändert sich der Leistungsbedarf der Lüfter bei Übergang von der hohen zur niedrigen Drehzahlstufe?
4. Wie groß ist die Stromaufnahme der Motoren aus dem Netz in beiden Drehzahlstufen? Wie groß ist der zugehörige Strangstrom in den Motorwicklungen?
5. Die Stromaufnahme der Motoren bei festgebremstem Läufer wurde im Prüffeld des Herstellers bei Bemessungsspannung und -frequenz gemessen und ergab für die hohe Drehzahlstufe den 7.5-fachen Bemessungsstrom. Wie hoch ist die Stromaufnahme der Motoren beim Anfahren in der hohen Drehzahlstufe, wenn Y-D-Hochlauf vorgesehen wird?
6. Skizzieren Sie für den Y-D-Anlauf von 5. die Motordrehmoment- und die Lüftermoment-Kennlinie, wenn erst nach erfolgtem Hochlauf von Y auf D umgeschaltet wird! Ist problemloser Y-D-Anlauf überhaupt möglich?

Lösung zu Aufgabe A7.3:

1)

Hohe Drehzahlstufe: 984/min $\Rightarrow n_{\mathrm{syn}} = 1000$/min bei 50 Hz: $2p = 6$. Niedrige Drehzahlstufe mit Dahlander-Schaltung $p^* = 2p$: $\quad 2p^* = 12$.

$$n_{\mathrm{syn}}^* = f_s / p^* = 50/6 = 8.33 /\mathrm{s} = 500 / \min$$

2)

$$s_{\mathrm{N}}^* = 2.4\,\% = \frac{n_{\mathrm{syn}}^* - n^*}{n_{\mathrm{syn}}^*} \Rightarrow n^* = \left(1 - s_{\mathrm{N}}^*\right) \cdot n_{\mathrm{syn}}^* = (1 - 0.024) \cdot 500 = 488 / \min$$

3)

Lüfter: $M_{\mathrm{Lü}} \sim n^2$, $P_{\mathrm{Lü}} = 2\pi \cdot n \cdot M \sim n^3$, $P_{\mathrm{Lü}} = 777\,\mathrm{kW}$ bei der hohen Drehzahl. In der niedrigen Drehzahlstufe gilt folglich:

$$P_{\mathrm{Lü}}^* = \left(\frac{n^*}{n}\right)^3 \cdot P_{\mathrm{Lü}} = \left(\frac{488}{984}\right)^3 \cdot 777 = 94.8\,\mathrm{kW}$$

4)

$U_{\mathrm{N}} = 6\,\mathrm{kV}$:

$2p$	6	12
Schaltung	Δ	Y
Strangstrom	$I_s = I_{\mathrm{Netz}} / \sqrt{3}$	$I_s = I_{\mathrm{Netz}}$
$I_{\mathrm{Netz}} / \mathrm{A}$	93.5	11.4
I_s / A	54.0	11.4
$P_{\mathrm{Lü}} / \mathrm{kW}$	777	94.8

5)

Hohe Drehzahl: $I_1 = I_s(s=1) = 7.5 \cdot I_{\mathrm{N}} = 7.5 \cdot 93.5 = 701.25\,\mathrm{A}$.

Bei Y-D-Anlauf verringert sich I_1 auf $I_1/3$: $I_{1\mathrm{Y}} = 701.25/3 = 233.75\,\mathrm{A}$.

6)

Y-D-Anlauf (Bild A7.3-1):

<u>Δ-Schaltung:</u>

$$M_1 = 0.8 \cdot M_{\mathrm{N}}, \quad M_{\mathrm{b}} = 3 \cdot M_{\mathrm{N}}, \quad s_{\mathrm{b}} = 0.15, \quad s_{\mathrm{N}} = \frac{1000 - 984}{1000} = 1.6\,\%$$

<u>Y-Schaltung:</u>

$M_{\mathrm{Y}} = M_{\Delta}/3$. Das Motormoment ist größer als das Gegenmoment des Lüfters, so dass ein Y-Anlauf problemlos möglich ist!

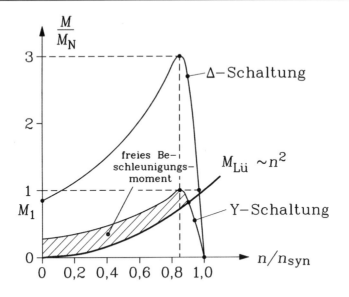

Bild A7.3-1: Drehzahl-Drehmoment-Kennlinie der Asynchronmaschine für Y- und Δ-Schaltung sowie Lüfter-Drehmoment $M_{Lü}$

Aufgabe A7.4: Bahnantrieb

Ein Hochgeschwindigkeits-Triebzug hat in den beiden angegebenen Geschwindigkeitsbereichen folgende Zugkraft- und Zugleistungsdaten:

$0 \le v \le v_N = 130$ km/h : Zugkraft $F_Z = $ konstant $= F_{ZN}$

$v_N \le v \le v_{max} = 330$ km/h : Die Zugleistung $P_Z = P_{ZN} = 8$ MW ist konstant.

Die Drehzahl der Räder bei $v_N = 130$ km/h ist $n_{Rad,N} = 850 /$ min. Der Triebzug wird von 16 vierpoligen ($2p = 4$) umrichtergespeisten Asynchronmotoren angetrieben. Jeder Motor überträgt sein Antriebsmoment über ein Getriebe mit dem Übersetzungsverhältnis $i = 2.5$ auf eine Radsatzwelle; dabei drehen die Motoren schnell und die Radsatzwellen langsam.

1. Wie groß ist die Zugkraft F_{ZN} bei v_N? Wie groß ist n_{Rad} bei v_{max}? Skizzieren Sie die Zugleistungs- und Zugkraftdiagramme $P_Z(v)$ und $F_Z(v)$ sowie $P_Z(n_{Rad})$ und $F_Z(n_{Rad})$!
2. Wie wird die Motordrehzahl n aus der Raddrehzahl n_{Rad} berechnet?
3. Wie groß sind im Bemessungspunkt bei v_N die Motorleistung P_N, die Motordrehzahl n_N, das Motormoment M_N? Wie groß sind die entsprechenden Größen P, M und n_{max} bei v_{max}?

4. Skizzieren Sie zum Zugkraftdiagramm von 1) die $P(n)$- und die $M(n)$-Kennlinie eines Motors maßstäblich für $0 \leq n \leq n_{max}$!
5. Bei v_N beträgt der Schlupf der Asynchronmotoren $s_N = 1\,\%$. Wie groß ist die zugehörige Statorfrequenz f_{sN}?
6. Wie groß ist die Statorfrequenz $f_{s,max}$ bei v_{max} bei Motorleerlauf ($s = 0$)?
7. Wie groß ist das Kippmoment des Motors $M_b(v_{max})$ bei $f_{s,max}$, wenn U_s für $v > v_N$ konstant gehalten wird ($U_s = U_{sN}$) und das Kippmoment im Bemessungspunkt $M_b(v_N) = 3M_N$ beträgt? Vernachlässigen Sie bei dieser Rechnung den Ständerwiderstand R_s! Kippen die Asynchronmotoren bei $f_s = f_{s,max}$, wenn sie mit $M(n_{max})$ belastet werden? Begründen Sie Ihre Antwort!

Lösung zu Aufgabe A7.4:

1)
$v_N = 130\,\text{km/h} = 36.11\,\text{m/s}$:

$$F_{ZN} = P_{ZN} / v_N \quad \Rightarrow \quad F_{ZN} = \frac{8000000}{36.11} = 221545\,\text{N}$$

Gemäß Bild A7.4-1 gilt:

$$n_{Rad} \cdot 2\pi \cdot r_{Rad} = v \quad \Rightarrow \quad n_{Rad,max} = n_{Rad,N} \cdot \frac{v_{max}}{v_N} = 850 \cdot \frac{330}{130} = 2157.7\,/\,\text{min}$$

Skizze der Diagramme $P_Z(v)$, $F_Z(v)$, $P_Z(n_{Rad})$ und $F_Z(n_{Rad})$ in Bild A7.4-2!
2)
$n = i \cdot n_{Rad}$
3)
$$P_N = P_{ZN} / 16 = 8000000 / 16 = 500000\,\text{W} = 500\,\text{kW}\,,$$

$$n_N = 2.5 \cdot 850 = 2125\,/\,\text{min}\,, \quad M_N = \frac{P_N}{2\pi n_N} = \frac{500000}{2\pi \cdot (2125/60)} = 2246.9\,\text{Nm}$$

$$P(v_{max}) = P_{ZN} / 16 = 500\text{kW}\,, \quad n_{max} = 2.5 \cdot 2157.7 = 5394.2\,/\,\text{min}$$

$$M(n_{max}) = \frac{P_N}{2\pi n_{max}} = \frac{500000}{2\pi \cdot (5394.2/60)} = 885.1\,\text{Nm}$$

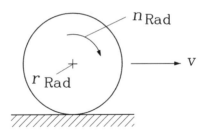

Bild A7.4-1: Raddrehzahl und Zuggeschwindigkeit

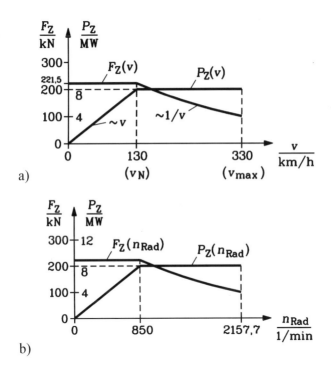

Bild A7.4-2: Zugkraft und Antriebsleistung in Abhängigkeit a) der Zuggeschwindigkeit und b) der Raddrehzahl

4) Motordrehmoment und Motorleistung in Abhängigkeit der Motordrehzahl: siehe Bild A7.4-3!

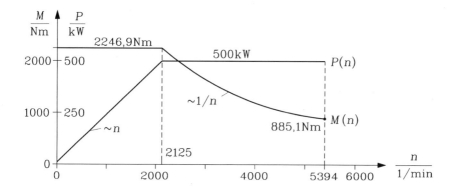

Bild A7.4-3: Motordrehmoment und Motorleistung in Abhängigkeit der Motordrehzahl

5)

$$f_{sN} = \frac{n_N \cdot p}{1 - s_N} = \frac{(2125/60) \cdot 2}{1 - 0.01} = 71.55 \, \text{Hz}$$

6)

$$f_{s,max}(s = 0) = \frac{n_{max} \cdot p}{1 - s} = n_{max} \cdot p = (5394.2/60) \cdot 2 = 179.8 \, \text{Hz}$$

7)

$R_s = 0$: Verwendung der Kloss'schen Formel: $M_b \sim (U_s / f_s)^2$:

$$\frac{M_b(v_{max})}{M_b(v_N)} = \left(\frac{f_{sN}}{f_{s,max}}\right)^2 = \left(\frac{71.55}{179.8}\right)^2 = 0.158$$

$$M_b(v_{max}) = 0.158 \cdot 3 M_N = 0.158 \cdot 3 \cdot 2246.9 = 1067.4 \, \text{Nm}$$

Das Bremsmoment bei maximaler Drehzahl beträgt gemäß Bild A7.4-3 885.1 Nm. Dies ist um 17 % kleiner als das Motor-Kippmoment bei Maximaldrehzahl mit 1067.4 Nm, so dass die Motoren auch bei Maximaldrehzahl nicht kippen. Sie sind somit richtig ausgelegt.

Aufgabe A7.5: Elektroauto-Antrieb

Ein Käfigläufer-Asynchronmotor mit Wassermantelkühlung wird über einen Umrichter, der eine veränderbare Ständerspannung und Ständerfrequenz zur Verfügung stellt, drehzahlveränderbar betrieben. Der Motor dient als Zentralantrieb für einen elektrisch angetriebenen PKW. Als

Spannungsquelle dient eine Proton-Emitting-Membrane-(PEM)-Brennstoffzelle mit einer Ausgangs-Gleichspannung 250 V. Der Spannungszwischenkreis-Umrichter wandelt sie ein Drehspannungssystem mit einer maximalen Ausgangsspannung 100 V (Strangwert, effektiv) um. Der Asynchronmotor ist vierpolig und arbeitet mit der Bemessungsfrequenz 135 Hz. Der Motor hat eine in Y geschaltete Drehfeldwicklung und folgende Ersatzschaltbilddaten:

$R_s \approx 0$, $X_h = 1.86\ \Omega$, $X_{s\sigma} = 0.063\ \Omega$, $X'_{r\sigma} = 0.089\ \Omega$, $R'_r = 0.013\ \Omega$.

Das einstufige Getriebe mit der Übersetzung $i = 8$ wandelt die hohe Drehzahl und das kleine Drehmoment des schnell drehenden E-Motors in die niedrige Drehzahl und das hohe Drehmoment der langsam drehenden Antriebsräder des PKW's mit einem Getriebewirkungsgrad von $\eta_{Get} = 97\ \%$. Der Durchmesser der Antriebsräder beträgt 0.7 m; das erforderliche Rad-Drehmoment ist $M_{Rad} = 590$ Nm bei einer Ständerfrequenz des E-Motors von 135 Hz.

1. Wie groß ist das erforderliche Motordrehmoment M_{mot}?
2. Berechnen Sie die Streuziffer σ, das Kippmoment M_b, den Kippschlupf s_b und die zugehörige Rotorfrequenz f_{rb} für $U_s = 100$ V, $f_s = 135$ Hz!
3. Bestimmen Sie den Motorbemessungsschlupf, die Motorbemessungsdrehzahl und die Motorabgabeleistung bei $U_s = 100$ V, $f_s = 135$ Hz, wenn nur die Stromwärmeverluste in R'_r berücksichtigt werden!
4. Welche Rotorfrequenz f_r tritt im Bemessungspunkt aus 3. auf?
5. Der Motor wird für $f_s > 135$ Hz bei konstanter Spannung $U_s = 100$ V mit konstanter Abgabeleistung betrieben! Warum heißt dieser Betriebsbereich „Feldschwächbereich"? Welche maximale Synchrondrehzahl und Betriebsdrehzahl ergeben sich?
6. Wie hoch ist die zur Betriebsdrehzahl aus 5. auftretende maximale Geschwindigkeit des PKW?

Lösung zu Aufgabe A7.5:

1)

$$M_{mot} = M_{Rad}\frac{1}{\eta_{Get}}\frac{1}{i} = 590\frac{1}{0.97}\frac{1}{8} = 76\ \text{Nm}, \quad \eta_{Get} = 0.97\,, i = 8\,,$$

$$M_{Rad} = 590\ \text{Nm}$$

2)

$$X_s = X_{s\sigma} + X_h = 0.063 + 1.86 = 1.923\ \Omega$$

$$X'_r = X'_{r\sigma} + X_h = 0.089 + 1.86 = 1.949\ \Omega$$

$$\sigma = 1 - \frac{X_h^2}{X_s X_r'} = 1 - \frac{1.86^2}{1.923 \cdot 1.949} = 0.077$$

M_b für $R_s \approx 0$ folgt aus der Kloss'schen Formel:

$m_s = 3$, $p = 2$, Strangspannung $U_s = 100$ V ,

$\omega_s = 2\pi \cdot f_s = 2\pi \cdot 135 = 848.2$ /s , $L_s = X_s / \omega_s = 1.923/848.2 = 2.267$ mH

$$M_b = \frac{m_s \cdot p}{2} \cdot \left(\frac{U_s}{\omega_s}\right)^2 \cdot \frac{1-\sigma}{\sigma \cdot L_s} = \frac{3 \cdot 2}{2} \cdot \left(\frac{100}{848.2}\right)^2 \cdot \frac{1-0.077}{0.077 \cdot \dfrac{2.267}{10^3}} = 220.5 \text{ Nm}$$

$$s_b(R_s \approx 0) \cong \frac{R_r'}{\sigma \cdot X_r'} = \frac{0.013}{0.077 \cdot 1.949} = 0.0866$$

$f_{rb} = s_b \cdot f_s = 0.0866 \cdot 135 = 11.7$ Hz

3)

$R_s \approx 0 \Rightarrow$ Kloss'sche Formel: $\dfrac{M_e}{M_b} = \dfrac{2}{\dfrac{s}{s_b} + \dfrac{s_b}{s}}$, $x = \dfrac{s}{s_b}$, $y = \dfrac{M_b}{M_e}$

$$\frac{1}{y} = \frac{2}{x + \dfrac{1}{x}} , \quad x + \frac{1}{x} - 2y = 0 \Rightarrow x^2 - 2 \cdot y \cdot x + 1 = 0 , \quad x = y \pm \sqrt{y^2 - 1}$$

$$\frac{s}{s_b} = \frac{M_b}{M_e} - \sqrt{\left(\frac{M_b}{M_e}\right)^2 - 1} , \quad M_e = M_N : \frac{M_b}{M_N} = \frac{220.5}{76} = 2.9 ,$$

$$\frac{s_N}{s_b} = 2.9 - \sqrt{2.9^2 - 1} = 0.178 , \quad s_N = 0.178 \cdot 0.0866 = 0.0154$$

$n_{syn} = f_s / p = 135/2 = 67.5$ /s $= 4050$ /min

$n_N = (1 - s_N) \cdot n_{syn} = (1 - 0.0154) \cdot 4050 = 3988$ / min

$$P_{out} = P_m = 2\pi \cdot n_N \cdot M_N = 2\pi \frac{3988}{60} \cdot 76 = 31736 \text{ W}$$

4)

$f_{rN} = s_N \cdot f_{sN} = 0.0154 \cdot 135 = 2.08$ Hz

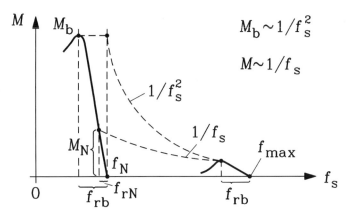

Bild A7.5-1: Momentabnahme bei konstanter Leistung und Abnahme des Kippmomentes bei konstanter Ständerspannung bei $R_s = 0$

5)

Konstantleistungsbetrieb (Bild A7.5-1): Gemäß 2) gilt $M_b \sim \left(U_s / f_s\right)^2$. Bei konstanter Spannung sinkt das Kippmoment mit dem inversen Quadrat der Statorfrequenz, während gemäß 3) das Moment M bei konstanter Leistung $P_m = 2\pi \cdot M \cdot (1-s) \cdot f_s / p$ nur mit dem Inversen der Statorfrequenz abnimmt. Der Schnittpunkt beider Kurven markiert das Ende des Konstantleistungsbereichs. Gemäß Kap. 5 ist bei $R_s = 0$ der Effektivwert der Statorflussverkettung $\Psi_s = U_s / \omega_s$; Ψ_s und damit der Fluss je Pol in der Maschine sinken bei konstantem U_s proportional $1/f_s$ („Feldschwächung").

$$M_{bN} \cdot \left(\frac{f_{sN}}{f_{s,max}}\right)^2 = M_N \cdot \left(\frac{f_{sN}}{f_{s,max}}\right) \Rightarrow f_{s,max} = f_{s,N} \cdot \frac{M_{bN}}{M_N}$$

Mit $M_{bN} = 220.5\ \text{Nm}$ und $M_N = 76\ \text{Nm}$ folgt:

$$f_{sN} = 135\ \text{Hz} \Rightarrow f_{s,max} = 135 \cdot 220.5 / 76 = 391.7\ \text{Hz}$$

$$n_{syn,max} = f_{s,max} / p = 391.7 / 2 = 195.8\ /\text{s} = 11750\ /\text{min}$$

$$f_{s,max} - f_{r,b} = n_{max} \cdot p$$

$$n_{max} = \frac{f_{s,max}}{p} - \frac{f_{r,b}}{p} = \frac{391.7}{2} - \frac{11.7}{2} = 190\ /\text{s} = 11400\ /\text{min}$$

6)

$$d_{Rad} = 0.7\ \text{m}\ , \quad n_{Rad,max} = n_{mot,max} / i = 11400 / 8 = 1425\ /\text{min}$$

$$v_{a,max} = d_{Rad} \cdot \pi \cdot n_{Rad,max} = 0.7 \cdot \pi \cdot \frac{1425}{60} = 52.23\ \text{m/s} = 188\ \text{km/h}$$

Aufgabe A7.6: Blindleistungskompensation bei einer Asynchronmaschine

Ein Drehstrom-Asynchronmotor mit den Daten $U_N = 230V/400V$, D/Y und $P_N = 5750$ W, $n_N = 1410/min$, 50 Hz, $\cos\varphi_N = 0.83$, $\eta_N = 88.5\%$ dient in einem Gebäude als Lüfterantrieb für die Klimatisierung.

1. Bestimmen Sie für den Bemessungspunkt das Drehmoment an der Welle, den Schlupf, die Motorverluste sowie den Effektivwert des Außenleiterstroms sowohl bei Y- als auch bei D-Schaltung! Welche Polzahl hat der Motor?
2. Bestimmen Sie für Dreieck- und Sternschaltung der Ständerwicklung eine ebensolche Kondensatoranordnung, so dass der resultierende Leistungsfaktor Eins ist. Wie groß ist für D und Y jeweils der Kapazitätswert der drei Kondensatoren C?
3. Vom einspeisenden Netztransformator zu den Motoranschlussklemmen beträgt der Zuleitungswiderstand je Strang $R_L = 0.5\ \Omega$. Wie groß sind jeweils für D und Y die Zuleitungsverluste für a) (unkompensiert) und b) (kompensiert)?

Lösung zu Aufgabe A7.6:

1)

$$M_N = P_N /(2\pi n_N) = 5750/(2\pi \cdot 1410/60) = 38.94 \text{Nm}$$

$$s_N = (n_{syn} - n_N)/n_{syn} = (1500 - 1410)/1500 = 6\%$$

Nur für eine vierpolige Maschine ergibt sich ein ausreichend kleiner Schlupf, der für eine verlustarme asynchrone Energiewandlung typisch ist!

$$n_{syn} = f_s / p = 50/2 = 25/s = 1500/\min, \qquad 2p = 4$$

$$P_d = (\frac{1}{\eta_N} - 1) \cdot P_N = (\frac{1}{0.885} - 1) \cdot 5750 = 747\,\text{W}$$

$$I_{sY} = \frac{S_N}{\sqrt{3} \cdot U_{NY}} = \frac{P_N /(\eta_N \cos\varphi_N)}{\sqrt{3} \cdot U_{NY}} = \frac{5750/(0.885 \cdot 0.83)}{\sqrt{3} \cdot 400} = 11.3\text{A}$$

$$I_{sD} = \frac{S_N}{\sqrt{3} \cdot U_{ND}} = \frac{P_N /(\eta_N \cos\varphi_N)}{\sqrt{3} \cdot U_{ND}} = \frac{5750/(0.885 \cdot 0.83)}{\sqrt{3} \cdot 230} = 19.65\text{A}$$

2)

a) Kondensatoren C in Stern geschaltet, mit den Klemmen R, S, T parallel zu den Motorklemmen U, V, W. Motorwicklung in Y geschaltet.

Motorblindleistung:

$$Q = S_N \cdot \sin\varphi_N = S_N \cdot \sqrt{1 - \cos^2\varphi_N} = P_N /(\eta_N \cos\varphi_N) \cdot \sqrt{1 - \cos^2\varphi_N}$$

$$Q = 4366\,\text{VAr}$$

Diese positive Blindleistung muss durch eine gleich große negative Blindleistung der Kondensatorschaltung kompensiert werden: $Q - Q_C = 0$.

$$Q_C = 3 \cdot \left(\frac{U_{NY}}{\sqrt{3}}\right)^2 \cdot \omega C_Y = U_{NY}^2 \cdot (2\pi f_s) \cdot C_Y \ ,$$

$$C_Y = \frac{Q}{U_{NY}^2 \cdot (2\pi f_s)} = \frac{4366}{400^2 \cdot (100\pi)} = 86.86\mu\text{F}$$

b) Kondensatoren C in Dreieck geschaltet, mit den Klemmen R, S, T parallel zu den Motorklemmen U, V, W; Motorwicklung in Dreieck geschaltet, Motorblindleistung: $Q = 4366\,\text{VAr}$.

$$Q_C = 3 \cdot U_{ND}^2 \cdot \omega C_D = 3 U_{ND}^2 \cdot (2\pi f_s) \cdot C_D \ ,$$

$$C_D = \frac{Q}{3 U_{ND}^2 \cdot (2\pi f_s)} = \frac{4366}{3 \cdot 231^2 \cdot (100\pi)} = 86.86\mu\text{F}$$

3)

Verluste in der Zuleitung: $P_L = 3 \cdot R_L I_s^2$

a) Sternschaltung: ohne Kompensation: $I_{sY} = 11.3\,\text{A}$:

$$P_L = 3 \cdot 0.5 \cdot 11.3^2 = 191.5\,\text{W} , \text{ mit Kompensation: } \cos\varphi_N = 1 :$$

$$I_{sY} = \frac{P_N /(\eta_N \cos\varphi_N)}{\sqrt{3} \cdot U_{NY}} = \frac{5750/(0.885 \cdot 1)}{\sqrt{3} \cdot 400} = 9.38\,\text{A} ,$$

$$P_L = 3 \cdot 0.5 \cdot 9.38^2 = 131.9\,\text{W}$$

b) Dreieckschaltung: ohne Kompensation: $I_{sD} = 19.65\,\text{A}$:

$$P_L = 3 \cdot 0.5 \cdot 19.65^2 = 579.2\,\text{W} , \text{ mit Kompensation: } \cos\varphi_N = 1 :$$

$$I_{sD} = \frac{P_N /(\eta_N \cos\varphi_N)}{\sqrt{3} \cdot U_{NY}} = \frac{5750/(0.885 \cdot 1)}{\sqrt{3} \cdot 230} = 16.3\,\text{A} ,$$

$$P_L = 3 \cdot 0.5 \cdot 16.3^2 = 399.0\,\text{W}$$

Aufgabe A7.7: Antriebsprojektierung mit einer Asynchronmaschine

Für ein entlegenes Grundstück ist ein Antrieb für eine Kreissäge zu projektieren. Ein Drehstrom-Asynchronmotor mit den Daten $P_N = 5\,kW$, $n_N = 2870\,/min$, $U_N = 400\,V$ Y, $f_N = 50\,Hz$, $\cos\varphi_N = 0.87$, $\eta_N = 0.89$ soll über ein 1.5 km langes Drehstromkabel aus Aluminium mit dem Leitungsquerschnitt je Phase $q_{Al} = 10\,mm^2$ versorgt werden. Das Kabel wird näherungsweise durch die Impedanz $\underline{Z} = R_B + j \cdot X_B$ je Phase beschrieben, wobei $X'_B = 0.19\,\Omega/km$ die Reaktanz je Kabellänge ist!

1. Berechnen Sei den ohm´schen Kabelwiderstand R_B je Phase bei 20 °C ($\kappa_{Al} = 34\,MS/m$) sowie X_B und die zugehörige Induktivität L_B!
2. Wie groß ist die Stromdichte J_B im Kabel je Strang bei Motorbemessungsstrom?
3. Wie groß müssen die Speisespannung je Strang $\underline{U}_1$ und der Effektivwert U_1 am Kabeleingang sein, wenn der Motor mit Bemessungsdaten betrieben werden soll? Nehmen Sie die Motorstrangspannung $\underline{U}_s = U_s$ reell an! Geben Sie U_1/U_s an!
4. Wie groß ist zu 3) der Phasenwinkel $\cos\varphi_1$ zwischen Strangstrom und Strangspannung am Kabeleingang? Skizzieren Sie maßstäblich das Spannungszeigerdiagramm mit $\underline{U}_s$, $\underline{U}_1$, $R_B\underline{I}_s$ und $jX_B\underline{I}_s$ und tragen Sie den Zeiger $\underline{I}_s$ ein (1 A $\hat{=}$ 1 cm, 25 V $\hat{=}$ 1 cm)!
5. Wie groß muss eine in Stern geschaltete Anordnung dreier gleich großer Kondensatoren C_Y am Kabeleingang sein, damit $\cos\varphi_1 = 1$ ist (Blindleistungskompensation)? Wie groß ist der Effektivwert des Stroms I_C je Kondensator? Wie groß ist nun der Netzstrom I_{Netz}, der sowohl das Kabel als auch die Kondensatoren versorgt? Um wie viel hat er sich gegenüber 4. in % verändert?

Lösung zu Aufgabe A7.7:

1)

$$R_B = \frac{l}{\kappa_{Al} \cdot q_{Al}} = \frac{1500}{34 \cdot 10^6 \cdot 10 \cdot 10^{-6}} = 4.41\Omega\,,$$

$$X_B = l \cdot X'_B = 1.5 \cdot 0.19 = 0.285\Omega\,,$$

$$L_B = X_B /(2\pi \cdot f_N) = 0.285/(2\pi \cdot 50) = 0.91\,mH$$

2)

$$I_N = S_N / (\sqrt{3} \cdot U_N) = P_N / (\sqrt{3} \cdot U_N \cdot \cos\varphi_N \cdot \eta_N),$$

$$I_N = 5000 / (\sqrt{3} \cdot 400 \cdot 0.87 \cdot 0.89) = 9.32 A,$$

$$J_B = I_N / q_{Al} = 9.32 / 10 = 0.932 A/mm^2$$

3)

$$U_s = U_N / \sqrt{3} = 400 / \sqrt{3} = 231 V, \quad \underline{U}_1 = (R_B + j \cdot X_B) \cdot \underline{I}_N + U_s,$$

$$\underline{I}_N = I_{s,w} - j \cdot I_{s,b}$$

primäre Sternschaltung: $I_s = I_N$,

Wirkstromanteil: $I_{s,w} = I_s \cdot \cos\varphi_N = 9.32 \cdot 0.87 = 8.11 A$,

$$\sin\varphi_N = \sqrt{1 - (\cos\varphi_N)^2} = \sqrt{1 - 0.87^2} = 0.493,$$

nacheilender Blindstromanteil: $I_{s,b} = I_s \cdot \sin\varphi_N = 9.32 \cdot 0.493 = 4.60 A$,

$$\underline{U}_1 = (R_B + j \cdot X_B) \cdot (I_{s,w} - j \cdot I_{s,b}) + U_s$$

$$\underline{U}_1 = R_B I_{s,w} + X_B I_{s,b} + U_s + j \cdot (X_B I_{s,w} - R_B I_{s,b})$$

$$\underline{U}_1 = [4.41 \cdot 8.11 + 0.285 \cdot 4.6 + 231 + j \cdot (0.285 \cdot 8.11 - 4.41 \cdot 4.6)] V,$$

$$\underline{U}_1 = U_{1,w} + j \cdot U_{1,b} = (268.08 - j \cdot 17.97) V,$$

$$U_1 = |\underline{U}_1| = \sqrt{268.08^2 + 17.97^2} = 268.68 V,$$

$$U_1 / U_s = 268.68 / 231 = 1.164,$$

Bild A7.7-1a: $U_s = 231 V \Leftrightarrow 9.24 cm$, $U_1 = 268.68 V \Leftrightarrow 10.74 cm$,

$$R_B I_s = 4.41 \cdot 9.32 = 41.4 V \Leftrightarrow 1.64 cm,$$

$$X_B I_s = 0.285 \cdot 9.32 = 2.66 V \Leftrightarrow 0.1 cm, \quad I_s = 9.32 A \Leftrightarrow 9.32 cm,$$

$$\varphi_s = \arccos 0.87 \Leftrightarrow 29.5°$$

4)

$$S_1 = 3 \cdot U_1 \cdot I_s = 3 \cdot 268.68 \cdot 9.32 = 7512.3 VA,$$

$$P_1 = 3 \cdot (U_{1,w} \cdot I_{s,w} + U_{1,b} \cdot I_{s,b}),$$

$$P_1 = 3 \cdot (268.08 \cdot 8.11 + (-17.97) \cdot (-4.60)) = 6770.4 W,$$

$$\cos\varphi_1 = P_1 / S_1 = 6770.4 / 7512.3 = 0.9$$

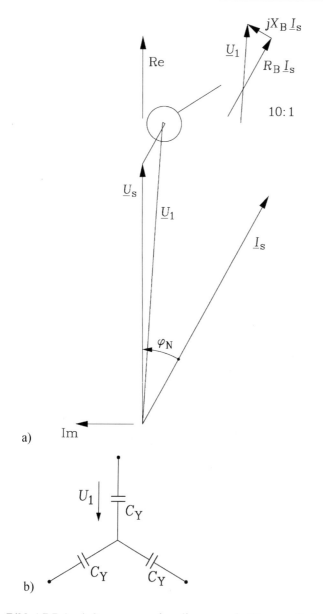

Bild A7.7-1: a) Spannungszeigerdiagramm je Strang mit dem Spannungsfall des Drehstrom-Kabels, b) Sternschaltung der Kondensatoren zur Blindstromkompensation

5)

$$Q_1 = \sqrt{S_1^2 - P_1^2} = S_1 \cdot \sqrt{1 - (\cos\varphi_1)^2} = 7512.3 \cdot \sqrt{1 - 0.9^2} = 3255.3\,\text{VAr},$$

$$Q = Q_C + Q_1 = 0, \quad X_C = -\frac{1}{\omega C_Y},$$

Bild A7-7-1b: $Q_C = -Q_1 = 3 \cdot \dfrac{U_1}{-\dfrac{1}{\omega C_Y}} \quad \Rightarrow \quad Q_1 = 3 \cdot 2\pi f_N \cdot C_Y \cdot U_1^2,$

$$C_Y = \frac{Q_1}{3 \cdot 2\pi f_N \cdot U_1^2} = \frac{3255.3}{3 \cdot 2\pi \cdot 50 \cdot 268.68^2} = 47.8\,\mu\text{F}$$

$$Q = 0 : S_1 = P_1, \quad I_{\text{Netz}} = P_1 / (3 \cdot U_1) = 6770.4 / (3 \cdot 268.68) = 8.4\,\text{A},$$

$$\Delta I = I_N - I_{\text{Netz}} = 9.32 - 8.4 = 0.92\,\text{A}, \quad (I_{\text{Netz}} / I_N - 1) \cdot 100 = -9.88\%$$

Aufgabe A7.8: Asynchronmaschine als Aufzugsantrieb

Ein Aufzug soll die Masse $m = 1.5\,\text{t}$ mit einem Drehstrom-Asynchronmotor mit den Daten $U_N = 460\,\text{V}$, Dreieckschaltung, $f_N = 50\,\text{Hz}$, $n_N = 960/\text{min}$, $\eta_N = 0.89$, $\cos\varphi_N = 0.82$ mit der Geschwindigkeit $v = 1.2\,\text{m/s}$ heben. Das Getriebe zwischen der Seiltrommel mit dem Durchmesser $d = 0.6\,\text{m}$ und dem Motor hat den Wirkungsgrad $\eta_G = 0.92$.

1. Wie groß sind die Drehzahl n_G der Seiltrommel und das Übersetzungsverhältnis $i = n_N/n_G$ des Getriebes?
2. Berechnen Sie die erforderliche Motorbemessungsleistung P_N sowie die Stromaufnahme I_{Netz} und das Motorbemessungsmoment M_N!
3. Welche Polzahl hat der Motor? Wie groß ist der Bemessungsschlupf s_N?
4. Das Motorkippmoment M_b ist das 2.5-fache Bemessungsmoment! Wie groß ist der zugehörige Kippschlupf s_b, wenn das Luftspaltmoment M_e etwa auch das Moment an der Welle ist? Vernachlässigen Sie den Einfluss des Ständerwicklungswiderstands R_s!
5. Wie groß sind das Anzugsmoment M_1 und M_1/M_N des Motors?
6. Berechnen Sie die erforderlichen Kapazitäten C_D für eine symmetrische Dreieckschaltung parallel zu den Motorklemmen, um die induktive Motorscheinleistung im Bemessungspunkt zu kompensieren!
7. Wie hoch ist die jährliche Stromkostenersparnis in €, wenn der Leistungspreis je kWh bzw. je kVAh im Haushaltstarif 20 ct beträgt und der Motor 2000 h pro Jahr mit obigen Betriebsdaten verwendet wird?

Lösung zu Aufgabe A7.8:

1)

$$v = d \cdot \pi \cdot n_G \Rightarrow n_G = \frac{v}{d \cdot \pi} = \frac{1.2}{0.6 \cdot \pi} = 0.637/s = 38.2/\min,$$

$$i = n_N / n_G = 960 / 38.2 = 25.13$$

2)

$$P = m \cdot g \cdot v = 1500 \cdot 9.81 \cdot 1.2 = 17658 \,\mathrm{W},$$

$$P_N = P / \eta_G = 17658 / 0.92 = 19193 \,\mathrm{W},$$

$$M_N = P_N / (2\pi \cdot n_N) = 19193 / (2\pi \cdot (960/60)) = 190.92 \,\mathrm{Nm},$$

$$I_{\mathrm{Netz}} = S_N / (\sqrt{3} \cdot U_N) = P_{e,\mathrm{in}} / (\sqrt{3} \cdot U_N \cdot \cos\varphi_N)$$

$$I_{\mathrm{Netz}} = P_N / (\sqrt{3} \cdot U_N \cdot \cos\varphi_N \cdot \eta_N)$$

$$I_{\mathrm{Netz}} = 19193 / (\sqrt{3} \cdot 400 \cdot 0.82 \cdot 0.89) = 37.96 \,\mathrm{A}$$

3)

Der Betriebsschlupf soll für kleine Rotorstromwärmeverluste klein sein. Daher muss $2p = 6$ sein, denn dann ist s_N minimal:

$$n_{\mathrm{syn}} = f_N / p = 50/3 = 16.67/s = 1000/\min,$$

$$s_N = (n_{\mathrm{syn}} - n)/n_{\mathrm{syn}} = (1000 - 960)/1000 = 0.04$$

4)

$$R_s \approx 0 \Rightarrow M_e(s): \text{Kloss'sche Funktion } \frac{M_e}{M_b} = \frac{2}{\dfrac{s}{s_b} + \dfrac{s_b}{s}}$$

$M_e(s)$: Moment an der Welle: $s = s_N, s, M_e = M_N = M_b / 2.5, x = \dfrac{s_N}{s_b}$,

$$\frac{M_e}{M_b} = \frac{1}{2.5} = \frac{2}{\dfrac{s_N}{s_b} + \dfrac{s_b}{s_N}} = \frac{2}{x + (1/x)}, \quad x^2 - 5 \cdot x + 1 = 0,$$

$$x_{1,2} = 2.5 \pm \sqrt{2.5^2 - 1} = \begin{cases} 4.79 \\ 0.208 \end{cases}$$

Motorbetrieb: $0 \le s_b < 1$ und $s_b > s_N$: $s_N / s_b = 0.208$,

$$s_b = s_N / 0.208 = 0.04 / 0.208 = 0.192$$

5)
$$s = 1: \frac{M_1}{M_b} = \frac{2}{\frac{1}{s_b} + \frac{s_b}{1}} \Rightarrow M_1 = \frac{2 \cdot M_b}{(1/s_b) + s_b} = \frac{2 \cdot 2.5 \cdot 190.92}{(1/0.192) + 0.192} = 176.4 \text{Nm}$$

$$\frac{M_1}{M_N} = \frac{176.4}{190.92} = 0.924$$

6)
$$P_{e,in} = P_N / \eta_N = 19193 / 0.89 = 21565 \,\text{W}, \quad S_N = P_{e,in} / \cos\varphi_N,$$

$$Q_N = \sqrt{S_N^2 - P_{e,in}^2} = P_{e,in} \cdot \sqrt{(1/\cos\varphi_N)^2 - 1},$$

$$Q_N = 21565 \cdot \sqrt{(1/0.82^2) - 1} = 15052.6 \text{VAr}$$

Kompensation: $Q_C = -Q_N$: Dreieckschaltung der Kondensatoren (Bild A7.8-1) mit der verketteten Spannung U_N: $X_C = -1/(\omega \cdot C_D)$,

$$Q_C = \frac{U_N}{-\dfrac{1}{\omega \cdot C_D}} \cdot U_N \cdot 3 = -Q_N,$$

$$C_D = \frac{Q_N}{2\pi \cdot f_N \cdot 3 \cdot U_N^2} = \frac{15052.6}{2\pi \cdot 50 \cdot 3 \cdot 400^2} = 99.82 \mu\text{F}$$

7)
Ohne Kompensation: $S_N = P_{e,in} / \cos\varphi_N = 21565 / 0.82 = 26299 \text{VA}$,

$t = 2000$ h: $S_N \cdot t = 26299 \cdot 2000 = 52598$ kVAh

Mit Kompensation: $S_N = P_{e,in} = 21565 \text{VA}$,

$S_N \cdot t = 21565 \cdot 2000 = 43130$ kVAh

Kosten p.a.:
Ohne Kompensation: $K_o = 52598 \cdot 0.2 = 10519.6$ Euro

Mit Kompensation: $K_m = 43130 \cdot 0.2 = 8626$ Euro

Stromkostenersparnis: $K_o - K_m = 10519.6 - 8626 = 1893.6$ Euro p.a.

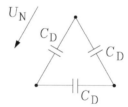

Bild A7.8-1: Dreieckschaltung der Kondensatoren zur Blindstromkompensation

Aufgabe A7.9: Asynchronantrieb für einen Hochgeschwindigkeits-Triebzug

Ein Hochgeschwindigkeitszug soll auf ebener Strecke bei $v = 300$ km/h eine Zugkraft $F = 96000$ N entwickeln, um den dabei auftretenden Strömungs- und Rollwiderstand zu überwinden.

1. Wie groß ist die erforderliche Antriebsleistung P an den angetriebenen Achsen?
2. Die Antriebsleistung soll über 16 von je einem 4-poligen Asynchronmotor über Getriebe angetriebenen Achsen erfolgen! Wie groß ist die Antriebsleistung P_A je Achse?
3. Die Getriebe je Achse haben einen Wirkungsgrad $\eta_G = 0.95$ und eine Übersetzung $i = n_M/n_G = 2.9$. Die Treibräder haben einen Durchmesser $d_R = 0.6$ m! Wie groß sind n_G, n_M und die Leistung P_N je Motor?
4. Wie hoch muss die von einem Frequenzumrichter für den Asynchronmotor eingespeiste Frequenz f_s des Stator-Drehspannungssystems U_s sein, wenn der Schlupf des Läufers $s_N = 3$ % beträgt?
5. Wie hoch ist die Motorstromaufnahme I_s je Strang, wenn $U_N = 1.1$ kV, Y, $\eta_{mot} = 0.92$ und $\cos\varphi_N = 0.89$ beträgt?
6. Für welche Scheinleistung S_N muss der Frequenzumrichter bemessen sein, wenn er vier parallel geschaltete Asynchronmotoren speist?
7. Bestimmen Sie die rotorseitigen Stromwärmeverluste $P_{Cu,r}$, wenn die Reibungs- und Zusatzverluste P_{R+Z} vernachlässigt werden!

Lösung zu Aufgabe A7.9:

1)
$$P = F \cdot v = 96000 \cdot 300/3.6 = 8\,\text{MW}$$

2)
$$P_A = P/16 = 8000/16 = 500\text{kW}$$
3)
$$v = d_R \cdot \pi \cdot n_G \Rightarrow n_G = \frac{v}{d_R \cdot \pi} = \frac{300/3.6}{0.6 \cdot \pi} = 44.2/\text{s} = 2653/\text{min},$$

$$n_M = i \cdot n_G = 2.9 \cdot 2653 = 7692.5/\text{min},$$

$$P_N = P_A / \eta_G = 500/0.95 = 526.3\text{kW}$$
4)

$$s_N = 0.03: \quad n_M / n_{\text{syn}} = 1 - s_N \Rightarrow n_{\text{syn}} = \frac{n_M}{1 - s_N} = \frac{f_s}{p},$$

$$f_s = \frac{n_M \cdot p}{1 - s_N} = \frac{(7692.5/60) \cdot 2}{1 - 0.03} = 264.3\text{Hz}$$
5)
$$I_s = \frac{P_N}{\eta_{\text{mot}} \cdot \cos\varphi_s \cdot U_N \cdot \sqrt{3}} = \frac{526.3}{0.92 \cdot 0.89 \cdot 1.1 \cdot \sqrt{3}} = 337.4\text{A}$$
6)
$$S_N = \frac{P_N}{\cos\varphi_s \cdot \eta_{\text{mot}}} = \frac{526.3}{0.89 \cdot 0.92} = 642.77\text{kVA},$$

$$S = 4 \cdot S_N = 4 \cdot 642.77 = 2571\text{kVA}$$
7)
$P_{R+Z} \approx 0$: Das Luftspaltmoment M_e ist auch das Moment an der Welle M!
$$P_N = 2\pi \cdot n_N \cdot M = 2\pi \cdot n_N \cdot M_e = (1 - s_N) \cdot 2\pi \cdot n_{\text{syn}} \cdot M_e = (1 - s_N) \cdot P_\delta$$

$$P_N = (1 - s_N) \cdot P_{\text{Cu,r}} / s_N \Rightarrow P_{\text{Cu,r}} = P_N \cdot s_N /(1 - s_N) =$$

$$= 526.3 \cdot 0.03/(1 - 0.03) = 16.28\text{kW}$$

Aufgabe A7.10: Blindleistungskompensation in einem Industriebetrieb

An einem Niederspannungs-Drehstromnetz 3 x 690 V, 50 Hz sind parallel drei symmetrische, jeweils in Stern verschaltete Verbraucher angeschlossen:
- Asynchronmotor: $P_{N1} = 110\,\text{kW}$, $\cos\varphi_{N1} = 0.85$, $\eta_{N1} = 0.91$, Y
- Drehstromofen: $P_{N2} = 50\,\text{kW}$, $\cos\varphi_{N2} = 1$, Y
- Ohm'sch-kapazitiver Verbraucher: $P_{N3} = 40\,\text{kW}$, $\cos\varphi_{N3} = 0,95$, Y

1. Berechnen Sie die Wirk-, Blind- und Scheinleistungsaufnahme P, Q, S am Netzanschlusspunkt!
2. Wie groß ist der resultierende Leistungsfaktor $\cos\varphi_{\text{ges}}$?
3. Wie groß sind die Netzströme I_1, I_2, I_3 je Strang der drei Verbraucher und der resultierende Netzstrom I_{Netz} am Netzanschlusspunkt?
4. Bestimmen Sie die Größe der Kapazitäten C_D, die - im Dreieck geschaltet - den $\cos\varphi_{\text{ges}} = 1$ einstellen sollen!
5. Wie groß ist der Strom I_C je Kapazität C_D und der resultierende Netzstrom I_{Netz}? Wie groß ist die relative Stromänderung $\Delta I_{\text{Netz}}/I_{\text{Netz}}$ gegenüber 3.?

Lösung zu Aufgabe A7.10:

1)

$$P = (P_{\text{N1}} / \eta_{\text{N}}) + P_{\text{N2}} + P_{\text{N3}} = (110/0.91) + 50 + 40 = 210.88\text{kW}$$

$$S_{\text{N1}} = \frac{P_{\text{N1}}}{\cos\varphi_{\text{s}} \cdot \eta_{\text{N}}} = \frac{110}{0.85 \cdot 0.91} = 142.2\text{kVA} ,$$

$$P_{\text{N1}} / \eta_{\text{N}} = 110/0.91 = 120.88\text{kW} ,$$

$$Q_{\text{N1}} = \sqrt{S_{\text{N1}}^2 - (P_{\text{N1}}/\eta_{\text{N}})^2} = \sqrt{142.2^2 - 120.88^2} = 74.9\text{kVAr} \text{ (induktiv)}$$

$$Q_{\text{N2}} = 0 , \quad S_{\text{N3}} = P_{\text{N3}} / \cos\varphi_{\text{N3}} = 40/0.95 = 42.1\text{kVA} ,$$

$$Q_{\text{N3}} = \sqrt{S_{\text{N3}}^2 - P_{\text{N3}}^2} = \sqrt{42.1^2 - 40^2} = -13.15\text{kVAr} \text{ (kapazitiv)}$$

$$Q = Q_{\text{N1}} + Q_{\text{N2}} + Q_{\text{N3}} = 74.9 + 0 - 13.15 = 61.75\text{kVAr} ,$$

$$S = \sqrt{P^2 + Q^2} = \sqrt{210.88^2 + 61.75^2} = 219.73\text{kVA}$$

2)

$$\cos\varphi_{\text{res}} = P/S = 210.88/219.73 = 0.9597 \cong 0.96$$

3)

$$I_1 = S_{\text{N1}} / (\sqrt{3} \cdot U_{\text{N}}) = 142.2/(\sqrt{3} \cdot 0.69) = 118.98 \cong 119\text{A}$$

$$I_2 = S_{\text{N2}} / (\sqrt{3} \cdot U_{\text{N}}) = P_{\text{N2}} / (\sqrt{3} \cdot U_{\text{N}}) = 50/(\sqrt{3} \cdot 0.69) = 41.8\text{A}$$

$$I_3 = S_{\text{N3}} / (\sqrt{3} \cdot U_{\text{N}}) = 42.1/(\sqrt{3} \cdot 0.69) = 35.23\text{A}$$

$$I_{\text{Netz}} = S / (\sqrt{3} \cdot U_{\text{N}}) = 219.73/(\sqrt{3} \cdot 0.69) = 183.85\text{A}$$

4)

$$Q_C = -Q = -61.75\,\text{kVAr} = 3 \cdot \frac{U_N}{-\dfrac{1}{\omega \cdot C_D}} \cdot U_N = -3 \cdot U_N^2 \cdot \omega \cdot C_D$$

$$C_D = \frac{Q}{3 \cdot U_N^2 \cdot \omega} = \frac{61750}{3 \cdot 690^2 \cdot 2\pi \cdot 50} = 0.1376\,\text{mF}$$

5)

$$I_C = U_N \cdot \omega \cdot C_D = 690 \cdot 2\pi \cdot 50 \cdot 0.1376 \cdot 10^{-3} = 29.8\,\text{A} ,$$

$$\cos\varphi_{\text{res}} = 1 \Rightarrow S = P :$$

$$I'_{\text{Netz}} = P/(\sqrt{3} \cdot U_N) = 210.88/(\sqrt{3} \cdot 0.69) = 176.4\,\text{A}$$

$$\Delta I_{\text{Netz}} = (I'_{\text{Netz}} - I_{\text{Netz}})/I_{\text{Netz}} = (176.4 - 183.85)/183.85 = -0.04 = -4.0\%$$

Aufgabe A7.11: Pumpenantrieb bei schwankender Netzspannungsfrequenz

Am Niederspannungs-Drehstromnetz 3 x 400 V, 50 Hz ist ein vierpoliger Käfigläufer-Asynchronmotor mit in Stern geschalteter dreisträngiger Statorwicklung angeschlossen, der eine Kreiselpumpe antreibt. Durch diese Pumpe tritt beim Motor der motorische Bemessungsschlupf $s_N = 3.33\%$ auf. Für die folgenden Überlegungen verwenden Sie das vereinfachte Ersatzschaltbild je Strang mit $R_s \approx 0$, $R'_r = 0.25\,\Omega$ (ohne weitere Verlustgruppen) und der Berücksichtigung der Gesamtstreureaktanz $X_\sigma = X_{s\sigma} + X'_{r\sigma} = 1.27\,\Omega$ auf der Sekundärseite, so dass primär die Netzspannung je Strang U_s direkt als Hauptfeldspannung U_h an der Hauptreaktanz $X_h = 14.4\,\Omega$ anliegt.

1. Berechnen Sie für den Betrieb bei Bemessungsspannung den Magnetisierungsstrom I_m! Ist dieser Strom auch gleichzeitig der Leerlaufstrom I_{s0} bei $s = 0$? Wie groß ist die Leerlaufdrehzahl?
2. Bestimmen Sie den motorischen und generatorischen Kippschlupf s_b und den Bemessungsstrom I_{sN} je Strang sowie die Nennimpedanz Z_N! Wie groß ist I_{s0}/I_{sN}?
3. Berechnen Sie Wirk-, Blind- und Scheinleistungsaufnahme $P_{e,in}$, Q, S im Bemessungspunkt, den zugehörigen $\cos\varphi_s$, den Rotorstrom I'_{rN} je Strang sowie das Verhältnis I'_{rN}/I_{sN}, die Gesamtverlustleistung P_d, die

mechanisch abgegebene Leistung $P_{m,out}$ und den Wirkungsgrad η_N! Kommentieren Sie das Ergebnis!

4. Berechnen Sie das motorische und generatorische Kippmoment M_b, die Bemessungsdrehzahl n_N, das Bemessungsmoment M_N, und das Verhältnis M_b/M_N! Geben Sie eine Formel für das belastende Drehmoment der Kreiselpumpe $M_s(n)$ an!

5. Welche Stromänderung auf Grund einer Netzfrequenzabsenkung auf 47.5 Hz bei konstanter Spannung ist zu erwarten? Ist eine Anpassung des thermischen Motorschutzes notwendig, der so eingestellt ist, dass er bei 10% Überstrom auslöst?

6. Beantworten Sie die Fragestellung wie bei 5., jedoch für eine Frequenzerhöhung auf 51.5 Hz!

Lösung zu Aufgabe A7.11:

1)

$$I_m = \frac{U_{sN}}{X_h} = \frac{400/\sqrt{3}}{14.4} = 16.04\,\text{A}\,.$$ Dies ist wegen $R_{Fe} \to \infty$ (= vernachlässigte Ummagnetisierungsverluste) auch gleichzeitig der statorseitige Leerlaufstrom I_{s0}.

$$n_0 = n_{syn} = f_N / p = 50/2 = 25/\text{s} = 1500/\text{min}$$

2)

$$s_b = \pm R_r' / X_\sigma = \pm 0.25/1.27 = \pm 0.197$$

positives Vorzeichen: motorisch, negatives Vorzeichen: generatorisch

$$\underline{I}_{sN} = \frac{U_{sN}}{jX_h} + \frac{U_{sN}}{\dfrac{R_r'}{s_N} + jX_\sigma}$$

$$\underline{I}_{sN} = \underline{U}_{sN} \cdot \left[\frac{R_r'/s_N}{\left(R_r'/s_N\right)^2 + X_\sigma^2} - j \cdot \left(\frac{X_\sigma}{\left(R_r'/s_N\right)^2 + X_\sigma^2} + \frac{1}{X_h} \right) \right]$$

$$I_{sN} = U_{sN} \cdot \sqrt{\left(\frac{R_r' \cdot s_N}{R_r'^2 + s_N^2 \cdot X_\sigma^2} \right)^2 + \left(\frac{X_\sigma \cdot s_N^2}{R_r'^2 + s_N^2 \cdot X_\sigma^2} + \frac{1}{X_h} \right)^2}$$

$$R_r'^2 + s_N^2 \cdot X_\sigma^2 = 0.25^2 + 0.0333^2 \cdot 1.27^2 = 0.0643\,\Omega^2$$

$$I_{sN} = \frac{400}{\sqrt{3}} \cdot \sqrt{\left(\frac{0.25 \cdot 0.0333}{0.0643}\right)^2 + \left(\frac{1.27 \cdot 0.0333^2}{0.0643} + \frac{1}{14.4}\right)^2} = 36.6\,A$$

$$Z_N = U_{sN} / I_{sN} = \frac{400}{\sqrt{3} \cdot 36.6} = 6.31\,\Omega, \ I_{s0} / I_{sN} = 16.04 / 36.6 = 0.438$$

3)

Bei reell angenommener Strangspannung folgt:

$$\underline{I}_{sN} = \frac{400}{\sqrt{3}} \cdot \left[\frac{0.25 \cdot 0.0333}{0.0643} - j \cdot \left(\frac{1.27 \cdot 0.0333^2}{0.0643} + \frac{1}{14.4}\right)\right],$$

$$\underline{I}_{sN} = I_{sN,w} - j \cdot I_{sN,b} = (29.9 - j \cdot 21.1)A, \ \text{und damit}$$

$$S = \sqrt{3} \cdot U_N \cdot I_{sN} = \sqrt{3} \cdot 400 \cdot 36.6 = 25357\,VA,$$

$$P_{e,in} = \sqrt{3} \cdot U_N \cdot I_{sN,w} = \sqrt{3} \cdot 400 \cdot 29.9 = 20715\,W,$$

$$Q = \sqrt{3} \cdot U_N \cdot I_{sN,b} = \sqrt{3} \cdot 400 \cdot 21.1 = 14619\,VAr \ \text{induktiv},$$

$$\cos\varphi_s = P_{e,in} / S = 20715 / 25357 = 0.82,$$

$$\underline{I}'_{rN} = -\underline{U}_{sN} \cdot \left[\frac{R'_r / s_N}{(R'_r / s_N)^2 + X_\sigma^2} - j \cdot \frac{X_\sigma}{(R'_r / s_N)^2 + X_\sigma^2}\right]$$

$$\underline{I}'_{rN} = -\frac{400}{\sqrt{3}} \cdot \left[\frac{0.25 \cdot 0.0333}{0.0643} - j \cdot \frac{1.27 \cdot 0.0333^2}{0.0643}\right]$$

$$\underline{I}'_{rN} = I'_{rN,w} - j \cdot I'_{rN,b} = (-29.9 + j \cdot 5.06)A,$$

$$I'_{rN} = \sqrt{(I'_{rN,w})^2 + (I'_{rN,b})^2} = \sqrt{(-29.9)^2 + 5.06^2} = 30.32A,$$

$$I'_{rN} / I_{sN} = 30.32 / 36.6 = 0.828,$$

$$P_d = 3 \cdot R'_r \cdot (I'_{rN})^2 = 3 \cdot 0.25 \cdot 30.32^2 = 689.7\,W \approx 690\,W,$$

$$P_{m,out} = P_{e,in} - P_d = 20715 - 690 = 20025\,W,$$

$$\eta_N = \frac{P_{m,out}}{P_{e,in}} = \frac{20025}{20715} = 96.67\%.$$

Der auf die Statorseite umgerechnete Rotorstrom ist etwa gegenphasig zum Statorstrom und wegen des induktiven Magnetisierungsstroms nur „unwesentlich" kleiner. Der Motor ist ein induktiver Verbraucher. Der Wirkungsgrad ist wegen der ausschließlichen Berücksichtigung der Rotor-

Stromwärmeverluste gegenüber realen Maschinen von etwa 20 kW bei ca. 1500/min zu hoch.

4)

$$M_b = \pm \frac{3 \cdot U_{sN}^2}{2 \cdot \dfrac{2\pi \cdot f_s}{p} \cdot X_\sigma} = \pm \frac{3 \cdot (400/\sqrt{3})^2}{2 \cdot \dfrac{2\pi \cdot 50}{2} \cdot 1.27} = \pm 401.0 \text{Nm}$$

positives Vorzeichen: motorisch, negatives Vorzeichen: generatorisch,

$$n_N = (1 - s_N) \cdot n_{syn} = (1 - 0.0333) \cdot 1500 = 1450/\text{min} ,$$

$$M_N = \frac{P_{m,out}}{2\pi \cdot n_N} = \frac{20025}{2\pi \cdot (1450/60)} = 131.9 \text{ Nm} ,$$

$$M_b / M_N = \pm 401.0 / 131.9 = \pm 3.04 , \quad M_s = M_N \cdot (n/n_N)^2$$

5)

Bei Betrieb mit 47.5 Hz ändern sich die Reaktanzen frequenzproportional:

$$X_\sigma = X_{s\sigma} + X'_{r\sigma} = (47.5/50) \cdot 1.27 = 1.2065 \Omega ,$$

$$X_h = (47.5/50) \cdot 14.4 = 13.68 \Omega . \text{ Die neue Synchrondrehzahl ist}$$

$$n_0 = n_{syn} = f_s / p = 47.5/2 = 23.75/\text{s} = 1425/\text{min}$$

Daher ändern sich Kippmoment und Kippschlupf. Für Motorbetrieb gilt:

$$s_b = R'_r / X_\sigma = 0.25/1.2065 = 0.2072 ,$$

$$M_b = \left(\frac{50}{47.5} \right)^2 \cdot 401.0 = 444.32 \text{Nm} .$$

Es stellt sich folgender neuer Betriebsschlupf s ein, wobei wegen des vereinfachten Ersatzschaltbilds mit der Kloss'schen Funktion gerechnet werden darf:

$$M_e(s) = \frac{2M_b}{\dfrac{s}{s_b} + \dfrac{s_b}{s}} = M_s(s) = \frac{M_N}{n_N^2} \cdot n^2 = \frac{M_N}{n_N^2} \cdot \frac{f_s^2}{p^2} \cdot (1-s)^2$$

Mit der Abkürzung

$$a = \frac{2M_b \cdot n_N^2 \cdot p^2}{M_N \cdot f_s^2} = \frac{2 \cdot 444.32 \cdot (1450/60)^2 \cdot 2^2}{131.9 \cdot 47.5^2} = 6.976$$

folgt eine Gleichung 4. Ordnung, die mit der Regel von Ferrari noch analytisch gelöst werden kann. Alternativ ist die Verwendung eines numerischen Lösungsverfahrens wie z. B. die Regula falsi möglich oder einfach Einsetzen und Probieren, da der Schlupf s bei kleinen Werten erwartet wird.

$$y(s) = s^4 - 2 \cdot s^3 + (s_b^2 + 1) \cdot s^2 - (2s_b^2 + a \cdot s_b) \cdot s + s_b^2 = 0$$

Wir erhalten durch Probieren

für $s = 0.0286$ den Wert $y(s = 0.0286) = -5.6 \cdot 10^{-5}$ und

für $s = 0.02855$ den Wert $y(s = 0.02855) = 1.77 \cdot 10^{-5}$.

Dazwischen liegt die Lösung s mit $y(s) = 0$ näherungsweise bei
$s = 0.02856$ mit der Drehzahl

$$n = (1 - s) \cdot n_{\text{syn}} = (1 - 0.02856) \cdot 1425 = 1384.3/\text{min}.$$

$$I_s = U_{sN} \cdot \sqrt{\left(\frac{R_r' \cdot s}{R_r'^2 + s^2 \cdot X_\sigma^2} \right)^2 + \left(\frac{X_\sigma \cdot s^2}{R_r'^2 + s^2 \cdot X_\sigma^2} + \frac{1}{X_h} \right)^2}$$

$$R_r'^2 + s^2 \cdot X_\sigma^2 = 0.25^2 + (0.02856 \cdot 1.2065)^2 = 0.0636\,\Omega^2$$

$$I_s = \frac{400}{\sqrt{3}} \cdot \sqrt{\left(\frac{0.25 \cdot 0.02856}{0.0637} \right)^2 + \left(\frac{1.2065 \cdot 0.02856^2}{0.0637} + \frac{1}{13.68} \right)^2} = 32.99\,\text{A}$$

$$I_s / I_{sN} = 32.99 / 36.6 = 0.901$$

Bei einem Absinken der Frequenz um 5%, aber konstanter Spannungsamplitude, sinkt die Stromaufnahme bei quadratischer Gegenmomentkennlinie um 10%, da der Fluss in der Maschine $\Phi \sim U_s / f_s$ um 5% größer geworden ist („stärkere" Maschine, $M_e \sim \Phi \cdot I_s$) und das Gegenmoment gemäß

$$M_s = M_N \cdot (n/n_N)^2 = 131.9 \cdot (1384.3/1450)^2 = 120.2\,\text{Nm} \quad \text{um 9% ge-}$$

sunken ist. Der Motorschutz muss nicht neu eingestellt werden.

6)

Bei Betrieb mit 51.5 Hz ändern sich die Reaktanzen frequenzproportional:

$X_\sigma = X_{s\sigma} + X_{r\sigma}' = (51.5/50) \cdot 1.27 = 1.3081\,\Omega$,

$X_h = (51.5/50) \cdot 14.4 = 14.832\,\Omega$. Die neue Synchrondrehzahl ist

$$n_0 = n_{\text{syn}} = f_s / p = 51.5/2 = 25.75/\text{s} = 1545/\text{min}$$

Es ändern sich Kippmoment und Kippschlupf im Motorbetrieb gemäß

$s_b = R_r' / X_\sigma = 0.25/1.3081 = 0.1911$,

$$M_b = \left(\frac{50}{51.5} \right)^2 \cdot 401.0 = 377.98\,\text{Nm}.$$

Es stellt sich mit der Abkürzung

$$a = \frac{2M_b \cdot n_N^2 \cdot p^2}{M_N \cdot f_s^2} = \frac{2 \cdot 377.98 \cdot (1450/60)^2 \cdot 2^2}{131.9 \cdot 51.5^2} = 5.0482$$

gemäß

$$y(s) = s^4 - 2 \cdot s^3 + (s_b^2 + 1) \cdot s^2 - (2s_b^2 + a \cdot s_b) \cdot s + s_b^2 = 0$$

näherungsweise folgender neue Betriebsschlupf $s = 0.03643$ mit $|y(s = 0.03643)| < 10^{-5}$ ein.

$$n = (1 - s) \cdot n_{syn} = (1 - 0.03643) \cdot 1545 = 1488.7/min .$$

$$I_s = U_{sN} \cdot \sqrt{\left(\frac{R_r' \cdot s}{R_r'^2 + s^2 \cdot X_\sigma^2}\right)^2 + \left(\frac{X_\sigma \cdot s^2}{R_r'^2 + s^2 \cdot X_\sigma^2} + \frac{1}{X_h}\right)^2}$$

$$R_r'^2 + s^2 \cdot X_\sigma^2 = 0.25^2 + (0.03643 \cdot 1.3081)^2 = 0.0648 \, \Omega^2$$

$$I_s = \frac{400}{\sqrt{3}} \cdot \sqrt{\left(\frac{0.25 \cdot 0.03643}{0.0648}\right)^2 + \left(\frac{1.3081 \cdot 0.03643^2}{0.0648} + \frac{1}{14.832}\right)^2} = 39.08A$$

$$I_s / I_{sN} = 39.08 / 36.6 = 1.068$$

Bei einem Ansteigen der Frequenz um 3%, aber konstanter Spannungs-amplitude, steigt die Stromaufnahme bei quadratischer Gegenmoment-kennlinie um 7%, da der Fluss in der Maschine $\Phi \sim U_s / f_s$ um 3% kleiner geworden ist („schwächere" Maschine, $M_e \sim \Phi \cdot I_s$) und das Gegenmoment gemäß $M_s = M_N \cdot (n/n_N)^2 = 131.9 \cdot (1488.7/1450)^2 = 139.0 \, Nm$ um 5% gestiegen ist. Der Motorschutz muss nicht neu eingestellt werden, da der Strom unterhalb von 110% des Bemessungsstroms bleibt.

8. Die elektrisch erregte Synchronmaschine

Aufgabe A8.1: Diesel-Generator

In einem Kraftwerk werden Schenkelpol-Synchronmaschinen als Generatoren von Dieselmotoren angetrieben. Eine dieser Maschinen mit den Daten U_N = 6.3 kV Y, S_N = 2.5 MVA, f_N = 50 Hz, $2p$ = 20 wird demontiert und soll in einer nahe gelegenen Fabrik als Motor für ein Großgebläse verwendet werden. Die Maschine hat die Potier-Reaktanz x_P = 0.17 p.u., die Synchronlängsreaktanz x_d = 1.1 p.u. und die Synchronquerreaktanz $x_q = 0.6 \cdot x_d$. Der bezogene Ständerstrangwiderstand r_s = 0.03 p.u. ist demgegenüber vernachlässigbar klein.

1. Zeichnen Sie maßstäblich das Spannungs-Zeigerdiagramm der Schenkelpolmaschine im Motorbetrieb bei U_N, I_s = 1.2I_N, cos φ_s = 1 und bestimmen Sie daraus den bezogenen Wert der Polradspannung. Wählen Sie als Maßstab für die Zeiger in bezogenen Größen 1 p.u. $\,\hat{=}\,$ 1 cm.

2. Die mechanische Leistung der Schenkelpol-Synchronmaschine ist im Verbraucher-Zählpfeilsystem bei r_s = 0 durch die in diesem Kapitel hergeleitete Formel in Abhängigkeit der Spannungen U_s, U_p und des Polradwinkels bestimmt. Ermitteln Sie rechnerisch den Wert des Kippmoments im Generator- und Motorbetrieb für die feste Erregung nach Punkt 1).

3. Wie groß ist die Federkonstante $c_{\vartheta} = dM/d\vartheta$ (Nm/rad) für Pendelungen um den Arbeitspunkt ϑ_0 = 0? Berechnen Sie die zugehörige Eigenkreisfrequenz und Eigenfrequenz für ein Massenträgheitsmoment von J = 30000 kg·m^2!

Lösung zu Aufgabe A8.1:

1)
$u_s = 1$, $i_s = 1.2$, $x_d = 1.1$, $x_P = 0.17$, $\cos\varphi_s = 1$, $x_q = 0.6 \cdot x_d = 0.66$

Motorbetrieb: u_s eilt u_p voraus:

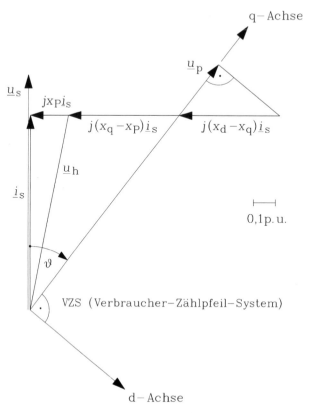

$u_p = 1{,}6\,\text{p.u. lt. Diagramm}$

Bild A8.1-1: Spannungszeigerdiagramm des Synchronmotors mit Schenkelpolen bei U_N, $I_s = 1.2 I_N$, $\cos \varphi_s = 1$

$x_d \cdot i_s = 1.1 \cdot 1.2 = 1.32$, $x_q \cdot i_s = 0.66 \cdot 1.2 = 0.80$, $x_P \cdot i_s = 0.17 \cdot 1.2 = 0.20$

Mit diesen Größen wird das Spannungszeigerdiagramm Bild A8.1-1 gezeichnet. Daraus ergibt sich $u_p = 1.6$ p.u.

2)

Das Kippmoment wird aus der Kippleistung berechnet. Diese ist bei $r_s = 0$ die maximale Wirkleistung. Dazu wird die Leistung in Abhängigkeit des Polradwinkels abgeleitet und Null gesetzt.

$$-P_m = m_s \frac{U_s \cdot U_p}{X_d} \sin \vartheta + m_s \cdot \frac{U_s^2}{2} \cdot \left(\frac{1}{X_q} - \frac{1}{X_d} \right) \cdot \sin(2\vartheta) = -M_e \cdot \Omega_{syn}$$

$$-P_m = A \cdot \sin \vartheta + B \cdot \sin(2\vartheta), \quad A = m_s \frac{U_s \cdot U_p}{X_d}, \quad B = m_s \cdot \frac{U_s^2}{2} \cdot \left(\frac{1}{X_q} - \frac{1}{X_d} \right)$$

$$-\frac{dP_m}{d\vartheta} = 0 = A \cdot \cos\vartheta + 2B \cdot \cos(2\vartheta) \quad \Rightarrow \quad \vartheta = \vartheta_{p0}$$

Abkürzung $x = \cos\vartheta_{p0}$: $4Bx^2 + Ax - 2B = 0$, $x^2 + \dfrac{A}{4B}x - \dfrac{1}{2} = 0$

Lösung: $x_{1,2} = -\dfrac{A}{8B} \pm \sqrt{\left(\dfrac{A}{8B}\right)^2 + \dfrac{1}{2}} = \cos\vartheta$, daher ergibt sich:

$$\cos\vartheta_{p0} = -\frac{U_p/U_s}{4 \cdot \left(\dfrac{X_d}{X_q} - 1\right)} \pm \sqrt{\frac{(U_p/U_s)^2}{4^2 \cdot \left(\dfrac{X_d}{X_q} - 1\right)^2} + \frac{1}{2}}$$

Mit den Daten $U_p/U_s = U_p/U_{sN} = u_p = 1.6$, $X_d/X_q = 1/0.6$ resultiert:

$$\frac{U_p}{U_s} \cdot \frac{1}{4} \cdot \frac{1}{\dfrac{X_d}{X_q} - 1} = 1.6 \cdot \frac{1}{4} \cdot \frac{1}{\dfrac{1}{0.6} - 1} = 0.6, \quad \cos\vartheta_{p0} = -0.6 + \sqrt{0.6^2 + \frac{1}{2}} = 0.32$$

Die zweite Lösung $\cos\vartheta_{p0} = -0.6 - \sqrt{0.6^2 + \dfrac{1}{2}} = -1.52$ ist unphysikalisch,

da $|\cos\vartheta_{p0}| \le 1$ nicht erfüllt ist. Der Polradwinkel bei der Kippleistung ist

$\vartheta_{p0} = \pm\arccos(0.32) = \pm71.3°$ und ist positiv im Generatorbetrieb. Das zugehörige Kippmoment ist $M_{p0} = P_m(\vartheta = \vartheta_{p0})/\Omega_{syn}$ und ist negativ im Generatorbetrieb. Mit

$$\Omega_{syn} = 2\pi\frac{f_s}{p} = 2\pi\frac{50}{10}s^{-1} = 31.4\ s^{-1}, \quad U_{sN} = U_N/\sqrt{3} = 6300/\sqrt{3} = 3637\,V$$

$$Z_N = \frac{U_{sN}}{I_{sN}} = \frac{3637}{229} = 15.87\,\Omega, \quad I_{sN} = \frac{S_N}{\sqrt{3} \cdot U_N} = \frac{2500 \cdot 10^3}{\sqrt{3} \cdot 6300} = 229\,A \quad \text{ergeben}$$

sich $A = -\dfrac{3 \cdot 3637 \cdot 1.6 \cdot 3637}{1.1 \cdot 15.87}$, $B = 3 \cdot \dfrac{3637^2}{2} \cdot \dfrac{1}{15.87}\left(\dfrac{1}{0.66} - \dfrac{1}{1.1}\right)$.

$$M_{p0} = \pm\frac{1}{31.4} \cdot (A \cdot \sin 71.3° - B \cdot \sin(2 \cdot 71.3°)) = \mp124374\ \text{Nm}$$

3)
Federkonstante bei Leerlauf ($\vartheta_0 = 0$):

$$c_{\vartheta} = \frac{dM}{d\vartheta}\bigg|_{\vartheta_0=0} = -\left(A\cos\vartheta_0 + 2B\cdot\cos(2\vartheta_0)\right)\cdot\frac{1}{\Omega_{\text{syn}}}\bigg|_{\vartheta_0=0} = -\left(A+2B\right)\frac{1}{\Omega_{\text{syn}}} =$$

$$= -\frac{1}{\Omega_{\text{syn}}}\cdot\left(m_{\text{s}}\frac{U_{\text{s}}U_{\text{p}}}{X_{\text{d}}} + m_{\text{s}}\frac{U_{\text{s}}^2}{2}\left(\frac{1}{X_{\text{q}}} - \frac{1}{X_{\text{d}}}\right)\cdot 2\right) =$$

$$= -\frac{1}{31.4}\left(3\cdot\frac{3637\cdot1.6\cdot3637}{1.1\cdot15.87} + 3\cdot\frac{3637^2}{2}\cdot\left(\frac{1}{0.66} - \frac{1}{1.1}\right)\cdot\frac{2}{15.87}\right) =$$

$$= -164095\,\text{Nm/rad}$$

Eigenkreisfrequenz ohne Einfluss des Dämpferkäfigs: c_{ϑ}

$$\omega_{\text{e}} = \sqrt{\frac{|c_{\vartheta}|\cdot p}{J}} = \sqrt{\frac{164095\cdot10}{30000}} = 7.39\,\text{s}^{-1},$$

Eigenfrequenz: $f_{\text{e}} = \dfrac{\omega_{\text{e}}}{2\pi} = 1.18\,\text{Hz}$

Aufgabe A8.2: Wasserkraftwerk-Generator

Ein Synchron-Wasserkraftgenerator für einen Francis-Turbinenantrieb besitzt die Daten:
$U_{\text{N}} = 10\,\text{kV}$ Y, $I_{\text{N}} = 400\,\text{A}$, $2p = 10$, $f_{\text{N}} = 50\,\text{Hz}$, $x_{\text{d}} = 0.9$ p.u.
Der kleine Statorstrangwiderstand kann vernachlässigt werden.
1. Bestimmen Sie aus dem linearen Ersatzschaltbild der Vollpolmaschine die Werte der Polradspannung für den Generatorbetrieb bei $U_{\text{s}} = 90\,\%$ von U_{N}, $I_{\text{s}} = 110\,\%$ von I_{N}, mit
   a) $\cos\varphi_{\text{s}} = 0.8$ übererregt, b) $\cos\varphi_{\text{s}} = 1$, c) $\cos\varphi_{\text{s}} = 0.9$ untererregt.
2. Wie groß ist bei jeweils festgehaltenem Erregerstrom und damit im linearen Modell festem U_{p} das statische Kippmoment M_{p0} für die Belastungsfälle a), b), c) nach Pkt. 1)?

Lösung zu Aufgabe A8.2:

1)
Lineares Ersatzschaltbild der Vollpolmaschine: $x_{\text{d}} = 0.9$ p.u. $\left(r_{\text{s}} = 0\right)$
(Bild A8.2-1a): $\underline{U}_{\text{p}} + jX_{\text{d}}\underline{I}_{\text{s}} = \underline{U}_{\text{s}}$

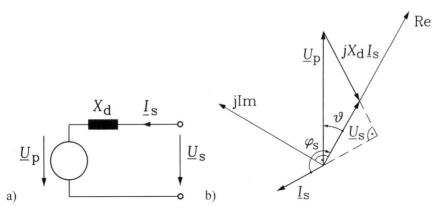

Bild A8.2-1: a) Ersatzschaltbild einer Vollpolmaschine bei $R_s = 0$, b) Zugehöriges Spannungs-Zeigerdiagramm für übererregten Generatorbetrieb

Im Generatorbetrieb eilt die Polradspannung der Ständer-Strangspannung voraus. Bei Wahl von Re- und Im-Achse gemäß Bild A8.2-1b erhalten wir $\underline{U}_s = U_s$, $\underline{U}_p = U_p \cos\vartheta + jU_p \sin\vartheta$ und mit dem Ständer-Strangstrom $\underline{I}_s = I_s \cos\varphi_s - jI_s \sin\varphi_s$ die allgemeine Darstellung für die Polradspannung $\underline{U}_p = \underline{U}_s - jX_d\underline{I}_s$. Die Eingangswerte für die Berechnung von $u_p = \underline{U}_p / U_{sN}$ sind in per-unit Werten:

$$u_s = \frac{U_s}{U_{sN}} = 0.9, \, i_s = \frac{I_s}{I_{sN}} = 1.1, \, X_d / Z_N = x_d, \, Z_N = \frac{U_{sN}}{I_{sN}} = 14.43 \, \Omega$$

Sternschaltung: $U_{sN} = U_{N,ph} = U_N / \sqrt{3} = 10000 / \sqrt{3} = 5773 \, V, \, I_{sN} = 400 \, A$

$$u_p = u_s - jx_d \cdot (i_s \cos\varphi_s - j \cdot i_s \sin\varphi_s) = u_s - j \cdot x_d i_s \cdot \cos\varphi_s - x_d i_s \cdot \sin\varphi_s =$$
$$= 0.9 - 0.9 \cdot 1.1 \cdot \sin\varphi_s - j \cdot 0.9 \cdot 1.1 \cdot \cos\varphi_s = 0.9 - 0.99 \cdot \sin\varphi_s - j \cdot 0.99 \cdot \cos\varphi_s$$

Beachten Sie, dass im Verbraucher-Zählpfeilsystem im Generatorbetrieb der $\cos\varphi_s$ negativ ist!

a) $\cos\varphi_s = -0.8 \rightarrow \sin\varphi_s = -0.6$ übererregt:

Strom eilt Spannung vor: $\varphi_s < 0$

b) $\cos\varphi_s = -1 \quad \rightarrow \sin\varphi_s = 0$ resistiv:

Strom in Gegenphase zur Spannung: $\varphi_s = \pi$

c) $\cos\varphi_s = -0.9 \rightarrow \sin\varphi_s = 0.43$ untererregt:

Strom eilt Spannung nach: $\varphi_s > 0$

a) $\underline{u}_p = 0.9 + 0.99 \cdot 0.6 + j \cdot 0.99 \cdot 0.8 = 1.494 + j \cdot 0.792, \quad u_p = 1.69 \, \text{p.u.}$

b) $\underline{u}_p = 0.9 + 0 + j \cdot 0.99 = 0.9 + j \cdot 0.99$, $u_p = 1.34\,\text{p.u.}$

c) $\underline{u}_p = 0.9 - 0.99 \cdot 0.43 + j \cdot 0.99 \cdot 0.9 = 0.474 + j \cdot 0.89$, $u_p = 1.01\,\text{p.u.}$

2)

Generatorbetrieb: $P_\text{m} = -m_\text{s} \dfrac{U_\text{s} U_\text{p}}{X_\text{d}} \sin \vartheta$, $P_\text{m,p0} = -\dfrac{m_\text{s} U_\text{s} U_\text{p}}{X_\text{d}}$ $\left(\vartheta_\text{p0} = \dfrac{\pi}{2} \right)$

$M_\text{p0} = -\dfrac{1}{\Omega_\text{syn}} \cdot m_\text{s} \dfrac{U_\text{s} U_\text{p}}{X_\text{d}}$ $\Omega_\text{syn} = 2\pi \dfrac{f_\text{s}}{p} = 2\pi \cdot \dfrac{50}{5}\,\text{s}^{-1} = 62.8\,\text{s}^{-1}$

$S_\text{N} = \sqrt{3} \cdot U_\text{N} I_\text{sN} = \sqrt{3} \cdot 10000 \cdot 400 = 6928203\,\text{VA}$

a) $M_\text{p0} = -\dfrac{u_\text{s} \cdot u_\text{p} \cdot S_\text{N}}{\Omega_\text{syn} \cdot x_\text{d}} = -\dfrac{0.9 \cdot 1.69}{62.8} \cdot \dfrac{6927600}{0.9} = -186.4\,\text{kNm}$

b) $M_\text{p0} = -\dfrac{u_\text{s} \cdot u_\text{p} \cdot S_\text{N}}{\Omega_\text{syn} \cdot x_\text{d}} = -\dfrac{0.9 \cdot 1.34}{62.8} \cdot \dfrac{6927600}{0.9} = -147.8\,\text{kNm}$

c) $M_\text{p0} = -\dfrac{u_\text{s} \cdot u_\text{p} \cdot S_\text{N}}{\Omega_\text{syn} \cdot x_\text{d}} = -\dfrac{0.9 \cdot 1.01}{62.8} \cdot \dfrac{6927600}{0.9} = -111.4\,\text{kNm}$

Aufgabe A8.3: Flusskraftwerks-Generator

Eine langsam laufende hochpolige Synchron-Einzelpolmaschine wird als Generator in einem Flusskraftwerk eingesetzt. Sie besitzt die Daten $U_\text{N} = 10\,\text{kV}$ Y, $I_\text{N} = 2\,\text{kA}$, $f_\text{N} = 50\,\text{Hz}$, $2p = 40$, $x_\text{d} = 0.9\,\text{p.u.}$, $x_\text{q} = 0.55\,\text{p.u.}$. Der Ständerstrangwiderstand ist klein und wird vernachlässigt: $R_\text{s} \approx 0$.

1. Wie groß sind die Synchrondrehzahl, die synchrone Winkelgeschwindigkeit und die Bemessungsscheinleistung? Zeichnen Sie das maßstäbliche Zeigerdiagramm für Generatorbetrieb mit $U_\text{s} = U_\text{N}$, $I_\text{s} = 80\,\%$ von I_N, $\cos\varphi = 0.7$ übererregt. Wie groß sind die Polradspannung U_p und der Polradwinkel? Zeichnen Sie das Diagramm in bezogenen Einheiten im Maßstab $1\,\text{p.u.} \hat{=} 5\,\text{cm}$ im Format DIN A4 quer mit dem Koordinatenursprung im Blattzentrum!

2. Vom Betriebspunkt gemäß Pkt. 1) ausgehend wird bei festgehaltenen Werten von $U_\text{s} = U_\text{N}$ und U_p das Antriebsmoment und damit der Polradwinkel ϑ erhöht. Bestimmen Sie graphisch durch Ergänzung des Zeigerdiagramms die Ständerstromortskurve und den Drehmomentverlauf

$M_e = f(\vartheta)$ für die Polradwinkel $\vartheta = 0°$, $15°$, $30°$, ... , $180°$ in Schritten von $15°$. Tragen Sie den Reaktionskreis ein!

3. Bestimmen Sie graphisch das generatorische Kippmoment M_{p0} und den Kippwinkel! Berechnen Sie das generatorische Kippmoment M_{p0} und den Kippwinkel auf analytischem Weg gemäß Aufgabe A8.1 und vergleichen Sie beide Werte. Berechnen Sie das Bemessungsmoment! Bestimmen Sie rechnerisch und graphisch das Drehmoment für den Betriebspunkt gemäß Pkt. 1)!

Lösung zu Aufgabe A8.3:

1)

$$n_{syn} = f_s / p = 50/20 = 2.5/s = 150/min,$$

$$\Omega_{syn} = 2 \cdot \pi \cdot \frac{f_s}{p} = 2 \cdot \pi \cdot \frac{50}{20} \, s^{-1} = 15.7 \, s^{-1},$$

$$S_N = 3 \cdot U_{sN} \cdot I_N = \sqrt{3} \cdot 10000 \cdot 2000 \text{ VA} = 34640 \text{ MVA}.$$

Bezogene Größen: $I_s = 0.8 \cdot I_{sN} \Rightarrow i_s = 0.8$, $U_s = U_{sN} \Rightarrow u_s = 1$, $x_d = 0.9$, $x_q = 0.55$. $x_d \cdot i_s = 0.9 \cdot 0.8 = 0.72$ p.u., $x_q \cdot i_s = 0.55 \cdot 0.8 = 0.44$ p.u..

Im Verbraucher-Zählpfeilsystem ist die Wirkleistung im Generatorbetrieb negativ. Also ist der Leistungsfaktor negativ: $\cos\varphi_s = -0.7$. Übererregt ist $\sin\varphi_s$ ebenfalls negativ, dementsprechend ist der Phasenwinkel $\varphi_s = -134.4°$. Aus Bild A8.3-1 ergeben sich folgende Werte:

$u_p \hat{=} 8$ cm, $\lambda = 5$ cm$/$p.u., $u_p = 1.6$ p.u.

$\Rightarrow U_p = 1.6 \cdot 5773.5$ V $= 9237.6$ V (Effektivwert), $\vartheta = 13°$.

2)

Indem U_s und U_p konstant gehalten werden und der Polradwinkel verändert wird, erhält man Bild A8.3-2.

In p.u.: $\dfrac{u_s}{x_d} = \dfrac{1}{0.9} = 1.11$, $\dfrac{u_s}{x_q} = \dfrac{1}{0.55} = 1.82$, $\dfrac{u_p}{x_d} = \dfrac{1.6}{0.9} = 1.78$. Wir verwenden die Formeln

$$M_e = \left.\frac{P}{\Omega_{syn}}\right|_{R_s=0} = \frac{3 \cdot U_s \cdot \text{Re}\{\underline{I}_s\}}{\Omega_{syn}}, \quad \text{Re}\{\underline{I}_s\} = I_{s,w},$$

um die Wirkleistung zu bestimmen. Die zugehörigen Werte sind in der nachstehenden Tabelle in p.u. ($i_s = I_s / I_N$, $i_{s,w} = I_{s,w} / I_N$) angegeben.

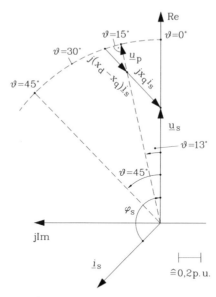

Bild A8.3-1: Spannungszeigerdiagramm bei einem Polradwinkel $\vartheta = 13°$ generatorisch

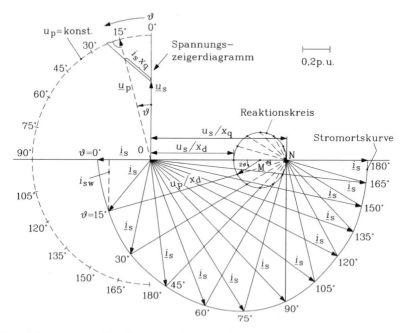

Bild A8.3-2: Stromzeigerdiagramm in bezogenen Größen als Ortskurve in Abhängigkeit des Polradwinkels bei konstanter Spannung und konstanter Polradspannung

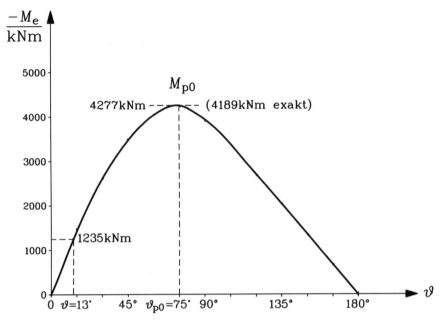

Bild A8.3-3: Drehmoment über dem Polradwinkel der Synchronmaschine im Generatorbetrieb

$\vartheta\,/\,°$	0	15	30	45	60	75	90
i_s/p.u.	0.67[**]	0.86	1.22	1.62	2.0	2.3	2.52
$i_{s,w}$/p.u.	0	0.66	1.2	1.6	1.84	1.94	1.78
$-M_e$/kNm	0	1455	2646	3528	4057	4277	3925

$\vartheta\,/\,°$	105	120	135	150	165	180
i_s/p.u.	2.7	2.76	2.86	2.88	2.89	2.89[*]
$i_{s,w}$/p.u.	1.55	1.22	0.92	0.6	0.3	0
$-M_e$/kNm	3418	2690	2028	1323	661	0

$$*): \quad i_s = \left| \frac{u_s + u_p}{x_d} \right| = \left| \frac{1+1.6}{0.9} \right| = 2.89\,,$$

$$**): \quad i_s = \left| \frac{u_s - u_p}{x_d} \right| = \left| \frac{1-1.6}{0.9} \right| = \left| -0.67 \right| = 0.67$$

Im Verbraucher-Zählpfeilsystem wird das elektromagnetische Moment im Generatorbetrieb $\vartheta > 0$ negativ gezählt! Man erhält das Moment aus dem Wirkstrom von Bild A8.3-2:

$$M_e = \frac{u_s \cdot i_{s,w}}{\Omega_{syn}} \cdot S_N = -i_{s,w} \cdot \frac{1}{15.7} \cdot 34640 \text{ kNm} = -2205 \text{ kNm} \cdot i_{s,w} \ .$$

Die entsprechende Drehmoment-Polradwinkel-Kurve ist in Bild A8.3-3 dargestellt.

3)
Man liest aus der Kurve in Bild A8.3-3 das Kippmoment und den Kippwinkel ab: $M_{p0} = -4277 \text{ kNm}$ bei $\vartheta_{p0} = 75°$. Die analytische Berechnung mit der Vorgehensweise wie in Aufgabe A8.1 ergibt:
$M_{p0} = -4189 \text{ kNm}$ bei $\vartheta_{p0} = 71.5°$!

Bemessungsmoment: $M_N = \dfrac{P_N}{\Omega_{syn}} = \dfrac{S_N \cdot \cos\varphi_N}{\Omega_{syn}} = \dfrac{34640 \cdot 0.7}{15.7} = 1544 \text{ kNm}$

Bei 80 % des Bemessungsstroms, aber unverändertem Leistungsfaktor wie im Bemessungsbetrieb werden Wirk- und Blindstrom gleichermaßen verringert. Daher sinken die Wirkleistung und das Drehmoment um 20 %.

$M = -\dfrac{0.8 \cdot P_N}{\Omega_{syn}} = -0.8 \cdot 1544 \text{ kNm} = -1235 \text{ kNm}$. Der Polradwinkel beträgt

gemäß A8.3-1 $\vartheta = 13°$! Mit diesem Winkel wird auch das Drehmoment in Bild A8.3-3 zu -1235 kNm erhalten.

Aufgabe A8.4: Gebläse-Synchronmotor

In einem großen chemischen Betrieb wird eine Vollpol-Synchronmaschine als Antrieb für die Förderung von Prozessluft verwendet und gleichzeitig zur Verbesserung des Blindstromhaushalts der Fabrik eingesetzt. Von dieser Synchronmaschine sind die Leistungsschildangaben $P_N = 2500$ kW, $U_N = 6300$ V Y, $\cos\varphi_N = 0.9$ ü.e. (übererregt), $2p = 8$, $f_N = 60$ Hz, $x_d = 1.1$ p.u. bekannt. Der Statorwiderstand kann im Folgenden vernachlässigt werden.

1. Wie groß ist der Bemessungsstrom? Berechnen Sie den Ständerstrom und zeichnen Sie das Zeigerdiagramm für Motorbetrieb bei $P = P_N$, $U_s = 0.9 \cdot U_N$, $\cos\varphi_s = \cos\varphi_N$.
2. Wie groß ist das Drehmoment für diesen Betriebspunkt?
3. Bei gleichbleibendem Drehmoment wird der Erregerstrom auf 70 % des ursprünglichen Wertes verringert. Welcher Wert des Leistungsfaktors $\cos\varphi_s$ stellt sich ein? Die Polradspannung U_p ist proportional zum Polradstrom I_f anzunehmen! Wieviele Lösungen sind denkbar? Diskutieren

Sie das Ergebnis! Bestimmen Sie den Phasenwinkel rechnerisch und graphisch!

Lösung zu Aufgabe A8.4:

1)
Bemessungsstrom:

$$I_{sN} = I_N = \frac{S_N}{\sqrt{3} \cdot U_N} = \frac{P_N}{\sqrt{3} \cdot \cos\varphi_N \cdot U_N} = \frac{2500000}{\sqrt{3} \cdot 0.9 \cdot 6300} = 254.6 \text{ A}$$

Es fließt ein Überlaststrom wegen des Betriebs mit reduzierter Spannung, aber voller Leistung:

$$I_s(P_N, 0.9 \cdot U_N, \cos\varphi_N) = \frac{P_N}{\sqrt{3} \cdot \cos\varphi_N \cdot 0.9 \cdot U_N} =$$

$$= \frac{2500000}{\sqrt{3} \cdot 0.9 \cdot 0.9 \cdot 6300} = 282.8 \text{ A}$$

$$u_s = 0.9 \text{ p.u.}, \quad i_s = \frac{I_s}{I_{sN}} = 1.11 \text{ p.u.}, \quad x_d = 1.1 \text{ p.u.}$$

$x_d \cdot i_s = 1.1 \cdot 1.11 \text{ p.u.} = 1.22 \text{ p.u.}$

Zeigerdiagramm mit p.u.-Größen (Bild A8.4-2) im Motorbetrieb: u_s eilt u_p voraus. Aus Bild A8.4-2 liest man ab: $u_p = 1.8$ p.u.

2)

$$M_N = \frac{P_N}{\Omega_{syn}} = \frac{P_N}{2 \cdot \pi \cdot n_{syn}} = \frac{P_N \cdot p}{2 \cdot \pi \cdot f_N} = \frac{2500000 \cdot 4}{2 \cdot \pi \cdot 60} = 26.53 \text{ kNm}$$

3)
Gemäß 1) war $u_p = 1.8$ p.u. Jetzt ist die geringere Erregung $u_p* = 0.7 \cdot u_p = 1.26$ p.u. wirksam, wobei $U_p \sim I_f$ angenommen wird. Da $M = $ konst. Und auch f_s und $n = $ konst. sind, bleibt die Wirkleistung $P = $ konst. Da weiter $U_s = $ konst., folgt konstanter Wirkstrom:

$$P = 3 \cdot U_s \cdot \underbrace{I_s \cdot \cos\varphi_s}_{I_{s,w}} = \text{konst.} \Rightarrow I_{s,w} = \text{konst.} \Rightarrow x_d I_{s,w} = \text{konst.}$$

Also ist $j \cdot x_d \cdot i_{s,w}$ konstant für konstantes Moment und konstante Spannung, was der gestrichelten Linie in Bild A8.4-2 entspricht. Die Schnittpunkte des Kreises $u_p* = $ konst. (Mittelpunkt: Koordinatenursprung) mit der Geraden $j \cdot x_d \cdot i_{s,w} = $ konst. liefern zwei Lösungen, die Betriebspunkte S und S′. Der Punkt S′ ist instabil, da $|\vartheta*| > 90°$ (Bild A8.4-1).

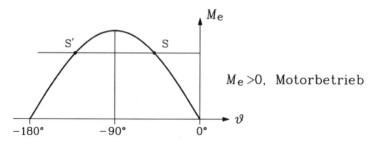

Bild A8.4-1: Stabiler und instabiler Betriebspunkt S und S′ für ein gegebenes Lastmoment im Motorbetrieb der Vollpol-Synchronmaschine

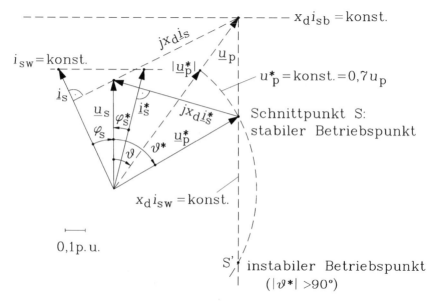

Bild A8.4-2: Zeigerdiagramm bei 90 % Bemessungsstrom für große und kleine Polradspannung und konstante Wirkleistung

Der neue stabile Betriebspunkt ist S. Aus Bild A8.4-2 ergibt sich bei S rechnerisch für den Phasenwinkel:

$$x_d \cdot i_s^* = 1.14 \text{ p.u.} \Rightarrow i_s^* = 1.04 \text{ p.u.} \Rightarrow I_s^* = 264.8 \text{ A},$$

$$P_N = 3 \cdot 0.9 \cdot U_{sN} \cdot I_s^* \cdot \cos\varphi_s^* \Rightarrow \cos\varphi_s^* = 0.96 \Rightarrow \varphi_s^* = 16.3° .$$

Indem der Phasenwinkel direkt aus Bild A8.4-2 entnommen wird, erhält man $\varphi_s^* = 14.5°$. Der Unterschied zur Lösung 16.3° wird mit Zeichenungenauigkeiten begründet.

Aufgabe A8.5: Synchronreaktanz eines Synchrongenerators

Die langsam laufenden Synchron-Wasserkraftgeneratoren in Vertikalbauweise für ein Flusskraftwerk mit Kaplan-Turbinen haben die Bemessungsdaten $S_N = 45$ MVA, $U_N = 10.3$ kV Y, $2p = 72$, $f_N = 50$ Hz, $\cos\varphi_N = 0.8$, $\eta_N = 97\%$. Aus dem Messprotokoll des Prüffelds des Herstellers sind bekannt

a) die Leerlaufkennlinie:

U_{s0}	V	7 725	10 300	11 330	12 360	13 390
I_f	A	530	780	920	1 150	1 600

b) die Kurzschlusskennlinie:

I_{sk}	A	1 000	2 000
I_f	A	358	716

1. Berechnen Sie den Bemessungsstrom! Zeichnen Sie die Leerlaufkennlinie und die Kurzschlusskennlinie in ein Diagramm. Als Ordinate verwenden Sie in den bezogenen Größen U_{s0}/U_N und I_{sk}/I_N, die Abszisse skalieren Sie in A (Maßstab 1 cm $\hat{=}$ 125 A).
2. Wie groß sind bei Leerlauferregung auf Bemessungsspannung das Leerlauf-Kurzschluss-Verhältnis, die bezogene synchrone Reaktanz x_d und die synchrone Reaktanz in Ohm?
3. Die Streuspannung bei Bemessungsstrom ist mit $u_{s\sigma} = 18\%$ gegeben. Zeichnen Sie das Zeigerdiagramm für den generatorischen Betriebspunkt $U = U_N$, $I = I_N$, $\cos\varphi_s = 1$ in p.u.-Größen im Erzeuger-Zählpfeilsystem, wobei Sie $R_s = 0$ annehmen und geben Sie die Werte u_p, u_h, U_p und U_h an. (Empfohlener Maßstab: 1 p.u. $\hat{=}$ 10 cm).
4. Das Massenträgheitsmoment der Maschine ist $J = 14.8 \cdot 10^6$ kgm^2. Wie groß ist die mechanische Anlaufzeitkonstante T_j?

Lösung zu Aufgabe A8.5:

1)

$$I_N = S_N / (\sqrt{3} \cdot U_N) = 45000 / (\sqrt{3} \cdot 10.3) = 2522 \text{ A}$$

U_{s0}/U_N	p.u.	0.75	1	1.1	1.2	1.3
I_f	A	530	780	920	1150	1600

I_{sk}/I_N	p.u.	0.4	0.8
I_f	A	358	716

Leerlauf- und Kurzschlusscharakteristik mit bezogenen Größen sind in Bild A8.5-1 dargestellt.

2)

Bei $I_{f0} = 780$ A: $k_K = I_{f0}/I_{fk} = 0.87$ aus Bild A8.5-1.

$x_d = 1/k_K = 1/0.87 = 1.15$ p.u.

$Z_N = U_{N,ph}/I_N = 10300/(\sqrt{3} \cdot 2522) = 2.36\,\Omega$

$X_d = x_d \cdot Z_N = 1.15 \cdot 2.36 = 2.71\,\Omega$

3)

$$u_{s\sigma} = 18\ \% = \frac{X_{s\sigma} \cdot I_N}{U_{N,ph}} \Rightarrow X_{s\sigma}/Z_N = u_{s\sigma} = 0.18\ \text{p.u.}$$

Das Spannungsdiagramm bei vernachlässigtem Statorwiderstand ist im EZS in Bild A8.5-2 dargestellt. Im Erzeuger-Zählpfeilsystem ist der Wirkstrom in Phase mit der Spannung bei Generatorbetrieb. Aus Bild A8.5-2 ergibt sich:

$u_p = \sqrt{(x_d \cdot i_s)^2 + u_s^2} = \sqrt{(1.15 \cdot 1)^2 + 1^2} = 1.524$ p.u.

$u_h = \sqrt{(x_{s\sigma} \cdot i_s)^2 + u_s^2} = \sqrt{(0.18 \cdot 1)^2 + 1^2} = 1.016$ p.u.

$U_p = u_p \cdot U_{N,ph} = 1.524 \cdot \dfrac{10300}{\sqrt{3}} = 9063$ V ,

$U_h = u_h \cdot U_{N,ph} = 1.016 \cdot \dfrac{10300}{\sqrt{3}} = 6042$ V

4)

$$P_{m,N} = \frac{P_{el,N}}{\eta_N} = \frac{S_N \cdot \cos\varphi_N}{\eta_N} = \frac{45 \cdot 10^6 \cdot 0.8}{0.97}\ \text{W} = 37.11\,\text{MW}$$

$$\Omega_{mN} = 2\pi \cdot \frac{f_N}{p} = 2\pi \cdot \frac{50}{36} = 8.727\,/\text{s} ,$$

$$M_N = \frac{P_{m,N}}{\Omega_{mN}} = \frac{37.11 \cdot 10^6}{8.727}\ \text{Nm} = 4252.7\ \text{kNm}$$

$$T_J = J \cdot \frac{\Omega_{mN}}{M_N} = 14.8 \cdot 10^6 \cdot \frac{8.727}{4.257 \cdot 10^6} = 30.37\,\text{s}$$

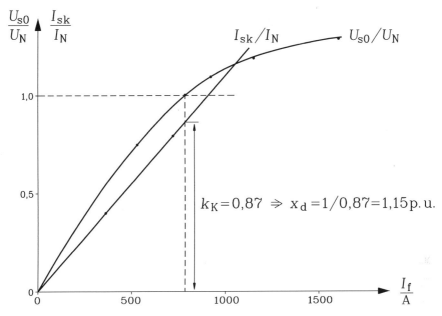

Bild A8.5-1: Leerlauf- und Kurzschlusscharakteristik des Flusskraftwerk-Synchrongenerators sowie Leerlauf-Kurzschluss-Verhältnis bei Leerlauferregung auf Bemessungsspannung

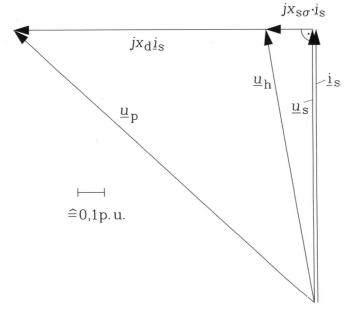

Bild A8.5-2: Spannungszeigerdiagramm bei Leistungsfaktor Eins für den Flusskraftwerk-Synchrongenerator im Erzeugerzählpfeilsystem

Aufgabe A8.6: Eigenbedarfs-Generator

In einer Papierfabrik wird überschüssige Prozesswärme dazu verwendet, um über eine Industrie-Dampfturbine und einen Synchron-Vollpol-Generator Strom für den Eigenbedarf zu erzeugen. Von der Synchronmaschine sind die Leerlaufkennlinie und die Kurzschlusskennlinie gegeben.

U_{s0}/U_N	0.5	0.75	1	1.1	1.2	1.3
I_f/A	30	54	100	140	200	300

I_{sk}/I_N	0.5	1.0
I_f/A	45	90

Die bezogene Potier-Reaktanz x_P beträgt 17 %. Der Erregerbedarf für den übererregten Betriebspunkt $U_s = U_N$, $I_s = I_N$, $\cos\varphi_s = 0$ („induktiver Volllastpunkt IVP") beträgt $I_f = 260$ A. Der Ständerwiderstand wird vernachlässigt.

1. Zeichnen Sie die Leerlauf- und die Kurzschlusskennlinie maßstäblich im Maßstab: 1 p.u. $\doteq$ 1 cm, 20 A $\doteq$ 1 cm und bestimmen Sie das Leerlauf-Kurzschluss-Verhältnis!
2. Wie groß ist die zu 1. passende bezogene synchrone Reaktanz x_d?
3. Skizzieren Sie das Spannungs-Zeigerdiagramm im Generatorbetrieb
    (a) bei übererregtem Leistungsfaktor Null,
    (b) bei Leistungsfaktor Eins.
    Die Maschine wird im Generatorbetrieb bei festgehaltenem Erregerstrom I_f entsprechend dem Erregerbedarf des „induktiven Volllastpunktes" so stark angetrieben, dass sich der Leistungsfaktor $\cos\varphi_s = 1$ einstellt. Bestimmen Sie den zugehörigen Wert I_s/I_N des bezogenen Statorstromes unter der Voraussetzung linearen Verhaltens, d.h. konstanter Sättigung entsprechend dem Erregerstrom I_{f0}, wobei x_d gemäß Pkt. 1) verwendet werden soll.
4. Bestimmen Sie die bezogene statische Kippleistung für den Betriebspunkt "Motor", Bemessungsstrom und -spannung, Leistungsfaktor 0.75 übererregt.

Lösung zu Aufgabe A8.6:

1)
Die Leerlauf- und Kurzschlusscharakteristik sind in Bild A8.6-2 dargestellt. Daraus folgt $k_K = 1.12$.

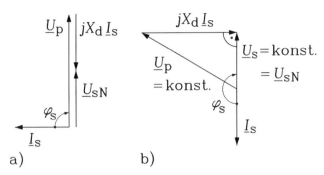

Bild A8.6-1: Zeigerdiagramm a) für übererregten Leistungsfaktor Null, b) für Leistungsfaktor Eins bei gleicher Statorspannung und gleichem Erregerstrom, also wegen des linearisierten Verhaltens der Maschine auch bei gleichem U_p im Verbraucherzählpfeilsystem

2)
$$k_\mathrm{K} = 1.12 \Rightarrow x_\mathrm{d} = 1/k_\mathrm{K} = 1/1.12 = 0.89\ \text{p.u.}$$

3)
Berechnung des Statorstroms im Generatorbetrieb
   (a) bei übererregtem Leistungsfaktor Null,
   (b) bei Leistungsfaktor Eins (im VZS: $\cos\varphi_\mathrm{s} = -1$).

Gemäß dem Zeigerdiagramm Bild A8.6-1b im Verbraucher-Zählpfeilsystem sind im Generatorbetrieb Wirkstrom und Spannung in Gegenphase.

Konstante Erregung $I_\mathrm{f} = 260\ \text{A} = \text{konst.}$ bedeutet im linearisierten Modell auch $U_\mathrm{p} = \text{konst.}$, denn es gilt $U_\mathrm{p} = X_\mathrm{dh} \cdot I_\mathrm{f}'$. Aus Bild A8.6-1 folgen mit a) und b) zwei Gleichungen mit den beiden Unbekannten $I_\mathrm{s}(\cos\varphi_\mathrm{s} = -1)$ und U_p.

a) $\cos\varphi_\mathrm{s} = 0$ (übererregt), $R_\mathrm{s} \cong 0$: $\underline{U}_\mathrm{s} = jX_\mathrm{d}\underline{I}_\mathrm{s} + \underline{U}_\mathrm{p}$. Für den IVP, also bei Bemessungsstrom und –spannung, erhalten wir:

$$U_\mathrm{p} = U_\mathrm{sN} + X_\mathrm{d}I_\mathrm{sN}\left|\cdot\frac{1}{U_\mathrm{sN}}\right. \Rightarrow u_\mathrm{p} = 1 + x_\mathrm{d}$$

b) $\varphi_\mathrm{s} = \pi$: $\cos\varphi_\mathrm{s} = -1$, $R_\mathrm{s} \cong 0$: $P = 3 \cdot U_\mathrm{sN} \cdot I_\mathrm{s} \cdot \cos\varphi_\mathrm{s} = -3U_\mathrm{sN}I_\mathrm{s}$

$$U_\mathrm{p}^{\,2} = X_\mathrm{d}^{\,2}I_\mathrm{s}^{\,2} + U_\mathrm{sN}^{\,2}\left|\cdot\frac{1}{U_\mathrm{sN}^{\,2}}\right. \Rightarrow u_\mathrm{p}^{\,2} = x_\mathrm{d}^{\,2}i_\mathrm{s}^{\,2} + 1$$

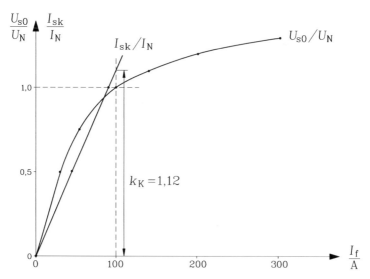

Bild A8.6-2: Leerlauf- und Kurzschlusscharakteristik des Industrie-Synchrongenerators

Aus a) und b) folgt:
$$1 + x_d = \sqrt{1 + x_d^2 i_s^2} \rightarrow \sqrt{\frac{(1 + x_d)^2 - 1}{x_d^2}} = i_s$$

$$\frac{2x_d + x_d^2}{x_d^2} = 1 + \frac{2}{x_d}, \quad i_s = \sqrt{1 + \frac{2}{x_d}} = \sqrt{1 + \frac{2}{0.89}} = 1.8$$

Der Strom steigt in Fall b) aufgrund der hohen Polradspannung auf 180 % des Bemessungsstroms an. Diese Überlast darf nur kurze Zeit gefahren werden, um eine Überhitzung der Generatorwicklungen zu vermeiden.

4)

Motorbetrieb: Aus dem Spannungszeigerdiagramm bei Bemessungsstrom und –spannung für $\cos\varphi_s = 0.75 \Rightarrow \varphi_s = 41.4°$ erhält man eine Polradspannung $u_p = 1.72$ p.u. ! Die Kippleistung für diese Polradspannung wird bei Synchronmotoren mit zylindrischem Rotor bei $\vartheta_{p0} = -90°$ abgegeben. In per unit-Schreibweise ergibt das:

$$\frac{P_{e,p0}}{3 \cdot U_{N,ph} I_N} = -\frac{u_s \cdot u_p}{x_d} \cdot \sin(-90°) = \frac{1 \cdot 1.72}{0.89} = 1.936 \text{ p.u.}$$

Die Kippleistung bei Erregung für einen Leistungsfaktor 0.75 bei Bemessungsstrom und -spannung ist um 94 % höher als die Bemessungs-Scheinleistung.

Aufgabe A8.7: Umrichtergespeister Walzwerks-Synchronmotor

In einem Walzwerk steht ein 5.5 m-Grobblech-Walzgerüst, an dem in einem ersten Schritt die Stahlrohlinge mit enormen Drehmomenten zu Grobblech gewalzt werden, bevor sich weitere Walzschritte an anderen Walzgerüsten mit geringerem Drehmoment anschließen. Dieses Grobblech-Walzgerüst wird von einem 12-poligen umrichtergespeisten elektrisch erregten Vollpol-Synchronmotor mit einer Bemessungsleistung $P_N = 10.9$ MW bei $n_N = 58.5$/min drehzahlveränderbar zwischen $n = 0$ und $n_{max} = 112.5$/min angetrieben. Beantworten Sie im Folgenden für eine ähnliche Maschine mit denselben o. g. Bemessungsdaten für $U_N = 3.15$ kV, Y, $R_s \approx 0$ (Motorwirkungsgrad η näherungsweise 100%), $L_h \approx 15.9$ mH, $L_d \approx 17.6$ mH, $\ddot{u}_{lf} = 1/6$ die folgenden Fragen. Um den Umrichter mit minimalem Strom zu belasten, wird über die Läufererregung die Polradspannung so eingestellt, dass der Stator-Leistungsfaktor Eins ist, so dass kein Blindstrom, sondern nur der erforderliche Wirkstrom über den Umrichter fließt.

1. Wie groß ist die Umrichterausgangsfrequenz f_s bei Bemessungs- und Maximaldrehzahl? Wie groß sind das Bemessungsmoment M_N, der Stator-Bemessungsstrom I_{sN}, die Polradspannung U_{pN} je Strang, der fiktive Erregerstrom I'_{fN} und der Erregergleichstrom I_{fN} bei n_N?

2. Bestimmen Sie vorzeichenrichtig den Polradwinkel ϑ_N im Bemessungspunkt und zeichnen Sie maßstäblich das Spannungszeigerdiagramm je Strang mit dem Statorstrom und der d- und q-Achse! Überprüfen Sie ϑ_N graphisch!

3. Zeigen Sie anhand der Drehmomentformel, welche Komponente des Statorstroms für das Drehmoment verantwortlich ist. Wie groß ist diese in Ampere, und wie groß die Polradflussverkettung Ψ_p mit der Statorwicklung je Strang? Überprüfen Sie das so ermittelte Drehmoment rechnerisch mit dem unter 2. bestimmten Polradwinkel!

4. Wie ist der Effektivwert der Statorspannung je Strang U_s als Grundschwingung der Umrichterausgangsspannung in Abhängigkeit der Statorfrequenz f_s zu verändern, damit im Bereich $0 \leq n \leq n_N$ das Bemessungsdrehmoment M_N bei Leistungsfaktor Eins und Bemessungsstrom I_{sN} motorisch erzeugt wird?

5. Konstantleistungsbetrieb bzw. Feldschwächbetrieb: Oberhalb der Bemessungsfrequenz wird die Spannungsgrenze des Umrichters $U_{s,max} = U_{sN}$ erreicht. Wie ist I_f zu verändern, damit im Bereich $n_N \leq n \leq n_{max}$ die mechanische Leistung $P_m = P_N =$ konst. ist, aber auch

weiterhin der $\cos\varphi_s = 1$ ist? Wie ändern sich das Drehmoment $M_e(n)$, $\Psi_p(n)$ und $I_s(n)$? Geben Sie die Werte $M_e(n_{max})$, $U_p(n_{max})$, $\Psi_p(n_{max})$, $I_s(n_{max})$, $I_f(n_{max})/I_{fN}$ und $\vartheta(n_{max})$ an! Überprüfen Sie $\vartheta(n_{max})$ graphisch! Zeichnen Sie die Verläufe $U_s(n)$, $I_s(n)$, $P_m(n)$, $M_e(n)$, $\Psi_p(n)$, $U_p(n)$ und $I_f(n)$ für $0 \leq n \leq n_{max}$ in Bezug auf den jeweiligen Wert im Bemessungspunkt!

6. Beim ersten Walzvorgang tritt kurzzeitig das 2.5-fache Bemessungsdrehmoment als maximales Stoßmoment M_{max} bei n_N auf. Wie groß sind M_{max}, U_s, P_m, I_s, I_f und ϑ, wenn weiterhin $\cos\varphi_s = 1$ sein muss? Überprüfen Sie ϑ graphisch!

Lösung zu Aufgabe A8.7:

1)

$f_{sN} = p \cdot n_N = 6 \cdot 58.5 / 60 = 5.85 \text{Hz}$,

$f_{s,max} = p \cdot n_{max} = 6 \cdot 112.5 / 60 = 11.25 \text{Hz}$

$M_N = P_m /(2\pi n_N) = 10900000 /(2\pi \cdot 58.5/60) = 1779271 \text{Nm} \cong 1.78 \text{MNm}$

$P_m = \eta \cdot P_e \quad \eta = 1 : P_{mN} = P_N = P_{eN} = \sqrt{3} \cdot U_N \cdot I_{sN} \cdot \cos\varphi_s$

$\cos\varphi_s = 1 : I_{sN} = P_N /(\sqrt{3} \cdot U_N) = 10900000 /(\sqrt{3} \cdot 3150) = 1998 \text{A}$

$X_{dN} = 2\pi f_{sN} \cdot L_d = 2\pi \cdot 5.85 \cdot 0.0176 = 0.647\Omega$

Da I_{sN} und $U_{sN} = U_N /\sqrt{3} = 3150 /\sqrt{3} = 1818.7 \text{V}$ in Phase sind, bilden $\underline{U}_{sN}$ und $jX_{dN}\underline{I}_{sN}$ einen rechten Winkel, sodass wegen $R_s \approx 0$ und $\underline{U}_{sN} = jX_{dN}\underline{I}_{sN} + \underline{U}_{pN}$ für den Betrag von $\underline{U}_{pN}$ folgt:

$U_{pN} = \sqrt{U_{sN}^2 + (X_{dN}I_{sN})^2} = \sqrt{1818.7^2 + (0.647 \cdot 1998)^2} = 2230 \text{V}$.

Mit $\underline{U}_p = jX_h \underline{I}'_f$ folgt:

$I'_{fN} = U_{pN} /(2\pi f_N L_h) = 2230 /(2\pi \cdot 5.85 \cdot 0.0159) = 3815.7 \text{A}$.

Bemessungserregergleichstrom: $I_{fN} = \ddot{u}_{1f} \cdot I'_{fN} = (1/6) \cdot 3815.7 = 636 \text{A}$

2)

$$\vartheta_N = -\arctan\left(\frac{X_{dN}I_{sN}}{U_{sN}}\right) = -\arctan\left(\frac{0.647 \cdot 1998}{1818.7}\right) = -35.4°$$

3)

Aus Bild A8.7-1a sieht man:

$\vartheta_N < 0: \ -U_{sN} \cdot \sin\vartheta_N = X_{dN}I_{sN}\cos\vartheta_N = X_{dN}I_{sqN}$.

Mit $U_{pN} = \omega_{sN} \cdot \Psi_{pN}/\sqrt{2}$ folgt aus

$$M_{eN} = -\frac{p}{\omega_{sN}} \cdot 3 \cdot \frac{U_{sN}U_{pN}}{X_{dN}} \cdot \sin\vartheta_N = \frac{p}{\omega_{sN}} \cdot 3 \cdot \frac{X_{dN}I_{sqN}U_{pN}}{X_{dN}} :$$

$$M_{eN} = 3p \cdot \frac{\Psi_{pN}}{\sqrt{2}} \cdot I_{sqN} .$$

Die Querstromkomponente des Statorstroms bildet mit dem Läuferfluss das Drehmoment.

$$I_{sqN} = -U_{sN} \cdot \sin\vartheta_N / X_{dN} = -1818.7 \cdot \sin(-35.4°)/0.647 = 1628.3\text{A}$$

$$\Psi_{pN} = U_{pN} \cdot \sqrt{2}/\omega_{sN} = 2230 \cdot \sqrt{2}/(2\pi \cdot 5.85) = 85.8\text{Vs}$$

$$M_{eN} = -\frac{p}{\omega_{sN}} \cdot 3 \cdot \frac{U_{sN}U_{pN}}{X_{dN}} \cdot \sin\vartheta_N =$$

$$= -\frac{6}{2\pi \cdot 5.85} \cdot 3 \cdot \frac{1818.7 \cdot 2230}{0.647} \cdot \sin(-35.4°) = 1.78\text{MNm}$$

Dies stimmt wegen $\eta = 1$ mit dem Bemessungsmoment von 1) überein.

4)

Wegen $\cos\varphi_s = 1$ muss der Stromzeiger $\underline{I}_s$ parallel zum Spannungszeiger sein. Damit ergibt sich für $0 \le f_s \le f_{sN}$ stets ein rechtwinkliges Spannungszeiger-Dreieck wie in Bild A8.7-1a. Soll der Strom stets Bemessungsstrom $\underline{I}_s = \underline{I}_{sN}$ sein, so ist folglich auch die Querstromkomponente I_{sqN} konstant. Dann muss wegen $M_{eN} \sim \Psi_{pN} \cdot I_{sqN} = \text{konst.}$ auch $\Psi_{pN} = \text{konst.}$ gelten. Damit steigt $U_p \sim \omega_s \Psi_{pN} \sim \omega_s$, und damit auch

$$U_s = \sqrt{U_p^2 - (X_d I_{sN})^2} = \omega_s \cdot \sqrt{\Psi_{pN}^2/2 - (L_d I_{sN})^2} \sim \omega_s .$$

Steuergesetz für die Statorspannung: $U_s \sim f_s \sim n$.

5)

$f_{sN} \le f_s \le f_{s,max}$: $U_s = U_{s,max} = U_{sN}$ (Umrichter-Spannungsgrenze)

Konstante Leistung: $\eta = 1$: $P_{mN} = P_N = P_{eN} = 3 \cdot U_{sN} \cdot I_s \cdot \cos\varphi_s$

$\cos\varphi_s = 1$: $I_s = I_{sN} = P_N/(3 \cdot U_{sN}) = 10900000/(3 \cdot 1818.7) = 1998\text{A}$. Wegen $\cos\varphi_s = 1$ muss der Stromzeiger $\underline{I}_s = \underline{I}_{sN}$ parallel zum Spannungszeiger sein. Damit ergibt sich auch für $f_{sN} \le f_s \le f_{s,max}$ stets ein rechtwinkliges Spannungszeiger-Dreieck:

$$U_p = \sqrt{U_{sN}^2 + (\omega_s/\omega_{sN})^2 \cdot (X_{dN}I_{sN})^2} = U_p(\omega_s)$$

$$I_f/I_{fN} = I_f'/I_{fN}' = U_p X_{hN}/(U_{pN}X_h) = U_p/U_{pN} \cdot (\omega_{sN}/\omega_s)$$

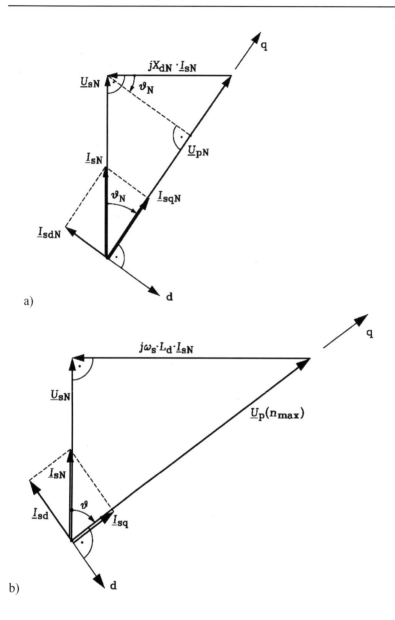

Bild A8.7-1: Maßstabsgerechtes Spannungs-Zeigerdiagramm a) im Bemessungspunkt mit dem Statorstrom $\underline{I}_s$ und der d- und q-Achse, b) im Feldschwächbereich. Der Polradwinkel ϑ ist im Motorbetrieb, gezählt von $\underline{U}_s$ nach $\underline{U}_p$, negativ.

$$I_f / I_{fN} = \sqrt{(\omega_{sN} / \omega_s)^2 \cdot U_{sN}^2 + (X_{dN} I_{sN})^2} / U_{pN} < 1, \quad f_s > f_{sN}$$

$$I_f / I_{fN} = \sqrt{(\omega_{sN}/\omega_s)^2 \cdot 1818.7^2 + (0.647 \cdot 1998)^2} / 2230 =$$

$$= \sqrt{(\omega_{sN}/\omega_s)^2 \cdot 0.665 + 0.335}$$

Drehmoment aus der Leistungsgleichung:

$$M_e = P_N / (2\pi n) = M_N \cdot (n_N/n),$$

oder Drehmoment aus der Drehmomentgleichung:

$$M_e(\omega_s) = 3p \cdot \frac{\Psi_p(\omega_s)}{\sqrt{2}} \cdot I_{sq}(\omega_s).$$

Beachten Sie, dass wegen der nun gegenüber dem Bemessungspunkt vergrößerten Polradspannung das Spannungsdreieck (Bild A8.7-1b) zwar rechtwinklig, aber nicht mehr kongruent zu jenem des Bemessungspunkts ist (Bild A8.7-1a). Damit dreht mit dem länger werdenden Zeiger $\underline{U}_p$ auch die q-Achse, und die q-Stromkomponente $I_{sq}(\omega_s)$ wird trotz konstanten Stroms kleiner.

Mit $\quad \Psi_p(\omega_s) = U_p(\omega_s) \cdot \sqrt{2}/\omega_s \quad$ und $\quad M_e(\omega_s) = 3p \cdot \dfrac{\Psi_p(\omega_s)}{\sqrt{2}} \cdot I_{sq}(\omega_s)$

sinkt $I_{sq}(\omega_s)$ in dem Maß, wie $U_p(\omega_s)$ steigt, so dass das Drehmoment gemäß

$$M_e(\omega_s) = 3p \cdot \frac{U_p(\omega_s)}{\omega_s} \cdot I_{sq}(\omega_s) \sim 1/\omega_s \sim 1/n \text{ sinkt.}$$

$$\Psi_p(\omega_s) = \sqrt{U_{sN}^2 + (\omega_s/\omega_{sN})^2 \cdot (X_{dN} I_{sN})^2} \cdot \sqrt{2}/\omega_s$$

Der Statorstrom ändert sich nicht: $I_s(n) = I_{sN}$, so dass der Umrichter stets nur mit Bemessungsstrom belastet wird.

$$M_e(n_{max}) = 1.78 \cdot (58.5/112.5) = 1.78/1.923 = 0.926 \text{ MNm}$$

$$U_p(n_{max}) = U_{p,max} = \sqrt{1818.7^2 + 1.923^2 \cdot (0.647 \cdot 1998)^2} = 3080.1\text{V} =$$

$$= 1.38 \cdot 2230\text{V} = 1.38 \cdot U_{pN}$$

$$\Psi_p(n_{max}) = U_{p,max} \cdot \sqrt{2}/\omega_{s,max} = 3080.1 \cdot \sqrt{2}/(2\pi \cdot 11.25) =$$

$$= 61.62\text{Vs} = 0.718 \cdot \Psi_{pN} < \Psi_{pN}$$

Die Flussverkettung sinkt, da das Läuferfeld geschwächt wird („Feldschwächbetrieb").

$$I_s(n_{max}) = 1998 \text{ A} = I_{sN}$$

$$I_f(n_{max}) / I_{fN} = \sqrt{0.665/1.923^2 + 0.335} = 0.718 = \Psi_p(n_{max}) / \Psi_{pN}$$

$$\vartheta(n_{max}) = -\arctan\left(\frac{(n_{max}/n_N)\cdot X_{dN} I_{sN}}{U_{sN}}\right)$$

$$\vartheta(n_{max}) = -\arctan\left(\frac{1.923\cdot 0.647\cdot 1998}{1818.7}\right) = -53.8°$$

Verläufe $U_s(n)$, $I_s(n)$, $P_m(n)$, $M_e(n)$, $\Psi_p(n)$, $U_p(n)$, $I_f(n)$ für $0 \leq n \leq n_{max}$ in Bezug auf den jeweiligen Wert im Bemessungspunkt siehe Bild A8.7-2!

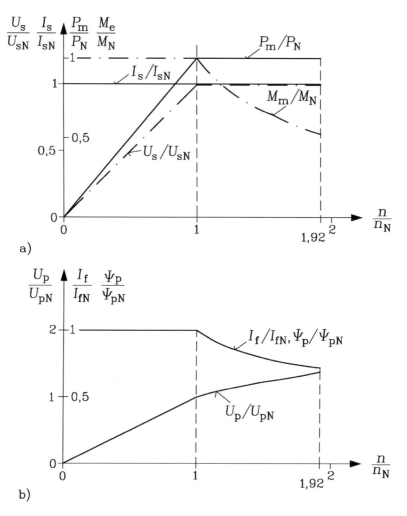

Bild A8.7-2: Verläufe a) $U_s(n)$, $I_s(n)$, $P_m(n)$, $M_e(n)$; b) $\Psi_p'(n)$, $U_p(n)$ und $I_f(n)$ für $0 \leq n \leq n_N$ (Grunddrehzahlbereich) und $n_N \leq n \leq n_{max}$ (Konstantleistungs- bzw. Feldschwächbereich). Kurvenwerte bezogen auf den Wert im Bemessungspunkt.

6)

$M_{max} = 2.5 \cdot M_N = 2.5 \cdot 1.78 = 4.45 \text{MNm}$

$P_{m,max} = 2.5 \cdot P_N = 2.5 \cdot 10.9 = 27.25 \text{MW} = P_{max}$

$I_{s,max} = P_{max} / (\eta \cdot 3 U_{sN} \cos \varphi_s) = P_{max} / (3 U_{sN}) = 2.5 \cdot P_N / (3 U_{sN}) =$

$= 2.5 \cdot I_{sN} = 2.5 \cdot 1998 = 4995 \text{A}$

$I_f(M_{max}) / I_{fN} = \sqrt{(\omega_{sN}/\omega_s)^2 \cdot U_{sN}^2 + (X_{dN} I_{sN})^2} / U_{pN} =$

$= \sqrt{1818.7^2 + (0.647 \cdot 4995)^2} / 2230 = 1.66$

Erreger-Gleichstrom: $I_f(M_{max}) = 1.66 \cdot I_{fN} = 1.66 \cdot 636 = 1058 \text{A}$

$$\vartheta(M_{max}) = -\arctan\left(\frac{X_{dN} I_{s,max}}{U_{sN}}\right) = -\arctan\left(\frac{0.647 \cdot 4995}{1818.7}\right) = -60.6°$$

(vergleiche Bild A8.7-3)

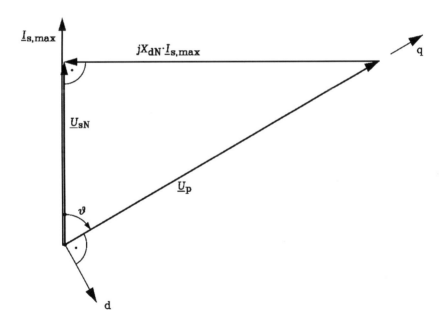

Bild A8.7-3: Maßstabsgerechtes Spannungs-Zeigerdiagramm im Überlastpunkt bei n_N mit dem Statorstrom $\underline{I}_{s,max}$ und der d- und q-Achse. Der Polradwinkel ϑ ist im Motorbetrieb, gezählt von $\underline{U}_s$ nach $\underline{U}_p$, negativ.

Aufgabe A8.8: Auslegungsdaten eines Turbogenerators

In einem Gasturbinenkraftwerk erzeugt ein elektrisch erregter Vollpol-Synchrongenerator (Turbogenerator) elektrische Energie. Der zweipolige Turbogenerator ist für $S_N = 125$ MVA Scheinleistung, $U_N = 10.5$ kV (verkettet) und $f_s = 50$ Hz bemessen. Die Ständerwicklung ist, wie bei Generatoren üblich, in Stern geschaltet, um Kreisströme infolge der dritten Läufer-Feldoberwelle zu vermeiden. Der Generator hat folgende Auslegungsmerkmale: Länge des Blechpakets $l = 2.94$ m, Statorinnendurchmesser $d_{si} = 1040$ mm, Luftspalt $\delta = 60$ mm, ideelle Polbedeckung $\alpha_e = 0.66$, Windungszahl je Strang $N_s = 11$, Roebel-Stabwicklung $N_c = 1$, Sehnung $W / \tau_p = 27 / 33 = 9 / 11$, zwei Parallelzweige $a = 2$ je Strang. Der Scheitelwert der vom Polrad erregten magnetischen Flussdichte im Luftspalt ist $\hat{B}_p = 0.88$ T.

1. Wie groß ist die Synchrondrehzahl n_{syn}?
2. Berechnen Sie die Polteilung τ_p!
3. Bestimmen Sie die Umfangsgeschwindigkeit des Läufers v_r in km/h und m/s!
4. Wie groß ist der magnetische Luftspaltfluss pro Pol im Leerlauf Φ_p?
5. Geben Sie den Effektivwert der Leerlaufspannung des Generators als Strangwert an!
6. Der Generator soll mit einem Leistungsfaktor $\cos\varphi_N = 0.88$ induktive Verbraucher im Netz mit Bemessungsstrom und Bemessungsspannung versorgen. Berechnen Sie den Generatorbemessungsstrom I_N und die elektrische Generatorwirkleistung P_e!
7. Wie groß ist die erforderliche mechanische Wirkleistung $P_{m,in}$, die die Gasturbine dem Generator an der Welle zuführen muss, wenn der Generatorwirkungsgrad $\eta_N = 98.7\%$ (ohne Erregerverluste) beträgt?
8. Die Gasturbine ist direkt mit dem Generator gekuppelt. Für welches Drehmoment muss die Kupplung zumindest bemessen sein?
9. Welche elektromagnetische Läufer-Umfangskraft F_e tritt im Luftspalt des Synchrongenerators bei Belastung gemäß 6. und 7. auf? Vernachlässigen Sie dabei das bremsende Verlustmoment im Generator.
10. Wie groß ist der primäre Leistungsbedarf P_{prim} des Turbosatzes zu 6., 7., wenn dessen Gesamtwirkungsgrad $\eta_{ges} = 38\%$ beträgt?
11. Wie groß ist die für eine mögliche Wärmenutzung zur Verfügung stehende Wärmeleistung zu 10.?

12. Wie schwer ist der Rotor des Synchrongenerators, wenn zwecks vereinfachter Abschätzung nur die Masse m im Bereich der Blechpaketlänge l berücksichtigt wird? (Dichte des Eisens: 7900 kg/m^3)

Lösung zu Aufgabe A8.8:

1)

Zweipolige Maschine: $2p = 2$, $n_{syn} = \dfrac{f_s}{p} = \dfrac{50}{1} = 50/s = 3000/\text{min}$

2)

Polteilung: $\tau_p = \dfrac{d_{si} \cdot \pi}{2p} = \dfrac{1040 \cdot \pi}{2} = 1633.6\text{mm}$

3)

Synchronmaschine: Synchrondrehzahl n_{syn} = Läuferdrehzahl n:

$v_r = d_r \cdot \pi \cdot n = (d_{si} - 2\delta) \cdot \pi \cdot n = (1.04 - 2 \cdot 0.06) \cdot \pi \cdot 50 = 144.5\text{m/s} = 520.3\text{km/h}$

4)

$\Phi_p = \alpha_e \cdot \tau_p \cdot l \cdot \hat{B}_p = 0.66 \cdot 1.6336 \cdot 2.94 \cdot 0.88 = 2.7895\,\text{Wb}$

5)

Aus N_s = 11 folgt bei einer Stabwicklung wegen

$N_s = 2p \cdot q_s \cdot \dfrac{N_c}{a} = 2 \cdot q_s \cdot \dfrac{1}{2} = 11$ die Lochzahl $q_s = 11$.

Zonenfaktor bei dreisträngiger Wicklung $m_s = 3$:

$$k_{d1} = \frac{\sin\left(\dfrac{\pi}{2m_s}\right)}{q \cdot \sin\left(\dfrac{\pi}{2 \cdot q_s \cdot m_s}\right)} = \frac{\sin\left(\dfrac{\pi}{6}\right)}{11 \cdot \sin\left(\dfrac{\pi}{66}\right)} = 0.9553$$

Sehnungsfaktor: $k_{p1} = \sin\left(\dfrac{W}{\tau_p} \cdot \dfrac{\pi}{2}\right) = \sin\left(\dfrac{9}{11} \cdot \dfrac{\pi}{2}\right) = 0.9595$

Wicklungsfaktor: $k_{w1} = k_{d1} \cdot k_{p1} = 0.9553 \cdot 0.9595 = 0.9166$

$U_p = U_0 = \dfrac{1}{\sqrt{2}} \cdot 2\pi f_s \cdot k_{w1} \cdot N_s \cdot \Phi_p = \dfrac{1}{\sqrt{2}} \cdot 2 \cdot \pi \cdot 50 \cdot 0.9166 \cdot 11 \cdot 2.7895 = 6247.9\text{V}$

6)

Bemessungsstromberechnung aus Bemessungsscheinleistung:

$S_N - 3 \cdot U_{Nph} \cdot I_{Nph} = \sqrt{3} \cdot U_{Nverk} \cdot I_N$

$$I_N = \frac{S_N}{\sqrt{3} \cdot U_{Nverk}} = \frac{125000000}{\sqrt{3} \cdot 10500} = 6873.2 A$$

Bemessungswirkleistung: $P_e = P_N = S_N \cdot \cos\varphi_N = 125 \cdot 0.88 = 110 MW$

7)

$$P_{out,Turbine} = P_{m,in} = \frac{P_e}{\eta_N} = \frac{110}{0.987} = 111.45 MW$$

8)

Die Kupplung muss zumindest für das im Dauerbetrieb auftretende maximale Drehmoment bemessen sein. Dieses ist im Dauerbetrieb maximal bei maximaler Wirkleistungsabgabe des Generators (Bemessungsstrom, Bemessungsspannung, $\cos\varphi_s = 1$). Mit der Annahme, dass der Wirkungsgrad des Generators bei $\cos\varphi_s = 0.88$ und bei $\cos\varphi_s = 1$ derselbe ist (was in etwa stimmt), ergibt sich für das maximale Dauerdrehmoment:

$$M = \frac{S_N \cdot \cos\varphi}{\eta} \cdot \frac{1}{2\pi \cdot n} = \frac{125000000 \cdot 1}{0.987} \cdot \frac{1}{2\pi \cdot 50} = 403128 Nm = 403.1 kNm$$

Auf Grund von Drehmoment"spitzen" bei Störfällen wie z. B. plötzlichem Kurzschluss an den Generatorklemmen ist die Kupplung in der Praxis für deutlich höhere Momente zu bemessen, wie in Kap. 16 des Lehrbuchs ausgeführt ist.

9)

Bei Vernachlässigung des bremsenden Verlustmoments (z. B. infolge Reibung und Läuferzusatzverlusten) im Generator sind das antreibende Moment an der Welle M und das bremsende elektromagnetische Luftspaltmoment M_e gleich groß. Für den Lastpunkt gemäß Punkt 7) gilt:

$$M = \frac{P_{m,in}}{2\pi \cdot n} = M_e = \frac{111448834}{2\pi \cdot 50} = 354753 Nm \, ,$$

$$F_e = \frac{M_e}{d_r / 2} = \frac{354753}{0.92 / 2} = 771201 N \, .$$

Um sich die Größe dieser Kraft zu veranschaulichen, bedenken Sie bitte: Die Masse einer der elektrischen Umfangskraft entsprechenden Erdanziehungskraft beträgt: $m = \dfrac{F_e}{g} = \dfrac{771201}{9.81} = 78613 kg = 78.6 t$.

10)

$$P_{prim} = \frac{P_{e,out}}{\eta_{ges}} = \frac{110}{0.38} = 289.47 MW$$

11)

Folgende thermische Verlustleistung muss aus der Gasturbine abgeführt werden:

$P_{th} = P_{prim} - P_{m,in} = 289.474 - 111.449 = 178.03\text{MW}$

Diese im heißen Abgas gespeicherte Wärmeleistung kann z. B. über einen Wärmetauscher zur Wasserdampferzeugung für eine nachgeschaltete kleinere Dampfturbine genutzt werden (Prinzip des kombinierten Gas- und Dampfkraftwerks GuD).

12)

Abschätzung der Masse des Rotors: Vollzylinder aus Stahl mit der Länge l = 2.94 m, Durchmesser d_r = 0.92 m, Dichte γ_{Fe} des Stahls:

$$m = \gamma_{Fe} \cdot \frac{d_r^2 \pi}{4} \cdot l = 7900 \cdot \frac{0.92^2 \pi}{4} \cdot 2.94 = 15440\text{kg}$$

Die tatsächliche Gesamtmasse des Läufers mit Berücksichtigung der Masse der Wellenenden und der Kupplung beträgt ca. 17 Tonnen.

Aufgabe A8.9: Zeigerdiagramm und Kippmoment eines Turbogenerators

Ein zweipoliger Vollpol-Synchrongenerator (Turbogenerator) in einem Gasturbinenkraftwerk mit der Bemessungsscheinleistung S_N = 125 MVA und der verketteten Bemessungsspannung U_N = 10.5 kV speist bei 50 Hz Ständerfrequenz mit in Stern geschalteter Ständerwicklung das elektrische Netz so, dass induktive Verbraucher mit einem resultierenden Leistungsfaktor $\cos\varphi_s$ = 0.88 versorgt werden können. Als Ersatzschaltbildparameter ist im Folgenden ausschließlich die Synchroninduktivität L_d = 5.6 mH je Strang zu berücksichtigen, während der kleine ohm′sche Ständerwiderstand R_s je Strang vernachlässigt werden kann.

1. Berechnen Sie die Synchronreaktanz X_d!
2. Zeichnen Sie maßstäblich das Zeigerdiagramm je Strang bei Betrieb mit Bemessungsspannung, Bemessungsstrom und $\cos\varphi_s$ = 0.88 (im Spannungsmaßstab: μ_U = 1000V/cm, Strommaßstab: μ_I = 1000A/cm), und lesen Sie aus dem Zeigerdiagramm den Effektivwert der Polradspannung U_p ab! Wie groß ist die elektrische Blindleistung Q?
3. Bestimmen Sie aus 2. den Polradwinkel ϑ!
4. Berechnen Sie das zu 2. zugehörige synchrone Kippmoment M_{p0}!

Lösung zu Aufgabe A8.9:

1)

$$X_d = 2\pi \cdot f_s \cdot L_d = 2 \cdot \pi \cdot 50 \cdot 0.0056 = 1.76\Omega$$

2)

Nebenrechnungen:

a) Bemessungsstrom: $I_{Nph} = I_N = \dfrac{S_N}{\sqrt{3} \cdot U_{Nverk}} = \dfrac{125000000}{\sqrt{3} \cdot 10500} = 6873.2\,A$

b) $X_d \cdot I_N = 1.76 \cdot 6873.2 = 12097\,V \Leftrightarrow 12.10\,cm$

c) Generatorstrangspannung: $U_{Nph} = \dfrac{U_{Nverk}}{\sqrt{3}} = \dfrac{10500}{\sqrt{3}} = 6062\,V \Leftrightarrow 6.06\,cm$

d) Abgegebene elektrische Leistung (Generatorleistung) ist im Verbraucher-Zählpfeilsystem negativ:

$$P_e = 3 \cdot U_{Nph} \cdot I_N \cdot \cos\varphi_s < 0 \Rightarrow \cos\varphi_s = -0.88 < 0 \,,$$

$\varphi_s = \arccos(-0.88) = -151.6°$, gezählt vom Strom zur Spannung, positiv im mathematisch positiven Zählsinn, daher negativ, weil der Strom der Spannung voreilt (Generator verhält sich als kapazitiver Verbraucher).

e) Damit der Generator induktive Verbraucher versorgen kann, muss er selbst im Verbraucher-Zählpfeilsystem als Kapazität wirken, und daher eine negative Blindleistung aufweisen.

$$Q = 3 \cdot U_{Nph} \cdot I_N \cdot \sin\varphi_s = 3 \cdot 6062 \cdot 6873.2 \cdot \sin(-151.6°) = -59.37\,MVAr$$

Aus dem Zeigerdiagramm (Bild A8.9-1) folgt über die Länge des Zeigers U_p: $U_p = 16000\,V$.

3)

Polradwinkel abgelesen aus Bild A8.9-1: $\vartheta = 41° > 0$ (gezählt von der Strangspannung zur Polradspannung, positiv im mathematisch positiven Zählsinn)

4)

Zweipolige Maschine: $2p = 2$, Polrad-Kippwinkel $\vartheta = 90°$:

$$M_{p0} = \frac{1}{2\pi \cdot n_{syn}} \cdot \frac{3 \cdot U_s \cdot U_p}{X_d} = \frac{1}{2\pi \cdot \dfrac{f_s}{p}} \cdot \frac{3 \cdot U_{Nph} \cdot U_p}{X_d},$$

$$M_{p0} = \frac{1}{2\pi \cdot \dfrac{50}{1}} \cdot \frac{3 \cdot 6062 \cdot 16000}{1.76} = 526253\,Nm = 526.3\,kNm$$

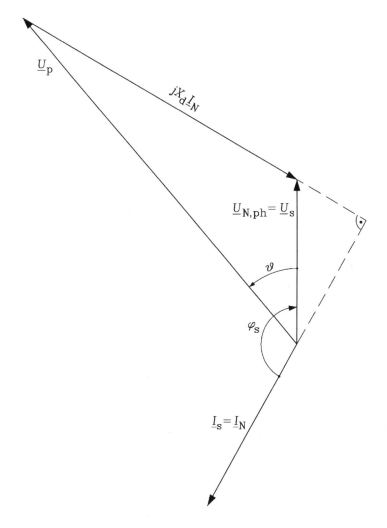

Bild A8.9-1: Maßstabsgerechtes Zeigerdiagramm des Synchrongenerators mit den Stranggrößen von Strom und Spannung (U_p = 16 000 V)

Aufgabe A8.10: Auslegungsparameter einer Lichtmaschine

Eine dreiphasige, statorseitig in Y geschaltete zwölfpolige, elektrisch erregte Schenkelpol-Synchronmaschine dient als Lichtmaschine für

$P_N = 1.2\,\text{kW}$ bei $n = 3000/\text{min}$. Sie hat einen Bohrungsdurchmesser $d_{si} = 0.09$ m, eine Blechpaketlänge $l = 0.04$ m und $Q_s = 36$ Statornuten. Um eine gleichgerichtete Statorspannung von $U_d = 14$ V zum Laden der 12 V-Bordbatterie schon ab ca. $n = 1500/\text{min}$ zu erzeugen, muss bei dieser Drehzahl die induzierte Statorstrangspannung $U_{s0} = 6$ V effektiv betragen. Die vom Polrad erregte Flussdichte $B_\delta(x_r)$ ist entlang der rotorfesten Luftspalt-Umfangskoordinate x_r annähernd räumlich sinusförmig verteilt.

1. Wie groß ist die Statorfrequenz f_s? Wie groß ist die Anzahl der Nuten je Pol und Strang?
2. Wie groß sind die Polteilung τ_p und der Läuferfluss Φ_p pro Pol bei einer Flussdichteamplitude $\hat{B}_p = 0.6$ T?
3. Wie groß ist die Windungszahl N_s je Strang, wenn jede Spule $N_c = 4$ Windungen hat und je Strang alle Ständerspulen der sechs Polpaare in Serie geschaltet sind?
4. Berechnen Sie jene Minimaldrehzahl n_{min}, bei der im Generator-Leerlauf die Stator-Leerlaufspannung $U_{s0} = 6$ V mit dem Fluss von 2. induziert wird!
5. Wie groß ist der Bemessungsstrom I_{sN} je Strang des Generators, wenn er bei n_N, U_{sN} ohm'sch belastet wird. Im Verbraucher-Zählpfeilsystem gilt $\cos\varphi_s = -1$!
6. Wie groß muss zu 5. die Polradspannung U_p sein, wenn $R_s = 9$ mΩ und $L_d = 95$ µH je Strang betragen?
7. Wie groß sind zu 5. der Polradwinkel ϑ_N und die Flussdichteamplitude $\hat{B}_p$ des Läufers?
8. Zeichnen Sie maßstäblich das Strom- und Spannungszeigerdiagramm je Strang (20 A $\,\hat{=}\,$ 1 cm, 1 V $\,\hat{=}\,$ 1 cm)
9. Der Generator wird durch einen Fehler an den drei Klemmen kurzgeschlossen! Wie groß ist der Dauerkurzschlussstrom I_{kN}/I_{sN}? Kommentieren Sie das Ergebnis!

Lösung zu Aufgabe A8.10:

1)
$$f_{sN} = n_N \cdot p = (3000/60) \cdot 6 = 300\,\text{Hz}, \text{ Strangzahl } m = 3:$$
$$q = \frac{Q_s}{2p \cdot m} = \frac{36}{12 \cdot 3} = 1$$

2)

$$\tau_p = \frac{d_{si} \cdot \pi}{2p} = \frac{0.09 \cdot \pi}{12} = 0.0236\text{m} = 23.6\text{mm},$$

$$\Phi_p = \frac{2}{\pi} \cdot \tau_p \cdot l \cdot \hat{B}_p = \frac{2}{\pi} \cdot 0.0236 \cdot 0.04 \cdot 0.6 = 0.361\text{mWb}$$

3)

$$N_s = p \cdot N_c = 6 \cdot 4 = 24$$

4)

$q = 1$: Der Wicklungsfaktor $k_{w1} = 1$:

$$f_{min} = n_{min} \cdot p, \quad U_{s0} = \sqrt{2} \cdot \pi \cdot n_{min} \cdot p \cdot N_s \cdot k_{w1} \cdot \Phi_p$$

$$n_{min} = \frac{U_{s0}}{\sqrt{2} \cdot \pi \cdot p \cdot N_s \cdot k_{w1} \cdot \Phi_p}$$

$$n_{min} = \frac{6}{\sqrt{2} \cdot \pi \cdot 6 \cdot 24 \cdot 1 \cdot 0.361 \cdot 10^{-3}} = 25.98/\text{s} = 1559/\text{min}$$

5)

Verbraucher-Zählpfeilsystem: Generatorbetrieb: gelieferte elektrische Leistung ist negativ!

$$P_N = -1200\text{W}, \quad P_N = 3 \cdot U_{sN} \cdot I_{sN} \cdot \cos\varphi_s,$$

$$I_{sN} = \frac{P_N}{3 \cdot U_{sN} \cdot \cos\varphi_s} = \frac{-1200}{3 \cdot 6 \cdot (-1)} = 66.7\text{A}$$

6)

$$X_d = 2\pi \cdot f_{sN} \cdot L_d = 2\pi \cdot 300 \cdot 95 \cdot 10^{-6} = 0.179\,\Omega,$$

$X_d \cdot I_{sN} = 0.179 \cdot 66.7 = 11.94\text{V}, \quad R_s \cdot I_{sN} = 0.009 \cdot 66.7 = 0.6\text{V}$, Zeiger-diagramm gemäß Bild A8.10-1:

$$U_p = \sqrt{(U_{sN} + R_s \cdot I_{sN})^2 + (X_d \cdot I_{sN})^2} = \sqrt{(6+0.6)^2 + 11.94^2} = 13.64\text{V}$$

7)

Aus Bild A8.10-1 folgt: $\sin(\vartheta_N) = X_d \cdot I_{sN}/U_p$,

$$\vartheta_N = \arcsin(X_d \cdot I_{sN}/U_p) = \arcsin(11.94/13.64) = 61.1°,$$

$$\hat{B}_p = \frac{U_p}{\sqrt{2} \cdot \pi \cdot f_{sN} \cdot N_s \cdot k_{w1} \cdot \left(\frac{2}{\pi} \cdot \tau_p \cdot l\right)},$$

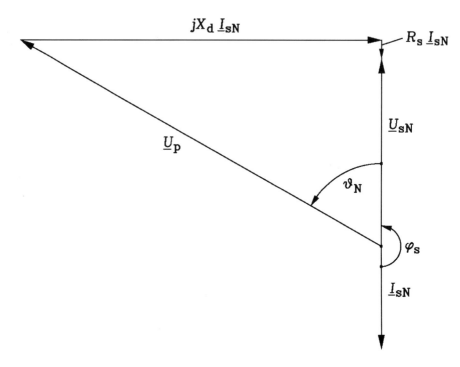

Bild A8.10-1: Maßstäbliches Spannungs- und Strom-Zeigerdiagramm für Generatorbetrieb (Verbraucher-Zählpfeilsystem) und ohm´sche Belastung ($I_{sN} = 66.7$ A, $U_{sN} = 6$ V)

$$\hat{B}_p = \frac{13.64}{\sqrt{2} \cdot \pi \cdot 300 \cdot 24 \cdot 1 \cdot \left(\dfrac{2}{\pi} \cdot 0.0236 \cdot 0.04 \right)} = 0.71\mathrm{T}$$

8)
$$X_d \cdot I_{sN} = 11.94\mathrm{V} \Leftrightarrow 11.94\mathrm{cm}, \quad R_s \cdot I_{sN} = 0.6\mathrm{V} \Leftrightarrow 0.6\mathrm{cm},$$
$$U_{sN} = 6\mathrm{V} \Leftrightarrow 6\mathrm{cm}, \quad I_{sN} = 66.7\mathrm{A} \Leftrightarrow 3.3\mathrm{cm}, \quad \cos\varphi_s = -1: \quad \varphi_s = 180°$$

9)
$$I_{kN} = \frac{U_p}{\sqrt{R_s^2 + X_d^2}} = \frac{13.64}{\sqrt{0.009^2 + 0.179^2}} = 76.1\mathrm{A}, \quad \frac{I_{kN}}{I_{sN}} = \frac{76.1}{66.7} = 1.14$$

Auf Grund der großen Synchronreaktanz X_d ist der Dauerkurzschlussstrom nur um 14% größer als der Bemessungsstrom und damit ungefährlich klein.

Aufgabe A8.11: Synchrongenerator in einem Speicherkraftwerk

Ein Drehstrom-Schenkelpol-Synchrongenerator in einem Speichersee-Wasserkraftwerk in Kanada hat die Daten $S_N = 45\,\text{MVA}$, $f_N = 60\,\text{Hz}$, $U_N = 21\,\text{kV}$, Y, $|\cos\varphi_N| = 0.8$ übererregt. Der Wirkungsgrad η_N ist näherungsweise 1, d.h. alle Generatorverluste sind vernachlässigt. Die Turbinendrehzahl ist $n_N = 900/\text{min}$!

1. Wie groß ist die Polzahl des Generators? Wie groß ist die Synchrondrehzahl des Stator-Drehfelds n_{syn}?
2. Wie groß ist der Bemessungsstrom je Strang I_{sN}?
3. Wie groß ist der Phasenwinkel φ_N, von I_s zu U_s gezählt im mathematisch positiven Zählsinn?
4. Die Synchronreaktanz beträgt $X_d = 8.5\,\Omega$! Nehmen Sie im Folgenden näherungsweise $X_d = X_q$ an! Wie groß sind die Polradspannung $\underline{U}_p$ und $|\underline{U}_p|$ je Strang im Bemessungspunkt, wenn $\underline{U}_{sN} = U_{sN}$ reell angenommen wird! Verwenden Sie das Verbraucher-Zählpfeilsystem!
5. Zeichnen Sie maßstäblich das Strom-Spannungs-Zeigerdiagramm je Strang und ermitteln Sie U_p über U_{sN}, I_{sN}, X_d und φ_N grafisch. Überprüfen Sie U_p grafisch mit dem Ergebnis von 4). Bestimmen Sie ϑ_N grafisch! ($250\,\text{A} \mathrel{\hat=} 1\,\text{cm}$, $2500\,\text{V} \mathrel{\hat=} 1\,\text{cm}$)
6. Bestimmen Sie das Kippmoment M_{p0} und das Drehmoment M_N an der Welle a) rechnerisch und b) mit ϑ_N grafisch!
7. Wie groß ist die generatorische Überlastbarkeit $|M_{p0}/M_N|$?

Lösung zu Aufgabe A8.11:

1)
$$2p = 2\cdot f_N / n_N = 2\cdot 60/(900/60) = 8\,, \quad n_{\text{syn}} = n_N = 900/\text{min}$$

2)
$$I_{sN} = S_N /(\sqrt{3}\cdot U_N) = 45000/(\sqrt{3}\cdot 21) = 1237\,\text{A}$$

3)
$$|\cos\varphi_N| = 0.8:$$

a) Generatorbetrieb, im Verbraucher-Zählpfeilsystem: $\cos\varphi_N < 0$, da die ins Netz gelieferte elektrische Leistung negativ gezählt wird

b) übererregt: Maschine wirkt kapazitiv, $\underline{I}_s$ eilt $\underline{U}_s$ vor: $\sin\varphi_N < 0$.

$\cos\varphi_N = -0.8 \Rightarrow \varphi_N = 216.87°$, gezählt vom Strom $\underline{I}_s$ zur Spannung $\underline{U}_s$ im mathematisch positiven Zählsinn!

Kontrolle: $\sin\varphi =_{\pm} \sqrt{1-(\cos\varphi)^2} =_{\pm} \sqrt{1-(-0.8)^2} = \pm 0.6$, $\sin\varphi_N = -0.6$,

$\sin 216.87° = -0.6$

4)

$\underline{U}_{sN} = U_{sN} = U_N / \sqrt{3} = 21000/\sqrt{3} = 12124\text{V}$,

$\underline{I}_{sN} = I_{sw} - j \cdot I_{sb} = I_{sN} \cdot (\cos\varphi_N - j \cdot \sin\varphi_N)$,

$I_{sw} = I_{sN} \cdot \cos\varphi_N = 1237 \cdot (-0.8) = -989.6\text{A}$,

$I_{sb} = I_{sN} \cdot \sin\varphi_N = 1237 \cdot (-0.6) = -742.2\text{A}$

$R_s = 0: \underline{U}_p + jX_d \cdot \underline{I}_{sN} = U_{sN}$, $\underline{U}_p = U_{sN} - jX_d \cdot \underline{I}_{sN}$,

$\underline{U}_p = U_{sN} - j \cdot X_d \cdot I_{sN} \cdot (\cos\varphi_N - j \cdot \sin\varphi_N)$

$\underline{U}_p = U_{sN} - X_d \cdot I_{sN} \cdot \sin\varphi_N - j \cdot X_d \cdot I_{sN} \cdot \cos\varphi_N$

$\underline{U}_p = 12124 + 8.5 \cdot 742.2 + j \cdot 8.5 \cdot 989.6 = (18432.7 + j \cdot 8411.6)\text{V}$

$U_p = \sqrt{18432.7^2 + 8411.6^2} = 20261.3\text{V}$

5)

$U_{sN} = 12124\text{V} \Leftrightarrow 4.85\text{cm}$, $I_{sN} = 1237\text{A} \Leftrightarrow 4.95\text{cm}$,

$X_d I_{sN} = 8.5 \cdot 1237 = 10514.5\text{V} \Leftrightarrow 4.2\text{cm}$, $\varphi_N = 216.87°$.

Aus Bild A8.11-1 liest man ab:

a) $U_p \Leftrightarrow 8.2\text{cm}, U_p = 20500\text{V}$,

Zeichenungenauigkeit: $\Delta = (20261.3 - 20500)/20261.3 = -1.2\%$

b) $\vartheta_N = 24°$

6)

$\Omega_{syn} = 2\pi \cdot n_{syn} = 2\pi \cdot (900/60) = 94.248/\text{s}$,

$M_{p0} = \dfrac{3 \cdot U_{sN} \cdot U_p}{\Omega_{syn} \cdot X_d} = \dfrac{3 \cdot 12124 \cdot 20261}{94.248 \cdot 8.5} = 919894\text{Nm}$,

a) $\eta_N = 1: M_N = \dfrac{P_N / \eta_N}{\Omega_{syn}} = \dfrac{S_N \cdot \cos\varphi_N}{\Omega_{syn} \cdot \eta_N} = \dfrac{45 \cdot 10^6 \cdot (-0.8)}{94.248 \cdot 1} = -381972\text{Nm}$

Das Drehmoment ist negativ, also im VZS antreibend (Turbinenmoment!)

b) $\eta_N = 1: M_N = -M_{p0} \cdot \sin\vartheta_N = -919894 \cdot \sin(24°) = -374155\text{Nm}$

Zeichenungenauigkeit für ϑ_N führt auf

$\Delta = (-381972 - (-374155))/(-381972) = 2\%$.

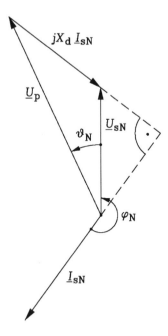

Bild A8.11-1: Maßstäbliches Spannungs- und Strom-Zeigerdiagramm für Generatorbetrieb (Verbraucher-Zählpfeilsystem) und ohm'sche Belastung (I_{sN} = 1237 A, U_{sN} = 12124 V), R_s = 0

7)
$$\left| M_{p0} / M_N \right| = 919894 / 381972 = 2.4$$

Aufgabe A8.12: Synchrongenerator in einem Pumpspeicherkraftwerk

Ein Schenkelpol-Synchrongenerator S_N = 450 MVA, $|\cos\varphi_N|$ = 0.85 übererregt, U_N = 24 kV, Y, f_N = 50 Hz, mit dem Wirkungsgrad $\eta_N \approx 1$, X_d = 1.1 Ω in einem Pumpspeicher-Wasserkraftwerk ist sechspolig ausgeführt. Nehmen Sie im Folgenden näherungsweise $X_d = X_q$ an.

1. Berechnen Sie die Bemessungsdrehzahl n_N in 1/s und 1/min! Wie groß sind Bemessungsmoment M_N und Bemessungsstrom I_{sN}?
2. Wie groß ist U_p je Strang beim generatorischen Leerlauf?
3. Der Generator speist über einen Transformator und eine lange Hochspannungsleitung U_L = 380 kV ein weit entferntes Verbraucherzentrum.

Der verlustfrei angenommene Transformator ist bei Belastung nähe-rungsweise durch $X_k = 0.16\,\Omega$, bezogen auf 24 kV, beschrieben (Bild A8.12-1, vgl. Kap. 16 im Lehrbuch). Die Hochspannungsleitung wird vereinfacht je Strang durch das Ersatzschaltbild von Bild A8.12-1 dar-gestellt, wobei ihre Betriebskapazität $C'_L = 120\,\mu F$ und ihre Betriebsin-duktivität $L'_L = 0.4\,mH$ je Strang als ´-Größen auf die 24 kV-Spannungsebene umgerechnet sind. Wie groß muss U_p beziehungsweise U_p/U_{sN} sein, damit am Freileitungsende die Spannung $U_L = U_{LN} = 380/\sqrt{3}\,kV \cong 220\,kV$ ist, und die Phasenverschiebung bei Bemessungsstrom zwischen $\underline{I}'_L$ und $\underline{U}'_L$ (jeweils umgerechnet auf die 24 kV-Seite) 180° beträgt, was einer reinen Wirkleistungsbelastung am Verbraucher entspricht? Setzen Sie $\underline{U}'_L = U'_L$ reell! Wie groß ist die Spannung U_s an den Generatorklemmen?

4. Die Hochspannungsleitung wird nun vom Verbraucherzentrum getrennt, so dass gilt $\underline{I}'_L = -\underline{I}'_C$, und wird über den Generator im „Stand-by"-Modus betrieben. Wie groß wäre U_L, wenn die Generatorspannung kon-stant auf $U_s = U_{sN}$ geregelt wird? Kommentieren Sie das Ergebnis!

5. Wie groß ist in diesem Fall U_p bzw. U_p/U_{sN}?

6. Zeichnen Sie das Spannungs-Strom-Zeigerdiagramm mit $\underline{U}_p$, $\underline{U}'_L$ und $\underline{I}_s$, $\underline{I}'_C$ je Strang (1 cm $\hat{=}$ 2500 V, 1 cm $\hat{=}$ 100 A)

Lösung zu Aufgabe A8.12:

1)

$$n_N = f_N\,/\,p = 50\,/\,3 = 16.67\,/\,s = 1000\,/\,\min,$$

$$\eta_N = 1:$$

$$M_N = \frac{P_N\,/\,\eta_N}{\Omega_{syn}} = \frac{S_N \cdot \cos\varphi_N}{2\pi \cdot n_N \cdot \eta_N} = \frac{450 \cdot 10^6 \cdot (-0.85)}{2\pi \cdot 16.67 \cdot 1} = -3652606\,\mathrm{Nm} = -3.65\,\mathrm{kNm}$$

$$I_{sN} = S_N\,/(\sqrt{3} \cdot U_N) = 450 \cdot 10^6\,/(\sqrt{3} \cdot 24000) = 10825\,\mathrm{A}$$

2)

$$I_s = 0: \quad U_p = U_{s0} = U_N\,/\sqrt{3} = 24000\,/\sqrt{3} = 13856\,\mathrm{V}$$

3)

$$U_L = U_{LN}\,/\sqrt{3} = 380\,/\sqrt{3} = 220\,\mathrm{kV},$$

$$U'_L = \ddot{u} \cdot U_L = \frac{24}{380} \cdot 220 \cdot 10^3 = 13856\,\mathrm{V},$$

$$X'_L = 2\pi \cdot f_N \cdot L'_L = 2\pi \cdot 50 \cdot 0.4 \cdot 10^{-3} = 0.1257\,\Omega,$$

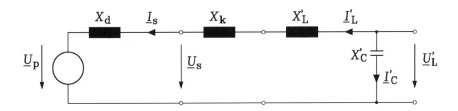

Bild A8.12-1: Ersatzschaltbild je Strang des Synchrongenerators (links), des Blocktransformators (Mitte) und der Freileitung (rechts), jeweils als verlustfreie Komponenten

$X = X_d + X_k + X'_L = 1.1 + 0.16 + 0.1257 = 1.386\Omega$, $\underline{U'}_L = U'_L$,

$\underline{U}_p + jX \cdot \underline{I}_s = U'_L$,

$\underline{I}_s = \underline{I'}_L$ gegenphasig zu $\underline{U'}_L$, daher $\underline{I}_s = I'_L = -I_{sN} = -10825A$,

$\underline{U}_p = U'_L - jX \cdot I'_L = 13856 + j \cdot 1.386 \cdot 10825 = (13845 + j \cdot 15000)V$

$U_p = \left|\underline{U}_p\right| = \sqrt{13845^2 + 15000^2} = 20412V$,

$U_p / U_{sN} = 20412 / 13856 = 1.47$

$\underline{U}_s + j \cdot (X_k + X'_L) \cdot \underline{I}_s = U'_L$, $\underline{U}_s = U'_L + j \cdot (X_k + X'_L) \cdot I'_L$

$U_s = \sqrt{U'^2_L + \left((X_k + X'_L) \cdot I'_L\right)^2} = \sqrt{13856^2 + (0.16 + 0.1257)^2 \cdot 10825^2} = 14197V$

$U_s / U_{sN} = 14197 / 13856 = 1.025$

4)

Netzstrom ist Null: $\underline{I'}_L = -\underline{I'}_C$,

$X'_C = -\dfrac{1}{\omega \cdot C'_L} = -\dfrac{1}{2\pi \cdot 50 \cdot 120 \cdot 10^{-6}} = -26.52\Omega$,

$\underline{U}_s = j \cdot (X_k + X'_L + X'_C) \cdot \underline{I'}_C$, $\underline{I'}_C = \dfrac{\underline{U}_s}{j \cdot (X_k + X'_L + X'_C)}$,

$I'_C = \left|\underline{I'}_C\right| = \dfrac{U_s}{\left|X_k + X'_L + X'_C\right|} = \dfrac{13856}{\left|0.16 + 0.1257 - 26.52\right|} = 528.2A$,

$I'_C / I_{sN} = 528.2 / 10825 = 0.0488 = 4.88\%$,

$U'_L = \left|\dfrac{X'_C \cdot U_s}{X_k + X'_L + X'_C}\right| = \left|\dfrac{(-26.52) \cdot 13856}{0.16 + 0.1257 - 26.52}\right| = 14007V$,

$$U_L = U_L' / \ddot{u} = \frac{14007}{24/380} = 221776V = 221.78kV \,,$$

$$U_L' / U_{sN} = 14007/13856 = 1.0109$$

Auf Grund der kapazitiven Belastung nimmt die Spannung am Ende der Freileitung um 1.09% zu (Ferranti-Effekt).

5)

$$\underline{U}_p = j \cdot (X + X_C') \cdot \underline{I}_C' = \frac{j \cdot (X + X_C') \cdot \underline{U}_s}{j \cdot (X_k + X_L' + X_C')} \,,$$

$$U_p = \left| \frac{(X + X_C') \cdot U_s}{X_k + X_L' + X_C'} \right| = \left| \frac{(1.386 - 26.52) \cdot 13856}{0.16 + 0.1257 - 26.52} \right| = 13275V \,,$$

$$U_p / U_{sN} = 13275/13856 = 0.958$$

6)

Bild A8.12-2: $U_L' = 14007V \Leftrightarrow 5.6cm$, $U_p = 13275V \Leftrightarrow 5.3cm$,

$I_C' = I_s = 528.2A \Leftrightarrow 5.28cm$, $X \cdot I_s = 1.386 \cdot 528.2 = 732V \Leftrightarrow 0.3cm$

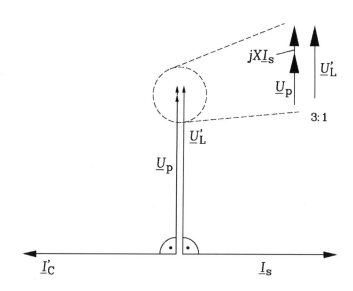

Bild A8.12-2: Maßstäbliches Spannungs- und Strom-Zeigerdiagramm für Generatorbetrieb (im Verbraucher-Zählpfeilsystem) und kapazitive Belastung durch die leerlaufende Freileitung (I_s = 528.2 A, U_p = 13275 V), (verlustfreie Komponenten angenommen)

Aufgabe A8.13: Parallel arbeitende Synchrongeneratoren

Zwei baugleiche zweipolige Vollpol-Synchrongeneratoren in einem Gasturbinenkraftwerk in den USA mit je $S_N = 100\,MVA$, $U_N = 18\,kV$, Y, $f_N = 60\,Hz$, speisen in einem thermischen Kraftwerk elektrisch parallel mit $|\cos\varphi_N| = 0.8$ übererregt in das elektrische Netz. Die Synchroninduktivität je Generator beträgt $L_d = 20\,mH$. Die Generatorverluste werden vernachlässigt!

1. Wie groß sind bei Bemessungslast die Bemessungsspannung je Strang U_{sN}, der Stator-Strangstrom I_{sN}, das erforderliche Turbinenmoment M_N und der Phasenwinkel φ_N (gezählt von I_s zu U_s im mathematisch positiven Zählsinn)!
2. Berechnen Sie das synchrone Kippmoment M_{p0}, das bezogene synchrone Kippmoment M_{p0}/M_N und den Polradwinkel ϑ_N!
3. Einer der beiden Generatoren fällt durch eine Störung in der antreibenden Gasturbine aus. Welche maximale Wirkleistung P kann elektrisch noch an das Netz geliefert werden? Wie groß ist das Verhältnis $P_{p0}/(2P_N)$?
4. Um wie viel Prozent muss die Polradspannung des verbleibenden Generators erhöht werden, um zumindest kurzzeitig mit $P_{p0} = 2P_N$ das Netz zu versorgen, vorausgesetzt, die Turbine kann diese Überlast-Leistung kurzfristig zur Verfügung stellen?

Lösung zu Aufgabe A8.13:

1)

Je Generator: $I_{sN} = S_N /(\sqrt{3}\cdot U_N) = 100\cdot 10^6 /(\sqrt{3}\cdot 18\cdot 10^3) = 3207\,A$,

$U_{sN} = U_N /\sqrt{3} = 18000/\sqrt{3} = 10392\,V$,

$n_N = f_N / p = 60/1 = 60/\,s = 3600/\,min$,

$|\cos\varphi_N| = 0.8$:

a) Generatorbetrieb, im Verbraucher-Zählpfeilsystem: $\cos\varphi_N < 0$, da die ins Netz gelieferte elektrische Leistung negativ gezählt wird

b) übererregt: Maschine wirkt kapazitiv, $\underline{I}_s$ eilt $\underline{U}_s$ vor: $\sin\varphi_N < 0$.

$\cos\varphi_N = -0.8 \Rightarrow \varphi_N = 216.87°$, gezählt vom Strom $\underline{I}_s$ zur Spannung $\underline{U}_s$ im mathematisch positiven Zählsinn!

Kontrolle:

$\sin \varphi_N = _{\pm} \sqrt{1 - (\cos \varphi_N)^2} = _{\pm} \sqrt{1 - (-0.8)^2} = \pm 0.6$, $\sin \varphi_N = -0.6$,

$\sin 216.87° = -0.6$, $P_N = S_N \cdot \cos \varphi_N = 100 \cdot (-0.8) = -80 \text{MW}$,

$M_N = P_N / (2\pi \cdot n_N) = -80 \cdot 10^6 / (2\pi \cdot 60) = -212207 \text{Nm}$,

2)

Für die Bestimmung des Kippmoments M_{p0} muss die Polradspannung U_p berechnet werden, wobei $R_s = 0$ ist.

$\underline{U}_p + j \cdot X_d \cdot \underline{I}_{sN} = \underline{U}_{sN}$, $\underline{I}_{sN} = I_{sw} - j \cdot I_{sb} = I_{sN} \cdot (\cos \varphi_N - j \cdot \sin \varphi_N)$

Mit gewähltem reellen $\underline{U}_{sN} = U_{sN}$ folgt:

$\underline{U}_p = U_{sN} - j \cdot X_d \cdot I_{sN} \cdot (\cos \varphi_N - j \cdot \sin \varphi_N)$

$\underline{U}_p = U_{sN} - X_d \cdot I_{sN} \cdot \sin \varphi_N - j \cdot X_d \cdot I_{sN} \cdot \cos \varphi_N$

$X_d = 2\pi \cdot f_N \cdot L_d = 2\pi \cdot 60 \cdot 20 \cdot 10^{-3} = 7.54 \Omega$,

$X_d \cdot I_{sN} = 7.54 \cdot 3207 = 24180 \text{V}$,

$\underline{U}_p = 10392 - 24180 \cdot (-0.6) - j \cdot 24180 \cdot (-0.8) = (24900 + j \cdot 19344) \text{V}$,

$U_p = \sqrt{24900^2 + 19344^2} = 31531 \text{V}$,

$R_s = 0$: $M_{p0} = \dfrac{3 \cdot U_{sN} \cdot U_p}{\Omega_{syn} \cdot X_d} = \dfrac{3 \cdot 10392 \cdot 31531}{2\pi \cdot 60 \cdot 7.54} = 345826 \text{Nm}$,

$\left| \dfrac{M_{p0}}{M_N} \right| = \left| \dfrac{345826}{-212207} \right| = 1.63$

$\eta_N = 1$: $M_N = -M_{p0} \cdot \sin \vartheta_N \Rightarrow \vartheta_N = -\arcsin(-1/1.63) = 37.85°$

3)

$\eta_N = 1$: $\vartheta_{max} = 90°$,

$P_{p0} = -M_{p0} \cdot 2\pi \cdot n_{syn} \cdot \sin(\vartheta_{max}) = -345826 \cdot 2\pi \cdot 60 \cdot 1 = -130.37 \text{MW}$

$P_{p0} / (2 \cdot P_N) = -130.37 / (2 \cdot (-80)) = 0.815$

4)

$\eta_N = 1$: $\vartheta_{max} = 90°$:

$P = 2 \cdot P_N = -M_{p0,neu} \cdot 2\pi \cdot n_{syn} \cdot \sin(\vartheta_{max}) = -M_{p0,neu} \cdot 2\pi \cdot n_{syn}$

$M_{p0,neu} = \dfrac{3 \cdot U_{sN} \cdot U_{p,neu}}{\Omega_{syn} \cdot X_d}$,

$\dfrac{U_{p,neu}}{U_p} = \dfrac{M_{p0,neu}}{M_{p0}} = \dfrac{-2 \cdot P_N}{M_{p0} \cdot 2\pi \cdot n_{syn}} == \dfrac{-2 \cdot (-80 \cdot 10^6)}{345826 \cdot 2\pi \cdot 60} = 1.227$

Es ist eine Erhöhung der Polradspannung um mindestens 22.7% über einen erhöhten Erregerstrom I_f erforderlich, um mit einem Generator die doppelte Bemessungsleistung zumindest kurzzeitig ins Netz liefern zu können. Natürlich muss die entsprechende Erhöhung der Turbinenleistung möglich sein.

Aufgabe A8.14: Synchronmotor als Gebläseantrieb

Ein elektrisch erregter Vollpol-Synchronmotor als Gebläseantrieb in einem industriellen Hochofen hat die Daten $P_N = 250\,\text{kW}$, $U_N = 690\,\text{V}$ Δ, $f_N = 50\,\text{Hz}$, $n_N = 1500/\text{min}$ und den Wirkungsgrad $\eta_N = 0.93$ (bestimmt ohne die elektrischen Erregerverluste P_f im Polrad).

1. Bestimmen Sie die Polzahl $2p$ und die elektrische Aufnahmeleistung $P_{e,in}$!
2. Der rotorseitige Erreger-Gleichstrom I_f wird so eingestellt, dass die ständerseitige Stromaufnahme $I_{s,Netz}$ des Motors minimal ist! Wie groß sind dieser minimale Motornetzstrom $I_{s,Netz}$ und der zugehörige Strangstrom I_{sN}? Wie groß ist $\cos\varphi_s$?
3. Berechnen Sie den Statorwicklungswiderstand je Strang R_s, wenn näherungsweise die in η_N enthaltenen Verluste nur Stromwärmeverluste in R_s sind?
4. Bestimmen Sie mit $L_d = 13.5\,\text{mH}$ die zu 2. erforderliche Polradspannung $\underline{U}_p$ und $|\underline{U}_p/U_N|$! Nehmen Sie $\underline{U}_{sN} = U_{sN}$ reell an!
5. Zeichnen Sie zu 4. das Strom-Spannungs-Zeigerdiagramm maßstäblich und lesen Sie ϑ_N ab (1 cm $\hat{=}$ 100 V, 1 cm $\hat{=}$ 25 A)!
6. Infolge eines Gebläsetauschs muss bei gleicher Motorleistung die Motordrehzahl um 30 % angehoben werden, indem die Statorwicklung von einem Frequenzumrichter (mit näherungsweise sinusförmiger Ausgangsspannung $\underline{U}_1$) gespeist wird. Welche Ausgangsfrequenz f_1 muss der Umrichter bereitstellen?
7. Beim Umrichterbetrieb gemäß 6. müssen U_{sN} und I_{sN} unverändert konstant bleiben, ebenso der Wert $\cos\varphi_s$. Welche Polradspannung $U_{p,neu}$ muss nun mit dem rotorseitigen Erregerstrom I_f eingestellt werden? Um wie viel Prozent muss daher der rotorseitige Polradfluss Φ_P verändert werden?
8. Berechnen Sie das Drehmoment M_N bei Netzbetrieb gemäß 5. und vergleichen Sie es mit dem neuen Drehmoment M_{neu} gemäß dem Betriebspunkt von 7). Führen Sie diesen Vergleich auch für die mechanische Abgabeleistung P_m an das Gebläse durch!

Lösung zu Aufgabe A8.14:

1)
$$2p = 2f_N / n_N = 2 \cdot 50 /(1500/60) = 4,$$
$$P_{e,in} = P_{m,out} / \eta_N = P_N / \eta_N = 250000 / 0.93 = 268817 \, W$$

2)
$$S = P_{e,in} / \cos\varphi_s = \sqrt{3} \cdot U_N \cdot I_{Netz}, \quad I_{Netz} \text{ ist minimal bei } \cos\varphi_s = 1.$$
$$I_{Netz} = S /(\sqrt{3} \cdot U_N) = 268817 /(\sqrt{3} \cdot 690) = 224.9 \, A,$$
$$I_{sN} = I_{Netz} / \sqrt{3} = 224.93 / \sqrt{3} = 129.86 A$$

3)
$$P_d = \left(\frac{1}{\eta_N} - 1\right) \cdot P_N = 3 \cdot R_s \cdot I_s^2,$$

$$R_s = \frac{\left(\dfrac{1}{\eta_N} - 1\right) \cdot P_N}{3 \cdot I_s^2} = \frac{\left(\dfrac{1}{0.93} - 1\right) \cdot 25 \cdot 10^4}{3 \cdot 129.86^2} = 0.372 \Omega$$

4)
$\cos\varphi_s = 1 > 0$: Motorbetrieb $\Rightarrow P_{m,out} > 0$, daher $\underline{I}_s$ in Phase mit $\underline{U}_s$. Wenn bei Dreieckschaltung die Strangspannung reell angenommen wird $\underline{U}_{sN} = U_N$, dann ist auch der Strangstrom reell $\underline{I}_{sN} = I_{sN}$. Für die Stranggrößen gilt: $\underline{U}_p + j \cdot (X_d + R_s) \cdot \underline{I}_{sN} = \underline{U}_{sN}$
und daher
$$\underline{U}_p + j \cdot (X_d + R_s) \cdot I_{sN} = U_{sN} = U_N,$$
$$\underline{U}_p = U_N - j \cdot (X_d + R_s) \cdot I_{sN} = U_N - R_s \cdot I_{sN} - j \cdot X_d \cdot I_{sN}$$
$$X_d = 2\pi \cdot f \cdot L_d = 2\pi \cdot 50 \cdot 13.5 \cdot 10^{-3} = 4.24 \Omega$$
$$\underline{U}_p = 690 - 0.372 \cdot 129.86 - j \cdot 4.24 \cdot 129.86 = (641.70 - j \cdot 550.76) V$$
$$U_p = \sqrt{641.70^2 + 550.76^2} = 845.64 V, \quad U_p / U_N = 845.64 / 690 = 1.226$$

5)
Über $U_N = 690V \Leftrightarrow 6.9cm$, $I_{sN} = 129.86A \Leftrightarrow 5.19cm$ und $\underline{I}_s \uparrow\uparrow \underline{U}_s$ wird mit $R_s I_{sN} = 0.372 \cdot 129.86 = 48.3V \Leftrightarrow 0.48cm$,
$X_d I_{sN} = 4.24 \cdot 129.86 = 550.6V \Leftrightarrow 5.5cm$ die Polradspannung $\underline{U}_p$ graphisch erhalten (Bild A8.14-1) und daraus $\vartheta_N = -41°$ abgelesen.

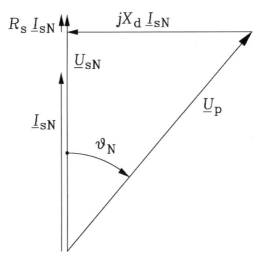

Bild A8.14-1: Maßstäbliches Spannungs- und Strom-Zeigerdiagramm für Motorbetrieb (im Verbraucher-Zählpfeilsystem) und Normalerregung (= ohm'scher Betrieb) ($I_s = 129.86$ A, $U_{sN} = 690$ V)

6)

$$n_{\text{syn,neu}} = 1.3 \cdot n_N = 1.3 \cdot 1500 = 1950 / \min = f_1 / p \,,$$

$$f_1 = 1.3 \cdot f_N = 1.3 \cdot 50 = 65 \text{Hz}$$

7)

$$\underline{U}_{\text{p,neu}} + j \cdot (\omega_1 \cdot L_d + R_s) \cdot \underline{I}_{sN} = \underline{U}_{sN} = \underline{U}_N \,,$$

$$X_{\text{d,neu}} = \omega_1 \cdot L_d = 1.3 \cdot X_d = 1.3 \cdot 4.24 = 5.51\Omega$$

$$\underline{U}_{\text{p,neu}} = \underline{U}_N - R_s \cdot \underline{I}_{sN} - j \cdot X_{\text{d,neu}} \cdot \underline{I}_{sN}$$

$$\underline{U}_{\text{p,neu}} = 690 - 129.86 \cdot 0.372 - j \cdot 129.86 \cdot 5.51 = (641.7 - j \cdot 716.0)\text{V}$$

$$U_{\text{p,neu}} = \sqrt{641.7^2 + 716.0^2} = 961.46\text{V}$$

$$U_p = \sqrt{2} \cdot \pi \cdot f \cdot N_s \cdot \Phi_p \Rightarrow \frac{U_{\text{p,neu}}}{U_p} = \frac{f_1}{f_N} \cdot \frac{\Phi_{\text{p,neu}}}{\Phi_p} \,,$$

$$\frac{\Phi_{\text{p,neu}}}{\Phi_p} = \frac{U_{\text{p,neu}}}{U_p} \cdot \frac{f_N}{f_1} = \frac{961.46}{845.64} \cdot \frac{50}{65} = 0.875$$

Der Rotorfluss muss um 1-0.875 = 0.125 oder 12.5% abgesenkt werden, damit die elektrische Eingangsleistung $P_{\text{e,in}}$ konstant bleibt.

8)

$$f = f_N : M_N = P_N / (2\pi \cdot n_N) = \frac{250000}{2\pi \cdot \dfrac{1500}{60}} = 1591.5 \text{Nm},$$

$$P_m = P_N = 250 \text{kW}$$

$$f = f_1 : P_{e,in} = 268817 \text{W},$$

$$P_N = P_{m,out} = P_{e,in} - 3 \cdot R_s \cdot I_{sN}^2 = 268817 - 3 \cdot 0.372 \cdot 129.86^2 = 250000 \text{W}$$

$$M_{neu} = P_N / (2\pi \cdot n_{neu}) = P_N / (1.3 \cdot 2\pi \cdot n_N) = \frac{M_N}{1.3} = \frac{1591.5}{1.3} = 1224.2 \text{Nm}$$

Das Wellenmoment ist um 1/1.3 auf 77% seines ursprünglichen Werts abgesunken, aber die mechanische Abgabeleistung bleibt konstant.

$$P_N = 2\pi \cdot n_N \cdot M_N = 2\pi \cdot n_N \cdot 1.3 \cdot (M_N / 1.3)$$

$$P_N = 2\pi \cdot n_{neu} \cdot M_{neu} = \text{konstant!}$$

Aufgabe A8.15: Synchronmotor versus Asynchronmotor

In einem Produktionsbetrieb sind je ein Asynchronmotor und ein elektrisch erregter Synchronmotor mit gleicher Bemessungsspannung $U_N = 690$ V, Y, $f_N = 50$ Hz, gleicher Polzahl $2p = 6$, gleicher Bemessungsleistung $P_N = 500$ kW und nahezu gleicher Bemessungsdrehzahl im Einsatz. Der Bemessungsschlupf des Asynchronmotors beträgt $s_N = 3\%$. Beim Synchronmotor wird über die Läufererregung der Leistungsfaktor Eins eingestellt, um die Stromaufnahme zu minimieren.

S: Synchronmotor: $\cos\varphi_{N,S} = 1$
A: Asynchronmotor: $\cos\varphi_{N,A} = 0.85$

1. Berechnen Sie die jeweiligen Bemessungsmomente $M_{N,S}$ und $M_{N,A}$!
2. Die Gleichstrom-Erregerdaten des Synchronmotors sind $U_f = 400$ V, $I_f = 4$ A! Der Wirkungsgrad η_N ohne die Erregerverlustleistung P_f ist $\eta_{N,S} = 96\%$! Wie groß ist der resultierende Synchronmotorwirkungsgrad η_{res}?
3. Der Wirkungsgrad des Asynchronmotors beträgt $\eta_{N,A} = 96\%$. Bestimmen Sie die Stromaufnahme $I_{s,S}$ und $I_{s,A}$ von Synchron- und Asynchronmotor!
4. Das Überlastverhältnis M_{p0}/M_{NS} des Synchronmotors und M_b/M_{NA} des Asynchronmotors sind mit 2.3-fach gleich groß! Wie groß sind synchrones und asynchrones Kippmoment M_{p0} bzw. M_b?
5. Berechnen Sie X_d und U_p des Synchronmotors!

6. Infolge einer Netzstörung sinkt die Netzspannung um 12 % ab. Wie groß sind $M_{p0,neu}$ und $M_{b,neu}$ und das jeweilige Überlastverhältnis $M_{p0,neu}/M_{N,S}$ beziehungsweise $M_{b,neu}/M_{N,A}$? Nehmen Sie für die Rechnung näherungsweise $R_s \approx 0$ an! Kommentieren Sie das Ergebnis!

7. Bei U_N soll durch übererregten Betrieb des Synchronmotors der Blindleistungsbedarf der Asynchronmaschine kompensiert werden, so dass am gemeinsamen Netzanschlusspunkt $\cos\varphi_{res} = 1$ ist. Wie groß ist dafür $U_{p,neu}$ einzustellen, wenn beide Maschinen mit P_N betrieben werden?

Lösung zu Aufgabe A8.15:

1)

$$n_{N,S} = n_{syn} = f_N / p = 50/3 = 16.67/\text{s} = 1000/\text{min}$$

$$M_{N,S} = P_N /(2\pi \cdot n_{syn}) = 500 \cdot 10^3 /(2\pi \cdot 16.67) = 4774.6\,\text{Nm}$$

$$n_{N,A} = f_N / p \cdot (1 - s_N) = (50/3) \cdot 0.97 = 16.17/\text{s} = 970/\text{min}$$

$$M_{N,A} = P_N /(2\pi \cdot n_{N,A}) = 500 \cdot 10^3 /(2\pi \cdot 16.17) = 4922.3\,\text{Nm}$$

2)

$$P_{d,S} = \left(\frac{1}{\eta_{N,S}} - 1\right) \cdot P_N = \left(\frac{1}{0.96} - 1\right) \cdot 500 = 20.83\,\text{kW} \quad \text{ohne } P_f$$

$$P_f = U_f \cdot I_f = 400 \cdot 4 = 1600\,\text{W},$$

$$\eta_{res} = \frac{P_N}{P_N + P_d + P_f} = \frac{500}{500 + 20.83 + 1.6} = 0.957$$

3)

$$I_{s,S} = \frac{P_N}{\eta_{N,S} \cdot \cos\varphi_{N,S} \cdot \sqrt{3} \cdot U_N} = \frac{500000}{0.96 \cdot 1 \cdot \sqrt{3} \cdot 690} = 435.8\,\text{A},$$

$$I_{s,A} = \frac{P_N}{\eta_{N,A} \cdot \cos\varphi_{N,A} \cdot \sqrt{3} \cdot U_N} = \frac{500000}{0.96 \cdot 0.85 \cdot \sqrt{3} \cdot 690} = 512.7\,\text{A}$$

4)

$$M_{p0} = 2.3 \cdot M_{N,S} = 2.3 \cdot 4774.6 = 10981.6\,\text{Nm},$$

$$M_b = 2.3 \cdot M_{N,A} = 2.3 \cdot 4922.3 = 11231.3\,\text{Nm}$$

5)

Synchronmotor bei $R_s = 0$ und $\cos\varphi_{N,S} = 1$: $U_p^2 = (X_d I_{sN})^2 + U_{sN}^2$ und

$$M_{p0} = \frac{3 \cdot U_{sN} \cdot U_p}{\Omega_{syn} \cdot X_d}, \text{ daraus } U_p = \frac{M_{p0} \cdot \Omega_{syn}}{3 \cdot U_{sN}} \cdot X_d \text{ und}$$

$$\left(\left(\frac{M_{p0} \cdot \Omega_{syn}}{3 \cdot U_{sN}} \right)^2 - I_{sN}^2 \right) \cdot X_d^2 = U_{sN}^2, \text{ so dass}$$

$$X_d = \frac{U_{sN}}{\sqrt{\left(\frac{M_{p0} \cdot \Omega_{syn}}{3 \cdot U_{sN}} \right)^2 - I_{sN}^2}}$$

$$X_d = \frac{690 / \sqrt{3}}{\sqrt{\left(\frac{10981.6 \cdot 2\pi \cdot 16.67}{3 \cdot 690 / \sqrt{3}} \right)^2 - 435.8^2}} = 0.464\Omega,$$

$$U_p = \frac{M_{p0} \cdot \Omega_{syn}}{3 \cdot U_{sN}} \cdot X_d = \frac{10981.6 \cdot 2\pi \cdot 16.67}{3 \cdot 690 / \sqrt{3}} \cdot 0.464 = 446.8\text{V}$$

6)

$$R_s = 0: \quad M_{p0} = \frac{3 \cdot U_{sN} \cdot U_p}{\Omega_{syn} \cdot X_d} \sim U_s$$

Bei einem Einbruch der Spannung auf $0.88 \cdot U_s$ sinkt das synchrone Kippmoment auf $0.88 \cdot M_{p0} = 0.88 \cdot 10981.6 = 9663.8\text{Nm}$, so dass die Überlastfähigkeit auf $0.88 \cdot M_{p0} / M_{N,S} = 9663.8 / 4774.6 = 2.02$ sinkt.

$$R_s = 0: \quad M_b = \frac{3 \cdot U_s^2}{\Omega_{syn} \cdot X_\sigma} \sim U_s^2$$

Bei einem Einbruch der Spannung auf $0.88 \cdot U_s$ sinkt das asynchrone Kippmoment auf $0.88^2 \cdot M_b = 0.88^2 \cdot 11321.3 = 8767.2\text{Nm}$, so dass die Überlastfähigkeit auf $0.88^2 \cdot M_b / M_{N,A} = 8767.2 / 4922.3 = 1.78$ sinkt.

Fazit: Da das Magnetfeld in der Asynchronmaschine vom Netzstrom magnetisiert wird, hängen sowohl Magnetfeldgröße als auch Rotorstrom von der Netzspannung ab. Das Drehmoment, gebildet aus Magnetfeld und Rotorstrom, sinkt daher quadratisch mit der Netzspannung. Bei der Synchronmaschine wird das Magnetfeld aus einer netzspannungsunabhängigen Gleichspannungsquelle magnetisiert, so dass das Drehmoment linear mit der Netzspannung sinkt.

7)

$$Q_{N,A} = \sqrt{S_{N,A}^2 - (P_N / \eta_{N,A})^2} = \sqrt{612745^2 - 520834^2} = 322784 \, \text{VAr}$$

$$Q_{N,A} = \sqrt{3} \cdot U_N \cdot I_{sb,A}$$

$$I_{sb,A} = 322784 / (\sqrt{3} \cdot 690) = 270.09 \, \text{A} = -I_{sb,S},$$

$$\underline{I}_{s,S,neu} = (435.8 + j \cdot 288.84) \, \text{A}, \quad \underline{U}_{p,neu} + j \cdot X_d \cdot \underline{I}_{s,S,neu} = \underline{U}_{sN}.$$

Wir nehmen $\underline{U}_{sN} = U_{sN}$ reell an.

$$\underline{U}_{p,neu} = U_{sN} - j \cdot X_d \cdot (I_{sw} + j \cdot I_{sb}) = U_{sN} + X_d \cdot I_{sb} - j \cdot X_d \cdot I_{sw}$$

$$U_{p,neu} = \sqrt{(U_{sN} + X_d \cdot I_{sb})^2 + (X_d \cdot I_{sw})^2}$$

$$U_{p,neu} = \sqrt{\left(\frac{690}{\sqrt{3}} + 0.464 \cdot 270.09\right)^2 + (0.464 \cdot 435.8)^2} = 561.4 \, \text{V}$$

Aufgabe A8.16: Synchrongenerator und Blocktransformator

Ein 24-poliger Drehstromgenerator in einem Flusslaufkraftwerk hat die Daten $U_N = 10\,\text{kV}$, Y, $S_N = 45\,\text{MVA}$, $X_d = 2\,\Omega$, $f_N = 50\,\text{Hz}$. Die Verluste im Generator werden vernachlässigt. Der Generator speist über einen Drehstrom-Blocktransformator mit den Daten $S_N = 45\,\text{MVA}$, $f_N = 50\,\text{Hz}$, $U_{N1}/U_{N2} = 10\,\text{kV}/110\,\text{kV}$, Dy5, $u_k = 12\,\%$ in das 110 kV-Netz ein! Der Magnetisierungsstrom und die Verluste im Transformator werden vernachlässigt.

1. Berechnen Sie die Bemessungsdrehzahl n_N und den Bemessungsstrom des Generators I_{sN} sowie den primären und sekundären Bemessungsstrom des Transformators I_{1N}, I_{2N} und die Reaktanz X_k je Strang.
2. Der Synchrongenerator wird mit Bemessungsspannung und Bemessungsstrom untererregt mit $|\cos\varphi_s| = 0.75$ betrieben. Wie groß ist φ_s? Berechnen Sie die Polradspannung je Strang $\underline{U}_p$ und U_p/U_{sN}!
3. Nehmen Sie $\underline{U}_{sN} = U_N/\sqrt{3}$ reell an. Zeichnen Sie das Spannungs-Strom-Zeigerdiagramm je Strang maßstäblich (1 cm $\hat{=}$ 1000 V, 1 cm $\hat{=}$ 500 A), ausgehend von U_{sN}, I_{sN}, X_d und φ_s, und ermitteln Sie U_p grafisch. Vergleichen Sie das Ergebnis mit dem von 2). Wie groß ist ϑ_N?

4. Berechnen Sie das Bemessungsdrehmoment M_N, das synchrone Kipp-moment M_{p0} und daraus ϑ_N! Vergleichen Sie das Ergebnis mit 3). Wie groß ist die Kippreserve $|M_{p0}/M_N|$? Kommentieren Sie das Ergebnis!

5. Wie groß ist die statische Kippleistung $P_{p0} = -2\pi \cdot n_N \cdot M_{p0}$ ($\vartheta = 90°$) bei konstanter Generatorklemmenspannung $U_N = 10\,kV$? Bestimmen Sie dabei die verkettete Sekundärspannung des Transformators $U_{2,verk}$ und $U_{2,verk}/U_{2N}$ grafisch! Wie groß ist im Kipppunkt I_s/I_{sN}?

6. Wie groß ist die statische Kippleistung P_{p0} für dieselbe Polradspannung, wenn durch das „starre" Netz die Sekundärspannung des Transformators $U_{2N} = 110\,kV$ konstant ist? Bestimmen Sie dazu grafisch die Generator-klemmspannung U_s/U_{sN}! Wie groß sind nun I_s/I_{sN} bzw. M_{p0}?

Lösung zu Aufgabe A8.16:

1)

$$I_{sN} = \frac{S_N}{\sqrt{3} \cdot U_N} = \frac{45 \cdot 10^6}{\sqrt{3} \cdot 10 \cdot 10^3} = 2598A\,,$$

$$n_N = \frac{f_N}{p} = \frac{50}{12} = 4.167/s = 250/min\,,$$

$$I_{1N} = \frac{S_N}{\sqrt{3} \cdot U_{1N}} = \frac{45 \cdot 10^6}{\sqrt{3} \cdot 10 \cdot 10^3} = 2598A\,,$$

$$I_{2N} = \frac{S_N}{\sqrt{3} \cdot U_{2N}} = \frac{45 \cdot 10^6}{\sqrt{3} \cdot 110 \cdot 10^3} = 236.2A\,.$$

Berechnung der Transformator-Ersatzschaltbildparameter für eine äquiva-lente Sternschaltung, passend zur Sternschaltung der Generatorwicklung:

$$X_k \cdot I_{1N} = u_k \cdot \frac{U_{1N}}{\sqrt{3}}\,,$$

$$X_k = u_k \cdot \frac{U_{1N}}{\sqrt{3} \cdot I_{1N}} = 0.12 \cdot \frac{10000}{\sqrt{3} \cdot 2598} = 0.2667\Omega$$

2)

a) Generatorbetrieb, im Verbraucher-Zählpfeilsystem: $\cos\varphi_s < 0$, da die ins Netz gelieferte elektrische Leistung negativ gezählt wird

b) untererregt: Maschine wirkt induktiv, $\underline{I}_s$ eilt $\underline{U}_s$ nach: $\sin\varphi_s > 0$.

$\cos\varphi_s = -0.75 \Rightarrow \varphi_s = 138.5°$, gezählt vom Strom $\underline{I}_s$ zur Spannung $\underline{U}_s$ im mathematisch positiven Zählsinn!

Kontrolle: $\sin\varphi_s = \sin 138.5° = 0.66 > 0$, $\underline{I}_s = I_{sN} \cdot (\cos\varphi_s - j \cdot \sin\varphi_s)$

$$\underline{U}_p + j \cdot X_d \cdot \underline{I}_{sN} = \underline{U}_{sN} = U_{sN} = U_N / \sqrt{3}$$

$$\underline{U}_p = U_{sN} - X_d \cdot I_{sN} \cdot \sin\varphi_s - j \cdot X_d \cdot I_{sN} \cdot \cos\varphi_s$$

$$\underline{U}_p = \frac{10000}{\sqrt{3}} - 2 \cdot 2598 \cdot 0.66 - j \cdot 2 \cdot 2598 \cdot (-0.75) = (2336.7 + j \cdot 3897)\text{V}$$

$$U_p = \sqrt{2336.7^2 + 3897^2} = 4543.9\text{V},$$

$$U_p / U_{sN} = 4543.9 / (10000 / \sqrt{3}) = 0.787$$

3)

Mit $U_{sN} = 10000 / \sqrt{3} = 5773.5\text{V} \Leftrightarrow 5.77\text{cm}$,

$X_d I_{sN} = 2 \cdot 2598 = 5196\text{V} \Leftrightarrow 5.2\text{cm}$, $I_{sN} = 2598\text{A} \Leftrightarrow 5.2\text{cm}$ und

$\varphi_s = 138.5°$ erhalten wir gemäß Bild A8.16-1 den Effektivwert der Pol-

radspannung $U_p = 4500\text{V} \Leftrightarrow 4.5\text{cm}$ und den Polradwinkel $\vartheta_N = 61°$. Es

ergibt sich eine Zeichenungenauigkeit:

$\Delta = (4543.9 - 4500) / 4543.9 = 0.97\%$.

4)

$$\eta_N = 1 \rightarrow P_N = S_N \cdot \cos\varphi_N = (-45) \cdot 0.75 = -33.75\text{MW},$$

$$M_N = P_N / (2\pi \cdot n_N) = -\frac{33750000}{2\pi \cdot \dfrac{250}{60}} = -1289155\text{Nm},$$

$$M_{p0} = \frac{3 \cdot U_{sN} \cdot U_p}{\Omega_{syn} \cdot X_d} = \frac{3 \cdot (10000/\sqrt{3}) \cdot 4543.9}{2\pi \cdot \dfrac{250}{60} \cdot 2} = 1503110\text{Nm},$$

$$\left| M_{p0} / M_N \right| = 1503110 / 1289155 = 1.166$$

Die Drehmomentreserve ist mit 16.6% sehr klein, da die Maschine untererregt, also mit verringertem Polradfeld betrieben wird.

5)

$$M(\vartheta = 90°) = -M_{p0} \cdot \sin(90°) = -M_{p0}$$

$$P_{p0} = \Omega_{syn} \cdot M(\vartheta = 90°) = -2\pi \cdot n_N \cdot M_{p0},$$

$$P_{p0} = -2\pi \cdot \frac{250}{60} \cdot 1503110 = -39.35\text{MW}.$$

Im Kipppunkt gilt mit

$U_{sN} = 5773.5\text{V} \Leftrightarrow 5.77\text{cm}$, $U_p = 4543.9\text{V} \Leftrightarrow 4.54\text{cm}$ und $\vartheta = 90°$

das Spannungszeigerdiagramm Bild A8.16-2a.

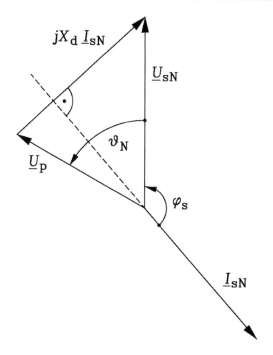

Bild A8.16-1: Maßstäbliches Spannungs- und Strom-Zeigerdiagramm für Generatorbetrieb (im Verbraucher-Zählpfeilsystem) und Untererregung (I_{sN} = 2598 A, U_{sN} = 5773.5 V)

Daraus lesen wir ab: $X_d I_s = 7300 \text{V} \Leftrightarrow 7.3 \text{cm}$.

Daraus folgt: $X_k I_s = (X_k / X_d) \cdot (X_d I_s) \Leftrightarrow (0.2667/2) \cdot 7.3 \text{cm} = 0.97 \text{cm}$.

Dies wird in Bild A8.16-2a in Verlängerung von $jX_d \underline{I}_s$ eingetragen, und wir lesen ab: $U_2' = 6500 \text{V} \Leftrightarrow 6.5 \text{cm}$.

$U_{2,\text{verk}} = (U_2' / \ddot{u}) \cdot \sqrt{3} = (6500/(10/110)) \cdot \sqrt{3} = 123842 \text{V}$,

$U_{2,\text{verk}} / U_{2N} = 123841/110000 = 1.126$,

$I_s = (X_d I_s) / X_d = 7300/2 = 3650 \text{A}$, $I_s / I_{sN} = 3650/2598 = 1.4$

6)

Wegen $\underline{U}_2' = \underline{U}_{2N}' = $ konst. als eingeprägter Spannung ist nun als „neue"

Synchronreaktanz $X = X_d + X_k$ anstelle von X_d gültig. Die Synchronmaschine kippt folglich, wenn der „neue" Polradwinkel ϑ' zwischen $\underline{U}_{2N}'$ und $\underline{U}_p$ den Wert 90° erreicht (Bild A8.16-2b).

$$\underline{U}_p + j \cdot (X_d + X_k) \cdot \underline{I}_s = \underline{U}'_{2N} / \sqrt{3},$$

$$X = X_d + X_k = 2 + 0.2667 = 2.2667\Omega.$$

Mit $U'_{2N} / \sqrt{3} = \dfrac{110 \cdot 10^3}{\sqrt{3}} \cdot \dfrac{10}{110} = 5773\text{V} \Leftrightarrow 5.77\text{cm}$,

$U_p = 4543.9\text{V} \Leftrightarrow 4.54\text{cm}$ und $\vartheta' = 90°$ wird das Zeigerdiagramm Bild

A8.16-2b konstruiert. Wir lesen ab: $X \cdot I_s \Leftrightarrow 7.3\text{cm}$ $X \cdot I_s = 7300\text{V}$.

Daher ist: $X_d \cdot I_s = (X_d / X) \cdot (X \cdot I_s)$,

$(X_d / X) \cdot 7.3\text{cm} = (2/2.2667) \cdot 7.3 = 6.44\text{cm}$. Mit diesem Wert lesen wir

aus Bild A8.16-2b ab: $U_s \Leftrightarrow 5.1\text{cm}$ und erhalten

$U_s / U_{sN} = 5.1/5.77 = 0.88$.

$M(\vartheta') = -M'_{p0} \cdot \sin \vartheta'$,

$$M'_{p0} = 3 \cdot \frac{U'_2 \cdot U_p}{\Omega_{syn} \cdot X} = 3 \cdot \frac{(10000/\sqrt{3}) \cdot 4543.9}{2\pi \cdot \dfrac{250}{60} \cdot 2.2667} = 1326254\text{Nm},$$

$M'_{p0} < M_{p0}$ gemäß 4), da $X > X_d$!

$M(\vartheta' = 90°) = -M'_{p0}$,

$$P'_{p0} = 2\pi \cdot n_N \cdot (-M'_{p0}) = -\left(2\pi \cdot \frac{250}{60} \cdot 1326254\right)\text{W}$$

$P'_{p0} = -34721250\text{W} = -34.72\text{MW}$. Dieser Wert ist kleiner als P_{p0} gemäß

4), da $M'_{p0} < M_{p0}$.

$I_s = (X \cdot I_s) / X = 7300/2.2667 = 3220\text{A}$, $I_s / I_{sN} = 3220/2598 = 1.24$.

Dieser Wert ist kleiner als bei 5), da $X > X_d$.

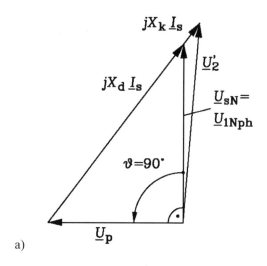

a)

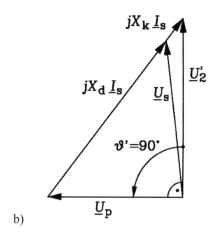

b)

Bild A8.16-2: Maßstäbliches Spannungs- und Strom-Zeigerdiagramm für untererregten Generatorbetrieb (im Verbraucher-Zählpfeilsystem) im Kipp-Punkt: a) Generatorspannung U_{sN} = 5773.5 V, b) Sekundärspannung des Blocktransformators U'_2 = 5773.5 V

9. Permanentmagneterregte Synchronmaschinen

Aufgabe A9.1: Permanentmagnetmotor als Werkzeugmaschinenantrieb

Ein 6-poliger Permanentmagnetmotor wird als Vorschubantrieb in einer Werkzeugmaschine verwendet. Er hat die Statorblechpaket- und Wicklungs-Daten $d_{si} = 100$ mm, $l_e = 100$ mm, $Q_s = 36$, Einschichtwicklung, $N_c = 20$, $a = 1$, Y-Schaltung. Er hat im Läufer aufgeklebte Oberflächen-Magnete mit der Höhe $h_M = 3.5$ mm. Der mechanische Luftspalt und die amagnetische Glasfaser-Läuferbandage ergeben zusammen $\delta = 1.4$ mm. Die NdFeB-Magnete haben eine Remanenzflussdichte und Koerzitivfeldstärke bei 20°C von $B_R = 1.1$ T, $H_{CB} = 875$ kA/m.

1. Wie groß ist die magnetische Flussdichte im Luftspalt bei stromloser Ständerwicklung? Wie sieht ihr räumlicher Verlauf längs des Umfangs aus, wenn keine Lücken zwischen den Magneten unterschiedlicher Polarität vorhanden sind?
2. Wie groß ist zu 1) die Amplitude der Feldgrundwelle?
3. Berechnen Sie den Effektivwert der Grundschwingung der Polradspannung bei einer Ständerfrequenz $f_s = 100$ Hz!
4. Wie groß ist die ungesättigte Hauptreaktanz X_h? Beachten Sie: Die Magnete verhalten sich magnetisch passiv wie Luft! Überprüfen Sie anhand der Magnetdaten, ob dies wirklich zutrifft.
5. Wie groß ist der Effektivwert der erforderlichen Grundschwingung U_s (Strangwert) der Umrichterausgangsspannung bei 100 Hz, damit der PM-Motor bei 10 A Strangstrom (Effektivwert) maximales Moment abgibt? Vernachlässigen Sie für diese Betrachtung R_s und nehmen Sie für $X_{s\sigma} = 1.4$ Ω an.
6. Zeichnen Sie zu 5) das maßstäbliche Zeigerdiagramm, und wählen Sie dafür einen geeigneten Strom- und Spannungsmaßstab!

Lösung zu Aufgabe A9.1:

1)

Ampère'sches   Gesetz   bei   Leerlauf   für   Oberflächenmagnete
(Bild A9.1-1a):

$$\oint_C \vec{H} \cdot d\vec{s} = 2 \cdot H_\delta \cdot \delta + 2 \cdot H_M \cdot h_M = \Theta = 0$$

Bei Annahme unendlich großer Eisenpermeabilität folgt: $H_{Fe} = 0$.

$$B_\delta = \mu_0 \cdot H_\delta = -\frac{h_M}{\delta} \cdot \mu_0 \cdot H_M$$

Die Permanentmagnetkennlinie im zweiten Quadranten der $B_M(H_M)$-Ebene
kann als Gerade angenähert werden (Bild A9.1-1b): $B_M = \mu_M \cdot H_M + B_R$

$$\mu_M = \frac{B_R}{H_{CB}} = \frac{1.1}{875000} = 12.57 \cdot 10^{-6} \cong 4 \cdot \pi \cdot 10^{-7} \text{ Vs/(Am)} = \mu_0$$

Wegen der Oberflächenmagnete und 100 % Polbedeckung ist der magnetische Fluss in den Magneten und im Luftspalt identisch:

$$\Phi_M = \Phi_\delta, \quad B_M = B_\delta.$$

$$B_\delta = B_M = \mu_M \cdot H_M + B_R = \mu_M \cdot \left(-\frac{\delta}{\mu_0 \cdot h_M} \right) \cdot B_\delta + B_R$$

$$B_\delta = \frac{B_R}{1 + \dfrac{\mu_M \cdot \delta}{\mu_0 \cdot h_M}} = \frac{1.1}{1 + \dfrac{1.4}{3.5}} = 0.786 \text{ T} = B_p$$

Wegen der Oberflächenmagnete mit konstanter Magnethöhe und konstantem Luftspalt ist die Radialkomponente der Luftspaltflussdichte über den
Magneten konstant und hat den Wert ± 0.786 T (N- bzw. S-Pol). Da keine
Lücken zwischen N- und S-Pol-Magneten vorhanden sind (= 100 % Polbedeckung), ist die Feldkurve im Luftspalt rechteckförmig (Bild A9.1-3).

2)

Die Fourier-Analyse der rechteckförmigen Feldkurve aus Bild A9.1-3
führt zur Grundwelle:

$$\hat{B}_{\delta,\mu=1} = B_\delta \cdot \frac{4}{\pi} \cdot \sin\left(\frac{\pi}{2} \right) = 0.786 \cdot \frac{4}{\pi} \text{ T} = 1.0 \text{ T}$$

3)

Mit den Motordaten $2p = 6$, $m = 3$, $q = \dfrac{Q_s}{2 \cdot p \cdot m} = \dfrac{36}{6 \cdot 3} = 2$,

$$N_s = p \cdot q \cdot \frac{N_c}{a} = 3 \cdot 2 \cdot \frac{20}{1} = 120, \quad \tau_p = \frac{d_{si} \cdot \pi}{2 \cdot p} = \frac{100 \cdot \pi}{6} = 52.4 \text{ mm},$$

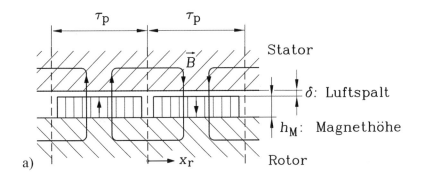

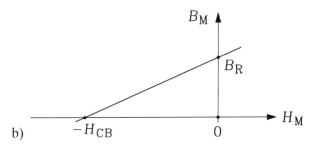

Bild A9.1-1: a) Ampère'scher Durchflutungssatz bei Leerlauf für Oberflächen-Magnete, wobei als geschlossene Kurve C z. B. eine B-Feldlinie verwendet wird, b) Permanentmagnet-Kennlinie im 2. Quadranten

$f_s = 100$ Hz, dem Wicklungsfaktor der Grundwelle $k_{w,1} = k_{d,1} \cdot k_{p,1}$ bei Berücksichtigung der ungesehnten Einschichtwicklung ($k_{p,1} = 1$) und der Lochzahl $q = 2$

$$k_{d,1} = \frac{\sin\left(\dfrac{\pi}{2 \cdot m}\right)}{q \cdot \sin\left(\dfrac{\pi}{2 \cdot m \cdot q}\right)} = \frac{\sin\left(\dfrac{\pi}{6}\right)}{2 \cdot \sin\left(\dfrac{\pi}{6 \cdot 2}\right)} = 0.9659 = k_{w,1}$$

erhält man für den Effektivwert der Grundschwingung der Polradspannung

bei 100 Hz: $U_{p,1} = \sqrt{2} \cdot \pi \cdot f_s \cdot N_s k_{w,1} \cdot \dfrac{2}{\pi} \cdot \tau_p \cdot l_e \cdot \hat{B}_{\delta,\mu=1}$.

$$U_{p,1} = \sqrt{2} \cdot \pi \cdot 100 \cdot 120 \cdot 0.9659 \cdot \frac{2}{\pi} \cdot 0.0524 \cdot 0.1 \cdot 1.0 = 171.5 \text{ V}$$

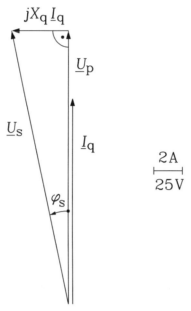

Bild A9.1-2: Spannungszeigerdiagramm für q-Stromspeisung bei Motorbetrieb, R_s vernachlässigt

4)

Gemäß 1) ist die Permeabilität der Magnete annähernd dieselbe Permeabilität wie die von Luft: $\mu_M \approx \mu_0$. Der resultierende magnetisch wirksame Luftspalt ist $\delta + h_M$. Für die Grundwellen-Hauptreaktanz bei 100 Hz ergibt sich folglich:

$$X_{h,\nu=1} = 2 \cdot \pi \cdot f_s \cdot \mu_0 \cdot N_s^2 \cdot k_{w,1}^2 \cdot \frac{2 \cdot m}{\pi^2} \cdot \frac{l_e \cdot \tau_p}{p \cdot (\delta + h_M)} =$$

$$= 2 \cdot \pi \cdot 100 \cdot 4 \cdot \pi \cdot 10^{-7} \cdot 120^2 \cdot 0.9659^2 \cdot \frac{2 \cdot 3}{\pi^2} \cdot \frac{0.1 \cdot 0.0524}{3 \cdot (1.4 + 3.5) \cdot 10^{-3}} = 2.3\,\Omega$$

5)

Wegen des konstanten Luftspalts und vernachlässigter Eisensättigung gilt $X_d = X_q$. Daher wird maximales Moment bei gegebenem Strom erreicht, wenn der Strom ein reiner Querstrom ist: $I_s = I_q$. Mit $X_{s\sigma} = 1.4\,\Omega$ und $R_s \cong 0$ ergibt sich nach Bild A9.1-2:

$$U_s^2 = \left(X_q \cdot I_q\right)^2 + U_p^2, \quad I_q = 10\,\text{A}, \quad X_q = X_{s\sigma} + X_h = (1.4 + 2.3)\,\Omega = 3.7\,\Omega \;.$$

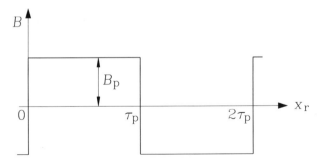

Bild A9.1-3: Idealisierter Verlauf der radialen Komponente der Luftspaltfluss-dichte in Läufer-Umfangsrichtung mit N- und S-Pol bei einer Magnetpolbede-ckung $\alpha_e = 100\,\%$

$$U_s = \sqrt{\left(X_q \cdot I_q\right)^2 + U_p^2} = \sqrt{\left(3.7 \cdot 10\right)^2 + 171.5^2}\ \text{V} = 175.4\ \text{V}$$

6)
Das maßstäbliche Spannungszeigerdiagramm ist in Bild A9.1-2 dargestellt.

Aufgabe A9.2: Roboterantrieb

Ein 8-poliger PM-Synchronmotor mit Umrichterspeisung wird als Antrieb für einen Schweißroboterarm verwendet. Mittels Polradlagegebersteuerung wird der Motor so betrieben, dass zu jedem Stromwert jeweils das maximal mögliche Drehmoment eingestellt wird. Der thermisch dauernd zulässige Bemessungsstrom beträgt 12 A (Effektivwert). Der Motor ist kurzzeitig (im Sekundenbereich) 4-fach überlastbar. Die Polrad-Strangspannung (Effektivwert) beträgt 90 V bei einer Ständerfrequenz $f_s = 50$ Hz, die Synchroninduktivität ist $L_d = 4.5$ mH. Der Ständerwicklungswiderstand wird vernachlässigt.

1. Skizzieren Sie maßstäblich den Verlauf des Effektivwerts der Leerlaufspannung über der Drehzahl, wenn der Motor im Prüffeld des Herstellers zwischen 0 und 6000/min bei offenen Ständerklemmen angetrieben wird.
2. Wie kann durch die Messung von 1) auf den Zustand der Läufer-Magnete geschlossen werden? Muss die Magnettemperatur bekannt sein, um eine korrekte Aussage treffen zu können?

3. Zeichnen Sie maßstäblich das Spannungs-Strom-Zeigerdiagramm bei Bemessungsfrequenz 100 Hz für a) Bemessungsstrom und b) Maximalstrom (Maßstäbe $\mu_U = 25$ V/cm, $\mu_I = 5$ A/cm).
4. Wie groß ist die Bemessungsdrehzahl des Motors?
5. Wie groß ist das Drehmoment zu 3a) und 3b), wenn der Motor als verlustfrei angenommen wird?
6. Berechnen Sie den Betriebsbereich des Motors im 1. Quadranten der $M(n)$-Ebene, wenn der Umrichter maximal $U_s = 230$ V (Effektivwert) zur Verfügung stellt. Unterscheiden Sie Kurzzeit- und Dauerbetriebsbereich!

Lösung zu Aufgabe A9.2:

1)
$U_p = 90$ V, $f_s = 50$ Hz, $n = f_s/p = 50 / 4 = 12.5/s = 750 / min$

$U_p = \omega_s \cdot \Psi_p / \sqrt{2} = 2 \cdot \pi \cdot f_s \cdot \Psi_p / \sqrt{2} = 2 \cdot \pi \cdot n \cdot p \cdot \Psi_p / \sqrt{2}$, $U_p \sim n \cdot \Psi_p$

Leerlauf-Strangspannung = Polradspannung:

$$U_{p,max} = \frac{n_{max}}{n} \cdot U_p = \frac{6000}{750} \cdot 90 = 720 \text{ V},$$

Verkettete Spannung (Y): $U_{p,LL} = \sqrt{3} \cdot 720 = 1247$ V, siehe das Diagramm $U_{p,LL}(n)$ in Bild A9.2-1.

2)
U_p ist proportional zur Drehzahl und Permanentmagnet-Flussverkettung: $U_p \sim \Psi_p$!
Wegen

$$\Psi_p = N \cdot k_w \frac{2}{\pi} \cdot \tau_p \cdot l_e \cdot \hat{B}_{p,\mu=1}, \quad \hat{B}_{p,\mu=1} = \frac{4}{\pi} \cdot B_p$$

und

$$B_p = \frac{B_R}{1 + \frac{\mu_M}{\mu_0} \cdot \frac{\delta}{h_M}}$$

kann von der gemessenen Leerlauf-Polradspannung direkt auf die Remanenzflussdichte geschlossen werden. Die Magnettemperatur muss dabei bekannt sein, da die Remanenzflussdichte mit steigender Magnettemperatur sinkt $B_R = B_R(\vartheta)$!

3)

$L_d = 4.5 \text{ mH}$, $R_s \cong 0$. Wegen des konstanten magnetisch wirksamen Luftspalts und der vernachlässigten Eisensättigung ist $L_d = L_q$.

$$X_{dN} = \omega_{sN} \cdot L_d = 2\pi \cdot f_{sN} \cdot L_d = 2\pi \cdot 100 \cdot 4.5 \cdot 10^{-3} = 2.83 \, \Omega$$

a) $I_q = I_s = 12 \text{ A} = I_N$: $X_{dN} \cdot I_N = 2.83 \cdot 12 = 33.9 \text{ V} = X_{qN} \cdot I_N$

b) $I_q = I_s = 4 \cdot I_N = 48 \text{ A}$: $X_{dN} \cdot 4 \cdot I_N = 4 \cdot 33.9 = 135.7 \text{ V} = X_{qN} \cdot 4 \cdot I_N$

$$U_{pN} = \frac{f_{sN}}{f_s} \cdot U_p = \frac{100}{50} \cdot 90 = 180 \text{ V}$$

a) $U_s = \sqrt{U_p^2 + (X_{qN} \cdot I_N)^2} = \sqrt{180^2 + 33.9^2} = 183.2 \text{ V}$

b) $U_s = \sqrt{U_p^2 + (X_{qN} \cdot 4I_N)^2} = \sqrt{180^2 + 135.7^2} = 225.4 \text{ V}$

Das Spannungszeigerdiagramm ist in Bild A9.2-2 dargestellt.

4)

$$n_N = \frac{f_{sN}}{p} = \frac{100}{4} = 25 / s = 1500 / \min$$

5)

Wenn keine Verluste berücksichtigt werden, ist der Wirkungsgrad des Motors $\eta = 1$:

$$P_{out} = P_m = P_{in} = P_e, \quad P_e = 3 \cdot U_s \cdot I_s \cdot \cos\varphi_s = 3 \cdot U_p \cdot I_s,$$

$$U_s \cdot \cos\varphi_s = U_p, \quad M_e \cdot \Omega_{syn} = P_m$$

$$\Omega_{syn} = 2\pi \cdot f_{sN} / p = 2\pi \cdot 25 = 157.1 / s$$

a) $M_e = 3 \cdot U_p \cdot I_s / \Omega_{syn} = 3 \cdot 180 \cdot 12 / 157.1 = 41.25 \text{ Nm}$

b) $M_e = 3 \cdot 180 \cdot 48 / 157.1 = 165 \text{ Nm}$

Tabelle A9.2-1: Drehmoment-Drehzahlkurve bei maximaler Spannung („Spannungsgrenze"), maßstäblich dargestellt in Bild A9.2-4

$v = n / n_N$	I_s^*	M^*	n
[-]	[A]	[Nm]	[1/min]
1.2780	0	0	1917
1.16	28.5	98	1750
1	50.8	174.6	1500
0.9	64.3	221	1350

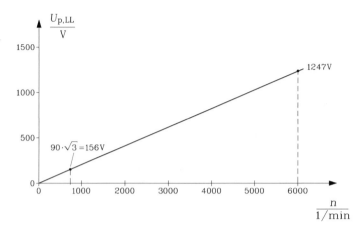

Bild A9.2-1: Polradspannung (Effektivwert, verkettet) in Abhängigkeit der Drehzahl n, gemessen im Generatorbetrieb bei Leerlauf

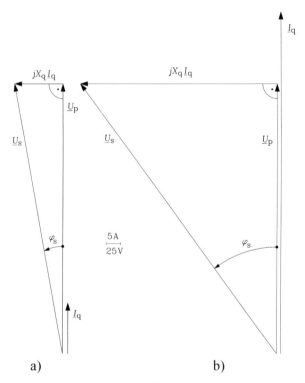

Bild A9.2-2: Spannungszeigerdiagramm für Betrieb mit q-Strom: a) Bemessungsstrom, b) 4-fache Überlastung

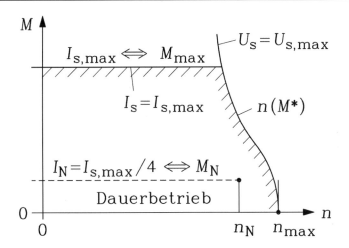

Bild A9.2-3: Prinzipdarstellung der Spannungs-, Strom- und Dauerbetriebs-Grenze des PM-Synchronmotors

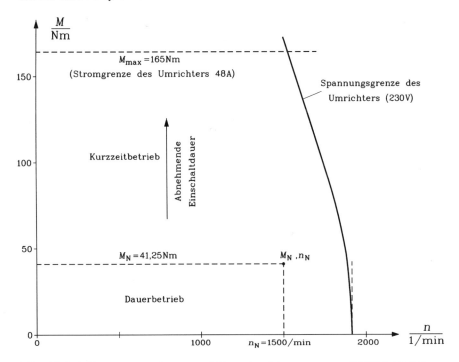

Bild A9.2-4: Spannungs-, Strom- und Dauerbetriebsgrenze gemäß Bild A9.2-3.

6)

Betriebsgrenzen gemäß Bild A9.2-3 und Bild A9.2-4:

a) Spannungsgrenze: $U_{s,max} = 230$ V: (Kurzzeitbetrieb!)

$$U_{s,max}^2 = \left(\frac{n}{n_N} \cdot X_{qN} \cdot I_q\right)^2 + \left(\frac{n}{n_N}\right)^2 \cdot U_{pN}^2$$

$n_N = 1500/min$, $X_{qN} = 2.83 \ \Omega$, $U_{pN} = 180$ V

Drehzahlverhältnis: $\dfrac{n}{n_N} = v$: $I_q = \dfrac{\sqrt{U_{s,max}^2 - v^2 \cdot U_{pN}^2}}{v \cdot X_{qN}} = I_s^*$,

$$M_e = \frac{3 \cdot U_p \cdot I_q}{2\pi \cdot n} = \frac{3 \cdot 2\pi(p \cdot n) \cdot \Psi_p \cdot I_q}{2\pi \cdot n \cdot \sqrt{2}} = \frac{3 \cdot p \cdot \Psi_p \cdot I_s^*}{\sqrt{2}} = M^* ,$$

$$\Psi_p = \sqrt{2} \cdot \frac{U_p}{\omega_s} = \frac{\sqrt{2} \cdot 180}{2\pi \cdot 100} = 0.405 \ Vs \ .$$

Die berechneten Werte $M^*(n)$ sind in Tab. A9.2-1 angegeben und graphisch in Bild A9.2-4 dargestellt. Maximaldrehzahl n_{max} (bei $I_q = 0$) bei idealem Leerlauf:

$$n_{max} = n_N \cdot \frac{U_{s,max}}{U_{pN}} = 1500 \cdot \frac{230}{180} = 1917 \ / \ min \ .$$

b) Stromgrenze: $I_{s,max} = 48$ A: $M_{max} = 165$ Nm (Kurzzeitbetrieb!)

c) Temperaturgrenze für Dauerbetrieb: $I_N = 12$ A: $M_N = 41.25$ Nm

Aufgabe A9.3: Hi-Speed-Kompressor-Antrieb

Ein Synchronmotor mit Permanentmagnetläufer und einer Wassermantel-kühlung soll einen Luftverdichter (Turbokompressor) mit hoher Drehzahl ("Hi-Speed") antreiben. Der Motor wird aus einem Spannungszwischenkreisumrichter gespeist, dessen maximale Spannung $U_{s,k=1,max} = 230$ V und dessen maximaler Strom $I_{s,k=1,max} = 250$ A, jeweils als Strangwert der Grundschwingung (Ordnungszahl $k = 1$, Effektivwert) betragen. Die Verluste im Motor werden vernachlässigt! Kompressordaten: $n = 24000/min$, $P_N = 65$ kW, Motordaten: $2p = 4$, $L_d = L_q = 0.169$ mH, $U_p = 6.25$ V (bei $f_s = 50$ Hz, Effektivwert, Strangspannung, Y-Schaltung)

1. Mit welcher Ausgangsfrequenz muss der Umrichter den Motor mit Spannung versorgen?

2. Wie groß ist die Polradspannung bei 24000/min?
3. Wie groß ist der erforderliche Motorstrom, wenn der Umrichter über eine Polradlagesteuerung den Strom in Phase mit der Polradspannung U_p einprägt ($I_s = I_{sq}$, $I_{sd} = 0$)?
4. Wie groß ist zu 3) die erforderliche Strangspannung an den Klemmen des Motors? Ist der Umrichter dafür ausreichend dimensioniert?
5. Zeichnen Sie das Strom-Spannungs-Zeigerdiagramm je Phase maßstäblich und berechnen Sie die Motorscheinleistung und den Leistungsfaktor. Wird der Motor über- oder untererregt betrieben?

Lösung zur Aufgabe A9.3:

1)
$$f_{sN} = n_N \cdot p = (24000 / 60) \cdot 2 = 800 \text{ Hz}$$
2)
$$U_{pN} = \frac{f_{sN}}{f_s} \cdot U_p = \frac{800}{50} \cdot 6.25 = 100 \text{ V}$$
3)
$P_{e,in} = P_{m,out} = P_N = 65000 \text{ W}$. Bei q-Strombetrieb und $R_s = 0$ gilt gemäß Bild A9.3-1: $U_{sN} \cos\varphi_N = U_{pN}$

$$P_{e,in} = 3 \cdot U_{sN} I_{sN} \cos\varphi_N = 3 U_{pN} I_{sqN} \quad \Rightarrow \quad I_{sqN} = \frac{65000}{3 \cdot 100} = 216.7 \text{ A}$$
4)
Aus Bild A9.3-1 folgt: $U_{sN} = \sqrt{U_{pN}^2 + (2\pi \cdot f_{sN} \cdot L_q \cdot I_{sqN})^2}$

$$U_{sN} = \sqrt{100^2 + (2\pi \cdot 800 \cdot 0.169 \cdot 10^{-3} \cdot 216.7)^2} = 209.5 \text{ V}$$
$$U_{sN} = 209.5 \text{ V} < 230 \text{ V} = U_{s,k=1,max}, \quad I_{sN} = 216.7 \text{ A} < 250 \text{ A} = I_{s,k=1,max}$$
Der Umrichter ist für den Antrieb ausreichend bemessen.
5)
Gemäß Bild A9.3-1 eilt bei q-Strom-Betrieb der Motorstrom der Klemmenspannung nach; der Motor ist ein induktiver Verbraucher, es herrscht untererregter Betrieb.
$$S_N = 3 \cdot U_{sN} \cdot I_{sN} = 3 \cdot 209.5 \cdot 216.7 = 136.2 \text{ kVA}$$
$$\cos\varphi_s = \cos\varphi_N = P_N / S_N = 65000 / 136200 = 0.477$$

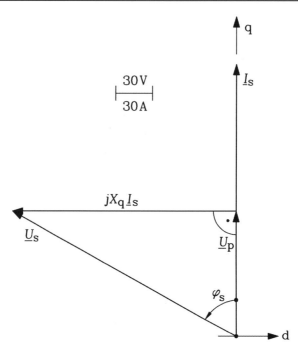

Bild A9.3-1: Spannungs- und Stromzeiger je Strang des PM-Synchronmotors bei Bemessungsdrehzahl und Bemessungsdrehmoment

Aufgabe A9.4: Entmagnetisierfestigkeit von Permanentmagneten

Ein permanentmagneterregter Hochdrehzahl-Synchronmotor mit NdFeB-Oberflächenmagneten im Rotor gemäß Bild A9.4-1, die durch eine relativ dicke Glasfaserbandage fixiert sind, hat 100% Polbedeckung. Die Magnethöhe beträgt $h_M = 6$ mm, der magnetisch wirksame Luftspalt, der auch die Höhe der Bandage und den Einfluss der Statornutöffnungen umfasst, beträgt $\delta = 4$ mm. Die Werkstoffkennlinien des Permanentmagneten $J_M(H_M)$ bzw. $B_M(H_M)$ (Bild A9.4-2, identisch mit Bild 9.1-1a im Lehrbuch) weisen folgende Daten auf: $B_R = 1.2$ T, $H_{CB} = 909$ kA/m, $H_{CJ} = 1280$ kA/m. Der Verlauf $B_M(H_M)$ ist im Bereich $-H_k \leq H_M \leq H_k$, $H_k = 0.88 \cdot H_{CJ}$, ist linear. Die Permeabilität des Stator- und Rotoreisens ist sehr viel größer als jene der Luft: $\mu_{Fe} \gg \mu_0$.

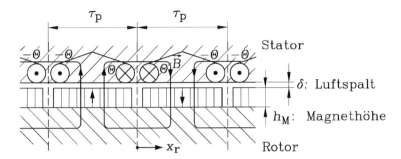

Bild A9.4-1: Idealisierter Feldverlauf in einer elektrischen Maschine infolge Permanentmagneterregung im Rotor und einer elektrischen Durchflutung Θ pro Pol im Stator

1. Wie groß sind die Permeabilität μ_M und μ_M/μ_0 des Magnetmaterials im Bereich $-H_k \leq H_M \leq H_k$? Geben Sie für diesen Bereich eine Ersatzkennlinie des Magnetmaterials $B_M(H_M)$ und $J_M(H_M)$ für den ersten und zweiten Quadranten von Bild A9.4-2 an!

2. Leiten Sie je eine Formel für die Arbeitsgeraden $B_M(H_M)$ und $J_M(H_M)$ des Magnetkreises Bild A9.4-1 ab, wenn statorseitig eine elektrische Durchflutung Θ pro Pol auftritt.

3. Ermitteln Sie rechnerisch mit der Ersatzkennlinie des Magneten aus 1) und der Arbeitsgeraden $B_M(H_M)$ aus 2) die zulässige Durchflutung Θ, die maximal auftreten darf, damit das Permanentmagnetmaterial nicht irreversibel entmagnetisiert wird. Nehmen Sie als zulässige maximale negative magnetische Feldstärke den Wert H_k!

4. Ermitteln Sie nun rechnerisch mit der Arbeitsgeraden $J_M(H_M)$ aus 2) diese maximal zulässige entmagnetisierende Durchflutung Θ und vergleichen Sie das Ergebnis mit 3).

5. Wie wären die Aufgaben 3) und 4) graphisch zu lösen?

6. Wie groß ist das nur von Θ erregte Gegenfeld innerhalb des Magnetmaterials? (Hinweis: Dies ist das Feld bei verschwindender Remanenz des Magnetmaterials $B_R = 0$). Wie groß ist dieses Gegenfeld, wenn das Magnetmaterial die Permeabilität von Luft hat?

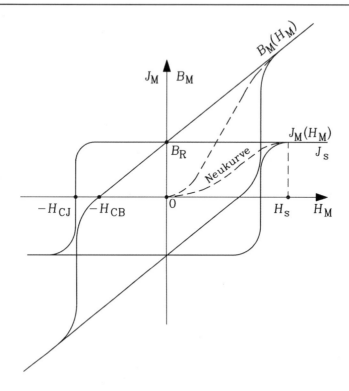

Bild A9.4-2: Typische $J_M(H_M)$- und daraus entstandene $B_M(H_M)$-Hysterese-Kennlinie eines Selten-Erd-Permanentmagneten durch Addition von $B_M = \mu_0 H_M$ zur $J_M(H_M)$-Schleife

Lösung zu Aufgabe A9.4:

1)
$H_k = 0.88 \cdot H_{CJ} = 0.88 \cdot 1280 = 1126.4 \text{kA/m} > H_{CB} = 909 \text{kA/m}$. In diesem Bereich ist $B_M(H_M)$ linear, folglich durch $B_M = B_R + \mu_M \cdot H_M$ darstellbar.
Bei $H_M = -H_{CB}$ ist gemäß Bild A9.4-2 $B_M(-H_{CB}) = 0$, folglich
$0 = B_R + \mu_M \cdot (-H_{CB})$
und damit

$\mu_M = B_R / H_{CB} = 1.2 / 909000 = 13.201 \cdot 10^{-7} \text{Vs/(Am)}$.

$\mu_M / \mu_0 = 13.201 \cdot 10^{-7} / (4\pi \cdot 10^{-7}) = 1.0505$
Ersatzkennlinien:
$B_M = B_R + \mu_M \cdot H_M$, $J_M = B_M - \mu_0 \cdot H_M = B_R + (\mu_M - \mu_0) \cdot H_M$

2)

Die geschlossene Kurve C für den Durchflutungssatz wird identisch mit der geschlossenen B-Feldlinie in Bild A9.4-1 gewählt. Die geschlossene Kurve besteht aus den Kurvenabschnitten h_M (zweimal), δ (zweimal) und den Abschnitten im Stator- und Rotoreisen s_{Fes} und s_{Fer}.

$$\oint_C \vec{H} \cdot d\vec{s} = 2 \cdot (H_\delta \delta + H_M h_M) + s_{Fe,s} H_{Fe,s} + s_{Fe,r} H_{Fe,r} = 2\Theta$$

Mit $\mu_{Fe} \gg \mu_0$: $H_{Fe} \ll H_M, H_\delta$ folgt: $H_\delta \delta + H_M h_M = \Theta$. Mit 100% Polbedeckung folgt: $B_M = B_\delta$. Für den Luftspalt gilt: $B_\delta = \mu_0 H_\delta$. Daraus folgt die Gleichung für die Arbeitsgerade im $B_M(H_M)$-Diagramm:

$$B_M = \mu_0 \frac{h_M}{\delta} \cdot \left(\frac{\Theta}{h_M} - H_M \right)$$ (vgl. Bild 9.1-4 im Lehrbuch).

Mit $J_M = B_M - \mu_0 \cdot H_M$ folgt die Gleichung für die Arbeitsgerade im $J_M(H_M)$-Diagramm: $J_M = \mu_0 \frac{h_M + \delta}{\delta} \cdot \left(\frac{\Theta}{h_M + \delta} - H_M \right)$.

3)

$B_M(H_M)$-Diagramm: Schnittpunkt der Arbeitsgeraden aus 2) mit der Magnetkennlinie aus 1) liefert den magnetischen Arbeitspunkt (Punkt P2 in Bild 9.1-4 im Lehrbuch):

$$B_M = \mu_0 \frac{h_M}{\delta} \cdot \left(\frac{\Theta}{h_M} - H_M \right) = B_R + \mu_M \cdot H_M.$$ Für $H_M = -H_k$ folgt:

$$\Theta = -H_k h_M \cdot \left(1 + \frac{\mu_M \delta}{\mu_0 h_M} \right) + \frac{\delta}{\mu_0} \cdot B_R =$$

$$= -1126.4 \cdot 10^3 \cdot 6 \cdot 10^{-3} \cdot \left(1 + 1.0505 \cdot \frac{4 \cdot 10^{-3}}{6 \cdot 10^{-3}} \right) + \frac{4 \cdot 10^{-3}}{4\pi \cdot 10^{-7}} \cdot 1.2 = -7671.8 A$$

4)

$J_M(H_M)$-Diagramm: Schnittpunkt der Arbeitsgeraden aus 2) mit der Magnetkennlinie aus 1) liefert den magnetischen Arbeitspunkt:

$$J_M = \mu_0 \frac{h_M + \delta}{\delta} \cdot \left(\frac{\Theta}{h_M + \delta} - H_M \right) = B_R + (\mu_M - \mu_0) \cdot H_M.$$

Für $H_M = -H_k$ folgt wieder:

$$\Theta = -H_k h_M \cdot \left(1 + \frac{\mu_M \delta}{\mu_0 h_M} \right) + \frac{\delta}{\mu_0} \cdot B_R = -7671.8 A.$$ Dies ist identisch mit dem Ergebnis aus 3).

5)

Graphische Lösung im $B_M(H_M)$-Diagramm: Die bei $\Theta = 0$ auftretende Arbeitsgerade $B_M = -\mu_0 \dfrac{h_M}{\delta} \cdot H_M$ wird aus dem Ursprung um $\Theta / h_M < 0$ nach links verschoben und mit der i. A. gekrümmten Hystereseschleife als $B_M(H_M)$-Magnetkennlinie im 2. Quadranten zum Schnitt gebracht (vgl. Bild 9.1-4 im Lehrbuch). Der Schnittpunkt ist der magnetische Arbeitspunkt P2. Der Wert $|\Theta|$ muss ausreichend klein sein, so dass der Punkt P2 noch oberhalb der $B_M(H_M)$-Kennlinienkrümmung des Magneten liegt.

Graphische Lösung im $J_M(H_M)$-Diagramm: Die bei $\Theta = 0$ auftretende Arbeitsgerade $J_M = -\mu_0 \dfrac{h_M + \delta}{\delta} \cdot H_M$ wird aus dem Ursprung um $\Theta / (h_M + \delta) < 0$ nach links verschoben und mit der i. A. gekrümmten Hystereseschleife als $J_M(H_M)$-Magnetkennlinie im 2. Quadranten zum Schnitt gebracht. Der Wert $|\Theta|$ muss ausreichend klein sein, so dass der Schnittpunkt noch oberhalb der $J_M(H_M)$-Kennlinienkrümmung des Magneten liegt.

6)

Die geschlossene Kurve C für den Durchflutungssatz wird wie bei 2) gewählt, jedoch ist nun $B_M = \mu_M H_M$, da $B_R = 0$ ist. Mit $\mu_{Fe} \gg \mu_0$: $H_{Fe} \ll H_M$, H_δ und 100% Polbedeckung folgt das von Θ erregte Feld im Magneten H_M, das bei $\Theta < 0$ negativ und daher einen „Gegenfeld" zur Magnetisierungsrichtung des Magneten ist:

$$H_\delta \delta + H_M h_M = \Theta = (B_\delta / \mu_0) \cdot \delta + H_M h_M = (B_M / \mu_0) \cdot \delta + H_M h_M$$

$$\Theta = (\mu_M H_M / \mu_0) \cdot \delta + H_M h_M \Rightarrow H_M = \frac{\Theta}{h_M + (\mu_M / \mu_0) \cdot \delta} \cdot$$

Bei $\mu_M = \mu_0$ und daher $B_M = \mu_0 H_M$ ist die Gegenfeldstärke $H_M = \dfrac{\Theta}{h_M + \delta}$ und entspricht in diesem Fall genau dem Abszissenabschnitt, um den die $J_M(H_M)$-Arbeitsgerade im $J_M(H_M)$-Diagramm verschoben werden muss.

$$\mu_M = 1.0505 \cdot \mu_0 : \quad H_M = \frac{-7671.8}{6 \cdot 10^{-3} + 1.0505 \cdot 4 \cdot 10^{-3}} = -752.0 \text{kA/m}$$

$$\mu_M = \mu_0 : \quad H_M = \frac{-7671.8}{6 \cdot 10^{-3} + 4 \cdot 10^{-3}} = -767.2 \text{kA/m}$$

Aufgabe A9.5: Auslegungsmerkmale eines PM-Synchronservomotors

Ein dreisträngiger (m = 3), achtpoliger ($2p$ = 8), am Spannungszwischen-kreis-Umrichter sinuskommutiert drehzahlveränderbar betriebener Perma-nentmagnet-Synchronservomotor hat ein Bemessungsdrehmoment M_N = 9.55 Nm, eine Bemessungsdrehzahl n_N = 1500/min und einen Be-messungsstrom je Strang I_N = 4.3 A (Effektivwert). Die Zwischenkreis-spannung beträgt U_d = 540 V. Der Motor ist kurzzeitig für Beschleuni-gungsvorgänge im Strom vierfach überlastbar.

Statordaten:

Stator-Bohrungsdurchmesser d_{si} = 110 mm, aktive Eisenlänge l_{Fe} = 42 mm, Stator-Nutzahl Q = 36, dreisträngige, in Stern geschaltete Drehstrom-Zweischichtwicklung (Sonderausführung für so kleine Motoren!) mit Runddraht-Spulen gleicher Weite in halbgeschlossenen Statornuten, Win-dungszahl je Spule N_c = 23, Serienschaltung aller Spulen je Strang, Um-magnetisierungsverluste im Statorblechpaket: $P_{Fe,s}$ = 54 W, Wicklungswi-derstand je Strang bei betriebswarmem Motor (Motorwicklungstemperatur 145°C): R_s = 1.348 Ω, Streuinduktivität je Strang $L_{s\sigma}$ = 2.33 mH.

Rotordaten:

Oberflächen-Permanentmagnete aus NdFeB, Remanenzflussdichte bei 20°C/150°C: $B_{R,20}$ = 1.3 T / $B_{R,150}$ = 1.05 T, Koerzitivfeldstärke bei 20°C: $H_{CB,20}$ = 1000 kA/m. Linearer Verlauf $B_M(H_M)$ zwischen $B_{R,20}$ und $H_{CB,20}$. Bei 150°C ist die $B_M(H_M)$ entsprechend nach unten parallel verschoben, hat jedoch bereits bei ca. -580 kA/m das „Knie" der Entmagnetisierungs-grenze (Bild A9.5-3).

Mechanischer Luftspalt: δ = 0.7 mm, Magnethöhe h_M = 3.5 mm, Glasfa-ser-Bandagendicke: h_B = 0.8 mm, Polbedeckung α_e = 0.8.

1. Wie groß sind die elektrische Frequenz f_{sN} des Sinusgrundschwingungs-stroms im Bemessungspunkt und die Bemessungsleistung P_N?
2. Wie groß ist die Lochzahl q der Wicklung? Wie groß wird man vernünf-tigerweise die Spulenweite W wählen? Zeichnen Sie das Nutschema der Wicklung für ein Urschema! Wie viele Spulen je Strang sind in Serie geschaltet? Wie groß ist die Windungszahl N_s je Strang?
3. Zeichnen Sie die Verteilung der Strangströme in den Nuten für ein Ur-schema, wenn in Strang U positiver maximaler Strom fließt, und die zu-gehörige Verteilung der Radialkomponente der Stator-Luftspaltflussdichte qualitativ bei vernachlässigbar kleinen Stator-Nutöffnungen und ideal magnetisierbarem Eisen! Welche Unter- bzw.

Oberwellen treten im Statorfeldspektrum auf? Wieso können diese Feldwellen stören?

4. Bestimmen Sie bei einer Magnettemperatur 150° rechnerisch und graphisch bei stromloser Statorwicklung die Amplitude der Radialkomponente der Rotorflussdichte $B_{p,150}$ im Luftspalt und berechnen Sie die entsprechende Grundwellenamplitude $\hat{B}_{\delta,\mu=1}$! Vernachlässigen Sie den Einfluss der Nutöffnungen und nehmen Sie an: $\mu_{Fe} \to \infty$.

5. Berechnen Sie den Sehnungsfaktor für die Grundwelle mit der entsprechenden Formel! Bestimmen Sie den Zonenfaktor für die Grundwelle graphisch mit den Nutzeigern! Wie groß ist die induzierte Grundschwingungsspannung je Strang U_p effektiv im Leerlauf bei n_N?

6. Berechnen Sie für q-Strombetrieb das elektromagnetische Drehmoment im Bemessungspunkt M_{eN} und die Luftspaltleistung P_δ! Wie groß sind die durch die Läuferrotation bedingten Verluste? Welche Verlustgruppen gehören dazu? Wie groß sind diese Verluste in % der Stromwärmeverluste in der Statorwicklung?

7. Berechnen Sie die Amplitude des Statorfelds zu 3)! Diskutieren Sie das Ergebnis im Vergleich zu typischen Feldamplituden bei Asynchronmaschinen! Berechnen Sie die Grundwellen-Hauptinduktivität L_h und Reaktanz X_h des Statorfelds! Bestimmen Sie die Grundschwingungsstrangsspannung U_{sN} im Bemessungspunkt für q-Strom-Betrieb! Geben Sie den p.u.-Wert x_h an und vergleichen Sie ihn mit typischen Werten bei Asynchronmaschinen!

8. Wie groß sind der Leistungsfaktor (bei vernachlässigtem $P_{Fe,s}$) und der Wirkungsgrad im Bemessungspunkt?

9. Bis zu welcher Drehzahl $n_{max,4I}$ kann der Motor kurzfristig mit vierfachem Bemessungsstrom im q-Strom-Betrieb bei Vollaussteuerung (Modulationsgrad 1) des speisenden Umrichters betrieben werden? Wie hoch ist die Maximaldrehzahl bei Betrieb mit Bemessungsmoment $n_{max,I}$ und wie hoch die maximale Leerlaufdrehzahl $n_{max,0}$?

10. Ermitteln Sie gemäß Bild 9.2.4-4 im Lehrbuch den Statorstrombelag A bei vierfachem Bemessungsstrom und überprüfen Sie, ob der Läufer bei 150°C Magnettemperatur entmagnetisierfest ist! Überprüfen Sie nochmals und damit genauer anhand der unter 3) ermittelten Statorfeldkurve die Entmagnetisierfestigkeit!

11. Der Stoßkurzschlussstrom bei plötzlichem allpoligen Klemmenkurzschluss ist gemäß Kap. 16 des Lehrbuchs in jenem Strang (z. B. U) maximal, bei dem der Kurzschluss im Nulldurchgang der Klemmenstrangspannung erfolgt. Der für diesen Fall auftretende Zeitverlauf des Stoßkurzschlussstroms in Strang U nach Leerlaufbetrieb bei Bemessungsdrehzahl ($U_{s0} = U_p$, $\omega_s = \omega_{sN} = 2\pi f_{sN}$) ist für die hier untersuchte

dämpferlose PM-Synchronmaschine mit $L_d = L_q$ nachfolgend angeben (siehe Aufgabe A16.7). Ist die Maschine im betriebswarmen Zustand bei Stoßkurzschluss entmagnetisierfest?

$$i_{sU}(t) = \frac{\hat{U}_{s0} \cdot \omega_s L_d}{R_s^2 + (\omega_s L_d)^2} \cdot \left(e^{-t/T_a} - \cos\omega_s t + \frac{R_s}{\omega_s L_d} \sin\omega_s t \right), \qquad T_a = L_d / R_s$$

Lösung zu Aufgabe A9.5:

1)
$$f_{sN} = n_N \cdot p = (1500/60) \cdot 4 = 25 \cdot 4 = 100 \text{Hz}$$
$$P_N = 2\pi n_N \cdot M_N = 2\pi \cdot (1500/60) \cdot 9.55 = 1500 \text{W} = 1.5 \text{kW}$$

2)
$q = Q/(2p \cdot m) = 36/(8 \cdot 3) = 1.5$ Zweischicht-Bruchlochwicklung, daher kann die Wicklung gesehnt ausgeführt werden. Die Spulenweite W sollte dabei etwa 80% der Polteilung τ_p betragen, um den Einfluss der 5. Ständer- und Läuferoberwelle zu minimieren. Bei $q = 1.5$ ist bei einem Spulen-schritt von Nut 1 in Nut 5 mit $W/\tau_p = 8/9 = 0.889$ dieser Wunschwert am besten erreicht. Der Spulenschritt von Nut 1 in Nut 6 mit $W/\tau_p = 10/9$ ent-spricht zwar elektrisch derselben Sehnungswirkung, aber die Stirnverbin-dungen werden in etwa im Verhältnis $5/4 = 1.25$ länger, was den Strang-widerstand der Statorwicklung und damit deren Stromwärmeverluste unnötig erhöht. Das Nutschema (Bild A9.5-1a) zeigt, dass nach zwei Polteilungen sich das Wicklungsschema wiederholt. Also ist das Urschema zweipolig mit drei Spulen in Serie. Insgesamt sind also je Strang vier Ur-schemen vorhanden und damit 12 Spulen in Serie: $N_s = 3 \cdot 4 \cdot 23 = 276$.

3)
Strang U: positiver maximaler Strom: $i_U = \hat{I}$;

Sternschaltung: $i_U + i_V + i_W = 0$;

Sinusstrom-Betrieb (Vernachlässigung der umrichterbedingten kleinen Stromoberschwingungen): $i_V = i_W = -\hat{I}/2$

Stromverteilung in den Nuten und zugehörige Verteilung der Radialkom-ponente der Stator-Luftspaltflussdichte: Bild A9.5-1b.

Ordnungszahlen des Statorfeldwellenspektrums:

$$\nu = 1 + \frac{2m \cdot g}{q_N} = 1 + 3 \cdot g = 1, -2, 4, -5, 7, -8, 10, -11, 13, \ldots \qquad g = 0, \pm 1, \pm 2, \ldots$$

Die Wicklung ist dreisträngig. Daher treten keine durch 3 teilbaren Ord-nungszahlen ν bei der Fourier-Reihenentwicklung der Statorfeldkurve auf.

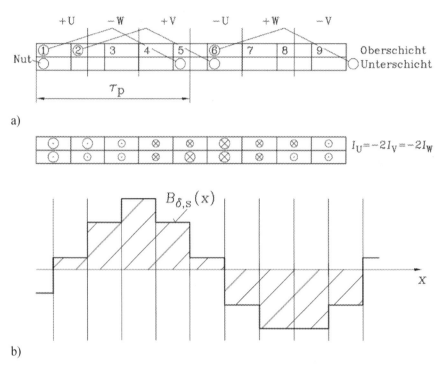

a)

b)

Bild A9.5-1: a) Wicklungsschema der Drehstrom-Bruchlochwicklung $q = 1.5$ mit einer mechanischen Spulensehnung 8/9 für ein Urschema, Nutnummern 1 ... 9, b) Stromverteilung bei Maximalstrom in Strang U und zugehörige qualitative Verteilung der radialen Flussdichte der Statorwicklung bei vernachlässigbar kleinen Nutöffnungen und $\mu_{Fe} \to \infty$.

Die Feldkurvenformen von Nord- und Südpol sind nicht identisch, daher treten nicht nur ungeradzahlige, sondern auch geradzahlige Ordnungszahlen ν der Feldoberwellen auf. Da der Nenner der Bruchlochzahl $q_N = 2$ ist, wiederholt sich die Feldkurve bereits nach zwei Polen und bildet so das Urschema. Daher ist die Grundwelle $\nu = 1$ die Feldwelle mit längster Wellenlänge und gleichzeitig die Arbeitswelle, da sie mit der Grundwelle $\mu = 1$ das elektromagnetische Nutzmoment bildet. Es treten bei „Halblochzahlen" keine Unterwellen auf.

Dem Vorteil des geringeren Rastmoments bei Bruchlochwicklungen gegenüber Ganzlochwicklungen steht der Nachteil erhöhter Wirbelstromverluste in den Läufermagneten und ggf. erhöhte Ummagnetisierungsverluste im Läufereisen gegenüber, da die Anzahl der Oberwellen sich erhöht (hier: verdoppelt). Weiter können zusätzliche geräusch- oder schwingungsanregende Wechselkräfte und Wechselmomente durch diese Oberwellen entstehen.

4)

$$\mu_{r,M} = B_{R,20}/(\mu_0 H_{CB,20}) = 1.3/(4\pi \cdot 10^{-7} \cdot 10^6) = 1.0345$$

$$B_M = B_R + \mu_0 \mu_{r,M} H_M$$

Die Neigungen der $B_M(H_M)$-Geraden für 20°C und 150°C sind identisch, also gilt $\mu_{r,M} = 1.0345$ sowohl für 20°C als auch 150°C Magnettemperatur.

$$B_{p,150} = \frac{B_{R,150}}{1 + \mu_{r,M} \cdot \dfrac{\delta + h_B}{h_M}} = \frac{1.05}{1 + 1.0345 \cdot \dfrac{0.7 + 0.8}{3.5}} = 0.727\text{T}$$

Graphische Ermittlung siehe Bild A9.5-3!
Grundwellenamplitude des Läuferfelds:

$$\hat{B}_{\delta,\mu=1} = \frac{4B_{p,150}}{\pi} \cdot \sin(\alpha_e \cdot \pi/2) = \frac{4 \cdot 0.727}{\pi} \cdot \sin(0.8 \cdot \pi/2) = 0.88\text{T}$$

5)

$$k_{p,\mu=1} = \sin\left(\frac{W}{\tau_p} \cdot \frac{\pi}{2}\right) = \sin\left(\frac{8}{9} \cdot \frac{\pi}{2}\right) = 0.9848$$

Die Abfolge der durch die Läufergrundwelle induzierten Spannungen je Urschema ergibt sich mit der Überlegung, dass zwischen Anfang und Ende eines Urschemas 360° Phasenverschiebung der induzierten Spannung auftreten. Daher ist die Phasenverschiebung zwischen benachbarten Nutenleitern (z. B. 1 und 2) bei 9 Nuten je Urschema 360/9 = 40° (Bild A9.5-2a). Gemäß Bild A9.5-1a sind für Strang U je Urschema die Spulen 1 und 2 (Nordpolbereich, positiver Spulenumlaufsinn) mit Spule 6 (Südpolbereich, umgekehrter (negativer) Spulenumlaufsinn) in Serie zu schalten. Die Phasenverschiebungen der induzierten Spannungen sind zwischen Nut 1 und 2 (2-1)·40° = 40°, zwischen 1 und 6 (6-1)·40° = 200°. Mit dem umgekehrten Spulenumlaufsinn von Spule 6 erhalten wir zusätzlich 180° Phasenverschiebung, folglich in Summe 200° + 180° = 380°, was 380° - 360° = 20° Phasenverschiebung zu Nut 1 entspricht. Die Summe der drei Spulenspannungen 1, 2, 6 (Bild A9.5-2b) ergibt sich geometrisch mit 20° $\Leftrightarrow$ $\pi/9$

$$k_{d,\mu=1} = \frac{\sin(\pi/6)}{3 \cdot \sin(\pi/18)} = 0.9598 \quad .$$

Wicklungsfaktor für die Läufergrundwelle:

$$k_{w,\mu=1} = k_{d,\mu=1} \cdot k_{p,\mu=1} = 0.9598 \cdot 0.9848 = 0.9452$$

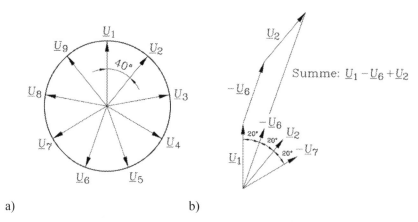

a)   b)

Bild A9.5-2: a) Nutspannungszeiger der induzierten Spannungen je Spule durch die Läufer-Feldgrundwelle für ein Urschema, b) Serienschaltung der Spulen 1, 2, 6 je Strang U je Urschema

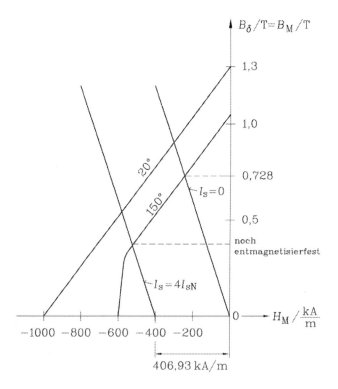

Bild A9.5-3: Entmagnetisierende Arbeitsgerade bei Leerlauf und bei vierfachem Überstrom im zweiten Quadranten der Hystereseschleife des verwendeten NdFeB-Magnetmaterials (für 20°C und 150°C, siehe Angabe im Beispieltext)

Polteilung: $\tau_\mathrm{p} = \dfrac{d_\mathrm{si}\pi}{2p} = \dfrac{110\pi}{8} = 43.2\,\mathrm{mm}$

Induzierte Leerlauf-Strangspannung = Polradspannung (effektiv):

$$U_{\mathrm{s},\mu=1} = U_\mathrm{p} = \sqrt{2}\pi f_\mathrm{sN} \cdot N_s k_{\mathrm{w},\mu=1} \cdot \frac{2}{\pi}\tau_\mathrm{p} l_\mathrm{Fe}\hat{B}_{\delta,\mu=1} =$$

$$= \sqrt{2}\pi \cdot 100 \cdot 276 \cdot 0.9452 \cdot \frac{2}{\pi} \cdot 0.0432 \cdot 0.042 \cdot 0.88 = 117.81\,\mathrm{V}$$

6)

$$P_\delta = m \cdot U_\mathrm{p} \cdot I_\mathrm{N} = 3 \cdot 117.81 \cdot 4.3 = 1519.7\,\mathrm{W}$$

$$M_\mathrm{eN} = P_\delta /(2\pi \cdot n_\mathrm{syn}) = P_\delta /(2\pi \cdot n_\mathrm{N}) = 1519.7/(2\pi \cdot 25) = 9.7\,\mathrm{Nm}$$

Durch Läuferrotation treten Reibungsverluste, aber auch Wirbelstromverluste in den Magneten und Ummagnetisierungsverluste im Läufereisen infolge der Ständerfeldoberwellen selbst bei Ständersinusstrom-Speisung auf. Diese sind im Bemessungspunkt:

$$P_\mathrm{fr+w} + P_\mathrm{M} + P_\mathrm{Fe,r} = P_\delta - P_\mathrm{N} = 1519.7 - 1500 = 19.7\,\mathrm{W}\ .$$

Stromwärmeverluste in der Statorwicklung:

$$P_\mathrm{Cu,s} = m \cdot R_\mathrm{s} \cdot I_\mathrm{sN}^2 = 3 \cdot 1.348 \cdot 4.3^2 = 74.8\,\mathrm{W}\ ,$$

$$(P_\mathrm{fr+w} + P_\mathrm{M} + P_\mathrm{Fe,r})/P_\mathrm{Cu,s} = 19.7/74.8 = 26.3\%$$

7)

Magnetisch wirksamer Luftspalt (gemäß 4)):

$$\delta_\mathrm{res} = \delta + h_\mathrm{B} + h_\mathrm{M}/\mu_\mathrm{r,M} = 0.7 + 0.8 + 3.5/1.0345 = 4.88\,\mathrm{mm}$$

Gemäß Bild A9.5-1b folgt für die Ständerfeldamplitude:

a) Für den Nordpol:

$$B_{\delta,\mathrm{s,N\text{-}Pol}} = \mu_0 \cdot 3N_\mathrm{c}\hat{I}/\delta_\mathrm{res} = 4\pi \cdot 10^{-7} \cdot 3 \cdot 23 \cdot \sqrt{2} \cdot 4.3/0.00488 = 0.108\,\mathrm{T}$$

b) Für den Südpol:

$$B_{\delta,\mathrm{s,S\text{-}Pol}} = \mu_0 \cdot 2.5N_\mathrm{c}\hat{I}/\delta_\mathrm{res} = 4\pi \cdot 10^{-7} \cdot 2.5 \cdot 23 \cdot \sqrt{2} \cdot 4.3/0.00488 = 0.09\,\mathrm{T}$$

Mittlere Amplitude: $(1.08 + 0.09)/2 = 0.099\,\mathrm{T}$. Bei Asynchronmaschinen ist wegen des wesentlich kleineren magnetisch wirksamen Luftspalts (ca. 0.3 ... 0.4 mm) die Flussdichteamplitude mit ca. 0.9 ... 1.0 T etwa zehnmal so groß.

$$L_\mathrm{h} = \mu_0 N_s^2 k_{\mathrm{ws},1}^2 \frac{2m}{\pi^2}\frac{l_\mathrm{Fe}\tau_\mathrm{p}}{p \cdot \delta_\mathrm{res}} =$$

$$= 4\pi \cdot 10^{-7} \cdot 276^2 \cdot 0.9452^2 \cdot \frac{6}{\pi^2} \cdot \frac{0.042 \cdot 0.0432}{4 \cdot 0.00488} = 4.833\,\mathrm{mH}$$

$$X_\mathrm{h} = 2\pi \cdot f_\mathrm{sN}L_\mathrm{h} = 2\pi \cdot 100 \cdot 0.004833 = 3.0367\,\Omega$$

$$L_d = L_h + L_{s\sigma} = 0.004833 + 0.00233 = 7.2 \text{mH}$$

$$X_d = 2\pi \cdot f_{sN}(L_h + L_{s\sigma}) = 2\pi \cdot 100 \cdot (0.004833 + 0.00233) = 4.5\Omega$$

$$U_{sN} = \sqrt{(U_p + R_s I_{sN})^2 + (X_d I_{sN})^2} =$$

$$= \sqrt{(117.81 + 1.348 \cdot 4.3)^2 + (4.5 \cdot 4.3)^2} = 125.1 \text{V}$$

$x_h = X_h \cdot I_{sN} / U_{sN} = 3.0364 \cdot 4.3 / 125.4 = 0.104$: Bei Asynchronmaschinen beträgt dieser Wert wegen des kleinen Luftspalts ca. 2.5 … 3.0!

8)

Bei Vernachlässigung von $P_{Fe,s} = m \cdot R_{Fe} I_{Fe}^2$ ist $I_{Fe} = 0$ und daher der netzseitige Statorstrom $\underline{I}_{Netz} = \underline{I}_s + \underline{I}_{Fe} \approx \underline{I}_s$. Daher gilt:

$$\cos\varphi_s = P_e / (3 U_{sN} I_{sN}) = (P_\delta + P_{Cu,s}) / (3 U_{sN} I_{sN}) = 3 (U_p + R_s I_{sN}) I_{sN} / (3 U_{sN} I_{sN})$$

$$\cos\varphi_s = (U_p + R_s I_{sN}) / U_{sN} = (117.81 + 1.348 \cdot 4.3) / 125.4 = 0.9881$$

$$\eta = P_N / P_e = P_N / (P_N + P_{Cu,s} + P_{Fe,s} + P_{fr+w} + P_M + P_{Fe,r}) =$$

$$= 1500 / (1500 + 74.8 + 54.0 + 19.7) = 91.0\%$$

9)

Maximale Umrichterausgangsspannung (verkettete Grundschwingungsamplitude) bei Modulationsgrad 1:

$$\hat{U}_{LL,1} = (\sqrt{3}/2) \cdot U_d = 0.866 \cdot 540 = 467.7 \text{V} \text{ , daher je Strang effektiv:}$$

$$U_{s,max} = \hat{U}_{LL,1} / \sqrt{6} = 467.7 / \sqrt{6} = 190.9 \text{V}$$

$$U_{s,max} = \sqrt{(U_p \cdot (n_{max,4I} / n_N) + R_s \cdot 4 I_{sN})^2 + (n_{max,4I} / n_N)^2 \cdot (X_d \cdot 4 I_{sN})^2}$$

$$(U_p^2 + (X_d \cdot 4 I_{sN})^2) \cdot \left(\frac{n_{max,4I}}{n_N}\right)^2 + R_s \cdot 8 I_{sN} U_p \cdot \left(\frac{n_{max,4I}}{n_N}\right) + (R_s \cdot 4 I_{sN})^2 - U_{s,max}^2 = 0$$

$$a = U_p^2 + (X_d \cdot 4 I_{sN})^2, b = R_s \cdot 8 I_{sN} U_p, c = (R_s \cdot 4 I_{sN})^2 - U_{s,max}^2$$

$$a \cdot (n_{max,4I} / n_N)^2 + b \cdot (n_{max,4I} / n_N) + c = 0 \Rightarrow n_{max,4I} / n_N = \frac{-b \pm \sqrt{b^2 - 4ac}}{2a}$$

Nur $n_{max,4I} / n_N = (-b + \sqrt{b^2 - 4ac}) / (2a)$ gibt eine physikalisch sinnvolle Lösung.

$$n_{max,4I} / n_N = 1.2138 \Rightarrow n_{max,4I} = 1.2138 \cdot 1500 = 1820.7 / \text{min}$$

Bis zu einer maximalen Drehzahl 1820.7/min kann der Motor bei Umrichter-Vollaussteuerung mit vierfachem Strom (z. B. für rasche Beschleunigungsvorgänge) betrieben werden.

$$U_{s,max} = \sqrt{(U_p \cdot (n_{max,1}/n_N) + R_s \cdot I_{sN})^2 + (n_{max,1}/n_N)^2 \cdot (X_d \cdot I_{sN})^2}$$

$$a = U_p^2 + (X_d \cdot I_{sN})^2, \; b = R_s \cdot 2I_{sN}U_p, \; c = (R_s \cdot I_{sN})^2 - U_{s,max}^2$$

$$n_{max,1}/n_N = (-b + \sqrt{b^2 - 4ac})/(2a) = 1.551 \Rightarrow n_{max,1} = 2326.5/\min$$

Bis zu einer maximalen Drehzahl 2326.5/min kann der Motor bei Umrichter-Vollaussteuerung mit Bemessungsstrom betrieben werden.

$$U_{s,max} = U_p \cdot (n_{max,0}/n_N) \Rightarrow n_{max,0}/n_N = 190.9/117.81 = 1.6204$$

$$n_{max,0} = 1.6204 \cdot 1500 = 2430.6/\min$$

Bis zu einer maximalen Drehzahl 2430.6/min kann der Motor bei Umrichter-Vollaussteuerung im Leerlauf betrieben werden.

10)

Strombelag bei 4-fachem Nennstrom:

$$A = \frac{2 \cdot m \cdot N_s \cdot 4I_{sN}}{d_{si}\pi} = \frac{2 \cdot 3 \cdot 276 \cdot 4 \cdot 4.3}{0.11 \cdot \pi} = 82422.6 \text{A/m}$$

$$V(x = \alpha_e\tau_p/2) = A \cdot \alpha_e\tau_p/2 =$$

$$= 82422.6 \cdot 0.8 \cdot 0.0432/2 = 1424.3 \text{A} = \Theta(x = \alpha_e\tau_p/2) = \Theta$$

$$\Theta/h_M = 1424.3/0.0035 = 406.93 \text{kA/m}$$

Zufolge des entmagnetisierenden Statorfelds ergibt sich die nach links verschobene magnetische Arbeitsgerade (gültig für die ablaufende Magnetkante pro Pol):

$$B_\delta = -\mu_0 \cdot \frac{h_M}{\delta + h_B} \cdot \left(H_M - \frac{\Theta}{h_M}\right) = 4\pi \cdot 10^{-7} \cdot \frac{3.5}{0.7 + 0.8} \cdot (H_M - 406.93) =$$

$$= 2.93 \cdot 10^{-6} \cdot (H_M - 406.93) \quad H_M \text{ in kA/m}, B_\delta \text{ in T}$$

Ihr Schnittpunkt mit der Hystereseschleife des Dauermagneten bei 150°C liegt oberhalb des „Knies" der irreversiblen Entmagnetisierung. Daher ist der Dauermagnetläufer auch bei vierfachem q-Statorstrom entmagnetiserfest.

Bei q-Strombetrieb liegt der Nulldurchgang der Stator-Grundwellen-Feldkurve in der d-Achse. Wegen der unsymmetrischen Feldkurve der Bruchlochwicklung stimmt dies i. A. nur nährungsweise. Vom Nulldurchgang ausgehend ist bei $x = \alpha_e\tau_p/2 = 0.4 \cdot \tau_p$ bzw. $x = -\alpha_e\tau_p/2 = -0.4 \cdot \tau_p$ die magnetische Spannung gemäß Bild A9.5-1b:

$$V(x = -0.4 \cdot \tau_p) = 2N_c\hat{I} = 2 \cdot 23 \cdot \sqrt{2} \cdot 4 \cdot 4.3 = 1118.9 \text{A} = \Theta \text{ bzw.}$$

$$V(x = 0.4 \cdot \tau_p) = 2.5 \cdot N_c\hat{I} = 2.5 \cdot 23 \cdot \sqrt{2} \cdot 4 \cdot 4.3 = 1398.7 \text{A} = \Theta. \text{ Der letztere}$$

Wert ist der größere und damit kritischere Wert und beträgt 98.2% des oben ermittelten Werts 1424.3A. Mithin ist auch mit diesem genaueren Verfahren die Entmagnetisierfestigkeit bei Überlast nachgewiesen.

11)

Maximalwert des Stoßkurzschlussstroms:

$$di_{sU}(t)/dt = 0 \ , \qquad -\frac{e^{-t/T_a}}{T_a} + \omega_s \cdot \sin\omega_s t + \frac{R_s}{L_d}\cdot\cos\omega_s t = 0$$

Für $1/T_a = R_s/L_d \ll \omega_s$ gilt näherungsweise:

$$\omega_s\cdot\sin\omega_s t \approx 0 \Rightarrow t^* = \pi/\omega_s = 1/(2f_{sN}) = 1/200 = 0.005\text{s}$$

(hier: $R_s/L_d = 1.348/0.0072 = 187.2/\text{s} < \omega_{sN} = 628.3/\text{s}$). Bei Berücksichtigung von R_s ergibt sich (z. B. Nullstellenberechnung mit Regula falsi) $t^* = 0.0043\text{s}$.

$$i_{sU}(t^*) = \frac{\hat{U}_{s0}\cdot\omega_s L_d}{R_s^2+(\omega L_d)^2}\cdot\left(e^{-t^*/T_a} - \cos\omega_s t^* + \frac{R_s}{\omega_s L_d}\sin\omega_s t^*\right), \ \hat{U}_{s0} = \hat{U}_p$$

$$i_{sU}(t^* = 0.00435\text{s}) = 50.03\,\text{A} \ , \ \ i_{sU}(t^* = 0.005\text{s}) = 47.09\,\text{A}$$

Äquivalenter effektiver Strombelag bei $i_{sU}(t^*) = 50.14\,\text{A}$ (Scheitelwert),

$$i_{sV}(t^*) = i_{sW}(t^*) = -i_{sU}(t^*)/2:$$

$$A = \frac{2\cdot m\cdot N_s\cdot i_{sU}(t^*)/\sqrt{2}}{d_{si}\pi} = \frac{2\cdot 3\cdot 276\cdot 50.03/\sqrt{2}}{0.11\cdot\pi} = 169525\,\text{A/m}$$

$$V(x = \alpha_e\tau_p/2) = 169525\cdot 0.8\cdot 0.0432/2 = 2929.4\,\text{A} = \Theta$$

$$\Theta/h_M = 2929.4/0.0035 = 836.97\,\text{kA/m} > 580\,\text{kA/m}$$

Bei einer Magnettemperatur von 20°C ist der Motor im Stoßkurzschluss entmagnetisierfest, nicht aber bei 150°C. Ein Magnetmaterial mit höherer Entmagnetisierungsgrenze müsste eingesetzt werden.

10. Reluktanzmaschinen und Schrittmotoren

Aufgabe A10.1: Bemessung einer geschalteten Reluktanzmaschine

Eine dreisträngige, vierpolige geschaltete Reluktanzmaschine hat folgende Daten: $Q_s/Q_r = 12/8$ Nuten im Stator / Rotor, $N_c = 61$ Windungen je Spule, Luftspaltweite $\delta = 0.45$ mm, axiale Blechpaketlänge $l_{Fe} = 193$ mm, Bohrungsdurchmesser $d_{si} = 122.2$ mm. Es wird eine ideale Blockstromspeisung angenommen. Wegen des daher theoretisch unendlich schnellen Stromein- und –ausschaltvorgangs können Stator- und Rotor-Zahnkopfbreite gleich groß angenommen werden: $b_s = b_r = 16$ mm. (Anmerkung: Bei realen Stromverläufen wird i. A. $b_s < b_r$ gewählt.)

1. Berechnen Sie Rotor- und Statorzahnkopfbreite und –nutbreite in mechanischen Winkelgraden! Stellen Sie die Nut-Zahnstruktur qualitativ für $b_s < b_r$ dar!
2. Berechnen Sie die Hauptinduktivität des Luftspaltfelds einer Zahnspule in der d-Achse L_{dh} für unendlich permeables Eisen! Stellen Sie den Verlauf der Ständer-Luftspaltinduktivität je Strang in Abhängigkeit der Rotorlage qualitativ für $b_s < b_r$ dar!
3. Berechnen Sie das elektromagnetische Drehmoment bei einem idealen Block-Spulenstrom mit der Amplitude 10 A mit L_{dh} gemäß 2. und mit $L_{qh} = 10$ mH!
4. Zeichnen Sie den zeitlichen Verlauf der Hauptinduktivität, des idealisierten Blockstroms je Strang und des Drehmoments je Strang für einen Stromleitwinkel $\vartheta_W = \alpha$ des Blockstroms! Wie groß ist ϑ_W in elektrischen Graden?

Lösung zur Aufgabe A10.1:

1)

Die Geometrie ist in Bild A10.1-1 dargestellt.

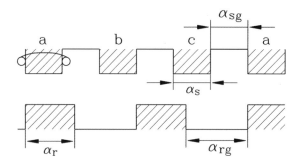

Bild A10.1-1: Qualitative Darstellung der Geometrie der Stator- und Rotor-Nut-Zahn-Struktur der drei Stränge a, b, c für $b_r > b_s$, ausgedrückt als Umfangswinkel $\alpha_r > \alpha_s$

$$\alpha_s = \frac{b_s}{d_{si}\pi} \cdot 360° = \frac{16}{122.2 \cdot \pi} \cdot 360° = 15°, \quad \alpha_{sg} = \frac{360°}{Q_s} - \alpha_s = \frac{360°}{12} - 15° = 15°$$

$$\alpha_r = \frac{b_r}{d_{si}\pi} \cdot 360° = \alpha_s = 15°, \quad \alpha_{rg} = \frac{360°}{Q_r} - \alpha_r = \frac{360°}{8} - 15° = 30°$$

2)

$$L_{dh} = 2p \cdot L_c = 2p \cdot \mu_0 N_c^2 \frac{b_s}{\delta} \cdot l_{Fe} = 4 \cdot \frac{4\pi}{10^7} \cdot 61^2 \frac{16}{0.45} \cdot 0.193 = 128.3 \,\text{mH}$$

Der prinzipielle Verlauf der Induktivität in Abhängigkeit der Rotorposition ist in Bild A10.1-2 dargestellt.

3)

$$\alpha = \min(\alpha_s, \alpha_r) = \min(15°, 15°) = 15° \quad \text{bzw.} \quad \alpha = \frac{15°}{360°} 2\pi = 0.262 \,\text{rad}$$

$$L_d = L_{dh} + L_\sigma, \qquad L_q = L_{qh} + L_\sigma$$

$$M_e = \frac{1}{2} \cdot I^2 \cdot \frac{L_d - L_q}{\alpha} = \frac{1}{2} \cdot I^2 \cdot \frac{L_{dh} - L_{qh}}{\alpha} = \frac{1}{2} \cdot 10^2 \cdot \frac{128.3 - 10}{10^3 \cdot 0.262} = 22.5 \,\text{Nm}$$

4)

Berechnung der Winkel gemäß Bild A10.1-2:

$$\alpha_r = \alpha_s : \alpha_r - \alpha_s = 0°, \quad \alpha_s = 15°, \quad \alpha_{rg} - \alpha_s = 30° - 15° = 15°.$$

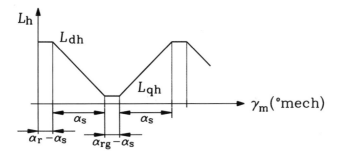

Bild A10.1-2: Prinzipieller Verlauf der Induktivität in Abhängigkeit der Rotorposition für $b_r > b_s$, ausgedrückt als Umfangswinkel $\alpha_r > \alpha_s$

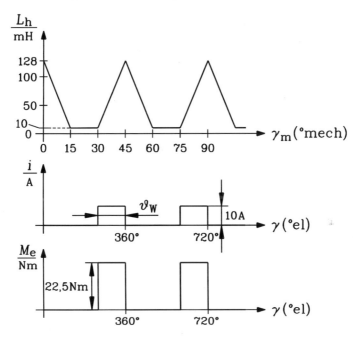

Bild A10.1-3: Berechneter Verlauf der Induktivität, des idealisiert blockförmigen Strangstroms und des Drehmoments je Strang in Abhängigkeit der Rotorposition

Eine elektrische Periode: $360°\text{el.} \stackrel{\wedge}{=} \dfrac{2\pi}{Q_r} = \dfrac{360°}{8} = 45°\text{mech.}$

$\vartheta_W = \alpha = 15°\text{mech}$, $\vartheta_W = (360/45) \cdot 15° = 120°\text{el.}$ Die Ergebnisse sind in Bild A10.1-3 dargestellt.

Aufgabe A10.2: Drehmoment-Drehzahl-Kennlinie einer geschalteten Reluktanzmaschine

Führen Sie die nachfolgenden Berechnungsaufgaben zu einer viersträngigen, zweipoligen geschalteten Reluktanzmaschine durch, die folgende Daten hat: Zwischenkreis-Gleichspannung $U_d = 560$ V, Nutzahlen im Stator/Rotor $Q_s/Q_r = 8/6$,
Induktivität der d- und q-Achse $L_d/L_q = 12$ mH/1.8 mH,
Stator-/Rotor-Zahnkopfbreite $b_s/b_r = 26$ mm/35 mm,
Statorbohrungsdurchmesser $d_{si} = 197$ mm.
1. Berechnen Sie die Periodendauer des unipolaren Blockstroms, ausgedrückt als mechanischer Winkel!
2. Wie groß ist der Stromleitwinkel, wenn keine Überlappung der Stromblöcke unterschiedlicher Stränge auftritt? Skizzieren Sie den Verlauf des Stroms in Abhängigkeit der Rotorposition und skalieren Sie diese in mechanischen und elektrischen Winkelgraden! Welche konstruktive Maßnahme ermöglicht es, dass die Stromblöcke in der Praxis realisiert werden können? Lassen sich die Stromblöcke stets realisieren?
3. Berechnen Sie das elektromagnetische Drehmoment bei einer Blockstromamplitude von 70 A ohne Sättigungseinfluss!
4. Wie groß ist die Drehzahl n_g, wenn bei einem Maximalstrom 70 A die Spannungsgrenze erreicht wird? Vernachlässigen Sie den Einfluss von R_s!
5. Zeichnen Sie die Kurve des maximalen Drehmoments über der Drehzahl an der Strom- und Spannungsgrenze für den Drehzahlbereich $0 \leq n \leq 2n_g$!

Lösung zur Aufgabe A10.2:

1)
Eine Periode des Ständerstroms entspricht der Bewegung um eine Rotornutteilung: $360° / Q_r = 360° / 6 = 60°$.

2)
Wenn keine Stromüberlappung auftreten soll, so beträgt der Stromleitwinkel bei $m = 4$ Strängen in elektrischen Graden

$$\vartheta_W = 360° / m = 360° / 4 = 90°$$

und in mechanischen Graden $60°/4 = 15°$ (Bild A10.2-1). Möglich sind die Stromblöcke bei $b_r > b_s$. Nach Überschreitung einer bestimmten Drehzahl

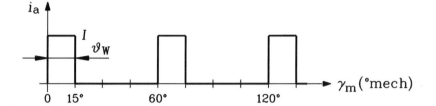

Bild A10.2-1: Verlauf des Strangstroms i_a in Strang a in Abhängigkeit der Rotorposition in mechanischen und elektrischen Graden

sind wegen der dann zu hohen Rotationsspannung Stromblöcke nicht mehr
realisierbar.

3)

$$\alpha_s = \frac{b_s}{d_{si}\pi} \cdot 360° = \frac{26}{197 \cdot \pi} \cdot 360° = 15.1° \hat{=} 0.264 \text{ rad}$$

$$\alpha = \min(\alpha_s, \alpha_r) = \alpha_s \,, \quad (b_s < b_r!)$$

$$M_e = \frac{1}{2} \cdot \hat{I}^2 \cdot \frac{L_d - L_q}{\alpha} = \frac{1}{2} \cdot 70^2 \cdot \frac{12 - 1.8}{0.264 \cdot 10^3} = 94.7 \text{ Nm}$$

4)

$$\hat{I}_{max} = 70\text{A} :$$

$$n_g = \frac{1}{2\pi} \cdot \frac{U_d}{\hat{I}_{max} \cdot \dfrac{L_d - L_q}{\alpha}} = \frac{1}{2\pi} \cdot \frac{560}{70 \cdot \dfrac{12 - 1.8}{0.264 \cdot 10^3}} = 32.95 \text{ s}^{-1} = 1977 / \text{min}$$

5)

An der Spannungsgrenze (Bild A10.2-2): $M_e = \dfrac{1}{2 \cdot \dfrac{L_d - L_q}{\alpha}} \cdot \left(\dfrac{U_d}{\Omega_m} \right)^2$

Bei $2n_g$: $\Omega_m = 2\pi \cdot 2n_g = 2\pi \cdot 2 \cdot 32.95 = 414 \text{ /s} : M_e = 23.68 \text{ Nm}$

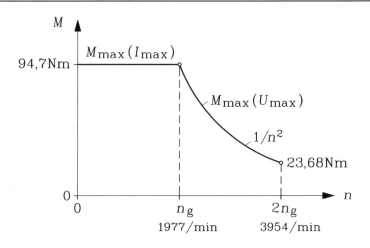

Bild A10.2-2: Verlauf des maximalen Drehmoments über der Drehzahl an der Strom- und Spannungsgrenze

Aufgabe A10.3: Drehmoment einer Synchron-Reluktanzmaschine

Die Ständerwicklung einer dreisträngigen Synchron-Reluktanzmaschine ist in Stern geschaltet und hat folgende Parameter: Bemessungsleistung $P_N = 2.2$ kW, Bemessungsspannung $U_N = 400$ V, Bemessungsfrequenz $f_N = 50$ Hz, Polzahl $2p = 4$, Reaktanz der d-Achse $X_d = 33\ \Omega$, Reaktanz der q-Achse $X_q = 8\ \Omega$. Der Stator-Wicklungswiderstand je Strang wird vernachlässigt: $R_s = 0$.

1. Berechnen Sie das synchrone Kippmoment M_{po} bei 400 V!
2. Zeichnen Sie das elektromagnetische Drehmoment in Abhängigkeit der Polradwinkels für den Winkelbereich $-180° < \vartheta < 180°$!
3. Bestimmen Sie den Polradwinkel ϑ_N bei Motor-Bemessungsmoment und daraus die Überlastfähigkeit des Motors! Verdeutlichen Sie dies graphisch!

Lösung zur Aufgabe A10.3:

1)

Strangspannung: $U_s = U_N / \sqrt{3} = 400 / \sqrt{3} = 231$ V, Polradwinkel im motorischen Kipppunkt: $\vartheta_{p0} = -45°$ (Bild A10.3-1).

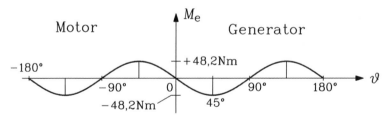

Bild A10.3-1: Verlauf des Drehmoments über dem Polradwinkel bei $R_s = 0$ und konstanter Ständerspannung und Ständerfrequenz

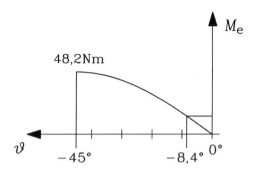

Bild A10.3-2: Wie Bild A10.3-1, jedoch ist nur der Bereich des stabilen Motorbetriebs mit Bemessungspunkt und Kipppunkt dargestellt

$$M_{p0} = -\frac{p \cdot m}{\omega_s} \cdot \frac{U_s^2}{2} \cdot \left(\frac{1}{X_q} - \frac{1}{X_d}\right) \cdot \sin(2\vartheta_{p0}) = \frac{2 \cdot 3}{2\pi 50} \cdot \frac{231^2}{2} \left(\frac{1}{8} - \frac{1}{33}\right)$$

$$= 48.2 \text{ Nm}$$

2)

$$M_e(\vartheta) = -M_{p0} \cdot \sin(2\vartheta)$$

3)

$$n_N = n_{syn} = f_N / p = 50 / 2 = 25 / \text{s} = 1500 / \text{min} ,$$

$$M_N = \frac{P_N}{2\pi n_N} = \frac{2200}{2\pi \cdot 25} = 14 \text{ Nm} ,$$

Überlastfähigkeit: $M_{p0} / M_N = 48.2 / 14 = 3.44$, $M_N = -M_{p0} \sin 2\vartheta_N$

$$\vartheta_N = -\frac{1}{2} \arcsin\left(\frac{M_N}{M_{p0}}\right) = -\frac{1}{2} \arcsin\left(\frac{14}{48.2}\right) = -0.147 \text{ rad} = -8.4°$$

(siehe Bild A10.3-2).

Aufgabe A10.4: Zeigerdiagramm einer Synchron-Reluktanzmaschine

Eine dreisträngige Synchron-Reluktanzmaschine mit Y-Schaltung der Ständerwicklung hat folgende Daten: Bemessungsleistung $P_N = 3.5$ kW, Bemessungsspannung $U_N = 400$ V, Bemessungsfrequenz $f_N = 50$ Hz. Polzahl $2p = 4$, Wirkungsgrad im Bemessungspunkt $\eta_N = 0.9$, Induktivität in d-/q-Achse: $L_d/L_q = 0.11$ H/0.029 H. Der Stator-Wicklungswiderstand je Strang wird vernachlässigt: $R_s = 0$.

1. Berechnen Sie die Reaktanzen X_d and X_q!
2. Bestimmen Sie den Polradwinkel ϑ_N im Bemessungspunkt!
3. Zeichnen Sie das Zeigerdiagramm je Strang im motorischen Bemessungspunkt für Strom und Spannung mit den Maßstäben $25\,\text{V} \mathrel{\hat=} 1\,\text{cm}$; $1\,\text{A} \mathrel{\hat=} 1\,\text{cm}$. Bestimmen Sie den Effektivwert des Ständerstrangstroms I_s!
4. Wie groß ist der Leistungsfaktor im Motor-Bemessungspunkt $\cos\varphi_N$?

Lösung zur Aufgabe A10.4:

1)
$$X_d = 2\pi f_N \cdot L_d = 2\pi 50 \cdot 0.11 = 34.6\,\Omega,$$
$$X_q = 2\pi f_N \cdot L_q = 2\pi 50 \cdot 0.029 = 9.1\,\Omega$$

2)
$$n_N = n_{syn} = f / p = 50/2 = 25/\text{s} = 1500\,/\text{min},$$

$$M_N = -M_{p0}\sin 2\vartheta_N, \quad M_N = \frac{P_N}{2\pi n_N} = \frac{3500}{2\pi \cdot 25} = 22.3\,\text{Nm}$$

$$M_{p0} = \frac{p\cdot m}{\omega_s}\cdot\frac{U_s^2}{2}\left(\frac{1}{X_q} - \frac{1}{X_d}\right) = \frac{2\cdot 3}{2\pi 50}\cdot\left(\frac{400}{\sqrt{3}}\right)^2\cdot\frac{1}{2}\left(\frac{1}{9.1} - \frac{1}{34.6}\right) = 41.2\,\text{Nm}$$

$$\vartheta_N = -\frac{1}{2}\arcsin\left(\frac{M_N}{M_{po}}\right) = -\frac{1}{2}\arcsin\left(\frac{22.3}{41.2}\right) = -0.285\,\text{rad} \mathrel{\hat=} -16.3°$$

3)
Zeigerdiagramm siehe Bild A10.4-1.
Empfohlener Maßstab: $25\,\text{V} \mathrel{\hat=} 1\,\text{cm}$; $1\,\text{A} \mathrel{\hat=} 1\,\text{cm}$.

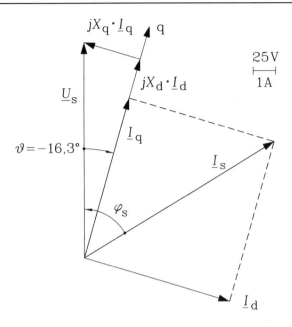

Bild A10.4-1: Zeigerdiagramm des Synchron-Reluktanzmotors im Bemessungspunkt bei Vernachlässigung des Ständerwicklungswiderstands ($R_s = 0$)

Es entspricht $U_{sN} = 231\,\text{V} \,\hat{=}\, 9.24\,\text{cm}$.

$X_q I_q = U_s \sin\vartheta_N \Rightarrow I_q = 7.13\,\text{A}$, $X_d I_d = U_s \cos\vartheta_N \Rightarrow I_d = 6.41\,\text{A}$

$I_s = \sqrt{I_d^{\,2} + I_q^{\,2}} = \sqrt{6.41^2 + 7.13^2} = 9.59\,\text{A}$

4)

$\cos\varphi_N = \dfrac{P_{eN}}{3 \cdot U_{sN} I_{sN}} = \dfrac{3500}{3 \cdot 231 \cdot 9.59} = 0.53$

11. Gleichstromantriebe

Aufgabe A11.1: Gleichstrom-Hubwerkantrieb

Für den Hubwerkantrieb eines Containerkrans sind zwei stromrichtergespeiste, sechspolige, fremderregte, unkompensierte Gleichstrommaschinen
mit den Daten $P_N = 440$ kW, $n_N = 1000$/min, $U_N = 780$ V, $\eta = 93$ % projektiert worden.

Auslegungsdaten der Motoren:

Ankerwicklung: $Q = 75$ Ankernuten, Schleifenwicklung, $u = 5$, $N_c = 1$

Wendepolwicklung: $N_{W,Pol} = 13$, Wendepolluftspalt $\delta_W = 9$ mm

Berechnete Reaktanzspannung im Bemessungspunkt: $u_R = 3.55$ V

Gesamter Ankerwiderstand: $R_a = 0.0426$ Ω, Rotordurchmesser/-länge:
$d_{ra} = 0.6$ m, $l_{Fe} = 0.24$ m

Die berechnete Abhängigkeit des Hauptflusses vom Erregerstrom, ausgedrückt durch die magnetische Spannung V_f, ist in Bild A11.1-1 dargestellt.

1. Wie groß ist der Anker-Bemessungsstrom?
2. Wie groß ist die Gesamtzahl der Ankerleiter z und die Kommutatorla-
   mellenzahl K?
3. Berechnen Sie die mittlere magnetische Wendepol-Luftspalt-Flussdichte
   $B_{\delta,av}$ bei Bemessungsstrom!
4. Wie groß ist die in die kommutierende Spule induzierte Wendefeld-
   spannung u_W im Bemessungspunkt? Ist der Wendepol damit richtig ausgelegt oder muss der Wendepolluftspalt verändert werden? Wenn ja,
   wie muss er verändert werden?
5. Bis zu welcher maximalen Feldschwächdrehzahl n_R kann der Motor betrieben werden, ohne die zulässige Reaktanzspannung zu überschreiten?
6. Die Erregerwicklung soll im Bemessungspunkt $I_f = 24$ A Feldstrom führen. Wie groß muss die Windungszahl N_f gewählt werden? Wie groß ist
   der Feldstrom bei P_N, n_R? Nehmen Sie den gleichen Wirkungsgrad wie
   im Bemessungspunkt an, und berücksichtigen Sie jeweils $U_b = 2$ V
   Bürstenspannungsfall.

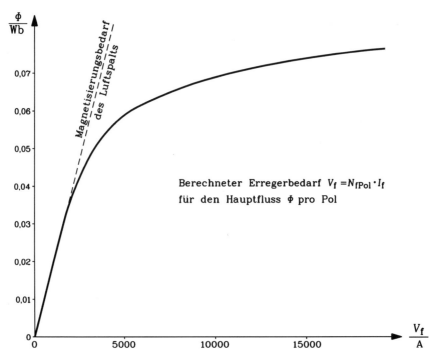

Bild A11.1-1: Hauptfluss pro Pol in Abhängigkeit der magnetischen Spannung der Erregung

Lösung zu Aufgabe A11.1:

1)
$$I_{a,N} = P_e / U_N = \frac{P_m}{\eta} \cdot \frac{1}{U_N} = \frac{P_m}{\eta \cdot U_N} = \frac{440000}{0.93 \cdot 780} = 606.6 \, \text{A}$$

2)
$$z = Q \cdot u \cdot N_c \cdot 2 = 75 \cdot 5 \cdot 1 \cdot 2 = 750 \qquad K = Q \cdot u = 75 \cdot 5 = 375$$

3)
Schleifenwicklung: $a = p = 3$, $2p = 6$, $N_{W,Pol} = 13$

$$N_{a,Pol} = \frac{z}{8 \cdot a \cdot p} = \frac{750}{8 \cdot 3 \cdot 3} = 10.417$$

$$B_{\delta,av} = \mu_0 \frac{N_{W,Pol} - N_{a,Pol}}{\delta_W} \cdot I_N = 4\pi \cdot 10^{-7} \frac{13 - 10.417}{9 \cdot 10^{-3}} \cdot 606.6 = 0.219 \, \text{T}$$

4)

$$v_a = d_r \cdot \pi \cdot n_N = 0.6 \cdot \pi \cdot \frac{1000}{60} = 31.4 \text{ m/s} (= 113 \text{ km/h})$$

$$l_{Fe} = 0.24 \text{ m}$$

$$u_W = 2 \cdot N_c \cdot v_a \cdot l_{Fe} \cdot B_{\delta,av} = 2 \cdot 1 \cdot 31.4 \cdot 0.219 \cdot 0.24 = 3.30 \text{ V}$$

$$u_R(I_N, n_N) = 3.55 \text{ V} > 3.3 \text{ V}$$

Der Wendepolkreis ist folglich zu schwach ausgelegt. Eine Verkleinerung des Wendepolluftspalts durch Hinzufügen von Beilegblechen erhöht das Wendepolfeld, so dass $u_W = u_R$ erreicht wird.

$$u_W \sim B_{\delta,av} \sim 1/\delta_W, \quad \delta_{W,corr} = \frac{u_W}{u_R} \delta_W = \frac{3.30}{3.55} \cdot 9 = 8.37 \approx 8.4 \text{ mm}$$

5)

$u_{R,max} = 10 \text{ V}$: zulässige max. rechnerische Reaktanzspannung (Erfahrungswert!)

$$u_R \sim I_a \cdot n, \quad u_{RN} = 3.55 \text{ V}$$

$$u_{R,max} = u_{RN} \left. \frac{I_a}{I_N} \cdot \frac{n_{max}}{n_N} \right|_{I_a = I_N},$$

$$n_{max} = n_N \frac{u_{R,max}}{u_{R,N}} = 1000 \cdot \frac{10}{3.55} = 2817/\text{min}, \quad n_R = n_{max} = 2817/\text{min}$$

6)

$$I_{fN} = 24 \text{ A}, \quad R_a = 0.0426 \, \Omega$$

$$U_N = U_i + R_a \cdot I_{aN} + U_b$$

$$U_{iN} = U_N - R_a \cdot I_{aN} - U_b = 780 - 0.0426 \cdot 606.6 - 2 = 752.2 \text{ V}$$

$$\Rightarrow U_{iN} = z \cdot \frac{p}{a} \cdot n \cdot \Phi_N \Rightarrow \Phi_N = \frac{752.2}{750 \cdot \frac{3}{3} \cdot \frac{1000}{60}} = 60.2 \text{ mWb}$$

$$\Phi = 60.2 \text{ mWb} \Rightarrow \Phi(V_f) \text{ - Kennlinie Bild A11.1-1} \Rightarrow V_{f,N} = 5400 \text{ A}$$

$$I_{f,N} = V_{f,N} / N_f \Rightarrow N_f = \frac{5400}{24} = 225$$

bei P_N, n_R: $P_N = \frac{U_N \cdot I_N}{\eta} \Rightarrow I_N = 606.6 \text{ A}$

Auch bei n_R mit demselben Wirkungsgrad η:

$$\Rightarrow U_i = \text{konst.} = 752.2 \text{ V} \text{ auch bei } n = n_R.$$

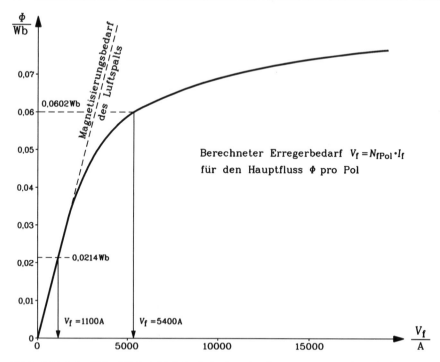

Bild A11.1-2: Wie Bild A11.1-1, jedoch mit eingetragenem Fluss bei Bemessungsdrehzahl 1000/min und bei Feldschwächung bei 2817/min

$$n_R = 2817/\min: \quad \Phi = \frac{752.2}{750 \cdot \dfrac{3}{3} \cdot \dfrac{2817}{60}} = 0.0214\,\text{mWb} \; ,$$

aus $\Phi(V_f)$ –Kennlinie (Bild A11.1-2) abgelesen!

Aus Bild A11.1-2 ergibt sich: $V_f = 1100\,\text{A} \Rightarrow I_f = \dfrac{1100}{225} = 4.89\,\text{A}$.

Aufgabe A11.2: Elektrische Bremsmethoden für fremderregte Gleichstrommaschinen

Ein fremderregter, kompensierter Gleichstrommotor mit den Daten $U_N = 440$ V, $I_N = 120$ A, $n_N = 600$/min wird bei konstantem Hauptfluss an einem Gleichstromnetz (Batterie) betrieben.

1. Nehmen Sie vereinfachend an, dass sich die Motorverluste (ohne Fremderregung) nur aus ohm'schen Verluste im Ankerwiderstand ($R_a = 0.3\ \Omega$) zusammensetzen. Wie groß sind Motorwirkungsgrad (ohne

Erregerverluste), Motorbemessungsleistung, Motorbemessungsmoment und die Leerlaufdrehzahl?

2. Der Motor wird ausgehend vom Bemessungsbetrieb (Betriebspunkt 1) durch plötzliche Drehmomentumkehr mit negativem Bemessungsmoment generatorisch gebremst ("Nutzbremse", Betriebspunkt 2). Zeichnen Sie maßstäblich die $n(M)$-Kennlinie mit beiden Betriebspunkten und geben Sie die Leistungsbilanz für beide Betriebspunkte an.

3. Der Motor wird als Aufzugsantrieb verwendet, wobei drehzahlvariabler Betrieb über einen veränderbaren Ankervorwiderstand R_v erreicht wird. Beim Absenken der Last (Drehzahlumkehr nach dem Heben) bremst der Motor generatorisch (Senkbremsen). Wie groß ist R_v einzustellen, damit Senkbremsen mit $-n_N$ und Bemessungsmoment erfolgt (Betriebspunkt 3)? Zeichnen Sie maßstäblich die $n(M)$-Kennlinie mit Betriebspunkt 3 und geben Sie die Leistungsbilanz für diesen Betriebspunkt an.

4. Der Ankerkreis des Motors wird – ausgehend von Betriebspunkt 1 – vom Netz getrennt und auf einen Bremswiderstand R_B geschaltet (Widerstandsbremsung). Wie groß ist R_B zu wählen, damit unmittelbar nach dem Umschalten mit Bemessungsmoment gebremst wird (Betriebspunkt 4)? Zeichnen Sie maßstäblich die $n(M)$-Kennlinie mit Betriebspunkt 4 und geben Sie die Leistungsbilanz für diesen Betriebspunkt an.

5. Der Ankerkreis des Motors wird – ausgehend von Betriebspunkt 1 – auf negative Ankerspannung umgepolt. Durch die dadurch bewirkte Umkehr des Ankerstroms bremst der Motor (Gegenstrombremsen). Wie groß ist der Ankerstrom unmittelbar nach dem Umpolen? Ist dieser Betriebszustand zulässig? Wie groß muss ein Ankervorwiderstand R_v gewählt werden, damit unmittelbar nach dem Umpolen nur Bemessungsstrom auftritt (Betriebspunkt 5)? Zeichnen Sie maßstäblich die $n(M)$-Kennlinie mit Betriebspunkt 5 und geben Sie die Leistungsbilanz für diesen Betriebspunkt an. Wann muss der Motor beim Abbremsen vom Netz getrennt werden?

Lösung zu Aufgabe A11.2:

1)

Gesamtverluste: $P_{Cu} = R_a \cdot I_N^2 = 0.3 \cdot 120^2 = 4320 \text{ W}$

$P_{in} = P_{el} = U_N \cdot I_N = 440 \cdot 120 = 52800 \text{ W}$

$\eta_{mot} = \dfrac{P_{in} - P_{Cu}}{P_{in}} = \dfrac{52800 - 4320}{52800} = 91.82 \, \%$

$P_N = P_{mN} = P_{in,N} - P_{Cu} = 52800 - 4320 = 48480 \text{ W}$

$$M_{\mathrm{N}} = \frac{P_{\mathrm{N}}}{2 \cdot \pi \cdot n_{\mathrm{N}}} = \frac{48480}{2\pi(600/60)} = 771.6\,\mathrm{Nm}$$

$$U_{\mathrm{i}} = k_1 \cdot \Phi \cdot n,\ k_1\Phi = \text{konst. (Fremderregung):}\ n_0 = \frac{U_{\mathrm{N}}}{k_1\Phi}$$

$$n_{\mathrm{N}} = \frac{U_{\mathrm{i}}}{k_1\Phi} = \frac{U_{\mathrm{N}} - I_{\mathrm{N}}R_{\mathrm{a}}}{k_1\Phi} \Rightarrow k_1\Phi = \frac{U_{\mathrm{N}} - I_{\mathrm{N}}R_{\mathrm{a}}}{n_{\mathrm{N}}}$$

$$n_0 = \frac{U_{\mathrm{N}}}{U_{\mathrm{N}} - R_{\mathrm{a}}I_{\mathrm{a}}} \cdot n_{\mathrm{N}} = \frac{440}{440 - 120 \cdot 0.3} \cdot 600 = 653.5/\mathrm{min}$$

2)

$$U_{\mathrm{N}} = U_{\mathrm{i}} + I_{\mathrm{a}} \cdot R_{\mathrm{a}},\ M_{\mathrm{e}} = k_2\Phi \cdot I_{\mathrm{a}} : M_N \rightarrow -M_N \Rightarrow$$

Betriebspunkt 2:

$$U_{\mathrm{N}} = U_{\mathrm{i}} - I_{\mathrm{N}}R_{\mathrm{a}} : U_{\mathrm{i}} = U_{\mathrm{N}} + I_{\mathrm{N}}R_{\mathrm{a}} = 440 + 120 \cdot 0.3 = 476\,\mathrm{V}$$

$$n = \frac{U_{\mathrm{i}}}{k_1\Phi} = \frac{476}{40.4} = 11.78/\mathrm{s} = 707/\min\ \text{(Bild A11.2-1).}$$

$$P_{\mathrm{e}} = P_{\mathrm{m}} + P_{\mathrm{Cu}}$$

Leistungsbilanz im Betriebspunkt 1:

$$P_{\mathrm{e}} = U_{\mathrm{N}}I_{\mathrm{N}} = 52800\,\mathrm{W},\quad P_{\mathrm{Cu}} = R_{\mathrm{a}}I_{\mathrm{a}}^2 = 4320\,\mathrm{W}$$

$$P_{\mathrm{m}} = 2\pi n_{\mathrm{N}}M_{\mathrm{N}} = 48480\,\mathrm{W} = 52800\,\mathrm{W} - 4320\,\mathrm{W}$$

Leistungsbilanz im Betriebspunkt 2:

$$P_{\mathrm{e}} = U_{\mathrm{N}}(-I_{\mathrm{N}}) = -52800\,\mathrm{W},\quad P_{\mathrm{Cu}} = R_{\mathrm{a}}(-I_{\mathrm{N}})^2 = 4320\,\mathrm{W}$$

$$P_{\mathrm{m}} = 2\pi n(-M_{\mathrm{N}}) = 2\pi \frac{707}{60}(-771.64) = -57120\,\mathrm{W}$$

$$P_{\mathrm{m}} = -52800\,\mathrm{W} - 4320\,\mathrm{W}$$

3)

$$U_{\mathrm{N}} = U_{\mathrm{i}} + I_{\mathrm{a}}(R_{\mathrm{a}} + R_{\mathrm{V}}) \qquad I_{\mathrm{a}} = I_{\mathrm{N}} \Leftrightarrow M = M_{\mathrm{N}}$$

$$U_{\mathrm{N}} = k_1\Phi \cdot n,\ n = -n_{\mathrm{N}}$$

$$R_{\mathrm{V}} = \frac{U_{\mathrm{N}} + k_1\Phi \cdot n_{\mathrm{N}}}{I_{\mathrm{N}}} - R_{\mathrm{a}} = \frac{440 + 40.4 \cdot (600/60)}{120} - 0.3 = 6.73\,\Omega$$

Leistungsbilanz im Betriebspunkt 3:

$$P_{\mathrm{e}} = U_{\mathrm{N}}I_{\mathrm{N}} = 52800\,\mathrm{W}$$

$$P_{\mathrm{m}} = 2\pi(-n_{\mathrm{N}})M_{\mathrm{N}} = -48480\,\mathrm{W}$$

$$P_{\mathrm{Cu}} = (R_{\mathrm{a}} + R_{\mathrm{v}})I_{\mathrm{N}}^2 = 7.03 \cdot 120^2 = 101280\,\mathrm{W}$$

$$P_{\mathrm{Cu}} = P_{\mathrm{e}} - P_{\mathrm{m}} = 52800\,\mathrm{W} - (-48480)\,\mathrm{W}$$

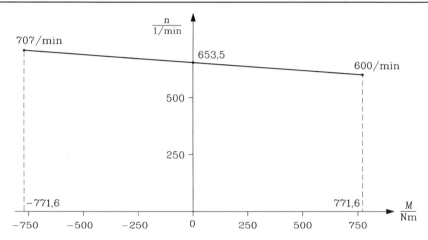

Bild A11.2-1: Generatorisches Bremsen im zweiten Quadranten bei 707/min

Sowohl elektrisch als auch mechanisch wird Leistung zugeführt und in
$R_a + R_v$ "verheizt". Daher ist drehzahlvariabler Betrieb mittels veränderlichem R_v energetisch sehr ungünstig (siehe Bild A11.2-2).

4)
Betriebspunkt 1:
$$U_N = U_i + I_a \cdot R_a \to 0 = U_i + I_a \cdot (R_a + R_B)$$
$$U_i = 440 - 120 \cdot 0.3 = 404 \text{ V}$$

Die Drehzahl n bleibt aufgrund der Massenträgheit des Antriebs kurz nach
dem Umschalten auf R_B gleich ($n = n_N$!)

$$M = -M_N \Rightarrow I_a = -I_N \Rightarrow I_a = \frac{-U_i}{R_a + R_B} = -I_N : R_B = \frac{-U_i}{I_a} - R_a \Rightarrow$$

$$R_B = \frac{-404}{-120} - 0.3 = 3.067 \ \Omega \qquad I_a = -\frac{U_i}{R_a + R_B} \Rightarrow M \sim n$$

Die $M(n)$-Kurve ist eine Gerade durch den Ursprung: Bild A11.2-3!
Betriebspunkt 4:
$$P_e = U \cdot I_a = 0 \cdot I_a = 0 \text{ W}$$
$$P_{Cu} = (R_B + R_a) \cdot I_a^2 = (3.067 + 0.3) \cdot 120^2 = 48480 \text{ W} = -P_m$$
$$P_m = 2\pi n_N \cdot (-M_N) = -48480 \text{ W}$$

Die mechanische Leistung P_m wird im Brems- und im Ankerwiderstand in
Wärme umgesetzt.

5)
Betriebspunkt 1:
$$U_N = U_i + I_a \cdot R_a = k_1 \Phi \cdot n_N + I_N \cdot R_a$$

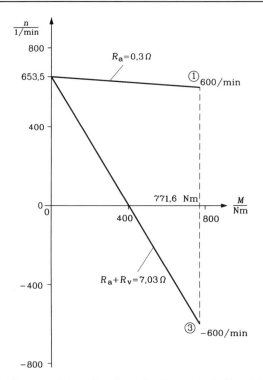

Bild A11.2-2: Aufzugsantrieb: Absenken der Last mit Reihen-Vorwiderstand R_v (3). Nachteilig sind die zusätzlichen Stromwärme-Verluste im Vorwiderstand R_v

Betriebspunkt 5:

$$U \rightarrow -U : -U_N = k_1 \Phi \cdot n_N + I_a R_a$$

Die Drehzahl n bleibt nach dem Umpolen aufgrund der Massenträgheit des Antriebes im ersten Moment konstant!

$$I_a = \frac{-U_N - k_1 \Phi \cdot n_N}{R_a} = -\frac{440 + 404}{0.3} = -2813.3 \, \text{A} = 23.4\text{-facher} \quad \text{Bemes-}$$

sungsstrom $\Rightarrow 23.4^2 = 549.6$ - fache Bemessungsverluste!
Die Wicklung wird thermisch überlastet und damit zerstört! Dies ist daher ein unerlaubter Betriebspunkt! Der Ankervorwiderstand muss so ausgelegt sein, dass ein zu hoher Strom verhindert wird (Bild A11.2-4):

$$I_a = \frac{-U_N - k_1 \Phi \cdot n_N}{R_a + R_v} = -\frac{440 + 404}{0.3 + R_v} = -120 \, \text{A} = -I_N \Rightarrow R_v = 6.73 \, \Omega$$

Der Motor muss bei $n = 0$ vom Netz getrennt werden, sonst läuft er auf $n_0' = -n_0$ hoch.

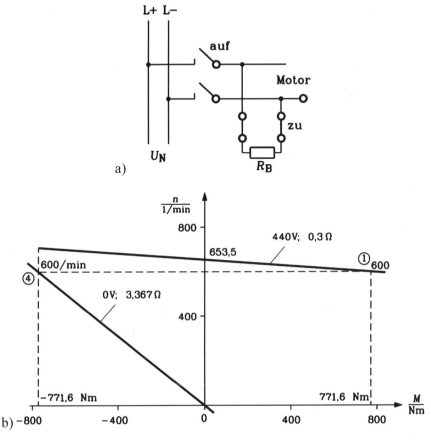

a)

b)

Bild A11.2-3: Externer Bremswiderstand R_B: a) Abtrennung vom Netz und Umschalten auf den Widerstand R_B, b) Zugehörige Betriebskennlinie $n(M)$ (4)

$-U_N = k_1\Phi \cdot n + I_a \cdot (R_a + R_v)$: neue Leerlaufdrehzahl n_0'

$n_0' = \dfrac{-U_N}{k_1\Phi}(I_a = 0) = -\dfrac{440}{40.4} = -653.5\,/\min$

Leistungsbilanz im Betriebspunkt 5 (Bild A11.2-4):

$P_e = -U_N \cdot (-I_N) = 52800\ \text{W}$

$P_m = 2\pi n_N(-M_N) = -48480\ \text{W}$

$P_{Cu} = (R_v + R_a)I_N^2 = 101280\ \text{W} = P_e - P_m$

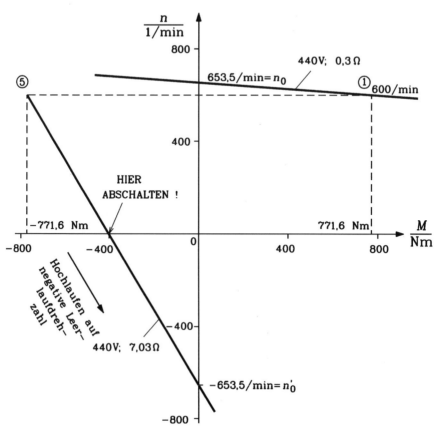

Bild A11.2-4: Bremsen des Motors durch Spannungsumkehr (5). Wenn die volle Spannung angelegt wird, ist ein zusätzlicher Ankervorwiderstand R_v nötig, um den Strom zu begrenzen!

Aufgabe A11.3: Gleichstromantrieb für ein Grubenfahrzeug

In einem Bergwerk werden Elektrofahrzeuge zum Transport des geförderten Erzes verwendet, da Verbrennungskraft-Antriebe wegen der Abgase unter Tage nicht verwendet werden können. Es werden Gleichstrom-Reihenschlussmotoren als Antriebe für die E-Fahrzeuge verwendet. Es sind von den Fahrmotoren folgende Daten bekannt: die elektrischen Bemessungsdaten $U_N = 440$ V, $I_N = 500$ A, die Warmwerte der Widerstände der Ankerwicklung (A), der Wendepol- (W) und Reihenschlusswicklung (RS) $R_A = 0.020\ \Omega$, $R_W + R_{RS} = 0{,}025\ \Omega$, die Windungszahl je Pol der Reihenschlusswicklung $N_{RS} = 10$ und der Proportionalitätsfaktor $k_1 = z \cdot (p/a) = 416$. Die Abhängigkeit des Hauptflusses von der Erregerdurchflutung pro Pol ist in Bild A11.3-1 dargestellt. Vernachlässigen Sie den Spannungsabfall an den Bürsten!

1. Wie groß ist der magnetische Fluss Φ im Bemessungspunkt?
2. Welche Drehzahl stellt sich bei Bemessungsspannung und Bemessungsstrom ein?
3. Wie groß ist die Drehzahl bei Bemessungsspannung und Überlastung der Maschine auf $I_a = 2 \cdot I_N$?
4. Wie verhält sich das bei 3) auftretende Drehmoment zum Drehmoment im Bemessungspunkt?
5. Welcher Wert ist für einen Anlasswiderstand vorzusehen, wenn die Maschine aus dem Stillstand mit einem Strom $1.5 \cdot I_N$ angefahren werden soll?
6. Welche Durchflutung ($I \cdot N$ pro Pol) müsste eine zusätzliche Nebenschlusswicklung aufbringen, damit die Maschine bei völliger Entlastung ($I_a \approx 0$) nur das 1.5-fache der bei 2) auftretenden Drehzahl annimmt?

Lösung zu Aufgabe A11.3:

1)

$U_N = 440$ V, $I_N = 500$ A, $R_A = 0.02$ Ω, $R_{W+RS} = 0.025$ Ω, $N_{RS} = 10$/Pol,

$k_1 = z \cdot \dfrac{p}{a} = 416$. Reihenschluss-Schaltung bedeutet: $I_a = I_f = I_N$. Aus der

Kennlinie Bild A11.3-1 folgt: $\Theta_f = N_{RS} \cdot I_a$.

$\Theta_f = 10 \cdot 500$ A $= 5$ kA , Bild A11.3-1: $\Phi = \Phi_{RS} = \Phi_N = 0.0425$ Wb

2)

$$U_N = U_i + I_a \cdot R_a, \quad U_b \approx 0, \quad U_i = z \cdot \frac{p}{a} \cdot n \cdot \Phi,$$

$$R_a = R_{A+W+RS} = 0.045\,\Omega$$

$$U_i = 440 - 500 \cdot 0.045 \text{ V} = 417.5 \text{ V}$$

$$n_N = \frac{U_i}{k_1 \cdot \Phi_N} = \frac{417.5}{416 \cdot 0.0425}\,/\text{s} = 23.6\,/\text{s} = 1417/\text{min}$$

3)

$I_a = 2I_N$:

$$U_i^* = 440 - 2 \cdot 500 \cdot 0.045 \text{ V} = 395 \text{ V}$$

$$\Theta_f = 2 \cdot 500 \cdot 10 \text{ A} = 10000 \text{ A}: \quad \Phi^* = 0.051\,\text{Wb} .$$

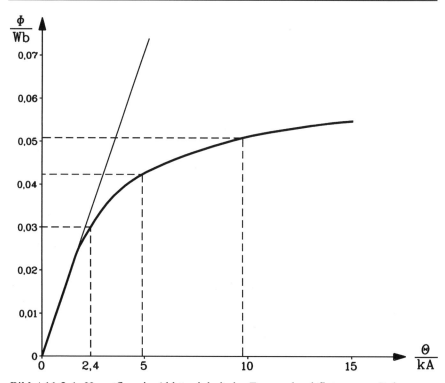

Bild A11.3-1: Hauptfluss in Abhängigkeit der Erregerdurchflutung pro Pol

$$n^* = \frac{U_i^*}{k_1 \cdot \Phi^*} = \frac{395}{416 \cdot 0.051} \, /s = 18.6 \, /s = 1117 \, /min \quad \text{(vgl. Bild A11.3-2)}$$

4)

$$M^* = \frac{1}{2\pi} \cdot z \cdot \frac{p}{a} \cdot I_a^* \cdot \Phi^* = \frac{1}{2\pi} \cdot 416 \cdot 1000 \cdot 0.051 = 3376.6 \, \text{Nm}$$

$$M_N = \frac{1}{2\pi} \cdot z \cdot \frac{p}{a} \cdot I_N \cdot \Phi_N = \frac{1}{2\pi} \cdot 416 \cdot 500 \cdot 0.0425 = 1406.9 \, \text{Nm}$$

$$\frac{M^*}{M_N} = \frac{I_a^* \cdot \Phi^*}{I_N \cdot \Phi_N} = 2 \cdot \frac{0.051}{0.0425} = 2.4$$

Weitere Ergebnisse sind in Tab. A11.3-1 enthalten.

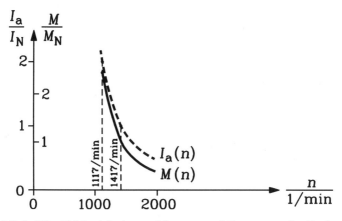

Bild A11.3-2: Die Abhängigkeit von Moment und Strom von der Drehzahl beim Reihenschlussmotor unterscheiden sich wegen $M \sim I_a \cdot \Phi(I_a)$ und wegen des von der Eisensättigung abhängigen Flusses $\Phi(I_a)$ (siehe Bild A11.3-1)

Tabelle A11.3-1: Strom und Drehmoment in Abhängigkeit der Drehzahl (vgl. Bild A11.3-2)

Betriebspunkt	Drehzahl [1/min]	Ankerstrom [A]	Moment [Nm]
(1)	1417	500	1406.9
(2)	1117	1000	3376.6
(2) / (1)	0.79	2	2.4

5)
Stillstand: $n = 0 \;\rightarrow\; U_i = 0$:

$$U_N = 0 + I_a \cdot (R_a + R_v) \qquad \Rightarrow \qquad \frac{U_N}{1.5 \cdot I_N} - R_a = R_v$$

$$1.5 \cdot I_N = 750\,\text{A}: \text{Anlasser } R_v = \frac{440}{1.5 \cdot 500} - 0.045\,\Omega = 0.542\,\Omega$$

6)
Nebenschluss-Hilfserregerwicklung zur Verhinderung ungebremster Drehzahlzunahme im Leerlauf: Nötige Durchflutung: $\Theta_{NS} = N_{NS} \cdot I_f$ für $n_0 = 1.5 n_N$, Leerlauf $I_a = 0: \Phi_{RS} = 0$:

$$I_a = 0: \quad U = k_1 \cdot n_0 \cdot \Phi_{NS} = U_N$$

$$\Rightarrow \quad \Phi_{NS} = \frac{440}{416 \cdot 1.5 \cdot 23.6}\,\text{Wb} = 0.03\,\text{Wb} = \Phi \,.$$

Aus Bild A11.3-1 ergibt sich: $\Rightarrow \quad \Theta_{NS} = 2400\,\text{A}\,.$

Aufgabe A11.4: Umformer-Antrieb

Für den Antrieb eines Synchrongenerators als Frequenzumformer wird ein Gleichstrommotor verwendet. Der Gleichstrom-Nebenschlussmotor mit Hilfsreihenschlusswicklung und Kompensationswicklung besitzt die Bemessungsdaten $U_N = 440$ V, $I_{aN} = 120$ A, $n_N = 1500$/min und die Widerstände $R_a = R_A + R_W + R_K + R_{RS} = 0.3\ \Omega$.

A = Anker (Klemmen A1, A2) W = Wendepol (Klemmen B1, B2)
K = Kompensation (Klemmen C1, C2) RS = Reihenschluss (Klemmen D1, D2), NS = Nebenschluss (Klemmen E1, E2)

1. Stellen Sie die Schaltverbindungen in Bild A11.4-1 (oben) mit dem Anlasswiderstand im Ankerkreis und einem Feldsteller-Widerstand im Nebenschlusskreis für Motorbetrieb im Rechtslauf und im Linkslauf her. Achten Sie auf die richtige Klemmenbelegung. Was ist bei Drehrichtungsumkehr zu beachten?

2. Welcher Wert ist für den Anlasswiderstand vorzusehen, damit der Motor aus dem Stillstand mit $1.5 \cdot I_{aN}$ anfährt? Vernachlässigen Sie den Spannungsabfall an den Bürsten!

3. Die gemessene Drehzahlkennlinie bei reiner Reihenschlussschaltung (die Nebenschlusswicklung ist offen) ist in Bild A11.4-1 (unten) angegeben. Die Reihenschlusswicklung hat $N_{RS} = 5$ Windungen je Pol. Wie groß muss die Durchflutung $N_{NS} \cdot I_f$ der Nebenschlusswicklung gewählt werden, damit der Motor bei Bemessungslast ($I_a = I_{aN}$) seine Bemessungsdrehzahl erreicht? Vernachlässigen Sie dabei den Spannungsfall $I_a \cdot R_a$!

Lösung zu Aufgabe A11.4:

1)
Die Schaltverbindungen sind in Bild A11.4-2 dargestellt.
„Rechtslauf" ist so definiert, dass beim Blick auf das antriebsseitige Wellenende (A-Seite des Motors: AS) die Welle rechtsläufig (im Uhrzeigersinn) dreht (Bild A11.4-3a). Der Motor arbeitet dann im ersten Quadranten.
Stromkreis-Vorzeichenregeln: Auf Grund des im Bereich des Statorfelds fließenden Ankerstroms erfolgt eine Lorentz-Kraft auf die Ankerleiter und damit ein elektromagnetisches Drehmoment, das den Rotor (Anker) im Uhrzeigersinn bewegt (Bild A11.4-3b). Dies entspricht der Drehrichtung im Motorbetrieb „Rechtslauf"! Für Linkslauf muss der Ankerstrom oder das Feld umgekehrt werden, damit sich das Vorzeichen des Drehmoments und damit im Motorbetrieb der Drehzahl umkehrt.

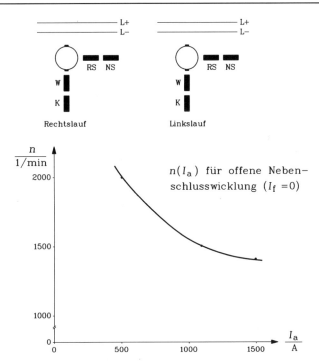

Bild A11.4-1: Oben: Klemmenanschlüsse zur Verschaltung für Rechts- und Linkslauf im Motorbetrieb. Unten: Drehzahl-Ankerstrom-Kennlinie, wenn die Nebenschlusswicklung offen ist

Ohne Hilfsreihenschluss ist durch Spannungsumkehr im Anker (bei unveränderten Feldanschlüssen) eine Änderung der Drehrichtung problemlos möglich. Mit Hilfsreihenschluss ist bei Spannungsumkehr auch ein Vertauschen der Reihenschlussanschlüsse erforderlich (statt D1-C2 nun D2-C2), sonst schwächt der Reihenschlussfeldanteil das Nebenschlussfeld, was zu Instabilität bei großem I_a führt.

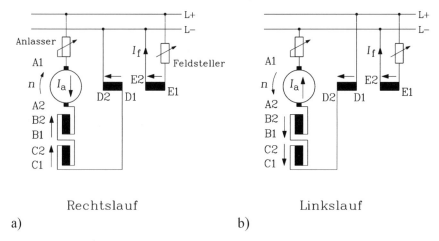

                    Rechtslauf   Linkslauf
a)   b)

Bild A11.4-2: Ausgeführte Verbindungen der Wicklungsanschlüsse der Gleichstrommaschine zum Batterienetz L+, L− für Motorbetrieb im a) ersten and b) dritten Quadranten

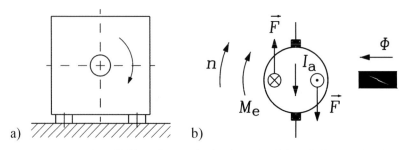

a)   b)

Bild A11.4-3: a) Definition des Rechtslaufs: Bei Blick auf die A-Seite des Motors dreht dieser im Uhrzeigersinn, b) Drehmomentrichtung bei Rechtslauf und Definition der zugehörigen Richtungen von Drehmoment, Drehzahl, Ankerstrom und Hauptflussrichtung

2)
$$U_{Batt} = U_i + I_a \cdot (R_v + R_a), \quad U_i = k_1 \cdot n \cdot \Phi$$
$$n = 0 : \quad I_a = 1.5 \cdot I_N, \quad U_{Batt} = U_N, \quad U_i = 0.$$
$$\Rightarrow \quad R_v = \frac{U_N}{I_a} - R_a = \frac{440}{1.5 \cdot 120} - 0.3\,\Omega = 2.14\,\Omega$$

3)
$N_{RS} = 5$ /Pol, $I_f = 0$: $n_N = 1500$/min: $U_{Batt} = U_i + I_a \cdot R_a$:

Vernachlässigt man $I_a \cdot R_a$, so gilt $U_N = U_i = k_1 \cdot n_N \cdot \Phi$. Gemäß $n(I_a)$ aus Bild A11.4-1 erhält man bei dieser Drehzahl $I_a = 1100$ A. Somit beträgt die

Durchflutung pro Pol, ausgedrückt als magnetische Spannung $V_f = V_{RS} = N_{RS} \cdot I_a = 5 \cdot 1100 \, A = 5.5 \, kA$, um das Bemessungs-Hauptfeld zu erhalten $\Phi = \Phi(V_f)$. Bei Reihen- und Nebenschlusserregung braucht man dieselbe Durchflutung für gleich bleibenden Hauptfluss: $V_f = V_{RS} + V_{NS} = N_{RS} \cdot I_a + N_{NS} \cdot I_f = 5500 \, A$ bei U_N, n_N.

Somit muss bei U_N, n_N wegen $I_{aN} = 120 \, A \Rightarrow \Theta_{RS} = 120 \, A \cdot 5 = 600 \, A$ für die Nebenschlusswindung gelten:

$\Theta_{NS} = N_{NS} \cdot I_f = 5500 - 600 \, A = 4900 \, A$.

Erregerverhältnis: $\Theta_{RS} / \Theta_{NS} = 600 / 4900 = 12.2 \, \%$.

Beim Verbundmotor ist der überwiegende Teil der erforderlichen Erregerdurchflutung Nebenschlusserregung. Man spricht daher von einem Nebenschlussmotor mit Hilfsreihenschluss.

Aufgabe A11.5: Stromrichtergespeister Gleichstromantrieb

Für den drehzahlveränderbaren Antrieb einer Folienreckmaschine mit $P = 20 \, ... \, 200 \, ... \, 200 \, kW$ bei $n = 140 \, ... \, 1400 \, ... \, 2100/min$ und $U_N = 440 \, V$ soll eine Gleichstrommaschine mit Fremderregung eingesetzt werden.

1. Skizzieren Sie die allpolige Schaltung für die Speisung über einen gesteuerten Gleichrichter in Drehstrom – Brückenschaltung aus dem 3x400 V / 50 Hz-Netz. Die Gleichstrommaschine ist mit erkennbaren Teilen des Ankers, der Wendepol- und Kompensationswicklung und der Erregerwicklung samt Stromversorgung und Stellmöglichkeit darzustellen.

2. Skizzieren Sie die Betriebsdaten „Ankerspannung", „Ankerstrom", „Leistung" und „bezogener Hauptfluss" in Abhängigkeit der Drehzahl für den oben genannten Betrieb bei vernachlässigten Verlusten.

3. Beschreiben Sie die Betriebsweise und die Eingriffsmöglichkeiten, um den oben genannten Betrieb zu realisieren. Wie sieht die Schaltungs-Erweiterung zum Antrieb für $-2100/min \leq n \leq 2100/min$, $-200 \, kW \leq P \leq 200 \, kW$ aus?

4. Falls bei 2100/min die Reaktanzspannung ihren maximal zulässigen Wert erreicht, wie sind die Betriebsdaten für $n \geq 2100/min$ festzulegen?

5. Kann der Antrieb problemlos auch die geforderten Daten "Bemessungsmoment" und "Bemessungsstrom" bei Drehzahl "Null" (stillstehende Maschine) erfüllen?

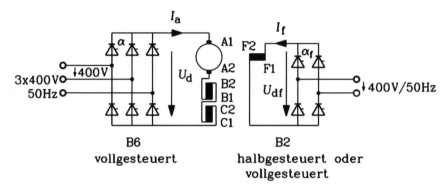

Bild A11.5-1: Stromrichterspeisung für einen Einquadranten-Antrieb mit einem fremderregten Gleichstrommotor

Lösung zu Aufgabe A11.5:

1)
Gefordert ist ein Antrieb ($n > 0$, $P > 0$): 1-Quadrantenbetrieb:
Ein Stromrichter für $I_a > 0$ reicht aus (Bild A11.5-1).
<u>Ankerkreis:</u> Vollgesteuert (= alle sechs Ventile sind steuerbar über den Zündwinkel α, also Thyristoren), drei Phasen, B6C
Ankerwicklung: A1-A2, Wendepolwicklung: B1-B2, Kompensationswicklung: C1-C2
<u>Feldkreis:</u> Vollgesteuert, eine Phase, B2C, fremderregt (Wicklung F1-F2)
2)
Bei vernachlässigten Verlusten werden der Ankerwiderstand und der Bürstenspannungsfall vernachlässigt ($R_a = 0$, $U_b = 0$). Es folgen aus den Formeln für die Leistung $P = 2\pi \cdot n \cdot M = U_a I_a$,

für das Drehmoment $M = \dfrac{z \cdot p}{a} \cdot \dfrac{1}{2\pi} \cdot I_a \cdot \Phi$,

für die Anker-Gleichspannung $U_d = U_a = U_i + I_a \cdot R_a = U_i$,

für die induzierte Spannung $U_i = \dfrac{z \cdot p}{a} \cdot n \cdot \Phi$, $U_N = U_{iN} = \dfrac{z \cdot p}{a} \cdot n_N \cdot \Phi_N$,

für den Hauptfluss $\Phi = \Phi(I_f)$ und den Feldstrom $I_f = \dfrac{U_{df}}{R_f}$ die Darstel-

lungen der Ankerspannung U_a, des Ankerstroms I_a, der Leistung P und des Hauptflusses Φ/Φ_N in Abhängigkeit der Drehzahl n in Bild A11.5-2.
Es ist $I_N = P_N / U_N = 200000 / 440 = 455$ A .

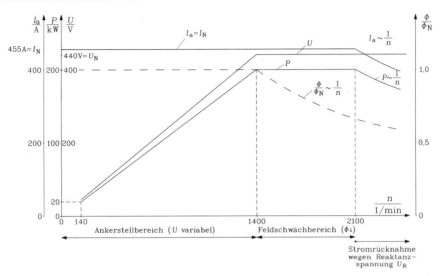

Bild A11.5-2: Ankerspannung (Motorklemmenspannung) U, Ankerstrom, Leistung Hauptfluss in Abhängigkeit der Drehzahl

3)
Entweder über eine variable Ankerspannung $U_d = U_a$ oder eine variable Feldspannung U_{df} (und damit variablen Hauptfluss Φ) werden n und M gestellt.

- Ankerspannung: $U_d = U_{di} \cdot \cos\alpha$, α: Steuerwinkel.

U_{di}: ideal gleichgerichtete Netzspannung (endliche Kommutierungszeit der Thyristoren vernachlässigt)

$$U_{di} = \frac{3}{\pi}\sqrt{2} \cdot 400\,V = 540\,V \ ,$$

$$U_{di} = \sqrt{2} \cdot U_{Netz} \cdot \int_{-\frac{\pi}{6}}^{\frac{\pi}{6}} \cos\varphi \cdot d\varphi \cdot \frac{3}{\pi} = \frac{3}{\pi}\sqrt{2} \cdot U_{Netz}$$

Ankerspannungsstellung: $U_{di} \cdot \cos(35°) \geq U_d \geq U_{di} \cdot \cos(145°)$

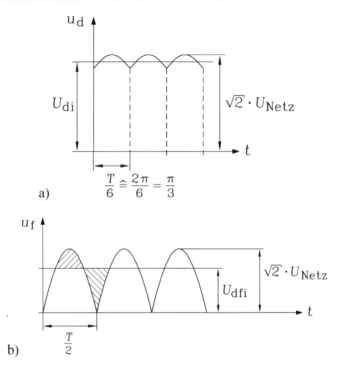

Bild A11.5-3: a) Sechspulsig gleichgerichtete 3-Phasen-Netzspannung für den Ankerkreis, b) Zweipulsig gleichgerichtete einphasige Netzspannung für den Feldkreis

Der Winkelbereich 0 ... 35° bzw. 145° ... 180° wird als Regelreserve für die Ankerspannung verwendet. Ein Sicherheitsabstand zu $\alpha = 180°$ muss eingehalten werden, da bei 180° ein Abschalten des Thyristorstroms nicht mehr möglich ist (Wechselrichter-Trittgrenze (Heumann 1985), Bild A11.5-5). Eine Drehmomentumkehr ist nicht möglich, da der Strom in den Thyristoren nicht umgekehrt werden kann (1-Quadrantenbetrieb)!
Die Felderrgerspannung ist maximal bei $\alpha_f = 0°$:

$$U_{dfi} = \frac{2}{\pi} \cdot \sqrt{2} \cdot U_{Netz} = \frac{2}{\pi} \cdot \sqrt{2} \cdot 400 = 360 \text{ V}$$

Bei der gewählten Stromrichteranordnung gemäß Bild A11.5-1 hat der Ankerstrom Oberschwingungen mit 6-facher Netzfrequenz (6·50 Hz = 300 Hz), der Feldstrom Oberschwingungen mit doppelter Netzfrequenz 2·50 Hz = 100 Hz (Bild A11.5-3 und A11.5-4).

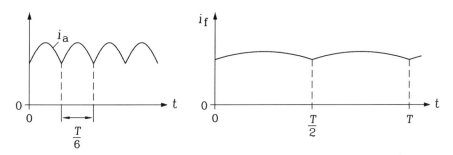

$T = 20\,\text{ms}$

Bild A11.5-4: Qualitativer Zeitverlauf von Ankerstrom i_a und Feldstrom i_f. Die Welligkeit tritt auf Grund der sechspulsigen bzw. zweipulsigen Gleichrichtung auf. Der Feldstrom wird durch die große Erregerinduktivität L_f wesentlich stärker geglättet, als der Ankerstrom auf Grund der viel kleineren Ankerinduktivität L_a

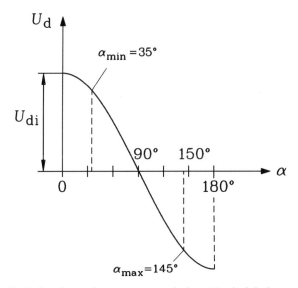

Bild A11.5-5: Variation der Ankerspannung mit dem Zündwinkel α

Schaltungs-Erweiterung zum Antrieb für $-2100/\text{min} \leq n \leq 2100/\text{min}$, $-200\,\text{kW} \leq P \leq 200\,\text{kW}$:

4-Quadranten-Betrieb:

Zwei antiparallele Stromrichter sind erforderlich, wobei in der Regel kreisstromfrei gefahren wird, also entweder Stromrichter 1 oder Stromrichter 2 freigegeben ist, während der andere Stromrichter gesperrt ist. Bei Umschaltung von z. B. 1 auf 2 tritt eine kurze stromlose Pause auf, was zu einer kleinen Einbuße an Regeldynamik führt (Bild A11.5-6).

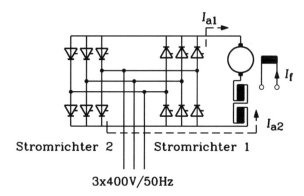

Bild A11.5-6: Antiparallele Gleichrichterbrücken für Vier-Quadrantenbetrieb

4)

Die Reaktanzspannung der Kommutierung ist auf ca. 10 V begrenzt, da sonst das Bürstenfeuer zu stark wird:

$$u_R \sim n \cdot I_a, \quad u_{R,\max} = \text{konst.} \quad \Rightarrow \quad I_a \sim 1/n \quad \Rightarrow \quad P = U \cdot I_a \sim 1/n.$$

Der Strom muss bei Drehzahlen über $2100/\text{min}$ gemäß $1/n$ reduziert werden, um die Reaktanzspannung bei steigender Drehzahl zu begrenzen (Bild A11.5-2).

Da ab $n = 1400/\text{min}$ das Feld geschwächt wird, nimmt das Drehmoment mit dem Quadrat der Drehzahl ab.

$$\frac{\Phi}{\Phi_N} \sim \frac{1}{n} \quad \Rightarrow \quad M \sim \Phi \cdot I_a \sim \frac{1}{n^2}$$

Dies ist auch aus der Leistungsbilanz ersichtlich:

$$P \sim \frac{1}{n} \sim n \cdot M \quad \Rightarrow \quad M \sim \frac{1}{n^2}$$

5)

Bemessungsmoment bei Stillstand ist nicht möglich, da wegen

$$M_N = \frac{1}{2\pi} \cdot z \cdot \frac{p}{a} \cdot I_N \cdot \Phi_N$$

bei Drehzahl „Null" der Bemessungsstrom benötigt würde. Wenn die Bürsten den Bemessungs-Ankerstrom bei Stillstand führen, werden immer dieselben Kommutatorlamellen thermisch belastet, was zu Einbrennstellen führt. Dies wird durch Reduzierung des Momentes im Stillstand auf ca. 50 % ... 60 % des Bemessungsmoments verhindert. Ab Drehzahlen von ca. $n \sim 2 \ldots 5/\text{min}$ kann Bemessungsmoment gefahren werden, da die Kommutatorlamellen unter den Bürsten ausreichend rasch wechseln. Bei Stillstand ist somit die Stromdichte in den Bürsten auf ca. 60 % verringert. Ab

$n > 2$ ... 5/min ist Bemessungsstrom I_N möglich, und die typische Bemessungs-Bürstenstromdichte beträgt 10 A/cm^2.

Aufgabe A11.6: Fremderregter Gleichstromantrieb

Für eine Druckmaschine wird eine fremderregte Gleichstrommaschine mit Kompensationswicklung als Antrieb projektiert. Der gewählte Motor hat die Bemessungsdaten $U_N = 440$ V, $I_N = 120$ A und einen Gesamtwiderstand des Ankerkreises $R_a = 0.3$ Ω. Die Kennlinie der generatorisch bestimmten Leerlaufspannung in Abhängigkeit der Erregerdurchflutung $U_0 = f(\Theta_f)$ liegt in Bild A11.6-1 bei $n = 500$/min vor. Eine Messung auf dem Prüfstand bei $U = U_N$ und konstanter Erregung zeigte, dass die Drehzahl der Maschine zufolge Überkommutierung von $n_0 = 600$/min bei Leerlauf ($I_a = 0$) etwa linear auf $n = 618$/min bei Bemessungsstrom $I_a = I_N$ anstieg.

1. Bestimmen Sie die Erregerdurchflutung Θ_f, bei der im Leerlauf bei Motorbetrieb die (Leerlauf-)Drehzahl $n = n_0 = 600$/min auftritt.

2. Wie groß muss die Windungszahl/Pol einer Hilfsreihenschlusswicklung gewählt werden, damit sich für den Betrieb an Bemessungsspannung und der Erregung nach 1) im Leerlauf die Drehzahl $n_0 = 600$/min und für $I_a = I_N$ die Drehzahl $n = 550$/min einstellt? Der Widerstand der Hilfsreihenschlusswicklung ist zu vernachlässigen.

3. Die Maschine soll nun ohne die Hilfsreihenschlusswicklung über einen 6-pulsigen Umrichter aus dem Drehstromnetz gespeist werden, wobei die Kommutierungsimpedanz des Stromrichters infolge der endlichen Kommutierungszeit der Thyristoren (= Strom-Überlappung zweier Phasen während der Kommutierung) als zusätzlicher ohm'scher Widerstand 0.15 Ω in Rechnung zu stellen ist. Zeigt die Drehzahlkennlinie $n = f(I_a)$ für $U_{di} = 440$ V = konst. und Erregung nach 1) im Bereich $0 \leq I_a \leq I_N$ noch immer eine Neigung zur Instabilität? Geben Sie eine rechnerische Begründung! Mit U_{di} ist die gleichgerichtete Spannung ohne Berücksichtigung der endlichen Kommutierungszeit der Thyristoren gemeint.

4. Skizzieren Sie eine mögliche, allpolige Schaltung für die Realisierung des Antriebs nach 3).

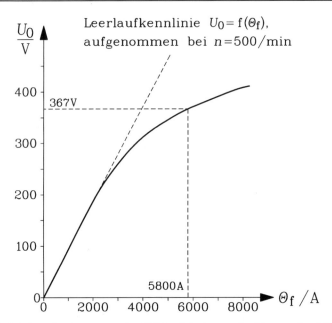

Bild A11.6-1: Leerlaufspannung in Abhängigkeit von der Erregerdurchflutung bei $n = 500/\text{min}$

Lösung zu Aufgabe A11.6:

1)
$U_N = 440$ V, Leerlauf ($I_a = 0$ A): $U_i = U_N = k_1 \cdot n \cdot \Phi(I_f) = 440$ V bei $600/\text{min}$. Bei $n = 500/\text{min}$ ist die induzierte Spannung U_i um den Faktor $500/600$ kleiner: $5/6 \cdot 440$ V $= 367$ V $\Rightarrow \Theta_f = 5800$ A nach Bild A11.6-1.

2)
Wegen Überkommutierung ist der Hauptfluss (Bild A11.6-2a) bei steigendem Ankerstrom um $-\Delta\Phi$ reduziert. Da $\Delta\Phi$ ausreichend groß ist, nimmt die Drehzahl bei steigender Last von $n_0 = 600/\text{min}$ bei Leerlauf auf $n = 618/\text{min}$ bei $I_a = I_N$ zu statt ab (Bild A11.6-2b): $\Delta n = 18/\text{min}$.

$$U = k_1 \cdot n \cdot \Phi + I_a \cdot R_a \text{ , Bild A11.6-2b: } n = n_0 \cdot \left(1 + \frac{I_a}{I_N} \frac{\Delta n}{n_0} \right)$$

$$k_1 \cdot \Phi = \frac{U - I_a \cdot R_a}{n_0 \cdot \left(1 + \dfrac{I_a}{I_N} \dfrac{\Delta n}{n_0} \right)} \quad \text{mit } U = 440 \text{ V und } R_a = 0.3\ \Omega$$

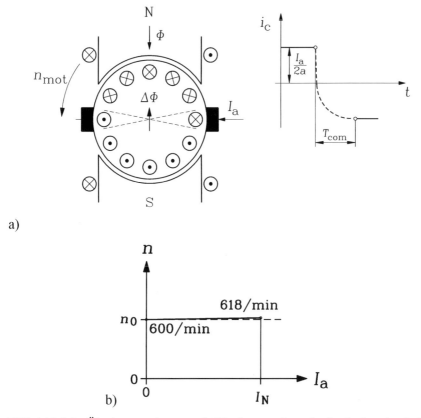

a)

b)

Bild A11.6-2: Überkommutierung: a) Die kommutierende Spule hat durch beschleunigte Kommutierung bereits die umgekehrte Spulendurchflutung und erregt somit einen den Hauptfluss Φ schwächenden Spulenfluss $\Delta\Phi$. Die Stromwendung findet auf Grund eines zu starken Wendefelds beschleunigt statt. b) Die Drehzahl nimmt bei steigender Last zu statt ab

Da der Faktor k_1 unbekannt ist, wird anstelle mit Φ mit $k_1 \cdot \Phi$ gerechnet. Es errechnet sich der k_1-fache Hauptfluss bei Leerlauf $I_a = 0\,\mathrm{A}$, $n_0 = 600/\mathrm{min}$ zu $k_1 \cdot \Phi = 44\,\mathrm{Vs}$ und bei Bemessungslast $I_a = 120\,\mathrm{A}$, $n = 618/\mathrm{min}$ zu $k_1 \cdot \Phi^* = 39.2\,\mathrm{Vs}$. Daraus ergibt sich der k_1-fache Flussverlust: $k_1 \cdot \Delta\Phi = 39.2 - 44 = -4.77\,\mathrm{Vs}$.

Dieser Flussverlust muss durch eine zusätzliche Hilfsreihenschlusswicklung kompensiert werden. Es soll bei $I_a = 120\,\mathrm{A}$, $U = 440\,\mathrm{V}$ die Bemessungsdrehzahl erreicht werden: $n_N = 550/\mathrm{min}$. Dies erfordert folgenden k_1-fachen Fluss:

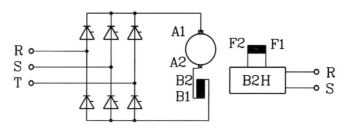

Bild A11.6-3: Stromrichter für Einquadranten-Motorbetrieb

$$k_1 \cdot \Phi = \frac{440 - 120 \cdot 0.3}{550/60} = 44.0 \, \text{Vs} \, .$$

Die zusätzliche Hilfsreihenschlusswicklung muss den Flussverlust $k_1 \cdot \Delta\Phi$ vollständig kompensieren. Es induziert der verringerte Fluss $k_1 \cdot \Phi^*$ bei $n = 500/\text{min}$ eine Spannung $U_0^* = 39.2 \cdot 500/60 = 326.7$ V, was gemäß Bild A11.6-1 einer Durchflutung von $\Theta_f^* = 4350$ A entspricht. Die Hilfsreihenschlusswicklung muss daher eine Durchflutung von

$\Theta_{RS} = 5800$ A - 4350 A = 1450 A

erreichen, um den Fluss $k_1 \cdot \Phi = 44$ Vs konstant zu halten.

$$N_{RS} = \frac{\Theta_{RS}}{I_{aN}} = \frac{1450 \, \text{A}}{120 \, \text{A}} = 12.08 \qquad \Rightarrow \qquad N_{RS} = 12 \, \text{Windungen/Pol}$$

3)
Stromrichter für Einquadranten-Motorbetrieb (Bild A11.6-3):
Die Stromkommutierung von einem Ventil (Thyristor) zum nächsten ergibt wegen der endlichen Kommutierungszeit eine endliche Überlappungszeit (Überlappungswinkel $\ddot{u}$) zweier Phasen. Dieser Überlappungswinkel nimmt mit steigendem Strom zu, da ein größerer Strom eine längere Kommutierungszeit hat: $\ddot{u} \sim I_a$! Gemäß Bild A11.6-4 ist die gleichgerichtete Spannung um ΔU (Dällenbach-Spannungsfall) kleiner als die ideal gleichgerichtete Spannung U_{di}. Dieser Wert ΔU wird durch einen ebenso großen Spannungsfall an einem fiktiven Serien-Ersatzwiderstand R_{eq} berücksichtigt:

$$\Delta U = R_{eq} \cdot I_a \, .$$

Die Ankerspannung beträgt daher $U_{di} \cdot \cos\alpha - \Delta U$ anstelle von $U_{di} \cdot \cos\alpha$.
Aus 2) ist bekannt, dass die Flussreduzierung aufgrund von Überkommutierung bei Volllast

$$-k_1 \Delta\Phi \frac{I_a}{I_N} + k_1\Phi = k_1\Phi^*(I_a), \quad I_a = I_N : k_1\Phi^*(I_N) = 39.2 \, \text{Vs}$$

beträgt.

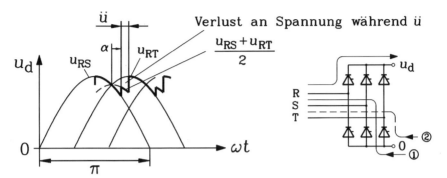

Bild A11.6-4: Durch die endliche Kommutierungsdauer der Ströme in den Thyristoren kommt es zur Überlappung der Phasen während der Thyristorkommutierung von (1) nach (2). Dies führt zu einem zusätzlichen Spannungsverlust

Der zusätzliche Spannungsabfall durch die endliche Kommutierungszeit ist: $R_{eq} \cdot I_a = \Delta U = 0.15 \cdot 120 = 18\,V$. Dieser zusätzliche Spannungsabfall bewirkt, dass die Drehzahl auf 591/min mit zunehmender Last abnimmt, selbst bei Überkommutierung!

$$n = \frac{U - (R_a + R_{eq}) \cdot I_a}{k_1 \Phi(I_a)} = \frac{440 - (0.3 + 0.15) \cdot 120}{39.2} = 9.85\,/s = 591\,/\min$$

$$n(I_a = I_N) = 591\,/\min < n_0 = 600\,/\min$$

Der Spannungsverlust ΔU stabilisiert somit die Motor-Drehzahl-Drehmoment-Kennlinie im ungeregelten Betrieb. Durch eine Drehzahlregelung mit entsprechender Einstellung der Regelparameter wird aber selbst die zur Instabilität neigende Gleichstrommaschine stabilisiert.
4)
Siehe Bild A11.6-3.

Aufgabe A11.7: Induzierte Ankerspannung

Die vereinfachte Gleichstrommaschine Bild A11.7-1 mit nur einer Ankerspule hat folgende Abmessungen: Axiale Blechpaketlänge l = 100 mm, Luftspaltweite δ = 1.5 mm, maximale radiale magnetische Luftspaltflussdichte bei Leerlauf $B_{\delta,m}$ = 0.8 T, ideelle Polbedeckung α_e = 0.7, Ständerinnendurchmesser (Bohrung) d_{si} = 100 mm, Ankerspulenwindungszahl N_c = 15, Ankerspulenwiderstand = Ankerwicklungs-Gesamtwiderstand R_a = 0.11 Ω.

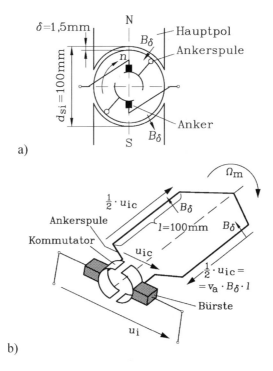

a)

b)

Bild A11.7-1: Vereinfachte zweipolige Gleichstrommaschine (a) mit nur einer Ankerspule (b)

1. Wie groß ist die Ankerumfangsgeschwindigkeit v_a bei einer Ankerdrehzahl n = 3600/min? Setzen Sie wegen δ/d_{si} = 1.5 % << 1 näherungsweise den Läuferaußendurchmesser gleich dem Ständerinnendurchmesser!
2. Wie groß ist die Polteilung τ_p?
3. Skizzieren Sie in Anlehnung an Kapitel 11 des Lehrbuchs den Zeitverlauf der induzierten Spannung $u_{i,c}(t)$ und die nach dem Kommutator gleichgerichtete Spannung $u_i(t)$ und bemaßen Sie die Zeitachse (Periode T der Wechselspannung) und die Spannungsmaxima $u_{i,c,m}$!
4. Berechnen Sie den magnetischen Fluss Φ pro Pol !
5. Wie groß ist der Mittelwert U_i der gleichgerichteten induzierten Spannung $u_i(t)$?

Lösung zu Aufgabe A11.7:

1)
$$v_a = d_{si} \cdot \pi \cdot n = 0.1 \cdot \pi \cdot 3600 / 60 = 18.85 \,\text{m/s} = 67.9 \,\text{km/h}$$

2)

$$\tau_p = \frac{d_{si}\pi}{2p} = \frac{100\pi}{2} = 157.1\text{mm}$$

3)

$$u_{i,c,m} = N_c \cdot 2 \cdot v_a \cdot B_{\delta,m} \cdot l = 15 \cdot 2 \cdot 18.85 \cdot 0.8 \cdot 0.1 = 45.24\text{V} \; ,$$

$$T = 1/f_a = 1/(n \cdot p) = \frac{1}{\dfrac{3600}{60} \cdot 1} = 16.67\text{ms} \; ,$$

Verlauf von $u_{i,c}(t)$ siehe Bild A11.7-2!

4)

$$\Phi = \alpha_e \cdot \tau_p \cdot l \cdot B_{\delta,m} = 0.7 \cdot 0.1571 \cdot 0.1 \cdot 0.8 = 8.798\text{mWb}$$

5)

Der Gleichstromläufer mit $K = 2$ Kommutatorlamellen hat bei einer einschichtig ausgeführten Schleifenwicklung eine Ankerspule, also hier $N_c = 15$ Windungen (Bild A11.7-3c). Daher ist die mittlere gleichgerichtete induzierte Spannung: $U_i = \alpha_e \cdot u_{i,c,m} = 0.7 \cdot 45.24 = 31.67\text{V}$ (vgl. Bild A11.7-3a, b).

Anmerkung:

Ein Gleichstromläufer mit $K = 2$ Kommutatorlamellen hat mit einer zweischichtig ausgeführten Schleifenwicklung zwei Ankerspulen zu je $N_c = 15$ Windungen (Bild A11.7-3c). Diese sind aber gemäß $2a = 2p$ (=2) über die Plus- und Minus-Bürste parallel geschaltet, so dass der Mittelwert der induzierten Spannung U_i wieder 31.65 V beträgt (Bild A11.7-3d). Die nachfolgende Rechnung verdeutlicht dies.

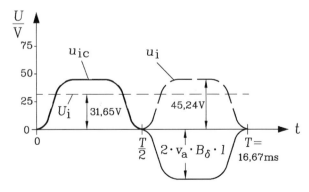

Bild A11.7-2: Induzierte Ankerspulenspannung u_{ic} und deren Gleichrichtung u_i

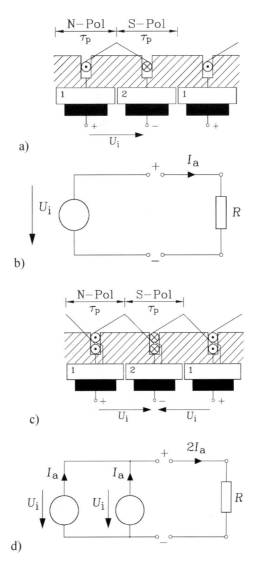

Bild A11.7-3: a) Anker mit einer Ankerspule als Einschichtwicklung (abgewickelte Darstellung), b) zugehöriges Ersatzschaltbild einer mit dem ohm´schen Widerstand R belasteten Ankerwicklung, c) Anker mit zwei Ankerspulen als Zweischichtwicklung (abgewickelte Darstellung), d) zugehöriges Ersatzschaltbild (Verbraucher-Zählpfeilsystem)

Mit der Anzahl der Ankerleiter $z = 2 \cdot K \cdot N_c = 2 \cdot 2 \cdot 15 = 60$ folgt:

$$U_i = z \cdot (p/a) \cdot n \cdot \Phi = 60 \cdot (1/1) \cdot \frac{3600}{60} \cdot \frac{8.798}{1000} = 31.67\,\text{V}\,.$$

Aufgabe A11.8: Sechspolige Schleifenwicklung

Eine sechspolige Gleichstrommaschine mit einer axialen Blechpaketlänge $l = 120$ mm und einem Ständerinnendurchmesser (Bohrung) $d_{si} = 190$ mm hat eine ideelle Polbedeckung $\alpha_e = 0.7$ und eine maximale radiale magnetische Luftspaltflussdichte bei Leerlauf $B_{\delta,m} = 0.85$ T. Der Anker der Maschine ist mit einer Zweischicht-Schleifenwicklung gemäß Bild A11.8-1 ausgerüstet mit einer Ankerspulenwindungszahl $N_c = 20$. Die Maschine hat eine mit der Ankerwicklung in Serie geschaltete Wendepolwicklung zur Verbesserung der Kommutierung. Der Gesamtwiderstand von Anker- und Wendepolwicklung beträgt $R_a = 0.14$ Ω. Der Bürstenspannungsfall bei Bemessungsstrom beträgt $U_b = 2$ V.

1. Wie groß ist die Gesamtleiterzahl z am Ankerumfang?
2. Berechnen Sie die induzierte Spannung U_i bei $n = 4000/\text{min}$!
3. Die Maschine wird als Motor betrieben, indem an den Plus- und Minusbürsten eine Ankerspannung $U = 600$ V angelegt wird. Wie groß ist der Ankerstrom I_a?
4. Bestimmen Sie zu 3) die elektromagnetische *Lorentz*-Kraft pro Pol F_{Pol} und das resultierende elektromagnetische Drehmoment M_e der Maschine!
5. Vernachlässigen Sie im Folgenden die Ummagnetisierungsverluste und die Reibungsverluste im Anker. Bestimmen Sie die verbleibenden Verlustkomponenten zum Lastpunkt 3) und geben Sie die Leistungsbilanz an.
6. Bestimmen Sie zu 5) den Wirkungsgrad η!

Lösung zu Aufgabe A11.8:

1)
$$z = 2 \cdot K \cdot N_c = 2 \cdot 31 \cdot 20 = 1240$$
2)
Polteilung: $\tau_p = \dfrac{d_{si}\pi}{2p} = \dfrac{190\pi}{6} = 99.5\,\text{mm}$

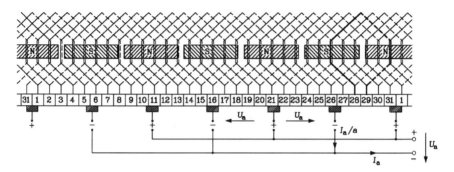

Bild A11.8-1: Sechspolige Ankerschleifenwicklung mit K = 31 Kommutatorsegmenten

Fluss pro Pol: $\Phi = \alpha_e \tau_p l B_{\delta,m} = 0.7 \cdot 0.0995 \cdot 0.12 \cdot 0.85 = 7.1 \text{mWb}$

Schleifenwicklung: Anzahl der parallelen Wicklungszweige $2a$ = Anzahl der Magnetpole $2p = 6$.

$$U_i = z \cdot (p/a) \cdot n \cdot \Phi = 1240 \cdot (3/3) \cdot \frac{4000}{60} \cdot \frac{7.1}{1000} = 586.9 \text{V}$$

3)
Motorbetrieb: Anker-Spannungsgleichung:

$$U = U_i + I_a R_a + U_b \Rightarrow I_a = \frac{U - U_i - U_b}{R_a} = \frac{600 - 586.9 - 2}{0.14} = 79.3 \text{A}$$

4)
Ankerspulenstrom: $I_c = \dfrac{I_a}{2a} = \dfrac{79.3}{6} = 13.22 \text{A}$

$$F_{Pol} = \alpha_e \cdot \frac{z}{2p} \cdot I_c B_{\delta,m} l = 0.7 \cdot \frac{1240}{6} \cdot 13.22 \cdot 0.85 \cdot 0.12 = 195.0 \text{N}$$

$$M_e = 2p \cdot F_{Pol} \cdot \frac{d_{si}}{2} = 6 \cdot 195 \cdot \frac{0.19}{2} = 111.11 \text{Nm} \text{ oder mit}$$

$$k_2 = \frac{z \cdot p}{2\pi \cdot a} = \frac{1240 \cdot 3}{2\pi \cdot 3} = 197.35 :$$

$$M_e = k_2 \cdot \Phi \cdot I_a = 197.35 \cdot 0.0071 \cdot 79.3 = 111.11 \text{Nm}$$

5)
Bürstenübergangsverluste: $P_b = U_b \cdot I_a = 2 \cdot 79.3 = 158.6 \text{W}$

Stromwärmeverluste in der gesamten Ankerwicklung:

$$P_{Cu,a} = R_a \cdot I_a^2 = 0.14 \cdot 79.3^2 = 880.4 \text{W}$$

Gesamtverluste: $P_d = P_b + P_{Cu,a} = 158.6 + 880.4 = 1039.0 \text{W}$

Elektrisch zugeführte Leistung: $P_{e,in} = U \cdot I_a = 600 \cdot 79.3 = 47580\,\text{W}$

Mechanisch abgegebene Leistung:

$$P_{m,out} = 2\pi \cdot n \cdot M_e = 2\pi \cdot \frac{4000}{60} \cdot 111.11 = 46541\,\text{W}$$

Kontrolle: Leistungsbilanz: $P_{e,in} - P_d = P_{m,out} \Rightarrow 47580 - 1039 = 46541\,\text{W}$

6)

Wirkungsgrad: $\eta = \dfrac{P_{m,out}}{P_{e,in}} = \dfrac{46541}{47580} = 97.8\%$

Aufgabe A11.9: Kennlinie eines fremderregten Gleichstrommotors

Ein fremderregter Gleichstrommotor hat folgende Daten: U_N = 600 V, P_N = 50 kW, n_N = 4000/min. Der Motorwirkungsgrad ohne Erregerverluste beträgt η = 95%. Der ohm´sche Widerstand der Ankerwicklung (Serienschaltung von Läufer- und Wendepolwicklung) wurde mit R_a = 0.15 Ω gemessen. Aus den Angaben zur Läuferwicklung wurde k_2 = 197.35 rechnerisch bestimmt. Wenn in der Erregerwicklung der Bemessungserregerstrom I_{fN} = 1.3 A fließt, ergibt sich ein magnetischer Fluss pro Pol Φ = 0.0071 Wb.

1. Bestimmen Sie den Anker-Bemessungsstrom I_{aN} !
2. Wie groß ist die Leerlaufdrehzahl n_0?
3. Berechnen Sie die Motordrehzahl n, wenn das elektromagnetische Moment M_e des Motors dem doppelten Bemessungsmoment $2M_N$ entspricht!
4. Skizzieren Sie maßstäblich die Kennlinie $n(M_e)$ für $0 \leq M_e \leq 2M_N$ für folgende Werte der Ankerklemmenspannung: a) $U = U_N$ und b) $U = U_N/2$. Geben Sie die dazu erforderlichen Nebenrechnungen an!

Lösung zu Aufgabe A11.9:

1)
Motorbetrieb, daher ist die Bemessungsleistung die mechanisch abgegebene Leistung:

$$P_N = P_{m,out} = 50\,\text{kW} \ ,$$

Leistungsfluss im Ankerkreis: $P_{e,in} = \dfrac{P_{m,out}}{\eta} = \dfrac{50000}{0.95} = 52632\,W = U_N \cdot I_{aN}$

Bemessungs-Ankerstrom: $I_{aN} = \dfrac{P_{e,in}}{U_N} = \dfrac{52632}{600} = 87.7\,A$

2)

Bei ideal widerstandslosem Drehen des Läufers (keine Reibungs-, Läufer-Ummagnetisierungs- und Läufer-Zusatzverluste) ist bei motorischem Leerlauf (= Lastmoment ist Null) das bremsende Moment an der Läuferwelle Null. Daher ist auch das antreibende elektromagnetische Drehmoment M_e im Leerlauf Null: $M_e = k_2 \cdot \Phi \cdot I_a = 0 \Rightarrow I_a = 0$, daher sind $R_a I_a = 0$ und $U_b = 0$.

Damit folgt aus der Ankerspannungsgleichung:

$U = U_i + U_b + R_a I_a = U_i = k_2 \cdot (2\pi n_0) \cdot \Phi$

$n_0 = \dfrac{U_N}{2\pi \cdot k_2 \cdot \Phi} = \dfrac{600}{2\pi \cdot 197.35 \cdot 0.0071} = 68.15/s = 4089/min$

3)

Bemessungsmoment: $M_N = \dfrac{P_N}{2\pi \cdot n_N} = \dfrac{50000}{2\pi \dfrac{4000}{60}} = 119.4 Nm$

Fremderregter Motor:

$n = n_0 - \dfrac{R_a}{2\pi \cdot (k_2 \Phi)^2} \cdot 2M_N = 68.15 - \dfrac{0.15}{2\pi \cdot (197.35 \cdot 0.0071)^2} \cdot (2 \cdot 119.4)$

$n = 65.24/s = 3915/min$

4)

Kennlinien $n(M_e)$: Gerade mit zwei Stützpunkten: z. B. $n(M_e=0) = n_0$ und $n(M_e=2M_N)$, siehe Bild A11.9-1.

	n_0	$n(M_N)$	$n(2M_N)$
a) $U = U_N = 600$ V	4089/min	4000/min	3915/min
b) $U = U_N/2 = 300$ V	2044/min	1955/min	1870/min

Gleichung der $n(M_e)$-Kennlinie: $n = \dfrac{U}{2\pi \cdot k_2 \cdot \Phi} - \dfrac{R_a}{2\pi \cdot (k_2 \cdot \Phi)^2} \cdot M_e$:

a) $U = U_N = 600$ V: siehe Punkt 2), 3)

b) $U = U_N/2 = 300$ V: Leerlauf: $M_e = 0$:

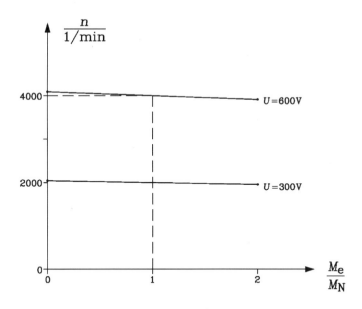

Bild A11.9-1: Drehzahl-Drehmoment-Kennlinie des Gleichstrommotors bei Bemessungsspannung 600 V und halber Bemessungsspannung 300 V

$$n_0 = \frac{300}{2\pi \cdot 197.35 \cdot 0.0071} = 34.08/s = 2044.5/\text{min}$$

$$n = \frac{U}{2\pi \cdot k_2 \cdot \Phi} - \frac{R_a}{2\pi \cdot (k_2 \cdot \Phi)^2} \cdot 2M_N$$

$$n = 34.08 - \frac{0.15}{2\pi \cdot (197.35 \cdot 0.0071)^2} \cdot (2 \cdot 119.4) = 31.18/s = 1870/\text{min}$$

Aufgabe A11.10: Gleichstrom-Aufzugsmotor

Ein Gleichstromnebenschlussmotor (U_N = 440 V, Ankerwirkungsgrad η_N = 0.85) als Antrieb für einen Aufzug soll über ein zweistufiges Stirnradgetriebe mit dem Wirkungsgrad η_G = 0.9 und dem Übersetzungsverhältnis $i = n_N/n_L = 40$ eine Last mit der Masse m = 1.5 t mit der Geschwindigkeit v = 0.8 m/s heben. Der (mittlere) Durchmesser der mit der Lastdrehzahl n_L rotierenden Seiltrommel beträgt d = 0.6 m.

1. Wie groß muss die Motorbemessungsleistung P_N sein? Bestimmen Sie die Motor-Bemessungsdrehzahl n_N und berechnen Sie den Bemessungs-

strom I_N, das Bemessungsmoment M_N und die Verlustleistungen P_d im Motor und P_{dG} im Getriebe!

2. Die Einspeisung der Ankerspannung erfolgt über eine im Keller des Hauses befindliche Hausbatterie. Die Distanz zwischen Batterie und Motor beträgt $l = 50$ m. Dimensionieren Sie den Querschnitt q_{Cu} der Kupfer-Doppelleitung (Leitfähigkeit $\kappa_{Cu} = 56 \cdot 10^6$ S/m), so dass die Übertragungsverluste P_L 10% der Motorverluste P_d betragen. Runden Sie sinnvoll! Wie groß ist die Stromdichte J?

3. Wie viele galvanische Zellen N_Z sind in Serie nötig, wenn die Zellen-Leerlaufspannung $U_{Z0} = 2$ V beträgt und der Innenwiderstand einer Zelle $R_{Zi} = 0.5$ mΩ?

4. Wie groß ist der Ankerstrom im Störfall bei Blockade des Getriebes? Nehmen Sie vereinfachend an, dass die Motorverluste ausschließlich durch die Stromwärme in der Ankerwicklung bedingt sind. Kommentieren Sie das Ergebnis!

Lösung zu Aufgabe A11.10:

1)

$$P_N = \frac{m \cdot g \cdot v}{\eta_G} = \frac{1500 \cdot 9.81 \cdot 0.8}{0.9} = 13080\,\text{W} ,$$

$$P_{dG} = P_N - m \cdot g \cdot v = 13080 - 11772 = 1308\,\text{W} ,$$

$$v = d \cdot \pi \cdot n_L \Rightarrow n_L = \frac{v}{d \cdot \pi} = \frac{0.8}{0.6 \cdot \pi} = 0.42/\text{s} = 25.5/\text{min}$$

$$n_N = i \cdot n_L = 40 \cdot 25.5 = 1019/\text{min}$$

$$M_N = P_N/(2\pi \cdot n_N) = 13080/(2\pi \cdot (1019/60)) = 122.6\,\text{Nm}$$

$$I_N = \frac{P_N}{\eta_N} \cdot \frac{1}{U_N} = \frac{13080}{0.85} \cdot \frac{1}{440} = 34.97\,\text{A} ,$$

$$P_d = P_N \cdot \left(\frac{1}{\eta_N} - 1\right) = 13080 \cdot \left(\frac{1}{0.85} - 1\right) = 2308\,\text{W}$$

2)

$$P_L = 0.1 \cdot P_d = 231\,\text{W} , \quad P_L = R_L \cdot I_N^2 = \frac{2l}{\kappa_{Cu} \cdot q_{Cu}} \cdot I_N^2$$

ohm'scher Widerstand der Doppelleitung: $R_L = \dfrac{2l}{\kappa_{Cu} \cdot q_{Cu}}$.

$$q_{Cu} = \frac{2l}{\kappa_{Cu} \cdot P_L} \cdot I_N^2 = \frac{2 \cdot 50}{56 \cdot 10^6 \cdot 231} \cdot 34.97^2 = 9.45 \cdot 10^{-6} \, m^2$$

Es wird ein Leiterquerschnitt von $q_{Cu} = 10 mm^2$ benötigt!

$$R_L = \frac{2l}{\kappa_{Cu} \cdot q_{Cu}} = \frac{2 \cdot 50}{56 \cdot 10^6 \cdot 10 \cdot 10^{-6}} = 0.1786 \Omega \,,$$

$$J = I_N / q_{Cu} = 34.97 / 10 = 3.5 A/mm^2$$

3)

$$N_Z \cdot (U_{Z0} - R_{Zi} \cdot I_N) - R_L \cdot I_N = U_N \,,$$

$$N_Z = \frac{U_N + R_L \cdot I_N}{U_{Z0} - R_{Zi} \cdot I_N} = \frac{440 + 0.1786 \cdot 34.97}{2 - 0.5 \cdot 10^{-3} \cdot 34.97} = \frac{446.2}{2 - 0.0175} = 225.09 \Rightarrow N_Z = 226$$

4)

$$P_d = R_a \cdot I_N^2 \,, \quad R_a = P_d / I_N^2 = 2308 / 34.97^2 = 1.887 \Omega$$

$$n = 0 \Rightarrow U_i = 0 : N_Z \cdot U_{Z0} - (N_Z \cdot R_{Zi} + R_L + R_a) \cdot I_a = 0$$

$$I_a = \frac{N_Z \cdot U_{Z0}}{N_Z \cdot R_{Zi} + R_L + R_a} = \frac{226 \cdot 2}{226 \cdot 0.5 \cdot 10^{-3} + 0.1786 + 1.887} = 207.5 A = 5.9 \cdot I_N$$

Dieser nahezu 6-fache Störstrom ist wegen der 36-fachen Verluste zu hoch (Überhitzung, Zerstörung der Wicklung) und muss durch ein schnell schaltendes Gleichstrom-Motorschütz als Motorschutzschalter abgeschaltet werden.

Aufgabe A11.11: Fremderregter Gleichstromgenerator

Eine fremderregte Gleichstrommaschine ($I_{aN} = 120 \, A$, $U_{aN} = 440 \, V$, $R_a = 0.1 \, \Omega$, $\eta_N = 95 \, \%$ ohne Erregerverluste) wird von einem Dieselmotor an Bord eines Schiffes mit konstanter Drehzahl $n = 1500 \, min^{-1}$ angetrieben. Die Hauptfelderregung wird von einem 220 V-Batteriebordnetz versorgt. Die Bemessungsspannung der Ankerwicklung beträgt $U_N = 440 \, V$.

1. Zeichnen Sie die Schaltung des Generators in Bild A11.11-1 ein mit den Spannungen U_f, U_a, den Strömen I_a, I_f für das Erzeuger-Zählpfeilsystem im Ankerkreis und für das Verbraucher-Zählpfeilsystem im Erregerkreis!
2. Zeichnen Sie das zugehörige Ersatzschaltbild für den Ankerkreis mit einem Belastungswiderstand R!
3. Geben Sie die Maschengleichung zu 2. an!

————————————————— +220V   ————————————————— +220V
————————————————— −220V   ————————————————— 0V

Bild A11.11-1: Schaltungsangaben für eine fremderregte Gleichstrommaschine

4. Wie groß sind die elektrische Bemessungsleistung, die mechanische Aufnahmeleistung an der Welle und das für den Antrieb erforderliche Drehmoment M_N, das der Dieselmotor erzeugen muss?
5. Wie groß sind die elektrische Bemessungsleistung, die mechanische Aufnahmeleistung an der Welle und das für den Antrieb erforderliche Drehmoment M_N, das der Dieselmotor liefern muss?
6. Der Erregerstrom beträgt I_{fN} = 4.8 A. Wie groß sind die Erregerverluste und der resultierende Gesamtwirkungsgrad η_{res}?
7. Bestimmen Sie die induzierte Spannung in der Ankerwicklung U_i im generatorischen Leerlauf, so dass bei $I_a = I_{aN}$ = 120 A die Ankerspannung U_{aN} = 440 V auftritt! Vernachlässigen Sie dabei den Bürstenspannungsfall. Berechnen Sie die Größe $k_2 \cdot \Phi$!
8. Skizzieren Sie die Ankerspannung U_a bei veränderlichem Ankerstrom $0 \leq I_a \leq 2 \cdot I_{aN}$ maßstäblich!

Lösung zu Aufgabe A11.11:

1)
siehe Bild A11.11-2a!
2)
siehe Bild A11.11-2b!
3)
Ankerspannungsgleichung im Erzeuger-Zählpfeilsystem bei Vernachlässigung des Bürstenspannungsfalls: $U_a = U_i - R_a \cdot I_a$
4)
$P_N = P_{e,out} = U_{aN} \cdot I_{aN} = 440 \cdot 120 = 52800\,\text{W}$,

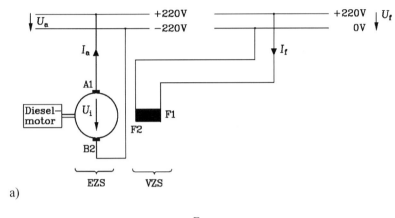

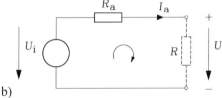

Bild A11.11-2: a) Schaltung des fremderregten Gleichstromgenerators, b) Ersatz-schaltbild des Ankerkreises, Erzeuger-Zählpfeilsystem (EZS) für die Ankerwick-lung, Verbraucher-Zählpfeilsystem (VZS) für den Belastungswiderstand R. Die induzierte Spannung U_i ist „innere" Quellenspannung.

$P_{m,in} = P_{e,out} / \eta_N = 52800 / 0.95 = 55579 \, \text{W}$,

$M_N = P_{m,in} / (2\pi \cdot n_N) = 55579 / (2\pi \cdot (1500 / 60)) = 353.83 \, \text{Nm}$

5)

Gesamtverluste: $P_{d,a} = P_{m,in} - P_{e,out} = 55579 - 52800 = 2779 \, \text{W}$,

$P_{Cu,a} = R_a \cdot I_{aN}^2 = 0.1 \cdot 120^2 = 1440 \, \text{W}$,

$P_{Cu,a} / P_{d,a} = 1440 / 2779 = 0.518 = 51.8\%$

6)

$P_{fN} = U_{fN} \cdot I_{fN} = 220 \cdot 4.8 = 1056 \, \text{W}$,

$\eta_{N,res} = \dfrac{P_{e,out}}{P_{m,in} + P_{fN}} = \dfrac{52800}{55579 + 1056} = 0.9322 = 93.22\%$

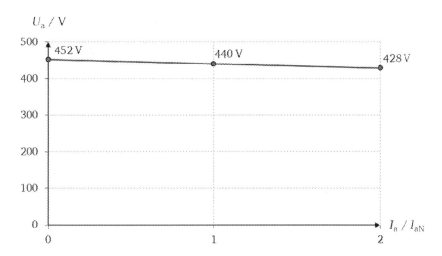

Bild A11.11-3: Ankerspannungs-Strom-Kennlinie („äußere" Kennlinie) des fremderregten Gleichstromgenerators

7)

$U_b \approx 0:\quad U_i = U_{aN} + R_a \cdot I_{aN} + U_b = U_{aN} + R_a \cdot I_{aN} = 440 + 0.1 \cdot 120 = 452\,\text{V}$

$U_i = 2\pi \cdot k_2 \cdot n_N \cdot \Phi \rightarrow k_2 \cdot \Phi = U_i / (2\pi \cdot n_N) = 452 / (2\pi \cdot (1500/60)) = 2.8775\,\text{Vs}$

8)

$U_a(I_a = 0) = U_i = 452\,\text{V}$, $U_a(I_a = I_{aN}) = 440\,\text{V}$,

$U_a(I_a = 2 I_{aN}) = 452 - 24 = 428\,\text{V}$

Die Ankerspannungs-Strom-Kennlinie ist eine Gerade mit negativer Neigung (Bild A11.11-3), deren negativer Anstieg wegen des kleinen Werts R_a klein ist.

Aufgabe A11.12: Fremderregter Gleichstrommotor

Ein fremderregter Gleichstrommotor mit den Daten für die Bemessungsankerspannung $U_{aN} = 220$ V, den Ankerwicklungswiderstand $R_a = 0.15\ \Omega$, die Bemessungserregerverluste $P_{fN} = 500$ W und die Leerlaufdrehzahl $n_0 = 1500$/min hat das Bemessungsmoment $M_N = 70$ Nm.

1. Wie groß ist bei Bemessungserregungsbedingungen die Drehzahl n in 1/min bei M_N und bei $M_N/2$? Vernachlässigen Sie den Bürstenspannungsfall U_b und nehmen Sie an, dass das elektromagnetische Drehmoment M_e an der Welle als Wellenmoment M wirksam ist. Welche bremsenden Verlustmomente sind dabei vernachlässigt worden?

2. Zeichnen Sie maßstäblich die $n(M)$-Kennlinie für $0 \leq M \leq 2M_N$ als Bild A11.12-1! Bestimmen Sie die Motor-Bemessungsleistung P_N! Wie groß ist der Motor-Gesamtwirkungsgrad η_{Nres}?

3. Wie groß wäre der Ankerstrom beim Anfahren I_{a1} bzw. I_{a1}/I_{aN}? Bewerten Sie das Ergebnis!

4. Wie muss ein Anlasser-Widerstand $R_{Anlasser}$ dimensioniert werden, damit $I_{a1}/I_{aN} = 1.5$ ist? Wie groß ist dann das Anzugsmoment M_1 bzw. M_1/M_N? Zeichnen Sie die $n(M)$-Kennlinie in Bild A11.12-1 ein!

5. Der Hauptfluss pro Pol Φ_N wird durch Verringern des Erregerstroms I_f halbiert: $\Phi = \Phi_N/2$ („Feldschwächung"). Zeichnen Sie die Kennlinie $n(M)$ in Bild A11.12-1 für $0 \leq I_a \leq 2I_{aN}$ ein!

Lösung zu Aufgabe A11.12:

1)
Ankerspannungsgleichung bei Bemessungserregung und Vernachlässigung des Bürstenspannungsfalls, im Verbraucher-Zählpfeilsystem:

$U_b \approx 0:$ $U_{aN} = U_i + R_a \cdot I_{aN} + U_b = 2\pi \cdot n \cdot k_2 \cdot \Phi_N + R_a \cdot I_{aN}$

$n = (U_{aN} - R_a \cdot I_{aN})/(2\pi \cdot k_2 \cdot \Phi_N)$, $M_e = k_2 \cdot \Phi_N \cdot I_a$,

Bei Vernachlässigung der bremsenden Verlustmomente durch Reibung und Ummagnetisierungsverluste gilt $M_{eN} = k_2 \cdot \Phi_N \cdot I_{aN} = M_N = 70 \text{Nm}$ und $M_e = M$.

$$n = \frac{U_{aN}}{2\pi \cdot k_2 \cdot \Phi_N} - \frac{R_a \cdot M_e}{2\pi \cdot (k_2 \cdot \Phi_N)^2} = n_0 - k_M \cdot M_e = n_0 - k_M \cdot M$$

$$n_0 = 1500/\text{min} = 25/\text{s}, \ k_2 \cdot \Phi_N = \frac{U_{aN}}{2\pi \cdot n_0} = \frac{220}{2\pi \cdot (1500/60)} = 1.4 \text{Vs}$$

$$k_M = \frac{R_a}{2\pi \cdot (k_2 \cdot \Phi_N)^2} = \frac{0.15}{2\pi \cdot 1.4^2} = 12.18 \cdot 10^{-3} /(\text{Nm} \cdot \text{s})$$

a) $M = M_N/2 = 35 \text{Nm}$:

$n = 25 - 12.18 \cdot 10^{-3} \cdot 35 = 25 - 0.4263 = 24.5737/\text{s} = 1474.4/\text{min}$

b) $M = M_N = 70 \text{Nm}$:

$n_N = 25 - 12.18 \cdot 10^{-3} \cdot 70 = 25 - 0.8526 = 24.1474/\text{s} = 1448.8/\text{min}$

2)
Kennlinie $n^{[1/\text{min}]} = 1500/\text{min} - \dfrac{M}{M_N} \cdot 51.156/\text{min}$ in Bild A11.12-1.

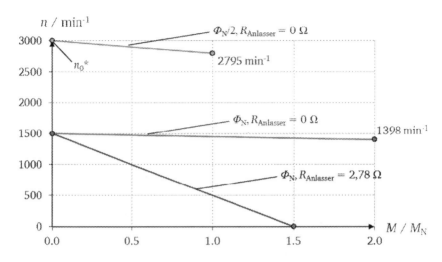

Bild A11.12-1: $n(M)$-Kennlinien des fremderregten Gleichstrommotors

$M = 2M_N = 140\text{Nm}:\quad n = 25 - 12.18 \cdot 10^{-3} \cdot 140 = 23.30/\text{s} = 1397.8/\text{min}$

$P_{m,\text{out},N} = P_N = 2\pi \cdot n_N \cdot M_N = 2\pi \cdot 24.1474 \cdot 70 = 10621\text{W}$,

$I_{aN} = M_{eN}/(k_2 \Phi_N) = 70/1.4 = 50\text{A}$

$P_{e,\text{in},N} = U_{aN}I_{aN} = 220 \cdot 50 = 11000\text{W}$,

$\eta_{Nres} = P_N/(P_{e,\text{in},N} + P_{fN}) = 10621/(11000 + 500) = 0.9236 = 92.36\%$

3)

$n = 0:\quad U_{aN} = R_a \cdot I_{a1} \Rightarrow I_{a1} = U_{aN}/R_a = 220/0.15 = 1466.7\text{A}$,

$I_{a1}/I_{aN} = 1466.7/50 = 29.3$.

Der Anzugsstrom ist unzulässig hoch; es würden sich zu hohe Stromwärmeverluste ergeben, die die Ankerwicklung zerstören.

4)

$n = 0:\quad U_{aN} = (R_a + R_{\text{Anlasser}}) \cdot 1.5 \cdot I_{aN}$

$R_{\text{Anlasser}} = \dfrac{U_{aN}}{1.5 \cdot I_{aN}} - R_a = \dfrac{220}{1.5 \cdot 50} - 0.15 = 2.78\Omega$

$M_1 = k_2 \cdot \Phi_N \cdot 1.5 \cdot I_{aN} = 1.5 \cdot M_N = 1.5 \cdot 70 = 105\text{Nm}$

Die Kennlinie $n(M)$ zeigt Bild A11.12-1.

5)

$k_2 \cdot \Phi = k_2 \cdot \Phi_N/2 = 1.4/2 = 0.7\text{Vs}:$

$k_M' = \dfrac{R_a}{2\pi \cdot (k_2 \cdot \Phi)^2} = \dfrac{0.15}{2\pi \cdot 0.7^2} = 48.72 \cdot 10^{-3}/(\text{Nm} \cdot \text{s})$

$$n_0' = \frac{U_{aN}}{2\pi \cdot k_2 \cdot \Phi} = 2n_0 = 50/s = 3000/\min, \quad n = n_0' - k_M' \cdot M,$$

$$I_a = 2I_{aN} = 100\text{A} : M = k_2 \cdot \Phi \cdot 2I_{aN} = 0.7 \cdot 100 = 70\text{Nm},$$

$$n(2I_{aN}) = 3000 - 1 \cdot 204.624 = 2795.4/\min.$$

Die Kennlinie $n(M)$ zeigt Bild A11.12-1.

Aufgabe A11.13: Vierpoliger fremderregter Gleichstrommotor

Bei einem vierpoligen fremderregten Gleichstrommotor mit den Leistungsschilddaten $U_N = 220$ V, $I_N = 41$ A, $P_N = 7.5$ kW, $n_N = 1460$ min^{-1} und den Erregerdaten $U_{fN} = 220$ V, $I_{fN} = 1$ A wurde im Prüffeld die Leerlaufdrehzahl $n_0 = 1650$ min^{-1} gemessen.

1. Berechnen Sie das Bemessungsmoment M_N und den Gesamtwirkungsgrad η_{res}!
2. Bestimmen Sie den Ankerwiderstand R_a bei Vernachlässigung des Bürstenspannungsfalls U_b! Wie groß ist der Anteil der Stromwärmeverluste $R_a \cdot I_a^2$ im Ankerkreis an der Gesamtverlustleistung im Bemessungspunkt?
3. Wie groß ist das elektromagnetische Drehmoment M_e im Bemessungspunkt? Wie groß ist die Differenz ΔM zwischen M_e und dem an der Welle verfügbaren Bemessungsmoment M_N? Wodurch wird die Momentendifferenz bewirkt?
4. Der Motor wird an einen B6C-Stromrichter mit veränderbarer Ankerspannung $0 \le U_a \le U_N$ betrieben! Auf welchen Wert muss U_a abgesenkt werden, damit der Motor mit Bemessungsstrom $I_a = I_N$ anfährt? Wie groß ist dabei das elektromagnetische Moment M_e? Ist dieses Moment auch an der Welle wirksam? Begründen Sie Ihre Antwort!

Lösung zu Aufgabe A11.13:

1)

$$M_N = \frac{P_{m,out}}{2\pi \cdot n_N} = \frac{P_N}{2\pi \cdot n_N} = \frac{7500}{2\pi \cdot (1460/60)} = 49.05\text{Nm},$$

$$P_{e,in,N} = U_{aN} \cdot I_{aN} - U_N \cdot I_N = 220 \cdot 41 = 9020\text{W},$$

$$P_{fN} = U_{fN} \cdot I_{fN} = 220 \cdot 1 = 220\text{W}$$

$$\eta_{\text{res}} = P_{\text{N}} / (P_{\text{e,in,N}} + P_{\text{fN}}) = 7500 / (9020 + 220) = 0.8117 = 81.17\%$$

2)

Ankerspannungsgleichung bei Bemessungserregung und Vernachlässigung des Bürstenspannungsfalls, im Verbraucher-Zählpfeilsystem:

$$U_{\text{b}} \approx 0: \quad U_{\text{aN}} = U_{\text{i}} + R_{\text{a}} \cdot I_{\text{aN}} + U_{\text{b}} = 2\pi \cdot n \cdot k_2 \cdot \Phi_{\text{N}} + R_{\text{a}} \cdot I_{\text{aN}}$$

$$I_{\text{a}} = 0: \quad U_{\text{aN}} = 2\pi \cdot k_2 \cdot \Phi_{\text{N}} \cdot n_0$$

$$k_2 \cdot \Phi_{\text{N}} = U_{\text{aN}} / (2\pi \cdot n_0) = 220 / (2\pi \cdot (1650/60)) = 1.27\,\text{Vs},$$

$$R_{\text{a}} = (U_{\text{aN}} - 2\pi \cdot n_{\text{N}} \cdot k_2 \cdot \Phi_{\text{N}}) / I_{aN} = (220 - 2\pi \cdot (1460/60) \cdot 1.27) / 41 = 0.63\,\Omega$$

$$P_{\text{d}} = P_{\text{e,in}} - P_{\text{m,out}} + P_{\text{f}} = 9020 - 7500 + 220 = 1740\,\text{W}$$

$$P_{\text{Cu,a}} / P_{\text{d}} = R_{\text{a}} I_{\text{aN}}^2 / P_{\text{d}} = 0.63 \cdot 41^2 / 1740 = 0.6086 = 60.86\%$$

3)

$$M_{\text{eN}} = k_2 \cdot \Phi_{\text{N}} \cdot I_{\text{aN}} = 1.27 \cdot 41 = 52.07\,\text{Nm},$$

$\Delta M = M_{\text{eN}} - M_{\text{N}} = 52.07 - 49.05 = 3.02\,\text{Nm}$. Das Moment M_{eN} ist nicht an der Welle wirksam, sondern ist das „Luftspaltmoment" der elektromagnetischen Kräfte. Durch das bremsende Verlustmoment ΔM infolge der Reibung (Luft- und Lagerreibung, Bürstenreibung, ggf. auch Wellenlüfterleistung) und der Ummagnetisierungsverluste im rotierenden Ankerblechpaket ist das Moment an der Welle kleiner.

4)

$$U_{\text{b}} \approx 0, n = 0, I_{\text{a}} = I_{\text{N}}: \quad U_{\text{a}} = U_{\text{i}} + R_{\text{a}} \cdot I_{\text{a}} = 0 + R_{\text{a}} \cdot I_{\text{N}} = 0.63 \cdot 41 = 25.83\,\text{V}$$

$$M_{\text{e}} = k_2 \cdot \Phi_{\text{N}} \cdot I_{\text{N}} = 1.27 \cdot 41 = 52.07\,\text{Nm}$$

Dieses Moment M_{eN} ist im Stillstand auch an der Welle wirksam, da das bremsende Verlustmoment ΔM infolge der Reibung und der Ummagnetisierungsverluste bei $n = 0$ Null ist.

Aufgabe A11.14: Kleiner fremderregter Gleichstrommotor

Ein fremderregter kleiner vierpoliger Gleichstrommotor mit den Daten $P_{\text{N}} = 4\,\text{kW}$, $n_{\text{N}} = 1440\,\text{min}^{-1}$, $U_{\text{N}} = 220\,\text{V}$, $I_{\text{N}} = 22\,\text{A}$ hat die Leerlaufdrehzahl $n_0 = 1600\,\text{min}^{-1}$ und die Erregerdaten $U_{\text{f}} = 220\,\text{V}$, $I_{\text{fN}} = 0.5\,\text{A}$.

1. Bestimmen Sie das Bemessungsmoment M_{N} an der Welle und den resultierenden Wirkungsgrad η_{res} im Bemessungspunkt!
2. Wie groß sind der Ankerwicklungswiderstand R_{a} und die Anker-Stromwärmeverluste P_{Cu} in W und % der Gesamtverluste P_{d} im Bemessungspunkt?

3. Wie groß ist das elektromagnetische Drehmoment M_{eN} im Bemessungspunkt? Um welchen Wert ΔM ist es größer als das Wellenmoment M_N und warum?

4. a) Bei dem Motor soll die Drehzahl mit einem veränderbaren Ankerwiderstand R_V so verstellt werden, dass bei 800 min^{-1} das elektromagnetische Drehmoment $M_e = 15$ Nm auftritt! Bestimmen Sie für $U_a = U_N$ den Wert R_v!

b) Wie groß wäre alternativ R_v, wenn bei 800 min^{-1} das Moment an der Welle $M = 15$ Nm sein soll? Nehmen Sie dazu näherungsweise an, dass auch das innere Bremsmoment ΔM proportional zu I_a ist! Wie groß ist der Gesamtwirkungsgrad η_{res} des Motors in diesem Fall? Wie groß sind die anteiligen Verluste $R_v \cdot I_a^2$ im Vorwiderstand in Bezug auf die Gesamtverluste P_d? Kommentieren Sie das Ergebnis!

5. Alternativ zu 4. soll die Drehzahl $n = 800$ min^{-1} über eine mit einem B6C-Stromrichter verringerte Ankerspannung $U_a < U_N$ eingestellt werden. Wie groß sind U_a und der zugehörige Wirkungsgrad η_{res} bezüglich der Gesamtverluste im Vergleich zu 4.?

Lösung zu Aufgabe A11.14:

1)

$$M_N = \frac{P_{m,out}}{2\pi \cdot n_N} = \frac{P_N}{2\pi \cdot n_N} = \frac{4000}{2\pi \cdot (1440/60)} = 26.53 \text{Nm}$$

$$P_{e,in,N} = U_{aN} \cdot I_{aN} = U_N \cdot I_N = 220 \cdot 22 = 4840 \text{W},$$

$$P_{fN} = U_{fN} \cdot I_{fN} = 220 \cdot 0.5 = 110 \text{W}$$

$$\eta_{res} = P_N / (P_{e,in,N} + P_{fN}) = 4000/(4840 + 110) = 0.808 = 80.8\%$$

2)

Ankerspannungsgleichung bei Bemessungserregung und Vernachlässigung des Bürstenspannungsfalls $U_b \approx 0$, im Verbraucher-Zählpfeilsystem:

$$U_b \approx 0: \quad U_{aN} = U_i + R_a \cdot I_{aN} + U_b = 2\pi \cdot n \cdot k_2 \cdot \Phi_N + R_a \cdot I_{aN}$$

$$I_a = 0: \quad U_{aN} = 2\pi \cdot k_2 \cdot \Phi_N \cdot n_0,$$

$$k_2 \cdot \Phi_N = U_{aN}/(2\pi \cdot n_0) = 220/(2\pi \cdot (1600/60)) = 1.31 \text{Vs}$$

$$R_a = (U_{aN} - 2\pi \cdot n_N \cdot k_2 \cdot \Phi_N)/I_{aN} = (1 - n_N/n_0) \cdot (U_{aN}/I_{aN}) =$$

$$= (1 - 1440/1600) \cdot (220/22) = (1 - 0.9) \cdot 10 = 1.0\Omega$$

$$P_{Cu,a} = R_a \cdot I_{aN}^2 = 1.0 \cdot 22^2 = 484 \text{W},$$

$$P_d = P_{e,in} - P_{m,out} + P_f = 840 + 110 = 950 \text{W},$$

$P_{\mathrm{Cu,a}} / P_{\mathrm{d}} = 484/950 = 0.509 = 50.9\%$

3)

$M_{\mathrm{eN}} = k_2 \cdot \Phi_{\mathrm{N}} \cdot I_{\mathrm{aN}} = 1.31 \cdot 22 = 28.89\,\mathrm{Nm}$,

$\Delta M = M_{\mathrm{eN}} - M_{\mathrm{N}} = 28.89 - 26.53 = 2.36\,\mathrm{Nm}$. Das Verlustmoment ΔM bremst und wird durch die Luft- und Lagerreibung, die Bürstenreibung, ggf. auch die Wellenlüfterleistung und die Ummagnetisierungsverluste im rotierenden Ankerblechpaket gebildet.

4a)

$U_{\mathrm{b}} \approx 0: \quad U_{\mathrm{aN}} = U_{\mathrm{i}} + (R_{\mathrm{a}} + R_{\mathrm{v}}) \cdot I_{\mathrm{a}} + U_{\mathrm{b}} = 2\pi \cdot n \cdot k_2 \cdot \Phi_{\mathrm{N}} + (R_{\mathrm{a}} + R_{\mathrm{v}}) \cdot I_{\mathrm{a}}$

$M_{\mathrm{e}} = k_2 \cdot \Phi_{\mathrm{N}} \cdot I_{\mathrm{a}} \Rightarrow I_{\mathrm{a}} = M_{\mathrm{e}} / (k_2 \cdot \Phi_{\mathrm{N}}) = 15/1.31 = 11.42\,\mathrm{A}$

$R_{\mathrm{v}} = \dfrac{U_{\mathrm{aN}} - 2\pi \cdot n \cdot k_2 \cdot \Phi_{\mathrm{N}}}{I_{\mathrm{a}}} - R_{\mathrm{a}} = \dfrac{220 - 2\pi \cdot (800/60) \cdot 1.31}{11.42} - 1 = 8.65\,\Omega$

4b)

Moment an der Welle: $M = M_{\mathrm{e}} - \Delta M = 15$ Nm.

Luftspaltmoment $M_{\mathrm{e}} \sim I_{\mathrm{a}}$, Verlustmoment $\Delta M \sim I_{\mathrm{a}} \rightarrow M \sim I_{\mathrm{a}}$. Das Bemessungsmoment an der Welle M_{N} tritt beim Bemessungsstrom I_{aN} auf; folglich ist $M / M_{\mathrm{N}} = I_{\mathrm{a}} / I_{\mathrm{aN}}$.

$I_{\mathrm{a}} = I_{\mathrm{aN}} \cdot (M / M_{\mathrm{N}}) = 22 \cdot (15/26.53) = 12.44\,\mathrm{A}$

$R_{\mathrm{v}} = \dfrac{220 - 2\pi \cdot (800/60) \cdot 1.31}{12.44} - 1 = 7.84\,\Omega$,

$P_{\mathrm{m,out}} = 2\pi \cdot n \cdot M = 2\pi \cdot (800/60) \cdot 15 = 1256.6\,\mathrm{W}$,

$P_{\mathrm{e,in}} = U_{\mathrm{aN}} \cdot I_{\mathrm{a}} = 220 \cdot 12.44 = 2736.8\,\mathrm{W}$

$\eta_{\mathrm{Nres}} = P_{\mathrm{m,out}} / (P_{\mathrm{e,in}} + P_{\mathrm{fN}}) = 1256.6/(2736.8 + 110) = 0.4414 = 44.14\%$

$P_{\mathrm{d}} = P_{\mathrm{e,in}} - P_{\mathrm{m,out}} + P_{\mathrm{fN}} = 2736.8 - 1256.6 + 110 = 1590.2\,\mathrm{W}$

$(R_{\mathrm{v}} I_{\mathrm{a}}^2) / P_{\mathrm{d}} = (7.84 \cdot 12.44^2)/1590.2 = 0.763 = 76.3\%$

Es treten 76.3% der Gesamtverluste im Vorwiderstand auf. Deshalb ist diese Art der Drehzahlstellung energetisch sehr ungünstig!

5)

$U_{\mathrm{b}} \approx 0: \quad U_{\mathrm{a}} = 2\pi \cdot n \cdot k_2 \cdot \Phi_{\mathrm{N}} + R_{\mathrm{a}} \cdot I_{\mathrm{a}} + U_{\mathrm{b}} = 2\pi \cdot n \cdot k_2 \cdot \Phi_{\mathrm{N}} + R_{\mathrm{a}} \cdot I_{\mathrm{a}} =$

$= 2\pi \cdot (800/60) \cdot 1.31 + 1 \cdot 12.44 = 122.2\,\mathrm{V}$

$P_{\mathrm{e,in}} = U_{\mathrm{a}} \cdot I_{\mathrm{a}} = 122.2 \cdot 12.44 = 1520\,\mathrm{W}$,

$\eta_{\mathrm{res}} = P_{\mathrm{m,out}} / (P_{\mathrm{e,in}} + P_{\mathrm{fN}}) = 1256.6/(1520 + 110) = 0.7709 = 77.09\%$,

$P_{\mathrm{d}} = P_{\mathrm{e,in}} - P_{\mathrm{m,out}} + P_{\mathrm{fN}} = 1520 - 1256.6 + 110 = 373.4\,\mathrm{W}$

Der Betrieb am Stromrichter erlaubt gegenüber 4b) eine Verringerung der Gesamtverluste in der Gleichstrommaschine um
$(1 - 373.4 / 1590.2) = 0.765 = 76.5\%$!

Aufgabe A11.15: Auslegungsparameter einer Gleichstrommaschine

Eine fremderregte vierpolige Gleichstrommaschine mit einer eingängigen Zweischicht-Schleifenwicklung hat einen Stator mit dem Durchmesser $d_{si} = 133$ mm und der Länge $l = 80$ mm. Der Läufer hat $Q = 30$ Nuten, $u = 3$ Spulenseiten je Nut und Schicht und $N_c = 9$ Windungen je Ankerspule! Die minimale Luftspaltflussdichte $B_{\delta,m} = 0.9$ T tritt bei einer ideellen Polbedeckung $\alpha_e = 0.7$ im Luftspalt $\delta = 1.5$ mm auf. Die Maschine hat die Bemessungsdrehzahl $n = 1440$ min^{-1} bei einem Ankerbemessungsstrom $I_N = 22$ A und Bemessungserregung $I_{fN} = 0.5$ A, $U_{fN} = 230$ V.

1. Wie groß sind Polteilung τ_p und der Fluss pro Pol Φ_N?
2. Wie groß sind Kommutatorstegzahl K, die Anzahl der Ankerleiter z und die Anzahl der parallelen Ankerzweige $2a$?
3. Bestimmen Sie die induzierte Spannung U_i bei n_N und das elektromagnetische Drehmoment M_{eN}! Wie groß ist die erforderliche Ankerspannung U_{aN} bei Motorbetrieb, wenn $R_a = 1\ \Omega$ beträgt und der Bürstenspannungsfall $U_b = 2$ V ist? Wie groß ist die Motorabgabeleistung, wenn das bremsende Moment der Reibungs- und Zusatzverluste P_{R+Z} und Ummagnetisierungsverluste P_{Fe} vernachlässigt wird. Wie groß ist die Motorleerlaufdrehzahl n_0?
4. Wie viele Plus- und wie viele Minusbürsten hat die Maschine? Wie groß ist der Strom je Bürste? Wie groß ist die Ankerumfangsgeschwindigkeit bei Berücksichtigung von δ?
5. Bestimmen Sie den Erregerbedarf Θ_f je Pol bei ideal magnetisierbarem Eisen ($\mu_{Fe} \rightarrow \infty$)! Wie groß ist die erforderliche Windungszahl $N_{f,Pol}$ jeder der vier Polerregerspulen im Stator? Geben Sie einen auf eine ganze Zahl gerundeten Wert an! Ist der Erregerbedarf beim realen Motor größer oder kleiner?
6. Bestimmen Sie den Ankerwirkungsgrad η_N und den resultierenden Gesamtwirkungsgrad η_{res} im Motor-Bemessungspunkt! Geben Sie die berücksichtigten Einzelverlustkomponenten an! Sind die Verluste bei realem Motor größer oder kleiner? Warum?
7. Der Motor soll bei konstanter Ankerspannung $U_a = U_N = 230$ V durch Feldschwächung bei der Drehzahl 1900 min^{-1} bei $M_e = 15$ Nm betrieben

werden. Wie groß sind dafür der Fluss pro Pol Φ bzw. Φ/Φ_N und der Ankerstrom I_a bzw. I_a/I_N? Berücksichtigen Sie $U_b = 2$ V! Wie groß ist der resultierende Wirkungsgrad η_{res}, wenn wie bei 5. $\mu_{Fe} \to \infty$ angenommen wird und die Feldschwächung durch Verringerung der Felderregerspannung U_f erreicht wird?

Lösung zu Aufgabe A11.15:

1)
$$2p = 4, \quad \tau_p = d_{si}\pi/(2p) = 133 \cdot \pi/4 = 104.5\text{mm},$$

$$\Phi_N = \alpha_e \cdot \tau_p \cdot l \cdot B_{\delta,m} = 0.7 \cdot 0.1045 \cdot 0.08 \cdot 0.9 = 5.265\text{mWb}$$

2)
$$K = Q \cdot u = 30 \cdot 3 = 90, \quad z = 2 \cdot K \cdot N_c = 2 \cdot 90 \cdot 9 = 1620, \quad 2a = 2p = 4$$

3)
$$U_i = z \cdot \frac{p}{a} \cdot n_N \cdot \Phi_N = 1620 \cdot \frac{2}{2} \cdot \frac{1440}{60} \cdot \frac{5.265}{10^3} = 204.7\text{V},$$

$$k_2 = \frac{z}{2\pi} \cdot \frac{p}{a} = \frac{1620}{2\pi} = 257.83,$$

$$M_{eN} = k_2 \cdot \Phi_N \cdot I_{aN} = 257.83 \cdot 5.265 \cdot 10^{-3} \cdot 22 = 29.86\text{Nm},$$

$$U_{aN} = U_i + R_a \cdot I_{aN} + U_b = 204.7 + 1 \cdot 22 + 2 = 228.7\text{V},$$

$$M_{eN} = M_N \quad (P_{Fe} \approx 0, \; P_{fr+w} \approx 0),$$

$$P_{m,out} = 2\pi \cdot n_N \cdot M_N = 2\pi \cdot (1440/60) \cdot 29.86 = 4503\text{W},$$

$$n_0 = U_{aN}/(2\pi \cdot k_2 \cdot \Phi_N)$$

$$n_0 = 228.7/(2\pi \cdot 257.83 \cdot 5.265 \cdot 10^{-3}) = 26.81/\text{s} = 1609/\text{min}$$

4)
Es werden je zwei Plus- und je zwei Minus-Bürsten, die je elektrisch parallel geschaltet sind, benötigt.
Strom je Bürste: $I_b = I_{aN}/a = 22/2 = 11\text{A}$,

$$d_{ra} = d_{si} - 2\delta = 133 - 2 \cdot 1.5 = 130\text{mm},$$

$$v_a = d_{ra} \cdot \pi \cdot n_N = 0.13 \cdot \pi \cdot (1440/60) = 9.8\text{m/s} = 35.3\text{km/h}$$

5)
$$\Theta_f = H_{\delta,m} \cdot \delta = (B_{\delta,m}/\mu_0) \cdot \delta = (0.9/(4\pi \cdot 10^{-7})) \cdot 1.5 \cdot 10^{-3} = 1074.3\text{A},$$

$$\Theta_f = N_{f,pol} \cdot I_{fN} \Rightarrow N_{f,pol} = \Theta_f/I_{fN} = 1074.3/0.5 = 2148.6 \approx 2149$$

Eisensättigung:
$$\Theta_f = N_{f,pol} \cdot I_{fN} = H_{Fe.s} \cdot s_{Fe,s} + H_{Fe.r} \cdot s_{Fe,r} + H_{\delta,m} \cdot \delta > H_{\delta,m} \cdot \delta.$$

Daher muss die Windungszahl/Pol $N_{\text{f,pol}}$ größer als 2149 sein!

6)

$P_{\text{e,in}} = U_{\text{aN}} \cdot I_{\text{N}} = 228.7 \cdot 22 = 5031.4\,\text{W}$,

$\eta_{\text{N}} = P_{\text{m,out}} / P_{\text{e,in}} = 4503 / 5031.4 = 0.895 = 89.5\%$

$P_{\text{fN}} = U_{\text{fN}} \cdot I_{\text{fN}} = 230 \cdot 0.5 = 115\,\text{W}$,

$\eta_{\text{res}} = P_{\text{m,out}} / (P_{\text{e,in}} + P_{\text{fN}}) = 4503 / (5031.4 + 115) = 0.875 = 87.5\%$,

$P_{\text{Cu,a}} = R_{\text{a}} \cdot I_{\text{aN}}^2 = 1 \cdot 22^2 = 484\,\text{W}$, $P_{\text{bN}} = U_{\text{b}} \cdot I_{\text{aN}} = 2 \cdot 22 = 44\,\text{W}$

Kontrolle:

$$\eta_{\text{res}} = \frac{P_{\text{m,out}}}{P_{\text{m,out}} + P_{\text{Cu,a}} + P_{\text{bN}} + P_{\text{fN}}} = \frac{4503}{4503 + 484 + 44 + 115} = 0.875 = 87.5\%$$

Die realen Verluste in der Gleichstrommaschine sind größer, da die Verluste zufolge Luft-, Bürsten- und Lagerreibung P_{R}, infolge von Zusatzverlusten P_{Z} und infolge der Ummagnetisierung des Ankerblechpakets P_{Fe} vernachlässigt wurden!

7)

$$U_{\text{a}} = 2\pi \cdot n \cdot k_2 \cdot \Phi + R_{\text{a}} \cdot I_{\text{a}} + U_{\text{b}} = 2\pi \cdot n \cdot k_2 \cdot \Phi + R_{\text{a}} \cdot M_{\text{e}} / (k_2 \cdot \Phi) + U_{\text{b}}$$

$$(k_2 \cdot \Phi)^2 - \frac{U_{\text{a}} - U_{\text{b}}}{2\pi \cdot n} \cdot k_2 \cdot \Phi + \frac{R_{\text{a}} \cdot M_{\text{e}}}{2\pi \cdot n} = 0 :$$

Quadratische Gleichung für $x = k_2 \cdot \Phi$!

$$x^2 + \overline{P} \cdot x + \overline{Q} = 0 \Rightarrow x_{1,2} = -\overline{P}/2 \pm \sqrt{\overline{P}^2/4 - \overline{Q}} \ ,$$

$$\overline{P} = -\frac{U_{\text{a}} - U_{\text{b}}}{2\pi \cdot n} \Rightarrow \frac{\overline{P}}{2} = -\frac{230 - 2}{4\pi \cdot (1900/60)} = 0.573\,\text{Vs} \ ,$$

$$\overline{Q} = \frac{R_{\text{a}} \cdot M_{\text{e}}}{2\pi \cdot n} = \frac{1 \cdot 15}{2\pi \cdot (1900/60)} = 0.0754\,(\text{Vs})^2 \ ,$$

$$k_2 \cdot \Phi_{1,2} = \frac{U_{\text{a}} - U_b}{4\pi \cdot n} \pm \sqrt{\left(\frac{U_{\text{a}} - U_b}{4\pi \cdot n} \right)^2 - \frac{R_{\text{a}} \cdot M_{\text{e}}}{2\pi \cdot n}}$$

$$k_2 \cdot \Phi_{1,2} = 0.573 \pm \sqrt{0.573^2 - 0.0754} = 1.0759\,\text{Vs}/0.07\,\text{Vs}$$

Quadratische Gleichung hat zwei Lösungen, aber die Lösung $k_2 \cdot \Phi_1 = 0.07\,\text{Vs}$ führt auf einen sehr hohen Ankerstrom

$I_{\text{a}} = M_{\text{e}} / (k_2 \cdot \Phi_2) = 15 / 0.07 = 214.3\,\text{A} \gg I_{\text{N}} = 22\,\text{A}$!

Richtige Lösung: $k_2 \cdot \Phi_1 = 1.0759\,\text{Vs}$:

$I_{\text{a}} = M_{\text{e}} / (k_2 \cdot \Phi_2) = 15 / 1.0759 = 13.94\,\text{A} < I_{\text{N}} = 22\,\text{A}$.

$$\Phi = (k_2 \cdot \Phi_2) / k_2 = 1.0759 / 257.83 = 4.17 \text{mWb} \,,$$

$$\Phi / \Phi_N = 4.17 / 5.265 = 0.793 = 79.3\% \,,$$

$$I_a / I_{aN} = 13.94 / 22 = 0.634 = 63.4\% \,,$$

$$P_{e,in} = U_a \cdot I_N = 230 \cdot 13.94 = 3206.2 \text{W} \,,$$

$$P_{m,out} = 2\pi \cdot n \cdot M_e = 2\pi \cdot (1900/60) \cdot 15 = 2984.5 \text{W} \,,$$

$$\mu_{Fe} \to \infty: \quad \Phi \sim B_{\delta,m} \sim H_{\delta,m} \sim I_f: \; I_f / I_{fN} = \Phi / \Phi_N = 0.793 \,,$$

$$\frac{R_f I_f^2}{R_f I_{fN}^2} = P_f / P_{fN} = (I_f / I_{fN})^2 = 0.793^2 \,,$$

$$P_f = P_{fN} \cdot (I_f / I_{fN})^2 = 115 \cdot 0.793^2 = 72.3 \text{W} \,,$$

$$\eta_{res} = P_{m,out} / (P_{e,in} + P_{fN}) = 2984.5 / (3206.2 + 72.3) = 0.9103 = 91.03\%$$

Aufgabe A11.16: U-Boot-Gleichstrommaschine

Ein vierpoliger Gleichstrommotor $U_N = 440\,\text{V}$, $P_N = 65\,\text{kW}$, $n_N = 1300\,\text{min}^{-1}$ an Bord eines U-Boots hat einen Ankerkreis-Wirkungsgrad $\eta_N = 0.9$, wobei die Stromwärmeverluste $P_{Cu,a}$ im Ankerkreis 75 % und die Ummagnetisierungs-, Reibungs- und Zusatzverluste $(P_{Fe}+P_{R+Z})/P_d = 25$ % der Gesamtverluste P_d betragen.

1. Berechnen Sie Ankerbemessungsstrom I_N, Wellendrehmoment M_N, die Verluste $P_{Cu,a}$ und $P_{Fe}+P_{R+Z}$, den Ankerwicklungswiderstand R_a und die Leerlaufdrehzahl n_0! Vernachlässigen Sie den Bürstenspannungsfall U_b!
2. Bestimmen Sie den Wert des Anlasswiderstands $R_{Anlasser}$, damit das Anfahrmoment M_1 bei $U_a = U_N$ das 1.5-fache Bemessungsmoment bei Bemessungsfluss Φ_N ist! Ist der Anlassstrom I_{a1} auch das 1.5-fache des Bemessungsstroms? Begründen Sie dies!
3. Die Ankerspannung U_a wird über den B6C-Stromrichter auf $0.8 \cdot U_N$ abgesenkt. Wie groß ist bei Φ_N die Drehzahl n bei $M_e = 0.5 \cdot M_N$?
4. Die Maschine wird nun bei aufgetauchtem U-Boot als Generator zum Laden der Bordbatterien eingesetzt, angetrieben durch den Schiffsdiesel mit $n_N = 1530\,\text{min}^{-1}$. Wie groß sind die induzierte Leerlaufspannung $U_0 = U_i$ und die Anker-Klemmenspannung U_a bei $I_a = I_N$ (bei $\Phi = \Phi_N$)?
5. Wie groß ist die Klemmenspannung U_a bei $\Phi = 0.7 \cdot \Phi_N$ und $I_a = I_N/2$?
6. Wie groß müsste die Drehzahl n sein, damit der Generator bei Bemessungsfluss Φ_N und Bemessungsstrom I_N an den Klemmen eine Ankerspannung von der Größe der Leerlaufspannung U_0 aus 4. erzeugt?

Lösung zu Aufgabe A11.16:

1)

$$I_N = I_{aN} = \frac{P_N / \eta_N}{U_{aN}} = \frac{P_N / \eta_N}{U_N} = \frac{65000 / 0.9}{440} = 164.1 \text{A},$$

$$M_N = \frac{P_N}{2\pi \cdot n_N} = \frac{65000}{2\pi \cdot 1300 / 60} = 477.5 \text{Nm},$$

$$\eta_N = \frac{P_{m,out}}{P_{e,in}} = \frac{P_N}{P_N + P_d} \Rightarrow \left(\frac{1}{\eta_N} - 1\right) \cdot P_N = P_d = \left(\frac{1}{0.9} - 1\right) \cdot 65000 = 7222.2 \text{W}$$

$$P_{Cu,a} = 0.75 \cdot P_d = 0.75 \cdot 7222.2 = 5416.7 \text{W},$$

$$P_{Fe} + P_{R+Z} = 0.25 \cdot P_d = 0.25 \cdot 7222.2 = 1805.5 \text{W},$$

$$P_{Cu,a} = R_a \cdot I_N^2 + U_b \cdot I_N \approx R_a \cdot I_N^2$$

$$R_a = P_{Cu,a} / I_N^2 = 5416.7 / 164.1^2 = 0.201 \Omega$$

$$U_b \approx 0: U_N = 2\pi \cdot n_N \cdot k_2 \cdot \Phi_N + R_a \cdot I_N,$$

$$2\pi \cdot k_2 \cdot \Phi_N = \frac{U_N - R_a \cdot I_N}{n_N} = \frac{440 - 0.201 \cdot 164.1}{1300 / 60} = 18.79 \text{Vs},$$

$$k_2 \cdot \Phi_N = \frac{18.79}{2\pi} = 2.99 \text{Vs},$$

$$n_0 = U_N / (2\pi \cdot k_2 \cdot \Phi_N) = 440 / 18.79 = 23.42 / \text{s} = 1405.4 / \text{min}$$

2)

$$n = 0: U_N = (R_a + R_{Anlasser}) \cdot I_{a1}, \quad M_1 = 1.5 \cdot M_N = k_2 \cdot \Phi_N \cdot I_{a1},$$

$$R_{Anlasser} = \frac{U_N}{I_{a1}} - R_a = \frac{U_N \cdot k_2 \cdot \Phi_N}{1.5 \cdot M_N} - R_a = \frac{440 \cdot 2.99}{1.5 \cdot 477.5} - 0.201 = 1.635 \Omega$$

$$I_{a1} = 1.5 \cdot M_N / (k_2 \cdot \Phi_N) = 1.5 \cdot 477.5 / 2.99 = 239.7 \text{A} = 1.46 \cdot I_N < 1.5 \cdot I_N$$

Der Anfahrstrom I_{a1} ist geringer als der 1.5-fache Bemessungsstrom, weil im Stillstand $n = 0$ die bremsenden Verluste P_{Fe+R+Z} Null sind, so dass das elektromagnetische Luftspaltmoment direkt an der Welle wirksam ist.

3)

$$U_a = 0.8 \cdot U_N = 2\pi \cdot n \cdot k_2 \cdot \Phi_N + R_a \cdot I_a, \quad I_a = 0.5 \cdot M_N / (k_2 \cdot \Phi_N),$$

$$n = \frac{0.8 \cdot U_N - R_a \cdot 0.5 M_N / (k_2 \cdot \Phi_N)}{2\pi \cdot k_2 \cdot \Phi_N}$$

$$n = \frac{0.8 \cdot 440 - 0.201 \cdot 0.5 \cdot 477.5 / 2.99}{2\pi \cdot 2.99} = 18.749 - 0.855 = 17.89 / \text{s} = 1073.6 / \text{min}$$

4)

$$U_i = U_0 = 2\pi \cdot n \cdot k_2 \cdot \Phi_N = 2\pi \cdot \frac{1530}{60} \cdot 2.99 = 478.7\,\text{V}\,,$$

$$U_a = U_0 - I_N R_a = 478.7 - 164.1 \cdot 0.201 = 445.8\,\text{V}$$

5)

$$U_a = U_0 \cdot \frac{\Phi}{\Phi_N} - \frac{1}{2} \cdot I_N R_a = 0.7 \cdot 478.7 - 0.5 \cdot 164.1 \cdot 0.201 = 318.6\,\text{V}$$

6)

$$U_a = 2\pi \cdot n \cdot k_2 \cdot \Phi_N - R_a \cdot I_N = U_0\,,$$

$$n = \frac{U_0 + R_a \cdot I_N}{2\pi \cdot k_2 \Phi_N} = \frac{478.7 + 0.201 \cdot 164.1}{2\pi \cdot 2.99} = 27.25\,/\,\text{s} = 1635\,/\,\text{min}$$

Aufgabe A11.17: Gleichstrom-Nebenschlussmaschine

Ein Gleichstrom-Nebenschlussmotor (U_N = 220 V, P_N = 6 kW, Wirkungsgrad η_N = 85%) wird über eine Aluminium-Doppelleitung mit R'_L = 2 mΩ/m Längswiderstand pro Meter von einer Bleibatterie aus 750 m versorgt.

1. Wie viele Batteriezellen N_Z sind für den Bemessungsbetrieb des Motors in Serie zu schalten (Leerlaufspannung U_{Z0} je Zelle 2 V, Innenwiderstand R_{Zi} je Zelle 10 mΩ)? Runden Sie N_Z auf einen geraden Wert! Wie groß ist die Leerlaufspannung U_{B0} der Batterie?
2. Wie groß sind die Verluste in der Batterie P_B, auf der Leitung P_L und im Motor P_d?
3. Um wie viele Prozent können die Gesamtverluste P_{ges} verringert werden, wenn ein Motor für doppelte Bemessungsspannung U_N = 440 V, P_N = 6 kW verwendet und indem die Ankerleiterzahl verdoppelt und der Leiterquerschnitt halbiert wird? Gehen Sie schrittweise vor!
   a) Wie groß ist der neue Motorbemessungsstrom?
   b) Ändert sich die Ankerleiterstromdichte?
   c) Wie verändern sich der Ankerwiderstand R_a und die Ankerstromwärmeverluste $P_{Cu,a}$?
   d) Ändert sich der der Ankerwirkungsgrad η_N, wenn der Bürstenspannungsfall U_b vernachlässigt wird?
   e) Wie verändert sich R'_L, wenn für gleiche Leiterstromdichte eine angepasste Doppelleitung verwendet wird?
   f) Wie viele Zellen N_Z sind nun nötig?

g) Wie groß sind die Verluste P_B, P_L, P_d und deren Summe P_{ges} im Bemessungspunkt?

4. Bewerten Sie das Ergebnis! Wo wird dieses Prinzip der Verlustverringerung durch Erhöhung der Betriebsspannung großtechnisch eingesetzt?

5. Zeigen Sie allgemein anhand einer Doppelleitung, dass bei gleicher Stromdichte J eine Erhöhung der Betriebsspannung U die Übertragungsverluste P_d über die Distanz l proportional $P_d \sim 1/U$ senkt!

Lösung zu Aufgabe A11.17:

1)

$$l = 750\,\text{m}, \quad R_L = R_L' \cdot 2 \cdot l = 2 \cdot 10^{-3} \cdot 2 \cdot 750 = 3\,\Omega,$$

$$I_N = (P_N / \eta_N)/U_N = (6000/0.85)/220 = 32.1\,\text{A},$$

$$N_Z \cdot U_{Z0} = \left(N_Z \cdot R_{Zi} + R_L\right) \cdot I_N + U_N$$

$$N_Z = \frac{R_L I_N + U_N}{U_{Z0} - R_{Zi} I_N} = \frac{3 \cdot 32.1 + 220}{2 - 10 \cdot 10^{-3} \cdot 32.1} = 188.3 \approx 189$$

$$U_{B0} = N_Z \cdot U_{Z0} = 189 \cdot 2 = 378\,\text{V}$$

2)

$$P_B = N_Z \cdot R_{Zi} \cdot I_N^2 = 189 \cdot 0.01 \cdot 32.1^2 = 1947.5\,\text{W},$$

$$P_L = R_L \cdot I_N^2 = 3 \cdot 32.1^2 = 3091.2\,\text{W},$$

$$P_d = \left(\frac{1}{\eta_N} - 1\right) \cdot P_N = \left(\frac{1}{0.85} - 1\right) \cdot 6000 = 1058.8\,\text{W}$$

3)

a) $U_{N,neu} = 2U_N = 440\,\text{V}$, $I_{N,neu} = I_N/2 = 32.1/2 = 16.05\,\text{A}$ für gleiche elektrische Leistung

$$P_{e,in} = U_N \cdot I_N = 220 \cdot 32.1 = U_{N,neu} \cdot I_{N,neu} = 440 \cdot 16.05 = 7062\,\text{W}\,!$$

b) Bei halbiertem Leiterquerschnitt $q_{Cu}/2$ und halbiertem Strom $I_a/2$ bleibt die Stromdichte $J = I/q_{Cu}$ unverändert konstant.

c) Der Ankerwicklungswiderstand R_a steigt mit der Leiterlänge, also mit der Anzahl der Leiter z gemäß $R_a \sim z/q_{Cu}$ und wegen des halbierten Leiterquerschnitts somit mit $z \to 2z$, $q_{Cu} \to q_{Cu}/2$: $R_a \to R_{a,neu} = 4R_a$ auf das Vierfache an. Die Stromwärmeverluste bleiben aber konstant:

$$P_{Cu,a} = R_a I_a^2 = R_{a,neu} I_{a,neu}^2 = 4R_a \cdot (I_a/2)^2\,!$$

d) Wegen der konstanten Reibungs- und Ummagnetisierungsverluste $P_R + P_{Fe} = \text{konst.}$ bleiben die Verluste in der Gleichstrommaschine $P_d = 1058.8\ \text{W}$ und damit der Wirkungsgrad η_N konstant. Es tritt weiterhin die Abgabeleistung $P_N = 6\ \text{kW}$ auf.

e) Wegen $I_{N,neu} = I_N / 2$ wird bei konstanter Stromdichte $J = \text{konst.}$ der Leiterquerschnitt der Doppelleitung halbiert: $q_L \to q_L / 2$. Es verdoppelt sich der Leitungswiderstand: $R_L = \dfrac{2l}{\kappa_{Al} \cdot q_L} \to R_{L,neu} = 2 R_L = 6\ \Omega$.

f) $N_{Z,neu} = \dfrac{R_{L,neu} I_{N,neu} + U_{N,neu}}{U_{Z0} - R_{Zi} \cdot I_{N,neu}} = \dfrac{6 \cdot 16.05 + 440}{2 - 10 \cdot 10^{-3} \cdot 16.05} = 291.5 \approx 292$

g) $P_{B,neu} = N_{Z,neu} \cdot R_{Zi} \cdot I_{N,neu}^2 = 292 \cdot 0.01 \cdot 16.05^2 = 752.2\ \text{W}$,

$P_{L,neu} = R_{L,neu} \cdot I_{N,neu}^2 = 6 \cdot 16.05^2 = 1545.6\ \text{W}$, $P_d = 1058.8\ \text{W}$,

$P_{ges} = P_d + P_B + P_L = 1058.8 + 1947.5 + 3091.2 = 6097.5\ \text{W}$,

$P_{ges,neu} = P_d + P_{B,neu} + P_{L,neu} = 1058.8 + 752.2 + 1545.6 = 3356.6\ \text{W}$,

$P_{ges,neu} / P_{ges} = 3356.6 / 6097.5 = 0.55$, $N_{Z,neu} / N_Z = 292 / 189 = 1.55$.

4)
Bei einer Erhöhung der erforderlichen Zellenzahl um 55% können die Gesamtverluste P_{ges} nahezu halbiert werden, die ansonsten etwa gleich groß wie die Motorabgabeleistung P_N sind. Da nur 16 A anstatt 32 A fließen, können ggf. kostengünstigere Batteriezellen für diesen geringeren Bemessungsstrom beschafft werden. Übrigens wird bei der Energieübertragung mit hoher Wechselspannung (z. B. Deutschland: 380 kV, 50 Hz Höchstspannungsebene) dieses Prinzip der Übertragungsverlustverringerung durch Spannungserhöhung großtechnisch eingesetzt.

5)

$$P = U \cdot I, \quad R_L = \frac{2l}{\kappa \cdot q_L}, \quad J = \frac{I}{q_L} = \text{konst.}, \quad P_d = R_L \cdot I^2$$

$$U' > U : \text{z.B.}\ U' = 2U, \quad P = U' \cdot I', \quad I' = I/2, \quad q_L' = q_L / 2, \quad J = \frac{I'}{q_L'} = \text{konst.},$$

$$P_d' = R_L' \cdot I'^2 = \frac{2l}{\kappa \cdot q_L'} \cdot \left(\frac{I}{2}\right)^2 = \frac{2 \cdot 2l}{\kappa \cdot q_L} \cdot \left(\frac{I}{2}\right)^2 = \frac{1}{2} \cdot \frac{2l}{\kappa \cdot q_L} \cdot I^2 = \frac{1}{2} \cdot R_L \cdot I^2 = \frac{P_d}{2}$$

$$P_d' = P_d \cdot \left(\frac{U}{U'}\right)$$

Aufgabe A11.18: Gleichstrommaschine an langer Leitung

Eine fremderregte Gleichstrommaschine mit den Motordaten $U_N = 440\,\text{V}$, $P_N = 22\,\text{kW}$, $\eta_N = 0.9$ (Ankerwirkungsgrad), $n_N = 950\,\text{min}^{-1}$ wird aus einem $l = 1.5\,\text{km}$ entfernten Gleichrichter ($U_N = 440\,\text{V}$) über eine Kupfer-Doppelleitung ($\kappa = 56\,\text{Sm/mm}^2$, $q_{\text{Cu}} = 25\,\text{mm}^2$ Leiterquerschnittsfläche) versorgt!

1. Berechnen Sie den Ankerwiderstand R_a, wenn außer den Stromwärmeverlusten alle anderen Verluste vernachlässigt werden.
2. Wie groß ist die Leerlaufdrehzahl n_0 bei $U_a = U_N$?
3. Wie groß ist der ohm'sche Widerstand der Doppelleitung R_L?
4. Welche Leistung kann der Motor bei Betrieb mit Bemessungsstrom und Bemessungsfluss abgeben, wenn er wie oben beschrieben versorgt wird? Wir groß ist die Motordrehzahl?
5. Um wie viel muss der Fluss Φ/Φ_N geschwächt werden, um bei Bemessungsstrom wieder Bemessungsdrehzahl n_N zu erreichen? Wie groß sind das Drehmoment M und die Abgabeleistung $P_{m,\text{out}}$? Ist die Abgabeleistung gegenüber 4) verändert?
6. Die Maschine soll nun als fremderregter Generator arbeiten, angetrieben von einem Notstromdiesel, um eine Batterie, die parallel zum nun inaktiven Gleichrichter geschaltet ist, zu laden. Die Batterie (Quellenspannung $U_{B0} = 440\,\text{V}$) hat einen Innenwiderstand $R_{B0} = 1\,\Omega$. Wie groß muss die induzierte Spannung U_i im Generator sein, um die Batterie mit 10 A Ladestrom zu laden? Wie groß muss dafür die Drehzahl des antreibenden Dieselmotors n bei $\Phi = \Phi_N$ sein?

Lösung zu Aufgabe A11.18:

1)

$$I_N = \frac{P_N}{\eta_N} \cdot \frac{1}{U_N} = \frac{22000/0.9}{440} = 55.6\,\text{A} \ , \ P_d = \left(\frac{1}{\eta_N} - 1 \right) \cdot P_N = R_a \cdot I_N^2$$

$$R_a = \frac{1}{I_N^2} \cdot \left(\frac{1}{\eta_N} - 1 \right) \cdot P_N = \frac{1}{55.6^2} \cdot \left(\frac{1}{0.9} - 1 \right) \cdot 22000 = 0.792\,\Omega$$

2)

$$U_N = 2\pi \cdot n_N \cdot k_2 \cdot \Phi_N + R_a \cdot I_N \ ,$$

$$k_2 \cdot \Phi_N = \frac{U_N - R_a \cdot I_N}{2\pi \cdot n_N} = \frac{440 - 55.6 \cdot 0.792}{2\pi \cdot 950/60} = 3.98\,\text{Vs}$$

$$U_N = 2\pi \cdot n_0 \cdot k_2 \cdot \Phi_N \Rightarrow n_0 = \frac{U_N}{2\pi \cdot k_2 \cdot \Phi_N} = \frac{440}{2\pi \cdot 3.98} = 17.59/s = 1055/min$$

3)

$$R_L = \frac{2l}{\kappa_{Cu} \cdot q_L} = \frac{2 \cdot 1500}{56 \cdot 10^6 \cdot 25 \cdot 10^{-6}} = 2.14\Omega$$

4)

$$U_N = 2\pi \cdot n \cdot k_2 \cdot \Phi_N + (R_a + R_L) \cdot I_N,$$

$$n = \frac{U_N - (R_a + R_L) \cdot I_N}{2\pi \cdot k_2 \cdot \Phi_N} = \frac{440 - (0.792 + 2.14) \cdot 55.6}{2\pi \cdot 3.98} = 11.08/s = 664.9/min$$

$$M_{eN} = M_N = k_2 \cdot \Phi_N \cdot I_N = 3.98 \cdot 55.6 = 221.1 \text{Nm},$$

$$P_{m,out} = 2\pi \cdot n_N \cdot M_N = 2\pi \cdot 11.08 \cdot 221.1 = 15392\,W,$$

15.3 kW anstatt 22.0 kW (nur 70%!)

5)

$$U_N = 2\pi \cdot n \cdot k_2 \cdot \Phi + (R_a + R_L) \cdot I_N,$$

$$k_2\Phi = \frac{U_N - (R_a + R_L) \cdot I_N}{2\pi \cdot n} = \frac{440 - (0.792 + 2.14) \cdot 55.6}{2\pi \cdot (950/60)} = 2.79\,Vs,$$

$$\frac{\Phi}{\Phi_N} = \frac{k_2 \cdot \Phi}{k_2.\Phi_N} = \frac{2.79}{3.98} = 0.7$$

$$M_e = M = k_2 \cdot \Phi \cdot I_N = 2.79 \cdot 55.6 = 155\text{Nm}:\quad 70\%\ \text{des Bemessungsmoments!}$$

$$\frac{P_{m,out}}{P_N} = \frac{2\pi \cdot n_N \cdot M}{2\pi \cdot n_N \cdot M_N} = \frac{M}{M_N} = 0.7$$

Die Abgabeleistung ist gegenüber 4) gleich geblieben. Es ist lediglich n höher, dafür M kleiner.

6)

Im Erzeuger-Zählpfeilsystem gilt: $U_i = R_a \cdot I_a + R_L \cdot I_a + R_{B0} \cdot I_a + U_{B0}$,

$$U_i = (0.792 + 2.14 + 1) \cdot 10 + 440 = 479.3\,V,$$

$$U_i = 2\pi \cdot n \cdot k_2 \cdot \Phi_N, n = \frac{U_i}{2\pi \cdot k_2 \cdot \Phi_N} = \frac{479.3}{2\pi \cdot 3.98} = 19.167/s = 1150/min$$

Aufgabe A11.19: Permanentmagneterregter Gleichstrommotor

Ein permanentmagneterregter Gleichstrommotor mit $U_N = 220$ V, $P_N = 1$ kW mit der Leerlaufdrehzahl $n_0 = 4000/min$ hat bei ausschließlicher

Berücksichtigung der Stromwärmeverluste in der Ankerwicklung einen Wirkungsgrad $\eta_N = 85\%$.

1. Berechnen Sie Bemessungsstrom I_N, Bemessungsdrehzahl n_N und Bemessungsmoment M_N!
2. Auf welchen Wert sinkt die Drehzahl, wenn infolge einer Störung die Gleichspannung an den Ankerklemmen auf $U_a = 117$ V absinkt, das Lastmoment aber unverändert $M_L = M_N$ ist?
3. Wie groß sind bei $U_a = 117$ V der Strom I_{a1} und das Drehmoment M_1 beim Einschalten ($n = 0$)? Der Motor wird über eine Seilwinde und eine daran hängende Last belastet und läuft von $n = 0$ gegen ein konstantes Lastmoment $M_L = 0.6 \cdot M_N$ hoch, um diese Last zu heben. Wie groß ist die sich einstellende stationäre Drehzahl für das Heben der Last? Zeichnen Sie maßstäblich die $n(M_e)$-Kennlinie und die Lastmomentkennlinie für $0 \le M_e \le M_N$!
4. Der Motor soll bei $U_a = 117$ V über die Seilwinde mit $n = 400/\text{min}$ diese Last absenken und erhält dafür einen Vorwiderstand R_v in den Ankerkreis eingeschaltet. Wie groß muss dieser Vorwiderstand sein? Zeichnen Sie die $n(M_e)$-Kennlinie und die Lastkennlinie maßstäblich für $0 \le M_e \le M_N$ für diesen Fall! Dieser Betriebsfall heißt „Senkbremsen"! Erläutern Sie, warum dies so genannt wird, indem Sie die mechanische und die elektrische Leistung berechnen! Kann ein Wirkungsgrad bestimmt werden?

Lösung zu Aufgabe A11.19:

1)

$$P_{m,out} = P_N \Rightarrow P_{e,in} = P_N / \eta_N = 1000 / 0.85 = 1176.5\,\text{W} \,,$$

$$I_N = P_{e,in} / U_N = 1176.5 / 220 = 5.34\,\text{A}$$

Gesamtverluste:

$$P_d = P_{Cu,a} = R_a \cdot I_N^2 = P_{e,in} - P_N = 1176.5 - 1000 = 176.5\,\text{W} \,,$$

$$R_a = P_{Cu,a} / I_N^2 = 176.5 / 5.34^2 = 6.17\,\Omega \,,$$

$$k_2 \cdot \Phi = U_N / (2\pi \cdot n_0) = 220 / (2\pi \cdot (4000/60)) = 0.525\,\text{Vs} \,,$$

$$n_N = \frac{U_N - R_a \cdot I_N}{2\pi \cdot k_2 \cdot \Phi} = \frac{220 - 6.17 \cdot 5.34}{2\pi \cdot 0.525} = 56.7 / \text{s} = 3402 / \text{min} \,,$$

$$M_N = P_N / (2\pi \cdot n_N) = 1000 / (2\pi \cdot 56.7) = 2.81\,\text{Nm} = M_e$$

2)
Wegen $M_\mathrm{L} = M_\mathrm{N}$ = konst. ist $I_\mathrm{a} = I_\mathrm{N}$ = konst., daher folgt:

$$n = \frac{U_\mathrm{a} - R_\mathrm{a} \cdot I_\mathrm{N}}{2\pi \cdot k_2 \cdot \Phi} = \frac{117 - 6.17 \cdot 5.34}{2\pi \cdot 0.525} = 25.5/\mathrm{s} = 1528/\mathrm{min}$$

3)

$$n = 0 = \frac{U_\mathrm{a} - R_\mathrm{a} I_\mathrm{N}}{2\pi \cdot k_2 \Phi} \Rightarrow I_\mathrm{N} = U_\mathrm{a}/R_\mathrm{a} = 117/6.17 = 18.96\,\mathrm{A} = 3.55 \cdot I_\mathrm{N} \,,$$

$$M_1 = k_2 \cdot \Phi \cdot I_\mathrm{a1} = 3.55 \cdot k_2 \cdot \Phi \cdot I_\mathrm{N} = 3.55 \cdot M_\mathrm{N} = 9.98\,\mathrm{Nm} \,,$$

$$M_\mathrm{L} = 0.6 \cdot M_\mathrm{N} = 0.6 \cdot k_2 \cdot \Phi \cdot I_\mathrm{N} = 1.69\,\mathrm{Nm} \Rightarrow I_\mathrm{a} = 0.6 \cdot I_\mathrm{N}$$

$$n = \frac{U_\mathrm{a} - R_\mathrm{a} \cdot 0.6 \cdot I_\mathrm{N}}{2\pi \cdot k_2 \cdot \Phi} = \frac{117 - 6.17 \cdot 0.6 \cdot 5.34}{2\pi \cdot 0.525} = 29.5/\mathrm{s} = 1769/\mathrm{min} \,,$$

$$n = \frac{U_\mathrm{a} - R_\mathrm{a} \cdot I_\mathrm{a}}{2\pi \cdot k_2 \cdot \Phi} = \frac{U_\mathrm{a}}{2\pi \cdot k_2 \cdot \Phi} - \frac{R_\mathrm{a} \cdot M_\mathrm{e}}{2\pi \cdot (k_2 \cdot \Phi)^2} = n_0' - k_\mathrm{M} \cdot M_\mathrm{e} \,,$$

$$n_0' = \frac{U_\mathrm{a}}{2\pi \cdot k_2 \cdot \Phi} = \frac{117}{2\pi \cdot 0.525} = 35.47/\mathrm{s} = 2128/\mathrm{min} \,,$$

$$k_\mathrm{M} = \frac{R_\mathrm{a}}{2\pi \cdot (k_2 \cdot \Phi)^2} = \frac{6.17}{2\pi \cdot 0.525^2} = 3.56/(\mathrm{Nm} \cdot \mathrm{s}) = 213.77/(\mathrm{Nm} \cdot \mathrm{min}) \,,$$

Zahlenwertgleichung: $n^{[1/\mathrm{min}]} = 2128 - 213.77 \cdot M_\mathrm{e}^{[\mathrm{Nm}]}$,

siehe Bild A11.19-1, Kennlinie (i).

4)
Last absenken = Umkehr der Drehzahl: $n = -400/\mathrm{min}$!
Vorwiderstand im Ankerkreis:

$$n = \frac{U_\mathrm{a} - (R_\mathrm{a} + R_\mathrm{v}) \cdot I_\mathrm{a}}{2\pi \cdot k_2 \cdot \Phi} = n_0' - \frac{R_\mathrm{a} \cdot I_\mathrm{a}}{2\pi \cdot k_2 \cdot \Phi} - \frac{R_\mathrm{v} \cdot I_\mathrm{a}}{2\pi \cdot k_2 \cdot \Phi} \,.$$

Die Leerlaufdrehzahl ist die dieselbe wie bei 3):
$n_0' = 35.47/\mathrm{s} = 2128/\mathrm{min}$!

$$M_\mathrm{L} = 0.6 \cdot M_\mathrm{N} \Rightarrow I_\mathrm{a} = 0.6 \cdot I_\mathrm{N} > 0 \,!$$

$$R_\mathrm{v} = \left(-n + n_0' - \frac{R_\mathrm{a} \cdot 0.6 \cdot I_\mathrm{N}}{2\pi \cdot k_2 \cdot \Phi} \right) \frac{2\pi \cdot k_2 \cdot \Phi}{0.6 \cdot I_\mathrm{N}}$$

$$R_\mathrm{v} = \left(\frac{400}{60} + 35.47 - \frac{6.17 \cdot 0.6 \cdot 5.34}{2\pi \cdot 0.525} \right) \frac{2\pi \cdot 0.525}{0.6 \cdot 5.34} = 37.2\,\Omega$$

Die Kennlinie ist: $n = n_0' - k_\mathrm{M}' \cdot M_\mathrm{e}$, mit

$$k_\mathrm{M}' = \frac{R_\mathrm{a} + R_\mathrm{v}}{2\pi \cdot (k_2 \cdot \Phi)^2} = \frac{6.17 + 37.2}{2\pi \cdot 0.525^2} = 25.0/(\mathrm{Nm} \cdot \mathrm{s}) = 1502.6/(\mathrm{Nm} \cdot \mathrm{min})$$

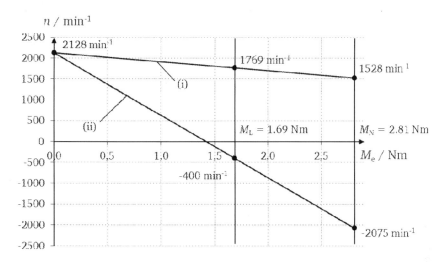

Bild A11.19-1: Drehzahl-Drehmoment-Kennlinie bei $U_a = 117$ V (i) ohne und (ii) mit Vorwiderstand R_v für „Senkbremsen"

Zahlenwertgleichung: $n^{[1/\min]} = 2128 - 1502.6 \cdot M_e^{[\text{Nm}]}$
siehe Bild A11.19-1, Kennlinie (ii).

$$P_m = P_{m,\text{out}} = 2\pi \cdot n \cdot M_L = 2\pi \cdot \frac{(-400)}{60} \cdot 1.69 = -71\,\text{W} \Rightarrow P_{m,\text{in}} = 71\,\text{W}$$

Die mechanische Leistung an der Welle ist negativ, wird also der Gleichstrommaschine zugeführt und treibt diese an. Das positive Drehmoment wirkt gegen die negative Drehzahl und bremst daher die Gleichstrommaschine, so dass die Last gebremst abgesenkt wird = „Senkbremsen".

$$P_e = U_a \cdot I_a = 117 \cdot 0.6 \cdot 5.34 = 375\,\text{W} = P_{e,\text{in}}:$$

Die Gleichstrommaschine nimmt elektrische Leistung an den Ankerklemmen auf.

$$P_d = (R_a + R_v) \cdot I_a^2 = (6.17 + 37.2) \cdot (0.6 \cdot 5.34)^2 = 445\,\text{W} = P_{e,\text{in}} + P_{m,\text{in}}$$

Die Gleichstrommaschine nimmt sowohl mechanische als auch elektrische Leistung auf und setzt diese in der Ankerwicklung und im Vorwiderstand in Wärme um. Ein Wirkungsgrad kann nicht definiert werden; die Gleichstrommaschine wirkt als bremsende „Wärmesenke".

12. Dynamik elektrischer Maschinen

Aufgabe A12.1: Einschalten einer Drosselspule

Eine Drosselspule mit der stromunabhängigen Induktivität L und dem Spulenwiderstand R wird an eine Wechselspannungsquelle

$$u(t) = \hat{U} \cdot \sin(\omega t + \varphi)$$

zum Zeitpunkt $t = 0$ geschaltet.

Dabei sind $\hat{U} = 10 \text{ V}$, $f = \omega/(2\pi) = 100 \text{ Hz}$, $R = 1 \text{ }\Omega$, $X = \omega L = 1 \text{ }\Omega$.

1. Berechnen Sie den Stromverlauf in der Spule analytisch mit Hilfe der Methode der homogenen und partikulären Differentialgleichung und diskutieren Sie das Ergebnis.
2. Geben Sie für die beiden unterschiedlichen Schaltaugenblicke bei $\varphi = 0$ und $\varphi = \pi/2$ den Strom an! Untersuchen Sie den Sonderfall $R = 0$!
3. Ermitteln Sie den Zeitverlauf des Spulenstroms für die ersten beiden Spannungsperioden numerisch durch Integration mit dem Verfahren von Runge-Kutta für $\varphi = 0$ und vergleichen Sie das Ergebnis mit der analytischen Rechnung von 1)!

Lösung zu Aufgabe A12.1:

1)

Lineare Differentialgleichung erster Ordnung mit konstanten Koeffizienten für $t \geq 0$:

$$L \cdot \frac{di}{dt} + R \cdot i = \hat{U} \cdot \sin(\omega t + \varphi)$$

Anfangsbedingung: $i(0) = 0$

Homogene Differentialgleichung: $L \cdot \frac{di_h}{dt} + R \cdot i_h = 0$

Lösungsansatz: $i_\mathrm{h} = C \cdot e^{\lambda \cdot t}$. Eingesetzt in die homogene Differentialgleichung ergibt dies: $\lambda = -R/L = -1/T$ mit der Zeitkonstante $T = L/R$.
Partikuläre Differentialgleichung:

$$L \cdot \frac{di_\mathrm{p}}{dt} + R \cdot i_\mathrm{p} = \hat{U} \cdot \left(\sin \omega t \cdot \cos \varphi + \cos \omega t \cdot \sin \varphi \right)$$

Lösungsansatz: $i_\mathrm{p} = A \cdot \sin \omega t + B \cdot \cos \omega t$.

Eingesetzt in die partikuläre Differentialgleichung ergibt dies:

$$R \cdot \left(A \cdot \sin \omega t + B \cdot \cos \omega t \right) + \omega L \cdot \left(A \cdot \cos \omega t - B \cdot \sin \omega t \right) =$$

$$= \hat{U} \cdot \left(\sin \omega t \cdot \cos \varphi + \cos \omega t \cdot \sin \varphi \right)$$

Es müssen die Koeffizienten bei den Ausdrücken $\sin \omega t$, $\cos \omega t$ jeweils auf der linken und rechten Seite der vorstehenden Gleichung identisch sein.

$$\sin \omega t : \ R \cdot A - \omega L \cdot B = \hat{U} \cdot \cos \varphi$$

$$\cos \omega t : \ R \cdot B + \omega L \cdot A = \hat{U} \cdot \sin \varphi$$

Das lineare Gleichungssystem mit den beiden Unbekannten A, B wird mit der Cramer'schen Regel gelöst.

$$\begin{pmatrix} R & -\omega L \\ \omega L & R \end{pmatrix} \cdot \begin{pmatrix} A \\ B \end{pmatrix} = \begin{pmatrix} \hat{U} \cdot \cos \varphi \\ \hat{U} \cdot \sin \varphi \end{pmatrix}, \qquad (N) = \begin{pmatrix} R & -\omega L \\ \omega L & R \end{pmatrix}$$

$$Det(N) = \begin{vmatrix} R & -\omega L \\ \omega L & R \end{vmatrix} = R^2 + (\omega L)^2$$

$$A = \frac{1}{Det(N)} \cdot \begin{vmatrix} \hat{U} \cdot \cos \varphi & -\omega L \\ \hat{U} \cdot \sin \varphi & R \end{vmatrix} = \hat{U} \cdot \frac{R \cdot \cos \varphi + \omega L \cdot \sin \varphi}{R^2 + (\omega L)^2}$$

$$B = \frac{1}{Det(N)} \cdot \begin{vmatrix} R & \hat{U} \cdot \cos \varphi \\ \omega L & \hat{U} \cdot \sin \varphi \end{vmatrix} = \hat{U} \cdot \frac{R \cdot \sin \varphi - \omega L \cdot \cos \varphi}{R^2 + (\omega L)^2}$$

Die Lösung für den Strom ist die Summe aus homogener und partikulärer Lösung.

$$i = i_\mathrm{h} + i_\mathrm{p} = C \cdot e^{-t/T} + A \cdot \sin \omega t + B \cdot \cos \omega t$$

Zur Bestimmung der unbekannten Konstanten C wird die Anfangsbedingung verwendet.

$$i(0) = C \cdot e^{0/T} + A \cdot \sin 0 + B \cdot \cos 0 = C + B = 0 \quad \Rightarrow \quad C = -B$$

Damit erhalten wir die analytische Lösung für den Stromverlauf:

$$i(t) = B \cdot \left(\cos \omega t - e^{-t/T} \right) + A \cdot \sin \omega t$$

Diskussion des Ergebnisses:
Es tritt ein transienter Gleichanteil zufolge der homogenen Lösung im Strom auf, der mit der Zeitkonstante $T = L/R$ abklingt. Nach etwa drei Zeitkonstanten $3T$ ist er auf nahezu Null abgeklungen, und es verbleibt als stationäre Lösung der Wechselstrom $i(t) = B \cdot \cos \omega t + A \cdot \sin \omega t$ der partikulären Lösung. Mit dem Ansatz $A = \hat{I} \cos \psi$, $B = \hat{I} \sin \psi$ erhalten wir für den Wechselstrom die Darstellung $i(t) = \hat{I} \cdot \sin(\omega t + \psi)$ mit der Amplitude

$$\hat{I} = \sqrt{A^2 + B^2} = \hat{U} \frac{\sqrt{R^2 + (\omega L)^2}}{R^2 + (\omega L)^2} = \frac{\hat{U}}{\sqrt{R^2 + (\omega L)^2}}$$

und dem Phasenwinkel $\psi = \arctan(B / A) = \arctan\left(\dfrac{R \cdot \sin \varphi - \omega L \cdot \cos \varphi}{R \cdot \cos \varphi + \omega L \cdot \sin \varphi} \right)$.

2)
a) Einschalten im Spannungsnulldurchgang $\varphi = 0$:

$$A = \hat{U} \cdot \frac{R}{R^2 + (\omega L)^2} , \quad B = -\hat{U} \cdot \frac{\omega L}{R^2 + (\omega L)^2}$$

b) Einschalten im Spannungsmaximum $\varphi = \pi/2$:

$$A = \hat{U} \cdot \frac{\omega L}{R^2 + (\omega L)^2} , \quad B = \hat{U} \cdot \frac{R}{R^2 + (\omega L)^2}$$

Beim Sonderfall $R = 0$ ist die Zeitkonstante T unendlich groß; der Gleichstromanteil klingt nicht ab.

a) Für $R = 0$, $\varphi = 0$ ist mit $A = 0$, $B = -\dfrac{\hat{U}}{\omega L}$ der Strom

$$i(t) = \frac{\hat{U}}{\omega L} \cdot \left(1 - \cos \omega t\right)$$

eine Überlagerung aus einem Gleichstrom- und Wechselstromanteil gleicher Größe. Der erste Maximalwert des Stroms tritt zum Zeitpunkt $t^* = \pi / \omega$ auf und ist mit $\hat{i} = \dfrac{2\hat{U}}{\omega L}$ doppelt so groß wie die Wechselstromamplitude.

b) Für $R = 0$, $\varphi = \pi/2$ ist mit $A = \dfrac{\hat{U}}{\omega L}$, $B = 0$ der Strom

$$i(t) = \frac{\hat{U}}{\omega L} \cdot \sin \omega t$$

ein reiner Wechselstrom. Der erste Maximalwert des Stroms tritt zum Zeitpunkt $t^* = \pi/(2\omega)$ auf und ist mit $\hat{i} = \dfrac{\hat{U}}{\omega L}$ halb so groß wie im Fall a).

3)

Für die numerische Integration schreiben wir die Differentialgleichung wie folgt:

$$\frac{di(t)}{dt} = -\frac{R}{L} \cdot i(t) + \frac{\hat{U}}{L} \cdot \sin(\omega t + \varphi), \quad i(0) = 0 .$$

Es werden folgende Zahlenwerte verwendet:

$$\omega = 2\pi \cdot 100/\mathrm{s}, \quad \varphi = 0, \quad \hat{U} = 10 \text{ V}, \quad R = 1 \, \Omega,$$

$$L = X/\omega = 1/(2\pi 100) = 3.183 \text{ mH} .$$

Eine Spannungsperiode beträgt $1/f = 1/100 = 0.01$ s. Die Berechnung erfolgt während zwei Perioden, also für eine Dauer von 20 ms. Als Integrationsschrittweite wird 1/1000 dieser Dauer verwendet:

$\Delta t = 20\mathrm{ms}/1000 = 0.02$ ms .

Die numerische Lösung ist mit der analytischen Lösung in Bild A12.1-1 verglichen und deckungsgleich, da die numerischen Abweichungen von den analytischen Werten kleiner sind als die verwendete Strichstärke der Grafik.

Die analytische Rechnung ergibt:

$$A = \hat{U} \cdot \frac{R}{R^2 + (\omega L)^2} = 10 \cdot \frac{1}{1^2 + 1^2} = 5 \text{ A} ,$$

$$B = -\hat{U} \cdot \frac{\omega L}{R^2 + (\omega L)^2} = -10 \cdot \frac{1}{1^2 + 1^2} = -5 \text{ A} ,$$

$$T = L/R = 3.183 \text{ mH}/1\Omega = 3.183 \text{ ms} ,$$

$$i(t) = B \cdot \left(\cos \omega t - e^{-t/T} - \sin \omega t \right) .$$

Nach ca. $3T = 3 \cdot 3.183$ ms ≈ 10 ms bzw. einer Periode der Spannungskurve ist der transiente Gleichstrom nahezu völlig verschwunden. Die Stromamplitude während der zweiten Periode hat bereits den stationären Wert $\hat{I} = \sqrt{5^2 + 5^2} = 7.07$ A . Es stellt sich der stationäre Phasenwinkel

$$\psi = \arctan\left(\frac{B}{A}\right) = -\arctan(1) = -\pi/4$$

zwischen Spannung und Strom ein. Der Strom eilt der Spannung um 45° nach.

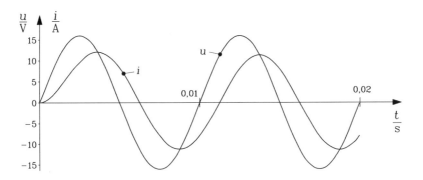

Bild A12.1-1: Vorgegebener Spannungsverlauf und numerisch und analytisch berechneter (deckungsgleicher) Stromverlauf in der Drosselspule nach dem Einschalten bei $t = 0$ (Schaltwinkel $\varphi = 0$, $R = X = 1\,\Omega$, $f = 100$ Hz)

Aufgabe A12.2: Selbsterregung eines Synchrongenerators

Ein Synchrongenerator mit $S_N = 10$ MVA, $U_N = 3$ kV wird mit unerregtem Polrad von einer Turbine auf Bemessungsdrehzahl n_N angetrieben. Seine Ständerwicklung ist über den Blocktransformator an eine lange Freileitung angeschlossen, deren Abgang offen ist („leerlaufende Freileitung"). Auf Grund der Eisenremanenz des Polrads wird in der Ständerwicklung je Strang eine Wechselspannung $u_{pR}(t)$ mit Bemessungsfrequenz $f_N = \omega/(2\pi) = 50$ Hz induziert. Die resultierende Reaktanz je Strang $X = 818.2$ mΩ umfasst die Summe aus der Synchronreaktanz des Generators, der Kurzschlussreaktanz des Transformators und der Reaktanz der Freileitung. Die Betriebskapazität C der sekundär offenen Freileitung ist wegen deren großer Länge relativ groß, so dass die zugehörige Reaktanz X_C, umgerechnet auf die Generatorspannungsebene, um ca. 5 % größer ist als X: $X_C = 1.0526 \cdot X$. Die ohm'schen Widerstände und alle weiteren Verlustkomponenten werden hier vernachlässigt. Der Transformator übersetzt mit dem Verhältnis $\ddot{u}$ die Spannung von 3 kV auf der Generatorseite auf 220 kV auf der Netzseite.
1. Berechnen Sie für eine Remanenzspannung U_{pR} von 5 % der Bemessungsspannung den auf die Generatorspannungsebene umgerechneten stationären Ladestrom $\underline{I}_L = -\underline{I}_s$ der Freileitung und geben Sie seinen Effektivwert in Prozent des Bemessungsstroms an!

2. Bestimmen Sie die Spannung U' an den offenen Klemmen der Freileitung im Verhältnis zur Bemessungsspannung und zur Remanenzspannung an den Generatorklemmen! Warum spricht man gemäß Kap. 8 des Lehrbuchs von „Selbsterregung"?

3. Berechnen Sie analytisch den Ständerstrom je Strang $i_s(t)$ und die auf die Generatorspannungsebene umgerechnete Spannung $u(t)$ an den offenen Sekundärklemmen der Freileitung, wenn die leerlaufende Freileitung zum Zeitpunkt $t = 0$ auf die Generatorklemmen zugeschaltet wird. Die Zeitfunktion der Remanenzspannung im betrachteten Wicklungsstrang ist $u_{pR}(t) = \hat{U}_{pR} \cdot \sin(\omega t)$.

4. Berechnen Sie mit dem Verfahren von Runge-Kutta numerisch $i_s(t)$ und die Spannung $u(t)$ für $0 \le t \le 0.4\,\mathrm{s}$ und vergleichen Sie die Kurvenverläufe mit den unter 3) analytisch ermittelten Werten.

Lösung zu Aufgabe A12.2:

1)
Komplexe Wechselstromrechung, Ströme und Spannungen der Netzseite (Freileitung) werden mit $\ddot{u}$ auf die Generatorspannungsebene umgerechnet:
Ladestrom generatorseitig $I_L = \ddot{u} \cdot I'_L$

Auf die Generatorseite umgerechnete Spannung an den Sekundärklemmen der Freileitung: $U = U' / \ddot{u}$

Auf die Generatorseite umgerechnete Reaktanz der Ladekapazität:
$$X_C = X'_C / \ddot{u}^2, \quad X'_C = 1/(\omega C'), \quad C = \ddot{u}^2 \cdot C'$$

Verbraucher-Zählpfeilsystem für den Generator ($\underline{I}_s = -\underline{I}_L$, Bild A12.2-1)
Bestimmung des Bemessungsstroms:
$$S_N = \sqrt{3} \cdot U_N I_N, \quad I_N = S_N / (\sqrt{3} U_N) = 10000 / (\sqrt{3} \cdot 3) = 1924.5\,\mathrm{A}$$

Ständerspannungsgleichung: $jX \cdot \underline{I}_s + \underline{U}_{pR} = \underline{U}$,

Spannung an der Kapazität: $\underline{U} = -jX_C \cdot \underline{I}_L$.

Aus beiden Gleichungen folgt der kapazitive Ladestrom:
$$\underline{I}_L = j\frac{\underline{U}_{pR}}{X_C - X}.$$

Wegen $X_C > X$ eilt der Ladestrom der Remanenzspannung um 90° vor. Da die Bemessungsspannung ein verketteter Wert ist, wird der Strangwert der Remanenzspannung wie folgt bestimmt:
$$U_{pR} = 0.05 \cdot U_N / \sqrt{3} = 0.05 \cdot 3000 / \sqrt{3} = 86.6\,\mathrm{V}.$$

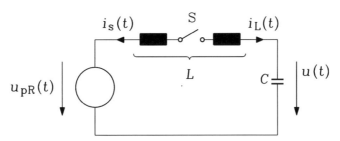

Bild A12.2-1: Einsträngiges Ersatzschaltbild des Generators und der Freileitung, Schalter S wird zum Zeitpunkt $t = 0$ geschlossen.

$$I_L = \frac{U_{pR}}{X_C - X} = \frac{86.6}{(1.0526 - 1) \cdot 0.8182} = 2012.2 \text{ A} = 1.0456 \cdot I_N \ .$$

Auf Grund der resonanznahen Anregung des elektrischen Schwingungssystems, gebildet aus L und C, beträgt der Ladestrom 104.56 % des Bemessungsstroms und ist damit unzulässig groß. Die Stromamplitude ist

$$\hat{I}_s = \sqrt{2} \cdot 2012.2 = 2845.7 \text{ A} \ .$$

2)
Spannung an der Kapazität:

$$U = X_C \cdot I_L = \frac{X_C \cdot U_{pR}}{X_C - X} \ ,$$

$$U = X_C \cdot I_L = 1.0526 \cdot 0.8182 \cdot 2012.2 = 1733.0 \text{ V} \ ,$$

$$U / U_{pR} = 1733.0 / 86.6 = 20 \ ,$$

$$U\sqrt{3} / U_N = 1733.0 \cdot \sqrt{3} / 3000 = 1.0005 \ ,$$

$$\ddot{u} = 230 / 3 = 76.67 \ ,$$

$$\ddot{u} U \sqrt{3} / U_{N,\text{Netz}} = 76.67 \cdot 1733.0 \cdot \sqrt{3} / 230000 = 1.0005 \ ,$$

$$U' = \ddot{u} U = 76.67 \cdot 1733.0 = 132.87 \text{ kV} \ .$$

Obwohl die Synchronmaschine unerregt betrieben wird, tritt an den offenen Sekundärklemmen der Freileitung etwas mehr als die Bemessungsspannung auf. Die Maschine hat sich über die Eisenremanenz ihres Polrads und die kapazitive Belastung „selbst" erregt. Die auf die Generatorspannungsebene umgerechnete Spannungsamplitude an den offenen Klemmen der Freileitung ist $\hat{U} = \sqrt{2} \cdot 1733.0 = 2450.8 \text{ V}$.

3)
Vor dem Zuschalten der Freileitung sind der Strom i_s und die Spannung u an der Kapazität Null. Lineare Integro-Differentialgleichung mit konstanten Koeffizienten für $t \geq 0$:

$$L \cdot \frac{di_s}{dt} + \frac{1}{C} \int_0^t i_s \cdot dt + \hat{U}_{pR} \cdot \sin \omega t = 0 \ .$$

Einmaliges Differenzieren ergibt die lineare Differentialgleichung zweiter Ordnung mit konstanten Koeffizienten für $t \geq 0$:

$$\frac{d^2 i_s}{dt^2} + \frac{i_s}{LC} = -\frac{\omega \hat{U}_{pR}}{L} \cdot \cos \omega t \ .$$

Da die magnetische Energie $L i_s^2 / 2$ sich nicht sprungartig ändern kann, muss der Strom kurz nach dem Zuschalten denselben Wert wie vor dem Zuschalten aufweisen, also Null sein. Da die elektrische Energie $Cu^2 / 2$ sich auch nicht sprungartig ändern kann, muss die Spannung u kurz nach dem Zuschalten denselben Wert wie vor dem Zuschalten aufweisen, also Null sein. Daraus folgen die Anfangsbedingungen: $i_s(0) = 0, u(0) = 0$.
Homogene Differentialgleichung:

$$\frac{d^2 i_{s,h}}{dt^2} + \frac{i_{s,h}}{LC} = 0 \ .$$

Lösungsansatz: $i_h = C_1 \cdot \sin \omega_e t + C_2 \cdot \cos \omega_e t$. Eingesetzt in die homogene Differentialgleichung ergibt dies die Eigenfrequenz des schwingungsfähigen Systems: $\omega_e = 1 / \sqrt{LC}$.
Partikuläre Differentialgleichung:

$$\frac{d^2 i_{s,p}}{dt^2} + \omega_e^2 \cdot i_{s,p} = -\frac{\omega \hat{U}_{pR}}{L} \cdot \cos \omega t$$

Lösungsansatz: $i_{s,p} = B \cdot \cos \omega t$.
Eingesetzt in die partikuläre Differentialgleichung ergibt dies:

$$-\omega^2 \cdot B \cdot \cos \omega t + \omega_e^2 \cdot B \cdot \cos \omega t = -\frac{\omega \hat{U}_{pR}}{L} \cdot \cos \omega t \ ,$$

$$B = -\frac{\omega^2 \hat{U}_{pR}}{\omega L \cdot (\omega_e^2 - \omega^2)} \ .$$

Die Lösung für den Strom ist die Summe aus homogener und partikulärer Lösung.

$$i_s(t) = i_{s,h} + i_{s,p} = C_1 \cdot \sin \omega_e t + C_2 \cdot \cos \omega_e t + B \cdot \cos \omega t$$

Die Spannung an der Kapazität ist:

$$u(t) = u_{pR}(t) + L \cdot di_s / dt \ ,$$

$$u(t) = \hat{U}_{pR} \cdot \sin \omega t + L \cdot \{ \omega_e C_1 \cdot \cos \omega_e t - \omega_e C_2 \cdot \sin \omega_e t - \omega B \cdot \sin \omega t \} \ .$$

Erfüllen der Anfangsbedingungen:

$$i_s(0) = C_1 \cdot \sin 0 + C_2 \cdot \cos 0 + B \cdot \cos 0 = 0 \quad \Rightarrow \quad C_2 = -B$$

$$u(0) = \hat{U}_{pR} \sin 0 + L \cdot \{\omega_e C_1 \cos 0 - \omega_e C_2 \sin 0 - \omega B \sin 0\} = 0 \quad \Rightarrow \quad C_1 = 0$$

Analytische Lösung für den Strangstromverlauf und die Spannung an der Kapazität:

$$i_s(t) = -\frac{\omega^2 \hat{U}_{pR}}{\omega L \cdot (\omega_e^2 - \omega^2)} \cdot (\cos \omega t - \cos \omega_e t) \, ,$$

$$u(t) = -\frac{\hat{U}_{pR}}{\omega_e^2 - \omega^2} \cdot \left(-\omega_e^2 \cdot \sin \omega t + \omega \omega_e \cdot \sin \omega_e t\right) .$$

Da die Dämpfung vernachlässigt wurde, klingt der transiente Einschaltstrom, der mit der Eigenkreisfrequenz ω_e schwingt, nicht ab. Daher ist die Lösung eine Schwebung, nämlich eine Überlagerung zwei nahezu gleichfrequenter Signale (mit $\omega = 314.16/s$ und $\omega_e = 322.3/s$).

$$L = X / \omega = 0.8182/(2\pi 50) = 2.6044 \text{ mH} \, ,$$

$$C = \frac{1}{\omega X_C} = \frac{1}{\omega \cdot 1.0526 X} = \frac{1}{2\pi 50 \cdot 1.0526 \cdot 0.8182} = 3.696 \text{ mF} \, ,$$

$$\omega_e = 1/\sqrt{LC} = 1/\sqrt{2.6044 \cdot 3.696 \cdot 10^{-6}} = 322.3/s \, ,$$

$$f_e = \omega_e /(2\pi) = 322.3/(2\pi) = 51.3 \text{ Hz} \, .$$

Bei real vorhandener Dämpfung klingt der homogene Lösungsanteil mit ω_e mit einer bestimmten Zeitkonstante ab. Es verbleibt die partikuläre Lösung als stationäre Lösung mit der Stromamplitude

$$\hat{I}_s = \frac{\omega^2 \hat{U}_{pR}}{\omega L \cdot (\omega_e^2 - \omega^2)} = \frac{\hat{U}_{pR}}{X \cdot (\omega_e^2 / \omega^2 - 1)} = \frac{\hat{U}_{pR}}{X_C - X} = 2845.7 \text{ A} \, ,$$

die bereits bei 1) mit der komplexen Wechselstromrechnung bestimmt worden ist. Die stationäre Spannungsamplitude

$$\hat{U} = -\frac{\omega_e^2 \cdot \hat{U}_{pR}}{\omega_e^2 - \omega^2} = \frac{X_C \cdot \hat{U}_{pR}}{X_C - X} = 2450.8 \text{ V}$$

ist bereits bei 2) berechnet worden.

Bei der ungedämpften Schwebung treten wegen der Überlagerung zweier Signale mit gleicher Amplitude Stromamplituden bis zum Doppelten des Stationärwerts auf ($2 \cdot 2845.7 = 5691.4 \text{ A}$), wie Bild A12.2-2 zeigt. Ähnlich ergibt sich (Bild A12.2-2) für die Spannung der Maximalwert

$$u_{max} = \frac{\hat{U}_{pR} \cdot (\omega_e^2 + \omega \omega_e)}{\omega_e^2 - \omega^2} = 4850 \text{ V} \, .$$

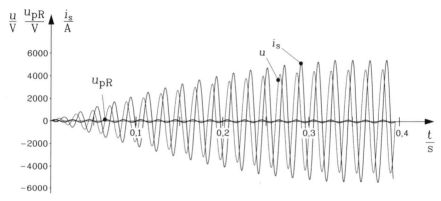

Bild A12.2-2: Selbsterregung der Synchronmaschine: Analytische und deckungsgleiche numerische ungedämpfte Lösung für den Strangstrom $i_s(t)$ und die auf die Generatorspannungsebene umgerechnete Spannung $u(t)$ an den Sekundärklemmen der Freileitung nach dem Zuschalten der Freileitung bei $t = 0$ auf die Remanenzspannung $u_{pR}(t) = 122.5\text{Vsin}(\omega t)$ ($\omega = 314.16/\text{s}$).

4)

Für die numerische Integration schreiben wir die Differentialgleichung zweiter Ordnung als zwei Differentialgleichungen erster Ordnung:

$$\frac{du(t)}{dt} = -\frac{1}{C} \cdot i_s(t), \quad u(0) = 0,$$

$$\frac{di_s(t)}{dt} = \frac{1}{L} \cdot u(t) - \frac{\hat{U}_{pR}}{L} \cdot \sin \omega t, \quad i(0) = 0.$$

Es werden folgende Zahlenwerte verwendet:

$$\omega = 2\pi \cdot 50/\text{s}, \ \hat{U}_{pR} = \sqrt{2} \cdot 86.6 \text{ V} = 122.5 \text{ V}, L = 2.6044 \text{ mH},$$

$$C = 3.696 \text{ mF}.$$

Die Berechnung erfolgt für eine Dauer von 0.4 s. Als Integrationsschrittweite wird 1/10000 dieser Dauer verwendet:

$$\Delta t = 400 \text{ ms}/10000 = 0.04 \text{ ms}.$$

Die numerische Lösung für den Strangstrom und die auf die Generatorspannungsebene umgerechnete Spannung an den Sekundärklemmen der Freileitung sind mit der analytischen Lösung in Bild A12.2-2 verglichen und deckungsgleich, da die numerischen Abweichungen von den analytischen Werten kleiner sind als die verwendete Strichstärke der Grafik.

Aufgabe A12.3: Mechanisch gebremster Auslauf einer rotierenden Maschine

Der mechanisch gebremste Auslauf einer rotierenden Maschine mit dem Trägheitsmoment J soll ausgehend von der mechanischen Winkelgeschwindigkeit Ω_{m0} berechnet werden. Das bremsende mechanische Drehmoment M_s hat folgende drei unterschiedliche Abhängigkeiten von der mechanischen Winkelgeschwindigkeit Ω_m:

$$\text{a) } M_s(\Omega_m) = M_{s0}$$

$$\text{b) } M_s(\Omega_m) = M_{s0} \cdot (\Omega_m / \Omega_{m0})$$

$$\text{c) } M_s(\Omega_m) = M_{s0} \cdot (\Omega_m / \Omega_{m0})^2$$

1. Berechnen Sie analytisch den Verlauf der mechanischen Winkelgeschwindigkeit über der Zeit $\Omega_m(t)$, ausgehend von dem Wert Ω_{m0}, für die drei Bremsmomente a), b), c). Welches der drei Bremsmomente bremst am stärksten?

2. Berechnen Sie den Verlauf der mechanischen Winkelgeschwindigkeit über der Zeit $\Omega_m(t)$ numerisch für den Zeitbereich $0 \le t \le 100\,\text{s}$ für folgende Daten: $J / M_{s0} = 0.0637\,\text{kgm}^2/(\text{Nm})$, $n(t = 0) = 1500/\text{min}$. Vergleichen Sie das numerische und das unter 1) erhaltene analytische Ergebnis!

Lösung zu Aufgabe A12.3:

1)
Newton'sche Bewegungsgleichung:

$$J \cdot \frac{d\Omega_m(t)}{dt} = -M_s(\Omega_m(t))\text{ , Anfangsbedingung: } \Omega_m(0) = \Omega_{m0}$$

$$\text{a) } J \cdot \frac{d\Omega_m(t)}{dt} = -M_{s0}\text{ , } \Omega_m(t) = \int_0^t \left(-\frac{M_{s0}}{J} \right) \cdot dt = -\frac{M_{s0}}{J} \cdot t + C$$

$$\Omega_m(0) = C = \Omega_{m0}\text{ , } \Omega_m(t) = -\frac{M_{s0}}{J} \cdot t + \Omega_{m0}$$

$$\Omega_m(T) = 0 = -\frac{M_{s0}}{J} \cdot T + \Omega_{m0} \Rightarrow T = \Omega_{m0} \cdot J / M_{s0}$$

Die mechanische Winkelgeschwindigkeit nimmt linear mit der Zeit ab und ist Null zum Zeitpunkt $T = \Omega_{m0} \cdot J / M_{s0}$.

b) $J \cdot \dfrac{d\Omega_m(t)}{dt} = -M_{s0} \cdot (\Omega_m(t) / \Omega_{m0})$, $\dfrac{d\Omega_m(t)}{dt} + \dfrac{M_{s0}}{J \cdot \Omega_{m0}} \cdot \Omega_m(t) = 0$

Dies ist eine lineare Differentialgleichung erster Ordnung mit konstanten Koeffizienten. Lösung mit der Laplace-Transformation:

$$s \cdot \Omega_m(s) - \Omega_{m0} + \frac{M_{s0}}{J \cdot \Omega_{m0}} \cdot \Omega_m(s) = 0, \qquad \Omega_m(s) \cdot (s + \frac{M_{s0}}{J \cdot \Omega_{m0}}) = \Omega_{m0},$$

$$\Omega_m(s) = \frac{\Omega_{m0}}{s + \dfrac{M_{s0}}{J \cdot \Omega_{m0}}}, \qquad \Omega_m(t) = \Omega_{m0} \cdot e^{-\frac{M_{s0}}{J \cdot \Omega_{m0}} \cdot t} = \Omega_{m0} \cdot e^{-t/T} \quad .$$

Die mechanische Winkelgeschwindigkeit nimmt exponentiell mit der Zeit ab und ist nach der Zeitkonstante $T = \Omega_{m0} \cdot J / M_{s0}$ auf den Wert $\Omega_m(T) = \Omega_{m0} / e$ abgeklungen. Der Wert Null wird nach unendlich langer Zeit erreicht.

c) $J \cdot \dfrac{d\Omega_m(t)}{dt} = -M_{s0} \cdot \left(\dfrac{\Omega_m(t)}{\Omega_{m0}} \right)^2$, $\dfrac{d\Omega_m(t)}{dt} + \dfrac{M_{s0}}{J\Omega_{m0}^2} \cdot \Omega_m^2(t) = 0$

Dies ist eine nichtlineare Differentialgleichung erster Ordnung mit konstanten Koeffizienten. Die Lösung ist durch Trennung der Veränderlichen Ω_m und t möglich:

$$\frac{d\Omega_m}{\Omega_m^2} = -\frac{M_{s0}}{J\Omega_{m0}^2} \cdot dt \, , \quad \int \frac{d\Omega_m}{\Omega_m^2} = -\int \frac{M_{s0}}{J\Omega_{m0}^2} \cdot dt \, , \quad -\frac{1}{\Omega_m} = -\frac{M_{s0}}{J\Omega_{m0}^2} \cdot t + K \, ,$$

Bestimmung der Integrationskonstante K über die Anfangsbedingung:

$$-\frac{1}{\Omega_{m0}} = -\frac{M_{s0}}{J\Omega_{m0}^2} \cdot 0 + K \Rightarrow K = -\frac{1}{\Omega_{m0}}$$

$$\Omega_m(t) = \frac{1}{\dfrac{M_{s0}}{J\Omega_{m0}^2} \cdot t + \dfrac{1}{\Omega_{m0}}} = \frac{\Omega_{m0}}{\dfrac{M_{s0}}{J\Omega_{m0}} \cdot t + 1} = \frac{\Omega_{m0}}{\dfrac{t}{T} + 1}$$

Die mechanische Winkelgeschwindigkeit nimmt verkehrt proportional mit der Zeit ab und ist nach der Zeit $T = \Omega_{m0} \cdot J / M_{s0}$ auf den Wert $\Omega_m(T) = \Omega_{m0} / 2$ abgeklungen. Der Wert Null wird nach unendlich langer Zeit erreicht.

Das Bremsmoment a) bremst am stärksten, das Bremsmoment c) am schwächsten.

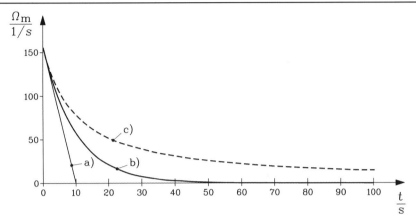

Bild A12.3-1: Verlauf der mechanischen Winkelgeschwindigkeit über der Zeit bei der mechanischen Bremsung einer rotierenden Maschine ab dem Zeitpunkt $t = 0$. Analytische und deckungsgleiche numerische Lösung für a) konstantes, b) linear mit der Drehzahl abnehmendes, c) quadratisch mit der Drehzahl abnehmendes Bremsmoment. Bei der charakteristischen Zeit $T = 10$ s ist die Drehzahl a) auf Null und bei b) auf $1/e = 0.37$ und bei c) auf 0.5 des Anfangswerts gesunken.

2)
Für die numerische Integration schreiben wir die Differentialgleichung erster Ordnung für die drei Fälle a), b), c) wie folgt:

$$\text{a)}\quad \frac{d\Omega_\mathrm{m}(t)}{dt} = -\frac{M_{s0}}{J}, \quad \Omega_\mathrm{m}(0) = \Omega_{m0} \ ,$$

$$\text{b)}\quad \frac{d\Omega_\mathrm{m}(t)}{dt} = -\frac{M_{s0}}{J \cdot \Omega_{m0}} \cdot \Omega_\mathrm{m}(t), \quad \Omega_\mathrm{m}(0) = \Omega_{m0} \ ,$$

$$\text{c)}\quad \frac{d\Omega_\mathrm{m}(t)}{dt} = -\frac{M_{s0}}{J \cdot \Omega_{m0}^2} \cdot \Omega_\mathrm{m}^2(t), \quad \Omega_\mathrm{m}(0) = \Omega_{m0} \ .$$

Es werden folgende Zahlenwerte verwendet:

$$J / M_{s0} = 0.0637 \ \mathrm{kgm^2/(Nm)} \ ,$$

$$\Omega_\mathrm{m}(0) = \Omega_{m0} = 2\pi \cdot n(0) = 2\pi \cdot 1500 / 60 = 157.08 / \mathrm{s} \quad .$$

Die Berechnung erfolgt für eine Dauer von 100 s. Als Integrationsschrittweite wird 1/1000 dieser Dauer verwendet: $\Delta t = 100\,\mathrm{s}/1000 = 0.1\,\mathrm{s}$. Die numerische Lösung ist mit der analytischen Lösung in Bild A12.3-1 verglichen und deckungsgleich, da die numerischen Abweichungen von den analytischen Werten kleiner sind als die verwendete Strichstärke der Grafik. Die charakteristische Zeit beträgt:

$$T = \Omega_{m0} \cdot J / M_{s0} = 157.08 \cdot 0.0637 = 10\,\mathrm{s} \quad .$$

Aufgabe A12.4: Asynchroner Schwungmassen-Hochlauf einer Asynchronmaschine

Das elektromagnetische Drehmoment einer zweipoligen Asynchronmaschine ($P_N = 500$ kW, $U_N = 690$ V Y, $f_N = 50$ Hz, $n_N = 2982$/min) mit dem Trägheitsmoment $J = 5.9$ kg·m^2 wird in Abhängigkeit des Schlupfs s vereinfacht durch die Kloss'sche Funktion (vgl. Kap. 5 des Lehrbuchs)

$$\frac{M_e(s)}{M_b} = \frac{2}{\dfrac{s}{s_b} + \dfrac{s_b}{s}}$$

beschrieben, wobei $s_b = 7.5 \cdot s_N$ der Kippschlupf ist.

1. Welche Vereinfachungen gelten bei Verwendung der Kloss'schen Funktion? Berechnen Sie den Kippschlupf, das Kippmoment und das Anfahrmoment!
2. Berechnen Sie analytisch den Verlauf der mechanischen Winkelgeschwindigkeit über der Zeit $\Omega_m(t)$, wenn die Maschine ungekuppelt („leer") von der Drehzahl Null hoch läuft (Schwungmassen-Hochlauf)!
3. Berechnen Sie den Verlauf der mechanischen Winkelgeschwindigkeit über der Zeit $\Omega_m(t)$ numerisch für den Zeitbereich $0 \leq t \leq 2.0$ s! Vergleichen Sie das numerische und das in 2. erhaltene analytische Ergebnis!

Lösung zu Aufgabe A12.4:

1)
Vereinfachungen für die Verwendung der Kloss'schen Funktion:
- Vernachlässigung des Ständerwiderstands ,
- konstanter Läuferwiderstand = kein Einfluss der schlupfabhängigen Stromverdrängung ,
- konstante Reaktanzen = kein Einfluss veränderlicher Sättigung des Haupt- und Streuflusses, sowie kein Einfluss der schlupfabhängigen Stromverdrängung auf den Streufluss.

Synchrondrehzahl: $n_{syn} = f / p = 50 / 1 = 50 / s = 3000$/min

Synchrone Winkelgeschwindigkeit: $\Omega_{syn} = 2\pi \cdot n_{syn} = 2\pi \cdot 50 / s = 314.16 / s$

Bemessungsschlupf:
$$s_N = (n_{syn} - n) / n_{syn} = (3000 - 2982) / 3000 = 0.006$$

Kippschlupf: $s_b = 7.5 \cdot s_N = 7.5 \cdot 0.006 = 0.045$

Bemessungsmoment:

$$M_N = \frac{P_N}{2\pi n_N} = \frac{500000}{2\pi \cdot 2982/60} = 1601.16 \, \text{Nm}$$

Kippmoment:

$$M_b = \frac{M_N}{2} \cdot \left(\frac{s_N}{s_b} + \frac{s_b}{s_N} \right) = \frac{1601.16}{2} \cdot \left(\frac{1}{7.5} + \frac{7.5}{1} \right) = 6111.08 \, \text{Nm}$$

Anfahrmoment:

$$M_e(s=1) = \frac{2M_b}{\dfrac{1}{s_b} + \dfrac{s_b}{1}} = \frac{2 \cdot 6111.08}{\dfrac{1}{0.045} + 0.045} = 548.9 \, \text{Nm}$$

2)

Schwungmassenhochlauf: Bremsendes Lastmoment $M_L = 0$.

$$J \cdot \frac{d\Omega_m(t)}{dt} = M_e = \frac{2M_b}{\dfrac{s}{s_b} + \dfrac{s_b}{s}}, \quad s = 1 - \frac{\Omega_m}{\Omega_{syn}}$$

$$\frac{d\Omega_m(t)}{dt} = \Omega_{syn} \cdot d(1-s)/dt = -\Omega_{syn} \cdot ds/dt$$

$$-J\Omega_{syn} \cdot \frac{ds}{dt} \frac{2M_b}{\dfrac{s}{s_b} + \dfrac{s_b}{s}} = 0$$

Dies ist eine nichtlineare Differentialgleichung erster Ordnung mit konstanten Koeffizienten. Die Lösung ist durch Trennung der Veränderlichen s und t möglich:

$$-\frac{J\Omega_{syn}}{2M_b} \cdot \left(\frac{s}{s_b} + \frac{s_b}{s} \right) \cdot ds = dt \quad , \quad -\frac{J\Omega_{syn}}{2M_b} \cdot \int \left(\frac{s}{s_b} + \frac{s_b}{s} \right) \cdot ds = \int dt = t + K \quad ,$$

$$-\frac{J\Omega_{syn}}{2M_b} \cdot \left(\frac{s^2}{2s_b} + s_b \cdot \ln(s) \right) = t + K \quad .$$

Bestimmung der Integrationskonstante K über die Anfangsbedingung:

$$t = 0: \quad s = 1: \quad -\frac{J\Omega_{syn}}{2M_b} \cdot \left(\frac{1}{2s_b} + s_b \cdot \ln(1) \right) = 0 + K \Rightarrow K = -\frac{J\Omega_{syn}}{4s_b M_b} \quad ,$$

$$-\frac{J\Omega_{syn}}{2M_b} \cdot \left(\frac{s^2 - 1}{2s_b} + s_b \cdot \ln(s) \right) = t \quad ,$$

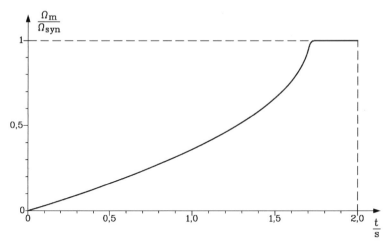

Bild A12.4-1: Normierter analytisch und numerisch berechneter Verlauf der mechanischen Winkelgeschwindigkeit über der Zeit beim Schwungmassenhochlauf eines zweipoligen 500 kW-Asynchronmotors am 50 Hz-Netz, wenn als $M(n)$-Kurve die Kloss'sche Funktion verwendet wird (Kippmoment $M_b = 6111.08$ Nm, Kippschlupf $s_b = 0.045$, synchrone Winkelgeschwindigkeit $\Omega_{syn} = 314.16/s$

$$\frac{J\Omega_{syn}}{2s_b M_b} \cdot \left[\frac{\Omega_m}{\Omega_{syn}} - \frac{1}{2} \cdot \left(\frac{\Omega_m}{\Omega_{syn}} \right)^2 - s_b^2 \cdot \ln\left(1 - \frac{\Omega_m}{\Omega_{syn}} \right) \right] = t \quad .$$

Die analytische Lösung ist eine Darstellung $t(\Omega_m)$ anstelle $\Omega_m(t)$.

3)

Für die numerische Integration schreiben wir die Differentialgleichung erster Ordnung wie folgt:

$$\frac{d\Omega_m(t)}{dt} = \frac{2M_b s_b s}{J \cdot (s^2 + s_b^2)} = \frac{2M_b s_b \cdot (1 - \Omega_m / \Omega_{syn})}{J \cdot \left((1 - \Omega_m / \Omega_{syn})^2 + s_b^2 \right)}, \quad \Omega_m(0) = 0 \quad .$$

Es werden die unter 1) ermittelten Zahlenwerte verwendet. Die Berechnung erfolgt für eine Dauer von 2.0 s. Als Integrationsschrittweite wird $\Delta t = 2.0$ ms verwendet. Die numerische Lösung ist mit der analytischen Lösung in Bild A12.4-1 verglichen und deckungsgleich, da die numerischen Abweichungen von den analytischen Werten kleiner sind als die verwendete Strichstärke der Grafik.

13. Dynamik der Gleichstrommaschine

Aufgabe A13.1: Permanentmagneterregter Gleichstrommotor mit Chopper-Steuerung

Der Antrieb für die vier Räder eines kleinen autonomen Roboterfahrzeugs soll mit je einem permanentmagneterregten Gleichstrommotor mit einer Getriebestufe am Ausgang erfolgen. Die für den drehzahlveränderbaren Betrieb erforderliche variable Ankerspannung wird über eine pulsweiten-modulierte Gleichspannung (Chopper) aus einer 48 V-Bordbatterie ($U_B = 48$ V, Innenwiderstand vernachlässigt) erzeugt. Der Einfachheit halber wird hier ein Einquadranten-Chopper mit einer Schaltfrequenz von 16 kHz je Motor angenommen.

<u>Motordaten:</u>
$U_N = 48$ V, $I_N = 2.1$ A, Leerlaufdrehzahl $n_0 = 1020$/min, $R_a = 5.44\ \Omega$, $L_a = 2.34$ mH. Der Spannungsfall an den Bürsten wird vernachlässigt.

1. Berechnen Sie die elektrische Zeitkonstante der Ankerwicklung! In welchem Verhältnis steht sie zur Periodendauer T eines Schaltzyklus des Choppers?
2. Bestimmen Sie die Bemessungsdrehzahl und den Motorwirkungsgrad, wenn nur die Stromwärmeverluste berücksichtigt werden!
3. Wie lange dauert die Einschaltzeit T_{on} des MOSFET, wenn der Motor im Leerlauf bei $n_0/2$ betrieben wird? Auf welchen Wert sinkt die Drehzahl in diesem Fall bei Belastung des Motors mit Bemessungsmoment?
4. Die pulsweitenmodulierte Ankerspannung ruft einen welligen Anker-strom $i_a(t) = I_a + \Delta i_a(t)$ hervor, bestehend aus dem Mittelwert $I_a = \bar{i}_a$ und dem schaltfrequenten Wechselanteil $\Delta i_a(t)$. Berechnen Sie diesen Wechselanteil für den Betriebspunkt von 3. mit der nachfolgend ange-gebenen Näherungsgleichung für den Ankerkreis!
5. Berechnen Sie die Welligkeit des Ankerstroms als Spitze-Spitze-Wert $\Delta i_{a,ss}$ in Abhängigkeit der Aussteuerung $0 \leq T_{on}/T \leq 1$ bei vernachläs-

sigtem Ankerwiderstand $R_a = 0$. Wann ist $\Delta i_{a,ss}$ maximal? Zeigen Sie, dass aus dieser Rechnung unmittelbar folgt, dass die mittlere Gleichspannung an den Ankerklemmen gegeben ist durch $U_d = U_B \cdot (T_{on}/T)$!

$$u_a(t) = L_a \cdot \frac{di_a(t)}{dt} + R_a \cdot i_a(t) + U_i = L_a \cdot \frac{d\Delta i_a(t)}{dt} + R_a \cdot (I_a + \Delta i_a(t)) + U_i$$

$$u_a(t) \approx L_a \cdot \frac{d\Delta i_a(t)}{dt} + R_a \cdot I_a + U_i$$

Lösung zu Aufgabe A13.1:

1)

$$T_a = \frac{L_a}{R_a} = \frac{2.34 \cdot 10^{-3}}{5.44}\,\mathrm{s} = 0.43\,\mathrm{ms}$$

$$T = \frac{1}{f_p} = \frac{1}{16000}\,\mathrm{s} = 0.0625\,\mathrm{ms} \quad \Rightarrow \quad \frac{T_a}{T} = \frac{0.43}{0.0625} = 6.88$$

2)

$$U_0 = U_i = k_1 \cdot n_0 \cdot \Phi = U_B \quad \Rightarrow \quad k_1 \cdot \Phi = \frac{U_B}{n_0} = \frac{48}{\frac{1020}{60}} = 2.824\,\mathrm{Vs}$$

$$n_N = \frac{U_a - I_{aN} \cdot R_a}{k_1 \cdot \Phi} = \frac{48 - 2.1 \cdot 5.44}{2.824}\,/\mathrm{s} = 12.95\,/\mathrm{s} = 777.2\,/\mathrm{min}$$

$$P_{in} = U_a \cdot I_{aN} = 48 \cdot 2.1\,\mathrm{W} = 100.8\,\mathrm{W},$$

$$P_d = R_a \cdot I_{aN}^{\,2} = 5.44 \cdot (2.1)^2\,\mathrm{W} = 24\,\mathrm{W}$$

$$P_{out} = P_{in} - P_d = 100.8 - 24\,\mathrm{W} = 76.8\,\mathrm{W}$$

$$\Rightarrow \eta = \frac{P_{out}}{P_{in}} = \frac{76.8}{100.8} = 76.2\,\%$$

3)

$$n_0 \rightarrow \frac{n_0}{2} \Leftrightarrow U_i \rightarrow \frac{U_i}{2} \Rightarrow \frac{U_0}{2} = \frac{U_B}{2}$$

$$U_d = \overline{u_a} = U_a = \frac{U_B}{2} \quad \Rightarrow \quad \overline{u_a} = \frac{T_{on}}{T} \cdot U_B$$

$$\Rightarrow \quad T_{on} = \frac{T}{2} = 0.0313\,\mathrm{ms}$$

Der Betrieb mit Bemessungsmoment erfordert Bemessungsankerstrom bei konstantem Permanentmagnetfluss!

$$n^* = \frac{U_a - I_{aN} \cdot R_a}{k_1 \cdot \Phi} = \frac{\dfrac{U_N}{2} - I_{aN} \cdot R_a}{k_1 \cdot \Phi}$$

$$n^* = \frac{24 - 2.1 \cdot 5.44}{2.824} /s = 4.45/s = 267.2/\text{min}$$

4)

a) $0 \leq t \leq T_{on}$: $u_a(t) = U_B$, $I_a = I_N$,

$$U_i = k_1 \cdot \Phi \cdot n^* = 12.576 \text{ V}$$

$$U_B - R_a \cdot I_N - U_i \cong L_a \cdot \frac{d\Delta i_a(t)}{dt},$$

$$\Delta i_a(t) = \frac{U_B - R_a \cdot I_N - U_i}{L_a} \cdot t$$

$$\frac{d\Delta i_a}{dt} = \frac{48 - 5.44 \cdot 2.1 - 12.576}{2.34 \cdot 10^{-3}} \frac{\text{V}}{\text{H}} = \frac{24 \text{ V}}{2.34 \cdot 10^{-3} \text{ H}} = 10256 \frac{\text{A}}{\text{s}}$$

$$\Delta i_a(t = T_{on}) = 10256 \cdot 0.0313 \cdot 10^{-3} \text{ A} = 0.32 \text{ A}$$

b) $T_{on} \leq t \leq T$: $u_a(t) = 0$, $I_a = I_N$, $U_i = k_1 \cdot \Phi \cdot n^*$

$$0 - R_a \cdot I_N - U_i \cong L_a \cdot \frac{d\Delta i_a(t)}{dt}$$

$$\Rightarrow \quad t' = t - T_{on} : \quad 0 \leq t' \leq T - T_{on}\big|_{T_{on} = T/2} = T_{on}$$

$$\frac{d\Delta i_a}{dt'} = \frac{-R_a \cdot I_N - U_i}{L_a} = -10256 \frac{\text{A}}{\text{s}},$$

$$\Delta i_a(t' = T - T_{on}) = -0.32 \text{ A}$$

Die Ergebnisse sind in Bild A13.1-1 dargestellt.

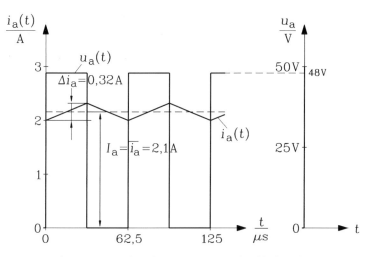

Bild A13.1-1: Ankerstrom- und Ankerspannungsverlauf bei $T_{on}/T = 0.5$

5)

Vernachlässigung von R_a: $u_a(t) \approx L_a \cdot \dfrac{d\Delta i_a(t)}{dt} + U_i$

$$a)\ 0 \le t \le T_{on}\ :\quad u_a(t) = U_B$$

$$\frac{d\Delta i_a(t)}{dt} = \frac{U_B - U_i}{L_a}, \quad \Delta i_a(t) = \frac{U_B - U_i}{L_a} \cdot t + \Delta i_a(0)$$

$$b)\ T_{on} \le t \le T\ :\quad u_a(t) = 0$$

$$\frac{d\Delta i_a(t)}{dt} = -\frac{U_i}{L_a}, \quad \Delta i_a(t) = -\frac{U_i}{L_a} \cdot (t - T_{on}) + \Delta i_a(T_{on})$$

Weiter muss im stationären Betrieb $\Delta i_a(0) = \Delta i_a(T)$ sein. Daraus folgt für den Spitze-Spitze-Wert des Ankerwechselstroms:

$$\Delta i_a(T) = -\frac{U_i}{L_a} \cdot (T - T_{on}) + \Delta i_a(T_{on}) = \Delta i_a(0)$$

$$\Delta i_{a,ss} = \Delta i_a(T_{on}) - \Delta i_a(0) = \frac{U_i}{L_a} \cdot (T - T_{on})$$

Ebenso ist gemäß 5a)

$$\Delta i_a(T_{on}) = \frac{U_B - U_i}{L_a} \cdot T_{on} + \Delta i_a(0)$$

zur Berechnung von $\Delta i_{a,ss}$ verwendbar:

$$\Delta i_{a,ss} = \Delta i_a(T_{on}) - \Delta i_a(0) = \frac{U_B - U_i}{L_a} \cdot T_{on}.$$

Aus 5a) und 5b) folgt:

$$\Delta i_{a,ss} = \frac{U_i}{L_a} \cdot (T - T_{on}) = \frac{U_B - U_i}{L_a} \cdot T_{on}.$$

Daraus erhalten wir den Aussteuergrad:

$$k = \frac{T_{on}}{T} = \frac{U_i}{U_B}.$$

Wegen $R_a = 0$ gilt für die mittleren Größen $U_d = R_a \cdot I_a + U_i = U_i$. Die mittlere Ankerspannung ist also identisch mit der induzierten Spannung.

Damit ist gezeigt: $\frac{U_d}{U_B} = k = \frac{T_{on}}{T}$. Die mittlere Ankerspannung U_d verhält

sich zur Batteriespannung so wie der Aussteuergrad k. Der Spitze-Spitze-Wert der Ankerstromwelligkeit folgt daraus mit Pulsfrequenz $f_p = 1/T$:

$$\Delta i_{a,ss} = \frac{U_B - U_i}{L_a} \cdot T_{on} = U_B \cdot \frac{1 - (U_i / U_B)}{L_a} \cdot \frac{T_{on}}{T} \cdot T = U_B \cdot \frac{(1-k) \cdot k}{L_a f_p}$$

Diese Welligkeitsamplitude verschwindet bei Null- und Vollaussteuerung ($k = 0$ und $k = 1$). Sie ist maximal bei halber Aussteuerung $k = 0.5$.

$$\frac{d\Delta i_{a,ss}}{dk} = \frac{d}{dk}\left(U_B \cdot \frac{(1-k) \cdot k}{L_a f_p} \right) = 0, \quad 1 - 2k = 0, \quad k = 0.5.$$

Aufgabe A13.2: Die Selbsterregung der Nebenschluss-Maschine

Ein vierpoliger unkompensierter Nebenschluss-Gleichstromgenerator mit einer eingängigen Anker-Wellenwicklung und $z = 930$ Ankerleitern hat folgende Daten: $P_N = 4.2$ kW, $U_N = 230$ V, $n_N = 1500/\text{min}$, $I_{fN} = 0.5$ A. Die Induktivitäten und Widerstände von Anker- und Erregerkreis sind $L_a = 23$ mH, $L_f = 110$ H, $R_a = 1.128\ \Omega$, $R_f = 460\ \Omega$. Die induzierte Remanenzspannung bei 1500/min beträgt $U_R = 10$ V. Für die folgenden Rechnungen kann der Bürstenspannungsfall vernachlässigt werden.

1. Geben Sie eine für I_{fN} linearisierte Leerlaufkennlinie $U_0 = U_R + k_2 \Omega_{mN} \cdot k_\Phi \cdot I_f$ an und bestimmen Sie die Maschinenkonstanten k_2 und k_Φ.

2. Berechnen Sie den zeitlichen Verlauf des Erregerstroms während der Selbsterregung des mit Bemessungsdrehzahl angetriebenen, leer laufenden Gleichstromnebenschlussgenerators allgemein, wenn zum Zeitpunkt $t = 0$ die Nebenschlusswicklung parallel zur Ankerwicklung geschaltet wird.

3. Berechnen Sie zu 2. den Verlauf der induzierten Spannung.

4. Wie groß ist die elektrische Zeitkonstante der durch Selbsterregung aufklingenden Ankerspannung, wenn im Erregerkreis ein zusätzlicher Feldstellerwiderstand $R_v = 40\ \Omega$ vorhanden ist?

5. Wie groß sind Erregerstrom und Ankerspannung nach erfolgter Selbsterregung?

Lösung zu Aufgabe A13.2:

1)

$$I_{aN} = P_N / U_N = 4200/230 = 18.26\ \text{A}\ ,$$

$$U_0 = U_N + R_a \cdot I_{aN} = 230 + 1.128 \cdot 18.26 = 250.6\ \text{V}\ ,$$

$$k_2 = \frac{1}{2\pi} \cdot \frac{z \cdot p}{a} = \frac{1}{2\pi} \cdot \frac{930 \cdot 2}{1} = 296,\ \Omega_{mN} = 2\pi \cdot 1500/60 = 157/\text{s}\ .$$

$$k_\Phi = (U_0 - U_R)/(k_2 \Omega_{mN} \cdot I_{fN})$$

$$k_\Phi = (250.6 - 10)/(296 \cdot 157 \cdot 0.5) = 10.35\ \text{mWb/A}$$

2)

Leerlauf: Netzstrom ist Null. Selbsterregung: $i_a = i_f$.

$$u_i(t) = U_R + k_2 \Omega_{mN} \cdot k_\Phi \cdot i_f(t)$$

$$u_i(t) = (R_a + R_f) \cdot i_f(t) + (L_a + L_f) \cdot di_f / dt$$

Lineare Differentialgleichung erster Ordnung mit konstanten Koeffizienten:

$$L \cdot \frac{di_f}{dt} + R \cdot i_f = U_R \quad L = L_a + L_f \quad R = R_a + R_f - k_2 \Omega_{mN} \cdot k_\Phi\ .$$

Anfangsbedingung: $t = 0 : i_f = 0$.

Lösung:

$$i_f(t) = \frac{U_R}{R} \cdot \left(1 - e^{-t/T}\right),\ T = \frac{L}{R}$$

3)

$$u_i(t) = U_R + k_2 \Omega_{mN} \cdot k_\Phi \cdot i_f(t) = U_R + k_2 \Omega_{mN} \cdot k_\Phi \cdot \frac{U_R}{R} \cdot \left(1 - e^{-t/T}\right)$$

$$u_i(t) = \frac{U_R}{R} \cdot \left(R_a + R_f - k_2 \Omega_{mN} \cdot k_\Phi \cdot e^{-t/T} \right)$$

4)

Feldstellerwiderstand: $R = R_a + R_f + R_v$

$$T = \frac{L_a + L_f}{R_a + R_f + R_v - k_2 \Omega_{mN} \cdot k_\Phi} = \frac{0.023 + 110}{1.128 + 460 + 40 - 480.98} = 5.46\,\text{s}$$

5)

$$i_f(t \to \infty) = \frac{U_R}{R} = \frac{U_R}{R_a + R_f + R_v - k_2 \Omega_{mN} \cdot k_\Phi}$$

$$i_f(t \to \infty) = \frac{10}{1.128 + 460 + 40 - 480.98} = 0.496\,\text{A}$$

$$u_a(t \to \infty) = i_f(t \to \infty) \cdot (R_f + R_v) = 0.496 \cdot (460 + 40) = 248\,\text{V}$$

Aufgabe A13.3: Generatorisches Bremsen eines Reihenschluss-Motors auf einen Bremswiderstand

Ein vierpoliger unkompensierter Reihenschluss-Gleichstrommotor mit einer eingängigen Anker-Wellenwicklung und $z = 370$ Ankerleitern dient als Antriebsmotor für ein batteriegespeistes Elektrofahrzeug. Er hat folgende Daten: $P_N = 29.5$ kW, $U_N = 250$ V, $n_N = 740/\text{min}$, $I_{aN} = 135$ A. Die Induktivitäten und Widerstände von Anker- und Erregerkreis sind $L_a = 17$ mH, $L_f = 40$ mH, $R_a = 0.083\,\Omega$, $R_f = 0.024\,\Omega$. Für die folgenden Rechnungen kann der Bürstenspannungsfall vernachlässigt werden. Der Bemessungsfluss pro Pol beträgt $\Phi = 24.2$ mWb, das Trägheitsmoment des Motors $J = 1.7$ kgm².

1. Geben Sie für die bei I_{aN} linearisierte Kennlinie des Hauptflusses bei vernachlässigtem Remanenzfluss $\Phi = k_\Phi \cdot I_a$ den Parameter k_Φ an und bestimmen Sie die Maschinenkonstante k_2.

2. Die Maschine wird auf dem Prüfstand ungekuppelt im motorischen Betrieb bei $n_0 = n(t = 0)$ von der Batterie getrennt und auf einen Bremswiderstand R_B geschaltet, um über diese „Widerstandsbremse" abgebremst zu werden. Geben Sie die Differentialgleichungen zur Berechnung von Drehzahl $n(t)$ und Ankerstrom $i_a(t)$ mit der Kennlinie von 1) an. Muss ein Remanenzfluss Φ_R berücksichtigt werden?

3. Bestimmen Sie Drehzahl $n(t)$ und Ankerstrom $i_a(t)$. Zur Vereinfachung der Rechnung vernachlässigen Sie Φ_R und das Reibungsmoment. Nehmen Sie statt dessen an, dass zum Zeitpunkt $t = 0$ bereits die Auferre-

gung des Motors über den Remanenzfluss stattgefunden hat und die Maschine bereits bremst: $dn/dt\big|_{t=0} = \dot{n}_0$.

4. Diskutieren Sie die Lösungsfunktionen $n(t)$ und $i_a(t)$! Warum wird die Maschine nicht auf $n = 0$ abgebremst?

5. Berechnen und skizzieren Sie den Zeitverlauf von $n(t)$ und $i_a(t)$ für die beiden Wertepaare

a) $n_0 = 1000/\text{min}$, $R_B = 1.5\ \Omega$,

b) $n_0 = 600/\text{min}$, $R_B = 0.125\ \Omega$ jeweils für $\dot{n}_0 = -12.5/(\text{min}\cdot\text{s})$.

Wie unterscheiden sich die Lösungen zu den beiden Fällen a) und b)?

Lösung zu Aufgabe A13.3:

1)

$$k_\Phi = 24.2/135 = 0.179\,\text{mWb/A}\,, \quad k_2 = \frac{1}{2\pi}\cdot\frac{z\cdot p}{a} = \frac{1}{2\pi}\cdot\frac{370\cdot 2}{1} = 117.8\,.$$

2)

Der Remanenzfluss muss berücksichtigt werden, damit nach dem Aufschalten des Ankerkreises auf den Bremswiderstand durch Selbsterregung ein Stromfluss im Ankerkreis zustande kommt. Der Zählpfeil für den Ankerstrom wird wegen des generatorischen Betriebs entgegen der motorischen Stromflussrichtung gewählt (EZS). Daher wirkt das elektromagnetische Drehmoment bremsend in gleicher Richtung wie das Reibungsmoment M_{fr}.

$$L = L_a + L_f,\ R = R_a + R_f + R_B$$

$$L\cdot di_a/dt + R\cdot i_a - k_2\cdot(k_\Phi\cdot i_a + \Phi_R)\cdot\Omega_m = 0\,,$$

$$J\cdot d\Omega_m/dt = -k_2\cdot(k_\Phi\cdot i_a + \Phi_R)\cdot i_a - M_{\text{fr}}$$

$$\Omega_m(t=0) = \Omega_0 = 2\pi n_0\,, i_a(t=0) = 0$$

3)

$$M_{\text{fr}} = 0,\ \Phi_R = 0,\ d\Omega_m/dt(t=0) = \dot{\Omega}_0 = 2\pi\dot{n}_0:$$

$$L\cdot di_a/dt + R\cdot i_a - k_2\cdot k_\Phi\cdot i_a\cdot\Omega_m = 0 \qquad (A13.3\text{-}1)$$

$$J\cdot d\Omega_m/dt = -k_2\cdot k_\Phi\cdot i_a^2 \qquad (A13.3\text{-}2)$$

Wird (A13.3-1) mit i_a multipliziert und (A13.3-2) mit Ω_m, so erhalten wir mit der Abkürzung $k = k_2\cdot k_\Phi$:

$$L\cdot i_a\cdot di_a/dt + R\cdot i_a^2 - k\cdot i_a^2\cdot\Omega_m = 0$$

$$\rightarrow L \cdot d(i_a^2)/dt + 2R \cdot i_a^2 - 2k \cdot i_a^2 \cdot \Omega_m = 0 \qquad \text{(A13.3-3)}$$

$$J \cdot \Omega_m d\Omega_m / dt = -k \cdot i_a^2 \cdot \Omega_m \rightarrow J \cdot d(\Omega_m^2)/dt = -2k \cdot i_a^2 \cdot \Omega_m \qquad \text{(A13.3-4)}$$

Durch Gleichsetzen von (A13.3-3) und (A13.3-4) und Einsetzen von i_a^2
aus (A13.3-2) wird eine nichtlineare Differentialgleichung zweiter Ordnung in Ω_m erhalten.

$$L \cdot d(i_a^2)/dt + 2R \cdot i_a^2 + J \cdot d(\Omega_m^2)/dt = 0 \quad \text{und}$$

$$J \cdot d\Omega_m / dt = -k \cdot i_a^2 \rightarrow i_a^2 = -\frac{J \cdot d\Omega_m / dt}{k} \text{ in (A13.3-4) eingesetzt}$$

$$\frac{L}{k} \cdot \frac{d^2 \Omega_m}{dt^2} + \frac{2R}{k} \cdot \frac{d\Omega_m}{dt} - \frac{d(\Omega_m^2)}{dt} = 0 \qquad \text{(A13.3-5)}$$

Die Integration von (A13.3-5) ergibt mit

$$\int_0^t \frac{d^2 \Omega_m}{dt^2} dt = \frac{d\Omega_m}{dt}\bigg|_0^t = \frac{d\Omega_m}{dt} - \dot{\Omega}_0 :$$

$$\frac{d\Omega_m}{dt} - \dot{\Omega}_0 + \frac{2R}{L} \cdot (\Omega_m - \Omega_0) - \frac{k}{L} \cdot (\Omega_m^2 - \Omega_0^2) = 0 . \qquad \text{(A13.3-6)}$$

Durch die Variablensubstitution $u = \Omega_m - R/k$ folgt mit $u_0 = \Omega_0 - R/k$
und $du/dt = d\Omega_m / dt$ die nichtlineare Differentialgleichung erster Ordnung in u:

$$(L/k) \cdot du/dt - u^2 - (L/k) \cdot \dot{\Omega}_0 + u_0^2 = 0 . \qquad \text{(A13.3-7)}$$

Durch Trennung der Veränderlichen u und t wird Gleichung (A13.3-7) mit
den Abkürzungen $a^2 = u_0^2 - \dot{\Omega}_0 \cdot b, b = L/k$ integriert.

$$\int \frac{d(u/a)}{1-(u/a)^2} = -\int \frac{dt}{b/a} \rightarrow \operatorname{artanh}(u/a) - \operatorname{artanh}(u_0/a) = -(a/b) \cdot t$$

$$u = -a \cdot \tanh\big((a/b) \cdot t - \operatorname{artanh}(u_0/a)\big)$$

Damit lautet die Lösung für den zeitlichen Verlauf der mechanischen
Winkelgeschwindigkeit:

$$\Omega_{\mathrm{m}}(t) = \frac{R}{k} - \sqrt{\left(\Omega_0 - \frac{R}{k}\right)^2 - \frac{\dot{\Omega}_0 \cdot L}{k}} \cdot$$

$$\cdot \tanh\left(\frac{k}{L} \cdot \sqrt{\left(\Omega_0 - \frac{R}{k}\right)^2 - \frac{\dot{\Omega}_0 \cdot L}{k}} \cdot t - \operatorname{artanh}\left(\frac{u_0}{a}\right)\right) \qquad (A13.3\text{-}8)$$

Der zeitliche Verlauf des Stroms wird aus $J \cdot d\Omega_{\mathrm{m}} / dt = -k \cdot i_{\mathrm{a}}^2$ berechnet. Mit

$$\frac{d\Omega_{\mathrm{m}}}{dt} = \frac{-a^2 / b}{\cosh^2\big((a/b) \cdot t - \operatorname{artanh}(u_0 / a)\big)}$$

und

$$i_{\mathrm{a}}^2 = \frac{J \cdot a^2 / L}{\cosh^2\big((a/b) \cdot t - \operatorname{artanh}(u_0 / a)\big)}$$

erhalten wir den Stromverlauf

$$i_{\mathrm{a}}(t) = \sqrt{\frac{J}{L}} \cdot \frac{\sqrt{\left(\Omega_0 - \dfrac{R}{k}\right)^2 - \dfrac{\dot{\Omega}_0 \cdot L}{k}}}{\cosh\left(\dfrac{k}{L} \cdot \sqrt{\left(\Omega_0 - \dfrac{R}{k}\right)^2 - \dfrac{\dot{\Omega}_0 \cdot L}{k}} \cdot t - \operatorname{artanh}(u_0 / a)\right)} \cdot \quad (A13.3\text{-}9)$$

Hinweis:

$$\cosh(x) = \big(e^x + e^{-x}\big) / 2, \quad \tanh(x) = \big(e^x - e^{-x}\big) / \big(e^x + e^{-x}\big),$$

$$\operatorname{artanh}(x) = \frac{1}{2} \cdot \ln\left(\frac{1+x}{1-x}\right).$$

4)
Zum Zeitpunkt $t = 0$ liefert (A13.3-8) die vorgegebene Winkelgeschwindigkeit $\Omega_{\mathrm{m}}(0) = \Omega_0$ und den (kleinen) Strom

$$i_a(0) = \frac{\sqrt{\dfrac{J}{L}} \cdot \sqrt{\left(\Omega_0 - \dfrac{R}{k}\right)^2 - \dfrac{\dot{\Omega}_0 \cdot L}{k}}}{\cosh\left(\operatorname{artanh}(u_0/a)\right)} \quad,$$

der (nach erfolgter Auferregung) durch die Annahme $dn/dt\big|_{t=0} = \dot{n}_0$ bedingt ist. Der Maximalwert des Stroms tritt zum Zeitpunkt (Bild A13.3-1)

$$t^* = \frac{\operatorname{artanh}(u_0/a)}{\dfrac{k}{L} \cdot \sqrt{\left(\Omega_0 - \dfrac{R}{k}\right)^2 - \dfrac{\dot{\Omega}_0 \cdot L}{k}}}$$

auf. Für $t \to \infty$ wird der Strom Null, aber nicht die Drehzahl (Bild A13.3-1, Kurven 1,2), die den konstanten Wert

$$\Omega_m(t \to \infty) = \frac{R}{k} - \sqrt{\left(\Omega_0 - \frac{R}{k}\right)^2 - \frac{\dot{\Omega}_0 \cdot L}{k}}$$

annimmt. Bei abnehmendem Strom wird nämlich das bremsende Moment quadratisch mit dem Strom so klein, dass bei vernachlässigter Reibung dieses Bremsmoment nicht ausreicht, den Läufer in den Stillstand zu bremsen. Bemerkenswert ist, dass bei ausreichend kleinem Bremswiderstand der Strom und quadratisch mit ihm das elektromagnetische Bremsmoment kurzfristig so groß ist, dass der Läufer nicht nur auf Null abgebremst wird, sondern in entgegengesetzte Drehrichtung beschleunigt wird (Bild A13.3-1, Kurven 3,4). Das Reibungsmoment führt dann die Drehzahl wieder gegen Null.

Bedingung für diese Drehzahlumkehr:

$$\Omega_m(t \to \infty) < 0 \quad \text{bzw.} \quad 2R < k \cdot \Omega_0 - L \cdot \dot{\Omega}_0 / \Omega_0.$$

5)

$$\dot{n}_0 = -12.5/(\text{min} \cdot \text{s}), \quad \dot{\Omega}_0 = -1.3 \text{ rad/s}^2$$

Die Ergebnisse sind in Tab. A13.3-1 zusammengefasst.

a) $n_0 = 1000/\text{min}$, $R_B = 1.5 \ \Omega$, $R = 1.607 \ \Omega$, $\Omega_0 = 104.7$ rad/s, $t^* = 0.32$ s

$2R = 3.2 > 2.21 = k \cdot \Omega_0 - L \cdot \dot{\Omega}_0 / \Omega_0$. Es erfolgt keine Drehzahlumkehr.

b) $n_0 = 600/\text{min}$, $R_B = 0.125 \ \Omega$, $R = 0.232 \ \Omega$, $\Omega_0 = 62.8$ rad/s, $t^* = 0.21$ s

$2R = 0.464 < 1.32 = k \cdot \Omega_0 - L \cdot \dot{\Omega}_0 / \Omega_0$. Es erfolgt Drehzahlumkehr (Bild A13.3-1, Kurven 3,4)!

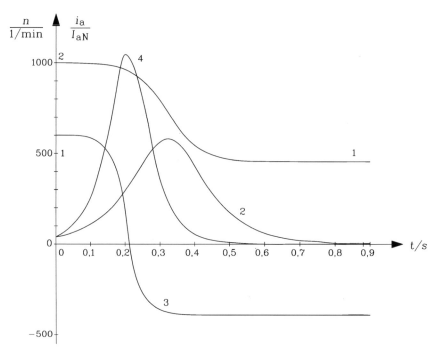

Bild A13.3-1: Berechneter Zeitverlauf des Ankerstroms i_a und der Drehzahl n beim Bremsen einer Gleichstrom-Reihenschlussmaschine auf einen Bremswiderstand: a) $R_B = 1.5\ \Omega$: 1: Drehzahl, 2: Ankerstrom, b) $R_B = 0.125\ \Omega$: 3: Drehzahl, 4: Ankerstrom

Tabelle A13.3-1: Berechnete Werte des Ankerstroms i_a und der Drehzahl n beim Bremsen einer Gleichstrom-Reihenschlussmaschine auf einen Bremswiderstand a) $R_B = 1.5\ \Omega$, a) $R_B = 0.125\ \Omega$

Zeit	0	t^*	$t \to \infty$
a) n / 1/min	1000	736.1	454.9
a) i_a / I_N	0.076	1.16	0
b) n / 1/min	600	95.4	-390.2
b) i_a / I_N	0.076	2.1	0

Aufgabe A13.4: Ankerstromverlauf bei B6C-Speisung

Eine fremderregte Gleichstrommaschine wird stationär mit einem Thyristor-Gleichrichter in B6C-Brückenschaltung aus dem Drehstromnetz 400 V, $f = 50$ Hz gespeist. Die Maschinendaten sind:
$U_N = 460$ V, $I_N = 320$ A, Bemessungsdrehzahl $n_N = 625/$min, $R_a = 0.05$ Ω, $L_a = 1.5$ mH. Der Spannungsfall an den Bürsten wird vernachlässigt. Der Zeitverlauf des Erregerstroms kann auf Grund der großen Induktivität der Feldwicklung als ideal glatt angenommen werden, so dass der Fluss pro Pol Φ_N zeitlich konstant ist, wobei gilt: $k_2\Phi_N = 6.7838$ Vs. Berechnen Sie für den Bemessungspunkt im Motorbetrieb bei Phasenanschnittsteuerung
1. den erforderlichen Ansteuerwinkel α,
2. den zeitlichen Verlauf des Ankerstroms für eine Sechstel-Periode $T/6 = 1/(6f)$. Auf Grund des großen Trägheitsmoments kann die Welligkeit der Drehzahl vernachlässigt werden ($n = $ konst.).

Lösung zu Aufgabe A13.4:

1)
Der B6C-Stromrichter richtet das Netz-Drehspannungssystem (Netzfrequenz $f = \omega/(2\pi)$) gleich. Gemäß Kap.1 des Lehrbuchs gilt für die verkettete Spannung U_{UV}, dass sie der Strangspannung U_U um 30° voreilt:

$$u_{UV}(t') = \hat{U}_{LL}\cos(\omega t' - \pi/6).$$

Durch den Phasenanschnitt mit dem Winkel α wird im Zeitabschnitt $\alpha \leq \omega t' \leq \alpha + \pi/3$, also in einem Sechstel der Netzperiode, die Spannung $u_{UV}(t') = \hat{U}_{LL}\cos(\omega t' - \pi/6)$ an die Ankerklemmen der Gleichstrommaschine gelegt. Wir verschieben den Zeitursprung gemäß $\omega t' - \alpha = \omega t$ und betrachten die Spannung $u_{UV}(t) = \hat{U}_{LL}\cos(\omega t - \pi/6 + \alpha)$ im Zeitabschnitt $0 \leq \omega t \leq \pi/3$. Die mittlere Spannung ist

$$U_d = \frac{3}{\pi}\int_0^{\pi/3}\hat{U}_{LL}\cos(\omega t - \pi/6 + \alpha)\cdot d(\omega t) =$$

$$= \frac{3}{\pi}\cdot\hat{U}_{LL}\sin(\omega t - \pi/6 + \alpha)\Big|_0^{\pi/3} = \frac{3}{\pi}\cdot\hat{U}_{LL}\cos\alpha = U_{d0}\cos\alpha$$

Im Bemessungspunkt gilt: $U_d = U_N = R_a\cdot I_N + U_i = R_a\cdot I_N + k_2\Phi_N 2\pi n_N$.
$$U_d = U_N = 460 \text{ V} = 0.05\cdot 320 + 6.7838\cdot 2\pi\cdot 625/60$$

Ankerspannungsgleichung im Stationärbetrieb:

$$U_{\mathrm{N}} = \sqrt{2} \cdot U_{\mathrm{LL}} \cdot \frac{3}{\pi} \cdot \cos\alpha$$

$$460\,\mathrm{V} = \sqrt{2} \cdot 400\,\mathrm{V} \cdot \frac{3}{\pi} \cdot \cos\alpha$$

$$\cos\alpha = \frac{460}{\sqrt{2} \cdot 400 \cdot (3/\pi)} = 0.8516 , \quad \alpha = 0.5519\,\mathrm{rad} = 31.62°$$

2)

Die Spannung $u_{\mathrm{UV}}(t) = \hat{U}_{\mathrm{LL}} \cos(\omega t - \pi/6 + \alpha)$ liegt im Zeitabschnitt $0 \le \omega t \le \pi/3$ an den Ankerklemmen.

$$\hat{U}_{\mathrm{LL}} \cos(\omega t - \pi/6 + \alpha) = R_{\mathrm{a}} i_{\mathrm{a}}(t) + L_{\mathrm{a}} di_{\mathrm{a}}(t)/dt + U_{\mathrm{i}} .$$

Dies ist eine lineare Differentialgleichung erster Ordnung mit konstanten Koeffizienten.

$$\frac{di_{\mathrm{a}}}{dt} + \frac{R_{\mathrm{a}}}{L_{\mathrm{a}}} \cdot i_{\mathrm{a}} = \frac{\hat{U}_{\mathrm{LL}}}{L_{\mathrm{a}}} \cdot \cos(\omega t - \pi/6 + \alpha) - \frac{U_{\mathrm{i}}}{L_{\mathrm{a}}}$$

Die Anfangsbedingung muss die Periodizität erfüllen: $i_{\mathrm{a}}(0) = i_{\mathrm{a}}(\pi/(3\omega))$. Es wird angenommen, dass der Ankerstrom ausreichend groß ist, so dass er nicht „lückt": $i_{\mathrm{a}}(0) = i_{\mathrm{a}}(\pi/(3\omega)) \ge 0$, was bei Betrieb mit Bemessungsstrom lt. Angabe der Fall ist.

a) Homogene Differentialgleichung:

$$\frac{di_{\mathrm{a,h}}}{dt} + \frac{R_{\mathrm{a}}}{L_{\mathrm{a}}} \cdot i_{\mathrm{a,h}} = 0$$

Lösungsansatz: $i_{\mathrm{a,h}} = D \cdot e^{\lambda \cdot t}$. Eingesetzt in die homogene Differentialgleichung ergibt dies: $\lambda = -R_{\mathrm{a}}/L_{\mathrm{a}} = -1/T_{\mathrm{a}}$ mit der Ankerzeitkonstante

$$T_{\mathrm{a}} = \frac{L_{\mathrm{a}}}{R_{\mathrm{a}}} = \frac{1.5 \cdot 10^{-3}}{0.05}\,\mathrm{s} = 30\,\mathrm{ms} .$$

b) Partikuläre Differentialgleichung:

$$\frac{di_{\mathrm{a,p}}}{dt} + \frac{R_{\mathrm{a}}}{L_{\mathrm{a}}} \cdot i_{\mathrm{a,p}} = \frac{\hat{U}_{\mathrm{LL}}}{L_{\mathrm{a}}} \cdot \left(\cos(\omega t)\cos(\alpha - \frac{\pi}{6}) - \sin(\omega t)\sin(\alpha - \frac{\pi}{6}) \right) - \frac{U_{\mathrm{i}}}{L_{\mathrm{a}}}$$

Lösungsansatz: $i_{\mathrm{p}} = A \cdot \sin\omega t + B \cdot \cos\omega t + C$.

Eingesetzt in die partikuläre Differentialgleichung ergibt dies:

$$\omega\left(A\cos\omega t - B\sin\omega t\right) + \frac{R_a}{L_a}\cdot\left(A\sin\omega t + B\cos\omega t + C\right) =$$

$$= \frac{\hat{U}_{LL}}{L_a}\cdot\left(\cos(\omega t)\cos(\alpha - \frac{\pi}{6}) - \sin(\omega t)\sin(\alpha - \frac{\pi}{6})\right) - \frac{U_i}{L_a}.$$

Es müssen die Koeffizienten bei den Ausdrücken $\sin\omega t$, $\cos\omega t$ jeweils auf der linken und rechten Seite der vorstehenden Gleichung identisch sein.

$$C = -\frac{U_i}{R_a}$$

$$\sin\omega t : \quad \frac{R_a}{L_a}\cdot A - \omega\cdot B = -\frac{\hat{U}_{LL}}{L_a}\cdot\sin(\alpha - \frac{\pi}{6})$$

$$\cos\omega t : \quad \frac{R_a}{L_a}\cdot B + \omega\cdot A = \frac{\hat{U}_{LL}}{L_a}\cdot\cos(\alpha - \frac{\pi}{6})$$

Das lineare Gleichungssystem mit den beiden Unbekannten A, B wird mit der Cramer'schen Regel gelöst.

$$\begin{pmatrix} \omega & 1/T_a \\ 1/T_a & -\omega \end{pmatrix}\cdot\begin{pmatrix} A \\ B \end{pmatrix} = \frac{\hat{U}_{LL}}{L_a}\cdot\begin{pmatrix} \cos(\alpha - \pi/6) \\ -\sin(\alpha - \pi/6) \end{pmatrix}, \quad (N) = \begin{pmatrix} \omega & 1/T_a \\ 1/T_a & -\omega \end{pmatrix}$$

$$Det(N) = \begin{vmatrix} \omega & 1/T_a \\ 1/T_a & -\omega \end{vmatrix} = -\left(\omega^2 + \frac{1}{T_a^2}\right)$$

$$A = \frac{1}{Det(N)}\cdot\frac{\hat{U}_{LL}}{L_a}\cdot\begin{vmatrix} \cos(\alpha - \pi/6) & 1/T_a \\ -\sin(\alpha - \pi/6) & -\omega \end{vmatrix}$$

$$A = \frac{\hat{U}_{LL}}{L_a}\cdot\frac{\omega\cdot\cos(\alpha - \pi/6) - \sin(\alpha - \pi/6)/T_a}{\omega^2 + \frac{1}{T_a^2}}$$

$$B = \frac{1}{Det(N)}\cdot\frac{\hat{U}_{LL}}{L_a}\cdot\begin{vmatrix} \omega & \cos(\alpha - \pi/6) \\ 1/T_a & -\sin(\alpha - \pi/6) \end{vmatrix}$$

$$B = \frac{\hat{U}_{LL}}{L_a}\cdot\frac{\omega\cdot\sin(\alpha - \pi/6) + \cos(\alpha - \pi/6)/T_a}{\omega^2 + \frac{1}{T_a^2}}$$

Die Lösung für den Strom ist die Summe aus homogener und partikulärer Lösung.

$$i_a = i_{a,h} + i_{a,p} = D\cdot e^{-t/T_a} + A\cdot\sin\omega t + B\cdot\cos\omega t + C$$

Zur Bestimmung der unbekannten Konstanten D wird die Anfangsbedingung verwendet.

$$i_a(0) = D \cdot e^{0/T_a} + A \cdot \sin 0 + B \cdot \cos 0 + C = D + B + C$$

$$i_a(\pi/(3\omega)) = D \cdot e^{-\pi/(3\omega T_a)} + A \cdot \sin(\pi/3) + B \cdot \cos(\pi/3) + C$$

Mit $i_a(0) = i_a(\pi/(3\omega))$ erhalten wir

$$D = \frac{A \cdot \sin(\pi/3) + B \cdot (\cos(\pi/3) - 1)}{1 - e^{-\pi/(3\omega T_a)}} \ .$$

Wir setzen A und B in D ein und erhalten mit den Umformungen

$$\cos(\alpha - \frac{\pi}{6})\sin(\frac{\pi}{3}) + \sin(\alpha - \frac{\pi}{6})\cos(\frac{\pi}{3}) - \sin(\alpha - \frac{\pi}{6}) = 2\cos\alpha\sin(\frac{\pi}{6})$$

$$\sin(\alpha - \frac{\pi}{6})\sin(\frac{\pi}{3}) - \cos(\alpha - \frac{\pi}{6})\cos(\frac{\pi}{3}) + \sin(\alpha - \frac{\pi}{6}) = 2\sin\alpha\sin(\frac{\pi}{6})$$

den Ausdruck

$$D = \frac{\hat{U}_{LL}}{R_a^2 + (\omega L_a)^2} \cdot \frac{\omega L_a \cos(\alpha) - R_a \sin(\alpha)}{1 - e^{-\pi/(3\omega T_a)}} \ .$$

Die analytische Lösung für den Stromverlauf ist daher

$$i_a(t) = \frac{\hat{U}_{LL}}{R_a^2 + (\omega L_a)^2} \cdot \left\{ \frac{\omega L_a \cos\alpha - R_a \sin\alpha}{1 - e^{-\pi/(3\omega T_a)}} e^{-\frac{t}{T_a}} + \omega L_a \sin(\omega t + \alpha - \frac{\pi}{6}) + \right.$$

$$\left. + R_a \cos(\omega t + \alpha - \frac{\pi}{6}) \right\} - \frac{U_i}{R_a} \ .$$

Es tritt ein transienter Gleichanteil zufolge der homogenen Lösung im Strom auf, der mit der Zeitkonstante T_a abklingt. Mit der induzierten Spannung im Bemessungspunkt

$$U_i = k_2 \Phi_N 2\pi n_N = 6.7838 \cdot 2\pi \cdot 625/60 = 444 \text{ V}$$

und den weiteren Zahlenwerten von 1) ergibt sich der in Bild A13.4-1 für ein Drittel der Netzperiode dargestellte Zeitverlauf für den Ankerstrom. Die Mittelwertbildung des Ankerstroms ergibt in etwa den in 1) angenommenen mittleren Gleichstrom 320 A.

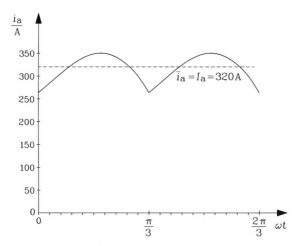

Bild A13.4-1: Berechneter Zeitverlauf des Ankerstroms i_a eines über einen B6C-Stromrichter gespeisten fremderregten Gleichstrommotors bei Bemessungsdrehzahl $n_N = 625/\text{min}$, Bemessungsankerstrom 320 A und Bemessungsankerspannung 460 V. Der Zündwinkel für die Thyristoren beträgt $\alpha = 31.62°$

Die Lückgrenze wird mit der Bedingung

$$i_a(0) = D \cdot e^{0/T_a} + A \cdot \sin 0 + B \cdot \cos 0 + C = D + B + C = 0$$

$$\frac{\hat{U}_{LL}}{R_a^2 + (\omega L_a)^2} \cdot \left\{ \frac{\omega L_a \cos(\alpha) - R_a \sin(\alpha)}{1 - e^{-\pi R_a/(3\omega L_a)}} + \right.$$

$$\left. + \omega L_a \sin(\alpha - \frac{\pi}{6}) + R_a \cos(\alpha - \frac{\pi}{6}) \right\} - \frac{U_i}{R_a} = 0$$

bestimmt und hängt vom gewählten Steuerwinkel, der induzierten Spannung, der Netzspannung und Netzkreisfrequenz und den beiden Maschinenparametern L_a, R_a ab. Ausgehend vom Bemessungsstrom bei konstanter Bemessungsdrehzahl und damit konstantem U_i wird bei Verringerung des mittleren Stroms I_a gemäß

$$U_d = R_a \cdot I_a + U_i = \sqrt{2} \cdot U_{LL} \cdot \frac{3}{\pi} \cdot \cos \alpha$$

die mittlere Ankerspannung U_d verringert bzw. α vergrößert, bis die Bedingung $i_a(0) = 0$ erfüllt ist. Der zugehörige mittlere Ankerstrom ist der Lückstrom

$$I_{aL\ddot{u}ck} \sim U_{d0}/L_a = \sqrt{2} \cdot U_{LL} \cdot \frac{3}{\pi L_a} \cdot$$

Aufgabe A13.5: Hochlauf eines kleinen Gleichstrommotors

Ein zweipoliger mit Ferritmagnetschalen permanentmagneterregter Gleichstrom-Kleinmotor hat die Daten $U_N = 190$ V, $n_N = 3000$ /min, die Leerlaufdrehzahl $n_0 = 3330$ /min, den Ankerwiderstand $R_a = 26.76\ \Omega$, die Ankerinduktivität $L_a = 120$ mH und das polare Läuferträgheitsmoment $J = 0.3\mathrm{g} \cdot \mathrm{m}^2$. Der permanentmagneterregte Hauptfluss Φ ist konstant.

1. Berechnen Sie die Gleichung der stationären $n(M)$-Kennlinie als Zahlenwertgleichung mit den Einheiten 1/s und Nm, wobei Sie das elektromagnetische Moment M_e gleich dem Wellenmoment M setzen. Welche Verluste werden daher vernachlässigt?
2. Bestimmen Sie Bemessungsstrom, Bemessungsmoment und Bemessungsleistung!
3. Wie groß sind der Anfahrstrom und das Anfahrmoment bei Verwendung der Stationärwerte von 1) und 2)? Bei Überschreitung des doppelten Bemessungsstroms wäre ein Anlasser-Widerstand nötig. Ist dies der Fall?
4. Auf welche stationäre Betriebsdrehzahl läuft der Motor gegen ein konstantes Lastmoment $M_L = 0.6$ Nm hoch?
5. Berechnen Sie die Stromaufnahme $i_a(t)$ und die Hochlaufkurve $n(t)$ der leerlaufenden Maschine mit der Laplace-Transformation allgemein bei zum Zeitpunkt $t = 0$ zugeschalteter konstanter Ankerspannung $U_a = U_N$. Skizzieren Sie die Verläufe mit den o.g. Daten ohne Anlasser-Widerstand bis zu dem Zeitpunkt, wo etwa Stationärbetrieb erreicht ist. Dimensionieren Sie einen Anlasser-Widerstand anhand der stationären Motor-Kennlinie, damit der Ankerstrom den doppelten Bemessungsstrom nicht überschreitet. Wie groß ist dynamisch der maximale Ankerstrom tatsächlich bei Leer-Hochlauf?

Lösung zu Aufgabe A13.5:

1)
$$U_N = R_a I_a + k_1 n \Phi, \quad M_e = k_2 I_a \Phi : U_N = R_a \cdot (M_e/(k_2\Phi)) + k_1 n \Phi$$

$$n = \frac{U_N - R_a \cdot (M_e/(k_2\Phi))}{k_1\Phi} = n_0 - R_a \cdot \frac{M_e}{k_1 k_2 \Phi^2} \qquad k_1/(2\pi) = k_2$$

$M_e = M_L + M_d$: Das bremsende Verlustmoment M_d zufolge

- der Reibung,

- der Kräfte durch Wirbelströme und Hystereseverluste im geblechten Läufereisen,
- durch Wirbelströme in der Läuferwicklung

wird vernachlässigt, so dass das Wellenmoment (Lastmoment) M_L identisch mit dem Luftspaltmoment $M_e = M_L$ ist.

$$\frac{U_N}{k_1\Phi} = n_0 = \frac{3330}{60} = 55.5 \, /s \Rightarrow k_1\Phi = \frac{190}{3330/60} = 3.423 \, \text{Vs} = \text{konst.}$$

$$\frac{R_a}{k_1 k_2 \Phi^2} = \frac{2\pi \cdot 26.76}{3.423^2} = 14.347 \, /(\text{Nm} \cdot \text{s})$$

Zahlenwertgleichung: $\underline{\underline{n^{[1/s]} = 55.5 \, /s - 14.347 \cdot M_L^{[\text{Nm}]}}}$

2)

$$n_N = \frac{3000}{60} = 50 \, /s \, ,$$

$$n_N^{[1/s]} = 50 \, /s = 55.5 \, /s - 14.347 \cdot M_N^{[\text{Nm}]} \Rightarrow M_N = \underline{\underline{0.383 \, \text{Nm}}}$$

$$P_N = 2\pi n_N M_N = 2\pi \cdot 50 \cdot 0.383 = \underline{\underline{120.4 \, \text{W}}}$$

$$M_N = \frac{k_1\Phi}{2\pi} \cdot I_N \Rightarrow I_N = \frac{0.383}{3.423} \cdot 2\pi = \underline{\underline{0.7 \, \text{A}}}$$

3)

$$I_{a,n=0} = \frac{U_N}{R_a} = \frac{190}{26.76} = \underline{\underline{7.1 \, \text{A}}} > 2I_N = 1.4 \, \text{A} \, ,$$

$$M_{n=0} = \frac{k_1\Phi}{2\pi} \cdot I_{a,n=0} = \frac{3.423}{2\pi} \cdot 7.1 = \underline{\underline{3.86 \, \text{Nm}}}.$$

Ein Anlasser-Widerstand ist nötig, wenn der Strom nicht größer als der doppelte Bemessungsstrom sein soll.

4)

$$n_L^{[1/s]} = 55.5 \, /s - 14.347 \cdot M_L^{[\text{Nm}]} = 55.5 - 14.347 \cdot 0.6 = 46.89 \, /s$$

$$n_L = 46.89 \, /s = \underline{\underline{2813.5 \, /\text{min}}}$$

5)

$$\frac{d^2 i_a}{dt^2} + \frac{1}{T_a} \cdot \frac{di_a}{dt} + \frac{1}{T_a \cdot T_m} \cdot i_a = \frac{1}{T_a \cdot R_a} \cdot \frac{du_a}{dt} + \frac{1}{T_a \cdot T_m} \cdot \frac{1}{k_2\Phi} \cdot m_L$$

$$\frac{d^2 \Omega_m}{dt^2} + \frac{1}{T_a} \cdot \frac{d\Omega_m}{dt} + \frac{1}{T_a \cdot T_m} \cdot \Omega_m = \frac{1}{T_a \cdot T_m} \cdot \frac{1}{k_2\Phi} \cdot u_a(t) - \frac{1}{T_a} \cdot \frac{1}{J} \cdot m_L(t) - \frac{1}{J} \cdot \frac{dm_L(t)}{dt}$$

Unbelastete Maschine: $m_L = 0$

$$\frac{d^2 i_a}{dt^2} + \frac{1}{T_a} \cdot \frac{di_a}{dt} + \frac{1}{T_a \cdot T_m} \cdot i_a = \frac{1}{T_a \cdot R_a} \cdot \frac{du_a}{dt}$$

$$\frac{d^2 \Omega_m}{dt^2} + \frac{1}{T_a} \cdot \frac{d\Omega_m}{dt} + \frac{1}{T_a \cdot T_m} \cdot \Omega_m = \frac{1}{T_a \cdot T_m} \cdot \frac{1}{k_2 \Phi} \cdot u_a(t)$$

Anfangsbedingungen:

$\Omega_m(0) = 0 \Rightarrow u_i(0) = 0, \quad i_a(0) = 0$

$L_a \cdot i_a'(0) = u_a(0) - u_i(0) - R_a \cdot i_a(0) = u_a(0)$

$J \cdot \Omega_m'(0) = k_2 \Phi \cdot i_a(0) - m_L(0) = 0$

$L\{i_a'\} = s \cdot I_a(s) - i_a(0) = s \cdot I_a(s)$

$L\{i_a''\} = s^2 \cdot I_a(s) - s \cdot i_a(0) - i_a'(0) = s^2 \cdot I_a(s) - u_a(0)/L_a$

$L\{\Omega_m'\} = s \cdot \Omega_m(s) - \Omega_m(0) = s \cdot \Omega_m(s)$

$L\{\Omega_m''\} = s^2 \cdot \Omega_m(s) - s \cdot \Omega_m(0) - \Omega_m'(0) = s^2 \cdot \Omega_m(s)$

$$s^2 \cdot I_a(s) + \frac{s \cdot I_a(s)}{T_a} + \frac{I_a(s)}{T_a \cdot T_m} - \frac{u_a(0)}{L_a} = \frac{s \cdot U_a(s) - u_a(0)}{T_a \cdot R_a} \qquad U_a(s) = U_a / s$$

$$s^2 \cdot I_a + \frac{s \cdot I_a(s)}{T_a} + \frac{I_a(s)}{T_a \cdot T_m} = \frac{U_a}{T_a \cdot R_a} \Rightarrow$$

$$I_a(s) = \frac{U_a}{T_a \cdot R_a} \cdot \frac{1}{s^2 + s/T_a + 1/(T_a \cdot T_m)} = \frac{U_a}{T_a \cdot R_a} \cdot \frac{1}{\lambda_1 - \lambda_2} \cdot \left(\frac{1}{s - \lambda_1} - \frac{1}{s - \lambda_2} \right)$$

$s^2 + s/T_a + 1/(T_a \cdot T_m) = (s - \lambda_1) \cdot (s - \lambda_2), \quad T_1 = -1/\lambda_1, \quad T_2 = -1/\lambda_2$

$k_2 \Phi = 3.423 \text{ Vs}/(2\pi) = 0.55 \text{ Vs} = \text{konst.}$

$T_a = L_a / R_a = 0.12 / 26.76 = 4.48 \text{ms}$

$T_m = \dfrac{J \cdot R_a}{(k_2 \Phi)^2} = \dfrac{0.0003 \cdot 26.76}{0.55^2} = 27.1 \text{ms} > 4 T_a$: Die Eigenwerte λ_1, λ_2 der

charakteristischen Gleichung sind reell: $\lambda_1 - \lambda_2 = \dfrac{1}{T_a} \cdot \sqrt{1 - 4 T_a / T_m}$.

$$T_1 = \frac{2 T_a}{1 - \sqrt{1 - \dfrac{4 T_a}{T_m}}} = \frac{2 \cdot 4.48}{1 - \sqrt{1 - \dfrac{4 \cdot 4.48}{27.1}}} = 21.44 \text{ms},$$

$$T_2 = \frac{2 T_a}{1 + \sqrt{1 - \dfrac{4 T_a}{T_m}}} = 5.66 \text{ms} .$$

$$i_a(t) = \frac{U_a / R_a}{\sqrt{1 - 4T_a / T_m}} \cdot \left(e^{-t/T_1} - e^{-t/T_2} \right), \qquad \lim_{t \to \infty} i_a(t) = 0$$

$$s^2 \cdot \Omega_m(s) + \frac{s \cdot \Omega_m(s)}{T_a} + \frac{1}{T_a \cdot T_m} \cdot \Omega_m(s) = \frac{1}{T_a \cdot T_m} \cdot \frac{1}{k_2 \Phi} \cdot \frac{U_a}{s}$$

$$\Omega_m(s) = \frac{1}{T_a \cdot T_m} \cdot \frac{1}{k_2 \Phi} \cdot \frac{U_a}{s} \cdot \frac{1}{s^2 + s/T_a + 1/(T_a \cdot T_m)} =$$

$$= \frac{1}{T_a \cdot T_m} \cdot \frac{1}{k_2 \Phi} \cdot \frac{U_a}{s} \cdot \frac{1}{(s - \lambda_1) \cdot (s - \lambda_2)} =$$

$$= \frac{1}{T_a \cdot T_m} \cdot \frac{U_a}{k_2 \Phi} \cdot \left(\frac{1}{\lambda_1 \lambda_2} \cdot \frac{1}{s} + \frac{1/\lambda_1}{(\lambda_1 - \lambda_2) \cdot (s - \lambda_1)} + \frac{1/\lambda_2}{(\lambda_2 - \lambda_1) \cdot (s - \lambda_2)} \right)$$

$$\Omega_m(t) = \frac{1}{T_a \cdot T_m} \cdot \frac{U_a}{k_2 \Phi} \cdot \left(\frac{1}{\lambda_1 \lambda_2} + \frac{e^{-t/T_1}/\lambda_1}{\lambda_1 - \lambda_2} + \frac{e^{-t/T_2}/\lambda_2}{\lambda_2 - \lambda_1} \right) =$$

$$= \frac{1}{T_a \cdot T_m} \cdot \frac{U_a}{k_2 \Phi} \cdot \frac{1}{\lambda_1 \lambda_2} \cdot \left[1 + \frac{1}{\lambda_1 - \lambda_2} \left(\frac{e^{-t/T_2}}{T_1} - \frac{e^{-t/T_1}}{T_2} \right) \right]$$

$$\Omega_m(t) = \Omega_{m0} \cdot \left[1 + \frac{T_a}{\sqrt{1 - 4T_a / T_m}} \cdot \left(\frac{e^{-t/T_2}}{T_1} - \frac{e^{-t/T_1}}{T_2} \right) \right]$$

$$\lim_{t \to \infty} \Omega_m(t) = \frac{U_a}{k_2 \Phi} = \frac{U_N}{k_2 \Phi} = \Omega_{m0}$$

Der Motor läuft auf die Leerlaufdrehzahl Ω_{m0} hoch, wobei der Anker-strom wegen $M_d = 0$ (siehe 1)) auf den idealen Leerlaufstrom Null ab-klingt. Dies erfolgt näherungsweise innerhalb von fünf „langen" Zeitkon-stanten $5T_1 \approx 100$ ms. Das Maximum des Ankerstroms tritt wegen

$$\frac{di_a(t)}{dt} = 0 \Rightarrow \frac{d}{dt} \left(e^{-t/T_1} - e^{-t/T_2} \right) = 0 = \frac{e^{-t/T_2}}{T_2} - \frac{e^{-t/T_1}}{T_1}$$

bei der Zeit $t^* = \dfrac{\ln(T_1 / T_2)}{\dfrac{1}{T_2} - \dfrac{1}{T_1}} = \dfrac{\ln(21.44 / 5.66)}{\dfrac{1}{5.66} - \dfrac{1}{21.44}} = 10.24\,\text{ms}$ auf und beträgt

$$i_a(t^*) = \frac{190 / 26.76}{\sqrt{1 - 4 \cdot 4.48 / 27.1}} \cdot \left(e^{-10.24/21.44} - e^{-10.24/5.66} \right) = 5.57\,\text{A}. \quad \text{Dies ist}$$

größer als der doppelte Bemessungsstrom $5.57\,\text{A} > 2I_N = 1.4\,\text{A}$, weshalb ein Anlasswiderstand erforderlich ist. Die Dimensionierung mit der statio-nären Kennlinie ergibt $R_{\text{Anlasser}} = \dfrac{U_a}{2I_N} - R_a = \dfrac{190}{1.4} - 26.76 = 108.95\,\Omega$.

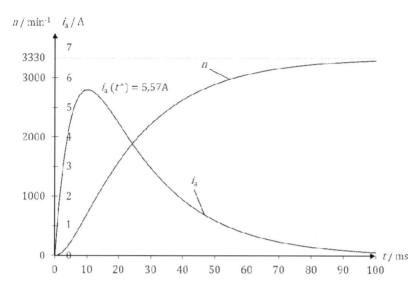

Bild A13.5-1: Verlauf des Ankerstroms $i_a(t)$ und der Drehzahl $n(t)$ während des Hochlaufs des unbelasteten Gleichstrommotors bei einer konstanten Ankerspannung 190 V

Daraus folgt: $T_a = 0.88\text{ms}$, $T_m = 134.591\text{ms} > 4T_a$, $T_1 = 133.7\text{ms}$, $T_2 = 0.89\text{ms}$, $t^* = 4.49\text{ms}$, $i_a(t^*) = 1.36\text{A} = 1.95I_N$. Der Maximalstrom beträgt dynamisch statt 200% nur 195% des Bemessungsstroms, da der Anlasser anhand der stationären Kennlinie (wegen der Vernachlässigung des begrenzten Stromanstiegs auf Grund der Ankerinduktivität) geringfügig überdimensioniert ist.

Aufgabe A13.6: Kurzschlussbremsung eines Universalmotors

Ein zweipoliger Universalmotor als Antrieb für eine Bohrmaschine hat die Daten $U_N = 230$ V (Effektivwert), $f_N = 50$ Hz, $n_N = 25000$ /min und eine elektrische Aufnahmeleistung im Bemessungspunkt $P_{e,in,N} = 1600$ W. Der Bürstenspannungsfall bei Bemessungsstrom beträgt 3.5 V (Effektivwert), der Leistungsfaktor $\cos\varphi = 0.92$ und die Stromwärmeverluste 20% von $P_{e,in,N}$, wobei der ohm'sche Widerstand von Ankerwicklung R_a und Erregerwicklung R_f gleich groß sind. Die Ankerinduktivität beträgt $L_a = 20$ mH, die Erregerinduktivität $L_f = 17.9$ mH und das polare Läuferträgheitsmoment $J = 0.03\,\text{g}\cdot\text{m}^2$.

1. Berechnen Sie den Effektivwert des Anker-Bemessungsstroms und den Wirkungsgrad des Motors, wenn die Ummagnetisierungsverluste im Stator $P_{Fe,s} = 25$ W, jene im Rotor $P_{Fe,r} = 55$ W und die Reibungsverluste (Lager und Wellenlüfter) und Zusatzverluste $P_{R+Z} = 40$ W im Bemessungspunkt betragen. Wie groß sind dabei R_a, R_f und der Bürstenübergangswiderstand R_b? Geben Sie die Verlustbilanz und das mittlere Drehmoment M_{av} an der Welle an! Diskutieren Sie den zeitlichen Drehmomentverlauf des Luftspaltmoments M_e!

2. Berechnen Sie die induzierte Ankerspannung und die Flussgröße $k_2 \underline{\Phi}_N$ für reell angenommene Ankerbemessungsspannung U_N. Zeigen Sie über das Induktionsgesetz $\underline{U}_i = k_2 \Omega_N \underline{\Phi}_N$, dass auf Grund der Reihenschlussschaltung $\underline{\Phi}_N \sim \underline{I}_{aN}$ erfüllt ist.

3. Der Motor wird drehzahlveränderbar über eine Triac-Schaltung mit Phasenanschnitt für die positive und negative Spannungshalbschwingung betrieben. Aus Sicherheitsgründen muss beim Unterbrechen des Ankerstromkreises der Motor sicher abgebremst werden. Dazu wird der Anker von der Reihenschlusswicklung getrennt und über einen Drahtbügel $R_D = 45$ mΩ „kurzgeschlossen". Erklären Sie, warum dann ein Bremsmoment auftritt!

4. Berechnen und zeichnen Sie den zeitlichen Verlauf des Ankerstroms $i_a(t)$ und der Drehzahl $n(t)$ während des Abbremsvorgangs, wenn im Statoreisen ein Remanenzfluss pro Pol Φ_R von 15% des Bemessungsflusses vorherrscht. Nehmen Sie vereinfachend das Bremsmoment an der Welle aus P_{R+Z} drehzahlunabhängig konstant an, während Sie die bremsenden Rotor-Ummagnetisierungsverluste wegen des kleinen Remanenzflusses vernachlässigen!

5. Spezialisieren Sie Die Lösung von 3. für vernachlässigtes Verlustmoment $M_d = 0$! Wie hängt das Bremsmoment vom Remanenzfluss ab?

6. Wie ändern sich R_a, R_f, L_a und L_f prinzipiell, wenn der der Motor für 115 V Bemessungsspannung und gleiche Bemessungsstromdichte ausgelegt wird? Geben Sie die Werte R_a, R_f, L_a an!

7. Berechnen Sie wie bei 4) den zeitlichen Verlauf des Ankerstroms $i_a(t)$ und der Drehzahl $n(t)$ während des Abbremsvorgangs, jedoch für eine Bemessungsspannung 115 V. Vergleichen Sie das Ergebnis mit 4.!

Lösung zu Aufgabe A13.6:

1)

$$P_{e,in,N} = U_N \cdot I_{aN} \cdot \cos\varphi,$$

$I_{aN} = P_{e,in,N} / (U_N \cdot \cos\varphi) = 1600/(230 \cdot 0.92) = 7.56\,\text{A}\,,$

$P_{Cu} = (R_a + R_f) \cdot I_{aN}^2 = 0.2 \cdot P_{e,in,N} = 0.2 \cdot 1600 = 320\,\text{W}\,,$

Bürstenübergangsverluste: $P_b = U_b \cdot I_{aN} = 3.5 \cdot 7.56 = 26.5\,\text{W}\,,$

$R_a = R_f = P_{Cu} / (2 \cdot I_{aN}^2) = 320/(2 \cdot 7.56^2) = 2.8\,\Omega\,,$

$R_b = U_b / I_{aN} = 3.5 / 7.56 = 0.46\,\Omega\,,$

Gesamtverluste:

$P_d = P_{Cu} + P_b + P_{Fe,s} + P_{Fe,r} + P_{R+Z} = 320 + 26.5 + 120 = 466.5\,\text{W}$

$P_{m,out,N} = P_{e,in,N} - P_d = 1600 - 466.5 = 1133.5\,\text{W} = 2\pi \cdot n_N \cdot M_{av}$

$\eta_N = P_{m,out,M} / P_{e,in,N} = 1133.5/1600 = 0.708$

mittleres Wellenmoment:

$$M_{av} = P_{m,out,N} / (2\pi \cdot n_N) = \frac{1133.5}{2\pi \cdot (25000/60)} = 0.433\text{Nm}\,,$$

Verlustbilanz:
Stromwärmeverluste in der Ankerwicklung: 160.0 W
Stromwärmeverluste in der Erregerwicklung: 160.0 W
Stromwärmeverluste in den beiden Bürsten: 26.5 W
Summe aus: 120.0 W
- Ummagnetisierungsverluste im Stator- und Rotoreisen,
- Reibungsverluste in den Lagern, an den Bürsten, am Wellenlüfter,
- Zusatzverluste

Bremsend wirken die Ummagnetisierungsverluste im Rotoreisen (mit 50 Hz und der Drehfrequenz $n = 416.7$ Hz) sowie die Reibungs- und Zusatzverluste. Daher beträgt das mittlere Luftspaltmoment:

$M_{e,av} = (P_{e,in,N} - P_{Cu} - P_b - P_{Fe,s}) / (2\pi \cdot n_N)\,,$

$$M_{e,av} = \frac{1600 - 320 - 26.5 - 25}{2\pi \cdot (25000/60)} = 0.469\text{Nm}\,.$$

Das Luftspaltmoment $M_e(t)$ pulsiert mit 100 Hz zwischen Null und $2M_{e,av} = 2 \cdot 0.469 = 0.939\text{Nm}\,.$

2)

$R = R_a + R_f + R_b = 2.8 + 2.8 + 0.46 = 6.06\,\Omega\,,$

$X = 2\pi \cdot f_N \cdot (L_a + L_f) = 2\pi \cdot 50 \cdot (20 + 17.9)/1000 = 11.9\,\Omega\,,$

$\sin\varphi = \sqrt{1 - \cos^2\varphi} = \sqrt{1 - 0.92^2} = 0.3919\,,$

$\underline{I}_{aN} = I_{aN} \cdot (\cos\varphi - j \cdot \sin\varphi) = 7.56 \cdot (0.92 - j \cdot 0.3919) = (6.96 - j \cdot 2.96)\text{A}$

$U = (R + j \cdot X) \cdot \underline{I}_{aN} + \underline{U}_i\,,$

$\underline{U}_i = U - (R + j \cdot X) \cdot \underline{I}_{aN}$,

$\underline{U}_i = 230 - (6.06 + j \cdot 11.9) \cdot (6.96 - j \cdot 2.96) = (152.6 - j \cdot 64.89) \, \text{V}$,

$k_2 \cdot \underline{\Phi}_N = \underline{U}_i / (2\pi \cdot n_N) = \dfrac{152.6 - j \cdot 64.89}{2\pi \cdot (25000/60)} = (58.3 - j \cdot 24.8) \, \text{mVs}$,

$\dfrac{k_2 \cdot \underline{\Phi}_N}{\underline{I}_{aN}} = \dfrac{58.3 - j \cdot 24.8}{6.96 - j \cdot 2.96} \cdot 10^{-3} = 8.3767 \, \text{mVs/A}$, womit $k_2 \cdot \underline{\Phi}_N \sim \underline{I}_{aN}$ ge-

zeigt ist.

3)
Der Ankerstrom wird zunächst durch einen Schalter unterbrochen, und dann die Ankerwicklung an den Bürsten kurz geschlossen. Die Erregerwicklung ist nun stromlos. Es wird somit ein Remanenzfluss im Statoreisen benötigt, der in die rotierende Ankerwicklung eine Gleichspannung induziert, die einen Ankerstrom über den Kurzschlussbügel treibt. Der Stromfluss erfolgt mit negativem Vorzeichen, so dass das von ihm mit dem Remanenzfluss bewirkte Drehmoment gemäß der Lenz´schen Regel der Ursache seiner Entstehung (= Induktion durch Rotation der Ankerwicklung im Remanenzfeld) entgegenwirkt. Es wird ein die Drehzahl abbremsendes elektromagnetisches Drehmoment erzeugt, zusätzlich zum mechanischen Reibungsbremsmoment und zum bremsenden Moment der rotationsbedingten Ummagnetisierungs- und Zusatzverluste.

4)
$R = R_a + R_b + R_D = 2.8 + 0.46 + 0.045 = 3.305 \, \Omega$, $L_a = 20 \, \text{mH}$,

$k_2 \cdot \Phi_R = 0.15 \cdot k_2 \cdot |\underline{\Phi}_N| = 0.15 \cdot \sqrt{58.3^2 + 24.8^2} \cdot 10^{-3} = 9.5 \, \text{mVs}$,

$T_a = \dfrac{L_a}{R} = \dfrac{0.02}{3.305} = 6.05 \, \text{ms}$,

$T_m = \dfrac{J \cdot R}{(k_2 \cdot \Phi_R)^2} = \dfrac{0.03 \cdot 10^{-3} \cdot 3.305}{(9.5 \cdot 10^{-3})^2} = 1.09862 \, \text{s} = 1098.62 \, \text{ms}$.

Es wirken das von Ankerstrom und Remanenzfluss gebildete Drehmoment und das Verlustmoment

$M_d = (P_{Fe,r} + P_{R+Z}) / (2\pi \cdot n_N) = 40/(2\pi \cdot 25000/60) = 0.0153 \, \text{Nm}$

bremsend.
Ankerspannungs- und Drehmomentgleichung:

$L_a \cdot di_a / dt + R \cdot i_a(t) + k_2 \cdot \Phi_R \cdot \Omega_m(t) = 0$,

$J \cdot (d\Omega_m / dt) = k_2 \cdot \Phi_R \cdot i_a(t) - M_d$,

$d^2 i_a / dt^2 + \dfrac{1}{T_a} \cdot di_a / dt + \dfrac{i_a(t)}{T_a \cdot T_m} = \dfrac{M_d}{T_a \cdot T_m} \cdot \dfrac{1}{k_2 \cdot \Phi_R}$,

$i_a(t=0)=0$, $\Omega_m(t=0)=2\pi \cdot n_N$,

$i_a(t)=i_h+i_p=C_1 \cdot e^{-t/T_1}+C_2 \cdot e^{-t/T_2}+i_p$,

$i_p=M_d/(k_2 \cdot \Phi_R)=0.0153/0.0095=1.609\,\text{A}$,

$$T_1=\cfrac{2T_a}{1-\sqrt{1-\cfrac{4T_a}{T_m}}}=\cfrac{2\cdot 0.00605}{1-\sqrt{1-\cfrac{4\cdot 0.00605}{1.09862}}}=1.09253\,\text{s}=1092.53\,\text{ms}\,,$$

$$T_2=\cfrac{2T_a}{1+\sqrt{1-\cfrac{4T_a}{T_m}}}=\cfrac{2\cdot 0.00605}{1+\sqrt{1-\cfrac{4\cdot 0.00605}{1.09862}}}=6.085\,\text{ms}\,.$$

Da die beiden Zeitkonstanten sich um den großen Faktor 180 unterscheiden, im Ergebnis aber die Differenz ihrer Kehrwerte auftritt, muss der große Wert T_1 mit derselben Anzahl von Stellen berücksichtigt werden wie der kleine Wert T_2, um grobe Rundungsfehler zu vermeiden.

$\Omega_m(t)=-(T_a \cdot di_a/dt+i_a)\cdot R/(k_2 \cdot \Phi_R)$,

$$\Omega_m(t)=\left[\left(\frac{T_a}{T_1}-1\right)\cdot C_1 \cdot e^{-t/T_1}+\left(\frac{T_a}{T_2}-1\right)\cdot C_2 \cdot e^{-t/T_2}-i_p\right]\cdot \frac{R}{k_2 \cdot \Phi_R}$$

$i_a(t=0)=0:\quad C_1+C_2=-i_p$,

$$\Omega_m(t=0)=2\pi \cdot n_N=\Omega_{mN}:\left(\frac{T_a}{T_1}-1\right)\cdot C_1+\left(\frac{T_a}{T_2}-1\right)\cdot C_2=\frac{\Omega_{mN}\cdot k_2 \cdot \Phi_R}{R}+i_p$$

Bestimmung der Konstanten C_1, C_2:

$$\begin{pmatrix}\dfrac{T_a}{T_1}-1 & \dfrac{T_a}{T_2}-1 \\ 1 & 1\end{pmatrix}\cdot\begin{pmatrix}C_1 \\ C_2\end{pmatrix}=\begin{pmatrix}\dfrac{\Omega_{mN}\cdot k_2 \cdot \Phi_R}{R}+i_p \\ -i_p\end{pmatrix}$$

$$\Delta=\begin{vmatrix}\dfrac{T_a}{T_1}-1 & \dfrac{T_a}{T_2}-1 \\ 1 & 1\end{vmatrix}=T_a \cdot\left(\frac{1}{T_1}-\frac{1}{T_2}\right)=-\sqrt{1-\frac{4T_a}{T_m}}$$

Verwendung der Cramer'schen Regel:

$$C_1=\frac{1}{\Delta}\cdot\begin{vmatrix}\dfrac{\Omega_{mN}\cdot k_2 \cdot \Phi_R}{R}+i_p & \dfrac{T_a}{T_2}-1 \\ -i_p & 1\end{vmatrix}=\frac{1}{\Delta}\cdot\left(\frac{\Omega_{mN}\cdot k_2 \cdot \Phi_R}{R}+i_p+i_p\cdot\left(\frac{T_a}{T_2}-1\right)\right)$$

$$C_2 = \frac{1}{\Delta} \cdot \begin{vmatrix} \dfrac{T_a}{T_1} - 1 & \dfrac{\Omega_{mN} \cdot k_2 \cdot \Phi_R}{R} + i_p \\ 1 & -i_p \end{vmatrix} = \frac{-1}{\Delta} \cdot \left(\frac{\Omega_{mN} \cdot k_2 \cdot \Phi_R}{R} + i_p + i_p \cdot \left(\frac{T_a}{T_1} - 1 \right) \right)$$

$$C_1 = \frac{\dfrac{T_a}{T_2} \cdot M_d + \dfrac{J \cdot \Omega_{mN}}{T_m}}{(-k_2 \cdot \Phi_R) \cdot \sqrt{1 - \dfrac{4T_a}{T_m}}} = \frac{\dfrac{6.05}{6.085} \cdot 0.0153 + \dfrac{\dfrac{0.03}{10^3} \cdot \dfrac{2\pi \cdot 25000}{60}}{1.09862}}{(-9.5 \cdot 10^{-3}) \cdot \sqrt{1 - \dfrac{4 \cdot 0.00605}{1.09862}}} = -9.23\,\text{A}$$

$$C_2 = \frac{\dfrac{T_a}{T_1} \cdot M_d + \dfrac{J \cdot \Omega_{mN}}{T_m}}{k_2 \cdot \Phi_R \cdot \sqrt{1 - \dfrac{4T_a}{T_m}}} = \frac{\dfrac{6.05}{1092.53} \cdot 0.0153 + \dfrac{\dfrac{0.03}{10^3} \cdot \dfrac{2\pi \cdot 25000}{60}}{1.09862}}{9.5 \cdot 10^{-3} \cdot \sqrt{1 - \dfrac{4 \cdot 0.00605}{1.09862}}} = 7.62\,\text{A}$$

Ankerstrom- und Drehzahlverlauf während der Bremsung:

$$i_a(t) = \left(-9.23 \cdot e^{-t/1092.53} + 7.62 \cdot e^{-t/6.085} + 1.61 \right)\text{A} , \; t \text{ in ms!}$$

$$n(t)^{[1/\min]} = \Omega_m(t)^{[1/s]} \cdot 60/(2\pi)$$

$$n(t) = \left[30490.6 \cdot e^{-t/1092.53} - 140.2 \cdot e^{-t/6.085} - 5350.4 \right]/\min$$

Der Strom ist negativ (bremsend). Sein Maximum tritt gemäß

$$di_a(t)/dt = 0 = -\frac{C_1}{T_1} \cdot e^{-t/T_1} - \frac{C_2}{T_2} \cdot e^{-t/T_2} ,$$

$$\text{bei } t^* = \frac{\ln\left(-\dfrac{C_2 T_1}{C_1 T_2} \right)}{\dfrac{1}{T_2} - \dfrac{1}{T_1}} = \frac{\ln\left(\dfrac{7.62 \cdot 1092.53}{9.23 \cdot 6.085} \right)}{\dfrac{1000}{6.085} - \dfrac{1000}{1092.53}} = 0.0306\,\text{s} = 30.59\,\text{ms}$$

auf und beträgt $i_a(t^*) = -7.32\,\text{A}$, entspricht also etwa dem Bemessungs-strom. Der (negative) Strom nimmt mit der sehr kurzen Zeitkonstante $T_2 \approx T_a$ zu und klingt dann mit T_1 ab. Der Bremsvorgang wird daher von der großen Zeitkonstante $T_1 \approx T_m$ bestimmt. Auf Grund des konstanten Bremsmoments M_d wird der Drehzahlwert Null nach der Zeit t_B erreicht. Die negativen Drehzahlwerte der Lösung $n(t)$ treten nicht auf, da für $t > t_B$ anstelle von M_d der negative, wiederum bremsende Wert $-M_d$ gelten muss. Wegen des großen Unterschieds von T_1 und T_2 gilt für $t > 5 \cdot T_2$ näherungsweise

$$i_a(t) \approx C_1 \cdot e^{-t/T_1} + i_p , \; \Omega_m(t) \approx \left[\left(\frac{T_a}{T_1} - 1 \right) \cdot C_1 \cdot e^{-t/T_1} - i_p \right] \cdot \frac{R}{k_2 \cdot \Phi_R} .$$

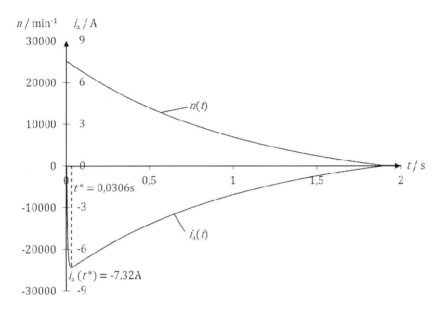

Bild A13.6-1: Verlauf des Ankerstroms $i_a(t)$ und der Drehzahl $n(t)$ des unbelasteten Gleichstrommotors ($U_N = 230$ V) während des Bremsvorgangs bei kurzgeschlossenem Anker

Wegen $\dfrac{T_a}{T_1} - 1 \approx -1$ gilt dann $\Omega_m(t) \approx -\left[C_1 \cdot e^{-t/T_1} + i_p\right] \cdot \dfrac{R}{k_2 \cdot \Phi_R}$, so dass

Ankerstrom und Drehzahl zum gleichen Zeitpunkt $C_1 \cdot e^{-t_B/T_1} = -i_p$ Null werden:

$$t_B = -T_1 \cdot \ln(-i_p/C_1) = -1092.53 \cdot \ln(1.61/9.23) = 1907.8\,\text{ms} = 1.91\,\text{s}\,.$$

Die Proportionalität $\Omega_m(t) \approx -i_a(t) \cdot \dfrac{R}{k_2 \cdot \Phi_R}$ zeigt, dass nach Abklingen

des transienten Anteils mit T_2 die Wirkung von L_a vernachlässigbar klein ist, denn es gilt $U_i(t) = k_2 \cdot \Phi_R \cdot \Omega_m(t) \approx -i_a(t) \cdot R$. Der von der induzierten Spannung U_i im kurzgeschlossenen Anker hervorgerufene Strom wird (nahezu) nur durch den Widerstand R begrenzt.

5)

$$M_d = 0: \quad C_1 = -C_2 = \dfrac{-J \cdot \Omega_{mN}}{k_2 \cdot \Phi_R \cdot T_m \cdot \sqrt{1 - \dfrac{4T_a}{T_m}}} = -7.61\,\text{A}\,,$$

$$i_a(t) = \left(-7.61 \cdot e^{-t/1092.53} + 7.61 \cdot e^{-t/6.085}\right)\text{A}\,, \ t \text{ in ms!}$$

$$n(t) = \left[25140.0 \cdot e^{-t/1092.53} - 140.0 \cdot e^{-t/6.085}\right]/\min$$

Die Drehzahl erreicht theoretisch erst nach unendlich langer Zeit den Wert Null, in guter Näherung aber nach etwa $5 \cdot T_1 = 5.45\,\mathrm{s}$. Der Verlauf des Stroms zu beginn der Bremsung ist durch T_a bestimmt und unterscheidet sich daher wenig von der Lösung für $M_d > 0$. Das Strommaximum tritt

bei $t^* = \dfrac{\ln\left(-\dfrac{C_2 T_1}{C_1 T_2}\right)}{\dfrac{1}{T_2} - \dfrac{1}{T_1}} = \dfrac{\ln\left(\dfrac{1092.53}{6.085}\right)}{\dfrac{1000}{6.085} - \dfrac{1000}{1092.53}} = 0.0318\,\mathrm{s} = 31.76\,\mathrm{ms}$

auf und beträgt $i_a(t^*) = -7.35\,\mathrm{A}$. Das negative Bremsmoment

$$M_e(t) = k_2\Phi_R \cdot i_a(t) = -\frac{\Omega_{mN} \cdot (k_2\Phi_R)^2}{R \cdot \sqrt{1 - \dfrac{4T_a}{T_m}}} \cdot \left(e^{-t/T_1} - e^{-t/T_2}\right),$$

$$M_e(t) \approx -\frac{\Omega_{mN} \cdot (k_2\Phi_R)^2}{R} \cdot \left(e^{-t/T_1} - e^{-t/T_2}\right) = -\frac{U_{iN} \cdot k_2\Phi_R}{R} \cdot \left(e^{-t/T_1} - e^{-t/T_2}\right)$$

hängt quadratisch von der Remanenzflussdichte ab.

6)
Bei Halbierung der Bemessungsspannung auf 115 V, aber unveränderter Bemessungsdrehzahl 25000/min und unverändertem Erregerfluss pro Pol, muss die Ankerwindungszahl und damit die Anzahl der Ankerleiter z halbiert werden. Bei gleicher elektrischer Aufnahmeleistung 1600 W ist bei halber Spannung der Bemessungsstrom doppelt so groß (15.12 A). Bei geforderter gleicher Erwärmung und damit gleicher Stromdichte müssen die Ankerleiter den doppelten Drahtquerschnitt aufweisen. Der Nutfüllfaktor als Verhältnis von Drahtquerschnittsfläche x Leiterzahl je Nut, bezogen auf die Nutquerschnittsfläche, bleibt dabei unverändert, da ja die Anzahl der Leiter je Nut halbiert wurde. Der Widerstand der Ankerwicklung R_a sinkt proportional mit der Drahtlänge ($\sim z/2 \sim 1/2$) und verkehrt proportional mit dem Drahtquerschnitt ($\sim 1/2$), also proportional $\sim (1/2)^2$. Für unveränderten Erregerfluss pro Pol muss die erregende Durchflutung $N_f I_a$ konstant bleiben, daher muss wegen des verdoppelten Stromwerts die Windungszahl der Erregerwicklung N_f halbiert werden. Die Drahtquerschnittsfläche muss wie in der Ankerwicklung wegen der konstant geforderten Stromdichte verdoppelt werden. Also sinkt auch der Widerstand der Feldwicklung R_f proportional $(1/2)^2$: $R_a \sim z^2$, $R_f \sim N_f^2$.

Die Anker- und Erregerinduktivität L_a und L_f sind als Selbstinduktivitäten stets zum Quadrat ihrer jeweiligen Windungszahl proportional: $L_a \sim z^2$, $L_f \sim N_f^2$: $R_{a,\text{Neu}} = R_{f,\text{Neu}} = 2.8/2^2 = 0.7\,\Omega$, $L_{a,\text{Neu}} = 0.02/2^2 = 0.005\,\text{H}$.

7)

Gegenüber 4) erhalten wir: $U_N = 115\,\text{V}$, $I_{a,N} = 15.12\,\text{A}$,

$$R_{\text{Neu}} = R_{a,\text{Neu}} + R_b + R_D = 0.7 + 0.46 + 0.045 = 1.205\,\Omega, \quad L_{a,\text{Neu}} = 5\,\text{mH},$$

$$k_2 = \frac{z \cdot p/a}{2\pi} \Rightarrow k_{2,\text{Neu}} = k_2/2, \quad k_{2,\text{Neu}} \cdot \Phi_R = 9.5/2 = 4.75\,\text{mVs},$$

$$T_{a,\text{Neu}} = \frac{L_{a,\text{Neu}}}{R_{\text{Neu}}} = \frac{0.005}{1.205} = 4.15\,\text{ms},$$

$$T_{m,\text{Neu}} = \frac{J \cdot R_{\text{Neu}}}{(k_{2,\text{Neu}} \cdot \Phi_R)^2} = \frac{0.03 \cdot 10^{-3} \cdot 1.205}{(4.75/1000)^2} = 1.60222\,\text{s} = 1602.22\,\text{ms},$$

$$T_{1,\text{Neu}} = \frac{2T_{a,\text{Neu}}}{1 - \sqrt{1 - \dfrac{4T_{a,\text{Neu}}}{T_{m,\text{Neu}}}}} = \frac{2 \cdot 0.00415}{1 - \sqrt{1 - \dfrac{4 \cdot 0.00415}{1.60222}}} = 1.59805\,\text{s} = 1598.05\,\text{ms},$$

$$T_{2,\text{Neu}} = \frac{2T_{a,\text{Neu}}}{1 + \sqrt{1 - \dfrac{4T_{a,\text{Neu}}}{T_{m,\text{Neu}}}}} = \frac{2 \cdot 0.00415}{1 + \sqrt{1 - \dfrac{4 \cdot 0.00415}{1.60222}}} = 4.16\,\text{ms}.$$

Ankerstrom- und Drehzahlverlauf während der Bremsung:

$$i_a(t) = \left(-13.6 \cdot e^{-t/1598.05} + 10.38 \cdot e^{-t/4.16} + 3.22\right)\text{A}, \ t \text{ in ms!}$$

$$n(t) = \left[328868.3 \cdot e^{-t/1598.05} - 65.3 \cdot e^{-t/4.16} - 7803.0\right]/\min$$

Das negative Strommaximum tritt bei

$$t^* = \frac{\ln\left(-\dfrac{C_2 T_1}{C_1 T_2}\right)}{\dfrac{1}{T_2} - \dfrac{1}{T_1}} = \frac{\ln\left(\dfrac{10.38 \cdot 1598.05}{13.6 \cdot 4.16}\right)}{\dfrac{1000}{4.16} - \dfrac{1000}{1598.05}} = 0.0237\,\text{s} = 23.69\,\text{ms}$$

auf und beträgt $i_a(t^*) = -10.15\,\text{A}$. Das sind nur ca. 2/3 des Bemessungsstroms; der Motor bremst folglich schwächer. Ankerstrom und Drehzahl werden Null etwa zum Zeitpunkt

$$t_B = -T_1 \cdot \ln(-i_p/C_1) = -1598.05 \cdot \ln(3.22/13.6) = 2302.3\,\text{ms} = 2.3\,\text{s}.$$

Der Bremsvorgang dauert 20% länger. Bei Vernachlässigung von M_d ist die Drehzahl erst bei ca. $5 \cdot T_{1,\text{Neu}} = 7.99\,\text{s}$ Null; der Bremsvorgang dauert 50% länger.

Wäre nicht der Bürstenübergangswiderstand (und der kleine Widerstand des Kurzschlussbügels) unabhängig von der Windungszahl, sondern gleichfalls $\sim z^2$, würde sich auch bei $U_N = 115$ V dasselbe Bremsverhalten wie bei $U_N = 230$ V ergeben.

14. Raumzeigerrechnung und bezogene Größen

Aufgabe A14.1: Nullspannungssystem in der Ständerwicklung eines Synchrongenerators

Die Fourier-Analyse der Rotor-Luftspaltfeldkurve eines Synchrongenerators umfasst neben der Grundwelle (Ordnungszahl $\mu = 1$) die drei Oberwellen mit den Ordnungszahlen $\mu = 3, 5, 7$. Zeigen Sie, dass nur die Läuferoberwelle mit der Ordnungszahl $\mu = 3$ ein Nullspannungssystem in der Ständerwicklung induziert.

Lösung zu Aufgabe A14.1:

Die Grundwelle $B_{\delta 1} \cdot \cos(x_s \pi / \tau_p - \omega \cdot t)$ induziert im Wicklungsstrang U die Strangspannung $\hat{U}_{p1} \cdot \cos(\omega \cdot t)$. Da die Wicklungsstränge V und W um $2\tau_p/3$ bzw. $4\tau_p/3$ räumlich zu U versetzt sind, ist die in V induzierte Spannung wegen $(x_s + 2\tau_p / 3) \cdot \pi / \tau_p = x_s \cdot \pi / \tau_p + 2\pi / 3$ um $2\pi/3$ phasenverschoben, jene in W um $4\pi/3$. Die Summe der drei induzierten Strangspannungen ist Null; sie enthält kein Nullsystem.

$$\hat{U}_{p1} \cdot \cos(\omega \cdot t) + \hat{U}_{p1} \cdot \cos(\omega \cdot t - 2\pi / 3) + \hat{U}_{p1} \cdot \cos(\omega \cdot t - 4\pi / 3) = 0$$

Bezüglich des Stators laufen Grund- und Oberwellen mit derselben (Läufer)-Geschwindigkeit um, so dass die dritte Oberwelle

$$B_{\delta 3} \cdot \cos(3x_s \pi / \tau_p - 3\omega \cdot t)$$

die Ständerwicklung mit dreifacher Frequenz induziert, im Wicklungsstrang U als Strangspannung $\hat{U}_{p3} \cdot \cos(3\omega \cdot t)$. Die in V induzierte Spannung ist wegen

$$3(x_s + 2\tau_p / 3) \cdot \pi / \tau_p = 3x_s \cdot \pi / \tau_p + 2\pi$$

um 2π phasenverschoben, jene in W um 4π. Die drei Strangspannungen sind wegen

$$\hat{U}_{p3} \cdot \cos(3\omega t - 2\pi) = \hat{U}_{p3} \cdot \cos(3\omega t - 4\pi) = \hat{U}_{p3} \cdot \cos(3\omega t)$$

gleichphasig; sie stellen ein Nullsystem dar.

$$U_0(t) = (\hat{U}_{p3} \cdot \cos(\omega t) + \hat{U}_{p3} \cdot \cos(\omega t) + \hat{U}_{p3} \cdot \cos(\omega t))/3 = \hat{U}_{p3} \cdot \cos(\omega t)$$

Die 5. und 7. Oberwelle

$$B_{\delta 5} \cdot \cos(5 x_s \pi / \tau_p - 5\omega t)$$

und

$$B_{\delta 7} \cdot \cos(7 x_s \pi / \tau_p - 7\omega t)$$

induzieren im Wicklungsstrang U die Strangspannungen $\hat{U}_{p5} \cdot \cos(5\omega t)$
und $\hat{U}_{p7} \cdot \cos(7\omega t)$. Wegen

$$5(x_s + 2\tau_p/3) \cdot \pi / \tau_p = 5 x_s \pi / \tau_p + 10\pi/3 ,$$

$$7(x_s + 2\tau_p/3) \cdot \pi / \tau_p = 7 x_s \pi / \tau_p + 14\pi/3 \qquad \text{und}$$

$$5(x_s + 4\tau_p/3) \cdot \pi / \tau_p = 5 x_s \pi / \tau_p + 20\pi/3 ,$$

$7(x_s + 4\tau_p/3) \cdot \pi / \tau_p = 7 x_s \pi / \tau_p + 28\pi/3$ ergeben sich mit

$$10\pi/3 = 2\pi + 4\pi/3, 20\pi/3 = 6\pi + 2\pi/3 \qquad \text{bzw.}$$

$$14\pi/3 = 4\pi + 2\pi/3, 28\pi/3 = 8\pi + 4\pi/3$$

folgende Strangspannungen in den Strängen U, V, W:

$$\hat{U}_{p5} \cdot \cos(5\omega t), \hat{U}_{p5} \cdot \cos(5\omega t - 4\pi/3); \hat{U}_{p5} \cdot \cos(5\omega t - 2\pi/3) ,$$

$$\hat{U}_{p7} \cdot \cos(7\omega t), \hat{U}_{p7} \cdot \cos(7\omega t - 2\pi/3); \hat{U}_{p7} \cdot \cos(7\omega t - 4\pi/3) .$$

Die 5. Oberwelle induziert ein Spannungs-Gegensystem, da die Strang-spannung W jener von V voreilt (Phasenfolge U, W, V), während die 7. Oberwelle wie die Grundwelle ein Spannungs-Mitsystem induziert, bei dem die Phasenfolge U, V, W ist. Für beide Systeme ist - wie für das Spannungssystem der Grundwelle - ihre Summe Null; sie enthalten kein Nullsystem.

Allgemein folgt daraus für Synchrongeneratoren, dass die Grundwelle und die Oberwellen mit der Ordnungszahl $2 \cdot n \cdot m + 1 = 7, 13, 19, ..., m = 3$, ($n = 1, 2, 3, ...$ natürliche Zahl) in symmetrischen Drehfeldwicklungen nullspannungsfreie Spannungs-Mitsysteme induzieren, die Oberwellen mit der Ordnungszahl $2 \cdot n \cdot m - 1 = 5, 11, 17, ...$ nullspannungsfreie Spannungs-Gegensysteme und die Oberwellen mit durch drei teilbarer Ordnungszahl $(2n - 1) \cdot m = 3, 9, 15, ...$ Spannungsnullsysteme.

Aufgabe A14.2: Spannungsraumzeiger und Nullspannungssystem bei Umrichterspeisung

Die dreisträngige, in Stern geschaltete Wicklung einer Drehfeldmaschine wird mit einem Spannungs-Zwischenkreisumrichter in Blocktaktung gespeist, so dass die Strangspannung $U_U(t)$ im Strang U den Verlauf gemäß Bild A14.2-1a) hat. Die Strangspannungen in den Strängen V und W sind um $T/3$ bzw. $2T/3$ phasenversetzt. Die Zwischenkreisspannung hat den Wert

$$U_d = \frac{3}{\pi} \cdot \sqrt{3} \cdot \hat{U}_{N,ph} \ .$$

1. Berechnen und skizzieren Sie den Spannungsraumzeiger in bezogener Darstellung!
2. Existiert ein Null-Strangsspannungssystem?
3. Enthalten die drei Klemmenpotentiale der Klemmen U, V, W ein Nullsystem?
4. Berechnen Sie den zeitlichen Verlauf des Sternpunktspotentials.
5. Wie 3. und 4., jedoch erfolgt nun die Speisung der Wicklung mit einem Sinus-Drehspannungssystem!

Lösung zu Aufgabe A14.2:

1)
Auf Grund der Phasenverschiebung der drei Strangspannungen haben diese die in Tab. A14.2-1 angegebenen Werte während einer Periode T. Mit diesen Werten berechnet sich der Spannungsraumzeiger in bezogener Darstellung für den Zeitraum $0 < t \le T/6$ bzw. $0 < \tau \le \pi/3$ gemäß

$$\underline{u}(\tau) = \underline{U}(t)/\hat{U}_{N,ph} =$$

$$= \frac{2}{3} \cdot \left(\frac{1}{3} - \left(-\frac{1}{2} + j\frac{\sqrt{3}}{2} \right) \cdot \frac{2}{3} + \left(-\frac{1}{2} - j\frac{\sqrt{3}}{2} \right) \cdot \frac{1}{3} \right) \cdot \frac{3\sqrt{3}}{\pi} = \frac{\sqrt{3}}{\pi} \cdot \left(1 - j\sqrt{3} \right) \ .$$

In gleicher Weise wird der Raumzeiger für die anderen fünf Zeitabschnitte der Periode berechnet. Der Raumzeiger hat die Länge $2\sqrt{3}/\pi = 1.1$ p.u. und „springt" gemäß Bild A14.2-1b nach 60° el. von einer Position zu nächsten.

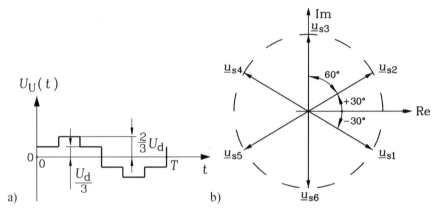

a)   b)

Bild A14.2-1: a) Strangspannung im Strang U bei Blocktaktung, b) Zu a) gehörende Spannungsraumzeiger mit der Länge 1.1 p.u.

Tabelle A14.2-1: Strangspannungswerte in einer in Stern geschalteten Drehfeld-Wicklung bei Blocktaktung sowie zugehöriger Stromraumzeiger und entsprechende Werte des Klemmenpotentials

	$0 \dots T/6$	$T/6 \dots T/3$	$T/3 \dots T/2$
U_U	$U_d/3$	$2U_d/3$	$U_d/3$
U_V	$-2U_d/3$	$-U_d/3$	$U_d/3$
U_W	$U_d/3$	$-U_d/3$	$-2U_d/3$
$\underline{u}$	$\dfrac{\sqrt{3}}{\pi} - j\dfrac{3}{\pi}$	$\dfrac{2\sqrt{3}}{\pi}$	$\dfrac{\sqrt{3}}{\pi} + j\dfrac{3}{\pi}$
φ_U	$U_d/2$	$U_d/2$	$U_d/2$
φ_V	$-U_d/2$	$-U_d/2$	$U_d/2$
φ_W	$U_d/2$	$-U_d/2$	$-U_d/2$
φ_0	$U_d/6$	$-U_d/6$	$U_d/6$
	$T/2 \dots 2T/3$	$2T/3 \dots 5T/6$	$5T/6 \dots T$
U_U	$-U_d/3$	$-2U_d/3$	$-U_d/3$
U_V	$2U_d/3$	$U_d/3$	$-U_d/3$
U_W	$-U_d/3$	$U_d/3$	$2U_d/3$
$\underline{u}$	$-\dfrac{\sqrt{3}}{\pi} + j\dfrac{3}{\pi}$	$-\dfrac{2\sqrt{3}}{\pi}$	$-\dfrac{\sqrt{3}}{\pi} - j\dfrac{3}{\pi}$
φ_U	$-U_d/2$	$-U_d/2$	$-U_d/2$
φ_V	$U_d/2$	$U_d/2$	$-U_d/2$
φ_W	$-U_d/2$	$U_d/2$	$U_d/2$
φ_0	$-U_d/6$	$U_d/6$	$-U_d/6$

2)

Es existiert kein Null-Strangspannungssystem, da gemäß Tab. A14.2-1
stets die Summe der drei Strangspannungen Null ist, z. B. gilt für
$0 < t \le T/6$:

$$U_0(t) = (U_U(t) + U_V(t) + U_W(t))/3 = (1/3 - 2/3 + 1/3) \cdot U_d/3 = 0 \; .$$

3)

Um die Strangspannung in Blocktaktung gemäß Bild A14.2-1a) zu erzeugen, muss das Klemmenpotential $\varphi(t)$ der drei Klemmen U, V, W die in
Tab. A14.2-1 angegebenen Werte aufweisen, wenn willkürlich dem (fiktiven) Mittelpunktsabgriff des Spannungszwischenkreises das Potential
$\varphi = 0$ zugeordnet wird. Das Nullsystem des Klemmenpotentials ergibt sich
für $0 < t \le T/6$:

$$\varphi_0(t) = (\varphi_U(t) + \varphi_V(t) + \varphi_W(t))/3 = (1/2 - 1/2 + 1/2) \cdot U_d/3 = U_d/6 \; .$$

In gleicher Weise werden die Werte von $\varphi_0(t)$ für die anderen fünf Zeitabschnitte (Tab. A14.2-1) berechnet. Das Nullpotential „springt" zwischen
den Werten $U_d/6$ und $-U_d/6$ sechsmal je Periode, also mit Taktfrequenz
$6/T$.

4)

Gemäß

$$U_U(t) = \varphi_U(t) - \varphi_N(t), \;\; U_V(t) = \varphi_V(t) - \varphi_N(t)$$

und

$$U_W(t) = \varphi_W(t) - \varphi_N(t)$$

folgt durch Summenbildung der drei Gleichungen und Division durch 3:

$$\varphi_N(t) = \varphi_0(t) - U_0(t) = \varphi_0(t) \; .$$

Das Potential des Sternpunkts ist identisch mit dem Nullsystem der
Klemmenpotentiale und kann einen kapazitiven Erdstrom über die Wick-
lungsisolation treiben.

5)

Ist das Strangspannungssystem ein symmetrisches Sinus-Spannungssystem
mit je 120° Phasenverschiebung, so ist die Summe der drei Strangspannungen stets Null. Es tritt kein Null-Strangspannungssystem auf. Auch die
verketteten   Spannungen   bilden   ein   symmetrisches   Sinus-
Spannungssystem, das dem Strangspannungssystem um 30° voreilt, und
ebenfalls kein Nullsystem enthält. Folglich bilden auch die drei Klemmenpotentiale ein symmetrisches sinusförmiges Potentialsystem mit je 120°
Phasenverschiebung. Daher ist deren Summe ebenfalls Null, sodass auch
die Klemmenpotentiale kein Nullsystem enthalten. Damit ist das Stern-
punktpotential zeitlich konstant stets Null, so dass kein kapazitiver Erdstrom zwischen dem Wicklungssystem und dem Erdpotential fließen kann.

15. Dynamik der Asynchronmaschine

Aufgabe A15.1: Abschalten einer dreiphasigen Asynchronmaschine

Eine dreiphasige Asynchronmaschine mit den Daten $x_s = x'_r = 2.6$ p.u., $x_h = 2.5$ p.u., $\tau_r = x'_r / r'_r = 100$, $r_s \approx 0$ wird im motorischen Leerlauf am 50 Hz-Netz betrieben. Zum Zeitpunkt $\tau = 0$ wird sie vom Netz getrennt. Für die Berechnung des elektrischen Ausgleichsvorgangs nach dem Abschalten kann die Drehzahl als konstant angenommen werden.

1. Leiten Sie die Differentialgleichung für den Raumzeiger der Rotorflussverkettung im drehfeldfesten Koordinatensystem für $\tau \geq 0$ ab.
2. Lösen Sie die Gleichung von 1) mit der Anfangsbedingung, dass die magnetische Energie des Hauptflusses vor und nach dem Abschaltvorgang gleich ist.
3. Berechnen Sie den Raumzeiger der vom abklingenden Hauptfluss in der Ständerwicklung induzierten Spannung im drehfeldfesten Koordinatensystem.
4. Berechnen und skizzieren Sie den Zeitverlauf der Strangspannung u_U nach dem Abschalten, wenn a) der Winkel δ_0 zwischen stator- und drehfeldfestem Koordinatensystem zum Zeitpunkt $\tau = 0$ Null ist und b) die Spannung u_U maximal ist.

Lösung zu Aufgabe A15.1:

1)
Rotorspannungsgleichung im drehfeldfesten Koordinatensystem. Es gilt $\omega_{syn} = \omega_s$:

$$0 = r'_r \cdot \underline{i}'_r + \frac{d\underline{\psi}'_r}{d\tau} + j \cdot (\omega_s - \omega_m) \cdot \underline{\psi}'_r \quad .$$

Leerlauf: Schlupf $s = 0$, $\omega_m = \omega_s = 1$, $\rightarrow$ $\omega_s - \omega_m = 0$.

Nach dem Abschalten ist $\underline{i}_s = 0$. Die Rotorflussverkettung ist nach dem Abschalten $\underline{\psi}'_r = x_h \cdot \underline{i}_s + x'_r \cdot \underline{i}'_r = x'_r \cdot \underline{i}'_r$. Eingesetzt in die Rotorspannungsgleichung, ergibt dies für $\tau \geq 0$ die Differentialgleichung erster Ordnung für den Raumzeiger der Rotorflussverkettung:

$$\frac{d\underline{\psi}'_r}{d\tau} + \frac{r'_r}{x'_r} \cdot \underline{\psi}'_r = 0 \quad .$$

2)

Anfangsbedingung: Die magnetische Energie des Hauptflusses ist proportional zum Quadrat des Hauptflusses, daher muss der Hauptfluss während des Schalteröffnens konstant bleiben.

Hauptfluss vor dem Abschalten $\tau < 0$ bei Motorbetrieb im Leerlauf:

$$\underline{i}_s = \underline{i}_{s0}, \quad \underline{i}'_r = 0 \quad \Rightarrow \quad \underline{\psi}_s = x_s \cdot \underline{i}_s + x_h \cdot \underline{i}'_r = x_s \cdot \underline{i}_{s0} \quad .$$

Statorspannungsgleichung im drehfeldfesten Koordinatensystem bei Stationärbetrieb $d/d\tau = 0$:

$$\tau < 0: \quad \underline{u}_{s0} = r_s \cdot \underline{i}_{s0} + \frac{d\underline{\psi}_{s0}}{d\tau} + j \cdot \omega_s \cdot \underline{\psi}_{s0} = j \cdot \omega_s \cdot \underline{\psi}_{s0}$$

$$\Rightarrow \quad \underline{\psi}_{s0} = \frac{\underline{u}_{s0}}{j\omega_s} = x_s \cdot \underline{i}_{s0}$$

Die Rotorflussverkettung ist VOR dem Abschalten gleich der Hauptflussverkettung. $\tau < 0: \underline{\psi}'_r = x_h \cdot \underline{i}_{s0} + x'_r \cdot \underline{i}'_r = x_h \cdot \underline{i}_{s0}$. Daher ist sie dies auch unmittelbar nach dem Abschalten.

$$\tau = 0+: \quad \underline{\psi}'_r = x_h \cdot \underline{i}_{s0}(\tau = 0) = \underline{\psi}'_{r0} \quad , \quad \underline{\psi}'_r = \underline{u}_{s0} \cdot \frac{x_h}{j \cdot x_s} \quad .$$

Mit dieser Anfangsbedingung wird die Gleichung von 1) gelöst.

$$\underline{\psi}'_r(\tau) = \underline{\psi}'_r(\tau = 0) \cdot e^{-\tau/\tau_r} = -j \cdot \underline{u}_{s0} \cdot \frac{x_h}{x_s} \cdot e^{-\tau/\tau_r}$$

Der Rotorfluss klingt mit der Rotorleerlaufzeitkonstanten ab, da in der Statorwicklung kein Strom mehr fließen kann, und somit die Rückwirkung der Statorwicklung auf den Rotor entfällt.

3)

Statorspannungsgleichung für $\tau \geq 0$, $r_s = 0$, $\omega_s = 1$:

$$\underline{u}_s(\tau) = \frac{d\underline{\psi}_s}{d\tau} + j\underline{\psi}_s = \frac{d\underline{\psi}_h}{d\tau} + j\underline{\psi}_h = \frac{x_h}{x'_r} \cdot \left(\frac{d\underline{\psi}'_r}{d\tau} + j \cdot \underline{\psi}'_r \right) =$$

$$= \frac{x_h}{x_r'} \cdot \left(-j \cdot \underline{u}_{s0} \cdot \frac{x_h}{x_s}\right) \cdot \left(-\frac{1}{\tau_r} + j\right) \cdot e^{-\frac{\tau}{\tau_r}}$$

Mit $\dfrac{x_h^2}{x_s \cdot x_r'} = 1 - \sigma$ folgt: $\underline{u}_s(\tau) = -j \cdot (1-\sigma) \cdot \underline{u}_{s0} \cdot \left(-\dfrac{1}{\tau_r} + j\right) \cdot e^{\frac{-\tau}{\tau_r}}$

4)

Transformation des Spannungsraumzeigers vom drehfeldfesten (Index K) in das statorfeste Koordinatensystem (Index S):

$$\underline{u}_{s,(S)}(\tau) \cdot e^{j\delta} = \underline{u}_{s,(K)}(\tau), \qquad \delta = \omega_s \cdot \tau + \delta_0, \qquad \delta_0 = 0.$$

$$\underline{u}_{s,(S)}(\tau) = -j \cdot (1-\sigma) \cdot \underline{u}_{s0} \cdot \left(\frac{-1}{\tau_r} + j\right) \cdot e^{-\frac{\tau}{\tau_r}} \cdot e^{j\tau} = \underline{u}_s(\tau).$$

Strangspannung im Strang U:

$$u_U(\tau) = \mathrm{Re}\{\underline{u}_s(\tau)\} = \mathrm{Re}\left\{\underline{u}_{s0} \cdot (1-\sigma) \cdot \left(1 + j \cdot \frac{1}{\tau_r}\right) \cdot e^{-\frac{\tau}{\tau_r}} \cdot (\cos\tau + j \cdot \sin\tau)\right\}.$$

Mit $\dfrac{1}{\tau_r} = 0.01 \ll 1$ vereinfachen wir:

$$u_U(\tau) \cong \mathrm{Re}\left\{\underline{u}_{s0} \cdot (1-\sigma) \cdot e^{-\frac{\tau}{\tau_r}} \cdot (\cos\tau + j \cdot \sin\tau)\right\}.$$

Zum Zeitpunkt $\tau = 0$ ist die Spannung im Strang U maximal, also $\underline{u}_{s0} = u_{s0}$:

$$u_U(\tau) = u_{s0} \cdot (1-\sigma) \cdot e^{-\frac{\tau}{\tau_r}} \cdot \cos\tau, \quad \tau \geq 0.$$

Wegen $\sigma = 1 - \dfrac{2.5^2}{2.6^2} \Rightarrow 1 - \sigma = 0.92$ "springt" die Ständerspannung von 100 % VOR dem Abschalten auf 92 % NACH dem Abschalten, da die induzierende Wirkung des Ständerstreuflusses wegen $i_s = 0$ nun fehlt (Bild A15.1-1).

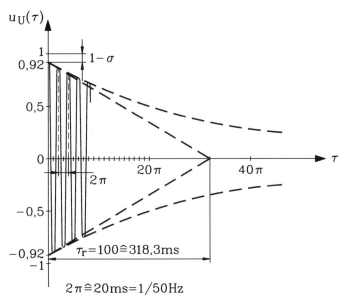

Bild A15.1-1: Verlauf der Statorstrangspannung U unmittelbar nach dem Abschalten, wenn das Abschalten im Spannungsmaximum erfolgt. Auf Grund des mit der Rotorleerlaufzeitkonstanten abklingenden Hauptflusses klingt die vom Rotor auf den Stator drehfrequent „rückinduzierte" Spannung ebenfalls mit dieser Zeitkonstante ab. Da die Drehzahl in diesem kurzen Zeitraum sich kaum ändert, ist die Frequenz konstant

Aufgabe A15.2: Stromspeisung einer blockierten Asynchronmaschine

Eine blockierte Asynchronmaschine wird aus einem Stromzwischenkreis-Umrichter so gespeist, dass zum Zeitpunkt $\tau = 0$ der zuvor stromlosen Maschine der Statorstromraumzeiger $\underline{i}_s(\tau) = i_s \cdot e^{j0°}$, $i_s = 1$, eingeprägt wird. Die Ständerwicklung der Maschine ist in Stern geschaltet und hat folgende Daten: $r_s = 0.04$, $x_s = 3.0$, $x_r' = 3.0$, $\tau_r = x_r / r_r = 60$, $\sigma = 0.07$.

1. Zeichnen Sie die zum angegebenen Stromraumzeiger zugehörige Stromverteilung in der Ständerwicklung und im Wechselrichter.
2. Berechnen und skizzieren Sie den transienten Verlauf der Rotorflussverkettung infolge des sprungartig aufgeschalteten Statorstromraumzeigers. Verwenden Sie das statorfeste Koordinatensystem!

3. Auf welchen Flussverkettungswert wird der Rotor magnetisiert? Welcher Strom müsste eingeprägt werden, um Bemessungsmagnetisierung zu erreichen?

Lösung zu Aufgabe A15.2:

1)
$$\underline{i}_s(\tau = 0) = \left|\underline{i}_s\right| \cdot e^{j0°} :$$

Wir bilden die inverse Raumzeigertransformation:
$$\underline{i}_U = \mathrm{Re}\left(\underline{i}_s\right) = i_s$$

$$\underline{i}_V = \mathrm{Re}\left(\underline{a}^2 \cdot \underline{i}_s\right) = \mathrm{Re}\left(e^{j\frac{4\pi}{3}} \cdot \underline{i}_s\right) = -0.5 \cdot i_s$$

$$\underline{i}_W = \mathrm{Re}\left(\underline{a} \cdot \underline{i}_s\right) = \mathrm{Re}\left(e^{j\frac{2\pi}{3}} \cdot \underline{i}_s\right) = -0.5 \cdot i_s$$

Damit der Strom aus dem Zwischenkreis zu 100 % positive im Strang U zufließt und mit je 50 % in den Strängen V und W abfließt, müssen gemäß Bild A15.2-1 die Leistungsschalter T1, T2′, T3′ leiten und die Leistungsschalter T1′, T2, T3 sperren. Der Strom aus dem Gleichstromzwischenkreis fließt als Gleichstrom $i_s = i_d = 1$ p.u.

Kontrolle: Raumzeigertransformation:
$$\underline{i}_s = \frac{2}{3} \cdot \left(i_d + \underline{a} \cdot \left(-\frac{1}{2}i_d\right) + \underline{a}^2 \cdot \left(-\frac{1}{2}i_d\right)\right) =$$

$$= \frac{2}{3} \cdot i_d\left(1 - \frac{1}{2}\left(-0.5 + j\frac{\sqrt{3}}{2}\right) - \frac{1}{2}\left(-0.5 - j\frac{\sqrt{3}}{2}\right)\right) =$$

$$= \frac{2}{3} \cdot i_d\left(1 + \frac{1}{4} + \frac{1}{4}\right) = \frac{2}{3} \cdot \frac{3}{2} i_d = i_d = 1$$

2)
Da der Ständerstrom eingeprägt wird, wird die Statorspannungsgleichung nicht benötigt. Aus der Rotorspannungs- und den Flussverkettungsgleichungen im statorfesten Koordinatensystem wird die Rotorflussverkettung berechnet. Im Stillstand (blockierter Rotor) ist $\omega_m = 0$.

$$0 = r_r' \cdot \underline{i}_r' + \frac{d\underline{\psi}_r'}{d\tau} - j\omega_m \cdot \underline{\psi}_r' = r_r' \cdot \underline{i}_r' + \frac{d\underline{\psi}_r'}{d\tau}$$

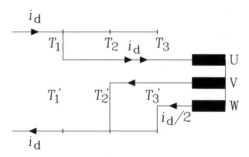

Bild A15.2-1: Gleichstromfluss i_d aus dem Gleichstromzwischenkreis über den Wechselrichter in die Ständerwicklung

$$\underline{\psi}'_r = x_h \cdot \underline{i}_s + x'_r \cdot \underline{i}'_r \quad , \qquad \underline{i}'_r = (\underline{\psi}'_r - x_h \cdot \underline{i}_s) \cdot \frac{1}{x'_r} \quad .$$

Lineare Differentialgleichung erster Ordnung:

$$\frac{d\underline{\psi}'_r}{d\tau} + \frac{1}{\tau_r} \underline{\psi}'_r = \frac{1}{\tau_r} x_h \cdot \underline{i}_s \quad .$$

Die Maschine war für $\tau < 0$ stromlos, daher sind der Rotorfluss und die zugehörige magnetische Energie Null. Daher muss kurz nach dem Zuschalten die magnetische Energie ebenfalls Null sein, da ein „Springen" der Energie einer unendlich hohen Leistung bedürfte. Folglich ist die Rotorflussverkettung auch kurz nach dem Zuschalten noch Null.

Anfangsbedingung: $\tau = 0+ : \underline{\psi}'_r(0+) = 0$.

Homogene Lösung: $\underline{\psi}'_{r,h}(\tau) = \underline{C} \cdot e^{-\frac{\tau}{\tau_r}}$,

Partikuläre Lösung: $\underline{\psi}'_{r,p} = x_h \cdot \underline{i}_s$.

Bestimmung von $\underline{C}$ so, dass die Anfangsbedingung erfüllt wird:

$$\underline{C} = -x_h \cdot \underline{i}_s$$

$$\underline{\psi}'_r(\tau) = \underline{\psi}'_{r,h}(\tau) + \underline{\psi}'_{r,p}(\tau) = x_h \cdot \underline{i}_s \cdot \left(1 - e^{-\tau/\tau_r}\right)$$

$$x_h = \sqrt{(1-\sigma)x_s x'_r} = \sqrt{(1-0.07)} \cdot 3 = 2.89$$

3)

$$\underline{\psi}'_r(\tau \to \infty) = x_h \cdot \underline{i}_s = 2.89 \cdot 1 = 2.89$$

Der Rotor wird auf 289 % des Bemessungsflusses aufmagnetisiert, da der Rotor nach Abschluss des Aufmagnetisierens (Gleichfeld, keine Induktionswirkung im Rotor!) keinen Strom mehr führt, dessen Eigenfeld dem Statorfeld entgegenwirken könnte.

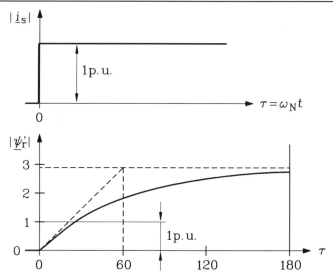

Bild A15.2-2: Der Rotor wird mit der Rotor-Leerlaufzeitkonstante mit einem Gleichfeld aufmagnetisiert

Der Eisenkreis ist dann hoch gesättigt, und die Annahme einer konstanten Hauptinduktivität stimmt nicht mehr. Sie wird durch die Eisensättigung deutlich verringert, so dass der Endwert der Rotorflussverkettung in der Realität erheblich kleiner ausfällt (ca. 1.3 ... 1.4). Um die Bemessungs-magnetisierung $\psi_s \cong 1$ zu erreichen, muss der eingeprägte Strom i_d auf

den Wert $\left|\underline{i}_s\right| \cong \dfrac{1}{x_s} = 0.33$ p.u. verringert werden.

Aufgabe A15.3: Asymmetrische Spannungsspeisung der Ständerwicklung bei angeschlossenem Sternpunkt

Die im Stator einer vierpoligen 75 kW-Asynchronmaschine, 400 V, Y, 50 Hz, eingebaute dreisträngige Einschicht-Ständerwicklung wird im Zuge des Herstellungsprozesses bei ausgebautem Läufer elektrisch geprüft. Die Wicklung wird an einem symmetrischen Drehspannungssystem U, V, W eines Prüftransformators bei angeschlossenem Sternpunkt N betrieben. In-folge des ausgebauten Läufers besteht das Statorfeld neben dem Stator-Nut- und Stator-Stirnstreufeld nur aus dem kleinen Bohrungsfeld innerhalb der Statorbohrung. Dadurch ist die Strangimpedanz $x_{sB} = 0.15$ p.u. deutlich kleiner als bei eingebautem Läufer $x_s = 2.71$ p.u. Der Strangwiderstand wird im Folgenden vernachlässigt.

1. Wie groß ist der Motorleerlaufstrom bei Nennspannung $u_s = 1$ bei eingebautem Läufer? Auf welchen Wert u_{sB} muss im Stationärbetrieb bei ausgebautem Läufer die Ständerspannung abgesenkt werden, damit bei der Wicklungsprüfung Nennstrom fließt?

2. Es tritt infolge eines Fehlers eine Unterbrechung der Zuleitung W auf (Bild A15.3-1), so dass ein Strom i_N über N fließt. Die Nullimpedanz x_{0B} je Strang bei ausgebautem Läufer verhält sich zu x_{sB} ebenso wie $x_0/x_s = 0.13$ bei eingebautem Läufer. Infolge des angeschlossenen Sternpunkts N sind die Strangspannungen an den beiden verbleibenden intakten Strängen U-N und V-N nach wie vor direkt vom Prüftransformator eingeprägt.

$$u_{sU}(\tau) = u_{sB} \cdot \cos(\omega_s \tau), \quad u_{sV}(\tau) = u_{sB} \cdot \cos\left(\omega_s(\tau - \frac{2\pi}{3})\right).$$

Berechnen Sie für den Stationärbetrieb (= komplexe Wechselstromrechnung!) mit Hilfe der in Kap. 8.13 des Lehrbuchs „Elektrische Maschinen und Antriebe" angegebenen Zerlegung der Strangströme und Strangspannungen in Mit-, Gegen- und Nullsystem i_1, i_2, i_0 bzw. u_1, u_2, u_0 als „symmetrische Komponenten" in bezogenen Größen die Stromaufnahme $i_U(\tau)$, $i_V(\tau)$ als komplexe Zeiger $\underline{i}_U$, $\underline{i}_V$ bei Nennkreisfrequenz $\omega_s = 1$!

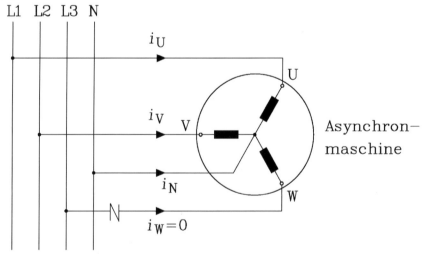

Bild A15.3-1: Spannungsversorgung der dreisträngigen Ständerwicklung mit angeschlossenem Sternpunkt und unterbrochener Zuleitung W

3. Berechnen Sie die Beträge i_U, i_V! Was fällt auf? Kommentieren Sie das Ergebnis!

4. Berechnen Sie die Stromzeiger (das sind nicht die Raumzeiger!) im angeschlossenen Sternpunktsleiter $\underline{i}_N$ und den Nullstrom $\underline{i}_0$ und ihre Beträge! Zeichnen Sie das Spannungs- und Stromzeigerdiagramm $\underline{u}_U$, $\underline{u}_V$, $\underline{i}_U$, i_V, $\underline{i}_N$ zu 2. und 3. maßstäblich!

5. Berechnen Sie die bezogene Amplitude der im offenen Strang W induzierten Spannung $u_W(\tau)$ aus den symmetrischen Komponenten! Kommentieren Sie das Ergebnis!

6. Berechnen Sie die Raumzeiger der Ständerspannung $\underline{u}_s(\tau)$! Verwenden Sie die Beziehung $\cos x = (e^{jx} + e^{-jx})/2$. Zeichnen Sie maßstäblich die Trajektorie von $\underline{u}_s(\tau)$. Überprüfen Sie, ob die aus dem Spannungsraumzeiger $\underline{u}_s(\tau)$ abgeleitete Strangspannung $u_U(\tau)$ identisch ist mit der vom Netz vorgegebenen Spannung $u_{sU}(\tau) = u_{sB} \cdot \cos(\omega_s \tau)$!

7. Berechnen Sie die im offenen Strang W induzierte Spannung $u_W(\tau)$ aus $\underline{u}_s(\tau)$ und vergleichen Sie mit 5)! Kommentieren Sie das Ergebnis!

8. Berechnen Sie die Raumzeiger des Ständerstroms $\underline{i}_s(\tau)$ für die Näherung $x_0/x_s \ll 1$! Zeichnen Sie maßstäblich die Trajektorie von $\underline{i}_s(\tau)$. Diskutieren Sie das Ergebnis hinsichtlich seiner physikalischen Bedeutung.

Lösung zu Aufgabe A15.3:

1)
Bei Betrieb mit Nennspannung gilt im Leerlauf (Schlupf $s = 0$) für die Beträge des Stator-Spannungs- und Stromraumzeigers:

$u_s \approx x_s \cdot i_{s0}$, $i_{s0} = u_s / x_s = 1/2.71 = 0.37$ p.u.

Bei ausgebautem Läufer muss wegen $u_{sB} \approx x_{sB} \cdot i_{sN} = x_{sB} \cdot 1$ die Spannung auf den Wert $u_{sB} = x_{sB} = 0.15$ p.u. abgesenkt werden, damit in der Statorwicklung Nennstrom fließt.

2)
Komplexe Wechselstromrechnung mit bezogenen Größen:

$u_{sU}(\tau) = \mathrm{Re}\{u_{sB} \cdot e^{j\tau}\} = \mathrm{Re}\{\underline{u}_U \cdot e^{j\tau}\}$, $\underline{u}_U = u_{sB}$,

$u_{sV}(\tau) = \mathrm{Re}\{u_{sB}e^{-j\cdot2\pi/3} \cdot e^{j\tau}\} = \mathrm{Re}\{\underline{u}_V \cdot e^{j\tau}\}$, $\underline{u}_V = u_{sB} \cdot \underline{a}^2$.

Mit $\underline{a} = e^{j\cdot2\pi/3}$, $1/\underline{a} = e^{-j\cdot2\pi/3} = e^{j\cdot4\pi/3} = \underline{a}^2$ berechnen wir mit den Spannungszeigern $\underline{u}_U$, $\underline{u}_V$ (Bild A15.3-2a) und den Regeln $1 + \underline{a} + \underline{a}^2 = 0$, $\underline{a}^3 = 1$ die Stromzeiger $\underline{i}_U$, $\underline{i}_V$ gemäß $i_U(\tau) = \mathrm{Re}\{\underline{i}_U \cdot e^{j\tau}\}$,

$i_V(\tau) = \mathrm{Re}\{\underline{i}_V \cdot e^{j\tau}\}$, wobei $\underline{i}_W = 0$ ist. Wir zerlegen diese Zeiger in ihre „symmetrischen Komponenten": $\underline{i}_U = \underline{i}_1 + \underline{i}_2 + \underline{i}_0$, $\underline{i}_V = \underline{a}^2 \cdot \underline{i}_1 + \underline{a} \cdot \underline{i}_2 + \underline{i}_0$, $\underline{i}_W = \underline{a} \cdot \underline{i}_1 + \underline{a}^2 \cdot \underline{i}_2 + \underline{i}_0$.

Das symmetrische Stromsystem $\underline{i}_1$, $\underline{a}^2 \cdot \underline{i}_1$, $\underline{a} \cdot \underline{i}_1$ mit der Phasenfolge U, V, W erregt ein im mathematisch positiven Sinn rotierendes vierpoliges ($2p = 4$) Drehfeld (Mit-System), dessen Wicklungsreaktanz je Strang als Mitreaktanz $x_1 = x_{sB}$ ist. Das symmetrische Stromsystem $\underline{i}_2$, $\underline{a} \cdot \underline{i}_2$, $\underline{a}^2 \cdot \underline{i}_2$ mit der Phasenfolge U, W, V erregt ein im mathematisch negativen Sinn rotierendes vierpoliges ($2p = 4$) Drehfeld (Gegen-System), dessen Wicklungsreaktanz je Strang als Gegenreaktanz x_2 wegen der gleichen Polzahl ebenfalls x_{sB} ist.

Das in U, V, W gleichphasige Stromsystem $\underline{i}_0$, $\underline{i}_0$, $\underline{i}_0$ erregt ein stehendes, pulsierendes 12-poliges Feld (Nullsystem, $3 \times 2p = 12$) mit der Wicklungsreaktanz je Strang als Nullreaktanz x_{0B}. Mit-, Gegen- und Nullsystem werden durch die Strangströme ausgedrückt:

$$i_1 = \left(\underline{i}_U + \underline{a} \cdot \underline{i}_V + \underline{a}^2 \cdot \underline{i}_W\right)/3,$$

$$i_2 = \left(\underline{i}_U + \underline{a}^2 \cdot \underline{i}_V + \underline{a} \cdot \underline{i}_W\right)/3,$$

$$\underline{i}_0 = \left(\underline{i}_U + \underline{i}_V + \underline{i}_W\right)/3.$$

Mit $r_s \approx 0$ erhalten wir die Ständerspannungsgleichungen für die drei Spannungskomponenten je Strang

$$\underline{u}_1 = j \cdot x_1 \cdot \underline{i}_1 , \quad \underline{u}_2 = j \cdot x_2 \cdot \underline{i}_2 = j \cdot x_1 \cdot \underline{i}_2, \quad \underline{u}_0 = j \cdot x_0 \cdot \underline{i}_0 .$$

Mit

$$\underline{u}_U = \underline{u}_1 + \underline{u}_2 + \underline{u}_0, \quad \underline{u}_V = \underline{a}^2 \cdot \underline{u}_1 + \underline{a} \cdot \underline{u}_2 + \underline{u}_0, \quad \underline{u}_W = \underline{a} \cdot \underline{u}_1 + \underline{a}^2 \cdot \underline{u}_2 + \underline{u}_0$$

erhalten wir mit $\underline{i}_W = 0$ die Bestimmungsgleichungen für $\underline{i}_U$, $\underline{i}_V$:

$$\underline{u}_U = u_{sB} = j \cdot x_1 \cdot (\underline{i}_1 + \underline{i}_2) + j \cdot x_0 \cdot \underline{i}_0 ,$$

$$\underline{u}_V = \underline{a}^2 \cdot u_{sB} = j \cdot x_1 \cdot (\underline{a}^2 \cdot \underline{i}_1 + \underline{a} \cdot \underline{i}_2) + j \cdot x_0 \cdot \underline{i}_0$$

$$u_{sB} = \frac{j}{3} \cdot \left[(\underline{i}_U + \underline{a} \cdot \underline{i}_V + \underline{i}_U + \underline{a}^2 \cdot \underline{i}_V) \cdot x_1 + (\underline{i}_U + \underline{i}_V) \cdot x_0\right],$$

$$\underline{a}^2 \cdot u_{sB} = \frac{j}{3} \cdot \left[(\underline{a}^2 \cdot \underline{i}_U + \underline{i}_V + \underline{a} \cdot \underline{i}_U + \underline{i}_V) \cdot x_1 + (\underline{i}_U + \underline{i}_V) \cdot x_0\right]$$

$$\begin{pmatrix} 2x_1 + x_0 & x_0 - x_1 \\ x_0 - x_1 & 2x_1 + x_0 \end{pmatrix} \cdot \begin{pmatrix} \underline{i}_U \\ \underline{i}_V \end{pmatrix} = -j \cdot 3 \cdot u_{sB} \cdot \begin{pmatrix} 1 \\ \underline{a}^2 \end{pmatrix}$$

Mit der Cramer'schen Regel und der Regel von Sarrus erhalten wir mit der Determinante des Gleichungssystems

$$\Delta = \begin{vmatrix} 2x_1 + x_0 & x_0 - x_1 \\ x_0 - x_1 & 2x_1 + x_0 \end{vmatrix} = 3x_1 \cdot (x_1 + 2x_0)$$

und dem Parameter $\xi = x_0 / x_1 = x_{0B} / x_{sB} = 0.13$ die Lösungen

$$\underline{i}_U = -\frac{j \cdot 3 \cdot u_{sB}}{\Delta} \cdot \begin{vmatrix} 1 & x_0 - x_1 \\ \underline{a}^2 & 2x_1 + x_0 \end{vmatrix} = \frac{u_{sB}}{jx_{sB}} \cdot \frac{1 - \underline{a} + \xi \cdot (1 - \underline{a}^2)}{1 + 2\xi},$$

$$\underline{i}_V = -\frac{j \cdot 3 \cdot u_{sB}}{\Delta} \cdot \begin{vmatrix} 2x_1 + x_0 & 1 \\ x_0 - x_1 & \underline{a}^2 \end{vmatrix} = \frac{u_{sB} \cdot \underline{a}^2}{jx_{sB}} \cdot \frac{1 - \underline{a}^2 + \xi \cdot (1 - \underline{a})}{1 + 2\xi}.$$

Mit $\underline{a} = -\frac{1}{2} + j \cdot \frac{\sqrt{3}}{2}$, $\underline{a}^2 = -\frac{1}{2} - j \cdot \frac{\sqrt{3}}{2}$ folgt:

$$\underline{i}_U = \frac{0.15}{j \cdot 0.15} \cdot \frac{1 - \underline{a} + 0.13 \cdot (1 - \underline{a}^2)}{1 + 2 \cdot 0.13} = -0.5979 - j \cdot 1.3452,$$

$$\underline{i}_V = \frac{u_{sB}}{jx_{sB}} \cdot \frac{\underline{a}^2 - \underline{a} + \xi \cdot (\underline{a}^2 - 1)}{1 + 2\xi} = \frac{0.15}{j \cdot 0.15} \cdot \frac{\underline{a}^2 - \underline{a} + 0.13 \cdot (\underline{a}^2 - 1)}{1 + 2 \cdot 0.13},$$

$\underline{i}_V = -1.464 + j \cdot 0.1548$ (Bild A15.3-2b).

3)
Die Beträge $|\underline{i}_U| = |\underline{i}_V| = 1.472$ sind identisch (Bild A15.3-2b), denn es sind

$$\left| 1 - \underline{a} + \xi \cdot (1 - \underline{a}^2) \right| = \left| \frac{3}{2} \cdot (1 + \xi) + j \cdot \frac{\sqrt{3}}{2} \cdot (\xi - 1) \right| \text{ und}$$

$$\left| 1 - \underline{a}^2 + \xi \cdot (1 - \underline{a}) \right| = \left| \frac{3}{2} \cdot (1 + \xi) - j \cdot \frac{\sqrt{3}}{2} \cdot (\xi - 1) \right| \text{ identisch. Trotz auf 15\%}$$

abgesenkter Spannung ist infolge der Unterbrechung bei W der Strom in den Strängen U, V um 47% größer als der Nennstrom. Es muss abgeschaltet werden.

4)

$$\underline{i}_N = -(\underline{i}_U + \underline{i}_V) = -\frac{u_{sB}}{jx_{sB} \cdot (1 + 2\xi)} \cdot \left(1 - \underline{a} + \xi \cdot (1 - \underline{a}^2) + \underline{a}^2 - \underline{a} + \xi \cdot (\underline{a}^2 - 1) \right)$$

$$\underline{i}_N = \frac{3 \cdot \underline{a} \cdot u_{sB}}{jx_{sB} \cdot (1 + 2\xi)} = -3 \cdot \underline{i}_0, \quad \underline{i}_0 = -\frac{\underline{a} \cdot u_{sB}}{jx_{sB} \cdot (1 + 2\xi)},$$

$\underline{i}_N = -(\underline{i}_U + \underline{i}_V) = -(-0.5979 - j \cdot 1.3452 - 1.464 + j \cdot 0.1548),$

$\underline{i}_N = 2.062 + j \cdot 1.19$, $i_N = 2.38$, $\underline{i}_0 = -0.687 - j \cdot 0.397$, $i_0 = 0.793$.

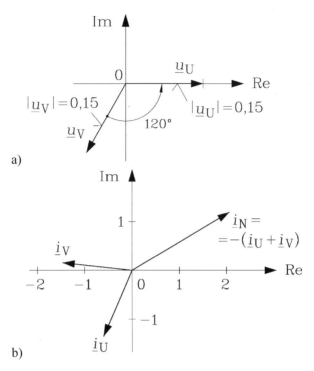

a)

b)

Bild A15.3-2: Sinusförmig eingeschwungener Zustand mit $\omega_s = 1$: a) Spannungszeiger, b) Stromzeiger (in p.u.)

Der Strom im Sternpunktsleiter (Bild A15.3-2b) ist 2.4-mal größer als der Nennstrom!

5)

$$\underline{u}_W = j \cdot x_1 \cdot (\underline{a} \cdot \underline{i}_1 + \underline{a}^2 \cdot \underline{i}_2) + j \cdot x_0 \cdot \underline{i}_0,$$

$$\underline{u}_W = \frac{j \cdot x_1}{3} \cdot \left(\underline{a} \cdot (\underline{i}_U + \underline{a} \cdot \underline{i}_V) + \underline{a}^2 \cdot (\underline{i}_U + \underline{a}^2 \cdot \underline{i}_V)\right) + \frac{j \cdot x_0}{3} \cdot (\underline{i}_U + \underline{i}_V),$$

$$\underline{u}_W = \frac{j}{3} \cdot \left[\underline{i}_U \cdot \left((\underline{a} + \underline{a}^2) \cdot x_1 + x_0\right) + \underline{i}_V \cdot \left((\underline{a}^2 + \underline{a}) \cdot x_1 + x_0\right)\right],$$

$$\underline{u}_W = \frac{j}{3} \cdot \left[\underline{i}_U \cdot (-x_1 + x_0) + \underline{i}_V \cdot (-x_1 + x_0)\right] = \frac{j \cdot (x_0 - x_1)}{3} \cdot \left[\underline{i}_U + \underline{i}_V\right],$$

$$\underline{u}_W = j \cdot (x_0 - x_1) \cdot \underline{i}_0, \quad u_W = \left|(x_0 - x_1) \cdot i_0\right| = \left|(x_{0B} - x_{sB}) \cdot i_0\right|,$$

$$u_W = x_{sB} \cdot \left|(\xi - 1) \cdot i_0\right| = 0.15 \cdot \left|0.13 - 1\right| \cdot 0.793 = 0.104.$$

Obwohl die Klemme W offen ist, wird durch das von den Strangströmen i_U, i_V erregte Magnetfeld durch magnetische Kopplung (Gegeninduktivität!) eine Spannung induziert, die mit $0.104 / 0.15 = 0.69$ etwa 69% der

Strangspannung in den Strängen U, V beträgt. Selbst wenn die kleine Nullreaktanz x_{0B} vernachlässigt wird, verbleibt die Kopplung von W mit V und
U über die Feldgrundwelle x_{sB}. Wenn der Sternpunktsleiter unterbrochen
wäre ($i_0 = 0$), wäre die Spannung $u_W = 0$. Sie ist somit eine „Nullspannung".

6)

Vom Netz eingeprägte Spannungen mit $\omega_s = 1$:

$$u_{sU}(\tau) = u_{sB} \cdot \cos(\tau), \ u_{sV}(\tau) = u_{sB} \cdot \cos\left(\tau - \frac{2\pi}{3}\right), \ u_{sW}(\tau) = 0.$$

Spannungsraumzeiger: $\underline{u}_s(\tau) = \frac{2}{3} \cdot \left(u_{sU}(\tau) + \underline{a} \cdot u_{sV}(\tau) + \underline{a}^2 \cdot u_{sW}(\tau)\right),$

$$\underline{u}_s(\tau) = \frac{u_{sB}}{3} \cdot \left(e^{j\tau} + e^{-j\tau} + e^{j \cdot 2\pi/3} \cdot \left(e^{j \cdot (\tau - 2\pi/3)} + e^{-j \cdot (\tau - 2\pi/3)}\right)\right),$$

$$\underline{u}_s(\tau) = \frac{u_{sB}}{3} \cdot \left(2 \cdot e^{j\tau} + e^{-j\tau} + e^{-j \cdot (\tau - 4\pi/3)}\right) = \frac{u_{sB}}{3} \cdot \left(2 \cdot e^{j\tau} + e^{-j\tau} \cdot (1 + \underline{a}^2)\right),$$

$$\underline{u}_s(\tau) = \frac{u_{sB}}{3} \cdot \left(2 \cdot e^{j\tau} - \underline{a} \cdot e^{-j\tau}\right)$$

Der Spannungsraumzeiger $\underline{u}_s(\tau)$ ist die Überlagerung zweier Zeigerkomponenten a) und b) (Mit- und Gegensystem), die auf Kreisbahnen mit unterschiedlichen Radien $2u_{sB}/3$, $u_{sB}/3$ mit entgegen gesetztem Drehsinn,
aber gleicher Drehfrequenz um den Ursprung rotieren.

a) Mitsystem: $\underline{u}_{s,1}(\tau) = \frac{2u_{sB}}{3} \cdot e^{j\tau}$

b) Gegensystem: $\underline{u}_{s,2}(\tau) = -\frac{u_{sB}}{3} \cdot \underline{a} \cdot e^{-j\tau} = \frac{u_{sB}}{3} \cdot e^{-j\tau} \cdot e^{-j \cdot \pi/3}$

Die Überlagerung von a) und b) ergibt eine Ellipse als Raumzeiger-
Trajektorie. Zum Zeitpunkt $\tau = 0$ ist der Winkel zwischen den beiden Zeigerkomponenten a) und b) 60° (Bild A15.3-3). Bei $\tau = -\pi/6$ und $\tau = 5\pi/6$
zeigen beide Zeigerkomponenten a) und b) in dieselbe Richtung und über-
lagern sich zu

$$\underline{u}_s(-\pi/6) = \frac{2u_{sB}}{3} \cdot \left(e^{-j\pi/6} + 0.5 \cdot e^{-j\pi/6}\right) = u_{sB} \cdot e^{-j\pi/6}$$

bzw. $\underline{u}_s(5\pi/6) = u_{sB} \cdot e^{j \cdot 5\pi/6}$.

Sie stellen dabei die großen Halbachsen der Ellipse mit der Länge u_{sB} dar,
die unter dem Winkel -30° zur Abszisse geneigt sind. Bei $\tau = 2\pi/6$ und
$\tau = 8\pi/6$ weisen beide Zeigerkomponenten a) und b) in entgegen gesetzte

Richtungen und ergeben die Resultierende als die kleinen Halbachsen der Ellipse mit der Länge $u_{sB}/3$.

$$\underline{u}_s(2\pi/6) = \frac{2u_{sB}}{3} \cdot \left(e^{j \cdot 2\pi/6} + 0.5 \cdot e^{-j \cdot 4\pi/6}\right) = (u_{sB}/3) \cdot e^{j \cdot 2\pi/6} \text{ bzw.}$$

$$\underline{u}_s(8\pi/6) = (u_{sB}/3) \cdot e^{j \cdot 8\pi/6}.$$

Wenn ein Nullsystem auftritt, muss dieses zu den aus dem Raumzeiger ermittelten Strangwerten addiert werden, um die richtigen Strangwerte zu erhalten, denn die Raumzeigerrechnung berücksichtigt das Nullsystem nicht. Für die Berechnung der Strangspannung im Strang U folgt:

$$u_{sU}(\tau) = \text{Re}\{\underline{u}_s(\tau)\} + u_0(\tau) = \text{Re}\left\{\frac{2}{3} \cdot \left(u_{sU}(\tau) + \underline{a} \cdot u_{sV}(\tau) + \underline{a}^2 \cdot u_{sW}(\tau)\right)\right\} + u_0(\tau)$$

$$u_0(\tau) = (u_{sU}(\tau) + u_{sV}(\tau) + u_{sW}(\tau))/3,$$

$$u_{sU}(\tau) = \frac{2}{3} \cdot \left(u_{sU}(\tau) - \frac{1}{2} \cdot \left(u_{sV}(\tau) + u_{sW}(\tau)\right)\right) + (u_{sU}(\tau) + u_{sV}(\tau) + u_{sW}(\tau))/3$$

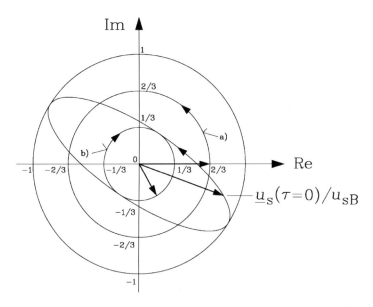

Bild A15.3-2: Die Trajektorie des Spannungsraumzeigers einer mit einem Drehspannungssystem gespeisten Drehstromwicklung ist bei angeschlossenem Sternpunkt und einer unterbrochenen Strangzuleitung (hier: W unterbrochen) eine Ellipse. Die Projektion des Zeigers auf die Re-Achse ergibt noch nicht den Augenblickswert der U-Strangspannung. Es muss noch die Nullspannung addiert werden, da im System ein Nullspannungssystem auftritt.

Die Rechnung gibt die eingangs vorgegebene Strangspannung korrekt
wieder.

7)

$$u_{sW}(\tau) = \mathrm{Re}\{\underline{a} \cdot \underline{u}_s(\tau)\} + u_0(\tau) = \mathrm{Re}\left\{\frac{2}{3} \cdot \left(\underline{a} \cdot u_{sU}(\tau) + \underline{a}^2 \cdot u_{sV}(\tau) + \underline{a}^3 \cdot u_{sW}(\tau)\right)\right\} + u_0(\tau)$$

$$u_{sW} = \frac{2}{3} \cdot \left(-\frac{u_{sU}}{2} - \frac{u_{sV}}{2} + u_{sW}\right) + (u_{sU} + u_{sV} + u_{sW})/3 = u_{sW}$$

Die Rechnung gibt zwar u_{sW} prinzipiell wieder, sagt aber nichts über ihre
Größe aus. Erst die Berechnung über die Ströme und Induktivitäten ergibt
die in der Wicklung induzierte Spannung u_{sW}.

8)

Komplexe Wechselstromrechnung und entsprechender Zeitbereich:

$$\underline{i}_U\big|_{\xi \to 0} = \frac{u_{sB} \cdot (1 - \underline{a})}{jx_{sB}} = \frac{u_{sB}}{jx_{sB}} \cdot \sqrt{3} \cdot e^{-j \cdot \pi/6} = \frac{u_{sB}}{x_{sB}} \cdot \sqrt{3} \cdot e^{-j \cdot 2\pi/3} \;,$$

$$i_U(\tau) = \mathrm{Re}\{\underline{i}_U \cdot e^{j\tau}\} = \frac{u_{sB}}{x_{sB}} \cdot \sqrt{3} \cdot \cos\left(\tau - \frac{2\pi}{3}\right),$$

$$\underline{i}_V\big|_{\xi \to 0} = \frac{u_{sB} \cdot \underline{a}^2 \cdot (1 - \underline{a}^2)}{jx_{sB}} = \frac{u_{sB} \cdot \underline{a} \cdot (\underline{a} - 1)}{jx_{sB}} = -\underline{a} \cdot \underline{i}_U\big|_{\xi \to 0} = -\frac{u_{sB}}{x_{sB}} \cdot \sqrt{3} \;,$$

$$i_V(\tau) = \mathrm{Re}\{\underline{i}_V \cdot e^{j\tau}\} = -\frac{u_{sB}}{x_{sB}} \cdot \sqrt{3} \cdot \cos\tau \;, \quad i_W(\tau) = 0 \;.$$

Stromraumzeiger: $\underline{i}_s(\tau) = \frac{2}{3} \cdot \left(i_U(\tau) + \underline{a} \cdot i_V(\tau) + \underline{a}^2 \cdot i_W(\tau)\right),$

$\underline{i}_s(\tau) = \frac{2}{3} \cdot \frac{u_{sB}}{x_{sB}} \cdot \sqrt{3} \cdot \left(\cos\left(\tau - \frac{2\pi}{3}\right) - \underline{a} \cdot \cos\tau\right)$. Mit der Umformung

$$\cos\left(\tau - \frac{2\pi}{3}\right) - \underline{a} \cdot \cos\tau = \frac{e^{j \cdot (\tau - 2\pi/3)} + e^{-j \cdot (\tau - 2\pi/3)}}{2} - e^{j \cdot 2\pi/3} \cdot \frac{e^{j \cdot \tau} + e^{-j \cdot \tau}}{2} =$$

$$= e^{j \cdot \tau} \cdot \frac{e^{-j \cdot 2\pi/3} - e^{j \cdot 2\pi/3}}{2} + e^{-j \cdot \tau} \cdot \frac{e^{j \cdot 2\pi/3} - e^{j \cdot 2\pi/3}}{2} = -j \cdot \sin\left(\frac{2\pi}{3}\right) \cdot e^{j \cdot \tau}$$

erhalten wir einen Kreis mit dem Radius $u_{sB}/x_{sB} = 1$ p.u.:

$\underline{i}_s(\tau) = -j \cdot \frac{u_{sB}}{x_{sB}} \cdot e^{j \cdot \tau}$. Während der Spannungsraumzeiger, der keine di-

rekte physikalische Bedeutung hat, das Auftreten eines elliptischen Dreh-
felds vermuten lässt, zeigt der Stromraumzeiger, der die Amplitude des
Grundwellenfelds repräsentiert, dass ein Kreisdrehfeld auftritt, also ein
Mit-Drehfeld mit konstanter Amplitude. Das zusätzlich auftretende dritte

Oberwellenfeld infolge des Nullstromsystems ist im Stromraumzeiger nicht sichtbar.

Bei $\xi \neq 0$, also bei Berücksichtigung von x_{0B} bei der Berechnung der Stromaufnahme, tritt ein elliptisches Drehfeld auf, denn das Gegensystem verschwindet dann nicht. Das Verhältnis von Gegen- zu Mitsystem ist

dann $\dfrac{-a \cdot \xi \cdot e^{-j \cdot \tau}}{(\xi + 1) \cdot e^{j \cdot \tau}}$, das bei $\xi = 0$ Null ist.

Aufgabe A15.4: Asymmetrische Spannungsspeisung der Ständerwicklung bei isoliertem Sternpunkt

Die in Stern geschaltete Einschicht-Ständerwicklung einer vierpoligen 75 kW-Asynchronmaschine, 400 V, Y, 50 Hz, wird bei ausgebautem Läufer elektrisch vermessen, um die Ständerwicklungsverluste zu bestimmen. Die Wicklung wird an einem symmetrischen Drehspannungssystem U, V, W eines Prüftransformators bei isoliertem Sternpunkt N betrieben. Infolge des ausgebauten Läufers besteht das Statorfeld nur aus dem Stator-Nut- und Stator-Stirnstreufeld sowie dem kleinen Statorbohrungsfeld. Dadurch ist die Strangimpedanz $x_{sB} = 0.15$ p.u. klein. Der Strangwiderstand wird im Folgenden vernachlässigt. Das speisende Drehspannungssystem ist gegeben durch $u = 0.2$ p.u., $\omega_s = 1$ p.u.:

$$u_R(\tau) = u \cdot \cos(\omega_s \tau), \ u_S(\tau) = u \cdot \cos\left(\omega_s(\tau - \frac{2\pi}{3})\right),$$

$$u_T(\tau) = u \cdot \cos\left(\omega_s(\tau - \frac{4\pi}{3})\right).$$

Infolge eines Fehlers wird die Zuleitung zum Strang W unterbrochen (Bild A15.4-1).

1. Berechnen Sie die zwischen den Klemmen U und V auftretende Spannung!
2. Wie groß ist das Nullstromsystem?
3. Berechnen Sie für den Stationärbetrieb (= komplexe Wechselstromrechnung!) mit Hilfe der in Kap. 8.13 des Lehrbuchs „Elektrische Maschinen und Antriebe" angegebenen Zerlegung der Strangströme und Strangspannungen in Mit-, Gegen- und Nullsystem i_1, i_2, i_0 bzw. u_1, u_2, u_0 als „symmetrische Komponenten" in bezogenen Größen die Strom-

aufnahme $i_U(\tau)$, $i_V(\tau)$ als komplexe Zeiger $\underline{i}_U$, $\underline{i}_V$, ihre Beträge bei
Nennfrequenz $\omega_s = 1$ und ihren Zeitverlauf $i_U(\tau)$, $i_V(\tau)$.

4. Berechnen Sie aus dem Zeitverlauf der Strangströme $i_U(\tau)$, $i_V(\tau)$ den
Stromraumzeiger $\underline{i}_s(\tau)$ in p.u.!

5. Berechnen Sie die Strangspannungen $u_U(\tau)$, $u_V(\tau)$, $u_W(\tau)$ und daraus
den Spannungsraumzeiger $\underline{u}_s(\tau)$ in p.u.!

6. Zeichnen Sie maßstäblich die Trajektorie von $\underline{i}_s(\tau)$ und $\underline{u}_s(\tau)$ (z. B. mit
dem Maßstab 0.1 p.u. = 1 cm).

Lösung zu Aufgabe A15.4:

1)

$$u_{UV}(\tau) = u_R(\tau) - u_S(\tau) = u \cdot \big(\cos\tau - \cos(\tau - 2\pi/3)\big) =$$

$$= u \cdot \big(\cos\tau - \cos\tau \cdot \cos(2\pi/3) - \sin\tau \cdot \sin(2\pi/3)\big) =$$

$$= u \cdot \Big((3/2) \cdot \cos\tau - (\sqrt{3}/2) \cdot \sin\tau\Big) = u \cdot \sqrt{(3/2)^2 + (\sqrt{3}/2)^2} \cdot \cos(\tau + \alpha)$$

Mit $\tan\alpha = (\sqrt{3}/2)/(3/2) = 1/\sqrt{3} \Rightarrow \alpha = \arctan(1/\sqrt{3}) = \pi/6$ folgt:

$$u_{UV}(\tau) = u \cdot \sqrt{3} \cdot \cos(\tau + \pi/6) \ .$$

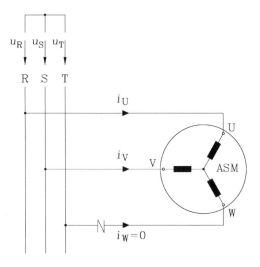

Bild A15.4-1: Speisung einer in Stern geschalteten Drehstromwicklung z. B. einer
Asynchronmaschine (ASM) bei isoliertem Sternpunkt und unterbrochener Zuleitung W

Die speisende Spannung ist die verkettete Spannung $u_{UV}(\tau)$ zwischen U und V und daher um $\sqrt{3}$ größer als die Strangspannung und um 30° gegenüber $u_R(\tau)$ voreilend.

2)

$i_W = 0$, $i_U = -i_V$, $i_0 = (i_U + i_V + i_W)/3 = 0$.

Es tritt kein Nullstromsystem auf.

3)

Da der Sternpunkt nicht angeschlossen ist, ist nur $u_{UV}(\tau)$ vom Netz eingeprägt vorgeben, während $u_U(\tau)$, $u_V(\tau)$, $u_W(\tau)$ unbekannt sind. Mit den vom Netz eingeprägten Spannungen als Zeiger

$$u_R(\tau) = \mathrm{Re}\left\{\underline{u}_R \cdot e^{j\tau}\right\},\ u_S(\tau) = \mathrm{Re}\left\{\underline{u}_S \cdot e^{j\tau}\right\},\ u_T(\tau) = \mathrm{Re}\left\{\underline{u}_T \cdot e^{j\tau}\right\},$$

$$\underline{u}_R = u,\ \underline{u}_S = u \cdot \underline{a}^2,\ \underline{u}_T = u \cdot \underline{a}$$

erhalten wir $\underline{u}_{UV} = \underline{u}_R - \underline{u}_S = u - u \cdot \underline{a}^2 = u \cdot (1 - \underline{a}^2)$. Mit der komplexen Wechselstromrechnung mit bezogenen Größen

$$u_U(\tau) = \mathrm{Re}\left\{\underline{u}_U \cdot e^{j\tau}\right\},\ u_V(\tau) = \mathrm{Re}\left\{\underline{u}_V \cdot e^{j\tau}\right\},\ u_W(\tau) = \mathrm{Re}\left\{\underline{u}_W \cdot e^{j\tau}\right\}$$

sowie mit $\underline{a} = e^{j \cdot 2\pi/3}$, $1/\underline{a} = e^{-j \cdot 2\pi/3} = e^{j \cdot 4\pi/3} = \underline{a}^2$ berechnen wir mit den Regeln $1 + \underline{a} + \underline{a}^2 = 0$, $\underline{a}^3 = 1$ die Stromzeiger $\underline{i}_U$, $\underline{i}_V$ gemäß $i_U(\tau) = \mathrm{Re}\left\{\underline{i}_U \cdot e^{j\tau}\right\}$, $i_V(\tau) = \mathrm{Re}\left\{\underline{i}_V \cdot e^{j\tau}\right\}$, wobei $\underline{i}_W = 0$ ist. Wir zerlegen dazu diese Zeiger in ihre „symmetrischen Komponenten":

$\underline{i}_U = \underline{i}_1 + \underline{i}_2 + \underline{i}_0 = \underline{i}_1 + \underline{i}_2$,

$\underline{i}_V = \underline{a}^2 \cdot \underline{i}_1 + \underline{a} \cdot \underline{i}_2 + \underline{i}_0 = \underline{a}^2 \cdot \underline{i}_1 + \underline{a} \cdot \underline{i}_2$,

$\underline{i}_W = \underline{a} \cdot \underline{i}_1 + \underline{a}^2 \cdot \underline{i}_2 + \underline{i}_0 = \underline{a} \cdot \underline{i}_1 + \underline{a}^2 \cdot \underline{i}_2 = 0$.

Mit-, Gegen- und Nullstromsystem werden durch die Strangströme ausgedrückt:

$\underline{i}_1 = \left(\underline{i}_U + \underline{a} \cdot \underline{i}_V + \underline{a}^2 \cdot \underline{i}_W\right)/3 = \left(\underline{i}_U + \underline{a} \cdot \underline{i}_V\right)/3$,

$\underline{i}_2 = \left(\underline{i}_U + \underline{a}^2 \cdot \underline{i}_V + \underline{a} \cdot \underline{i}_W\right)/3 = \left(\underline{i}_U + \underline{a}^2 \cdot \underline{i}_V\right)/3$,

$\underline{i}_0 = \left(\underline{i}_U + \underline{i}_V + \underline{i}_W\right)/3 = 0$, $\underline{i}_U = -\underline{i}_V$.

Mit $r_s \approx 0$ erhalten wir die Ständerspannungsgleichungen für die drei Spannungskomponenten je Strang

$$\underline{u}_1 = j \cdot x_1 \cdot \underline{i}_1\ ,\quad \underline{u}_2 = j \cdot x_2 \cdot \underline{i}_2 = j \cdot x_1 \cdot \underline{i}_2,\quad \underline{u}_0 = j \cdot x_0 \cdot \underline{i}_0 = 0,$$ wobei x_1, x_2, x_0 Mit-, Gegen- und Nullreaktanz der Ständerwicklung sind. Da der Läufer ausgebaut ist, gilt wegen der Symmetrie der Ständerwicklung für beide Felddrehrichtungen $x_1 = x_2 = x_{sB}$.

Mit

$$\underline{u}_U = \underline{u}_1 + \underline{u}_2 + \underline{u}_0 \,,\, \underline{u}_V = \underline{a}^2 \cdot \underline{u}_1 + \underline{a} \cdot \underline{u}_2 + \underline{u}_0 \,,\, \underline{u}_W = \underline{a} \cdot \underline{u}_1 + \underline{a}^2 \cdot \underline{u}_2 + \underline{u}_0$$

erhalten wir mit $\underline{i}_W = 0$ die Bestimmungsgleichung für $\underline{i}_U = -\underline{i}_V$.

$$\underline{u}_U - \underline{u}_V = \underline{u}_1 + \underline{u}_2 + \underline{u}_0 - \underline{a}^2 \cdot \underline{u}_1 - \underline{a} \cdot \underline{u}_2 - \underline{u}_0 = \underline{u}_1 \cdot (1 - \underline{a}^2) + \underline{u}_2 \cdot (1 - \underline{a})$$

$$\underline{u}_U - \underline{u}_V = j \cdot x_1 \cdot \left[\underline{i}_1 \cdot (1 - \underline{a}^2) + \underline{i}_2 \cdot (1 - \underline{a}) \right] = u \cdot (1 - \underline{a}^2),$$

$$j \cdot x_1 \cdot \left[(\underline{i}_U + \underline{a} \cdot \underline{i}_V) \cdot (1 - \underline{a}^2) + (\underline{i}_U + \underline{a}^2 \cdot \underline{i}_V) \cdot (1 - \underline{a}) \right] = 3u \cdot (1 - \underline{a}^2),$$

$$j \cdot x_1 \cdot \underline{i}_U \left[(1 - \underline{a}) \cdot (1 - \underline{a}^2) + (1 - \underline{a}^2) \cdot (1 - \underline{a}) \right] = 3u \cdot (1 - \underline{a}^2),$$

$$j \cdot x_1 \cdot \underline{i}_U \cdot 2 \cdot (1 - \underline{a}) = 3u \,,\, \underline{i}_U = \frac{(3/2) \cdot u}{j \cdot x_1 \cdot (1 - \underline{a})} = \frac{u \cdot (1 - \underline{a}^2)}{j \cdot 2 x_1} = -\underline{i}_V,$$

$$\underline{i}_U = \frac{0.2 \cdot \left(1 - (-0.5 - j\sqrt{3}/2) \right)}{j \cdot 2 \cdot 0.15} = \frac{1}{\sqrt{3}} - j = -\underline{i}_V,$$

$$i_U = \left| \underline{i}_U \right| = i_V = \left| \underline{i}_V \right| = \sqrt{\frac{1}{3} + 1} = 1.155 \, \text{p.u.}$$

Damit in der Wicklung Nennstrom fließt, müsste die Spannung auf 0.17 p.u. abgesenkt werden.

Ein alternativer, wesentlich einfacherer Rechengang ist möglich, denn es liegt die verkettete Spannung $u_{UV} = \sqrt{3} \cdot 0.2$ an den Klemmen U und V, zwischen denen die beiden Strangreaktanzen wegen $\underline{i}_U = -\underline{i}_V$ in Serie als $2x_{sB}$ liegen. Die Strangspannungen u_U, u_V sind daher nicht um 120° phasenverschoben wie die speisenden Netzstrangspannungen u_R, u_S, sondern um 180° und haben jeweils den Wert der halben verketteten Spannung (siehe 5)).

$u_U - u_V = u_{UV} = u \cdot \sqrt{3} \cdot \cos(\tau + \pi/6) = 2u_U = 2x_{sB} \cdot di_U / d\tau$. Daraus ergibt sich der Zeitverlauf der Ströme

$$i_U(\tau) = \frac{1}{2x_{sB}} \cdot \int u_{UV}(\tau) \cdot d\tau = \frac{\sqrt{3} \cdot u}{2x_{sB}} \cdot \sin(\tau + \pi/6) \quad,$$

$$i_V(\tau) = -\frac{\sqrt{3} \cdot u}{2x_{sB}} \cdot \sin(\tau + \pi/6) \quad.$$

Die bezogenen Stromamplituden sind in Übereinstimmung mit oben

$$i_U = i_V = \frac{\sqrt{3} \cdot u}{2x_{sB}} = \frac{\sqrt{3} \cdot 0.2}{2 \cdot 0.15} = 1.155 \, \text{p.u.}.$$

4)

$$i_U(\tau) = -i_V(\tau): \underline{i}_s(\tau) = (2/3)\cdot(i_U(\tau) + \underline{a}\cdot i_V(\tau)) = (2/3)\cdot i_U(\tau)\cdot(1-\underline{a}),$$

$$\underline{i}_s(\tau) = (1-\underline{a})\cdot\frac{u}{\sqrt{3}\cdot x_{sB}}\cdot\sin(\tau + \pi/6) = (1-\underline{a})\cdot 0.77\cdot\sin(\tau + \pi/6).$$

Der Stromraumzeiger rotiert nicht, sondern pulsiert mit der Speisefrequenz bei fester Orientierung im Raum. Dies entspricht einem stehenden, pulsierenden Ständerfeld, da die Stränge U und V (gespeist mit $i_U(\tau) = -i_V(\tau)$) in Serie geschaltet eine einphasige Felderregung darstellen.

5)

Aus der Stator-Raumzeiger-Spannungsgleichung folgt bei bekanntem Statorstromraumzeiger $\underline{i}_s(\tau)$ aus 4) mit $x_s = x_{sB}$ unmittelbar der Statorspannungsraumzeiger (der Rotorstrom ist ja Null!):

$$\underline{u}_s(\tau) = x_s\cdot d\underline{i}_s/d\tau = (2/3)\cdot x_{sB}\cdot(1-\underline{a})\cdot di_U/d\tau,$$

$$\underline{u}_s(\tau) = (1-\underline{a})\cdot\frac{u}{\sqrt{3}}\cdot\cos(\tau + \pi/6), \ \underline{u}_s(\tau) = (1-\underline{a})\cdot 0.116\cdot\cos(\tau + \pi/6).$$

Daher rotiert auch der Spannungsraumzeiger nicht, sondern pulsiert ebenfalls mit der Speisefrequenz bei gleicher Orientierung im Raum wie der Ständerstromraumzeiger, aber zeitlich 90° voreilend. Die Phasenspannungen ergeben sich aus dem Spannungsraumzeiger gemäß

$$u_U(\tau) = \mathrm{Re}\{\underline{u}_s(\tau)\} = \mathrm{Re}\{(2/3)\cdot x_{sB}\cdot(di_U/d\tau)\cdot(1-\underline{a})\}$$

$$u_U(\tau) = \frac{2}{3}\cdot x_{sB}\cdot\frac{di_U}{d\tau}\cdot\frac{3}{2} = x_{sB}\cdot\frac{di_U}{d\tau} = \frac{\sqrt{3}\cdot u}{2}\cdot\cos\left(\tau + \frac{\pi}{6}\right) = 0.173\cdot\cos\left(\tau + \frac{\pi}{6}\right)$$

$$u_V(\tau) = \mathrm{Re}\{\underline{a}^2\cdot\underline{u}_s(\tau)\} = \mathrm{Re}\{(2/3)\cdot x_{sB}\cdot(di_U/d\tau)\cdot(\underline{a}^2 - \underline{a}^3)\}$$

$$u_V(\tau) = \mathrm{Re}\left\{\frac{2}{3}\cdot x_{sB}\cdot\frac{di_U}{d\tau}\cdot(\underline{a}^2 - 1)\right\} = -\frac{2}{3}\cdot x_{sB}\cdot\frac{di_U}{d\tau}\cdot\frac{3}{2} = -x_{sB}\cdot\frac{di_U}{d\tau} = -u_U(\tau)$$

6)

Amplitude der Strangspannungen u_U und u_V: $\dfrac{\sqrt{3}\cdot u}{2} = 0.866\cdot 0.2 = 0.173$,

Amplitude des Ständerspannungsraumzeigers: $\left|\underline{u}_s\right| = \left|u\cdot\dfrac{1-\underline{a}}{\sqrt{3}}\right| = u = 0.2$,

Amplitude des Ständerstromraumzeigers: $\left|\underline{i}_s\right| = \left|(1-\underline{a})\cdot\dfrac{u}{\sqrt{3}\cdot x_{sB}}\right| = 1.33$.

Wegen $1-\underline{a}$ ist die Lage des Spannungs- und Stromraumzeigers um -30° zur Abszisse geneigt (Bild A15.4-2).

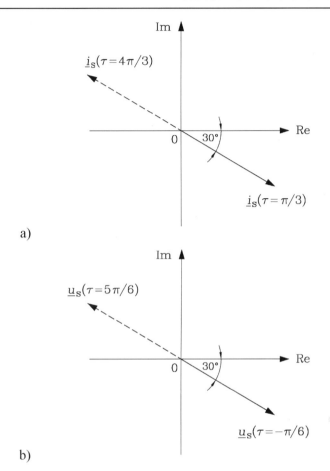

Bild A15.4-2: a) Stromraumzeiger (Amplitude = Länge: 1.33 p.u.), b) Spannungsraumzeiger (Amplitude = Länge: 0.2 p.u.)

Aufgabe A15.5: Beanspruchung einer Asynchronmaschine bei Stoßkurzschluss und Sammelschienenumschaltung

Eine dreiphasige Asynchronmaschine mit den Daten $x_s = x_r' = 3\,\text{p.u.}$,
$x_h = 2.85$ p.u., $\tau_r = x_r' / r_r' = 300$, $r_s \approx 0$ wird im motorischen Leerlauf bei

Bemessungsspannung und Bemessungsfrequenz am 50 Hz-Netz betrieben. Nur die Stromwärmeverluste sind zu berücksichtigen.

1. Bestimmen Sie mit der Raumzeigerrechnung die Betriebsgrößen $\underline{i}_s$, $\underline{i}'_r$, $\underline{\psi}_s$, $\underline{\psi}'_r$, ω_m im motorischen Leerlauf!

2. Zum Zeitpunkt $\tau = 0$ erleidet die Maschine ständerseitig einen allpoligen Klemmenkurzschluss. Bestimmen Sie den Maximalwert des Statorstroms in Strang U für den worst-case des gleichzeitigen Auftretens des Gleich- und Wechselstromglieds, und geben Sie den Scheitelwert des Kurzschlussmoments an. Verwenden Sie dazu die vereinfachten Gleichungen aus Abschnitt 15.5 des Lehrbuchs, die nachstehend angegeben sind. Können Sie einfache Näherungsformeln angeben?

3. Derselbe Motor wird nach dem Leerlaufbetrieb zum Zeitpunkt $\tau = 0$ infolge einer Sammelschienenumschaltung vom Netz getrennt (vgl. Bsp. A15.1) und nach der kurzen Zeit von 200 ms wieder auf die Netzspannung an einer anderen Sammelschiene zugeschaltet. Die Trennung erfolgt so, dass im Strang U die Spannung beim Trennen maximal ist. Auf wie viel Prozent des Werts zum Zeitpunkt $\tau = 0$ ist die Amplitude der Statorspannung im Strang U der Maschine vor dem Wiederzuschalten abgesunken, wenn angenommen wird, dass die Drehzahl der Maschine in dieser kurzen Zeit konstant bleibt?

4. Welcher Ausgleichsvorgang kann beim Wiederzuschalten schlimmstenfalls auftreten? Schätzen Sie mit dem Ergebnis von 2) die auftretende Stoßstromamplitude in der Ständerwicklung und die Amplitude des Momentenstoßes beim Wiederzuschalten ab! Ist die Belastung höher als bei Stoßkurzschluss?

Näherungsformeln für den Statorstromraumzeiger und das elektromagnetische Drehmoment bei Stoßkurzschluss der Asynchronmaschine:

$$\underline{i}_s(\tau) \cong \underline{i}_{s0} \cdot \left(\frac{e^{-\tau/\tau_{s\sigma}}}{\sigma} + \left(1 - \frac{1}{\sigma}\right) \cdot e^{-\tau/\tau_{r\sigma}} \cdot e^{j\omega_m \tau} \right)$$

$$m_e(\tau) \cong -\frac{x_h^2}{\sigma \cdot x'_r} \cdot i_{s0}^2 \cdot e^{-\tau \cdot \left(\frac{1}{\tau_{r\sigma}} + \frac{1}{\tau_{s\sigma}}\right)} \cdot \sin(\omega_m \tau)$$

Lösung zu Aufgabe A15.5:

1)

Motor-Leerlaufbetrieb bei Bemessungsspannung $\underline{u}_s = 1$ und Bemessungsfrequenz $\omega_s = 1$: Die mechanische Winkelgeschwindigkeit ist bei Vernachlässigung der Reibungs- und Zusatzverluste $\omega_\mathrm{m} = 1$ p.u. Der Rotorstrom ist Null und damit auch $\underline{i}'_\mathrm{r} = 0$! Der Ständerstromraumzeiger wird mit dieser Bedingung aus der Ständerspannungsgleichung berechnet.

$$\underline{u}_\mathrm{s}(\tau) = u \cdot e^{j\tau} = r_\mathrm{s} \cdot \underline{i}_\mathrm{s}(\tau) + x_\mathrm{s} \frac{d\underline{i}_\mathrm{s}(\tau)}{d\tau}$$

Dies ist eine lineare Differentialgleichung 1. Ordnung mit konstanten Koeffizienten. Stationäre Lösung für $\underline{i}_\mathrm{s}(\tau)$ durch Berechnung der partikulären Lösung mit dem Ansatz: $\underline{i}_\mathrm{s,p}(\tau) = \underline{A} \cdot e^{j\tau}$:

$$r_\mathrm{s} \cdot \underline{A} + j\underline{A} \cdot x_\mathrm{s} = u \quad \Rightarrow \quad \underline{A} = \frac{u}{r_\mathrm{s} + j \cdot x_\mathrm{s}} \quad \Rightarrow \quad \underline{i}_\mathrm{s}(\tau) = \frac{u \cdot e^{j\tau}}{r_\mathrm{s} + j \cdot x_\mathrm{s}}$$

$$\underline{\psi}_\mathrm{s}(\tau) = x_\mathrm{s}\underline{i}_\mathrm{s}(\tau) \ , \quad \underline{\psi}'_\mathrm{r}(\tau) = x_\mathrm{h}\underline{i}_\mathrm{s}(\tau) \ .$$

Mit $r_\mathrm{s} \approx 0$ folgt: $\underline{i}_\mathrm{s}(\tau) = -j\frac{u}{x_\mathrm{s}} \cdot e^{j\tau} = -j\frac{e^{j\tau}}{3} = -j0.33 \cdot e^{j\tau}$,

$$\underline{\psi}_\mathrm{s} = x_\mathrm{s}\underline{i}_\mathrm{s} = 3 \cdot \left(-j\frac{e^{j\tau}}{3}\right) = -je^{j\tau} \ , \quad \underline{\psi}'_\mathrm{r} = x_\mathrm{h}\underline{i}_\mathrm{s} = 2.85 \cdot \left(-j\frac{e^{j\tau}}{3}\right) = -j0.95e^{j\tau} \ .$$

2)

Stoßkurzschluss: $\underline{i}_\mathrm{s}(\tau) \cong \underline{i}_\mathrm{s0} \cdot \left(\frac{e^{-\tau/\tau_\mathrm{s\sigma}}}{\sigma} + \left(1 - \frac{1}{\sigma}\right) \cdot e^{-\tau/\tau_\mathrm{r\sigma}} \cdot e^{j\omega_\mathrm{m}\tau}\right)$

$$\sigma = 1 - x_\mathrm{h}^2/(x_\mathrm{s}x_\mathrm{r}) = 1 - 2.85^2/(3 \cdot 3) = 0.0975$$

$$\tau_\mathrm{s\sigma} = \sigma \cdot x_\mathrm{s}/r_\mathrm{s}\big|_{r_\mathrm{s} \to 0} \to \infty,$$

$$\tau_\mathrm{r\sigma} = \sigma \cdot x'_\mathrm{r}/r'_\mathrm{r} = 0.0975 \cdot 300 = 29.25 \ .$$

Worst-case für Strang U: Stoßkurzschluss im Spannungsnulldurchgang! Wir formulieren den Spannungsraumzeiger mit einer beliebig einstellbaren Phasenverschiebung τ_0, so dass zum Zeitpunkt $\tau = 0$ der worst-case auftreten kann:

$$\underline{u}_\mathrm{s}(\tau) = u \cdot e^{j(\tau + \tau_0)} \ .$$

Bei $\tau_0 = \pi/2$ ist die Spannung im Strang U zum Zeitpunkt $\tau = 0$ Null:

$$u_\mathrm{s,U}(\tau) = \mathrm{Re}\{\underline{u}_\mathrm{s}(\tau)\} = \mathrm{Re}\{u \cdot e^{j(\tau + \tau_0)}\} = \mathrm{Re}\{u \cdot e^{j(0 + \pi/2)}\} = 0 \ .$$

Daraus folgt für den Ständerstromraumzeiger kurz vor dem Kurzschlusszeitpunkt:

$$r_\mathrm{s} \approx 0: \quad \underline{i}_\mathrm{s}(\tau = 0-) = \underline{i}_\mathrm{s0} = \frac{u \cdot e^{j(\tau + \tau_0)}}{j \cdot x_\mathrm{s}}\bigg|_{\tau = 0} = \frac{u \cdot e^{j\pi/2}}{j \cdot x_\mathrm{s}} = \frac{u}{x_\mathrm{s}} \ .$$

Mit diesem Stromraumzeiger erhalten wir für den Ständerstromraumzeiger nach dem Kurzschlusszeitpunkt:

$$\underline{i}_{\mathrm{s}}(\tau) = \frac{u}{x_{\mathrm{s}}} \cdot \left(\frac{1}{\sigma} + \left(1 - \frac{1}{\sigma}\right) \cdot e^{-\tau/\tau_{\mathrm{r}\sigma}} \cdot e^{j\tau} \right) \quad,$$

$$i_{\mathrm{s,U}}(\tau) = Re\{\underline{i}_{\mathrm{s}}(\tau)\} = \frac{u}{x_{\mathrm{s}}} \cdot \left(\frac{1}{\sigma} + \left(1 - \frac{1}{\sigma}\right) \cdot e^{-\tau/\tau_{\mathrm{r}\sigma}} \cdot \cos\tau \right) \quad.$$

Maximaler Strom zum Zeitpunkt τ^{*}:

$$\frac{d}{d\tau}\left[\frac{u}{x_{\mathrm{s}}} \cdot \left(\frac{1}{\sigma} + \left(1 - \frac{1}{\sigma}\right) \cdot e^{-\tau/\tau_{\mathrm{r}\sigma}} \cdot \cos\tau \right) \right] = 0 \quad.$$

Wegen $\tau_{\mathrm{r}\sigma} = 29.25 \gg 1$ vereinfachen wir:

$$e^{-\tau/\tau_{\mathrm{r}\sigma}} \approx 1, \quad 0 \le \tau \le 1 \quad.$$

$$\frac{d}{d\tau^{*}}\left[\frac{u}{x_{\mathrm{s}}} \cdot \left(\frac{1}{\sigma} + \left(1 - \frac{1}{\sigma}\right) \cdot \cos\tau^{*} \right) \right] = 0 \quad \Rightarrow \quad \sin\tau^{*} = 0 \quad \Rightarrow \quad \tau^{*} = \pi$$

Für $\tau = \tau^{*} = \pi$ tritt der maximale Strom im Strang U auf:

$$i_{\mathrm{s,U,max}} = \frac{u}{x_{\mathrm{s}}} \cdot \left(\frac{1}{\sigma} + \left(1 - \frac{1}{\sigma}\right) \cdot e^{-\pi/\tau_{\mathrm{r}\sigma}} \cdot \cos\pi \right) = \frac{u}{x_{\mathrm{s}}} \cdot \left(\frac{1}{\sigma} - \left(1 - \frac{1}{\sigma}\right) \cdot e^{-\pi/\tau_{\mathrm{r}\sigma}} \right)$$

$$i_{\mathrm{s,U,max}} = \frac{1}{3} \cdot \left(\frac{1}{0.0975} + \left(1 - \frac{1}{0.0975}\right) \cdot e^{-\pi/29.25} \right) = 6.19$$

Näherungsformel ohne Abdämpfung:

$$i_{\mathrm{s,U,max}} = \frac{u}{x_{\mathrm{s}}} \cdot \left(\frac{2}{\sigma} - 1 \right) = \frac{1}{3} \cdot \left(\frac{2}{0.0975} - 1 \right) = 6.5 \quad.$$

In Bezug auf den Scheitelwert des Ständerstroms bei Läuferstillstand (Kap. 5 des Lehrbuchs) $i_{\mathrm{s,1}} \approx \dfrac{u}{\sigma x_{\mathrm{s}}} = \dfrac{1}{0.0975 \cdot 3} = 3.41$

ist der Stoßkurzschlussstrom etwa das 1.8-fache: $6.19/3.41 = 1.81$. Daher gilt folgende Näherungsformel

$$I_{\mathrm{s,k,3\text{-}str.,max}} \approx 1.8 \cdot \sqrt{2} \cdot I_{\mathrm{s1}} \quad,$$

wobei I_{s1} der Effektivwert des Ständerstroms bei Schlupf Eins ist.

Drehmoment bei $\omega_{\mathrm{m}} = 1$, $\tau_{\mathrm{s}\sigma} \to \infty$:

$$m_{\mathrm{e}}(\tau) \cong -\frac{x_{\mathrm{h}}^{2}}{\sigma \cdot x_{\mathrm{r}}'} \cdot i_{\mathrm{s0}}^{2} \cdot e^{-\tau \cdot \left(\frac{1}{\tau_{\mathrm{r}\sigma}} + \frac{1}{\tau_{\mathrm{s}\sigma}} \right)} \cdot \sin(\omega_{\mathrm{m}}\tau) \cong -\frac{u^{2} \cdot (x_{\mathrm{h}}^{2}/x_{\mathrm{s}}^{2})}{\sigma \cdot x_{\mathrm{r}}'} \cdot e^{-\tau/\tau_{\mathrm{r}\sigma}} \sin(\tau)$$

$$m_e(\tau) = -\frac{u^2}{x_s} \cdot \frac{1-\sigma}{\sigma} \cdot e^{-\tau/\tau_{r\sigma}} \sin(\tau)$$

Wegen $\tau_{r\sigma} = 29.25 \gg 1$ vereinfachen wir: $e^{-\tau/\tau_{r\sigma}} \approx 1,\ 0 \leq \tau \leq 1$ und erhalten den Scheitelwert des Drehmoments zum Zeitpunkt $\tau^{**} = \pi/2$.

$$m_{e,max} = m_e(\tau^{**} = \pi/2) \cong -\frac{u^2}{x_s} \cdot \frac{1-\sigma}{\sigma} \cdot e^{-\pi/(2\tau_{r\sigma})} \cdot \sin(\pi/2) \ ,$$

$$m_{e,max} = -\frac{1^2}{3} \cdot \frac{1-0.0975}{0.0975} \cdot e^{-\pi/(2 \cdot 29.25)} \cdot 1 = 2.924 \ .$$

Näherungsformel ohne Abdämpfung:

$$m_{e,max} = -\frac{1^2}{3} \cdot \frac{1-0.0975}{0.0975} = 3.085 \ .$$

Weiter vereinfachte Näherungsformel für das Stoßmoment:

$$M_{e,k,3\text{-str.,max}} \approx (I_{s1}/I_N) \cdot M_B \ ,$$

$$m_{e,max} = M_{e,k,3\text{-str.,max}} / M_B = I_{s1}/I_N = 3.41 > 3.085 \ .$$

Mit $s_N \ll 1$ folgt:

$$M_{e,k,3\text{-str.,max}} = (I_{s1}/I_N) \cdot \frac{M_N \cdot (1-s_N)}{\eta_N \cos\varphi_N} \approx (I_{s1}/I_N) \cdot \frac{M_N}{\eta_N \cos\varphi_N} \ .$$

Hinweis:
Beim zweisträngigen Kurzschluss (Kurzschluss zwischen zwei Klemmen) tritt wie bei der Synchronmaschine (vgl. Kap. 16 im Lehrbuch) zwar ein kleinerer Stoßkurzschlussstrom $I_{s,k,2\text{-str.,max}} \approx 1.5 \cdot \sqrt{2} \cdot I_{s1}$ auf, aber dafür ein größeres Stoßkurzschlussmoment. Denn aufgrund der zweisträngigen Bestromung tritt zum Wechselmoment mit ω_m ein weiterer Wechselanteil mit $2\omega_m$ auf, so dass bei vernachlässigter Dämpfung gilt:

$$m_{e,2\text{-str.}}(\tau) = -\frac{u^2}{x_s} \cdot \frac{1-\sigma}{\sigma} \cdot \left(\sin(\omega_m\tau) - 0.5 \cdot \sin(2\omega_m\tau)\right) \ .$$

Daraus folgt $M_{e,k,2\text{-str.,max}} = 1.3 \cdot M_{e,k,3\text{-str.,max}}$.

3)
Aus der Aufgabe A15.1 übernehmen wir das Ergebnis für die abklingende Statorspannung im Strang U nach der Netztrennung, wobei wir wieder näherungsweise die mechanische Winkelgeschwindigkeit konstant halten $\omega_m = 1$:

$$u_{sU}(\tau) = \text{Re}\{\underline{u}_s(\tau)\} = \text{Re}\left\{\underline{u}_{s0} \cdot (1-\sigma) \cdot \left(1 + j \cdot \frac{1}{\tau_r}\right) \cdot e^{-\frac{\tau}{\tau_r}} \cdot (\cos\tau + j \cdot \sin\tau)\right\} \quad .$$

Mit $1/\tau_r = 1/300 = 0.0033 \ll 1$ vereinfachen wir:

$$u_{sU}(\tau) \cong \text{Re}\left\{\underline{u}_{s0} \cdot (1-\sigma) \cdot e^{-\frac{\tau}{\tau_r}} \cdot (\cos\tau + j \cdot \sin\tau)\right\} \quad .$$

Zum Zeitpunkt $\tau = 0$ ist die Spannung im Strang U maximal, also $\underline{u}_{s0} = u$:

$$u_U(\tau) = u \cdot (1-\sigma) \cdot e^{-\frac{\tau}{\tau_r}} \cdot \cos\tau \quad , \quad \tau \geq 0 \quad .$$

Wegen $1-\sigma = 0.9025$ "springt" die Ständerspannung von 100 % VOR dem Abschalten ($\tau = 0 -$) auf 90.25 % NACH dem Abschalten ($\tau = 0 +$), da die induzierende Wirkung des Ständerstreuflusses wegen $i_s = 0$ nun fehlt. Zum Zeitpunkt $\tau_1 = 0.2s \cdot 2\pi \cdot 50/s = 62.832$ ist die Spannungsamplitude gemäß

$$e^{-\frac{\tau_1}{\tau_r}} = e^{-\frac{62.832}{300}} = 0.81$$

auf 81 % des Werts bei $\tau = 0 +$ und wegen $0.81 \cdot 0.9025 = 0.732$ auf 73 % der Netzspannungsamplitude gesunken.

4)
Tatsächlich nimmt nach der Netztrennung (wie auch nach dem Kurzschluss bei 2)) die Drehzahl der leerlaufenden Maschine von der Leerlaufdrehzahl (= ca. Synchrondrehzahl) aufgrund der Ummagnetisierungsverluste (solange Magnetfluss in der Maschine vorhanden ist) und der Reibungsverluste ab. Wenn die Maschine mit einer Arbeitsmaschine gekuppelt war, bremst deren Lastmoment die Maschine wesentlich rascher ab. Wenn innerhalb der 200 ms die Drehzahl auf den Wert $10/11 = 91.0$ % gesunken ist, dann hatte sie während dieser Zeit den mittleren Drehzahlwert von $(1 + 0.910)/2 = 0.955 =$ ca. 19/20 der Synchrondrehzahl. Während die Netzspannung bei 50 Hz 20 Halbschwingungen ($20 \cdot 10$ ms $= 200$ ms) ausführte, induzierte die langsamere Maschine nur 19 Halbschwingungen. Daher tritt beim Wiederzuschalten nach 200 ms Phasenopposition zwischen der Netzspannung (100 % Amplitude) und der Ständerspannung der Maschine (73 % Amplitude) auf, so dass die Maschine mit einer resultierenden Spannung von 173 % zugeschaltet wird. Der sich einstellende transiente Ausgleichsvorgang bei (nahezu) konstanter Drehzahl ist beim Zuschalten der Spannung derselbe wie beim Kurzschluss der Maschine bei derselben Spannung (wie es in Kap. 15, Abschn. 15.5 des Lehrbuchs erläutert wurde). Wir können daher mit dem Ergebnis

von 2) die auftretende Stoßstromamplitude in der Ständerwicklung und die
Amplitude des Momentenstoßes beim Wiederzuschalten abschätzen!
Der Maximalwert des Ständerstroms ist

$$I_{s,max} = 1.73 \cdot I_{s,k,3\text{-str.}} \approx 1.73 \cdot 1.8 \cdot \sqrt{2} \cdot I_{s1} \ ,$$

der Maximalwert des Stoßmoments ist

$$M_{e,max} = 1.73 \cdot M_{e,k,3\text{-str.,max}} \ .$$

Leider sind in der Realität beide Werte fast doppelt so hoch, weil auf
Grund der hohen wirksamen Klemmenspannungsdifferenz von
$U_{s,max} = 1.73 \cdot U_N$ der hohe Ständerfluss das Eisen sättigt, wodurch die
Hauptinduktivität und damit auch x_s deutlich abnehmen. Mit oder ohne Be-
rücksichtigung der Sättigung ist die Belastung jedenfalls höher als bei
Stoßkurzschluss.

Hinweis:
Bei genauerer Durchrechnung der Wiederzuschaltung für $r_s = 0$ zeigt sich,
dass das maximale Drehmoment nicht bei 180° Phasenopposition auftritt,
sondern bei einer Phasendifferenz von 120° zwischen Netz- und Motor-
ständerspannung. Das Stoßmoment ist um 30 % höher als bei 180° Phasendifferenz.

$$M_{e,max} = 1.3 \cdot 1.73 \cdot M_{e,k,3\text{-str.,max}}$$

16. Dynamik der Synchronmaschine

Aufgabe A16.1: Stoßkurzschluss bei einem Wasserkraftwerks-Generator

Für ein Mitteldruck-Wasserkraftwerk wurden drei Schenkelpol-Generatoren mit den Daten 17.8 MVA, $2p = 28$, 10.5 kV Y, 50 Hz, $\eta = 96.6$ % angeboten Die Antriebsleistung der Francis-Turbinen beträgt je Einheit 14.8 MW. Folgende Rechenwerte stellte der Anbieter dem planenden Konsortium zur Verfügung: Synchronreaktanz: 5.4 Ω, Wicklungswiderstand je Strang (20°C): 0.033 Ω, subtransiente Reaktanz der Längsachse: 1.3 Ω. Die Generatoren sind subtransient symmetrisch.

1. Wie groß sind der Bemessungsstrom und der Bemessungs-Leistungsfaktor der Generatoren? Berechnen Sie die Nennimpedanz der Generatoren!
2. Wie hoch ist der Stoßkurzschlussstrom-Scheitelwert im ungünstigsten Fall, wenn ein allpoliger Kurzschluss des vorher auf Bemessungsspannung erregten Generators im Leerlauf erfolgt? Beschreiben Sie die "worst case"-Bedingungen!
3. Um wie viel sind die Stromkräfte im Generator und in der Schaltanlage höher als bei Bemessungsbetrieb?
4. Um wie viel ist die Stoßkurzschluss-Wechselmoment-Amplitude höher als das statische Kippmoment?

Lösung zu Aufgabe A16.1:

1)

$$I_{\mathrm{N}} = \frac{S_{\mathrm{N}}}{\sqrt{3} \cdot U_{\mathrm{N}}} = \frac{17.8 \cdot 10^6}{\sqrt{3} \cdot 10500}\, \mathrm{A} = 978.7\ \mathrm{A}\ , \qquad \cos\varphi_{\mathrm{s}} = \frac{P_{\mathrm{e}}}{S_{\mathrm{N}}}\ ,$$

Generatorbetrieb: $P_e = P_m \cdot \eta \Rightarrow \cos\varphi_s = \dfrac{P_m \cdot \eta}{S_N} = \dfrac{14.8 \cdot 0.966}{17.8} = 0.803$.

$Z_N = \dfrac{U_{sN}}{I_{sN}}$, Y-Schaltung der Windungen: $I_{sN} = I_N, U_{sN} = \dfrac{U_N}{\sqrt{3}}$:

$$Z_N = \frac{10500}{\sqrt{3} \cdot 978.7} = 6.19\ \Omega \ \ .$$

2)

Worst-case für plötzlichen Kurzschluss:

- Stoßkurzschluss im Spannungsnulldurchgang $\Rightarrow$ Gleichstromglied in voller Höhe!
- kein Abklingen des Gleichstromglieds berücksichtigt!
- "satter" allpoliger Klemmenkurzschluss, keine strombegrenzende Impedanz im Kurzschlusskreis!

Da die Maschine im Leerlauf ist, ist die Polradspannung gleich der Bemessungsspannung: $U_s = U_p$. Wenn kein Abklingen des Gleichstromgliedes berücksichtigt wird, ergibt sich

$$\hat{I}_k = 2\frac{\hat{U}_{sN}}{X_d''} = 2 \cdot \sqrt{2} \cdot \frac{10500}{\sqrt{3} \cdot 1.3}\ A = 13189.6\ A \ \ ,$$

also der 13.5-fache Bemessungsstrom: $\hat{I}_k = 13.5 \cdot I_{sN}$!

3)

Die Kräfte zwischen zwei Leitern sind proportional zu $I_1 \cdot I_2$ - in diesem Fall I^2.

$$\frac{\hat{F}_k}{\hat{F}_N} = \left(\frac{\hat{I}_k}{\hat{I}_{sN}}\right)^2 = \left(\frac{13189.6}{\sqrt{2} \cdot 978.7}\right)^2 = 90.8\ !$$

Die Stromkräfte bei einem plötzlichen Kurzschluss sind verglichen mit denen im Bemessungsbetrieb um den Faktor 90.8 höher!

4)

$$\frac{\hat{M}_k}{\hat{M}_{p0}} = 2 \cdot \frac{U_s}{U_p} \cdot \frac{X_d}{X_d''} = 2 \cdot \frac{5,4}{1.3} = 8.3$$

Aufgabe A16.2: Dynamische Reaktanzen einer Schenkelpol-Synchronmaschine

Ein Schenkelpolgenerator hat folgende Spezifikationen:
20 Pole, 32.2 MVA, 11 kV, $\cos\varphi = 0.9$, Bohrungsdurchmesser = 3.8 m,
$X_{dh} = 3.42\ \Omega$, $X_{qh} = 0.6 X_{dh}$, $X_{s\sigma} = 0.52\ \Omega$, $X_{f\sigma} = 0.484\ \Omega$, $X_{D\sigma} = 1.73\ \Omega$,
$X_{Q\sigma} = 0.56\ \Omega$. Die angegebenen Reaktanzen beziehen sich auf das Ersatzschaltbild Bild 16.1.5-6a. Daher sind die rotorseitigen Reaktanzen bereits mit dem Übersetzungsverhältnis zwischen Feld- und Ständerwicklung bzw. Dämpfer und Ständerwicklung auf die Ständerseite umgerechnet. Berechnen Sie

1. den Bemessungsstrom, die Nennimpedanz und die die auf die Nennimpedanz bezogenen Reaktanzwerte!

2. mit den bezogenen Reaktanzwerten die folgenden Reaktanzen: X_d, X_q, X_d', X_d'', X_q''. Ist die Maschine subtransient symmetrisch?

3. Berechnen Sie den Stoßkurzschlussstrom im worst-case, wobei der Einfluss des abklingenden Gleichstromglieds und der strombegrenzenden Impedanz des Kurzschlusskreises mit dem Faktor 0.8 zu berücksichtigen ist!

Lösung zu Aufgabe A16.2:

1)

$$I_N = \frac{S_N}{\sqrt{3}\cdot U_N} = \frac{32200}{\sqrt{3}\cdot 11} = 1691\ \text{A}\ ,\quad Z_N = \frac{U_N}{\sqrt{3}\cdot I_N} = \frac{11000}{\sqrt{3}\cdot 1691} = 3.76\ \Omega\ ,$$

$$x_{dh} = \frac{X_{dh}}{Z_N} = \frac{3.42}{3.76} = 0.91\ \text{p.u.}\ ,\quad X_{dh} = \frac{X_{qh}}{0.6}\quad \Rightarrow\ x_{qh} = 0.6\cdot 0.91 = 0.55\ \text{p.u.}$$

$$x_{d\sigma} = x_{q\sigma} = x_{s\sigma} = \frac{X_{s\sigma}}{Z_N} = \frac{0.52}{3.76} = 0.138\ \text{p.u.}\ ,\quad x_{f\sigma} = \frac{0.484}{3.76} = 0.129\ \text{p.u.}$$

$$x_{D\sigma} = \frac{1.73}{3.76} = 0.46\ \text{p.u.}\ ,\quad x_{Q\sigma} = \frac{0.56}{3.76} = 0.15\ \text{p.u.}\ .$$

2)

$$x_d = x_{dh} + x_{s\sigma} = 0.91 + 0.138 = 1.048\ \text{p.u.}\ ,$$

$$x_q = x_{qh} + x_{s\sigma} = 0.55 + 0.138 = 0.688 \text{ p.u. },$$

$$x_d' = x_{s\sigma} + \frac{x_{dh} \cdot x_{f\sigma}}{x_{dh} + x_{f\sigma}} = 0.138 + \frac{0.91 \cdot 0.129}{0.91 + 0.129} = 0.25 \text{ p.u. },$$

$$x_d'' = x_{s\sigma} + \frac{x_{dh} \cdot x_{f\sigma} \cdot x_{D\sigma}}{x_{dh} \cdot x_{f\sigma} + x_{dh} \cdot x_{D\sigma} + x_{f\sigma} \cdot x_{D\sigma}} =$$

$$= 0.138 + \frac{0.91 \cdot 0.129 \cdot 0.46}{0.91 \cdot (0.129 + 0.46) + 0.129 \cdot 0.46} = 0.229 \text{ p.u. },$$

$$x_q'' = x_{s\sigma} + \frac{x_{qh} \cdot x_{Q\sigma}}{x_{qh} + x_{Q\sigma}} = 0.138 + \frac{0.55 \cdot 0.15}{0.55 + 0.15} = 0.256 \text{ p.u. },$$

$x_q'' = 1.12 \cdot x_d'' \Rightarrow x_q'' \neq x_d''$:   Die Maschine ist zwar subtransient unsymmetrisch, jedoch ist diese Unsymmetrie klein – wie zumeist bei Maschinen mit durchgehendem Dämpferkäfig!

3)
Die Stoßkurzschlussstrom-Amplitude hat den 9.9-fachen Wert des Bemessungsstroms:

$$\hat{I}_k = 0.8 \cdot \frac{2 \cdot \sqrt{2} \cdot U_U / U_N}{X_d'' / Z_N} \cdot I_N = 0.8 \frac{2 \cdot \sqrt{2} \cdot 1}{0.229} \cdot 1691 = 16709 \text{ A} \quad.$$

Aufgabe A16.3: Feldorientierter Betrieb einer Permanentmagnet-Synchronmaschine

Ein permanentmagneterregter Synchronmotor wird von einem Spannungs-Zwischenkreisumrichter gespeist, der als ideale Sinus-Drehspannungsquelle angenommen wird. Die Rotorlage wird durch einen inkrementell messenden Rotorlagegeber erfasst, so dass das Feld des Ständerstroms stets unter einem gewünschten Winkel relativ zur Läuferlage über den Umrichter eingeprägt werden kann. Ein Dämpferkäfig wird dadurch nicht benötigt. Da die Magnete auf die Läuferoberfläche geklebt sind (bei konstantem magnetisch wirksamem Luftspalt), sind die Induktivitäten der Längs- und Querachse (bei vernachlässigtem Sättigungseinfluss) gleich: $x_d = x_q = 0.35$ p.u. Der Ständerwicklungswiderstand wird vernachlässigt: $r_s \approx 0$. Die Polradspannung beträgt $u_p = 0.71$ p.u. bei Bemessungsdrehzahl. Der Bemessungsstrom $i_s = 1$ ist der thermisch dauernd zulässige Strom, die Spannung $u_s = 1$ die Umrichtermaximalspannung!

1. Geben Sie ausgehend vom dynamischen Gleichungssystem das Raumzeigerdiagramm (Flussverkettung, Spannung, Strom) für Stationärbetrieb bei Bemessungsdrehzahl im rotorfesten Koordinatensystem bei Betrieb mit feldschwächender Längsstromkomponente an.
2. Wie groß ist der Winkel zwischen Ständerstromraumzeiger und der Läuferquerachse, damit das elektromagnetische Drehmoment bei vorgegebenem Strom i_s maximal ist? Wie groß ist die Amplitude des Statorspannungsraumzeigers für diesen Betrieb bei Bemessungsdrehzahl und Bemessungsstrom? Geben Sie dazu das Raumzeigerdiagramm analog zu 1. an!
3. Wie groß ist das Drehmoment für 2. bei Bemessungsdrehzahl, wenn die Umrichterausgangsspannung ihren Maximalwert $U_{max} = U_N$ erreicht?

Lösung zu Aufgabe A16.3:

1)
Dynamisches Gleichungssystem (ohne Dämpferkäfig) im rotorfesten Koordinatensystem mit der Permanentmagnet-Flussverkettung $\psi_f = x_{dh} \cdot i_{f0}$:
Spannungsgleichungen:

$$u_d = r_s i_d + \frac{d\psi_d}{d\tau} - \omega_m \psi_q \quad , \quad u_q = r_s i_q + \frac{d\psi_q}{d\tau} + \omega_m \psi_d \quad .$$

Flussverkettungsgleichungen:

$$\psi_d = x_d i_d + \psi_f \quad , \quad \psi_q = x_q i_q \quad .$$

Bewegungsgleichung:

$$\tau_J \frac{d\omega_m}{d\tau} = -i_d \psi_q + i_q \psi_d - m_L \quad .$$

Stationärbetrieb $\Rightarrow d/d\tau = 0$, Bemessungsdrehzahl $\omega_m = 1$:
Mit $r_s = 0$ folgt: $u_d = -\psi_q$, $u_q = \psi_d$, folglich steht $\underline{u}_s$ normal auf $\underline{\psi}_s$ (Bild A16.3-1). Dabei ist:

$\psi_d = x_d i_d + \psi_f \quad , \quad \psi_q = x_d i_q \quad .$

$\underline{\psi}_s = \psi_d + j\psi_q \quad , \quad \underline{u}_s = j\omega_m \underline{\psi}_s \quad .$

$u_d = -\omega_m x_q i_q \quad , \quad u_q = \omega_m x_d i_d + \underbrace{\omega_m \psi_f}_{u_p} \quad .$

2)
Elektromagnetisches Drehmoment bei $x_d = x_q$:

$$m_e = -i_d \psi_q + i_q \psi_d = -i_d x_q i_q + i_q x_d i_d + i_q \psi_f = x_d\left(-i_d i_q + i_q i_d\right) + i_q \psi_f = i_q \psi_f \quad .$$

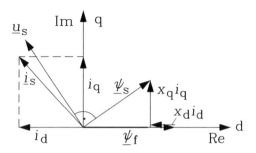

Bild A16.3-1: Raumzeigerdiagramm: Motorbetrieb: $i_q > 0$, Feldschwächbetrieb: $i_d > 0$, Stationärbetrieb

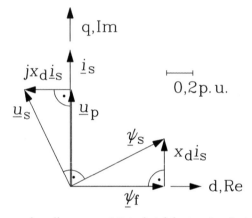

Bild A16.3-2 Raumzeigerdiagramm: Motorbetrieb: $i_q = i_s = 1$, $i_d = 0$, Stationärbetrieb

Um bei gegebenem Strom i_s ein maximales Drehmoment zu erhalten, muss $i_d = 0$ sein, da er kein Drehmoment bildet (Bild A16.3-2). Damit ist $i_s = i_q$.

Der Winkel zwischen Stromraumzeiger i_s und q-Achse ist Null. Die Amplitude des Ständerspannungsraumzeigers bei

$i_s = i_q = 1.0\,\text{p.u.}$, $\omega_m = 1$, $u_p = 0.71\,\text{p.u.}$, $x_d i_s = 0.35\,\text{p.u.}$

ist:

$$u_s = \sqrt{(x_d i_s)^2 + u_p^2} = \sqrt{(0.35 \cdot 1)^2 + 0.71^2} = 0.79\,\text{p.u.}$$

3)

$$u_s = 1\,\text{p.u.} \quad \Rightarrow \quad u_s^2 - u_p^2 = (x_d i_s)^2$$

$$\Rightarrow i_s = \frac{\sqrt{u_s^2 - u_p^2}}{x_d} = \frac{\sqrt{1^2 - 0.71^2}}{0.35} = 2 \text{ p.u.} = |\underline{i}_s| = i_q \ ,$$

$$m_e = i_q \psi_f = 2\psi_f = 2\underbrace{(i_N \psi_f)}_{m_{eN}} \ .$$

Das Maximalmoment ist doppelt so groß wie das Moment bei Bemessungsstrom!

Aufgabe A16.4: Umrichtergespeister Permanentmagnet-Synchronmotor bei Stillstand

Ein umrichtergespeister, sechspoliger Permanentmagnet-Synchronmotor (ohne Dämpferkäfig) mit Rotorlagegebersteuerung wird feldorientiert betrieben (Bild A16.4-1). Im Stillstand werden zwei Stränge der in Stern geschalteten dreisträngigen Ständerwicklung aus dem Zwischenkreis so gespeist, dass sich ein Spannungsraumzeiger $\underline{u}_s = u_s \cdot e^{j \cdot 120°}$ einstellt. Die Motorparameter sind $r_s = 0.05$ p.u., $x_d = 0.3$ p.u., $x_d = x_q$, Bemessungsspannung 231 V, Bemessungsstrom 10 A (Effektivwert), Bemessungsdrehzahl 3000/min.

1. Benennen Sie jene leitenden Transistoren in Bild A16.4-1, damit sich der gewünschte Spannungsraumzeiger einstellt. Wie stellt sich der Stromfluss ein?
2. Berechnen und zeichnen Sie zu 1. den Zeitverlauf des Stroms in Strang W (in Ampère), wenn die Maschine zuvor stromlos war. Da der Läufer still steht, kann das ständerfeste Koordinatensystem verwendet werden. Die Zwischenkreisspannung beträgt 489 V. Ist dieser Betriebszustand zulässig?
3. Geben Sie die sechs Schaltzustände des Wechselrichters und die zugehörigen Positionen des Spannungsraumzeigers des Motors an, wenn eine Blockspannungsspeisung erfolgt.

Lösung zu Aufgabe A16.4:

1)
Der Spannungsraumzeiger wird mit den verketteten Spannungen dargestellt.

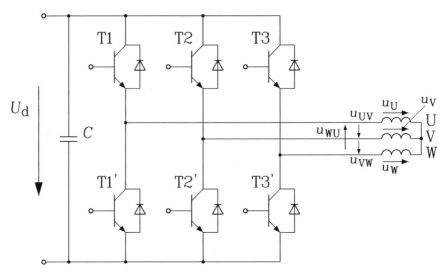

Bild A16.4-1: Spannungszwischenkreis, Transistor-Wechselrichter mit Freilaufdioden und Ständerwicklung des PM-Synchronmotors

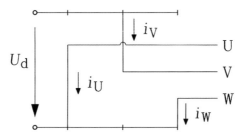

Bild A16.4-2: Leitende Zweige im Wechselrichter für $\underline{u}_s = u_s\underline{a}$

$$\underline{u}_s = \frac{2}{3}\left(u_U + \underline{a}\cdot u_V + \underline{a}^2\cdot u_W\right) = \frac{2}{3}\left(-u_{WU} + \underline{a}\cdot u_{VW}\right)$$

Diese Darstellung folgt mit $u_{UW} = -u_{WU}$ aus:

$$+\begin{cases}\underline{u}_s = \frac{2}{3}\left(u_U + \underline{a}\cdot u_V + \underline{a}^2\cdot u_W\right)\\[2mm] 0 = \frac{2}{3}\left(u_W + \underline{a}\cdot u_W + \underline{a}^2\cdot u_W\right)\end{cases}$$

$$u_s = \frac{2}{3}(\underbrace{u_U - u_W}_{u_{UW}} + \underline{a}\cdot\underbrace{(u_V - u_W)}_{u_{VW}}))$$

Für $\underline{u}_s = u_s e^{j120^o} = u_s \underline{a}$ müssen gemäß Bild A16.4-2 die Transistoren T2,
T1' und T3' leiten, die anderen sperren. Die bezogene Zwischenkreisspannung ist $u = U_d /(\sqrt{2} U_N)$. Dann sind $u_{VW} = u$ und $u_{WU} = 0$. Daraus folgt
$u_s = \dfrac{2}{3} u \cdot \underline{a}$. Der Strom fließt im Strang V als i_V zu und fließt je zur Hälfte

durch die Stränge U und W ab: $i_W = -\dfrac{i_V}{2}$, $i_U = -\dfrac{i_V}{2}$.

2)
Berechnung des Ständerstromraumzeigers bei Stillstand: $\omega_s = 0$. Es gilt
$x_s = x_d = x_q$, und $\underline{\psi}_f$ ist konstant.
Ständerflussverkettungsraumzeiger:
$$\underline{\psi}_s = x_s \underline{i}_s + \underline{\psi}_f$$
Ständerspannungsraumzeiger:
$$\underline{u}_s = r_s \underline{i}_s + d\underline{\psi}_s / d\tau + j\omega_s \underline{\psi}_s = r_s \underline{i}_s + x_s d\underline{i}_s / d\tau$$
Lineare Differentialgleichung 1. Ordnung für den Stromraumzeiger:
$$x_d \frac{d\underline{i}_s}{d\tau} + r_s \underline{i}_s = \underline{u}_s = (2/3) \cdot u \cdot \underline{a}$$
Anfangsbedingung: $\underline{i}_s(\tau = 0) = 0$

Homogene Lösung: $\underline{i}_{s,h}(\tau) = \underline{C} \cdot e^{-\tau/\tau_s}$

($\tau_s = \dfrac{x_d}{r_s}$: Ständerwicklungs-Zeitkonstante)

Partikuläre Lösung: $\underline{i}_{s,p} = \underline{i}_{s\infty} = \dfrac{(2/3) \cdot u \cdot \underline{a}}{r_s}$

(Dies ist ein stationärer Gleichstrom!)
Erfüllung der Anfangsbedingung: $\underline{C} = -\underline{i}_{s\infty}$.

Der Ständerstromraumzeiger $\underline{i}_s(\tau) = \underline{i}_{s\infty} \cdot \left(1 - e^{-\tau/\tau_s}\right)$ erregt ein Feld in
Richtung des Spannungsraumzeigers, also in der Strangachse V. Der
Strom im Strang W ist $i_W(\tau) = \mathrm{Re}(\underline{a} \cdot \underline{i}_s(\tau))$:

$$i_W(\tau) = \mathrm{Re}\left(\underline{a} \cdot \underline{a} \frac{(2/3) \cdot u}{r_s}\left(1 - e^{-\tau/\tau_s}\right)\right) .$$

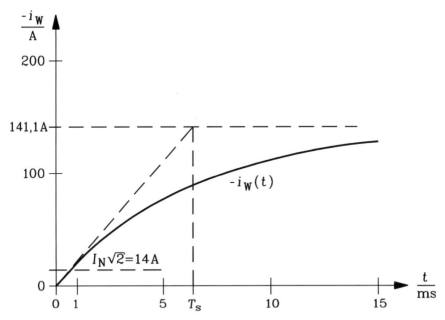

Bild A16.4-3: Strangstrom W bei Stillstand und Spannungsspeisung gemäß Bild A16.4-2

Wir erhalten mit $\underline{a}^2 = e^{j\frac{4\pi}{3}}$, $\mathrm{Re}(\underline{a}^2) = -0.5$: $i_W(\tau) = -\dfrac{u}{3r_s}\left(1 - e^{-\tau/\tau_s}\right)$ in bezogenen Größen.

In unbezogenen Größen gilt: $i_W(t) = -\dfrac{U_d}{3R_s}\cdot\left(1 - e^{-t/T_s}\right)$.

Berechnung der Zeitkonstante über die Bemessungsfrequenz:

$$n_N = 3000/\text{min} = 50/\text{s} = \frac{f_N}{p} \;\Rightarrow\; f_N = 3\cdot 50 = 150\,\text{Hz}\;(p = 3)\;,$$

$$\omega_N = 2\pi f_N = 2\pi\cdot 150 = 942.5/\text{s}\;,\quad T_s = \frac{\tau_s}{\omega_N} = \frac{1}{942.5}\cdot\frac{0.3}{0.05} = 6.37\,\text{ms}\;.$$

$$R_s = r_s\cdot(U_N/I_N) = 0.05\cdot(231/10) = 1.155\,\Omega\;.$$

$$i_W(t) = -489/(3\cdot 1.155)\cdot\left(1 - e^{-t/6.37\text{ms}}\right) = -141.1\cdot\left(1 - e^{-t/6.37\text{ms}}\right)\text{A}$$

(Kurvenverlauf siehe Bild A16.4-3).

Tabelle A16.4-1: Einzuschaltende Transistoren in Bild A16.4-1 für den Blockspannungsbetrieb von Bild A16.4-4

Zeitabschnitt	1	2	3	4	5	6
ein	T1	T1	T1′	T1′	T1′	T1
ein	T2′	T2	T2	T2	T2′	T2′
ein	T3′	T3′	T3′	T3	T3	T3

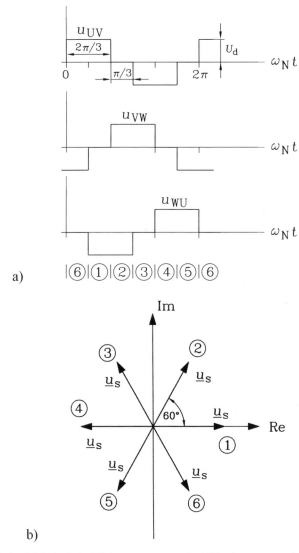

a)

b)

Bild A16.4-4: a) Verkettete Motorspannungen bei Blockspannungsbetrieb, b) Zugehörige Spannungsraumzeiger

Der Strangstrom W ist halb so groß wie der Strangstrom V und negativ. Der resultierende stationäre Strangstrom in V kann wegen der bei $n = 0$ fehlenden Polradspannung auch einfach über die in Bild A16.4-2 gezeigte Parallelschaltung der Strangwiderstände der Stränge U und W in Serie zu V berechnet werden: $i_{V,\infty} = i_{s\infty} = U_d/(1.5 R_s) = 489/(1.5 \cdot 1.155) = 282.2\,\text{A}$.

$$\left| i_{W,\infty} \right| = \left| \frac{i_{s\infty}}{2} \right| = 141.1\,\text{A}$$

Der Strangstrom beträgt das 28.2-fache des Bemessungswerts und darf daher nicht fließen. Die Strommessung im Umrichter muss den Motor mit der Überstromerkennung abschalten.

3)

Die Abfolge der einzuschaltenden Transistoren für den Blockspannungsbetrieb gemäß Bild A16.4-4a ist in Tab. A16.4-1 angegeben.

Mit den Transistoreinschaltungen gemäß Tab. A16.4-1 werden für die sechs Zeitabschnitte 1 … 6 (jeweils Dauer $T/6$) die Spannungsverläufe der drei verketteten Spannungen ermittelt (siehe z. B. mit Bild A16.4-2 für den Zeitabschnitt 3). Mit den Verläufen von u_{WU} und u_{VW} und der Formel

$$\underline{u}_s = \frac{2}{3}\left(-u_{WU} + \underline{a} \cdot u_{VW} \right)$$ werden die Statorspannungsraumzeiger in unbezogener Darstellung ermittelt (Bild A16.4-4b), z. B. Zeitabschnitt 2:

$$\underline{u}_s = \frac{2}{3} \cdot \left(-\underbrace{u_{WU}}_{-U_d} + \underline{a} \cdot \underbrace{u_{VW}}_{U_d} \right) = \frac{2}{3} \cdot U_d \cdot (1 + \underline{a}) \,, \quad \left| \underline{U}_s \right| = \frac{2}{3} U_d \;.$$

Aufgabe A16.5: Umrichtergespeister Hochleistungs-Synchronantrieb für Kompressoren

Ein elektrisch erregter Synchronmotor wird mit einem Stromzwischenkreisumrichter gespeist. Die Motorparameter sind $P_N = 17.3\,\text{MW}$, $n_N = 4850/\text{min}$, $2p = 2$, $U_N = 7.2\,\text{kV}$ (verkettet), Y-Schaltung der Ständerwicklung. Die Strom- und Spannungs-Nennwerte je Strang gelten für die Effektivwerte der Grundschwingungen. Der Gleichstrom im Zwischenkreis im Bemessungspunkt beträgt $I_d = 1850\,\text{A}$. Die idealisierten Zeitverläufe der drei Strangströme und Strangspannungen sind in Bild A16.5-1 und A16.5-2 dargestellt. Der Einfluss des Ständerwicklungswiderstands wird vernachlässigt.

1. Wie groß sind die Grundschwingungsperiode T und die zugehörige Frequenz f von $i(t)$ und $u(t)$ bei Bemessungsdrehzahl? Wie groß ist das Motordrehmoment?
2. Wie groß ist der Leistungsfaktor der Grundschwingung $\cos\varphi_s$ im Bemessungsbetrieb? Wie groß sind die Scheitelwerte der Strangspannung, des Strangstroms und dessen Grundschwingung sowie die zugehörigen Stromeffektivwerte? Wie groß ist die elektrische Motorleistung der Grundschwingung? Wie groß ist der zugehörige Motorwirkungsgrad?
3. Berechnen und zeichnen Sie den Stromraumzeiger in physikalischen Einheiten und in p.u. für a) $t = T/12$, b) $t = T/4$. Verwenden Sie den Scheitelwert des Grundschwingungsstroms von 2) als Bezugswert. Wie groß ist der Winkel zwischen beiden Zeigerzuständen? Wie lange verbleibt der Stromraumzeiger unverändert in einer jeweiligen Position? Was lässt sich daraus für die Lage des Ständerfelds bei Blockstromspeisung während einer Periode T ableiten?

Lösung zu Aufgabe A16.5:

1)

$$2 \cdot p = 2 \Rightarrow f_N = p \cdot n_N \Rightarrow f_N = 1 \cdot n_N = 1 \cdot \frac{4850}{60} = 80.83\,\text{Hz}$$

$$T = \frac{1}{f_N} = \frac{1}{80.83} = 12.37\,\text{ms}$$

$$M = P_N / (2\pi n_N) = 17300 / (2\pi \cdot 4850 / 60) = 34.06\,\text{kNm}$$

2)
Der Leistungsfaktor $\cos\varphi_s$ ist nur auf Basis des Phasenwinkels φ_s zwischen sinusförmigen Zeitfunktionen gleicher Frequenz definiert.
Die Statorstrangspannung ist (nahezu) sinusförmig: Die Statorstrangspannung ist identisch mit der Polradspannung, da der Gleichstrom in der Ständerwicklung keine Selbstinduktionsspannung induziert
($L_s \cdot di_s / dt = L_s \cdot dI_d / dt = 0$). Die Spannungsspitzen zufolge der „Stromsprünge" des rechteckförmigen Stromverlaufs werden hier vernachlässigt.
Die Polradspannung ist auf Grund der gesehnten Zweischichtwicklung nahezu sinusförmig.
Für den Ständerstrangstrom muss dessen Sinusgrundschwingung (Bild A16.5-3) für die Berechnung des Phasenwinkels verwendet werden (Ordnungszahl der Grundschwingung: $k = 1$).
Gemäß Bild A16.5-3 ist der Phasenwinkel $\varphi_s = 0°$, $\cos\varphi_s = 1$. Der Motor wird übererregt mit reiner Wirkleistung betrieben.

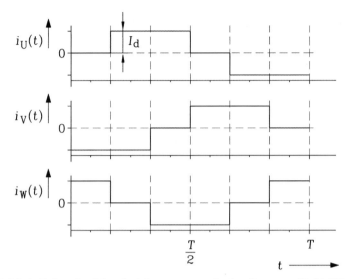

Bild A16.5-1: Zeitverlauf der drei Strangströme in den Strängen U, V, W

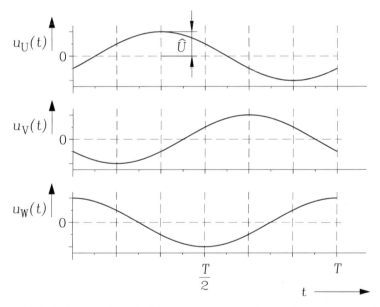

Bild A16.5-2: Zeitverlauf der drei Strangspannungen in den Strängen U, V, W

Scheitelwert der Strangspannung: $\hat{U}_s = \sqrt{2} \cdot (7200/\sqrt{3}) = 5878.8\,\text{V}$, Scheitelwert des Strangstroms: $\hat{I}_s = I_d = 1850\,\text{A}$,

Effektivwert: $I_s = \sqrt{2/3} \cdot I_d = 1510.5\,\text{A}$.

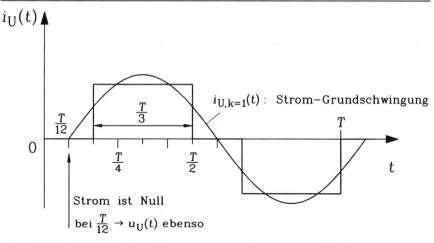

Bild A16.5-3: Blockförmiger Strangstrom und dessen Grundschwingung

Fourier-Analyse des Strangstroms: Grundschwingung $k = 1$:
Scheitelwert der Strangstrom-Grundschwingung:

$$\hat{I}_{s,k=1} = \frac{4}{\pi} \cdot I_d \cdot \sin(\pi/3) = \frac{2\sqrt{3}}{\pi} \cdot I_d = 2040 \text{ A}, \text{ Effektivwert:}$$

$$I_{s,k=1} = 2040/\sqrt{2} = 1442.5 \text{ A}$$

Elektrische Grundschwingungsleistung:

$$P_e = 3 \cdot \frac{\hat{U}_s \hat{I}_{s,k=1}}{2} \cdot \cos\varphi_s = 3 \cdot \frac{5878.8 \cdot 2040}{2} \cdot 1 = 17.988 \text{ MW}$$

Motorwirkungsgrad für $k = 1$: $\eta = P_N / P_e = 17.3/17.988 = 96.17 \%$

3)

$$\underline{i}(t) = \frac{2}{3}\left(i_U(t) + \underline{a} \cdot i_V(t) + \underline{a}^2 \cdot i_W(t)\right)$$

a) $t = T/12$: $i_U = 0$, $i_V = -I_d$, $i_W = +I_d$.

$$\underline{i}(T/12) = \frac{2}{3}\left(0 + e^{j \cdot 2\pi/3} \cdot (-I_d) + e^{j \cdot 4\pi/3} \cdot I_d\right) = \frac{2}{3}\left(\frac{I_d}{2} - j\frac{\sqrt{3}}{2}I_d - \frac{I_d}{2} - j\frac{\sqrt{3}}{2}I_d\right) =$$

$$= -j\frac{2}{\sqrt{3}}I_d = -j\frac{2}{\sqrt{3}} \cdot 1850 \text{ A} = -j \cdot 2136 \text{ A}$$

Per-unit-Angabe: $\underline{i}(T/12) = -j\frac{2136}{\sqrt{2} \cdot 1442.5} = -j \cdot 1.05 \text{ p.u.}$

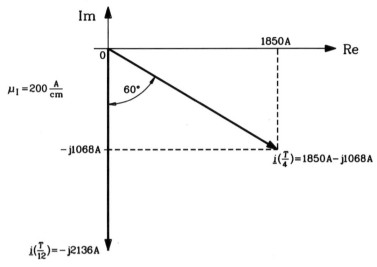

Bild A16.5-4: Statorstromraumzeiger bei Blockstromspeisung gemäß Bild A16.5-1 zu den Zeitpunkten $t = T/12$ und $t = T/4$. Der Winkel zwischen den beiden Zeigerzuständen ist $60°$.

b) $t = T/4$: $i_U = +I_d$, $i_V = -I_d$, $i_W = 0$.

$$\underline{i}(T/4) = \frac{2}{3}\left(I_d + (-I_d)\cdot e^{j\cdot 2\pi/3} + 0\right) = \frac{2}{3}\left(I_d + \frac{I_d}{2} - j\frac{\sqrt{3}}{2}I_d\right) =$$

$$= I_d - j\frac{1}{\sqrt{3}}I_d = \left(1850 - j\cdot 1068\right)A$$

Der Betrag $\left|\underline{i}(T/4)\right| = \sqrt{1850^2 + 1068^2} = 2136$ A ist identisch mit dem Betrag $\left|\underline{i}(T/12)\right|$. Beide Zeiger zu Fall a) und b) sind in Bild A16.5-4 dargestellt.

Während einer Zeitdauer von $\dfrac{T}{6} = \dfrac{12.37}{6} = 2.06$ ms verbleibt der Stromraumzeiger unverändert in einer Position, dann "springt" er zur nächsten Position um $60°$ im Gegenuhrzeigersinn. Während einer Periode nehmen der Stromraumzeiger und das Ständermagnetfeld sechs um $60°$ versetzte Positionen gemäß Bild A16.5-5 ein.

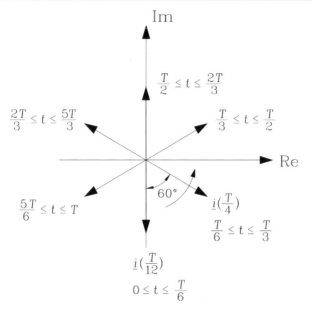

Bild A16.5-5: Lage des Ständerstromraumzeigers bei Blockstromspeisung während einer elektrischen Periode T

Aufgabe A16.6: Stator- und rotorseitige Anfangskurz-schlusswechselströme

Ein Turbogenerator in einem thermischen Kraftwerk erleidet einen allpoligen plötzlichen Klemmenkurzschluss, nachdem er zuvor im Leerlauf mit Bemessungsdrehzahl und erregt auf Bemessungsspannung $u_s = 1$ betrieben wurde. Berechnen Sie die bezogenen Amplituden der Anfangskurzschlusswechselströme in der Ständer-, Feld- und Dämpferwicklung der Längsachse eines 2-poligen Turbogenerators ($x_d = x_q$) mit den in Bild A16.6-1 angegebenen Daten bei vernachlässigter Dämpfung. Die Daten sind:

$$X_d/Z_N = x_d = 1.7 \text{ p.u.} \,, \quad X_{s\sigma} = 0.15 \, Z_N \,,$$
$$X_{f\sigma} = X_f - X_{dh} = 0.12 \, Z_N \,, \quad X_{D\sigma} = X_D - X_{dh} = 0.05 \, Z_N \,,$$
$$x_{c,fD} = 0.04 \text{ p.u.}$$

Führen Sie die Berechnung durch
1. mit Berücksichtigung der rotorseitigen Koppelreaktanz $x_{c,fD}$ gemäß Bild A16.6-1,
2. ohne diese Berücksichtigung.

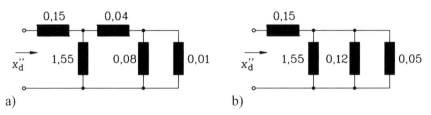

a)   b)

Bild A16.6-1: Magnetisches Ersatzschaltbild der Längsachse der Synchronmaschine zur Berechnung der subtransienten Reaktanz: a) mit und b) ohne Berücksichtigung der rotorseitigen Koppelreaktanz

3. Welche Größen reagieren besonders empfindlich auf die Vernachlässigung der rotorseitigen Koppelreaktanz $x_{c,fD}$? Was bedeutet die Berücksichtigung der rotorseitigen Koppelreaktanz $x_{c,fD}$ physikalisch?

Lösung zu Aufgabe A16.6:

1)
$x_{dh} = x_d - x_{s\sigma} = 1.55$ p.u. Aus Bild A16.6-1a folgt für die subtransiente Reaktanz der Längsachse bei Berücksichtigung der rotorseitigen Koppelreaktanz

$$x_d'' = x_{s\sigma} + \frac{x_{dh} x}{x_{dh} + x} \quad ,$$

wobei

$$x = x_{c,fD} + \frac{x_{fc\sigma} \cdot x_{Dc\sigma}}{x_{fc\sigma} + x_{Dc\sigma}} = 0.04 + \frac{0.08 \cdot 0.01}{0.08 + 0.01} = 0.0489 \text{ p.u.}$$

die Parallelschaltung der Feld- und Dämpferwicklungsstreureaktanz, jeweils vermindert um die Koppelreaktanz

$x_{fc\sigma} = x_f - x_{dh} - x_{c,fD} = 0.08$, $x_{Dc\sigma} = x_D - x_{dh} - x_{c,fD} = 0.01$,

ist. Damit erhalten wir die subtransiente Reaktanz der Längsachse

$$x_d'' = x_{s\sigma} + \frac{x_{dh} x}{x_{dh} + x} = 0.15 + \frac{1.55 \cdot 0.0489}{1.55 + 0.0489} = 0.1974 \text{ p.u.}$$

und daraus den Anfangskurzschlusswechselstrom in der Ständerwicklung, der in Bild A16.6-1 primär fließt, zu

$$i_{s,k\sim} = \frac{u_s}{x_d''} = \frac{1}{0.1974} = 5.066 \quad .$$

Aus Bild A16.6-1a folgt der Anfangskurzschlusswechselstrom in der Feldwicklung, der im Zweig $x_{f c \sigma} = 0.08$ fließt, über die Stromteiler-Regel zu

$$i_{f,k\sim} = i_{s,k\sim} \cdot \frac{x_{dh}}{x_{fc\sigma} + (x_{c,fD} + x_{dh}) \cdot \left(1 + \dfrac{x_{fc\sigma}}{x_{Dc\sigma}}\right)} =$$

$$= 5.066 \cdot \frac{1.55}{0.08 + (0.04 + 1.55) \cdot \left(1 + \dfrac{0.08}{0.01}\right)} = 0.5457 \quad .$$

Gemäß Bild A16.6-1a ergibt sich der Anfangskurzschlusswechselstrom in der Dämpferwicklung, der im Zweig $x_{Dc\sigma} = 0.01$ fließt, mit

$$x_{fc\sigma} \cdot i_{f,k\sim} = x_{Dc\sigma} \cdot i_{D,k\sim}$$

zu

$$i_{D,k\sim} = i_{f,k\sim} \cdot (x_{fc\sigma} / x_{Dc\sigma}) = 0.5457 \cdot (0.08/0.01) = 4.365 \quad .$$

Der magnetisierende Anfangskurzschlusswechselstrom, der im Zweig $x_{dh} = 1.55$ fließt, ist

$$i_{m,k\sim} = i_{s,k\sim} - i_{f,k\sim} - i_{D,k\sim} = 5.066 - 0.5457 - 4.365 = 0.1553 \quad .$$

2)

Aus Bild A16.6-1b folgt für die subtransiente Reaktanz der Längsachse ohne Berücksichtigung der rotorseitigen Koppelreaktanz

$$x_d'' = x_{s\sigma} + \frac{x_{dh} x_{f\sigma} x_{D\sigma}}{x_{dh} x_{f\sigma} + x_{dh} x_{D\sigma} + x_{f\sigma} x_{D\sigma}} \quad ,$$

wobei die Feld- und Dämpferwicklungsstreureaktanzen

$$x_{f\sigma} = x_{fc\sigma} + x_{c,fD} = 0.08 + 0.04 = 0.12 \quad ,$$

$$x_{D\sigma} = x_{Dc\sigma} + x_{c,fD} = 0.01 + 0.04 = 0.05 \quad ,$$

sind. Damit erhalten wir die subtransiente Reaktanz der Längsachse

$$x_d'' = 0.15 + \frac{1.55 \cdot 0.12 \cdot 0.05}{1.55 \cdot 0.12 + 1.55 \cdot 0.05 + 0.12 \cdot 0.05} = 0.1843 \, \text{p.u.}$$

und daraus den Anfangskurzschlusswechselstrom in der Ständerwicklung, der in Bild A16.6-1 primär fließt, zu

$$i_{s,k\sim} = \frac{u_s}{x_d''} = \frac{1}{0.1843} = 5.4254 \quad .$$

Tabelle A16.6-1: Berechnete ungedämpfte Anfangskurzschlusswechselströme eines zweipoligen Turbogenerators ohne (Spalte „Nein") und mit (Spalte „Ja") Berücksichtigung der rotorseitigen Koppelinduktivität zwischen Feld- und Dämpferwicklung

Berücksichtigung von $x_{c,fD}$?		Nein	Ja	Abweichung
x_d''	[p.u.]	0.1843	0.1974	-7 %
$i_{s,k\sim}$	[p.u.]	5.425	5.066	+7 %
$i_{m,k\sim}$	[p.u.]	0.121	0.155	-22 %
$i_{f,k\sim}$	[p.u.]	1.560	0.546	+186 %
$i_{D,k\sim}$	[p.u.]	3.744	4.365	-14 %

Aus Bild A16.6-1b folgt der Anfangskurzschlusswechselstrom in der Feldwicklung, der im Zweig $x_{f\sigma} = 0.12$ fließt, über die Stromteiler-Regel zu

$$i_{f,k\sim} = i_{s,k\sim} \cdot \frac{x_{dh}}{x_{f\sigma} + x_{dh} \cdot \left(1 + \dfrac{x_{f\sigma}}{x_{D\sigma}}\right)} = \frac{5.4254 \cdot 1.55}{0.12 + 1.55 \cdot \left(1 + \dfrac{0.12}{0.05}\right)} = 1.5602 \ .$$

Gemäß Bild A16.6-1b ergibt sich der Anfangskurzschlusswechselstrom in der Dämpferwicklung, der im Zweig $x_{D\sigma} = 0.05$ fließt, mit

$$x_{f\sigma} \cdot i_{f,k\sim} = x_{D\sigma} \cdot i_{D,k\sim}$$

zu

$$i_{D,k\sim} = i_{f,k\sim} \cdot (x_{f\sigma} / x_{D\sigma}) = 1.56 \cdot (0.12 / 0.05) = 3.744 \ .$$

Der magnetisierende Anfangskurzschlusswechselstrom, der im Zweig $x_{dh} = 1.55$ fließt, ist

$$i_{m,k\sim} = i_{s,k\sim} - i_{f,k\sim} - i_{D,k\sim} = 5.4254 - 1.5602 - 3.744 = 0.1208 \ .$$

3)

Aus Tab. A16.6-1 folgt, dass vor allem der subtransiente Strom in der Feldwicklung ohne Berücksichtigung der Koppelreaktanz etwa dreimal zu groß berechnet wird. Der Ständerkurzschlussstrom wird hingegen nur um 7 % zu groß berechnet. Die Vernachlässigung der Koppelreaktanz bedeutet physikalisch, dass die Hauptflussverkettungen zwischen Ständer-, Feld- und Dämpferwicklung gleich groß angenommen werden.

Aufgabe A16.7: Stoßkurzschlussstrom einer PM-Synchronmaschine

Ein dreisträngiger ($m = 3$), achtzigpoliger ($2p = 80$) direkt durch die Windturbine angetriebener Permanentmagnet-Synchrongenerator wird am Spannungszwischenkreis-Umrichter sinuskommutiert im q-Strombetrieb drehzahlveränderbar betrieben. Er hat eine Bemessungsleistung $P_N = 3$ MW, eine Bemessungs-Drehzahl $n_N = 10/\text{min}$, eine Bemessungsspannung $U_N = 690$ V (verkettet, Effektivwert), einen Bemessungsstrangstrom $I_{sN} = 2746$ A, einen Wicklungswiderstand je Strang bei betriebswarmer Maschine $R_s = 2.9\,\text{m}\Omega$ und auf der Läuferoberfläche Permanentmagnete aus NdFeB. Es wird deshalb näherungsweise $L_d = L_q$ angenommen.

1. Wie groß sind im Bemessungspunkt die elektrische Frequenz f_{sN} des Sinusgrundschwingungsstroms, die Polradspannung je Strang U_p effektiv, der Polradwinkel ϑ, der $\cos\varphi_s$ und der Phasenwinkel φ_s? Bestimmen Sie die Synchroninduktivität je Strang L_d!
2. Zeigen Sie, dass bei PM-Synchronmaschinen mit $L_d = L_q$ die Berechnung des Stoßkurzschlussstroms auch im statorfesten Koordinatensystem erfolgen kann und geben Sie die entsprechende Differentialgleichung für den Kurzschlussstromverlauf im Strang U an!
3. Lösen Sie die Differentialgleichung aus 2. für die Anfangsbedingung $i_{sU}(\tau = 0+) = i_{sU}(\tau = 0-) = i_0$! Spezialisieren Sie die Lösung für Kurzschluss nach vorherigem generatorischem Leerlauf $i_{sU}(\tau = 0+) = i_{sU}(\tau = 0-) = 0$. Vergleichen Sie dies mit dem Ergebnis aus dem Lehrbuch in Kap. 16.5.2!
4. Bei welchem Zeitpunkt des Kurzschlusseintritts tritt der maximale Kurzschlussstrom auf („worst case")? Zeigen Sie diesen Effekt für Kurzschluss nach vorherigem generatorischem Leerlauf! Geben Sie dafür den Kurzschlussstromverlauf in unbezogenen Größen an und bestimmen Sie näherungsweise den maximalen Stromwert!
5. Geben Sie die Bedingung für die „worst case"-Stromspitze für den Kurzschlusseintritt nach Betrieb bei Last ($i_s \neq 0$) an! Spezialisieren Sie diese Bedingung für Kurzschluss nach Betrieb im Nennpunkt (q-Strombetrieb gemäß 1.)!
6. Berechnen Sie mit den Daten von 1. den Kurzschlussstromverlauf im Strang U für den „worst case" der maximalen Kurzschlussstromamplitude für die drei allpoligen Kurzschlussfälle
   (i) „nach generatorischem q-Strom-Nennbetrieb",

(ii) „nach generatorischem Leerlauf",
(iii) „nach Motorbetrieb mit q-Bemessungsstrom"
für jeweils 10 Perioden der elektrischen Statorfrequenz. Zeigen Sie damit, dass die maximale Kurzschlussstromamplitude bei (i) höher ist als bei (iii), und diese höher als bei (ii).

Lösung zu Aufgabe A16.7:

1)
$f_{sN} = n_N \cdot p = (10/60) \cdot 40 = 6.67 \text{Hz}$. Bei q-Strombetrieb sind im Generatorbetrieb Strangstrom und Polradspannung im Verbraucherzählpfeilsystem in Gegenphase (siehe das qualitative Zeigerdiagramm Bild A16.7-1a):
$P_\delta = -3 \cdot U_p \cdot I_{sN} < 0$, und $P_{ab} = P_e < 0$.

$$|P_\delta| - P_{Cu,s} = |P_N| \Rightarrow 3 \cdot U_p \cdot I_{sN} - 3 \cdot R_s \cdot I_{sN}^2 = |P_N|$$

$$U_p = \frac{|P_N| + 3 \cdot R_s \cdot I_{sN}^2}{3 \cdot I_{sN}} = \frac{3 \cdot 10^6 + 3 \cdot 0.0029 \cdot 2746^2}{3 \cdot 2746} = 372.1\text{V}$$

$$\cos\varphi_s = \frac{P_N}{\sqrt{3}U_N I_{sN}} = \frac{-3 \cdot 10^6}{\sqrt{3} \cdot 690 \cdot 2746} = -0.9141, \quad \varphi_s = 156.1°$$

$$\cos\vartheta = \frac{U_p - R_s I_{sN}}{U_{sN}} = \frac{372.1 - 0.0029 \cdot 2746}{690/\sqrt{3}} = 0.9141, \quad \vartheta = 23.9°$$

Bei q-Strombetrieb gilt im Generatorbetrieb:
$\vartheta + \varphi_s = \pi$, $23.9° + 156.1° = 180.0°$.

$(\omega L_q I_{sN})^2 + (U_p - R_s I_{sN})^2 = U_{sN}^2$, hier: $L_q = L_q$

$$L_d = \frac{\sqrt{U_{sN}^2 - (U_p - R_s I_{sN})^2}}{\omega I_{sN}} = \frac{\sqrt{690^2/3 - (372.1 - 0.0029 \cdot 2746)^2}}{2\pi \cdot 6.67 \cdot 2746} = 1.404\text{mH}$$

2)
Wegen a) $x_d = x_q$ und b) der Läuferpermanentmagneterregung (keine Feldwicklung in der d-Achse) muss die Berechnung des Stoßkurzschlussstroms nicht im läuferfesten d-q-Koordinatensystem (Index (r)) erfolgen, sondern kann auch im ständerfesten α-β-Koordinatensystem (Index (s)) durchgeführt werden, da die Magnetpfade von d- und q-Achse passiv magnetisch gleichwertig sind. Im läuferfesten d-q-System gilt für die Statorflussverkettung:
$\psi_d(\tau) = x_d i_d(\tau) + \psi_p$, $\psi_q(\tau) = x_q i_q(\tau) = x_d i_q(\tau)$, $\psi_p = \text{konst.}$

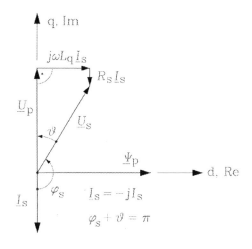

a)

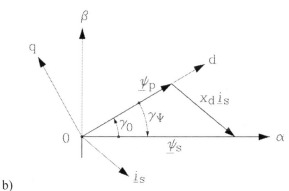

b)

Bild A16.7-1: a) Zeigerdiagramm je Strang einer PM-Synchronmaschine, Generatorbetrieb, q-Stromsteuerung ($i_d = 0$), Verbraucherzählpfeilsystem, b) Lage des Statorflussverkettungsraumzeigers $\underline{\psi}_s$ (Summe aus $\underline{\psi}_p$ und $x_d \underline{i}_s$ mit $\underline{i}_s = i_d + j\,i_q$) zum Zeitpunkt $\tau = 0$ (Kurzschlusseintritt), so dass die Flussverkettung im Strang U maximal ist: $\psi_{sU}(\tau = 0) = \mathrm{Re}(\underline{\psi}_s(\tau = 0)) = \psi_s$.

$$\underline{\psi}_{s(r)}(\tau) = \psi_d(\tau) + j \cdot \psi_q(\tau) = x_d \cdot (i_d + j \cdot i_q) + \psi_p = x_d \cdot \underline{i}_{s(r)} + \psi_p,$$

Rücktransformation ins α-β-Koordinatensystem (vgl. Kap. 15 im Lehrbuch): $\underline{\psi}_{s(s)}(\tau) = \underline{\psi}_{s(r)}(\tau) \cdot e^{j(\omega_m \tau + \gamma_0)} = x_d \underline{i}_{s(r)} \cdot e^{j(\omega_m \tau + \gamma_0)} + \psi_p \cdot e^{j(\omega_m \tau + \gamma_0)}$

$$\underline{\psi}_{s(s)}(\tau) = x_d \underline{i}_{s(s)} + \psi_p \cdot e^{j(\omega_m \tau + \gamma_0)}$$

Einsetzen in die Raumzeiger-Ständerspannungsgleichung im α-β-System:

$$\underline{u}_{s(s)}(\tau) = r_s \cdot \underline{i}_{s(s)}(\tau) + d\underline{\psi}_{s(s)}(\tau)/d\tau =$$

$$= r_s \cdot \underline{i}_{s(s)}(\tau) + x_d \cdot d\underline{i}_{s(s)}(\tau)/d\tau + j\omega_m \cdot \psi_p \cdot e^{j(\omega_m\tau + \gamma_0)}$$

Berechnung des Strangstroms in Strang U gemäß $i_U(\tau) = \mathrm{Re}(\underline{i}_{s(s)}(\tau))$, daher Realteilbildung der Statorspannungsgleichung. Ab nun zwecks besserer Übersicht ohne Index (s):

$$u_{sU}(\tau) = r_s \cdot i_{sU}(\tau) + x_d \cdot di_{sU}(\tau)/d\tau - \omega_m \cdot \psi_p \cdot \sin(\omega_m\tau + \gamma_0)$$

Der allpolige Kurzschluss erfolgt zum Zeitpunkt $\tau = 0$: $u_{sU}(\tau = 0+) = 0$. Die magnetische Energie des vom Statorstrom erregten Felds kann nicht sprungartig geändert werden, daher gilt die Anfangsbedingung $i_{sU}(\tau = 0+) = i_{sU}(\tau = 0-) = i_0$.

3)

Klemmenkurzschluss: $u_{sU}(\tau) = 0$.

$$r_s \cdot i_{sU}(\tau) + x_d \cdot di_{sU}(\tau)/d\tau = \omega_m \cdot \psi_p \cdot \sin(\omega_m\tau + \gamma_0)$$

Die ist eine lineare Differentialgleichung 1. Ordnung mit konstanten Koeffizienten mit dem Lösungsansatz (vgl. Kap. 12 im Lehrbuch) als Summe der homogenen Lösung i_h und der partikulären Lösung i_p:

$$i_{sU}(\tau) = i_h(\tau) + i_p(\tau), \quad i_h = C \cdot e^{-\tau/\tau_a}, \quad \tau_a = x_d/r_s,$$

$$i_p = A \cdot \sin(\omega_m\tau) + B \cdot \cos(\omega_m\tau)$$

Einsetzen der Partikulärlösung in die Differentialgleichung zur Bestimmung von A und B; Verwendung des Additionstheorems:

$$r_s \cdot (A \cdot \sin(\omega_m\tau) + B \cdot \cos(\omega_m\tau)) + \omega_m x_d \cdot (A \cdot \cos(\omega_m\tau) - B \cdot \sin(\omega_m\tau)) =$$

$$= \omega_m \cdot \psi_p \cdot (\sin(\omega_m\tau) \cdot \cos\gamma_0 + \cos(\omega_m\tau) \cdot \sin\gamma_0)$$

Bestimmung von A und B durch Koeffizientenvergleich bei $\sin(\omega_m\tau)$ und $\cos(\omega_m\tau)$ mit der Abkürzung „Polradspannung" $u_p = \omega_m \cdot \psi_p$ führt auf das mit der Cramer-Regel zu lösende Gleichungssystem:

$$\begin{pmatrix} r_s & -\omega_m x_d \\ \omega_m x_d & r_s \end{pmatrix} \cdot \begin{pmatrix} A \\ B \end{pmatrix} = u_p \cdot \begin{pmatrix} \cos\gamma_0 \\ \sin\gamma_0 \end{pmatrix}$$

$$A = \frac{u_p}{r_s^2 + \omega_m^2 x_d^2} \cdot (r_s \cdot \cos\gamma_0 + \omega_m x_d \cdot \sin\gamma_0)$$

$$B = \frac{u_p}{r_s^2 + \omega_m^2 x_d^2} \cdot (r_s \cdot \sin\gamma_0 - \omega_m x_d \cdot \cos\gamma_0)$$

Erfüllen der Anfangsbedingung zur Bestimmung von C:

$i_0 = i_h(0) + i_p(0) = C + B$, $C = i_0 - B$.

Mit

$$A \cdot \sin(\omega_m \tau) + B \cdot \cos(\omega_m \tau) = \frac{u_p \cdot \left(r_s \cdot \sin(\omega_m \tau + \gamma_0) - \omega_m x_d \cdot \cos(\omega_m \tau + \gamma_0) \right)}{r_s^2 + \omega_m^2 x_d^2}$$

folgt die Lösung für den Stoßkurzschlussstromverlauf im Strang U:

$$i_{sU}(\tau) = \left(i_0 - \frac{u_p \cdot \left(r_s \cdot \sin\gamma_0 - \omega_m x_d \cdot \cos\gamma_0 \right)}{r_s^2 + \omega_m^2 x_d^2} \right) \cdot e^{-\frac{\tau}{\tau_a}} +$$

$$+ \frac{u_p \cdot \left(r_s \cdot \sin(\omega_m \tau + \gamma_0) - \omega_m x_d \cdot \cos(\omega_m \tau + \gamma_0) \right)}{r_s^2 + \omega_m^2 x_d^2}$$

Stoßkurzschlussstrom nach vorherigem generatorischen Leerlauf:

$i_0 = 0$, $u_p = u_0$.

$$i_{sU}(\tau) = -\frac{u_0 \cdot \left(r_s \cdot \sin\gamma_0 - \omega_m x_d \cdot \cos\gamma_0 \right)}{r_s^2 + \omega_m^2 x_d^2} \cdot e^{-\frac{\tau}{\tau_a}} +$$

$$+ \frac{u_0 \cdot \left(r_s \cdot \sin(\omega_m \tau + \gamma_0) - \omega_m x_d \cdot \cos(\omega_m \tau + \gamma_0) \right)}{r_s^2 + \omega_m^2 x_d^2}$$

Im Lehrbuch Kap. 16.5.2 ist die Berechnung für die Näherung $r_s \ll \omega_m x_d$ und für Bemessungsdrehzahl ($\omega_m = 1$) angegeben. Damit erhalten wir:

$$i_{sU}(\tau) \approx \frac{u_0 \cdot \cos\gamma_0}{x_d} \cdot e^{-\frac{\tau}{\tau_a}} - \frac{u_0}{x_d} \cdot \cos(\tau + \gamma_0)$$

Mit $x_d = x_q$, $x_d'' = x_d' = x_d$ folgt aus dem Kurzschlussstromverlauf $i_{sU}(\tau)$ in Kap. 16.5.2 derselbe Ausdruck.

4)

Der Kurzschlussstrom in der Ständerwicklung ist maximal, wenn die Flussverkettung mit der Ständerwicklung ψ_s beim Kurzschlusseintritt maximal ist, weil dann die im Magnetfeld gespeicherte Energie $\sim \psi_s^2$ (vgl. Lehrbuch, Kap. 4) maximal ist, die bei Kurzschluss in Stromwärme in der Ständerwicklung über den dort fließenden Kurzschlussstrom umgesetzt werden muss.

Generatorischer Leerlauf ($i_s = 0$): Flussverkettung im Strang U:

$$\psi_{sU}(\tau) = \mathrm{Re}(\underline{\psi}_s(\tau)) = \mathrm{Re}(x_d \underline{i}_s + \psi_p \cdot e^{j(\omega_m \tau + \gamma_0)}) = \psi_p \cdot \cos(\omega_m \tau + \gamma_0)$$

Zum Zeitpunkt $\tau = 0$ ist $\psi_{sU}(0)$ maximal, wenn $\gamma_0 = 0$ ist. Mit $\cos\gamma_0 = 1$, $\sin\gamma_0 = 0$ folgt aus 3):

$$i_{sU}(\tau) = \frac{u_0 \cdot \omega_m x_d}{r_s^2 + \omega_m^2 x_d^2} \cdot e^{-\frac{\tau}{\tau_a}} + \frac{u_0 \cdot \left(r_s \cdot \sin(\omega_m \tau) - \omega_m x_d \cdot \cos(\omega_m \tau)\right)}{r_s^2 + \omega_m^2 x_d^2}$$

$$i_{sU}(\tau) = \frac{u_0}{r_s^2 + \omega_m^2 x_d^2} \cdot \left(\omega_m x_d \cdot e^{-\frac{\tau}{\tau_a}} + r_s \cdot \sin(\omega_m \tau) - \omega_m x_d \cdot \cos(\omega_m \tau) \right)$$

$$I_{sU}(t) = \frac{\hat{U}_{s0}}{R_s^2 + \omega_s^2 L_d^2} \cdot \left(\omega_s L_d \cdot e^{-\frac{t}{T_a}} + R_s \cdot \sin(\omega_s t) - \omega_s L_d \cdot \cos(\omega_s t) \right)$$

$$T_a = L_d / R_s$$

Der Gleichstromanteil $I_{sU,=}(t) = \dfrac{\hat{U}_{s0}}{R_s^2 + \omega_s^2 L_d^2} \cdot \omega_s L_d \cdot e^{-\frac{t}{T_a}} \cdot \cos\gamma_0$ tritt we-

gen $\cos\gamma_0 = 1$ in voller Höhe auf und addiert sich zum Wechselanteil, so dass der Kurzschlussstrom etwa zum Zeitpunkt $t = \pi / \omega_s$ seinen maximalen Wert annimmt.

$$I_{sU,max} \approx \frac{\omega_s L_d \cdot \hat{U}_{s0}}{R_s^2 + \omega_s^2 L_d^2} \cdot \left(e^{-\frac{\pi}{\omega_s T_a}} + 1 \right) = 16571 \text{A}$$

5)
Statorflussverkettung im Strang U (bei $x_d = x_q$):

$$\psi_{sU}(\tau) = \text{Re}(x_d \underline{i}_{s(r)} \cdot e^{j(\omega_m \tau + \gamma_0)} + \psi_p \cdot e^{j(\omega_m \tau + \gamma_0)}), \ \underline{i}_{s(r)} = i_d + j i_q$$

$$\psi_{sU}(\tau) = x_d \cdot (i_d \cos(\omega_m \tau + \gamma_0) - i_q \sin(\omega_m \tau + \gamma_0)) + \psi_p \cdot \cos(\omega_m \tau + \gamma_0)$$

Bedingung für Kurzschluss zum Zeitpunkt $\tau = 0$ bei maximaler Statorflussverkettung im Strang U:

$$\psi_{sU}(0) = x_d \cdot (i_d \cdot \cos\gamma_0 - i_q \sin\gamma_0) + \psi_p \cdot \cos\gamma_0 = \psi_{sU} \cdot \cos(\gamma_0 + \gamma_\psi)$$

$$\psi_{sU} = \sqrt{(x_d i_d + \psi_p)^2 + (x_d i_q)^2}, \ \gamma_\psi = \arctan\left(\frac{x_d \cdot i_q}{x_d \cdot i_d + \psi_p} \right)$$

Die Flussverkettung ist maximal, wenn $\gamma_0 + \gamma_\psi = 0$ ist. Die maximale Kurzschlussstromamplitude tritt somit auf, wenn beim Kurzschlusseintritt

$$\gamma_0 = -\gamma_\psi = -\arctan\left(\frac{x_d \cdot i_q}{x_d \cdot i_d + \psi_p} \right)$$ ist (Bild A16.7-1b).

Berechnung der Anfangsbedingung bei $\tau = 0$ aus dem stationären Strangstrom vor Kurzschlusseintritt:

$$i_{sU}(\tau) = \mathrm{Re}(\underline{i}_s \cdot e^{j(\omega_m \tau + \gamma_0)}) = \mathrm{Re}((i_d + j i_q) \cdot e^{j(\omega_m \tau + \gamma_0)}) =$$

$$= i_d \cos(\omega_m \tau + \gamma_0) - i_q \sin(\omega_m \tau + \gamma_0)$$

$$i_{sU}(0) = i_d(0) \cdot \cos \gamma_0 - i_q(0) \cdot \sin \gamma_0$$

Speziell: Kurzschluss nach generatorischem q-Strom-Nennbetrieb (Verbraucher-Zählpfeilsystem): $i_d = 0$, $i_q = -i_N$, $\gamma_0 = \arctan(x_d \cdot i_N / \psi_p)$,

$$i_{sU}(0) = i_N \cdot \sin \gamma_0 = i_0 .$$

6)

Der Kurzschlussstromverlauf in unbezogenen Größen

$$I_{sU}(t) = \left(I_0 - \frac{\hat{U}_p \cdot (R_s \cdot \sin \gamma_0 - \omega_s L_d \cdot \cos \gamma_0)}{R_s^2 + \omega_s^2 L_d^2} \right) \cdot e^{-\frac{t}{T_a}} +$$

$$+ \frac{\hat{U}_p \cdot (R_s \cdot \sin(\omega_s t + \gamma_0) - \omega_s L_d \cdot \cos(\omega_s t + \gamma_0))}{R_s^2 + \omega_s^2 L_d^2}$$

wurde im Zeitbereich $0 \leq t \leq 10 \cdot T_s$, $T_s = 2\pi / \omega_{sN} = 0.15$s für (i), (ii), (iii) berechnet und ist in Bild A16.7-2 dargestellt.

(i)

$$\hat{I}_N = \sqrt{2} \cdot 2746 = 3883\mathrm{A} , \quad \gamma_0 = \arctan\left(\frac{\omega_s L_d \cdot \hat{I}_N}{\omega_s \cdot \Psi_p} \right)$$

$$\gamma_0 = \arctan\left(\frac{\omega_s L_d \cdot \hat{I}_N}{\hat{U}_p} \right) = \arctan\left(\frac{2\pi \cdot 6.67 \cdot 1.404 \cdot 3883}{\sqrt{2} \cdot 372.1 \cdot 1000} \right) = 0.4096$$

$$I_0 = \hat{I}_N \cdot \sin \gamma_0 = 3883 \cdot \sin(0.4096) = 1546\mathrm{A} .$$

(ii)

$$\gamma_0 = \arctan\left(\frac{0}{\hat{U}_p} \right) = 0 , \quad I_0 = 0 .$$

(iii)

$$\gamma_0 = -\arctan\left(\frac{\omega_s L_s \cdot \hat{I}_N}{\hat{U}_p} \right) = -\arctan\left(\frac{2\pi \cdot 6.67 \cdot 1.404 \cdot 3883}{\sqrt{2} \cdot 372.1 \cdot 1000} \right) = -0.4096$$

$$I_0 = -I_q \cdot \sin \gamma_0 = -3883 \cdot \sin(-0.4096) = 1546\mathrm{A} .$$

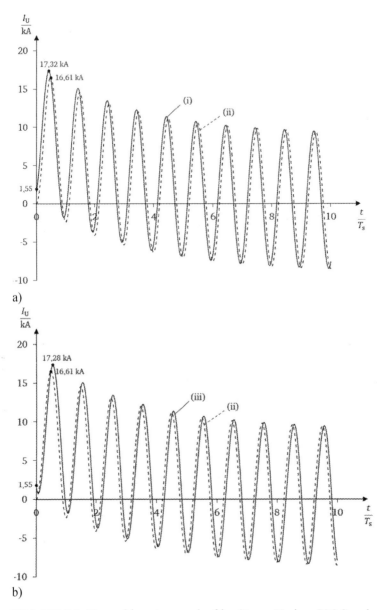

a)

b)

Bild A16.7-2: Kurzschlussstromverlauf im Strang U einer PM-Synchronmaschine
($x_d = x_q$) für allpoligen plötzlichen Kurzschluss:
a) Kurzschluss nach Generatorbetrieb bei q-Stromsteuerung (i) im Vergleich zu
Kurzschluss nach Leerlauf (ii),
b) Kurzschluss nach Motorbetrieb bei q-Stromsteuerung (iii) im Vergleich zu
Kurzschluss nach Leerlauf (ii)

Tabelle A16.7-1: Zeitpunkt des Auftretens und maximale Kurzschlussstromamplitude für den „worst case" des plötzlichen Kurzschlusses bei maximaler Statorflussverkettung für die Fälle (i), (ii), (iii) (vgl. Bild A16.7-2)

Fall	Zeitpunkt t^*/T_s	$I_{sU,max}$/A
(i)	0.420	17319
(ii)	0.485	16606
(iii)	0.550	17282

Aufgabe A16.8: Stoßkurzschlussmoment einer PM-Synchronmaschine

Ein dreisträngiger ($m = 3$), achtpoliger ($2p = 8$) direkt durch eine Propellerturbine angetriebener Permanentmagnet-Synchrongenerator mit SmCo-Läuferoberflächenmagneten wird in einem Kleinwasserkraftwerk am Spannungszwischenkreis-Umrichter sinuskommutiert im q-Strombetrieb drehzahlveränderbar mit der bezogenen mechanischen Drehzahl ω_m betrieben. Auf Grund des jahreszeitlich bedingten verringerten Wasserstroms ist die Turbinendrehzahl verringert: $\omega_m = 0.7$. Die bezogene Amplitude der sinusförmig veränderlichen Flussverkettung des PM-Läuferfelds mit der Ständerwicklung je Strang ist $\psi_p = 0.8$. Der bezogene Wicklungswiderstand je Strang bei betriebswarmer Maschine beträgt $r_s = 0.03$, und die bezogene Selbstinduktivität je Strang $x_d = x_q = 0.35$. Im Leerlauf (Statorstrom $i_s = 0$) werden in den drei in Stern geschalteten Wicklungssträngen U, V, W die drei Leerlaufspannungen ($u_0 = \omega_m \cdot \psi_p$)

$$u_{sU0}(\tau) = -\omega_m \cdot \psi_p \cdot \sin(\omega_m\tau + \gamma_0) = u_{pU}(\tau)$$

$$u_{sV0}(\tau) = -\omega_m \cdot \psi_p \cdot \sin(\omega_m\tau + \gamma_0 - 2\pi/3) = u_{pV}(\tau)$$

$$u_{sW0}(\tau) = -\omega_m \cdot \psi_p \cdot \sin(\omega_m\tau + \gamma_0 - 4\pi/3) = u_{pW}(\tau)$$

induziert. Der Generator erleidet zum Zeitpunkt $\tau = 0$ durch einen Umrichterfehler direkt an den Klemmen einen dreipoligen plötzlichen Kurzschluss, nachdem er vorher im Leerlauf betrieben wurde. Der im Strang U auftretende bezogene Kurzschlussstrom hat die Formel (siehe Aufgabe A16.7) ($\tau_a = x_d/r_s$):

$$i_{sU}(\tau) = -\frac{u_0 \cdot (r_s \cdot \sin\gamma_0 - \omega_m x_d \cdot \cos\gamma_0)}{r_s^2 + \omega_m^2 x_d^2} \cdot e^{-\frac{\tau}{\tau_a}} +$$

$$+ \frac{u_0 \cdot (r_s \cdot \sin(\omega_m\tau + \gamma_0) - \omega_m x_d \cdot \cos(\omega_m\tau + \gamma_0))}{r_s^2 + \omega_m^2 x_d^2}.$$

1. Berechnen Sie das Stoßkurzschlussmoment $m_e(\tau)$ des Generators im Luftspalt aus der Luftspaltleistung der Maschine!

2. Wie hängt das Drehmoment aus 1) vom Augenblick des Kurzschlusseintritts, ausgedrückt durch den Phasenwinkel γ_0, ab? Wie groß ist das Drehmoment bei $\tau = 0$?

3. Wie groß ist die ungedämpfte Wechselamplitude von 1)? Wie groß ist die maximale Momentenamplitude? Stellen Sie $m_e(\tau)$ graphisch für den Zeitraum von etwa acht Perioden dar!

4. Wie groß ist für $\tau \rightarrow \infty$ das Kurzschluss-Dauermoment $m_{e,p}$? Wie ändert sich das Dauermoment $m_{e,p}$ mit der Turbinendrehzahl? Stellen Sie das Dauerkurzschlussmoment $m_{e,p}(\omega_m)$ graphisch bis zur Durchgangsdrehzahl der Propellerturbine (= Maximaldrehzahl der Turbine bei Bemessungs-Wasserstrom und leerlaufenden Generator) $\omega_m = 3.0$ dar!

5. Erklären Sie physikalisch das Zustandekommen des Drehmoments nach 1)! Vergleichen Sie das Ergebnis 1) mit der Näherungsformel von Abschnitt 16.5.3 im Lehrbuch.

Lösung zu Aufgabe A16.8:

1)
Luftspaltleistung in bezogenen Größen (vgl. Kap. 14 im Lehrbuch die bezogene Leistung aus den Stranggrößen von U, V, W):

$$p_\delta(\tau) = (2/3) \cdot (u_{pU}(\tau) \cdot i_{sU}(\tau) + u_{pV}(\tau) \cdot i_{sV}(\tau) + u_{pW}(\tau) \cdot i_{sW}(\tau))$$

Da die Stränge V und W zum Strang U „elektrisch" um $2\pi/3$ bzw. $4\pi/3$ räumlich versetzt sind, und hier ausschließlich Grundwellenfelder betrachtet werden, gelten für Strom und Spannung in U, V und W zum Zeitpunkt des Kurzschlusseintritts die Phasenwinkel γ_0, $\gamma_0 - 2\pi/3$, $\gamma_0 - 4\pi/3$. Mit $u_{pU}(\tau) \cdot i_{sU}(\tau) = u(\tau, \gamma_0) \cdot i(\tau, \gamma_0)$ folgt daraus:

$$(3/2) \cdot p_\delta(\tau) =$$

$$= u(\tau, \gamma_0) \cdot i(\tau, \gamma_0) + u\left(\tau, \gamma_0 - \frac{2\pi}{3}\right) \cdot i\left(\tau, \gamma_0 - \frac{2\pi}{3}\right) + u\left(\tau, \gamma_0 - \frac{4\pi}{3}\right) \cdot i\left(\tau, \gamma_0 - \frac{4\pi}{3}\right).$$

Wir zerlegen den Strom $i_{sU}(\tau) = i(\tau, \gamma_0)$ in den abklingenden Anteil

$$i_h(\tau, \gamma_0) = -\frac{u_0 \cdot (r_s \cdot \sin\gamma_0 - \omega_m x_d \cdot \cos\gamma_0)}{r_s^2 + \omega_m^2 x_d^2} \cdot e^{-\frac{\tau}{\tau_a}}$$

und den stationären Anteil

$$i_p(\tau, \gamma_0) = \frac{u_0 \cdot (r_s \cdot \sin(\omega_m \tau + \gamma_0) - \omega_m x_d \cdot \cos(\omega_m \tau + \gamma_0))}{r_s^2 + \omega_m^2 x_d^2}.$$

Die Luftspaltleistung des abklingenden Anteils $p_{\delta h}(\tau)$ ist demnach (mit der Abkürzung $\alpha = \omega_m \tau + \gamma_0$):

$$p_{\delta h}(\tau) = \frac{2}{3} \cdot \frac{u_0^2}{r_s^2 + \omega_m^2 x_d^2} \cdot e^{-\frac{\tau}{\tau_a}} \cdot \big(r_s \cdot \sin\gamma_0 \sin\alpha - \omega_m x_d \cdot \cos\gamma_0 \sin\alpha +$$

$$+ r_s \cdot \sin(\gamma_0 - 2\pi/3) \cdot \sin(\alpha - 2\pi/3) - \omega_m x_d \cdot \cos(\gamma_0 - 2\pi/3)\sin(\alpha - 2\pi/3) +$$

$$+ r_s \cdot \sin(\gamma_0 - 4\pi/3) \cdot \sin(\alpha - 4\pi/3) - \omega_m x_d \cdot \cos(\gamma_0 - 4\pi/3)\sin(\alpha - 4\pi/3) \big).$$

Mit

$$\sin\gamma_0 \sin\alpha + \sin(\gamma_0 - 2\pi/3)\cdot\sin(\alpha - 2\pi/3) + \sin(\gamma_0 - 4\pi/3)\cdot\sin(\alpha - 4\pi/3) =$$

$$= \frac{3}{2}\cdot\cos(\alpha - \gamma_0) = \frac{3}{2}\cdot\cos(\omega_m\tau + \gamma_0 - \gamma_0) = \frac{3}{2}\cdot\cos(\omega_m\tau)$$

und

$$\cos\gamma_0 \sin\alpha + \cos(\gamma_0 - 2\pi/3)\cdot\sin(\alpha - 2\pi/3) + \cos(\gamma_0 - 4\pi/3)\cdot\sin(\alpha - 4\pi/3) =$$

$$= \frac{3}{2}\cdot\sin(\alpha - \gamma_0) = \frac{3}{2}\cdot\sin(\omega_m\tau + \gamma_0 - \gamma_0) = \frac{3}{2}\cdot\sin(\omega_m\tau)$$

erhalten wir

$$p_{\delta h}(\tau) = \frac{u_0^2}{r_s^2 + \omega_m^2 x_d^2} \cdot e^{-\frac{\tau}{\tau_a}} \cdot \big(r_s \cdot \cos(\omega_m\tau) - \omega_m x_d \cdot \sin(\omega_m\tau) \big).$$

Die Luftspaltleistung des stationären Anteils $p_{\delta p}(\tau)$ ist analog dazu

$$p_{\delta p}(\tau) = -\frac{2}{3}\cdot\frac{u_0^2}{r_s^2 + \omega_m^2 x_d^2} \cdot \Big[r_s \cdot \big(\sin^2(\alpha) + \sin^2(\alpha - 2\pi/3) + \sin^2(\alpha - 4\pi/3) \big) -$$

$$- \omega_m x_d \cdot \big(\cos(\alpha)\cdot\sin(\alpha) + \cos(\alpha - 2\pi/3)\cdot\sin(\alpha - 2\pi/3) + \cos(\alpha - 4\pi/3)\cdot\sin(\alpha - 4\pi/3) \big)$$

Gemäß den obigen trigonometrischen Beziehungen ist

$$\sin^2(\alpha) + \sin^2(\alpha - 2\pi/3) + \sin^2(\alpha - 4\pi/3) = \frac{3}{2}\cdot\cos(\alpha - \alpha) = \frac{3}{2}$$

und

$$\cos(\alpha)\cdot\sin(\alpha) + \cos(\alpha - 2\pi/3)\cdot\sin(\alpha - 2\pi/3) + \cos(\alpha - 4\pi/3)\cdot\sin(\alpha - 4\pi/3) =$$

$$= \frac{3}{2}\cdot\sin(\alpha - \alpha) = 0$$

und demnach

$$p_{\delta p}(\tau) = -\frac{u_0^2 \cdot r_s}{r_s^2 + \omega_m^2 x_d^2}.$$ Das bezogene Drehmoment bei Stoßkurzschluss ist

wegen $\omega_m \cdot m_e(\tau) = p_\delta(\tau) = p_{\delta h}(\tau) + p_{\delta p}(\tau)$ damit

$$m_e(\tau) = \frac{1}{\omega_m} \cdot \frac{u_0^2}{r_s^2 + \omega_m^2 x_d^2} \cdot \left[e^{-\frac{\tau}{\tau_a}} \cdot \left(r_s \cdot \cos(\omega_m \tau) - \omega_m x_d \cdot \sin(\omega_m \tau) \right) - r_s \right].$$

2)

Das Drehmoment ist eine Summenwirkung aus den Kräften über die drei (von γ_0 abhängigen) Strangströmen und Strangspannungen, und hängt daher selbst NICHT von γ_0 und damit nicht vom Augenblick des Eintritts des Kurzschlusses relativ zur Phasenlage der Spannungen ab.

$$m_e(0) = \frac{1}{\omega_m} \cdot \frac{u_0^2}{r_s^2 + \omega_m^2 x_d^2} \cdot \left[e^{-\frac{0}{\tau_a}} \cdot \left(r_s \cdot \cos(0) - \omega_m x_d \cdot \sin(0) \right) - r_s \right] = 0$$

Zum Zeitpunkt $\tau = 0$ sind die drei Strangkurzschlussströme wegen vorherigem Leerlaufbetrieb Null; daher ist auch das Stoßkurzschlussdrehmoment Null.

3)

Ungedämpftes Wechselmoment:

$$m_{e,\sim} = \frac{1}{\omega_m} \cdot \frac{u_0^2}{r_s^2 + \omega_m^2 x_d^2} \cdot \left(r_s \cdot \cos(\omega_m \tau) - \omega_m x_d \cdot \sin(\omega_m \tau) \right)$$

Mit $r_s \cdot \cos(\omega_m \tau) - \omega_m x_d \cdot \sin(\omega_m \tau) = -\sqrt{r_s^2 + (\omega_m x_d)^2} \cdot \sin(\omega_m \tau - \beta)$ und

$\tan \beta = \dfrac{r_s}{\omega_m x_d}$ folgt $m_{e,\sim} = -\dfrac{1}{\omega_m} \cdot \dfrac{u_0^2}{\sqrt{r_s^2 + \omega_m^2 x_d^2}} \cdot \sin(\omega_m \tau - \beta)$ und daher

für die ungedämpfte Wechselamplitude des Wechselmoments:

$$\hat{m}_{e,\sim} = \frac{\omega_m \psi_p^2}{\sqrt{r_s^2 + \omega_m^2 x_d^2}} = \frac{0.7 \cdot 0.8^2}{\sqrt{0.03^2 + (0.7 \cdot 0.35)^2}} = 1.81.$$

Stoßkurzschlussmoment:

$$m_e(\tau) = -\frac{\omega_m \psi_p^2}{\sqrt{r_s^2 + (\omega_m x_d)^2}} \cdot \left[e^{-\frac{\tau}{\tau_a}} \cdot \sin(\omega_m \tau - \beta(\omega_m)) + \frac{r_s}{\sqrt{r_s^2 + (\omega_m x_d)^2}} \right]$$

Maximalwert: $dm_e(\tau)/d\tau = 0$, $-\dfrac{1}{\tau_a} \sin(\omega_m \tau - \beta) + \cos(\omega_m \tau - \beta) = 0$,

$$\omega_m \tau^* = \arctan(\tau_a) + \beta = \arctan(11.67) + 0.1218 = 1.607$$

$$m_e(\tau) = -1.81 \cdot \left[e^{-\frac{\tau}{11.67}} \cdot \sin(\omega_m \tau - 0.1218) + 0.122 \right]\Bigg|_{\omega_m \tau = 1.607} = -1.71$$

Das maximale Stoßkurzschlussmoment beträgt 171% des Bezugsmoments und tritt bei $\omega_m \tau * /(2\pi) = 0.255$, also etwa nach einer Viertelperiode bremsend (negativ) auf. Der Zeitverlauf des Stoßkurzschlussmoments ist in Bild A16.8-1 dargestellt.

4)

Für $\tau \to \infty$ klingt die homogene Lösung aus 1) auf Null ab, und es verbleibt die partikuläre Lösung das negative (bremsend wirkende) Kurzschluss-Dauermoment

$$m_e(\tau \to \infty) = m_{ep} = - \frac{\omega_m \cdot r_s \cdot \psi_p^2}{r_s^2 + (\omega_m x_d)^2} \ .$$

Bei Drehzahl Null ($\omega_m = 0$) sind sowohl das dynamische Stoßkurzschlussmoment als auch das Dauermoment $m_{e,p}$ Null, da keine Statorspannung induziert wird, die bei Kurzschluss einen Statorstrom treiben kann, der ein Bremsmoment mit dem Läuferfeld erzeugen könnte. Mit steigender Drehzahl nimmt das Dauermoment wegen der linear mit der Drehzahl steigenden induzierten Polradspannung zu, wobei der Statorstrom zunächst hauptsächlich vom Ständerwicklungswiderstand begrenzt wird und daher ebenfalls linear zunimmt. So steigt auch das bremsende Dauermoment linear. Dann aber wirkt die strombegrenzende Selbstinduktionsspannung durch das Statorfeld mit steigender Drehzahl und Frequenz, so dass der Dauerkurzschlussstrom einem Maximalwert zustrebt:

$$i_s(\tau \to \infty) \sim \omega_m \cdot \psi_p /(\omega_m x_d) = \psi_p / x_d \ .$$

Gleichzeitig dreht aber die Phasenlage des Statorstroms zur induzierten Polradspannung wegen $\omega_m x_d \gg r_s$ von 0° zu 90° nacheilend, so dass der o.g. Strom rein induktiv wird und mit dem Läuferfeld kein Drehmoment mehr bilden kann. Das Kurzschlussdauermoment hat somit ein Maximum bei einer bestimmten Drehzahl ω_m^* und nimmt bei höheren Drehzahlen auf Null ab (Bild A16.8-2).

$$\lim_{\omega_m \to \infty} m_{ep} \sim \lim_{\omega_m \to \infty} \frac{-\omega_m}{r_s^2 + (\omega_m x_d)^2} = 0 \ .$$

Maximalwert:

$$dm_{ep} / d\omega_m = 0: \quad \omega_m = \pm r_s / x_d \to \omega_m^* = r_s / x_d = 0.03 / 0.35 = 0.0857$$

Das maximale Dauerkurzschluss-Bremsmoment beträgt (vgl. Abschn. 9.7.3 im Lehrbuch) 91.4% des Bezugsmoments

$$m_{ep,max} = -\frac{\omega_m^* \cdot r_s \cdot \psi_p^2}{r_s^2 + (\omega_m^* x_d)^2} = -\frac{r_s^2 \cdot \psi_p^2 / x_d}{2 r_s^2} = -\frac{1}{2} \cdot \frac{\psi_p^2}{x_d} = -\frac{1}{2} \cdot \frac{0.8^2}{0.35} = -0.914$$

und tritt bei etwa 8.5% der Bemessungsdrehzahl auf.

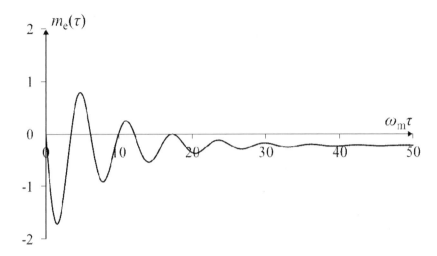

Bild A16.8-1: Zeitlicher Verlauf des Stoßkurzschlussmoments bei allpoligem Klemmenkurzschluss nach vorangegangenem generatorischem Leerlauf bei 70% der Bemessungsdrehzahl (acht Perioden: $8 \cdot 2\pi = 50.27$)

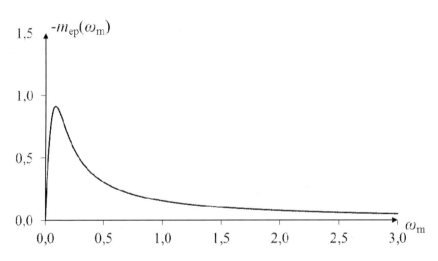

Bild A16.8-2: Verlauf des zeitlich konstanten bremsend wirkenden (= negativen) Kurzschluss-Dauermoments in Abhängigkeit der bezogenen Drehzahl

5)
Beim Stoßkurzschluss treten auf Grund des plötzlichen Kurzschlusses der induzierten Statorspannung in der Statorwicklung ein Drehstromsystem gleicher Frequenz und konstanter Amplitude und ein abklingendes Gleich-

stromsystem auf. Das Drehstromsystem mit konstanter Amplitude erregt ein Statorfeld gleicher Polzahl wie das Läuferfeld, das synchron mit dem Läuferfeld rotiert und mit diesem das bremsende Kurzschluss-Dauermoment erzeugt. Das Gleichstromsystem erregt ein stehendes abklingendes Statorfeld mit gleicher Polzahl wie das Läuferfeld, das mit dem rotierenden Läuferfeld ein abklingendes Wechselmoment erzeugt. Näherungsformel aus Abschnitt 16.5.3 im Lehrbuch (Dämpfung vernachlässigt ($r_s = 0$), Betrieb bei Bemessungsdrehzahl $\omega_m = 1$):

$$m_e(\tau) = -\frac{u_0^2}{x_d''} \cdot \sin\tau + \frac{u_0^2}{2}\left(\frac{1}{x_d''} - \frac{1}{x_q''}\right) \cdot \sin(2\tau)$$

Hier ist wegen der PM-Maschine ohne Dämpfer $x_d'' = x_q'' = x_d = x_q$. Deshalb ist das Stoßkurzschlussmoment ein ungedämpftes Wechselmoment

$$m_e(\tau) = -\frac{u_0^2}{x_d''} \cdot \sin\tau = -\frac{u_0^2}{x_d} \cdot \sin\tau = -\frac{\psi_p^2}{x_d} \cdot \sin\tau.$$ Dies stimmt mit 1) überein, denn für $r_s = 0$, $\omega_m = 1$ folgt:

$$m_e(\tau) = \frac{1}{\omega_m} \cdot \frac{u_0^2}{r_s^2 + \omega_m^2 x_d^2} \cdot \left[e^{-\frac{r_s \cdot \tau}{x_d}} \cdot \left(r_s \cdot \cos(\omega_m\tau) - \omega_m x_d \cdot \sin(\omega_m\tau)\right) - r_s \right] =$$

$$= \frac{1}{\omega_m} \cdot \frac{u_0^2}{\omega_m^2 x_d^2} \cdot \left(-\omega_m x_d \cdot \sin(\omega_m\tau)\right) = -\frac{u_0^2}{x_d} \cdot \sin(\tau).$$

Da aber die subtransient wirkende Reaktanz bei PM-Synchronmaschinen ohne Dämpferkäfig (abgesehen von Wirbelstrombildung in leitfähigen Rotorteilen) gleich der Synchronreaktanz ist, sind Stoßkurzschlussstrom und Stoßkurzschlussmoment deutlich kleiner als bei elektrisch erregten Synchronmaschinen mit Dämpfer gleicher Baugröße. Bei z. B. $x_d'' = 0.12$ sind Kurzschlussstrom und –moment etwa um den Faktor drei ($x_d / x_d'' = 0.35 / 0.12 = 2.92$) kleiner.

Aufgabe A16.9: Stromortskurve und allpoliger Stoßkurzschluss eines Synchron-Reluktanzmotors

Ein dreisträngiger ($m = 3$), vierpoliger ($2p = 4$) Synchron-Reluktanzmotor ohne Anlaufkäfig wird am Spannungszwischenkreis-Umrichter sinuskommutiert als Pumpenantrieb drehzahlveränderbar mit der bezogenen mechanischen $\omega_m = 0.75$ bei 75% des Bemessungs-Volumenstroms betrieben (n_N = 1500/min). Das Pumpen-Lastmoment hängt quadratisch von der Drehzahl ab. Der bezogene Wicklungswiderstand je Strang bei betriebswarmer Ständerwicklung beträgt $r_s = 0.03$ und die bezogenen Selbstinduktivitäten je Strang $x_d = 2.4$, $x_q = 0.3$.

1. Formulieren Sie die bezogenen dynamischen Gleichungen im d-q-System im Zeitbereich für ω_m = konst. Berechnen Sie die Stromaufnahme $\underline{i}_s$ im symmetrischen Drehstrom-Stationärbetrieb allgemein in Abhängigkeit des eingeprägten Statorspannungsraumzeigers $\underline{u}_s$ und des Polradwinkels ϑ, der positiv von $\underline{u}_s$ zur q-Achse gezählt wird! Vergleichen Sie das Ergebnis mit Abschnitt 10.2.2 im Lehrbuch!
2. Geben Sie die Stromaufnahme für die o.g. Betriebsdaten bei Leerlauf (Lastmoment ist Null) bei Verwendung der Umrichter-Steuerkennlinie $u_s = \omega_s$ an! Wie groß sind Strom und Spannung bei Belastung, wenn der Leerlauf-d-Strom unverändert beibehalten wird? Wie groß sind die Statornennfrequenz f_N und die Betriebsfrequenz f_s in Hz?
3. Berechnen Sie den Stoßkurzschlussstrom $i_{sU}(\tau)$ bei allpoligem Kurzschluss an den Motorklemmen allgemein! Berechnen und skizzieren Sie den Stromverlauf für zehn ω_m-Perioden für, wenn der Kurzschluss bei $\gamma_0 = 0$ mit den o.g. Betriebsdaten a) nach vorherigem Motorleerlauf, b) nach Lastbetrieb erfolgt. Betrachten Sie im Vergleich zu a) den ungedämpften Fall!
4. Berechnen Sie zu 3. das Stoßkurzschlussmoment $m_e(\tau)$ allgemein und skizzieren Sie den Momentenverlauf für zehn ω_m-Perioden für die Fälle a), b) mit den o.g. Betriebsdaten!
5. Spezialisieren Sie die Formeln aus 3. und 4. für den Sonderfall einer dreiphasigen Drehfelddrossel, also einer Drehfeldanordnung mit gleicher Wicklung wie oben angegeben, aber einem runden wicklungslosen Eisenläufer mit konstantem Luftspalt. Skizzieren Sie für $u_s = 1$, $\omega_s = 1$, $x_s = x_d = x_q = 3.3$ den Stoßkurzschlussstrom $i_{sU}(\tau)$ für den „worst-case" (maximaler Kurzschlussstrom in Strang U)!

Lösung zu Aufgabe A16.9:

1)

$$u_d(\tau) = r_s \cdot i_d(\tau) + \frac{d\psi_d(\tau)}{d\tau} - \omega_m(\tau) \cdot \psi_q(\tau) \,, \quad \psi_d(\tau) = x_d \cdot i_d(\tau)$$

$$u_q(\tau) = r_s \cdot i_q(\tau) + \frac{d\psi_q(\tau)}{d\tau} + \omega_m(\tau) \cdot \psi_d(\tau), \quad \psi_q(\tau) = x_q \cdot i_q(\tau)$$

$$\omega_m(\tau) = \omega_m = \text{konst.}: i_q(\tau) \cdot \psi_d(\tau) - i_d(\tau) \cdot \psi_q(\tau) = m_L(\tau)$$

Bei symmetrischem Drehstrom-Stationärbetrieb sind bezogene Drehzahl und Statorfrequenz identisch $\omega_m = \omega_s$ und für z. B.

$$u_{sU}(\tau) = u_s \cdot \cos(\omega_s\tau + \varphi_0)$$

$$u_{sV}(\tau) = u_s \cdot \cos(\omega_s\tau - 2\pi/3 + \varphi_0)$$

$$u_{sW}(\tau) = u_s \cdot \cos(\omega_s\tau - 4\pi/3 + \varphi_0)$$

(mit dem willkürlich gewählten „Null-Phasenwinkel" φ_0) der Spannungs-raumzeiger im statorfesten α-β-Koordinatensystem

$$\underline{u}_{s(s)}(\tau) = \frac{2}{3} \cdot \left[u_{sU}(\tau) + \underline{a} \cdot u_{sV}(\tau) + \underline{a}^2 \cdot u_{sW}(\tau)\right] = u_s \cdot e^{j\varphi_0} \cdot e^{j\omega_s\tau}.$$

Im rotorfesten d-q-Koordinatensystem gilt mit dem Rotordrehwinkel $\gamma(\tau) = \int \omega_m(\tau) \cdot d\tau + \gamma_0$ (hier wegen $\omega_m(\tau) = \omega_m$: $\gamma(\tau) = \omega_m \cdot \tau + \gamma_0$, wobei γ_0 der Lagewinkel zum Zeitpunkt $\tau = 0$ ist) und $\omega_m - \omega_s = 0$

$$\underline{u}_{s(r)}(\tau) = u_d(\tau) + j \cdot u_q(\tau) = \underline{u}_{s(s)} \cdot e^{-j\gamma(\tau)} = u_s \cdot e^{j(\varphi_0 - \gamma_0)} = \underline{u}_s = \text{konst.},$$

also auch $u_d = \text{konst}$, $u_q = \text{konst}$. Aus dem dynamischen Gleichungssatz für $\underline{i}_s(\tau) = i_d(\tau) + j \cdot i_q(\tau)$ folgt im Stationärbetrieb ($d./d\tau = 0$), dass auch $i_d = \text{konst}$, $i_q = \text{konst}$ sind.

Re-Achse = d-Achse: $u_d = r_s \cdot i_d - \omega_m \cdot x_q \cdot i_q$,

Im-Achse = q-Achse: $u_q = r_s \cdot i_q + \omega_m \cdot x_d \cdot i_d$.

Wegen $\underline{u}_s = u_s \cdot e^{j(\varphi_0 - \gamma_0)}$ ist $\underline{u}_s$ um den Winkel $\varphi_0 - \gamma_0$ aus der Re-Achse gedreht. Mit dem positiv von $\underline{u}_s$ zur q-Achse gezählten Polradwinkel $\vartheta = \pi/2 - \varphi_0 + \gamma_0$ erhalten wir daraus:

Re-Achse: $u_d = -j \cdot \underline{u}_s \cdot \sin\vartheta \cdot e^{j\vartheta} = r_s \cdot i_d - \omega_m \cdot x_q \cdot i_q$,

Im-Achse: $u_q = \underline{u}_s \cdot \cos\vartheta \cdot e^{j\vartheta} = j \cdot (r_s \cdot i_q + \omega_m \cdot x_d \cdot i_d)$,

und daher:

$$i_d = -j \cdot \underline{u}_s \cdot e^{j\vartheta} \cdot \frac{r_s \cdot \sin\vartheta + \omega_m \cdot x_q \cdot \cos\vartheta}{r_s^2 + \omega_m^2 \cdot x_d x_q} ,$$

$$i_q = -j \cdot \underline{u}_s \cdot e^{j\vartheta} \cdot \frac{r_s \cdot \cos\vartheta - \omega_m \cdot x_d \cdot \sin\vartheta}{r_s^2 + \omega_m^2 \cdot x_d x_q} ,$$

$$\underline{i}_\text{s} = i_\text{d} + j \cdot i_\text{q} = \frac{u_\text{s} \cdot e^{j\vartheta}}{r_\text{s}^2 + \omega_\text{m}^2 \cdot x_\text{d} x_\text{q}} \cdot \left(r_\text{s} \cdot e^{-j\vartheta} - \omega_\text{m} \cdot x_\text{d} \cdot \sin\vartheta - j \cdot \omega_\text{m} \cdot x_\text{q} \cdot \cos\vartheta \right)$$

Wegen $x_\text{d} > x_\text{q}$ schreiben   wir $x_\text{d} = \overline{x} + x_\Delta$, $x_\text{q} = \overline{x} - x_\Delta$ bzw.

$\overline{x} = (x_\text{d} + x_\text{q})/2$, $x_\Delta = (x_\text{d} - x_\text{q})/2$ und damit

$$\underline{i}_\text{s} = \frac{u_\text{s} \cdot e^{j\vartheta}}{r_\text{s}^2 + \omega_\text{m}^2 \cdot x_\text{d} x_\text{q}} \cdot \left(r_\text{s} \cdot e^{-j\vartheta} - j\omega_\text{m} \cdot \overline{x} \cdot e^{-j\vartheta} + j \cdot \omega_\text{m} \cdot x_\Delta \cdot e^{j\vartheta} \right) \text{ oder}$$

$$\underline{i}_\text{s} = \frac{u_\text{s}}{r_\text{s}^2 + \omega_\text{m}^2 \cdot x_\text{d} x_\text{q}} \cdot \left(r_\text{s} - j\omega_\text{m} \cdot \frac{x_\text{d} + x_\text{q}}{2} + j \cdot \omega_\text{m} \cdot \frac{x_\text{d} - x_\text{q}}{2} \cdot e^{j2\vartheta} \right). \text{ Mit der Ab-}$$

kürzung $\varepsilon = \dfrac{r_\text{s}^2}{\omega_\text{m}^2 \cdot x_\text{d} x_\text{q}}$ für den Einfluss von r_s ergibt das die gesuchte

Stromaufnahme als Kreis („Reaktionskreis") mit dem Zentriwinkel 2ϑ

$$\underline{i}_\text{s} = \frac{u_\text{s}}{1+\varepsilon} \cdot \left\{ \frac{\varepsilon}{r_\text{s}} - \frac{j}{2} \cdot \left(\frac{1}{\omega_\text{m} x_\text{d}} + \frac{1}{\omega_\text{m} x_\text{q}} \right) + \frac{j}{2} \cdot \left(\frac{1}{\omega_\text{m} x_\text{q}} - \frac{1}{\omega_\text{m} x_\text{d}} \right) \cdot e^{j2\vartheta} \right\}$$

und einem zum Spannungszeiger nacheilenden Stromzeiger. Geht man zur unbezogenen Darstellung über ($\underline{i}_\text{s} \to \underline{I}_\text{s}$, $\underline{u}_\text{s} \to \underline{U}_\text{s}$, $r_\text{s} \to R_\text{s}$, $\omega_\text{m} x_\text{d} \to X_\text{d}$, $\omega_\text{m} x_\text{q} \to X_\text{q}$ und dreht $\underline{U}_\text{s}$ in die Re-Achse, erhält man die Stromortskurve $\underline{I}_\text{s}(2\vartheta)$ gemäß Bild 10.2.2-2 des Lehrbuchs (Bild A16.9-1).

2)
Leerlauf: $i_\text{q} \cdot i_\text{d} \cdot (x_\text{d} - x_\text{q}) = m_\text{L} = 0 : i_\text{q} = 0$ oder $i_\text{d} = 0$. Der Leerlauf-Betrieb mit $i_\text{d} = 0$ ist ungeregelt instabil. Im polradlage-geregelten Betrieb ist er stabil, aber es tritt wegen $x_\text{q} < x_\text{d}$ ein zu hoher Leerlaufstrom auf!)

$i_\text{q} = 0 : u_\text{d} = r_\text{s} \cdot i_\text{d}$, $u_\text{q} = \omega_\text{m} \cdot x_\text{d} \cdot i_\text{d}$,

$$u_\text{s}^2 = u_\text{d}^2 + u_\text{q}^2 = (r_\text{s} \cdot i_\text{d})^2 + (\omega_\text{m} \cdot x_\text{d} \cdot i_\text{d})^2 \text{ , } i_\text{d} = \frac{u_\text{s}}{\sqrt{r_\text{s}^2 + (\omega_\text{m} \cdot x_\text{d})^2}}$$

$u_\text{s} = \omega_\text{m} = 0.75$

$$i_\text{d} = i_0 = \frac{\omega_\text{m}}{\sqrt{r_\text{s}^2 + (\omega_\text{m} \cdot x_\text{d})^2}} = \frac{0.75}{\sqrt{0.03^2 + (0.75 \cdot 2.4)^2}} = 0.42$$

Anmerkung: Bei $i_\text{d} = 0$ wäre der Leerlaufstrom zu hoch:

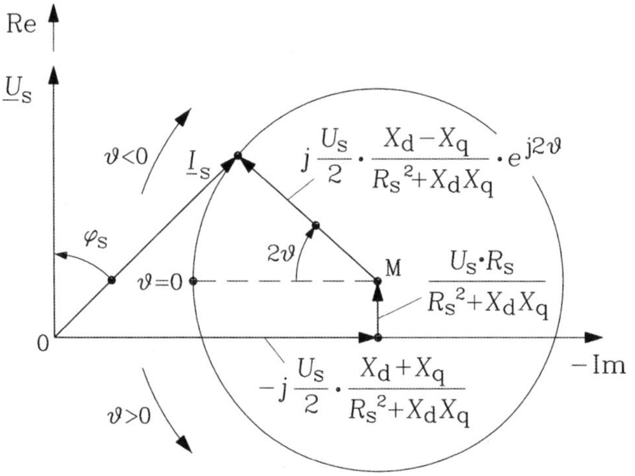

Bild A16.9-1: Ständer-Stromortskurve der Synchron-Reluktanzmaschine bei ein-geprägter konstanter Ständerspannung $\underline{U}_s$ (Drehspannungssystem mit konstanter Amplitude $\hat{U}_s$ und Frequenz f_s) in Abhängigkeit des Polradwinkels ϑ (Bild iden-tisch mit Bild 10.2.2-2 im Lehrbuch)

$$i_q = i_0 = \frac{\omega_m}{\sqrt{r_s^2 + (\omega_m \cdot x_q)^2}} = \frac{0.75}{\sqrt{0.03^2 + (0.75 \cdot 0.3)^2}} = 3.3 > 0.42 !$$

Belastung: $i_q \cdot i_d \cdot (x_d - x_q) = m_L = \omega_m^2 = i_q \cdot i_0 \cdot (x_d - x_q)$

$$i_q = \frac{\omega_m^2}{i_0 \cdot (x_d - x_q)} = \frac{0.75^2}{0.42 \cdot (2.4 - 0.3)} = 0.64 ,$$

$$i_s = \sqrt{i_d^2 + i_q^2} = \sqrt{0.64^2 + 0.42^2} = 0.77$$

$$u_d = r_s \cdot i_d - \omega_m \cdot x_q \cdot i_q = 0.03 \cdot 0.42 - 0.75 \cdot 0.3 \cdot 0.64 = -0.13 ,$$

$$u_q = r_s \cdot i_q + \omega_m \cdot x_d \cdot i_d = 0.03 \cdot 0.64 + 0.75 \cdot 2.4 \cdot 0.42 = 0.775 ,$$

$$u_s = \sqrt{u_d^2 + u_q^2} = \sqrt{0.13^2 + 0.775^2} = 0.79$$

Anmerkung: Da gemäß $i_q \cdot i_d \cdot (x_d - x_q) = m_L$ nur das Produkt der beiden Stromkomponenten bestimmt ist, können u_d, u_q durch eine feldorientier-te Regelung so eingestellt werden, dass $i_s = \sqrt{i_d^2 + i_q^2}$ und damit die Strom-wärmeverluste minimal sind („Maximum Torque per Ampere"-Einstellung (MTPA)).

Bemessungsfrequenz: $f_{\mathrm{N}} = n_{\mathrm{syn}} \cdot p = n_{\mathrm{N}} \cdot p = (1500/60) \cdot 2 = 50\mathrm{Hz}$,

Betriebsfrequenz: $f_{\mathrm{s}} = \omega_{\mathrm{m}} \cdot f_{\mathrm{N}} = 0.75 \cdot 50 = 37.5\mathrm{Hz}$.

3)

Konstante Drehzahl erlaubt Rechnen mit der Laplace-Transformation der dynamischen Gleichungen von 1) mit den Anfangsbedingungen $i_{\mathrm{d}}(0) = i_{\mathrm{d}0}$, $i_{\mathrm{q}}(0) = i_{\mathrm{q}0}$ und der Kurzschlussbedingung $u_{\mathrm{d}} = u_{\mathrm{q}} = 0$:

$$u_{\mathrm{d}}(s) + x_{\mathrm{d}}i_{\mathrm{d}0} = r_{\mathrm{s}} \cdot i_{\mathrm{d}}(s) + s \cdot x_{\mathrm{d}} \cdot i_{\mathrm{d}}(s) - \omega_{\mathrm{m}} \cdot x_{\mathrm{q}}i_{\mathrm{q}}(s) = x_{\mathrm{d}}i_{\mathrm{d}0}$$

$$u_{\mathrm{q}}(s) + x_{\mathrm{q}}i_{\mathrm{q}0} = r_{\mathrm{s}} \cdot i_{\mathrm{q}}(s) + s \cdot x_{\mathrm{q}} \cdot i_{\mathrm{q}}(s) + \omega_{\mathrm{m}} \cdot x_{\mathrm{d}}i_{\mathrm{d}}(s) = x_{\mathrm{q}}i_{\mathrm{q}0}$$

Lösung des Gleichungssystems für zwei Unbekannte $i_{\mathrm{d}}(s)$, $i_{\mathrm{q}}(s)$:

$$i_{\mathrm{d}}(s) = \left(x_{\mathrm{d}}i_{\mathrm{d}0} \cdot (r_{\mathrm{s}} + s \cdot x_{\mathrm{q}}) + x_{\mathrm{q}}i_{\mathrm{q}0} \cdot \omega_{\mathrm{m}}x_{\mathrm{q}}\right)/N(s),$$

$$i_{\mathrm{q}}(s) = \left(x_{\mathrm{q}}i_{\mathrm{q}0} \cdot (r_{\mathrm{s}} + s \cdot x_{\mathrm{d}}) - x_{\mathrm{d}}i_{\mathrm{d}0} \cdot \omega_{\mathrm{m}}x_{\mathrm{d}}\right)/N(s),$$

$$N(s) = s^2 x_{\mathrm{d}}x_{\mathrm{q}} + s \cdot r_{\mathrm{s}} \cdot (x_{\mathrm{d}} + x_{\mathrm{q}}) + r_{\mathrm{s}}^2 + \omega_{\mathrm{m}}^2 x_{\mathrm{d}}x_{\mathrm{q}}.$$

Mit den d- und q-Zeitkonstanten $\tau_{\mathrm{d}} = x_{\mathrm{d}}/r_{\mathrm{s}}$, $\tau_{\mathrm{q}} = x_{\mathrm{q}}/r_{\mathrm{s}}$ erhalten wir

$$N(s) = x_{\mathrm{d}}x_{\mathrm{q}} \cdot \left(s^2 + s \cdot \left(\frac{1}{\tau_{\mathrm{d}}} + \frac{1}{\tau_{\mathrm{q}}}\right) + \frac{1}{\tau_{\mathrm{d}}} \cdot \frac{1}{\tau_{\mathrm{q}}} + \omega_{\mathrm{m}}^2\right) = x_{\mathrm{d}}x_{\mathrm{q}} \cdot \left((s+a)^2 + \omega^2\right) \text{ mit}$$

$$a = \frac{1}{\tau_{\mathrm{a}}} = \frac{1}{2} \cdot \left(\frac{1}{\tau_{\mathrm{d}}} + \frac{1}{\tau_{\mathrm{q}}}\right) \text{ und } \omega = \sqrt{\omega_{\mathrm{m}}^2 - \frac{1}{4} \cdot \left(\frac{1}{\tau_{\mathrm{d}}} - \frac{1}{\tau_{\mathrm{q}}}\right)^2}. \text{ Mit den Abkürzungen}$$

$$A = \frac{i_{\mathrm{d}0}}{\tau_{\mathrm{q}}} + \omega_{\mathrm{m}} \cdot \frac{x_{\mathrm{q}}}{x_{\mathrm{d}}} \cdot i_{\mathrm{q}0}, \quad B = \frac{i_{\mathrm{q}0}}{\tau_{\mathrm{d}}} - \omega_{\mathrm{m}} \cdot \frac{x_{\mathrm{d}}}{x_{\mathrm{q}}} \cdot i_{\mathrm{d}0} \text{ erhalten wir}$$

$$i_{\mathrm{d}}(s) = i_{\mathrm{d}0} \cdot \frac{s+a}{(s+a)^2 + \omega^2} + \frac{A - a \cdot i_{\mathrm{d}0}}{\omega} \cdot \frac{\omega}{(s+a)^2 + \omega^2},$$

$$i_{\mathrm{q}}(s) = i_{\mathrm{q}0} \cdot \frac{s+a}{(s+a)^2 + \omega^2} + \frac{B - a \cdot i_{\mathrm{q}0}}{\omega} \cdot \frac{\omega}{(s+a)^2 + \omega^2},$$

und zurück transformiert in den Zeitbereich:

$$i_{\mathrm{d}}(\tau) = i_{\mathrm{d}0} \cdot e^{-\tau/\tau_{\mathrm{a}}} \cdot \cos(\omega\tau) + \frac{A - i_{\mathrm{d}0}/\tau_{\mathrm{a}}}{\omega} \cdot e^{-\tau/\tau_{\mathrm{a}}} \cdot \sin(\omega\tau),$$

$$i_{\mathrm{q}}(\tau) = i_{\mathrm{q}0} \cdot e^{-\tau/\tau_{\mathrm{a}}} \cdot \cos(\omega\tau) + \frac{B - i_{\mathrm{q}0}/\tau_{\mathrm{a}}}{\omega} \cdot e^{-\tau/\tau_{\mathrm{a}}} \cdot \sin(\omega\tau).$$

Der Statorstromraumzeiger im statorfesten Koordinatensystem ist

$\underline{i}_{\mathrm{s(s)}}(\tau) = (i_{\mathrm{d}}(\tau) + j \cdot i_{\mathrm{q}}(\tau)) \cdot e^{j(\omega_{\mathrm{m}}\tau + \gamma_0)}$ und der Stoßkurzschlussstrom im

Strang U $i_{sU}(\tau) = \mathrm{Re}\{\underline{i}_{s(s)}(\tau)\} = i_d(\tau) \cdot \cos(\omega_m \tau + \gamma_0) - i_q(\tau) \cdot \sin(\omega_m \tau + \gamma_0)$. Einsetzen von $i_d(\tau)$, $i_q(\tau)$ ergibt mit Verwendung der trigonometrischen Summensätze (z.B.: $\sin\alpha \cdot \sin\beta = (\cos(\alpha - \beta) - \cos(\alpha + \beta))/2$) die Lösung

$$i_{sU}(\tau) = \frac{e^{-\tau/\tau_a}}{2} \cdot$$

$$\cdot \left\{ B_1 \cdot \cos(\omega^+ \cdot \tau + \gamma_0) + B_2 \cdot \cos(\omega^- \cdot \tau + \gamma_0) - A_1 \cdot \sin(\omega^+ \cdot \tau + \gamma_0) - A_2 \cdot \sin(\omega^- \cdot \tau + \gamma_0) \right\}$$

mit den beiden Kreisfrequenzen $\omega^+ = \omega_m + \omega$, $\omega^- = \omega_m - \omega$, bzw.

$$\omega^+ = \omega_m + \sqrt{\omega_m^2 - \frac{1}{4} \cdot \left(\frac{1}{\tau_d} - \frac{1}{\tau_q}\right)^2}, \quad \omega^- = \omega_m - \sqrt{\omega_m^2 - \frac{1}{4} \cdot \left(\frac{1}{\tau_d} - \frac{1}{\tau_q}\right)^2} \quad \text{und} \quad \text{den}$$

Abkürzungen

$$A_1 = i_{q0} - \frac{A - i_{d0}/\tau_a}{\omega} = i_{q0} \cdot \left(1 - \frac{\omega_m}{\omega} \cdot \frac{x_q}{x_d}\right) + \frac{i_{d0}}{2\omega} \cdot \left(\frac{1}{\tau_d} - \frac{1}{\tau_q}\right),$$

$$A_2 = i_{q0} + \frac{A - i_{d0}/\tau_a}{\omega} = i_{q0} \cdot \left(1 + \frac{\omega_m}{\omega} \cdot \frac{x_q}{x_d}\right) - \frac{i_{d0}}{2\omega} \cdot \left(\frac{1}{\tau_d} - \frac{1}{\tau_q}\right),$$

$$B_1 = i_{d0} + \frac{B - i_{q0}/\tau_a}{\omega} = i_{d0} \cdot \left(1 - \frac{\omega_m}{\omega} \cdot \frac{x_d}{x_q}\right) + \frac{i_{q0}}{2\omega} \cdot \left(\frac{1}{\tau_d} - \frac{1}{\tau_q}\right),$$

$$B_2 = i_{d0} - \frac{B - i_{q0}/\tau_a}{\omega} = i_{d0} \cdot \left(1 + \frac{\omega_m}{\omega} \cdot \frac{x_d}{x_q}\right) - \frac{i_{q0}}{2\omega} \cdot \left(\frac{1}{\tau_d} - \frac{1}{\tau_q}\right), \quad \text{woraus schließlich}$$

folgt: $i_{sU}(\tau) = \dfrac{e^{-\tau/\tau_a}}{2} \cdot \left\{ i^+ \cdot \cos(\omega^+ \cdot \tau + \gamma_0 + \alpha^+) + i^- \cdot \cos(\omega^- \cdot \tau + \gamma_0 + \alpha^-) \right\}$,

$i^+ = \sqrt{A_1^2 + B_1^2}$, $i^- = \sqrt{A_2^2 + B_2^2}$, $\tan\alpha^+ = A_1/B_1$, $\tan\alpha^- = A_2/B_2$.

Die Frequenz des Stoßkurzschlussstroms ist durch den Unterschied der über die Läuferdrehung eingeprägten Drehfrequenz ω_m und der auf Grund der Statorstromwärme etwas geringeren Eigenfrequenz $\omega < \omega_m$ eine Modulation $\omega^+ = \omega_m + \omega$, $\omega^- = \omega_m - \omega$. Die Amplitude ist mit der Zeitkonstanten τ_a aus der „Parallelschaltung" der Zeitkonstanten von Längs- und Querachse gedämpft, so dass der Strom von dem Anfangswert aus dem vorherigen Motorbetrieb auf Null abklingt.

Numerische Auswertung (Bild A16.9-2):

$$\tau_d = \frac{x_d}{r_s} = \frac{2.4}{0.03} = 80, \quad \tau_q = \frac{x_q}{r_s} = \frac{0.3}{0.03} = 10, \quad \tau_a = \frac{2}{\dfrac{1}{\tau_d} + \dfrac{1}{\tau_q}} = \frac{2}{\dfrac{1}{80} + \dfrac{1}{10}} = 17.78,$$

$$\omega = \sqrt{\omega_m^2 - \frac{1}{4} \cdot \left(\frac{1}{\tau_d} - \frac{1}{\tau_q}\right)^2} = \sqrt{0.75^2 - \frac{1}{4} \cdot \left(\frac{1}{80} - \frac{1}{10}\right)^2} = 0.7487$$

$$\omega^+ = \omega_m + \omega = 0.75 + 0.7487 = 1.4987, \quad \omega^- = \omega_m - \omega = 0.75 - 0.7487 = 0.0013$$

a) Kurzschluss nach Motorleerlauf: $i_{d0} = 0.42, i_{q0} = 0$

$$A = \frac{i_{d0}}{\tau_q} = \frac{0.42}{10} = 0.042, \quad B = -\omega_m \cdot \frac{x_d}{x_q} \cdot i_{d0} = -0.75 \cdot \frac{2.4}{0.3} \cdot 0.42 = -2.52$$

$$A_1 = -\frac{A - i_{d0}/\tau_a}{\omega} = -\frac{0.042 - 0.42/17.78}{0.7487} = -0.0245, \quad A_2 = 0.0245,$$

$$B_1 = i_{d0} + \frac{B}{\omega} = 0.42 + (-2.52)/0.7487 = -2.9458,$$

$$B_2 = i_{d0} - \frac{B}{\omega} = 0.42 + 2.52/0.7487 = 3.7857,$$

$$i^+ = \sqrt{A_1^2 + B_1^2} = \sqrt{(-0.0245)^2 + (-2.9458)^2} = 2.9459,$$

$$i^- = \sqrt{A_2^2 + B_2^2} = \sqrt{0.0245^2 + 3.7857^2} = 3.7858,$$

$$\alpha^+ = \arctan(-0.0245/(-2.9458)) = -3.1333,$$

$$\alpha^- = \arctan(0.0245/3.7857) = 0.0065$$

b) Kurzschluss nach Motorlastbetrieb: $i_{d0} = 0.42, i_{q0} = 0.64$

$$A = \frac{i_{d0}}{\tau_q} + \omega_m \cdot \frac{x_q}{x_d} \cdot i_{q0} = \frac{0.42}{10} + 0.75 \cdot \frac{0.3}{2.4} \cdot 0.64 = 0.102,$$

$$B = \frac{i_{q0}}{\tau_d} - \omega_m \cdot \frac{x_d}{x_q} \cdot i_{d0} = \frac{0.64}{80} - 0.75 \cdot \frac{2.4}{0.3} \cdot 0.42 = -2.512,$$

$$A_1 = i_{q0} - \frac{A - i_{d0}/\tau_a}{\omega} = 0.64 - (0.102 - 0.42/17.78)/0.7487 = 0.5353,$$

$$A_2 = i_{q0} + \frac{A - i_{d0}/\tau_a}{\omega} = 0.64 + (0.102 - 0.42/17.78)/0.7487 = 0.7447,$$

$$B_1 = i_{d0} + \frac{B - i_{q0}/\tau_a}{\omega} = 0.42 + (-2.512 - 0.64/17.78)/0.7487 = -2.9832,$$

$$B_2 = i_{d0} - \frac{B - i_{q0}/\tau_a}{\omega} = 0.42 - (-2.512 - 0.64/17.78)/0.7487 = 3.823,$$

$$i^+ = \sqrt{0.5353^2 + (-2.9832)^2} = 3.0308, \quad i^- = \sqrt{0.7447^2 + 3.823^2} = 3.895,$$

$$\alpha^+ = \arctan(0.5353/(-2.9832)) = 2.964, \quad \alpha^- = \arctan(0.7447/3.823) = 0.1924$$

Der Vergleich von a) und b) zeigt, dass die Koeffizienten A, B bei Leerlauf und Last ähnliche Größe haben, weil die bei b) lastabhängig hinzukommenden Terme $\omega_m \cdot (x_q/x_d) \cdot i_{q0}$ bzw. $i_{q0} \cdot r_s/x_d$ wegen $x_d > x_q$ klein sind. Daher ist der Kurzschlussstromverlauf nach Lastbetrieb nur geringfügig größer als nach Leerlauf (Bild A16.9-2). Der Anteil i^- mit der bezogenen Kreisfrequenz $\omega^- = \omega_m - \omega$ ist wegen $\omega^- \approx 0$ als „Gleichstromglied" zu bezeichnen. Wegen $i^- > i^+$ hat der Strom mehrere Perioden lang keinen Nulldurchgang, und ist daher von Wechselstromschaltern nicht ohne weiteres abschaltbar.

Beim ungedämpften Stromverlauf ($r_s = 0$) klingt der Strom nicht ab. Sein Zeitverlauf enthält ein Gleichstromglied ($\omega_m - \omega = 0$) und einen Wechselanteil mit doppelter Drehfrequenz ($\omega_m + \omega = 2\omega_m$), da sich bei einer Läuferumdrehung die Selbstinduktivität je Ständerstrang zweimal ändert ($x_d \to x_q \to x_d \to x_q$). Beim Kurzschluss nach motorischem Leerlauf ($i_{d0} = i_0$, $i_{q0} = 0$) gilt

$$A_1 = 0, \quad A_2 = 0, \quad B_1 = i_0 \cdot \left(1 - \frac{x_d}{x_q}\right), \quad B_2 = i_0 \cdot \left(1 + \frac{x_d}{x_q}\right), \quad i_{sU}(0) = i_0 \cdot \cos(\gamma_0) \text{ und}$$

$$i_{sU}(\tau) = \frac{i_0}{2} \cdot \left\{ \left(1 - \frac{x_d}{x_q}\right) \cdot \cos(2\omega_m \cdot \tau + \gamma_0) + \left(1 + \frac{x_d}{x_q}\right) \cdot \cos(\gamma_0) \right\}.$$

Tritt der Kurzschluss zu dem Zeitpunkt auf, wo die Läufer-d-Achse mit der Strangachse U übereinstimmt ($\gamma_0 = 0$), so sind das Gleichstromglied und die Kurzschlussstromamplitude in Strang U maximal:

$$\gamma_0 = 0, 2 \cdot \omega_m \cdot \tau = \pi: \quad i_{sU,max} = i_0 \cdot \frac{x_d}{x_q} = 0.42 \cdot \frac{2.4}{0.3} = 3.36.$$

Da aber wegen fehlender Läuferwicklungen keine kleinen subtransienten oder transienten Reaktanzen auftreten, sondern nur die relativ großen synchronen Längs- und Querreaktanzen, so ist der Stoßkurzschlussstrom im Vergleich zu elektrisch erregten Synchronmaschinen kleiner.

4)

$$m_e = i_d \cdot \psi_d - i_q \cdot \psi_q = (x_d - x_q) \cdot i_d \cdot i_q =$$

$$(x_d - x_q) \cdot \left(i_{d0} \cdot e^{-\tau/\tau_a} \cdot \cos(\omega\tau) + \frac{A - i_{d0}/\tau_a}{\omega} \cdot e^{-\tau/\tau_a} \cdot \sin(\omega\tau) \right) \cdot$$

$$\cdot \left(i_{q0} \cdot e^{-\tau/\tau_a} \cdot \cos(\omega\tau) + \frac{B - i_{q0}/\tau_a}{\omega} \cdot e^{-\tau/\tau_a} \cdot \sin(\omega\tau) \right) =$$

$$= (x_d - x_q) \cdot \frac{e^{-2\tau/\tau_a}}{2} \cdot \left\{ i_{d0} \cdot i_{q0} + \frac{(A - i_{d0}/\tau_a) \cdot (B - i_{q0}/\tau_a)}{\omega^2} + ... \right.$$

$$...+ \left(i_{d0} \cdot i_{q0} - \frac{(A - i_{d0}/\tau_a) \cdot (B - i_{q0}/\tau_a)}{\omega^2} \right) \cdot \cos(2\omega\tau) + ...$$

$$\left. ...+ \left(i_{q0} \cdot \frac{A - i_{d0}/\tau_a}{\omega} + i_{d0} \cdot \frac{B - i_{q0}/\tau_a}{\omega} \right) \cdot \sin(2\omega\tau) \right\}$$

und mit

$$H_0 = i_{d0}i_{q0} \cdot \left(1 - \frac{\omega_m^2 + \frac{1}{4} \cdot \left(\frac{1}{\tau_d} - \frac{1}{\tau_q}\right)^2}{\omega^2}\right) + \left(\frac{1}{\tau_d} - \frac{1}{\tau_q}\right) \cdot \frac{\omega_m}{2\omega^2} \cdot \left(\frac{i_{q0}^2 x_q}{x_d} + \frac{i_{d0}^2 x_d}{x_q}\right),$$

$$H_1 = i_{d0}i_{q0} \cdot \left(1 + \frac{\omega_m^2 + \frac{1}{4} \cdot \left(\frac{1}{\tau_d} - \frac{1}{\tau_q}\right)^2}{\omega^2}\right) - \left(\frac{1}{\tau_d} - \frac{1}{\tau_q}\right) \cdot \frac{\omega_m}{2\omega^2} \cdot \left(\frac{i_{q0}^2 x_q}{x_d} + \frac{i_{d0}^2 x_d}{x_q}\right),$$

$$H_2 = \frac{\omega_m}{\omega} \cdot \left(\frac{i_{q0}^2 x_q}{x_d} - \frac{i_{d0}^2 x_d}{x_q}\right)$$

als Resultat

$$m_e = (x_d - x_q) \cdot \frac{e^{-2\tau/\tau_a}}{2} \cdot \left\{ H_0 + H_1 \cdot \cos(2\omega\tau) + H_2 \cdot \sin(2\omega\tau) \right\} \quad \text{oder}$$

$$m_e = (x_d - x_q) \cdot \frac{e^{-2\tau/\tau_a}}{2} \cdot \left\{ H_0 + H \cdot \sin(2\omega\tau + \beta) \right\}, \quad H = \sqrt{H_1^2 + H_2^2}, \quad \tan\beta = \frac{H_1}{H_2}.$$

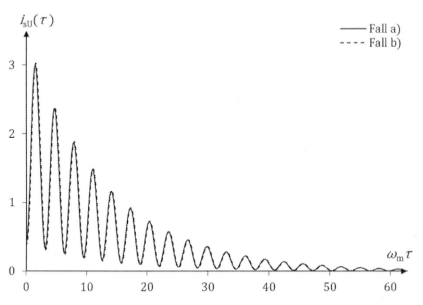

Bild A16.9-2: Stromverlauf im Strang U beim allpoligen Stoßkurzschluss eines Synchron-Reluktanzmotors bei 75% der Bemessungsdrehzahl mit Kurzschlusseintritt beim Rotorlagewinkel $\gamma_0 = 0$: a) Kurzschluss nach Motorleerlauf $i_{d0} = 0.42$, $i_{q0} = 0$, b) Kurzschluss nach Lastbetrieb $i_{d0} = 0.42$, $i_{q0} = 0.64$

Das Stoßkurzschlussmoment ist unabhängig von γ_0 und klingt doppelt so schnell wie der Kurzschlussstrom (mit $\tau_a / 2$) ab, da das Ständer-d-Feld, vom d-Strom erregt, mit dem Ständer-q-Strom, eine Momentenkomponente bildet, und vice versa, und sowohl d- als auch q-Strom mit τ_a abklingen. Wie die Ströme klingt auch das Drehmoment auf Null ab. Es hat einen Gleichanteil zufolge des Kurzschlussstrom-Gleichstromglieds (siehe 3)) und einen Wechselanteil mit der doppelten Eigenfrequenz 2ω. Im ungedämpften Fall ($r_s = 0$) ist dies die doppelte Drehfrequenz $2\omega_m$.
Numerische Auswertung:
a) Kurzschluss nach Motorleerlauf: $i_{d0} = 0.42, i_{q0} = 0$

$$H_0 = i_{d0} \cdot i_{q0} + \frac{(A - i_{d0}/\tau_a) \cdot (B - i_{q0}/\tau_a)}{\omega^2} = \frac{(0.042 - 0.42/17.78) \cdot (-2.52)}{0.7487^2} = -0.0826$$

$$H_1 = i_{d0} \cdot i_{q0} - \frac{(A - i_{d0}/\tau_a) \cdot (B - i_{q0}/\tau_a)}{\omega^2} = 0.0826$$

$$H_2 = i_{q0} \cdot \frac{A - i_{d0}/\tau_a}{\omega} + i_{d0} \cdot \frac{B - i_{q0}/\tau_a}{\omega} = 0.42 \cdot (-2.52)/0.7487 = -1.4136$$

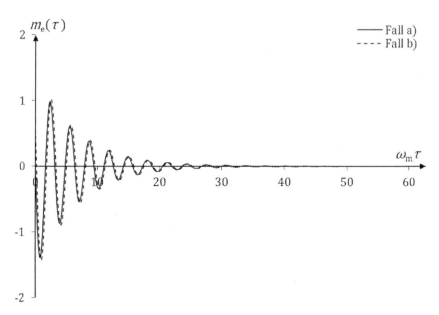

Bild A16.9-3: Luftspalt-Drehmomentverlauf beim allpoligen Stoßkurzschluss eines Synchron-Reluktanzmotors bei 75% der Bemessungsdrehzahl mit Kurzschlusseintritt beim Rotorlagewinkel $\gamma_0 = 0$: a) Kurzschluss nach Motorleerlauf $i_{d0} = 0.42$, $i_{q0} = 0$, b) Kurzschluss nach Lastbetrieb $i_{d0} = 0.42$, $i_{q0} = 0.64$

$$H = \sqrt{H_1^2 + H_2^2} = \sqrt{0.0826^2 + (-1.4136)^2} = 1.416,$$
$$\beta = \arctan(0.0826/(-1.4136)) = 3.0832.$$

b) Kurzschluss nach Motorlastbetrieb: $i_{d0} = 0.42$, $i_{q0} = 0.64$

$$H_0 = 0.42 \cdot 0.64 + \frac{(0.102 - 0.42/17.78) \cdot (-2.512 - 0.64/17.78)}{0.7487^2} = -0.0875,$$

$H_1 = 0.6251$, $H_2 = -1.362$, $H = 1.499$, $\beta = \arctan(0.6251/(-1.362)) = 2.711$.

Bei b) ist das Stoßkurzschlussdrehmoment nur geringfügig größer als bei a).

Ungedämpft ($r_s = 0$):

$$m_e = (x_d - x_q) \cdot \left\{ i_{d0} i_{q0} \cdot \cos(2\omega_m \tau) + \frac{1}{2} \cdot \left(\frac{i_{q0}^2 x_q}{x_d} - \frac{i_{d0}^2 x_d}{x_q} \right) \cdot \sin(2\omega_m \tau) \right\}$$

Der Scheitelwert des ungedämpften Drehmoments ist der maximal mögliche Scheitelwert

$$\hat{m}_e = (x_d - x_q) \cdot \sqrt{(i_{d0} i_{q0})^2 + \frac{1}{4} \cdot \left(\frac{i_{q0}^2 x_q}{x_d} - \frac{i_{d0}^2 x_d}{x_q} \right)^2} \ ,$$

und bei Last-Betrieb gemäß 2) mit

$$\hat{m}_e = (2.4 - 0.3) \cdot \sqrt{(0.42 \cdot 0.64)^2 + \frac{1}{4} \cdot \left(\frac{0.64^2 \cdot 0.3}{2.4} - \frac{0.42^2 \cdot 2.4}{0.3} \right)^2} = 1.54$$

deutlich kleiner als bei elektrisch erregten Synchronmaschinen mit Dämpferkäfig, da die untersuchte Maschine keinen Läuferanlaufkäfig hat. Bei Kurzschluss nach Motorleerlaufbetrieb ($i_q = 0$) verschwindet im ungedämpften Fall der Gleichanteil des Drehmoments.

5)
Beim Sonderfall einer dreiphasigen Drehfelddrossel $x_d = x_q$ verschwindet gemäß 4) naturgemäß das Kurzschlussdrehmoment, da ein mit der Statorfrequenz $\omega_s = \omega_m$ rotierendes Drehfeld mit einem isotrop magnetisierten Eisenläufer mit konstantem Luftspalt kein Drehmoment bilden kann, unabhängig, ob dieser rotiert oder nicht. Mit $x_d = x_q = x_s$ folgt aus 2):

$$\frac{1}{\tau_a} = \frac{1}{\tau_d} = \frac{1}{\tau_d} = \frac{r_s}{x_s} \ , \quad A_1 = 0, \quad A_2 = 2i_{q0}, \quad B_1 = 0, \quad B_2 = 2i_{d0},$$

$$i_{sU}(\tau) = e^{-\tau/\tau_a} \cdot \left\{ i_{d0} \cdot \cos\gamma_0 - i_{q0} \cdot \sin\gamma_0 \right\}$$

Wegen $\underline{i}_{s(s)}(\tau) = \underline{i}_{s(r)}(\tau) \cdot e^{j\gamma(\tau)}$ ist $\underline{i}_{s(s)}(0) = \underline{i}_{s(r)}(0) \cdot e^{j\gamma(0)} = (i_{d0} + j \cdot i_{q0}) \cdot e^{j\gamma_0}$

und $i_{sU}(0) = \text{Re}\left\{ \underline{i}_{s(s)}(0) \right\} = \text{Re}\left\{ (i_{d0} + j \cdot i_{q0}) \cdot e^{j\gamma_0} \right\} = i_{d0} \cdot \cos\gamma_0 - i_{q0} \cdot \sin\gamma_0$, so dass der Kurzschlussstrom $i_{sU}(\tau) = i_{sU}(0) \cdot e^{-\tau/(x_s/r_s)}$ ist. Die magnetische gespeicherte Energie in der Drehfeldwicklung wird über die Stromwärme in der Wicklung abgebaut, so dass der Kurzschlussstrom als mit der Zeitkonstante x_s/r_s abklingender Gleichstrom auftritt. Der maximale Kurzschlussstrom in Strang U tritt auf, wenn $i_{sU}(0) = i_{sU}(0)_{max}$ maximal ist. Der Anfangswert $i_{sU}(0)$ ergibt sich aus dem Stromraumzeiger $\underline{i}_s(\tau)$ im Stationärbetrieb im statorfesten Koordinatensystem gemäß

$$\underline{u}_s(\tau) = r_s \cdot \underline{i}_s(\tau) + x_s \cdot \frac{d\underline{i}_s(\tau)}{d\tau} = u_s \cdot e^{j\varphi_0} \cdot e^{j\omega_s \tau} \ .$$

Lösungsansatz für den Stromraumzeiger: $\underline{i}_s(\tau) = \underline{i}_s \cdot e^{j\omega_s \tau}$

$$r_s \cdot \underline{i}_s \cdot e^{j\omega_s\tau} + j\omega_s x_s \cdot \underline{i}_s \cdot e^{j\omega_s\tau} = u_s \cdot e^{j\varphi_0} \cdot e^{j\omega_s\tau} \Rightarrow \underline{i}_s = \frac{u_s \cdot e^{j\varphi_0}}{r_s + j\omega_s x_s}$$

$$i_{sU}(\tau) = \mathrm{Re}\left\{\underline{i}_s \cdot e^{j\omega_s\tau}\right\} = \frac{u_s}{r_s^2 + \omega_s^2 x_s^2} \cdot (r_s \cdot \cos(\omega_s\tau + \varphi_0) + \omega_s x_s \cdot \sin(\omega_s\tau + \varphi_0))$$

Der Anfangswert

$$i_{sU}(0) = \frac{u_s}{r_s^2 + \omega_s^2 x_s^2} \cdot (r_s \cdot \cos\varphi_0 + \omega_s x_s \cdot \sin\varphi_0)$$

ist maximal, wenn die Lage des Spannungszeigers zur α-Achse jener Winkel φ_0 ist, für den $d(r_s \cdot \cos\varphi_0 + \omega_s x_s \cdot \sin\varphi_0)/d\varphi_0 = 0$ gilt, was für $\varphi_0 = \arctan(\omega_s x_s / r_s)$ der Fall ist. Dies ist aber genau der Phasenwinkel φ, mit dem der Stromraumzeiger dem Spannungsraumzeiger nacheilt, so dass zum Zeitpunkt $\tau = 0$ der Stromraumzeiger in der α-Achse liegt, wodurch

$$i_{sU}(\tau = 0) = \mathrm{Re}\left\{\underline{i}_s(0)\right\} = i_s = \frac{u_s}{\sqrt{r_s^2 + \omega_s^2 x_s^2}} \quad \text{tatsächlich maximal ist. Dies}$$

zeigt auch die formale Rechnung, denn mit

$$\cos\varphi_0 = \cos(\arctan(\omega_s x_s / r_s)) = \frac{1}{\sqrt{1 + (\omega_s x_s / r_s)^2}},$$

$$\sin\varphi_0 = \sin(\arctan(\omega_s x_s / r_s)) = \frac{\omega_s x_s / r_s}{\sqrt{1 + (\omega_s x_s / r_s)^2}}$$

ist

$$i_{sU}(0) = \frac{u_s}{r_s^2 + \omega_s^2 x_s^2} \cdot \left(\frac{r_s}{\sqrt{1 + (\omega_s x_s / r_s)^2}} + \frac{(\omega_s x_s)^2 / r_s}{\sqrt{1 + (\omega_s x_s / r_s)^2}} \right) = \frac{u_s}{\sqrt{r_s^2 + \omega_s^2 x_s^2}}.$$

Für $u_s = 1$, $\omega_s = 1$, $x_s = 3.3$, $r_s = 0.03$ erhalten wir den „worst-case"-Kurzschlussstrom für $\tau > 0$ (Bild A16.9-4), dessen maximaler Wert zum Zeitpunkt $\tau = 0$ auftritt und den Scheitelwert des Betriebsstroms (0.303 p.u.) darstellt.

$$i_{sU}(\tau) = \frac{u_s}{\sqrt{r_s^2 + \omega_s^2 x_s^2}} \cdot e^{-\tau/(x_s/r_s)} = \frac{1}{\sqrt{0.03^2 + (1 \cdot 3.3)^2}} \cdot e^{-\tau/(3.3/0.03)} = 0.303 \cdot e^{-\tau/110}$$

Er ist nach etwa drei Zeitkonstanten und damit erst nach $3 \cdot 110/(2\pi) = 52.5$ Netzperioden auf unter 5% des Anfangswerts abgeklungen. Bei Betrieb am 50 Hz-Netz dauert dies $52.5 \cdot 0.02 = 1.05\,\mathrm{s}$.

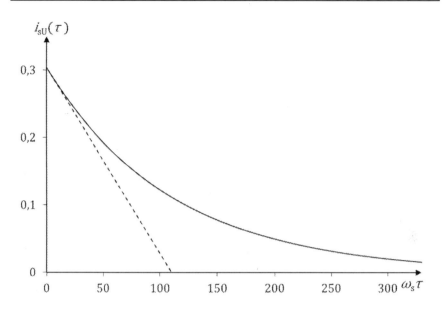

Bild A16.9-4: Stromverlauf im Strang U einer Drehfelddrossel beim allpoligen Stoßkurzschluss ($u_s = 1$, $\omega_s = 1$, $x_s = 3.3$, $r_s = 0.03$, $i_{s0} = 0.303$)

Literatur

Monographien

Brosch P (2007) Moderne Stromrichterantriebe – Leistungselektronik und Maschinen. Vogel-Verlag, Kamprath-Reihe, Würzburg

Budig P-K (2001) Stromrichtergespeiste Drehstromantriebe. VDE-Verlag, Berlin Offenbach

Budig P-K (2003) Stromrichtergespeiste Synchronmaschinen. VDE-Verlag, Berlin Offenbach

Dubey GK (2000) Fundamentals of Electrical Drives. Narosa Publishing House, New Delhi

Farschtschi A (2001) Elektromaschinen in Theorie und Praxis. VDE-Verlag, Berlin Offenbach

Felderhoff R, Busch U (2006) Leistungselektronik. 4. Auflage, Carl Hanser Verlag, München

Fischer R (2004) Elektrische Maschinen. 12. Auflage, Carl Hanser Verlag, München

Fitzgerald AE, Kingsley C, Umans SD (2002) Electric machinery. McGraw-Hill, New York

Garbrecht, FW (2008) Auswahl von Elektromotoren - leicht gemacht. VDE-Verlag, Berlin Offenbach

Gasch R, Nordmann R, Pfützner H (2002) Rotordynamik. Springer, Berlin

Giersch H-U, Harthus H, Vogelsang N (1998) Elektrische Maschinen. 4. Auflage, Teubner, Stuttgart

Gißler J (2005) Elektrische Direktantriebe. Franzis-Verlag, Poing

Hambley AR (2008) Electrical Engineering. Pearson Education Inc., Upper Saddle River, New Jersey

Hindmarsh J (1985) Electrical Machines and Drives – Worked Examples. Pergamon Press, Oxford

Hindmarsh J (1991) Electrical Machines and their Applications. Pergamon Press, Oxford

Hofmann W (2013) Elektrische Maschinen. Pearson, München

Jordan H, Weis M (1969) Asynchronmaschinen. Vieweg, Braunschweig

Jordan H, Weis M (1970) Synchronmaschinen, Band I + Band II. Vieweg, Braunschweig

Kiel E (2007) Antriebslösungen - Mechatronik für Produktion und Logistik. Springer, Berlin

Kleinrath H (1975) Grundlagen elektrischer Maschinen. Akademische Verlagsgesellschaft, Wiesbaden

Lazaroiu DF, Slaiher S (1976) Elektrische Maschinen kleiner Leistung. VEB-Verlag Technik, Berlin

Meisel J (1966) Principles of Electromechanical Energy Conversion. McGraw-Hill Book Company, New York

Merz H, Lipphardt G (2008) Elektrische Maschinen und Antriebe. VDE-Verlag, Berlin Offenbach

Mohan N (1995) Power Electronics, Converters, Applications and Design. John Wiley & Sons, New York

Nürnberg W (1976) Die Asynchronmaschine. Springer, Berlin

Prechtl A (1995) Vorlesungen über Grundlagen der Elektrotechnik – Bände 1 und 2. Springer, Wien

Reiser J (1968) Elektrische Maschinen I, Grundlagen und Transformatoren. Carl Hanser Verlag, München

Reiser J (1969) Elektrische Maschinen II, Induktionsmaschinen. Carl Hanser Verlag, München

Reiser J (1970) Elektrische Maschinen IV, Wechselstromkommutatormaschinen, Synchronmaschinen. Carl Hanser Verlag, München

Reiser J (1971) Elektrische Maschinen III, Gleichstrommaschinen. Carl Hanser Verlag, München

Schönfeld R, Hofmann W (2005) Elektrische Antriebe und Bewegungssteuerungen. VDE-Verlag, Berlin Offenbach

Seinsch H-O (1993) Grundlagen elektrischer Maschinen und Antriebe. Teubner, Stuttgart

Späth H (1984) Elektrische Maschinen und Stromrichter. G. Braun, Karlsruhe

Spring E (1998) Elektrische Maschinen - Eine Einführung. Springer, Berlin

Stepina J (1982) Die Einphasen-Asynchronmaschine. Springer, New York

Stölting H-D, Beisse A (1987) Elektrische Kleinmaschinen. Teubner, Stuttgart

Stölting H-D, Kallenbach E (2001) Handbuch Elektrische Kleinantriebe. Carl Hanser Verlag, München

Taegen F (1970) Einführung in die Theorie elektrischer Maschinen, Band I. Vieweg, Braunschweig

Taegen F (1971) Einführung in die Theorie elektrischer Maschinen, Band II. Vieweg, Braunschweig

Weiterführende Fachbücher

Aichholzer G (1975) Elektromagnetische Energiewandler, Halbbände 1+2. Springer, Wien New York

Amin B (2001) Induction Motors. Springer, Berlin

Auweter-Kurtz M (1992) Lichtbogenantriebe für Weltraumaufgaben. Teubner, Stuttgart

Bezner H (1993) Fachwörterbuch Energie- und Automatisierungstechnik – Band 1: Deutsch/Englisch, Band 2: Englisch/Deutsch. Siemens AG, Berlin München

Bödefeld TH, Sequenz H (1971) Elektrische Maschinen - Eine Einführung in die Grundlagen. Springer, Wien

Bohn T (Hsg.) (1987) Elektrische Energietechnik. Aus: Handbuchreihe Energie Band: 4 von 5, TÜV Rheinland, Köln

Boldea I, Nasar SA (1986) Electric machines dynamics. Macmillan, New York

Boldea I (1996) Reluctance synchronous machines and drives. Clarendon Press, Oxford

Boldea I, Nasar SA (1999) Electric drives. CRC Press, Boca Raton

Bonfert K (1962) Betriebsverhalten der Synchronmaschine. Springer, Wien

Böning W (1978) HÜTTE - Elektrische Energietechnik, Bd.1: Maschinen. Springer, Berlin

Bühler H-R (1962) Einführung in die Theorie geregelter Gleichstromantriebe. Birkhäuser, Basel Stuttgart

Bühler H-R (1977) Einführung in die Theorie geregelter Drehstromantriebe - Band 1: Grundlagen, Band 2: Anwendungen. Birkhäuser, Basel Stuttgart

Byerly RT, Kimbark EW (Hsg.) (1974) Stability of large Electric Power Systems. IEEE Press, New York

Clarke E (1943) Circuit Analysis of AC Power Systems, Band 1. J. Wiley & Sons, New York

Concordia C (1951) Synchronous machines – theory and performance. John Wiley & Sons Inc., Chapman & Hall Ltd., New York

Constantinescu S (1999) Elektrische Maschinen und Antriebssysteme – Komponenten, Systeme, Anwendungen. Vieweg, Wiesbaden

Dirschmid H-J (1992) Mathematische Grundlagen der Elektrotechnik. Vieweg, Wiesbaden

Dirschmid H-J (1996) Mathematische Grundlagen der Elektrotechnik - Lösungen und Hinweise. Vieweg, Wiesbaden

Dreyfus L (1924) Die Theorie des Drehstrommotors mit Kurzschlussanker. Ingeniörsvetenskapsakademiens Handlingar 34, AB Gunnar Tisells Tekniska Förlag, Stockholm

Dreyfus L (1929) Die Stromwendung großer Gleichstrommaschinen. Springer, Berlin

Dreyfus L (1954) Die Stromwendung großer Gleichstrommaschinen – Theorie der Kommutierungsstörungen. Generalstabens Litografiska Förlag, Stockholm

Drury B (2009) The Control Techniques Drives and Controls Handbook. IET Power and Energy Series 57, Athenaeum Press Ltd., Stevenage

Falk K (1997) Der Drehstrommotor   Ein Lexikon für die Praxis. VDE-Verlag, Berlin Offenbach

Fasching G (1994) Werkstoffe der Elektrotechnik. Springer, Wien

Gieras J (2000) Permanent Magnet Motor Technology. Wiley, New York

Gotter G (1962) Erwärmung und Kühlung elektrischer Maschinen. Springer, Berlin

Groß H, Hamann J, Wiegärtner G (2000) Elektrische Vorschubantriebe in der Automatisierungstechnik. Publicis MCD Verlag, München

Groß H, Hamann J, Wiegärtner G (2006) Technik elektrischer Vorschub-antriebe in der Fertigungs- und Automatisierungstechnik. Publicis Corporate Publishing, Erlangen

Hague B (1962) The Principles of Electromagnetism Applied to Electrical Machines. Dover Publications Inc., New York

Hanselman D (2003) Brushless Permanent Magnet Motor Design. The Writer's Collective, 2nd edition. Cranston, Rhode Island

Heller B, Hamata V (1977) Harmonic field effects in induction machines. Elsevier Scientific Publishing Company, Oxford New York

Heller B, Veverka A (1957) Stoßerscheinungen in elektrischen Maschinen. VEB-Verlag Technik, Berlin

Hendershot J (1993) Design of brushless permanent-magnet motors. Clarendon Press, Oxford

Hering E, Vogt A (1999) Handbuch der Elektrischen Anlagen und Maschinen. Springer, Berlin

Heumann K (1985) Grundlagen der Leistungselektronik. Teubner, Stuttgart

Hibbeler RC (2005) Technische Mechanik 1 – Statik. Pearson, München Boston

Hibbeler RC (2006) Technische Mechanik 2 – Festigkeitslehre. Pearson, München Boston

Hibbeler RC (2006a) Technische Mechanik 3 – Dynamik. Pearson, München Boston

Holm R (1967) Electric Contacts Handbook. Springer, Berlin

Ilschner B, Singer R (2001) Werkstoffwissenschaften und Fertigungstechnik. Springer, Berlin

Isermann R (2002) Mechatronische Systeme. Springer, Berlin

Jäger R (1977) Leistungselektronik. VDE-Verlag, Berlin Offenbach

Jordan H (1950) Geräuscharme Elektromotoren. Verlag W. Girardet, Essen

Kenjo I, Sugawara A (1995) Stepping motors and their microprocessor control. Oxford Univ. Press, Oxford

Kimbark EW (1968) Power System Stability - Vol. 3: Synchronous machines. Dover Public. Inc., New York

Kleinrath H (1980) Stromrichtergespeiste Drehfeldmaschinen. Springer, Wien

Koch J, Ruschmeyer K (1982) Permanentmagnete I und II. Verlag Boysen und Maasch, Hamburg

Komarek P (1995) Hochstromanwendung der Supraleitung. Teubner, Stuttgart

Kovacs KP (1962) Symmetrische Komponenten in Wechselstrommaschinen. Birkhäuser-Verlag, Basel Stuttgart

Kovacs KP, Racz I (1959) Transiente Vorgänge in Wechselstrommaschinen. Verlag d. Ung. Akademie d. Wissenschaften, Budapest

Kümmel F (1985) Elektrische Antriebstechnik, Teil 1: Maschinen. Band 1 von 3, VDE-Verlag, Berlin Offenbach

Kümmel F (1986) Elektrische Antriebstechnik, Teil 2: Leistungsstellglieder. Band 2 von 3, VDE-Verlag, Berlin Offenbach

Kümmel F (1998) Elektrische Antriebstechnik, Teil 3: Antriebsregelung. Band 3 von 3, VDE-Verlag, Berlin Offenbach

Laible T (1952) Die Theorie der Synchronmaschine im nichtstationären Betrieb. Springer, Berlin

Lappe R (1988) Leistungselektronik. Springer, Berlin

Leonhard W (1980) Regelung in der elektrischen Energieversorgung. Teubner, Stuttgart

Leonhard W (1996) Control of Electrical Drives. Springer, Berlin

Miller JM (2004) Propulsion Systems for Hybrid Vehicles. IEE Power Energy Series 45, MPG Books, Stevenage

Miller T (1993) Switched Reluctance Motors and their Control. Clarendon Press, Oxford

Müller G, Ponick B (2005) Grundlagen elektrischer Maschinen. Wiley-VHC Verlag, Weinheim

Müller G, Ponick B (2009) Theorie elektrischer Maschinen. Wiley-VHC Verlag, Weinheim

Müller G, Vogt K, Ponick B (2007) Berechnung elektrischer Maschinen. Wiley-VHC Verlag, Weinheim

Neidhöfer G (2004) Michael von Dolivo-Dobrowolsky und der Drehstrom. VDE Verlag, Berlin Offenbach

Nürnberg W, Lax F (Hsg.) (1970) Synchronmaschinen. AEG-Telefunken-Handbücher Vol. 12, Berlin

Nürnberg W, Hanitsch R (2001) Die Prüfung elektrischer Maschinen. 7. Auflage, Springer, Berlin

Ollendorff F (1932) Potentialfelder der Elektrotechnik. Springer, Berlin

Öding B, Oswald BR (2004) Elektrische Kraftwerke und Netze. Springer, Berlin

Parasiliti F, Bertoldi P (Hsg.) (2003) Energy Efficiency in Motor Driven Systems. Springer, Berlin Heidelberg

Parkus H (1966) Mechanik fester Körper. Springer, Wien

Pfaff G (1990) Regelung elektrischer Antriebe I. 4. Auflage, Oldenbourg Verlag, München

Pichelmayer K (1908) Handbuch der Elektrotechnik – Dynamobau (Berechnen und Entwerfen der elektrischen Maschinen und Transformatoren). Leipzig, S. Hirzel

Polifke W, Kopitz J (2005) Wärmeübertragung. Pearson Studium, München

Polyanin AD, Zaitsev VF (1996) Handbuch der linearen Differentialgleichungen. Spektrum Akademischer Verlag, Heidelberg Berlin

Rentzsch H (1992) Elektromotoren - Electric Motors. 4. Auflage, ABB-Fachbuch, ABB-Drives AG, Turgi, Schweiz

Richter R (1950) Stromwendermaschinen für ein- und mehrphasigen Wechselstrom. Band 5 von 5, Springer, Berlin

Richter R (1954a) Die Transformatoren. Band 3 von 5, Birkhäuser Verlag, Basel Stuttgart

Richter R (1954b) Die Induktionsmaschinen. Band 4 von 5, Birkhäuser Verlag, Basel Stuttgart

Richter R, Brüderlink R (1963) Elektrische Maschinen: Synchronmaschinen und Einankerumformer. Band 2 von 5, Birkhäuser Verlag, Basel Stuttgart

Richter R, Prassler H (1967) Elektrische Maschinen: Allgemeine Berechnungselemente, die Gleichstrommaschine. Band 1 von 5, Birkhäuser Verlag, Basel Stuttgart

Rummich E (Hsg.) (1992) Elektrische Schrittmotoren und -antriebe. Band 365, expert-Verlag, Ehringen Böblingen

Ruschmeyer K (1983) Motoren und Generatoren mit Dauermagneten. expert-Verlag, Grafenau

Rziha E von (1955) Starkstromtechnik. Band 1, Verlag von Wilhelm Ernst & Sohn, Berlin

Salon S (1995) Finite Element Analysis of Electrical Machines. Springer, Berlin

Schmidt EF (1975) Unkonventionelle Energiewandler. Elitera-Verlag, Berlin

Schröder D (1998) Elektrische Antriebe. Bände 1 bis 4 (Vol. 1: Grundlagen, Vol. 2: Regelung von Antrieben, Vol. 3: Leistungselektronische Bauelemente, Vol. 4: Leistungselektronische Schaltungen), 1. Aufl., Springer, Berlin

Schröder D (2006) Leistungselektronische Bauelemente. 2. Auflage, Springer, Berlin Heidelberg

Schröder D (2008) Leistungselektronische Schaltungen – Funktion, Auslegung und Anwendung. 2. Auflage, Springer, Berlin Heidelberg

Schröder D (2009) Elektrische Antriebe – Regelung von Antriebssystemen. 3. Auflage, Springer, Berlin Heidelberg

Schröder D (2009a) Elektrische Antriebe – Grundlagen. 4. Auflage, Springer, Berlin Heidelberg

Schuisky W (1960) Berechnung elektrischer Maschinen. Springer, Wien

Schweitzer G, Traxler A, Bleuler H (1993) Magnetlager. Springer, Berlin

Shobert EI (1965) Carbon brushes. Chemical Publishing Company, New York

Seinsch H-O (1992) Oberfelderscheinungen in Drehfeldmaschinen. Teubner, Stuttgart

Sequenz H (1950) Die Wicklungen elektrischer Maschinen. Band 1: Wechselstrom-Ankerwicklungen, Springer, Wien

Sequenz H (1952) Die Wicklungen elektrischer Maschinen. Band 2: Wenderwicklungen, Wien

Sequenz H (1954) Die Wicklungen elektrischer Maschinen. Band 3: Wechselstrom-Sonderwicklungen, Springer, Wien

Sequenz H (Hsg.) (1973) Herstellung der Wicklungen elektrischer Maschinen. Springer, Wien

Steimel A (2004) Elektrische Triebfahrzeuge und ihre Energieversorgung. Oldenbourg Industrieverlag, München

Vogt K (1996) Berechnung elektrischer Maschinen. VCH Verlag, Weinheim

Volkmann W (1980) Kohlebürsten. Schunk Kohlenstofftechnik, Gießen

Weickert F (1958) Krankheiten elektrischer Maschinen und Transformatoren. VEB-Verlag, Leipzig

Wiedemann E, Kellenberger W (1967) Konstruktion elektrischer Maschinen. Springer, Berlin

Wittenburg J, Pestel E (2001) Festigkeitslehre – ein Lehr- und Arbeitsbuch. Springer, Berlin

Zurmühl R (1965) Praktische Mathematik für Ingenieure und Physiker. Springer, Berlin

Beitragswerke

Binder A (2008) Zusatzbeanspruchungen der Drehfeldmaschine. In: Schröder, D.: Leistungselektronische Schaltungen – Funktion, Auslegung und Anwendung. 2. Aufl., Springer, Berlin – Heidelberg: 724-775

Petrovic L, Binder A, Deak C, Irimie D, Reichert K, Purcarea C (2007) Numerical Methods for Calculation of Eddy Current Losses in Permanent Magnets of Synchronous Machines. In: S. Wiak et al. (Eds.) Advanced Computer Techniques in Applied Electromagnetics, IOS Press: 116-123

Schneider T, Binder A, Chen L (2006) Design procedure of bearingless high-speed permanent magnet motors. In: Electromagnetic Fields in Mechatronics, Electrical and Electronic Engineering, A. Krawczyk et al. (Eds.). IOS Press: 473-478

Zeitschriftenbeiträge

Ade M, Binder A (2004) Modellierung der parallelen Antriebsstränge für ein Hybrid-Elektrofahrzeug vom Typ „Through the road". e&i Vol. 121 No. 4: 145-149

Amann C, Reichert K, Joho R, Posedel Z (1988) Shaft voltages in generators with static excitation systems - problems and solutions. IEEE Trans. on Energy Conversion Vol. 3 No. 2: 409-419

Amin B (1992) Structure of High Performance Switched Reluctance Machines and their Power Feeding Circuitries. Europ. Trans. on Electr. Power ETEP Vol. 2 No. 4: 215-221

Andresen E-C (1985) Einfluss von Umrichterart, Magnethöhe, Polbedeckung und Wicklungsanordnung auf den Betrieb von Synchronmotoren mit radialen SmCo5-Magneten. etz-Archiv Vol. 7: 263-270

Andresen E-C, Bieniek K, Pfeiffer R (1982) Pendelmomente und Wellenbeanspruchungen von Drehstrom-Käfigläufermotoren bei Frequenzumrichterspeisung. etz-Archiv Vol. 4: 25-33

Andresen E-C, Müller W (1983) Berechnung der Anlaufdaten von Asynchron-Käfigläufermotoren verschiedener Stabformen mit der Methode der finiten Differenzen. Archiv für Elektrotechnik Vol. 66: 179-185

Aoulkadi M, Binder A (2008) When Loads Stray - Evaluation of Different Measurement Methods to Determine Stray Load Losses in Induction Machines. IEEE Ind. Electronics Magazine Vol. 2 No. 1: 21-30

Aoyama Y, Miyata K, Ohashi K (2005) Simulation and Experiments on Eddy Current in NdFeB Magnets. IEEE Trans. on Magnetics Vol. 41 No. 10: 3790-3792

Atallah K, Howe D, Mellor PH, Stone DA (2000) Rotor loss in permanent magnet brushless AC machine. IEEE Trans. on Ind. Applications Vol. 36 No. 6: 1612-1618

Auernhammer E, Binder A, Manowarda M, Spingler H (1992) Kompakte Gleichstromantriebe durch Leistungssteigerung. Elektrotechn. Zeitschrift etz Vol. 113: 1342-1349

Auinger H (1981) Einflüsse der Umrichterspeisung auf elektrische Drehfeldmaschinen, insbesondere auf Käfigläufer-Induktionsmotoren. Siemens-Zeitschrift Vol. 45: 46-49

Auinger H (2000) Energieverbrauchsoptimierung mit drehzahlveränderbaren elektrischen Antriebssystemen. Automatisierungstechn. Praxis atp Vol. 42 No. 2: 33-39

Auinger H, Künzel E (2000) Vergleich genormter Verfahren zur Wirkungsgradbestimmung von Käfigläufer-Asynchronmaschinen. Elektrie Vol. 54: 294-302

Bahtia R, Krattiger H-U, Bonanini A, Schafer D, Inge JT, Sydnor GH (1998) Weltweit größter drehzahlvariabler Antrieb mit Synchronmotor. ABB Technik No. 6: 14-20

Barnes M, Pollock C (1998) Power electronic converters for switched reluctance drives. IEEE Trans. on Power Electronics Vol. 13 No. 6: 1100-1111

Bapat P (1973) Das Entstehen der Schlingstromverluste in elektrischen Maschinen und Maßnahmen zu ihrer Verringerung. AEG-Telefunken Techn. Mitt. Vol. 63 No. 1: 18-23

Bausch H, Jordan H, Lorenzen HW (1964) Anlauf von Reluktanzmotoren mit geblechtem Läufer. ETZ-A Vol. 85: 170-173

Beckert U (2007) Berechnung zweidimensionaler Wirbelströme in kurzen Permanentmagneten von Synchronmaschinen. antriebstechnik Vol. 46 No. 6: 44-48

Benecke W (1966) Temperaturfeld und Wärmefluss bei kleineren oberflächengekühlten Drehstrommotoren mit Käfigläufer. ETZ-A Vol. 87 No. 13: 455-459

Bertotti G (1988) General properties of power losses in soft ferromagnetic materials. IEEE Trans. on Magnetics Vol. 24 No. 1: 621-630

Bianchi N, Bolognani S, Luise F (2004) Potentials and Limits of High-Speed PM Motors. IEEE Trans. on Ind. Applications Vol. 40 No. 6: 1570-1578

Bianchi N, Bolognani S, Dai Pre M, Grezzani G (2005) Design considerations for fractional-slot winding configurations of synchronous machines. IEEE Trans. on Ind. Applications Vol. 42 No. 4: 997-1007

Binder A (1989) Untersuchung zur magnetischen Kopplung von Längs- und Querachse durch Sättigung am Beispiel der Reluktanzmaschine. Archiv für Elektrotechnik Vol. 72: 277-282

Binder A (1990) Angenäherte Berechnung des zweidimensionalen gesättigten Luftspaltfelds bei Drehstrom-Asynchronmaschinen im Leerlauf. Archiv für Elektrotechnik Vol. 73: 131-139

Binder A (1991) Additional losses in converter-fed uncompensated DC motors - their calculation and measurement. Archiv für Elektrotechnik Vol. 74: 357-369

Binder A (1996) The "Torus-Flux" motor - a novel permanent magnet synchronous machine. Archiv für Elektrotechnik Vol. 79: 31-38

Binder A (2000) Switched Reluctance Drive and inverter-fed Induction Machine – a comparison of design parameters and drive performance. Electrical Engineering Vol. 28 No. 5: 238-239

Binder A, Doppelbauer M, Gold P, Hofmann W (2009) Innovationen und Trends bei mechatronischen Antriebssystemen. Elektrotechn. Zeitschrift etz, Sonderheft: 44-50

Binder A, Greubel K, Piepenbreier B, Tölle HJ (1998) Permanent-Magnet Synchronous Drive with Wide Field-Weakening Range. Europ. Trans. on Electr. Power ETEP Vol. 8: 157-166

Binder A, Kaumann U, Storath A (1998) Moderne Antriebstechnik spart Energie. Elektrie Vol. 52 No. H.1/2: 47-55

Binder A, Mütze A (2008) Scaling Effects of Inverter-Induced Bearing Currents in AC Machines. IEEE Trans. of Ind. Applications Vol. 44 No. 3: 769-776

Binder A, Pollmeier S, Wick A (2003) Vernetzte Antriebe – aktueller Stand. Elektrotechn. Zeitschrift etz: 84-93

Binder A, Rummich E (1990) Besonderheiten bei der Selbsterregung von Asynchrongeneratoren im Inselbetrieb. etz-Archiv Vol. 12: 251-257

Binder A, Wick A, Gold PW (2005) Antriebssysteme: Trends – Innovationen - Mechatronik. Elektrotechn. Zeitschrift etz, Sonderheft: 68-75

Blaschke F (1971) Das Prinzip der Feldorientierung, die Grundlage für die Transvektorregelung von Drehstrommaschinen. Siemens-Zeitschrift Vol. 45: 757-768

Bolte E (1985) Theorie des Käfigläufermotors unter Berücksichtigung des zweidimensionalen Feldes im Luftspalt und den Nuten und aller Ankerrückwirkungen. Archiv für Elektrotechnik Vol. 68: 433-441

Bonnett AH, Albers T (2001) Squirrel-Cage Rotor Options for AC Induction Motors. IEEE Trans. on Ind. Application Vol. 37 No. 4: 1197-1209

Bönning H, Jäger K (1989) Neue Entwicklungen bei luftgekühlten Synchronmaschinen in Turbobauart. etz-Archiv Vol. 11: 109-112

Braess H, Eckhardt H, Weh H (1966) Zur magnetischen Schwingungsanregung bei Gleichstrommaschinen. ETZ-A Vol. 87: 257-264

Brandl P (1980) Forces on the end windings of AC machines. Brown Boveri Rev. Vol. 67 No. 2: 128-134

Brunsbach BJ (1993) Lagegeregelte Servoantriebe ohne mechanische Sensoren. Archiv für Elektrotechnik Vol. 76: 335-341

Brunsbach BJ, Henneberger G (1990) Einsatz eines Kalman-Filters zum feldorientierten Betrieb einer Asynchronmaschine ohne mechanische Sensoren. Archiv für Elektrotechnik Vol. 73: 325-335

Budig P-K (1979) Thyristorgespeiste dynamisch hochwertige Gleichstrommaschinen. Elektrie Vol. 33 No. 5: 248-250, No. 6: 309-313, No. 7: 348-351

Bunzel E, Krüger HT (1987) Asynchroner Hochlauf von Synchronmaschinen unter Einbeziehung der Dauermagneterregung. Elektrie Vol. 41 No. 2: 57-59

Busse L, Soyk K-H (1997) Weltweit leistungsstärkste Dampfturbogruppen für Braunkohlekraftwerk Lippendorf. ABB Technik No. 6: 13-22

Buttkereit H, Jordan H, Weis M (1968) Das Durchfahren von synchronen Drehmomentsättel von Drehstrom-Asynchronmotoren mit Käfigläufern. Elektrotech. u. Masch.bau EuM Vol. 85: 350-354

Calverley SD, Jewell GW, Saunders RJ (2000) Aerodynamic losses in switched reluctance machines. IEE Proc.-Electr. Power Appl. Vol. 147 No. 6: 443-448

Canay IM (1967) Anlaufverfahren bei Synchronmaschinen. Brown Boveri Mitteilungen Vol. 54 No. 9: 619-628

Canay IM (1970) Ersatzschemata der Synchronmaschine zur Berechnung von Polradgrößen bei nichtstationären Vorgängen sowie asynchronem Anlauf, Teil 1:Turbogeneratoren, Teil2: Schenkepolmaschinen. Brown Boveri Mitteilungen Vol. 56 No. 5: 135-145

Cros J, Viarouge P (2002) Synthesis of High performance PM Motors With Concentrated Windings. IEEE Trans. on Energy Conversion Vol. 17 No. 2: 248-253

Deak C, Binder A (2006) Highly Utilised Permanent Magnet Synchronous Machines with Tooth-wound Coils for Industrial Applications. Electromotion Vol. 13: 36-41

Deak C, Binder A (2007a) Design of Compact Permanent-Magnet Synchronous Motors with Concentrated Windings. Revue Roumaine des Science Techniques, Serie Électrotechnique et Énergétique Vol. 52 No. 2: 183-197

Depenbrock M (1985) Direkte Selbstregelung (DSR) für hochdynamische Drehfeldantriebe mit Stromrichterspeisung. etz-Archiv Vol. 7 No. 7: 211-218

Depenbrock M, Klaes N (1988) Zusammenhänge zwischen Schaltfrequenz, Taktverfahren, Momentpulsation und Stromverzerrung bei Induktionsmotoren am Pulswechselrichter. etz-Archiv Vol. 10: 131-134

Doppelbauer M (2008) Direktantrieb oder doch besser Getriebemotor? - Systematische Analyse der Vor- und Nachteile beider Konzepte. antriebstechnik Vol. 47 No. 4: 66-73

Drehmann A (1943) Intrittfallvorgang bei unter Last anlaufenden Synchronmotoren. Elektrotechn. und Masch.bau EuM Vol. 61 (11/12): 109-118

Dreyfus L (1928) Über die zusätzlichen Eisenverluste in Drehstromasynchronmotoren. Archiv für Elektrotechnik Vol 20: 37-87, 188-210, 273-298

Drubel O, Hobelsberger M (2006) Medium frequency shaft voltages in large frequency converter driven electrical machines. Electrical Engineering Vol. 89: 29-40

Drubel O, Kulig S, Senske K (2000) End winding deformations in different turbo generators during three-phase short circuit and full load operation. Electrical Engineering Vol. 82: 145-152

Eckels PW, Snichtler G (2005) 5 MW High Temperature Superconductor Ship Propulsion Motor Design and Test Results. Naval Engineers Journal No. 3: 31-36

Ede JD, Atallah K, Jewell GW, Wang JB, Howe D (2007) Effect of Axial Segmentation of Permanent Magnets on Rotor Loss in Modular Permanent-Magnet Brushless Machines. IEEE Trans. on Ind. Applications Vol. 43 No. 5: 1207-1213

El-Refaie AM (2005) Optimal flux weakening in surface PM machines using fractional-slot concentrated windings. IEEE Trans. on Ind. Applications Vol. 41 No. 3: 790-800

Eriksson G (2001) Motoren zum direkten Anschluss an Hochspannung. Bulletin SEV/AES No. 11: 39-41

Esson WB (1891) Der Entwurf multipolarer Dynamos. ETZ 1891 No.27: 355-356

Flügel W (1982) Drehzahlregelung der spannungsumrichtergespeisten Asynchronmaschine im Grunddrehzahl- und Feldschwächbereich. etz-Archiv Vol. 4: 143-150

Fräger C (2006) Permanentmagnet-Synchronantriebe im Feldschwächbetrieb. Bulletin SEV/AES No. 3: 8-14

Fraunbaum E (1984) 6-MW-Gleichstrommotor für 2.7-m-Breitband-Vorgerüst. ELIN-Zeitschrift Vol. 36 (3/4): 103-110

Frohne H (1968) Über den einseitigen Zug in Drehfeldmaschinen. Archiv für Elektrotechnik Vol. 51 No. 5: 300-308

Früchtenicht J, Schröder RD, Seinsch H-O (1981) Physikalische Ursache und praktische Bedeutung von Gehäuseschwingungen doppelter Netzfrequenz bei zweipoligen Asynchronmotoren. etz-Archiv Vol. 3: 389-396

Fuchs EF, Senske K (1981) Comparison of iterative solutions on the finite difference method with measurements as applied to Poisson`s and the diffusion equations. IEEE Trans. on Power Apparatus and Systems Vol. 100 No. 8: 3983-3992

Gabsi MK (1989) Calculation and measurement of commutation currents in DC machines. Electric machines and power systems Vol. 17: 167-182

Gahleitner A (1971) Anlaufmoment und Pendelmoment beim zweisträngigen Kondensatormotor mit Einfach- und Doppelkäfigläufer. ETZ-A Vol. 92: 95-99

Gerlach R (1978) Stromrichtererregung für schnelllaufende Synchrongeneratoren. AEG-Telefunken Techn. Mitt. Vol. 68: 57-66

Gutt HJ (1987) Vergleich von Gleichstrom-, Asynchron- und dauermagneterregten Synchronmaschinen für Stellantriebe in Industrierobotern. etz-Archiv Vol. 9: 55-63

Gutt HJ (1988) Reluktanzmotoren kleiner Leistung. etz-Archiv Vol. 10: 345

Gutt HJ (1990) Permanenterregte und Massivläufer-Kleinmaschinen für hohe Drehzahlen. Elektrotechnik und Informationstechnik e&i Vol. 107: 469-475

Hall RD, Konstanty WJ (2010) Commutation of DC motors. IEEE Ind. Applications Magazine Vol. 16 No.6: 56-62

Heil W (1995) Höhere Leistung pro Baugröße - die neue Gleichstrommotorenreihe DMA+. ABB Technik No. 4: 19-25

Heller F, Kauders, W (1935) Das Görges'sche Durchflutungspolygon. Archiv für Elektrotechnik Vol. 29: 599-616

Heller B, Klima V (1968) Das Görges'sche Durchflutungspolygon, Teil II. Archiv für Elektrotechnik Vol. 52: 114-125

Heller B, Klima V (1970) Die synchronen parasitären Momente bei Stillstand und bei Anlauf des Käfigankermotors, Teil I. Archiv für Elektrotechnik Vol. 53: 215-223

Heller B, Klima V (1970) Regeln zur Vermeidung von Ausgleichsströmen im Dreieck bzw. in parallelen Zweigen. Acta Technika CSAV Vol. 15: 1-15

Hemmingson E, Brautmark H (1998) Palettenroboter für die Konsumgüterindustrie. ABB Technik No. 4: 17-24

Henneberger G, Schleuter W (1989) Servoantriebe für Werkzeugmaschinen und Industrieroboter. Elektrotechn. Zeitschrift etz Vol. 110 No. 5: 274-279

Hentschel E, Niedermeier K, Schäfer K (1993) Beanspruchung der Wicklungsisolierung von Drehstrommaschinen. Elektrotechn. Zeitschrift etz Vol. 114 No. 7: 1074-1077

Hipfl J (1983) Berechnung des magnetischen Feldes einer Gleichstrommaschine zur Optimierung der Haupt- und Wendepolform mit Hilfe der Methode der Finiten Elemente. ELIN-Zeitschrift Vol. 35: 17-23

Hopper E (1992) Geschalteter Reluktanzmotor als lohnenste Alternative. Elektrotechnik Vol. 26: 72-75

Höppner R, Waldinger H (1980) Motoren für drehzahlveränderbare Antriebe. Siemens Sonderdruck E319/1126 "Antriebstechnik mit System", Erlangen: 23-26

Howald W, Stöckli F (1994) Generatoren für das weltgrößte Hochdruck-Wasserkraftwerk. ABB Technik No. 10: 13-19

Hügel H, Schleswig G (1991) Neues Stromregelverfahren für Drehstrom-Asynchronmotoren. antriebstechnik Vol. 30 No. 12: 36-42

Huth G (1989) Grenzkennlinien von Drehstrom-Servoantrieben in Blockstromtechnik. etz-Archiv Vol. 11 No. 12: 401-408

Huth G (1995) Nutrastung von permanenterregten AC-Servomotoren mit gestaffelter Rotoranordnung. Archiv für Elektrotechnik Vol. 78: 391-397

Huth G (1999) Optimierung des Wicklungssystems bei permanenterregten AC-Servomotoren. Archiv für Elektrotechnik Vol. 81: 375-383

Huth G (2005) Permanent-magnet-excited AC servo motors in tooth-coil technology. IEEE Trans. on Energy Conversion Vol. 20 No. 2: 300-307

Ishak D, Zhu ZQ (2005) Permanent-magnet brushless machine with unequal tooth widths and similar slot and pole numbers. IEEE Trans. on Ind. Applications Vol. 41 No. 2: 584-590

Ishak D, Zhu ZQ, Howe D (2005a) Eddy-current loss in the rotor magnets of permanent magnet brushless machines having a fractional number of slots per pole. IEEE Trans. on Magnetics Vol. 41 No. 9: 2462-2469

Jacob A, Seinsch H-O (2001) Einfluss magnetischer Nutverschlusskeile auf den magnetisch wirksamen Luftspalt und die Nutstreuung. Electrical Engineering Vol. 83: 103-113

Jäger K (1973) Flüssigkeitskühlung bei elektrischen Maschinen. ETZ-B Vol. 25 No. 18: 490-497

Jöckel A (2003) Getriebelose Drehstromantriebe für Schienenfahrzeuge. Elektrische Bahnen Vol. 101 No. 3: 113-119

Jokinen T, Arkkio A, Negrea M, Waltzer I (2005) Thermal Analysis of AZIPOD permanent magnet propulsion motor. Int. Journal of Electr. Eng. in Transportation IJEET Vol. 1 No. 1: 15-20

Joksimovic G (2005) Dynamic simulation of cage induction machine with air gap eccentricity. IEE Proc.-Electr. Power Appl. Vol. 152 No. 4: 803-811

Joksimovic G, Binder A (2004) Additional no-load losses in inverter-fed high speed cage induction motors. Electrical Engineering Vol. 86 No. 2: 105-116

Jordan H, Pfaff G (1962) Dynamische Kennlinien von Drehstrom-Asynchronmotoren. ETZ-A Vol. 83: 388-390

Jordan H, Lorenzen HW, Taegen F (1964) Über den asynchronen Anlauf von Synchronmaschinen. ETZ-A Vol. 85: 296-305

Jordan H, Weis M (1967) Nutschrägung und ihre Wirkungen. ETZ-A Vol. 88: 528-533

Jordan H, Raube W (1972) Zum Problem der Zusatzverluste in Drehstrom-Asynchronmaschinen. ETZ-A Vol. 93: 541-545

Kaufhold M, Auinger H, Berth M, Speck J, Eberhardt M (2000) Electrical Stress and Failure Mechanism of the Winding Insulation in PWM-Inverter-Fed Low-Voltage Induction Motors. IEEE Trans. on Ind. Electronics Vol. 47 No. 2: 396-402

Kaufhold M, Börner G (1993) Langzeitverhalten der Isolierung von Asynchronmaschinen bei Speisung mit Pulsumrichtern. Elektrie Vol. 47 No. 3: 90-95

Kawase Y, Ota T, Fukunaga H (2000) 3-D Eddy Current Analysis in Permanent Magnet of Interior Permanent Magnet Motors. IEEE Trans. on Magnetics Vol. 36 No. 4: 1863-1866

Kazmierkowski MP, Köpcke HJ (1982) Vergleich dynamischer Eigenschaften verschiedener Steuer- und Regelverfahren für umrichtergespeiste Asynchronmaschinen. etz-Archiv Vol. 4: 269-277

Kellenberger W (1980) The optimum angle for the support of vertical hydro-electric generators with skew arms or skew leaf springs. Brown Boveri Rev. Vol. 67 No. 2: 108-116

Kellenberger W (1980a) Forced resonances in rotating shafts - The combined effects of bending and torsion. Brown Boveri Rev. Vol. 67 No. 2: 117-121

Kim H, Harke MC, Lorenz RD (2003) Sensorless Control of Interior Permanent-Magnet Machine Drives with Zero Phase Lag Position Estimation. IEEE Trans. on Ind. Applications Vol. 39 No. 6: 1726-1733

Klautschek H (1976) Asynchronmaschinenantriebe mit Strom-Zwischenkreisumrichtern. Siemens-Zeitschrift Vol. 50: 23-28

Kleinrath H (1976) Das elektromechanische Verhalten der stromrichtergespeisten Asynchronmaschine. Archiv für Elektrotechnik Vol. 57: 297-306

Kleinrath H (1993) Ersatzschaltbilder für Transformatoren und Asynchronmaschinen. Elektrotechnik und Informationstechnik e&i Vol. 110 No. 2: 68-74

Kleinrath H (2006) Das Kurzschlussverhalten kleiner permanenterregter Synchronmaschinen. Elektrotechnik und Informationstechnik e&i Vol. 123 No. 9: 396-401

Koch T, Körner O, Binder A (2002) Direktantriebe für Lokomotiven. Eisenbahningenieur EI Vol. 53: 59-65

Kugler H (1976) Schäden an Turbogeneratoren. Der Maschinenschaden Vol. 49 No. 6: 221-235

Laithwaite ER, Eastham JF, Bolton HR (1971) Linear Motors with Transversal Flux. Proc. of the IEE Vol. 118 No. 12: 1761-1767

Lawrenson PJ, Gupta SK (1967) Developments in the performance and theory of segment-rotor reluctance motors. Proc. of IEE Vol. 114 No. 5: 645-653, Korrespondenz: (1968) Proc. of IEE Vol. 115 No. 9: 1283-1285; (1970) Proc. of IEE Vol. 117 No. 12: 2271-2272

Lehmann R (1989) Technik der bürstenlosen Servoantriebe, Teil 1. Elektrotechnik Vol. 21: 96-101

Leijon M (1998) Powerformer - ein grundlegend neuer Generator verbessert die Gesamtwirtschaftlichkeit von Kraftwerken. ABB Technik No. 2: 21-26

Lendenmann H, Moghaddam RR, Tammi A, Thand L-E (2011) Motoren mit Zukunft – Frequenzumrichtergespeiste Synchronmotoren. ABB Technik No. 1: 56-61

Leukert W (1966) 100 Jahre dynamoelektrisches Prinzip - 100 Jahre Elektromaschinenbau. ETZ-A Vol. 87: 841-847

Liese M (1998) Entwicklung und Perspektive supraleitender Generatoren,. Elektrie Vol. 52 No. 7-9: 188-193

Liese M, Brown M (2008) Design-Dependent Slot Discharge and Vibration Sparking on High Voltage Windings. IEEE Trans. on Dielectrics and Electric Insulation Vol. 15 No. 4: 927-932

Maier F (1968) Berechnung der Kommutierungsinduktivitäten von Ankerwicklungen. Brown Boveri Mitt. Vol. 55: 569-583

Maiß KJ (1981) Drehstromantriebe für Vollbahn-, Werkbahn- und Nahverkehrs-Triebfahrzeuge. Nahverkehrspraxis Vol. 29: 242-250

Marinescu M (1988) Einfluss von Polbedeckungswinkel und Luftspaltgestaltung auf die Rastmomente in permanenterregten Motoren. etz-Archiv Vol. 10: 83-88

Mellor PH, Burrow SG, Sawata T, Holme M (2005) A Wide-Speed-Range Hybrid Variable-Reluctance/Permanent-Magnet Generator for Future Embedded Aircraft Generation Systems. IEEE Trans. on Ind. Applications Vol. 41 No. 2: 551-556

Merino JM, Lopez A (1996) Effizienterer und flexiblerer Betrieb von Wasserkraftwerken mit Varspeed-Generatoren. ABB Technik No. 3: 33-38

Merwerth J (2003) Eine permanentmagneterregte Synchronmaschine für den Direktantrieb einer Herzunterstützungspumpe. Elektrie Vol. 57: 39-45

Mitcham AJ, Prothero DH, Brooks JC (1989) The self-excited homopolar generator. IEEE Trans. on Magnetics Vol. 25: Part 1: 362-368, Part 2: 369-375

Morimoto S, Kawamoto K, Sanada M, Takeda Y (2002) Sensorless Control Strategy for Salient Pole PMSM based on Extended EMF in Rotating Reference Frame. IEEE Trans. on Ind. Applications Vol. 38: 1054-1061

Moritz WD, Röhlk J (1979) Drehstrom-Asynchron-Fahrmotoren für elektrische Triebfahrzeuge. Elektrische Bahnen Vol. 50 No. 3: 65-71

Mühlegger W, Rentmeister M (1992) Die permanenterregte Synchronmaschine im Feldschwächbetrieb. Elektrotechnik und Informationstechnik e&i Vol. 109 No. 6: 293-299

Müller S, Deicke M, deDoncker R (2002) Doubly fed Induction Generator Systems for Wind Turbines. IEEE Ind. Applications Magazine Vol.8: 26-33

Mütze A, Binder A (2005) Umrichterbedingte Lagerströme in Industrieantrieben im Leistungsbereich 1...500 kW – Größenordnungen und Abhilfen. antriebstechnik Vol. 44: 36-40

Musil R von, Schmatloch W (1987) Bemessung und Ausführung großer drehzahlveränderbarer Synchronmotoren. Siemens Energie & Automation Vol. 9 Spezial "Drehzahlveränderbare elektrische Großantriebe": 32-41

Neidhöfer G (1965) Optimierung auf kleinste Ventilations- und Stromwärmeverluste bei gasgekühlten Läufern von Großturbogeneratoren. ETZ-A Vol. 86: 353-360

Neidhöfer G (1968) Innenkühlung von Roebelstäben und Massnahmen zur Verminderung der Zusatzverluste. Scientia Electrica Vol. 14 No. 3: 49-80

Neidhöfer G (1992) Geschichtliche Entwicklung der Synchronmaschine. ABB Technik supplement No. 1: 1-11

Neidhöfer G (2008) Der Weg zur Normfrequenz 50 Hz. Bulletin SEV/AES No. 17: 29-34

Neidhöfer G, Troedson AG (1999) Large converter-fed synchronous motors for high speeds and adjustable speed operation: design features and experience. IEEE Trans. on Energy Conversion Vol. 14 No. 3: 633-636

Neuhaus W, Weppler R (1967) Einfluss der Querströme auf die Drehmomentkennlinie polumschaltbarer Käfigläufermotoren. ETZ-A Vol. 88: 80-84

Noser R (1973) Materials in Electrical machines – Today and Tomorrow. Trans. of the South African Inst. of Electr. Eng.: 238-249

Oberretl K (1965) Die Oberfeldtheorie des Käfigmotors unter Berücksichtigung der durch die Ankerrückwirkung verursachten Oberströme und der parallelen Wicklungszweige. Archiv für Elektrotechnik Vol. 49: 343-364

Oberretl K (1969) 13 Regeln für minimale Zusatzverluste in Induktionsmotoren. Bulletin Oerlikon No. 389/390: 1-11

Oberretl K (1970) Field-harmonic theory of slip-ring motor taking multiple armature reaction into account. IEE Proc.-Electr. Power Appl. Vol. 117: 1667-1674

Oberretl K (1973) Dreidimensionale Berechnung des Linearmotors mit Berücksichtigung der Endeffekte und der Wicklungsverteilung. Archiv für Elektrotechnik Vol. 55: 181-190

Oberretl K (2007) Losses, torques and magnetic noise in induction motors with static converter supply, taking multiple armature reaction and slot openings into account. IET Electr. Power Appl. Vol. 1 No. 4: 517-531

Pakaste R, Laukia K, Wilhelmson M, Kuuskoski J (1999) Erfahrungen mit AZIPOD-Antriebssystemen auf Schiffen. ABB Technik No. 2: 12-18

Paustian R (1996) Drehstrommotoren mit integriertem Frequenzumrichter für Pumpenantriebe. antriebstechnik Vol. 35 No. 8: 40-41

Pindeus A (1966) Energetische Behandlung der Stromwendung als Schaltvorgang. ELIN-Zeitschrift Vol. 18: 170-182

Polinder H, Hoeijmakers MJ (1999) Eddy current losses in the segmented surface-mounted magnets of a PM machine. IEE Proc.-Electr. Power Appl. Vol. 146 No. 3: 261-266

Ponick B (1998) Das Luftspaltmoment elektrischer Maschinen unter Berücksichtigung parametrischer Effekte. Electrical Engineering Vol. 81: 291-296

Prassler H (1954) Zusatzverluste und Stromwendespannung bei Kommutatormaschinen mit massiven Ankerstäben. Archiv für Elektrotechnik Vol. 42: 209-222

Pratt WJ (1978) The influence of the design parameters on the sparkless zones of DC machines. GEC Journal of Sciences & Technology Vol. 45: 51-55

Reiche H (1992) Objektive Bewertung der Kommutierungsgüte - ein Beitrag zur Entwicklung des Gleichstromantriebes. Elektrie Vol. 46 No. 4: 10-11

Reichert K (1966) Die einseitige Stromverdrängung in rechteckförmigen Hohlleitern. Archiv für Elektrotechnik Vol. 51 No. 1: 58-74

Reinboth H (1966) Kornorientierte Elektrobleche und ihre Eigenschaften. Elektrotechnik Vol. 48: 568-571

Russell DRL, Norsworthy KH (1958) Eddy current and wall losses in screened-rotor induction motors. Proc. of IEE Vol. 95: 163-175

Salzmann Th, Wokusch H (1980) Direktumrichterantrieb für große Leistungen und hohe dynamische Anforderungen. Siemens Energietechnik Vol. 2: 409-413

Schröder M (1988) Einfach anzuwendendes Verfahren zur Unterdrückung der Pendelmomente dauermagneterregter Synchronmaschinen. etz-Archiv Vol. 10 No. 1: 15-18

Schröder RD, Seinsch H-O (1981) Über die Problematik von unipolaren Luftspaltfeldern in Drehfeldmaschinen. etz-Archiv Vol. 3: 7-12

Schuler R (1980) Insulation system for the hydro-electric generator - State of the art and operating experience. Brown Boveri Rev. Vol. 67 No. 2: 135-140

Schwarz B (1986) Ausnutzung von Pulsumrichtern in Servoantrieben mit permanenterregten Synchronmaschinen. etz-Archiv Vol. 7: 263-270

Seifert S, Strangmüller F (1989) Stoßmoment und Stoßstrom der Asynchronmaschine. etz-Archiv Vol. 11: 283-389

Simitsis L, Xypteras J (1999) Magnetic Relief of the Yoke of AC Electrical Machines by the Iron Frame. Europ. Trans. on Electr. Power ETEP Vol. 9 No. 4: 271-274

Simond JJ, Neidhöfer G (1980) A more accurate method of calculating the waveform and harmonic content of the voltage in salient pole machines. Brown Boveri Rev. Vol. 67 No. 2: 122-127

Spatz G (1972) Gleichstrombremsung von Asynchronmaschinen bei Speisung über einen Drehstromsteller. ETZ-A Vol. 93: 551-555

Steinbrink J (2008) Rastmomente in Synchronmotoren analytisch berechnen. Bulletin SEV/AES No. 17: 21-27

Stephan C-E, Baer J, Zimmermann H, Neidhöfer G, Egli R (1996) Neuer luftgekühlter Turbogenerator der 300-MVA-Klasse. ABB Technik No. 1: 20-28

Stiebler M (1983) Ein Verfahren zur Berechnung der Kommutierungsströme und Bürstenspannungen von Gleichstrommaschinen. Archiv für Elektrotechnik Vol. 66: 309-316

Stillmann H (1997) IGCT2 – Megawatt-Halbleiterschalter für den Mittelspannungsbereich. ABB Technik Vol. 3: 12-17

Stix R (1930) Zusätzliche Kommutierungsverluste in Gleichstromwicklungen bei endlicher Stromwendedauer. Archiv für Elektrotechnik Vol. 23: 593-608

Stix R (1962) Zahnsättigungsverluste bei Gleichstrommaschinen. Elektrotechn. und Masch.bau EuM Vol. 79: 499-504

Stupin P, Kühne S (2005) Doppeltspeisende Asynchrongeneratoren bis 6,5 MW für die Windenergie. Elektrotechn. Zeitschrift etz No. 7: 50-55

Taegen F (1968) Zusatzverluste von Asynchronmaschinen. Acta Technika CSAV No. 1: 1-31

Taegen F (1990) Elektromagnetisches Geräusch von Reluktanzmaschinen mit segmentiertem Läufer. Archiv für Elektrotechnik Vol. 73: 253-260, 293-298

Taegen F, Kolbe J (1994) Drehmomente und Geräusche der modularen Dauermagnetmaschine. Archiv für Elektrotechnik Vol. 77: 391-399

Taegen F, Walczak R (1987) Experimental verification of stray losses in cage induction motors under no-load, full-load and reverse rotation test conditions. Archiv für Elektrotechnik Vol. 70: 255-263

Takahashi I, Noguchi T (1986) A New Quick-Response and High-Efficiency Control Strategy of an Induction Motor. IEEE Trans. on Ind. Applications-Vol. 22 No.5: 820-827

Taylor RP, Binder A (1997) Ertüchtigung der Frequenzumrichtertechnik für den Einsatz in Umrichtermotoren. antriebstechnik Vol. 36 No. 7: 42-44

Thorén S (1998) Neue wassergekühlte Turbogeneratoren für den Leistungsbereich ab 400 MVA. ABB Technik No. 1: 10-16

Tüxen   E   (1940)   Doppelverkettete   Streuung   von   Drehstrom-Zweischichtwicklungen. Elektrotechn. u. Masch.bau EuM Vol. 58: 264-268

Urgell JJ, Regis A (1991) A new spindle drive: High power-to-weight and low speed through magnetic flux control. GEC Alsthom Techn. Review Vol. 6: 67-74

Üner Z, Jordan H (1964) Berechnung der Eigenfrequenzen der Blechpakete von Drehstrommaschinen. Konstruktion Vol. 16: 108-111

Utecht M (1987) Schwingungstechnische Auslegung von Stromrichtermotoren. Energie&Automation Vol. 9 Spezial "Drehzahlveränderbare Grossantriebe": 42-55

Vaske P (1965) Über den Betrieb von Drehstrom-Asynchronmaschinen mit Kondensator am Einphasennetz. ETZ-A Vol. 86: 500-505

Vaske P (1965a) Die Bemessung der Anlaufshilfsphase zweisträngiger Einphasen-Asynchronmotoren. ETZ-A Vol. 86: 553-562

Vetter W, Reichert K (1987) Stern-Dreieck-Anlauf von Asynchronmaschinen - eine alte Lösung mit neuen Problemen. Bulletin SEV Vol. 78: 1182-1187

Volkrodt W (1962) Polradspannung, Reaktanzen und Ortskurve des Stromes der mit Dauermagneten erregten Synchronmaschine. ETZ-A Vol. 83 No. 16: 517-522

Volkrodt W (1975) Ferritmagneterregung bei größeren elektrischen Maschinen. Siemens Zeitschrift Vol. 49 No. 6: 368-374

Wark W (1969) Zweckmäßige Treppenwicklungen und andere Maßnahmen zur Steigerung der Ausnutzung von Gleichstrommaschinen. ETZ-A Vol. 90: 64-68

Weber W (1977) Experimentelle Untersuchung des Einflusses der Läuferschränkung auf das Geräusch einer Drehstrommaschine. ETZ-A Vol. 98: 495-497

Weh H (1984) Zur Weiterentwicklung wechselrichtergespeister Reluktanzmaschinen für hohe Leistungsdichte und große Leistungen. etz-Archiv Vol. 10: 135-143

Weh H (1988) Permanentmagneterregte Synchronmaschinen hoher Kraftdichte nach dem Transversalflusskonzept. etz-Archiv Vol. 10 No. 5: 143-149

Weigelt K (1989) Konstruktionsmerkmale großer Turbogeneratoren. ABB Technik No. 1: 3-14

Weninger R (1981) Einfluss der Maschinenparameter auf Zusatzverluste, Momentenoberschwingungen und Kommutierung bei Umrichterspeisung von Asynchronmaschinen. Archiv für Elektrotechnik Vol. 63: 19-28

Weppler R (1966) Ein Beitrag zur Berechnung von Asynchronmotoren mit nichtisoliertem Käfig. Archiv für Elektrotechnik Vol. 50: 238-252

Weppler R, Neuhaus W (1969) Der Einfluss der Nutöffnungen auf den Drehmomentenverlauf von Drehstrom-Asynchronmotoren mit Käfigläufern. ETZ-A Vol. 90: 186-191

Werner U (2008) A mathematical model for lateral rotor dynamic analysis of soft mounted asynchronous machines. Z. Angew. Math. Mech. ZAMM Vol. 88 No. 11: 910-924

Weschta A (1979) Pendelmomente von permanenterregten Synchron-Servomotoren. etz-Archiv Vol. 5: 141-144

Wiedemann E (1966) Großturbogeneratoren mit ausschließlicher Wasserkühlung. Brown Boveri Mitt 53 (9) 501-512

Williamson S, Poh CY, Sandy-Smith AC (2004) Estimation of the Inter-Bar Resistance of a Cast Cage Rotor. IEEE Trans. on Ind. Applications Vol. 40 No. 2: 558-564

Woda K (1970) Kohlebürsten für Maschinen mit Kommutatoren. Elektrotechn. u. Masch.bau EuM Vol. 87: 36-47

Wolff A (1980) Die untersynchrone Stromrichterkaskade, ein drehzahlgeregelter Antrieb mit Drehstrommotor. Elektrie Vol. 34: 241-243

Wolff J, Neubert T (2002) Drehzahlveränderbare elektrische Antriebssysteme im Vergleich. Automatisierungstechn. Praxis atp Vol. 44 No. 11: 52-60

Yamazaki K, Watari S (2005) Loss Analysis of Permanent-Magnet Motor Considering Carrier Harmonics of PWM Inverter Using Combination of 2D and 3D Finite-Element Method. IEEE Trans. on Magnetics Vol. 41 No. 5: 1980-1983

Zorn M (1962) Verfahren zur objektiven Beurteilung der Stromwendung von Gleichstrommaschinen während des Betriebes. Siemens Zeitschrift Vol. 36: 407-413

Zweygbergk S von, Sokolov E (1969) Verlustermittlung im stromrichtergespeisten Asynchronmotor. ETZ-A Vol. 90: 612-616

Konferenzbeiträge

Ackva A, Binder A, Greubel K, Piepenbreier B (1997) Electric vehicle drive with surface-mounted magnets for wide field-weakening range. Europ. Conf. on Power Electronics EPE, Trondheim, Vol. 1: 548-553

Andresen E-C (1989) Fundamentals for the design of high speed induction motor drives with transistor inverter supply. Europ. Conf. on Power Electronics EPE, Aachen: 823-828

Arkkio A (1992) On the Choice of the Number of Rotor Slots for Inverter-Fed Cage Induction Motors. Int. Conf. on Electrical Machines ICEM, Manchester: 366-370

Bausch H, Kolletschke HD (1984) A novel polyphase multipole permanent-magnet machine for wheel drive applications. Int. Conf. on Electrical Machines ICEM, München: 591-594

Binder A (1996b) Measures to cope with AC motor insulation stress due to IGBT-inverter supply. IEE Conf. on Power Electronics and Variable Speed Drives PEVD, Nottingham: 569-574

Binder A (2000) Analytical calculation of eddy-current losses in massive rotor parts of high speed permanent magnet machines. Int. Symp. on Power Electronics, Electrical Drives, Automation and Motion SPEEDAM, Ischia: C2-1 - C2-6

Binder A, Klohr M, Schneider T (2004) Losses in a high speed permanent magnet motor with magnetic levitation for 40000/min, 40 kW. Int. Conf. on Electrical Machines ICEM, Cracow, 6 pages CD-ROM

Binder A, Schrepfer A (1998a) Bearing Currents in Induction Machines due to Inverter Supply. Int. Conf. on Electrical Machines ICEM, Istanbul: 586-591

Blissenbach R, Henneberger G (2001) New Design of a Soft Magnetic Composite Transversal Flux Machine with Special Attention on the Loss Mechanism. Int. Conf. Electromotion, Bologna, Vol. 2: 409-414

Budig P-K (2009) Rotierende und lineare Direktantriebe. ETG-Fachtagung, Düsseldorf, ETG-Fachbericht Vol. 119, FT 3+4: 65-72

Canders W-R (1998) High-speed machines on magnetic bearings - design and power limits. Int. Conf. on Electrical Machines ICEM, Istanbul: 20-25

Canders W-R, May H, Palka R (1998) Loss reduction in synchronous machines by appropriate feeding patterns. Int. Conf. on Electrical Machines ICEM, Istanbul: 181-186

Deak C, Binder A (2006b) Design of Compact Permanent-Magnet Synchronous Motors with Concentrated Windings. Int. Conf. on Optimization of Electrical and Electronic Equipment OPTIM, Brasov: 9-14

Deak C, Binder A, Magyari K (2006) Magnet Loss Analysis of Permanent-Magnet Synchronous Motors with Concentrated Windings. Int. Conf. on Electrical Machines ICEM, Chania, 6 pages CD-ROM

Deak C, Binder A (2007a) Increased Torque Density of Permanent-Magnet Motors Using Concentrated Windings and Intensive Cooling. Int. Conf. on Power Conversion and Intelligent Motion PCIM, Nürnberg: 6 pages CD-ROM

Deak C, Petrovic L, Binder A, Mirzaei M, Irimie D, Funieru B (2008) Calculation of Eddy Current Losses in Permanent Magnets of Synchronous Machines. Int. Symp. on Power Electronics, Electrical Drives, Automation and Motion SPEEDAM, Ischia paper no. MEM201: 26-31

Doppelbauer M (2007) Energieeffiziente Elektromotoren. ETG-Fachtagung, Karlsruhe, ETG-Fachbericht Vol. 107 FT 1+2: 197-206

Gertmar L, Sadarangani C, Johansson M (1989) Rotor design for inverter-fed high speed induction motors. Europ. Conf. on Power Electronics EPE, Aachen, Vol. 1: 51-56

Greubel K, Helbig F, Heinemann G, Papiernik W (1999) Einsatz von Linearantrieben zur Herstellung von Konturenwirkware. ETG-Fachtagung, Nürnberg, ETG-Fachbericht Vol. 79: 461-470

Greubel K, Storath A (2007) Torquemotoren versus Getriebemotoren - ein technischer Vergleich hinsichtlich Beschleunigung und Energieeffizienz. ETG-Fachtagung, Karlsruhe, ETG-Fachbericht Vol. 107 FT 1+2: 243-254

Huth G (1989) Entwicklungstendenzen und Realisierungsmöglichkeiten bei AC-Hauptspindelantrieben. ETG-Fachtagung, Augsburg, ETG-Fachbericht: 243-251

Jurisch F (2007) Herstellungsbedingte Abweichungen der Orientierung anisotroper Dauermagnete und die Anwendung auf das Betriebsverhalten elektrischer Maschinen und magnetischer Sensoren. ETG-Fachtagung, Karlsruhe, ETG-Fachbericht Vol. 107 FT 1+2: 255-260

Kalsi SS (2003) Advances in Synchronous Machines Employing High Temperature Superconductors (HTS). IEEE Int. Conf. on Electr. Machines and Drives IEMDC, Madison, Wisconsin: 24-28

Kamper MJ, Trübenbach RA (1992) Vector Control and Performance of a Reluctance Synchronous Machine with a Flux Barrier Rotor. Int. Conf. on Electrical Machines ICEM, Manchester: 547-551

Kamper MJ (1997) The reluctance synchronous machine as traction motor. World Conference on Railways WCRR (16.-19.11.1997), Florenz, Vol. D: 335-341

Kleinrath H (1982) A new approach to the commutation of large DC machines. Int. Conf. on Electrical Machines ICEM, Budapest : 484-487

Koch T, Binder A (2002a) Permanent magnet machines with fractional slot winding for electric traction. Int. Conf. on Electrical Machines ICEM, Bruges, 6 pages CD-ROM

Lateb R, Takorabet N, Meibody-Tabar F, Enon J, Sarribouette A (2004) Design Technique for Reducing the Cogging Torque in Large Surface Mounted Magnet Motors. Int. Conf. on Electrical Machines ICEM, Cracow, 6 pages CD-ROM

Lawrenson PJ (1992) Switched reluctance drives: a perspective. Int. Conf. on Electrical Machines ICEM, Manchester: 12-21

Liese M (2004) Innovative Turbogeneratoren im Sog der GuD-Kraftwerkstechnik. VDE-Kongress, Berlin, ETG-ITG-Fachtagungsbericht Vol. 1: 467-472

Lloyd MR (1992) Development in Large Variable Speed Drives. Int. Conf. on Electrical Machines ICEM, Manchester: 7-11

Lutz JF (1996) Selecting pole count for permanent magnet motor designs. Int. Conf. on Electrical Machines ICEM, Vigo Vol. 2: 3675-380

Mirzaei M, Binder A, Deak C (2010 3D Analysis of Circumferential and Axial Segmentation Effect on Permanent Magnet Eddy Current Loss in Permanent Magnet Synchronous Machines with Concentrated Windings. Int. Conf. on Electrical Machines ICEM, Rome: paper no. RF-7021, 6 pages CD-ROM

Nagrial MH, Lawrenson PJ (1984) Optimum steady-state and transient performance of reluctance motors. International Conference on Electrical Machines ICEM. Lausanne: 321-324

Omekanda AM, Broche C, Renglet M, Warren MI (1992) Quadratic hybrid boundary integral equation-finite element method applied to magnetic analysis of a switched reluctance motor. Int. Conf. on Electrical Machines ICEM, Manchester: 499-502

Pillay P, Krishnan R (1988) An investigation into the torque behaviour of a brushless DC drive. Conf. Record of the IEEE Ind. Applications Society Annual Meeting, Pittsburgh Vol. 1: 201-207

Reichert K (2004) A Simplified Approach to Permanent Magnet and Reluctance Motor Characteristics Determination by Finite-Element Methods. Int. Conf. on Electrical Machines ICEM, Cracow: 4 pages, CD-ROM

Reichert K (2009) Große Synchronmaschinen mit Zahnspulen und Permanentmagneterregung, Problemstellungen, Lösungen und Anwendungen. ETG-Fachtagung, Düsseldorf, ETG-Fachbericht Vol. 119, FT 3+4: 109-113

Richter E, Ferreira A, Radun AV (1996) Testing and performance analysis of a high speed, 250kW switched reluctance starter generator system. Int. Conf. on Electrical Machines ICEM, Vigo Vol. 3: 364-369

Schäfer H (2007) Antriebskonfigurationen für Hybridfahrzeuge. ETG-Fachtagung, Karlsruhe, ETG-Fachbericht Vol. 107 FT 1+2: 27-36

Schrödl M (1992) Sensorless Control of Induction Motors at low Speed and Standstill. Int. Conf. on Electrical Machines ICEM, Manchester: 863-867

Sedlazeck K, Richter C, Strack S, Lindholm S, Pipkin J, Fu F, Humphries B, Montgomery L (2009) Type testing a 2000 MW turbo generator. IEEE Int. Conf. on Electr. Machines and Drives IEMDC, Miami, Florida: 465-470

Storath A, Zelleröhr M (2002) Antriebe für Spritzgießmaschinen. VDE-Kongress, Dresden, ETG-ITG-Fachtagungsbericht Vol. 1: 509-519

Traxler-Samek G, Schwery A, Zickermann R, Ramirez C (2004) Optimised calculation of losses in large hydro generators using statistical methods. Int. Conf. on Electrical Machines ICEM, Cracow: 6 pages CD-ROM

Weidner J (2008) Design und Überwachung von Grenzflächen bei Ständerwicklungen großer Turbogeneratoren. 3. ETG-Fachtagung „Grenzflächen in elektrischen Isoliersystemen", Würzburg, 12 Seiten CD-ROM

Weidner J (2009) Verfügbarkeitssteigerung und Lebensdauerverlängerung von großen Turbogeneratoren durch eine betriebsbegleitende Langzeitdiagnostik. ETG-Fachtagung, Karlsruhe, ETG-Fachbericht vol. 119 FT 3+4 supplement: 1-11

Dissertationen, Habilitationen

Ade M (2008) Ein Beitrag zur Modellierung des Antriebsstranges von Hybrid-Elektrofahrzeugen. Dissertation, Technische Universität Darmstadt, D 17 Darmstädter Dissertationen, Shaker Verlag, Aachen

Andresen EC (1960) Die Stromwendung von Grenzleistungs-Kommutatormaschinen mit maschenbildenden Hilfselementen (Punga-Verbinder und S-Verbinder). Dissertation, Technische Universität Darmstadt, D 17 Darmstädter Dissertationen

Bahr K (1964) Die Theorie der Stromverdrängung in einer Maschinennut von rechteckigem Querschnitt. Dissertation, Technische Universität Darmstadt, D 17 Darmstädter Dissertationen

Binder A (1988) Vorausberechnung der Betriebskennlinien von Drehstrom-Kurzschlussläufer-Asynchronmaschinen mit besonderer Berücksichtigung der Nutung. Dissertation, Technische Universität Wien

Binder A (1993) Schwerpunkte bei der Entwicklung von hochausgenützten wartungsarmen Gleichstrommaschinen. Habilitationsschrift, Technische Universität Wien

Bork M (1996) Entwicklung und Optimierung einer fertigungsgerechten Transversalflussmaschine. Dissertation, Rheinisch-westfälische Technische Universität (RWTH) Aachen

Brach K (1990) Wellenspannung bei Drehstrom-Induktionsmaschinen mit Käfigläufer. Dissertation, Universität Hannover, VDI-Verlag, VDI-Fortschrittsberichte, Reihe 21, No. 63

Canay IM (1968) Ersatzschemata der Synchronmaschine sowie Vorausberechnung der Kenngrößen mit Beispielen. Dissertation, École Polytechnique Université Lausanne

Demel HK (1987) Baugröße und Verluste von permanenterregten Synchronmaschinen bei unterschiedlichem Verlauf des Stromes. Dissertation, Rheinisch-westfälische technische Hochschule (RWTH) Aachen

Eckhardt H (1964) Schwingungsanregung bei Gleichstrommaschinen mit geblechtem Magnetgestell durch radiale Feldkräfte. Dissertation, Technische Universität Braunschweig

El-Serafi A (1964) Untersuchungen über die Stabilität der Synchronmaschine bei kleinen und großen Schwingungen. Dissertation, Technische Universität Darmstadt, D 17 Darmstädter Dissertationen

Fischer R (1965) Das dynamische Verhalten des Gleichstrom-Fahrmotors. Dissertation, Technische Universität Darmstadt

Frohne H (1959) Über die primären Bestimmungsgrößen der Lautstärke bei Asynchronmaschinen. Dissertation, Universität (TH) Hannover

Fürst R (1993) Anwendungsnahe Dimensionierung und messtechnische Überprüfung von Langstator-Linearmotoren für Magnetschnellbahnen. Dissertation, Technische Universität Berlin

Gao H (1994) Numerisches Berechnungsverfahren für Synchronmaschinen in Transversalfluss-Bauweise. Dissertation, Technische Universität Braunschweig, VDI-Fortschrittsberichte, Reihe 21 No. 151 VDI-Verlag

Hackmann W (2003) Systemvergleich unterschiedlicher Radnabenantriebe für den Schienennahverkehr: Asynchronmaschine, permanenterregte Synchronmaschine, Transversalflussmaschine. Dissertation, Technische Universität Darmstadt, D 17 Darmstädter Dissertationen, Shaker Verlag, Aachen

Hasse K (1969) Zur Dynamik drehzahlgeregelter Antriebe mit stromrichtergespeisten Asynchron-Kurzschlussläufermaschinen. Dissertation, Technische Universität Darmstadt

Haun A (1992) Vergleich von Steuerverfahren für spannungseinprägende Umrichter zur Speisung von Käfigläufermotoren. Dissertation, Technische Universität Darmstadt, VDI-Fortschrittsbereichte, Reihe 21 No. 113 VDI-Verlag

Hofmann M (2001) Design of a Linear Induction machine for Railway Systems using Finite Element Calculation. Dissertation, Technische Universität Darmstadt, D 17 Darmstädter Dissertationen, Shaker Verlag, Aachen

Jajtić Ž (1994) Vortriebskraftoptimierung bei der elektrisch erregten Transversalflussmaschine. Dissertation, Technische Universität Braunschweig, Papierflieger-Verlag, Clausthal-Zellerfeld

Jöckel S (2002) Calculation of Different Generator Systems for Wind Turbines with Particular reference to Low-Speed Permanent-Magnet Machines. Dissertation, Technische Universität, Darmstadt, D 17 Darmstädter Dissertationen, Shaker Verlag, Aachen

Klohr M (2007) Entwicklung und Konstruktion einer umrichtergespeisten magnetgelagerten Permanentmagnet-Synchronmaschine für 40kW/40000/min. Dissertation, Technische Universität, Darmstadt, D 17 Darmstädter Dissertationen, Shaker Verlag, Aachen

Koch T (2006) Permanentmagneterregte Synchronmaschine als Direktantrieb für die elektrische Traktion. Dissertation, Technische Universität Darmstadt, D 17 Darmstädter Dissertationen, Shaker Verlag, Aachen

Kolbe J (1983) Zur numerischen Berechnung und analytischen Nachbildung des Luftspaltfeldes von Drehstrommmaschinen. Dissertation, Hochschule der Bundeswehr Hamburg

Kolletschke HD (1987) Die modulare Dauermagnetmaschine - Aufbau und Eigenschaften. Dissertation, Hochschule der Bundeswehr München-Neubiberg

Kremser A (1988) Theorie der mehrsträngigen Bruchlochwicklungen und Berechnung der Zweigströme in Drehfeldmaschinen. Dissertation, Universität, Hannover, VDI-Verlag, VDI-Fortschrittsberichte, Reihe 21, No. 28

Kurscheidt P (1961) Theoretische und experimentelle Untersuchung einer neuartigen Reaktionsmaschine. Dissertation, Rheinisch-westfälische technische Hochschule (RWTH) Aachen

Lange A (2000) Analytische Methoden zur Berechnung elektromagnetischer und thermischer Probleme in elektrischen Maschinen. Dissertation, Technische Universität Braunschweig, Papierflieger-Verlag, Clausthal-Zellerfeld

Lemp D (1997) Realisierung eines asynchronen Antriebs mit direkter Fluss- und Drehmomentregelung. Dissertation, Technische Universität Darmstadt, D 17 Darmstädter Dissertationen, Shaker Verlag, Aachen

Lu T (2004) Weiterentwicklung von hochtourigen permanenterregten Drehstromantrieben mit Hilfe von Finite-Element-Berechnungen und experimentellen Untersuchungen. Dissertation, Technische Universität, Darmstadt, D 17 Darmstädter Dissertationen, Shaker Verlag, Aachen

Mütze A (2004) Bearing Currents in Inverter-Fed AC-Motors. Dissertation, Technische Universität Darmstadt, D 17 Darmstädter Dissertationen, Shaker Verlag, Aachen

Neudorfer H (2010) Weiterentwicklung von elektrischen Antriebssystemen für Elektro- und Hybridstraßenfahrzeuge. Habilitationsschrift, Technische Universität Darmstadt, OVE-Schriftenreihe für Habilitationen und Dissertationen, Vol. 2, Wien

Nickel A (1998) Die Geschaltete Reluktanzmaschine als gesteuerte Drehstrom-quelle. Dissertation, Universität der Bundeswehr München-Neubiberg

Purkermani M (1971) Beitrag zur Erfassung der Sättigungsoberfelder in Dreh-strom-Asynchronmaschinen. Dissertation, Universität (TU) Hannover

Reinert J (1998) Optimierung der Betriebseigenschaften von Antrieben mit Ge-schalteter Reluktanzmaschine. Dissertation, Rheinisch-westfälische tech-nische Hochschule (RWTH) Aachen

Rennicke K (1969) Stabilitätsprobleme beim Betrieb von Asynchronmaschinen über Reihenimpedanzen in symmetrischen und unsymmetrischen Schal-tungen. Dissertation, Technische Universität Darmstadt, D 17 Darmstäd-ter Dissertationen

Rieke B (1981) Untersuchungen zum Betriebsverhalten stromrichtergespeister Re-luktanzantriebe. Dissertation, Hochschule der Bundeswehr München-Neubiberg

Russenschuck S (1990) Mathematische Optimierung permanenterregter Syn-chronmaschinen mit Hilfe der numerischen Feldberechnung. Dissertati-on, Technische Universität Darmstadt

Schätzer C (2001) Ein Verfahren zur Optimierung bei elektrischen Maschinen mit Hilfe der numerischen Feldberechnung. Dissertation, Technische Univer-sität Darmstadt, D 17 Darmstädter Dissertationen, Shaker Verlag, Aa-chen

Schencke T (1997) Drehmomentglättung von geschalteten Reluktanzmotoren durch eine angepasste Blechgestaltung. Dissertation, TU Ilmenau, Verlag ISLE, Ilmenau

Schmidt E (2007) Finite Element Analysis of Electrical machines, Transformers and Electromagnetic Actuators. Habilitationsschrift, Technische Univer-sität Wien

Schrödl M (1992a) Sensorless Control of AC machines. Habilitationsschrift, VDI-Fortschrittsberichte Nr. 117, Reihe 21, VDI-Verlag Düsseldorf

Stiebler M (1967) Stationäre und dynamische Stromverteilung in Dämpferkäfigen von Synchronmaschinen. Dissertation, Technische Universität Darm-stadt, D 17 Darmstädter Dissertationen

Takahashi A (2010) Dynamic and Steady-State Characteristics of Line-Starting Permanent Magnet Motors. Dissertation, Technische Universität Darm-stadt, D 17 Darmstädter Dissertationen, Shaker Verlag, Aachen

Thum E (1966) Zusätzliche Kupferverluste infolge der Zahnsättigung bei großen Gleichstrommaschinen. Dissertation, Universität (TH) Stuttgart

Traxler-Samek G (2002) Zusatzverluste im Stirnraum von Hydrogeneratoren mit Roebelstabwicklung. Dissertation, Technische Universität Wien

Wagner W (1986) Berechnung von Drehstromasynchronmaschinen mit Käfigläu-fern unter Berücksichtigung von mehrfacher Ankerrückwirkung, Nuten-öffnungen und Rotorquerströmen. Dissertation, Universität Dortmund

Wehner H-J (1997) Betriebseigenschaften, Ausnutzung und Schwingungsverhal-ten bei geschalteten Reluktanzmotoren. Dissertation, Universität Erlan-gen-Nürnberg

Weidauer M (1999) Drehgeberlose Regelung umrichtergespeister Induktionsmaschinen in der Traktion. Dissertation, Ruhr-Universität Bochum

Werle T (2003) Bemessung und Vergleich von Linear-Boostern für den Einsatz
bei elektrischen Bahnen. Dissertation, Technische Universität Darmstadt,
D 17 Darmstädter Dissertationen, Shaker Verlag, Aachen

Werner U (2006) Rotordynamische Analyse von Asynchronmaschinen mit magnetischer Unsymmetrie. Dissertation, Technische Universität Darmstadt,
D 17 Darmstädter Dissertationen, Shaker Verlag, Aachen

Wolff J (1999) Drehzahlveränderbarer Industrieantrieb mit Geschaltetem Reluktanzmotor. Dissertation, TU Karlsruhe, Verlag Mainz, Wissenschaftsver-
lag, Aachen

Druckschriften

Berger-Lahr (1994) Drei-Phasen-Schrittmotoren und Leistungsansteuerungen.
Motorenkatalog Fa. Berger-Lahr

Bürger K-G (1995) Elektrik und Elektronik für Kraftfahrzeuge – Generatoren.
Technische Unterrichtung, 3. Ausgabe. Robert Bosch GmbH, Stuttgart

Philips (1986) Stepping motors and associated electronics. Philips Data Handbook: Components and Materials, Book C17, Philips Export B.V., Eind-
hoven, Netherlands

Voith (1995) Voith Transversalflussmaschine - Entwicklung eines elektrischen
Einzelradantriebes für Citybusse der Zukunft. Druckschrift Fa. Voith
G1401 d 5.95, Heidenheim

Sachverzeichnis

Printed in the United States
By Bookmasters